Dr. Bahr

Zu diesem Buch

Die Physik der kleinsten Teilchen will bis zu den Ur-Bausteinen der subatomaren Welt vorstoßen und auf diese Weise erkennen und erklären, welche Strukturen aller Materie überhaupt zugrunde liegen. Experimentalphysiker und Theoretiker erleben zur Zeit auf diesem Gebiet eine stürmische Entwicklung mit, die in das Leben vieler Menschen eingreift. Leider sind die Fragen, Methoden und Ergebnisse dieser hochinteressanten Forschungsarbeit wegen ihrer Darstellung in der Sprache der Mathematik für den Nichtphysiker meist schwer zu verstehen.

Dieses Buch zweier Physiker verzichtet bewußt auf mathematische Darstellung und baut somit eine Brücke, über die jeder Interessierte in die faszinierende Welt der kleinsten Teilchen eindringen kann.

Wer dieses informative, mit über 200 Zeichnungen und Fotos ausgestattete Buch gelesen hat, der begreift sich als Zeitgenossen einer ungeheuren Verwandlung unseres wissenschaftlichen Weltbildes und bewegt sich, verläßlich geführt von den didaktisch erfahrenen Autoren, in einem innovationssprühenden Gebiet moderner Naturwissenschaft, das unserer Epoche den Namen Atomzeitalter gab.

Dr. Oskar Höfling, 1906 in Essen geboren, Studium der Physik und Mathematik in Bonn, Berlin und München. Promotion 1929; 1934 bis 1939 Universitätsdozent in Chile. Seit 1939 wieder in Deutschland tätig: Schuldienst, Lehrerausbildung, Wissenschaftliches Prüfungsamt der Universität Bonn. Seit 1946 in Hamburg. Verfasser zahlreicher auflagenstarker physikalischer Unterrichtswerke.

Prof. Dr. Pedro Waloschek, 1929 in Dresden geboren, Österreicher, seit 1937 in Argentinien, wo er in Physik promovierte; 1955/56 in Göttingen, 1957 in Bern; 1958–1965 lehrte er an den Universitäten Bologna und Bari, 1965–1968 bei CERN in Genf, seit 1968 beim Deutschen Elektronen-Synchrotron DESY in Hamburg. Über hundert wissenschaftliche Veröffentlichungen.

Oskar Höfling
Pedro Waloschek

Die Welt der kleinsten Teilchen

Vorstoß zur Struktur der Materie

Mit 210 Abbildungen
und 68 Tabellen

rororo
Rowohlt

Die vorliegende Taschenbuchausgabe wurde
von den Autoren auf den neuesten Stand gebracht.

Umschlaggestaltung Manfred Manke
Graphiken Werner Knaut

Veröffentlicht im Rowohlt Taschenbuch Verlag GmbH,
Reinbek bei Hamburg, Juli 1988

Gesamtherstellung Clausen & Bosse, Leck
Printed in Germany
1680-ISBN 3 499 18474 5

Inhalt

Vorwort

Wir möchten mit diesem Buch einem möglichst breiten Publikum ein Thema vorstellen, das zwar noch nicht in den Physik-Schulbüchern steht, jedoch gerade reif dafür geworden ist. Es geht um die neuesten Erkenntnisse über die kleinsten Strukturen der Materie. Der Anschluß an die eventuell schon vergessene Schulphysik soll dadurch erleichtert werden, daß wir das gesamte Gebiet der Struktur der Materie – von DEMOKRIT über PLANCK bis zu den letzten Entdekkungen und Theorien – vereinfacht wiederholen, um dann der Teilchenphysik, wie sie seit 1974 verstanden wird, einen besonders wichtigen Platz einzuräumen.

Wir versuchen, die Begriffswelt der modernen Teilchenphysik in die Sprache des Alltags zu übersetzen. Dadurch möchten wir einen Beitrag leisten zur Überbrückung der immer größer werdenden Kluft zwischen dem Denken der Physiker und dem ihrer Zeitgenossen.

Wir wenden uns an naturwissenschaftlich interessierte Leser – auch an die lernende Jugend. Manch engagierter Lehrer mag hier auch Anregungen finden.

Auf dem Weg durch die Welt der kleinsten Teilchen bieten wir dem Leser sehr viel Material an. Dies soll ihn aber nicht entmutigen, sondern zum späteren Nachschlagen ermuntern. Wir haben uns bemüht, die Kapitel so zu formulieren, daß das Wesentliche auch ohne genaue Kenntnis der vorhergehenden Texte verstanden werden kann. Selbst wer aus Neugier erst einmal über die Entstehung der Begriffe – die in den Kapiteln 2 bis 6 dargestellt ist – hinwegspringt, wird ohne weiteres in der Zusammenfassung des 7. Kapitels den heutigen Stand der Erforschung der kleinsten Teilchen ins Auge fassen können. Zusätzliche Information kann dann gezielt nachgeholt werden – ein Vorteil, den eben Bücher bieten. Ein ausführliches Sach- und Namenregister soll beim Nachschlagen und Wiederholen behilflich sein.

Bei der Entstehung des Buches waren uns viele Fachkollegen in unzähligen Diskussionen behilflich. Ihnen allen möchten wir an dieser Stelle herzlichst danken.

Ohne die unermüdliche Hilfe des Verlages und besonders die Begeisterung und das Einfühlungsvermögen des Lektors Hermann Gieselbusch wäre das Buch nicht zustande gekommen. Wir danken Werner Knaut für Präzision und Geduld bei der Erstellung der Grafiken. Bei der nicht einfachen Herstellung des Buches haben Edith Lackmann und Ulrich Martsch (Korrektur) – mit viel Unterstützung von Erwin Steen – keine Anstrengungen gescheut. Dafür danken wir ihnen herzlichst.

Die nicht eigens für dieses Buch angefertigten Abbildungen wurden uns freundlicherweise von den jeweils darunter genannten Forschungsinstituten zur Verfügung gestellt.

Der Geduld, Rücksicht und Umsorgung unserer Familien verdanken wir die Ruhe, die bei der Arbeit an diesem Buch unentbehrlich war.

Die Autoren Hamburg, im April 1984

In die zweite Auflage konnten wir zahlreiche Verbesserungen und Korrekturen einbringen. Für die Anregungen aus dem Leserkreis, besonders für die vielen von Prof. Hinrich Meyer (Wuppertal), möchten wir uns herzlichst bedanken.

Die Autoren Hamburg, im November 1984

Wie wir heute wissen, ist in den Jahren vor 1984 ein wichtiger Abschnitt der Physik unseres Jahrhunderts zu einem einstweiligen Abschluß gekommen. Genau diesen Stand der Erforschung der kleinsten Materieteilchen haben wir in dem vorliegenden Buch beschrieben. Es gab nach 1984 keine wesentlichen Neuigkeiten auf diesem Gebiet. Deshalb waren für die neue Auflage 1988 keine großen Änderungen nötig. Neben einigen Korrekturen, die wir zum Teil auch aufmerksamen Lesern verdanken, haben wir in einem Anhang den heutigen Stand der beiden großen Forschungszentren CERN und DESY zusammengefaßt, wo zur Zeit neue Experimente für die neunziger Jahre vorbereitet werden.

Die Autoren Hamburg, im Juni 1988

1. Begegnung mit der Forschung

1.1. Ein Tag im Leben eines Teilchenphysikers

Nehmen wir irgendeinen beliebigen Tag in meinem Terminkalender. Am Abend dieses Tages habe ich ab 23 Uhr Nachtschicht mit Gideon Alexander. Etwa einmal pro Woche steht in meinem Kalender die Eintragung «Schicht». Es handelt sich also um keinen außergewöhnlichen Tag oder, genauer ausgedrückt, um keine außergewöhnliche Nacht.

Schon am Tag davor hatte ich Gideon in der Kantine getroffen. Wir freuen uns immer, wenn wir acht Stunden miteinander verbringen können. Uwe Timm, der Schichten-Koordinator und Sprecher unserer Gruppe, einer internationalen Kollaboration mit dem Namen PLUTO, berücksichtigt das und teilt uns deshalb hin und wieder für die gleiche Schicht ein. Meist wird lieber ein jüngerer Physiker mit einem «Senior» zu einer Schicht eingeteilt. Gideon und ich sind aber schon über fünfzig und also zwei alte Herren unter den Physikern bei DESY.

In der Kantine hatte ich mit Gideon besprochen, wer von uns beiden am Tag *nach* der Schicht, und zwar schon um zehn Uhr morgens, zum regelmäßigen Gruppentreffen gehen soll. Wer das macht, muß nämlich besser ausgeschlafen sein. Er muß auch dem anderen über das Gruppentreffen berichten. Außerdem muß er auf dem Treffen eventuell die Meinungen oder Ansichten des anderen gegenüber den Anwesenden vertreten. Etwa die Hälfte der 87 Mitglieder der PLUTO-Gruppe kommt ja zum Treffen und diskutiert über alle gemeinsamen Pläne und Sorgen.

Gideon und ich einigten uns darauf, daß diesmal ich zum Gruppentreffen gehen und entsprechend am Nachmittag vor der Schicht schlafen sollte. Dann würde ich aber das große DESY-Kolloquium im Hörsaal um 17 Uhr verpassen. Gideon wird mir erzählen, was dort los war – falls es wichtig ist.

Gideon ist ein guter Kumpel und kann auch gut erklären. Er ist jetzt Professor für Physik an der Universität Tel Aviv in Israel. Wir kennen uns seit 1955. Damals haben wir K-Mesonen in Kernemulsionen untersucht: er in Dublin und ich in Göttingen. Das Paket Kernemulsionen hatten wir mit drei weiteren europäischen Universitäten, nämlich Brüssel, Mailand und Padua, zu teilen. Es war eines der ersten Emulsionspakete, die am Berkeley-Beschleuniger dem K-Mesonen-Strahl ausgesetzt wurden.

Heute arbeiten Gideon und ich am Speicherring PETRA bei DESY in Hamburg mit der PLUTO-Gruppe und untersuchen die Eigenschaften der Quarks.

Am Vormittag vor der Schicht gab es ein Treffen im kleineren Kreis zur Korrektur einer Veröffentlichung, eines «Papers», wie man es im Fachjargon nennt. Es handelte sich um Ergebnisse über die Häufigkeit einer bestimmten Reaktion. Die vier an der Korrektur beteiligten Gruppenmitglieder, darunter Gideon und ich, waren sich über gewisse Faktoren nicht einig. Einc neue Berechnung sollte schnell durchgeführt werden.

Das Rechenprogramm war schon fertig geschrieben; die Rechnung könnte in mehreren Stufen über Nacht durch den Computer gejagt werden. Gideon und ich würden diese Computerarbeit überwachen, da wir ja während der Nachtschicht hin und wieder etwas Zeit dafür haben müßten. Außerdem steht im Kontrollraum des Experiments auch ein Computer-Terminal mit Anschluß an das große DESY-Rechenzentrum.

Nach dem Paper-Korrektur-Treffen ist in meinem Terminkalender ein Besuch in der Montagehalle 4 vermerkt. Klaus Finke und Alfred Stüben, zwei Ingenieure der Gruppe, bauten dort gerade neue Proportionalkammern für Messungen, die sehr nahe am Strahlrohr durchgeführt werden sollten. Dies geschah im Rahmen des Erweiterungsprogramms der PLUTO-Apparaturen. Wir werden später die Bedeutung all der hier benutzten Fachausdrücke klarmachen.

Nach der technischen Besprechung gab mir Alfred drei Bedarfsanmeldungen; eine davon mußte unbedingt schnell durchgeboxt werden. Ich sollte also Herrn Söhngen, den Referenten für den Forschungsbereich -FR-, von der Wichtigkeit eines bestimmten, sehr teuren Klebematerials überzeugen, damit er sich mit seiner Unterschrift nicht die üblichen drei Wochen ziert. Er ist auch Physiker und weiß, daß Experimentatoren nur allzu oft ihre Meinungen wechseln: Dafür gibt er ihnen immer Zeit.

Danach geht Waltraut, also Frau Mehrgardt, unsere junge physikalisch-technische Assistentin, persönlich zur Finanzabteilung -V3-, um den entsprechenden Betrag buchen zu lassen, und dann in die Einkaufsabteilung -V4-. Mit dem für Chemikalien zuständigen Einkäufer, Herrn Manthey, muß ich dann doch noch selber telefonieren, um ihm zu erklären, daß dieses Produkt nur von einer einzigen, ganz bestimmten Firma erzeugt wird und es also keinen Sinn hat, andere Angebote einzuholen.

Nach der Mittagspause ruft mich Herr Manthey doch noch einmal an: Er kann den gleichen Kleber, jedoch unter einem anderen Namen, bei einem Zwischenhändler mit 12 Prozent Rabatt kaufen, braucht dazu aber meine Zustimmung. Ich verspreche ihm eine formlose Aktennotiz, die ich nach Rücksprache mit Alfred, dem Ingenieur, gleich Waltraut zum Schreiben gebe. Der Vorgang ist in drei Stunden erledigt, der Kleber ist bestellt, und die verbindliche DESY-Auftragsnummer ist der Lieferfirma per Fernschreiben mitgeteilt worden. Dabei wurden alle Formalitäten strikt eingehalten! Der Bundesrechnungshof wird nichts zu bemängeln finden. Und ich kann endlich nach Hause fahren und lege mich um 16 Uhr lang.

Zur Schicht kommt man immer pünktlich. Man weiß, wie müde die Vorgänger nach acht Stunden sind, und läßt sie nicht warten. Der Kontrollraum liegt direkt neben der riesigen Meßapparatur. Ein Dutzend Bildschirme und eine Wand voller Lämpchen und Leuchtziffern

Abb. 1.1.1: Der Arbeitsplatz des Physikers «auf Schicht» im Kontrollraum der PLUTO-Apparaturen am Speicherring PETRA. Auf unserem Bild: Volker Hepp von der Universität Heidelberg (Foto DESY)

zeigen dem Eingeweihten alles, was im Inneren der PLUTO-Apparaturen vor sich geht. Die Lüfter der Elektronikschränke verursachen ein Rauschen, das dem im Inneren eines startenden Düsenflugzeugs vergleichbar ist. Hier bleibt man nicht zum Vergnügen. Es ist auch kühl und trocken – Air-conditioning. Das ist nicht gut für die Menschen, aber für die Elektronik (Abb. 1.1.1).

Ich möchte an diesem Tag, mit Oszillographen und Geduld bewaffnet, einen Teil der sogenannten Triggerelektronik kontrollieren. Diese Bestandteile der Apparatur habe ich gebaut und bin besonders dafür verantwortlich. Gideon übernimmt die Überprüfung der «wiremaps»: Er muß 124 Häufigkeitsdiagramme angesprochener Zähler mit den Musterdiagrammen eines dicken Ordners vergleichen. Falls ihm eine Unregelmäßigkeit am Bildschirm auffällt, macht er für den zuständigen Spezialisten einen Ausdruck des verdächtigen Diagramms.

Aber dies sind unsere Nebenaufgaben für die Zwischenzeiten, die sogenannten «Routinechecks», die uns insgesamt zwei bis drei Stunden beschäftigen werden. Vorrang haben immer der «run», der Lauf des Experiments, und die Datenaufnahme.

Nachdem wir unsere beiden Vorgänger ins Bett geschickt und die Aufzeichnungen im Logbuch gelesen haben, melden wir uns im Hauptkontrollraum des Speicherrings. Dort ist heute gerade Bernd Sarau mit anderen Kollegen am Werk. Wir verabreden ein kleines Mitternachtstreffen bei ihm. Er darf sich ja nicht für längere Zeit vom Hauptkontrollraum entfernen. Wir, die an den Experimenten Tätigen, *sollen* uns aber gelegentlich im Hauptkontrollraum umsehen.

Erst wird der Gang des Meßlaufes überprüft. Große Schilder weisen darauf hin, daß ein Stromversorgungsgerät besonders überwacht werden muß und daß die Gasversorgung eines Teiles der Proportionalkammern nur notdürftig am Nachmittag repariert wurde. Ansonsten läuft die 20-Millionen-DM-Anlage ohne Störungen – und dies schon seit 93 Tagen – rund um die Uhr. Aber kleinere Reparaturen müssen eben immer wieder gemacht werden, noch lange bevor es zu Betriebsunterbrechungen kommt.

Die beiden Physiker «auf Schicht», in diesem Fall Gideon und ich, kennen natürlich nur einen Teil der Apparatur genau genug, um Fehler auch selbst beheben zu können. Im übrigen stehen ihnen 24 Rufnummern auf einer automatischen Tastatur zur Verfügung. Auch beim kleinsten Verdacht wird ein Verantwortlicher aus dem Bett geklingelt. Aber nach acht Jahren Betrieb und Verbesserung ist dies bei der PLUTO-Apparatur nur noch sehr selten nötig.

Nach der ersten Stunde, also kurz nach Mitternacht, ruft ein Vertreter einer der weiteren drei an Petra arbeitenden Mannschaften an. Er meint, daß der Speicherring eigentlich neu gefüllt werden könnte. Die umlaufenden Teilchen sind durch verschiedene immer vorhandene Verlusteffekte schon auf die Hälfte reduziert. Die Pluto-Mannschaft hat heute die Federführung für Verhandlungen mit dem Hauptkontrollraum und entscheidet, wann eine neue Füllung des Speicherringes verlangt wird. Wir einigen uns mit den anderen Petra-Gruppen auf 0 Uhr 40 und teilen das dem Hauptkontrollraum mit.

Zum Nachfüllen mit Elektronen und Positronen müssen die Meßapparaturen abgeschaltet werden. Die beim Einschuß der Teilchen erzeugte Strahlung, die zum größten Teil aus Photonen und sehr schnellen Elektronen besteht, könnte sonst die empfindlichen Zähler zerstören. Um 0 Uhr 58 können wir wieder weitermachen. Etwas Herzklopfen hat man immer beim Einschalten der mehreren tausend Zähler. Die Hochspannungen erreichen langsam ihre verschiedenen Sollwerte. Nach einigen Minuten hat auch die letzte Proportionalkammer ihre 2500 Volt erreicht, und die Datenaufnahme wird wieder freigegeben. Wir machen die entsprechende Eintragung im Logbuch. Jetzt haben wir einige Stunden Ruhe für die eingeplanten Routinechecks und Computerarbeiten. Der nächste Füllvorgang wurde erst um 3 Uhr 40 angesetzt.

Um 4 Uhr morgens nehmen Gideon und ich die zweite Tasse Kaffee aus der Thermosflasche. Dabei erinnern wir uns an unsere Frauen. Wir plaudern über alte Zeiten und knobeln über die immer ungewisse Zukunft. Nächste Woche wird unser Freund Gus Zorn aus Maryland ankommen. Er ist auch bei Pluto, macht Schichten und war auch schon in den fünfziger Jahren auf der Jagd nach Teilchen. Seine Frau, die Italienerin Bice Sechi-Zorn, ist auch dabei. Seit dreißig Jahren sind wir alle dabei, Ballonflüge mit Kernemulsionen, Blasen- und Funkenkammerexperimente, Zähleranordnungen und jetzt Speicherring-Physik. Jeder hat schon über hundert wissenschaftliche Arbeiten veröffentlicht. Viele der Ergebnisse werden in diesem Buch erläutert. Auch darüber, wie man ein Buch wie dieses schreiben soll, wird oft diskutiert: Was kann man und was soll man erklären, was gilt als gesichertes Wissen?

So vergeht eine weitere Stunde mit Erinnerungen an die nähere und fernere Vergangenheit. Gideon hieß 1932 in Berlin ja noch Gerhard und ich in Dresden nicht Pedro, sondern Peter. Gideons Großvater Julius war Mitglied der preußischen Eisenbahndirektion in

Abb. 1.1.2: Luftbild der Anlagen des Forschungszentrums DESY in Hamburg (Foto DESY, Freigabe Nr. 262/81 Luftamt Hamburg)

Altona. Mein Vater hat in Dresden eine der ersten gemeinnützigen Wohnungsbaugesellschaften organisiert; 1933 war alles zu Ende. Einige von Gideons Ahnen sind in Hamburg begraben. Kein Wunder, daß Gideon in Hamburg etwas romantisch gestimmt ist. Aber er ist auch ein überzeugter und patriotischer Israeli.

Um 5 Uhr kommt Andreas Bäcker, einer unserer jüngeren Kollegen – er unterrichtet Physik in Siegen. Er hat bis zu dieser Stunde in einem anderen Gebäude auf dem DESY-Gelände (Abb. 1.1.2) an einem Computer-Terminal gearbeitet. In der Nacht geht das besonders gut, weil dann weniger Andrang ist. Jetzt kommt er, um uns, falls nötig, zu helfen und um einige Teile der Apparatur, die er gebaut hat, zu überprüfen. Andreas ist gleich beim Klönen dabei. Wir haben das Gefühl, daß er auch in dreißig Jahren noch an einer Meßapparatur sitzen wird. Wir gehören zusammen.

Wer aber sind «wir», die Physiker, die sich mit Elementarteilchen beschäftigen, deren Beruf sehr oft zu ihrer Leidenschaft geworden ist?

Was sind das für Menschen, die sich um 5 Uhr früh nichts Besseres vorstellen können, als über ihr Lieblingsthema zu diskutieren?

Und wie kommt es, daß alles so groß geworden ist? Warum gibt uns die Gesellschaft die Möglichkeit, all dies, was uns so viel Spaß macht, auch wirklich zu tun? Wie weit soll das alles noch getrieben werden?

Andreas, Gideon und ich schlagen uns nun zum x-tenmal mit diesen Fragen herum. Zur Sprache kommen die Riesenapparaturen und der hohe erforderliche materielle Einsatz, über die sich gerade Physiker sehr viel Sorgen machen.

In diesem ersten Kapitel wollen wir uns noch etwas intensiver mit diesen Fragen auseinandersetzen, bevor wir uns in die «Welt der kleinsten Teilchen» stürzen und uns von der immer klarer erkennbar werdenden Struktur der Materie faszinieren lassen, die nur mit immer größer werdenden Apparaturen zu untersuchen ist.

An einem ganz normalen Tag wie dem eben beschriebenen hatte ich eine Besprechung mit Bernd Kröger, unserem damaligen DESY-Pressereferenten. Es ging um einen alten Traum: um eine Darstellung der neueren Erkenntnisse der Physik, die jeder verstehen sollte – ohne Mathematik –, vielleicht auch für Schulen geeignet, eigentlich so, wie wir es den vielen Besuchergruppen von DESY vortragen. Anlaß der Besprechung war ein Brief von Oskar Höfling, in dem er vorschlug, ein kleines Büchlein über Elementarteilchen als Ergänzung zu seinem wohlbekannten Lehrbuch zu schreiben. Es wurde noch mehrmals darüber diskutiert. Bernd Kröger fand, daß sich meine mit Hilfe von vielen, vielen DESY-Besuchern entwickelte Art der Erklärung der neueren Physik sehr gut mit der Erfahrung des Lehrbuchautors Höfling ergänzen müßte. Was daraus am Ende entstand, liegt dem Leser jetzt vor.

1.2. Ein Besuch bei DESY

«Guten Tag, meine Damen und Herren. Sie befinden sich hier in einer der dreizehn Großforschungseinrichtungen der Bundesrepublik Deutschland. Hier bei uns werden die kleinsten bis heute bekannten Bausteine der Materie untersucht. Dies nennt man *Elementarteilchenphysik* oder auch, wegen der hohen Energie, auf die die Teilchen hier beschleunigt werden, *Hochenergiephysik*. Die Forschung auf diesem Gebiet ist weltweit auf etwa ein Dutzend solcher Großeinrichtungen konzentriert. Wissenschaftler aus vielen Ländern kommen zu DESY, um an den hier vorhandenen Beschleunigern zu experimentieren. DESY erhält dafür staatliche Zuwendungen in Höhe von etwa 140 Millionen DM pro Jahr. Dazu kommen Beiträge der Gastwissenschaftler in Form von Apparaturen, die nochmals viele Millionen ausmachen. Gearbeitet wird hier rund um die Uhr. Bei DESY wird aber nichts Verkäufliches erzeugt, und es gibt keine Geheimhaltung. Die Ergebnisse der Forschung und die dafür nötigen hochwertigen technischen Entwicklungen werden der Allgemeinheit zur Verfügung gestellt.»

So fange ich meist an. Es gehört zu den Aufgaben eines Wissenschaftlers, hin und wieder Gäste durch sein Institut zu führen. Dabei kommen natürlich sehr interessante Gespräche zustande, die sich nicht nur auf physikalische und technische Argumente beschränken.

Wir möchten hier einen solchen Rundgang nachvollziehen. Es handelte sich um eine Schulklasse, die mit einer besonders engagierten und interessierten Lehrerin das Forschungszentrum besuchte. Danach werden wir auf die Fragen der Schüler und der Lehrerin näher eingehen. Es wurde nämlich vereinbart, nach dem Rundgang eine Erfrischung zu servieren, um dann in Ruhe allen Beteiligten Gelegenheit zum Fragen zu geben. Über 9000 Menschen kommen jährlich zu solchen Rundgängen zu DESY. Etwa die Hälfte von ihnen sind Schüler aus Gymnasien.

Obwohl der optische Reiz der Riesenapparaturen im Mittelpunkt eines Besuches bei DESY steht, müssen die Besucher (wohl oder übel) vorher eine Erklärung der Einrichtung und ihrer Ziele über sich ergehen lassen. Daß alle willkommen sind, daß wir uns immer über Besucher freuen und daß es in der Bundesrepublik dreizehn Großforschungseinrichtungen gibt, zu denen auch DESY gehört, all dies muß der Vortragende, in diesem Fall ich selbst, in den ersten Sätzen auch erledigen. Hier soll ja nur die Größe des Zentrums etwas präzisiert werden.

Es wird mit den Zuhörern auch abgemacht, daß zu jeder Zeit Fragen gestellt werden können. Ich kündige an, daß nähere Angaben zu den Forschungsanlagen im zweiten Teil des Vortrags zusammengestellt werden. Als erstes möchten wir nämlich auf ein besonderes Thema eingehen, nämlich auf das *Ziel*, dem all dieser Aufwand gewidmet ist. Kann man überhaupt verstehen, was hier gemacht wird? Damit wollen wir uns jetzt beschäftigen. Wenn wir nämlich die Motivation, das «Warum» verstanden haben, dann wird das «Wie» viel von seiner Rätselhaftigkeit verloren haben.

«Ich werde jetzt versuchen, Ihnen zu zeigen, wie einfach und klar die Zusammenhänge heute von den Physikern gesehen werden.»

Herausfordernd sieht mich die Lehrerin an, als wollte sie sagen: «Na, denn man tau!»

«Wir Physiker sind heute dabei, die nächste Generation von Schulbüchern – was die Physik betrifft – vorzubereiten. So einfach, wie es heute in den Schulbüchern steht, genauso einfach wird es dann auch sein – nur anders. Viele von uns werden vielleicht eines Tages ihren Enkelkindern bei ihren Schulaufgaben helfen müssen und bis dahin dann auch all diese Dinge verstanden haben. Jedenfalls ist das, was ich Ihnen jetzt erzählen möchte, wenigstens von mir aus gesehen, zumutbar – und ich hoffe auch, Sie alle im Laufe dieses DESY-Besuches davon zu überzeugen.»

Dies hätte ich vor einigen Jahren nicht so leicht sagen können. Damals war es sehr schwer, anderen Leuten klarzumachen, daß wir alles taten, um die Natur zu verstehen, aber noch einen langen Weg vor uns hatten. Aber heute ist die Lage anders. Es ist seit 1974 ein gewaltiger Schritt im Verständnis des Aufbaus der Materie gemacht worden. Zu diesem Schritt hat auch DESY wichtige Beiträge geleistet. Ich zeichne ein Diagramm auf die Tafel (Abb. 1.2.1 oben). Links der Stand von 1932 und rechts der Stand von 1984.

«Jetzt werde ich versuchen, Ihnen zu zeigen, wie dieses neue Schulbuch aussehen wird und wie wir zu der Überzeugung gekommen sind, daß die Welt der kleinsten Teilchen wirklich so ist, wie ich sie Ihnen jetzt vorstellen werde.»

Die Lehrerin mustert mich und die Wandtafel mit kritischer Neugier. Einige der Schüler legen sogar die mitgebrachte Zeitschrift zur Seite.

«Die meisten von uns haben gelernt, daß die Materie, die uns umgibt, aus Molekülen besteht und diese Moleküle wiederum aus Atomen. Jedes Atom ist für ein chemisches Element – wie etwa Sauerstoff, Eisen oder Kupfer – charakteristisch und besteht aus einem kleinen Kern und aus einer Elektronenhülle. Der Kern wiederum besteht aus Protonen und aus Neutronen. Die Protonen sind nichts anderes als Wasserstoffatomkerne.»

Dieses schöne und einfache Bild der Natur wurde von den Physikern der dreißiger Jahre entworfen und eingesegnet. Es wurde so in die Schulbücher aufgenommen und bis heute im wesentlichen beibehalten. Ich habe es, wie in Abb. 1.2.1 links gezeigt ist, an die Tafel gemalt. Diese Darstellung der Materie ist auch im Grunde gar

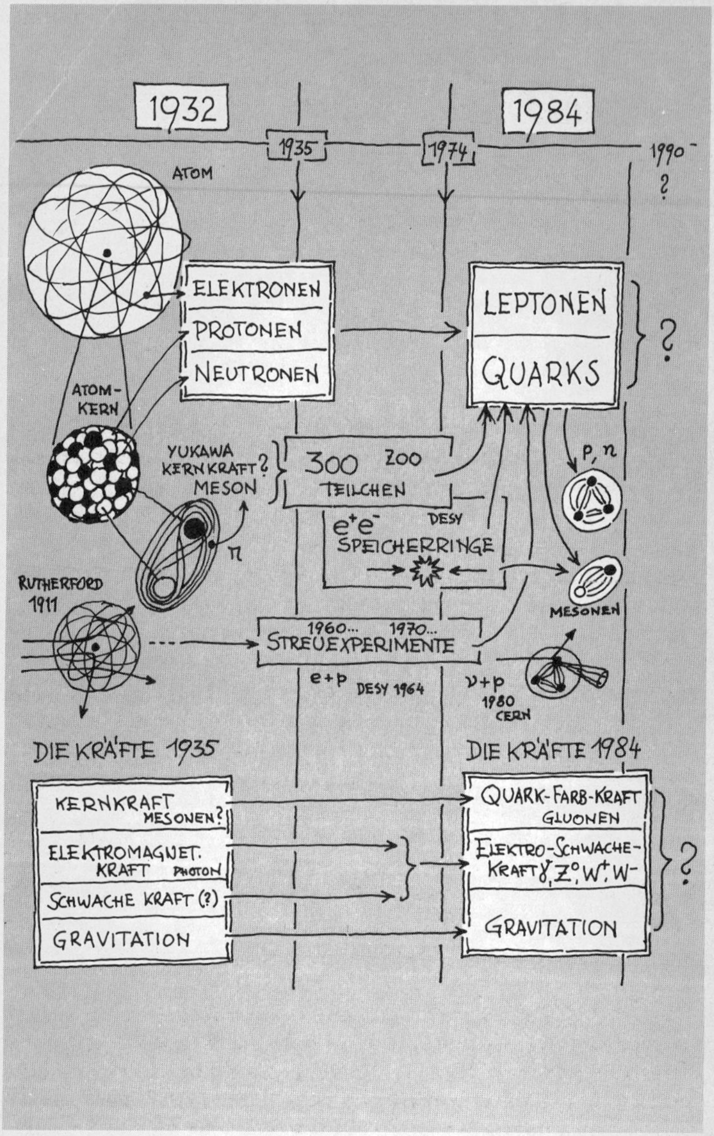

Abb. 1.2.1: Anblick der Wandtafel am Ende der Erläuterungen zur Entwicklung der Teilchenphysik zwischen 1932 und 1984

nicht falsch, und wir können sie getrost weiter benutzen. Wir wissen aber heute viel mehr und können so auch einige Rätsel lösen, die 1932 einfach unter den Tisch gefegt wurden – wenigstens für die Schulbücher. Damals gab es ja noch keine Atombomben und keine Kernkraftwerke, und man konnte die Menschen ruhig leben lassen, ohne sie mit den ungelösten Fragen und Mysterien der Kernkräfte zu beunruhigen.

Aber die Physiker hatten seit damals keine besonders ruhige Zeit, heute wissen wir, daß die Protonen und die Neutronen aus noch kleineren Teilchen aufgebaut sind, die wir Quarks nennen, und daß die Elektronen nur einen Teil einer größeren Teilchenfamilie darstellen, die wir Leptonen nennen. Aus Quarks und Leptonen ist also alles aufgebaut, was ich wiederum in unser Diagramm einmale (Abb. 1.2.1 rechts).

Wichtigster Anlaß für eine nähere Untersuchung der Bausteine der Materie war, daß man nicht verstand, was die Kernkräfte eigentlich sind. Schon 1935 hatte der japanische Physiker Hideki YUKAWA (1907–1981) aus rein theoretischen Gründen die Existenz von bestimmten Trägerteilchen für die Kernkräfte gefordert.

Diese sogenannten *Mesonen* haben sich später als zusammengesetzte Teilchen entpuppt, und zwar bestehen sie aus zwei Quarks oder, genauer ausgedrückt, aus einem Quark und einem seiner Antiteilchen, nämlich einem Antiquark.

Die Wege, die von dem Schema des Jahres 1932 zu dem von 1984 geführt haben, sind der Hauptbestandteil dieses Buches. Deshalb müssen wir sie hier nicht ausführlicher erläutern. In dem Vortrag vor den DESY-Besuchern erkläre ich kurz, wie an Stelle des von YUKAWA geforderten einen Mesons 300 Teilchen gefunden wurden und wie ein Ordnungsschema für diese Teilchen zur Einführung – man könnte fast sagen zur «Erfindung» – der Quarks führte. Auch die Experimente, die auf ganz anderem Wege zur Erkenntnis des Aufbaus der Protonen und Neutronen aus jeweils drei Quarks geführt haben, die sogenannten *Streuexperimente*, werden erwähnt (s. Abb. 1.2.1 Mitte).

Ein wesentlicher Punkt bei all diesen neuen Erkenntnissen war die Untersuchung der Mesonen. Sie bestehen aus zwei Quarks, und zwar, wie schon erwähnt, aus einem Quark und einem Antiquark. Zwischen den Quarks wirken aber besonders starke Kräfte, die sie wie elastische Stahlfedern aneinanderketten. Bei Systemen aus zwei Quarks können diese Kräfte besonders gut untersucht werden. An Speicherringen, wie sie bei DESY vorhanden sind, können Mesonen, also Quarkpaare, erzeugt werden und so wiederum die Quark-Kräfte untersucht werden.

Die Speicherringe bei DESY kann man als Mesonen- oder Quarkpaarfabriken ansehen. Es entstehen bei höheren Energien nämlich verschiedene Arten von Quarkpaaren, also auch von Mesonen, die alle mit dem YUKAWA-Teilchen verwandt sind. Erst die Entdeckung dieser schwereren Mesonen hat dem Quarkschema zum endgültigen Durchbruch verholfen. Vorher waren längst nicht alle Physiker von der Richtigkeit dieser Vorstellungen überzeugt. Daher die in unserem Diagramm gezeigte Trennlinie genau im Jahr 1974 (Abb. 1.2.1), als das erste schwerere Meson – also Quarkpaar – entdeckt wurde.

Die Beobachtung eines solchen Mesons an einem der DESY-Speicherringe ist relativ einfach zu verstehen. Es werden in diesen Ringen Elektronen mit Positronen (= Antielektronen) zum Zusammenstoß gebracht. Dabei vernichten sich manchmal diese beiden Teilchen, und es entsteht ein Kügelchen höchstkonzentrierter Energie. Dieses kann sich dann in ein Leptonenpaar oder in ein Quarkpaar verwandeln.

So wurde übrigens festgestellt, daß die Natur, wenn sie reine Energie in höchstkonzentrierter Form zur Verfügung hat, diese ausschließlich in Leptonen- oder in Quarkpaare verwandelt. Dies ist sehr wichtig, weil es zum Beispiel bei der Entstehung des Universums, beim Urknall, ähnlich vor sich gegangen sein muß.

Eine Quarkpaar-Erzeugung ist ein meist leicht erkennbares Ereignis oder ein «event», wie es die Physiker nennen. Ich zeige einige in einer Art Fernsehdarstellung auf einem Overheadprojektor (Abb. 1.2.2 und 1.2.3). Wenn sich nämlich die frisch erzeugten Quarks auf Grund ihrer hohen Energie trennen möchten, dann zerreißen sie die zwischen ihnen wirkende stahlfederartige Kraft. Diese «Stahlfeder» benimmt sich aber wie ein kleiner Stabmagnet: An den Enden bilden sich neue Quarks. Der Prozeß wiederholt sich mehrmals, und im Endeffekt fliegt an Stelle der erzeugten Quarks auf jeder Seite eine Schar von normalen Teilchen (die aus zwei oder drei Quarks bestehen) in einem Bündel davon. Diese Bündel werden «Jets» genannt.

Wenn man nun die Häufigkeit dieser so leicht erkennbaren Erzeugungsprozesse beobachtet, dann kann man zum Beispiel die Zahl der pro Tag gesehenen Ereignisse in einem Diagramm aufzeichnen. Wenn man dann jeden Tag die Energie des Speicherrings etwas erhöht – dies geschieht unter anderem durch Änderung der Ströme in den Magneten –, beobachtet man einen plötzlichen Anstieg der Event-Rate auf ein Vielfaches, der aber bei noch höherer Energie wieder

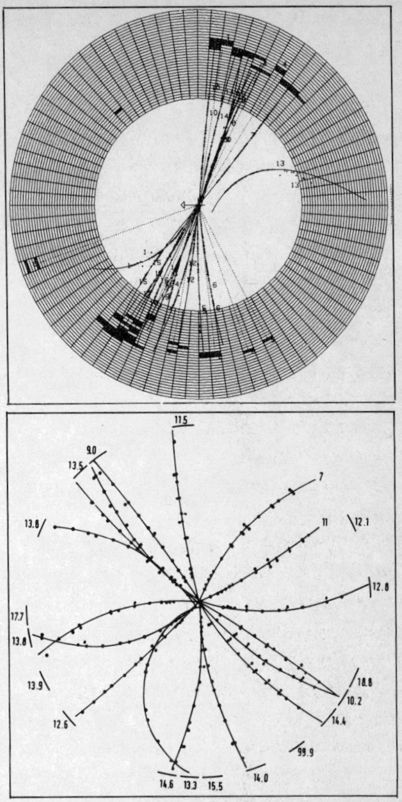

Abb. 1.2.2: Zwei Beispiele der Erzeugung vieler Teilchen bei der Vernichtung eines Elektrons und eines Positrons im Speicherring. Die Aufnahmen zeigen die vom Computer wiedergegebenen Spuren geladener Teilchen in dem JADE-Experiment (oben) und in dem TASSO-Experiment (unten) am Speicherring PETRA. Es handelt sich um einen «Blick» in die Apparatur entlang der Strahlachse. In dem Ereignis oben ist eine Bündelung der Spuren klar erkennbar (Archivbilder DESY)

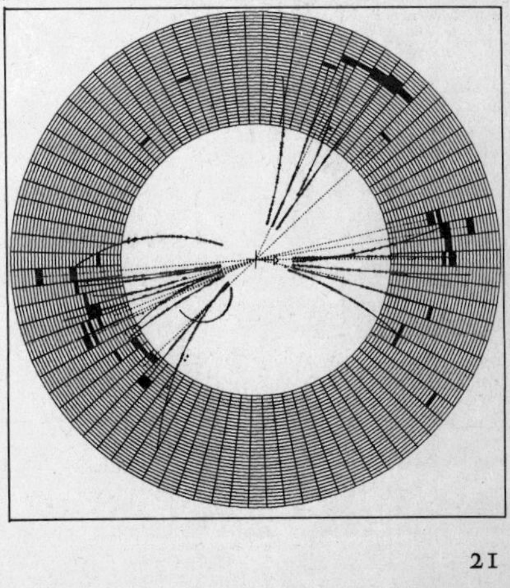

Abb. 1.2.3: Ein Ereignis, in dem ein drittes Teilchenbündel sichtbar ist: Es stammt von einem abgestrahlten Gluon. Diese Ereignisse wurden zum erstenmal am Speicherring PETRA bei DESY beobachtet (Archivbild DESY)

verschwindet (Abb. 1.2.4 links). Man behauptet dann, an dieser Stelle eine neue Quark-Antiquark-Verbindung, also ein Meson, gefunden zu haben.

An den zweifelnden Gesichtern der Zuschauer erkennt man sofort, daß dieser letzte Schluß nicht sehr überzeugend klingt. Daran merke ich auch, daß die meisten – Gott sei Dank – der Darstellung noch folgen, obwohl, wie üblich, einige schon tief schlafen.

Es könnte ja viele Gründe für eine Erhöhung der Ereignisrate geben. Natürlich müssen wir gleich sicherstellen, daß am Speicherring außer der Energie nichts geändert wurde und daß die Experimentieranlage, also die Nachweisapparaturen, auch gleichgeblieben sind.

Hier kommen uns unsere Freunde aus der theoretischen Physik zur Hilfe: Wenn es sich wirklich um ein aus zwei Quarks gebildetes System handeln sollte, dann müssen diese beiden Partner gegeneinander schwingen können. Das ist bei mikroskopischen Systemen immer so. Diese durch die stahlfederartigen Kräfte verursachten Schwingungen kann man aber leicht berechnen. Es muß dann auch andere Schwingungszustände geben, die anderen Teilchen (also Mesonen) entsprechen. Diese Mesonen müssen eine höhere Masse haben und also bei höherer Energie erzeugt werden. Die zwei Quark-Partner könnten sich sogar umeinander drehen und so noch weitere Teilchen darstellen. Es wird berechnet, bei welchen Speicherringenergien diese weiteren Mesonen zu sehen sein müßten.

Das Erstaunliche ist nun, daß all diese von den theoretischen Physikern vorausgesagten sogenannten «angeregten» Mesonen (s. Abb. 1.2.4 rechts) tatsächlich auch gefunden wurden. Und das kann nun wirklich nicht mehr durch Zufall zustande gekommen sein. Dies ist einer der vielen Beweise, welche den Physikern zu der Überzeugung verholfen haben, daß die Quarkvorstellungen korrekt sind. Außerdem ist dabei auch die ganze dafür aufgestellte Theorie recht gut bestätigt worden.

Auf ein weiteres Ergebnis, das mit der Quarktheorie voll im Einklang steht und auf das wir hier bei DESY besonders stolz sind, weise ich an dieser Stelle noch hin: Beim Auseinanderreißen der beiden Quarks kann es passieren, daß ein Stück Feder allein wegfliegt. So dürfen wir uns hier vereinfacht die Entstehung eines Quarkbindeteilchens, eines sogenannten Gluons, vorstellen. Dabei bilden sich an den Enden des Stahlfederstücks wieder Quarks; die Energie reicht sogar aus, um weitere Federrisse zu verursachen, und dann kommt es wieder zu einem Teilchenbündel oder Jet (Abb. 1.2.3). Die Theoretiker haben berechnet, wie oft so ein dritter Jet bei der Quarkerzeugung auftreten muß und wie die Häufigkeit dieser Ereignisse bei höheren Energien zuzunehmen hätte. Auch diese Voraussage der Theorie wurde voll bestätigt und gilt als Nachweis für die Existenz der Gluonen.

Nachdem wir so viel über die Quarks und die Mesonen gelernt haben, kehren wir wieder zu der 1935 aufgeworfenen Ausgangsfrage des Japaners YUKAWA zurück: Was für Teilchen sind das, die für den Kräftetransport im Atomkern verantwortlich sind? Dabei bemerken wir nämlich, wie sehr wir noch immer an diesem für die Kernphysik so wichtigen Problem nagen. Wir können uns heute die Vorgänge im Atomkern viel detaillierter vorstellen. Ich zeichne einen Atomkern an die Tafel (Abb. 1.2.1, Mitte links). Die Protonen und Neutronen werfen sich gegenseitig – laut YUKAWA – Mesonen zu und bleiben auf diese Weise fest miteinander verbunden. Wie verstehen wir diesen Mesonenaustausch heute?

Die drei in einem Proton oder Neutron zusammenhängenden Quarks schwingen stark hin und her und zerren dabei an ihren Stahl-

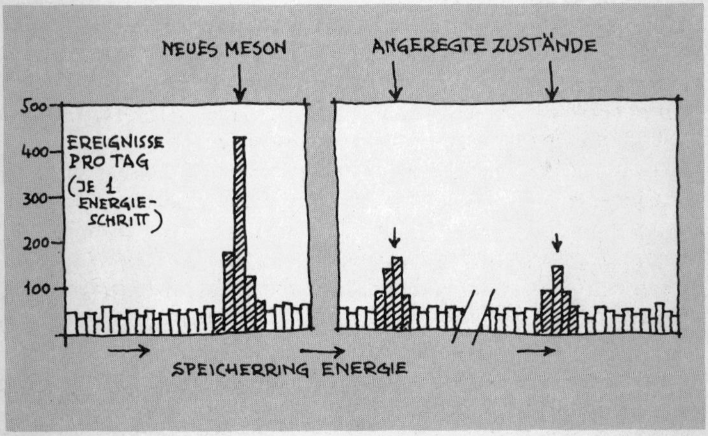

Abb. 1.2.4: Die Häufigkeit der Vielteilchenerzeugungsreaktionen, aufgetragen für zunehmende Speicherringenergien, wobei angenommen wird, daß täglich die Energie erhöht wird. Der erste Anstieg der Erzeugungsrate wird der Existenz eines neuen Mesons zugeschrieben, die weiteren sind die von der Theorie vorausgesagten angeregten Zustände

federn. Es kommt nun oft vor, daß dabei Federrisse passieren, wie wir sie oben schon besprochen haben. An den Federenden bilden sich jeweils ein Quark und ein Antiquark. Diese können nun, zu Mesonen vereinigt, aus dem Gebilde wegfliegen und von einer Stahlfeder eines anderen Protons oder Neutrons wieder eingefangen werden (s. hierzu Abb. 7.6.3).

Etwas vereinfacht, aber nicht fern von der Realität haben wir jetzt einen Ansatz zum besseren Verständnis der Kernkräfte. Dieses bessere Verständnis kann einmal zu einer wesentlich exakteren mathematischen Formulierung der Kernkräfte führen, als es die heute bekannten Theorien derselben vorzuweisen haben.

Die genaue Kenntnis der elektrischen Kräfte, die im vorigen Jahrhundert ausgearbeitet wurde, ist ja die Basis unserer heutigen Chemie, unserer Fernmeldetechnik, Elektronik und vieler anderer Technologien. Es besteht durchaus die Möglichkeit, daß ein besseres Verständnis der Kernkräfte auch wieder zu Anwendungen führt, die wir uns heute überhaupt noch nicht vorstellen können. Es kann sogar sein, daß wir durch mehr Wissen auf diesem Gebiet Probleme lösen, die heute die Kernenergie in Verruf gebracht haben.

Wir haben bis jetzt nur die zwischen den Quarks wirkenden Kräfte, die elektrischen Kräfte und die Kernkräfte erwähnt. Um das Schema für unser Schulbuch der neunziger Jahre zu vollenden, müssen wir noch einige Kraftarten hinzufügen. Nur so erhält man eine vollständige Beschreibung aller Naturvorgänge. Ganz unten in unserem Diagramm der Bausteine der Materie (Abb. 1.2.1 unten) sind die jeweils 1932 und 1984 anerkannten fundamentalen Kräfte eingezeichnet. Neben der Gravitation, die bei den kleinen hier behandelten Teilchen einstweilen vernachlässigt wird, müssen wir noch die sogenannten «schwachen» Kräfte erwähnen, die beim Zerfall vieler Teilchen eine entscheidende Rolle spielen. DESY-Experimente haben erheblich zum Verständnis dieser schwachen Kräfte beigetragen. Wir können uns hier aber nicht weiter damit beschäftigen. Der Leser wird darüber mehr im Laufe dieses Buches erfahren.

«Die Physiker sind also im wesentlichen damit beschäftigt, ungelöste Fragen so gut wie möglich zu beantworten. Wenn der Mensch etwas nicht versteht, dann verspürt er einen Drang, das Problem zu lösen. Ungelöste Probleme verursachen im Menschen eine instinktive Sorge. Die Physiker arbeiten heute noch immer am Problem der Struktur der Materie. Ein großer Schritt wurde in den letzten Jahren mit der Erkennung der Quarks und Leptonen gemacht. Er erlaubt uns heute, eine Zwischenbilanz zu ziehen.»

Wie wir am Beispiel der Kernkräfte gesehen haben, hängen alle mikrophysikalischen Phänomene eng miteinander zusammen. Durch die Quarks werden wir die Kernkräfte eines Tages besser verstehen. Die Kernkräfte sind ebenso die Konsequenz einer tieferen Struktur und neuartiger Kräfte (der Quarkkräfte), wie die chemischen Kräfte – die Kräfte, die für die Bildung der Moleküle verantwortlich sind – aus den fundamentaleren elektrischen Kräften abgeleitet werden. Heute kann man chemische Verbindungen im Prinzip mit dem Computer vorausberechnen, Kerne jedoch nicht. Für die Kerne haben wir bisher nur Modelle, die im besten Fall gewisse Reaktionen korrekt darstellen.

Die Erkenntnis, daß so viel davon abhängt, wie die kleinsten Bausteine der Materie nun wirklich aussehen, gibt den vielen tausend Elementarteilchenphysikern die nötige Motivation für ihren begeisterten Arbeitsstil.

Die erste Dreiviertelstunde des Einführungsvortrags war vorbei. Die Zeit drängt, und wir müssen uns jetzt auf den Rundgang vorbereiten und einiges über das «Wie» bei DESY erfahren.

«DESY entstand in den fünfziger Jahren, als der österreichische Physiker Willibald JENTSCHKE (geb. 1911) die Leitung des damaligen Physikalischen Staatsinstituts in Hamburg übernahm. Er hatte bei seinen Berufungsverhandlungen den Wunsch geäußert, in Hamburg einen größeren Beschleuniger zu bauen. Er fand dafür Verständnis bei den auf Fortschritt bedachten hanseatischen Politikern und Hochschulbehörden. Aus dem relativ bescheidenen Vorstoß JENTSCHKES wurde alsbald, unter Mitwirkung von Wolfgang PAUL (geb. 1913), Professor in Bonn, und Wilhelm WALCHER (geb. 1910), Professor in Marburg, ein bundesdeutsches Projekt entwickelt. Dieses Projekt bekam den Namen DESY, **D**eutsches **E**lektronen-**Sy**nchrotron. Synchrotron ist ein modernes Kunstwort, mit dem ein bestimmter Typ von Beschleunigern bezeichnet wird, in dem die Teilchen synchron, also genau «zur gleichen Zeit» elektrische Spannungsstöße auf ihrer ringförmigen Umlaufbahn erhalten. Offiziell wurde DESY dann 1959 als Stiftung der Bundesrepublik Deutschland und der Hansestadt Hamburg gegründet. Ziel der Stiftung ist die Untersuchung der kleinsten Bestandteile der Materie, also die Elementarteilchenphysik, die auf Grund der dazu benötigten hohen Teilchenenergien auch Hochener-

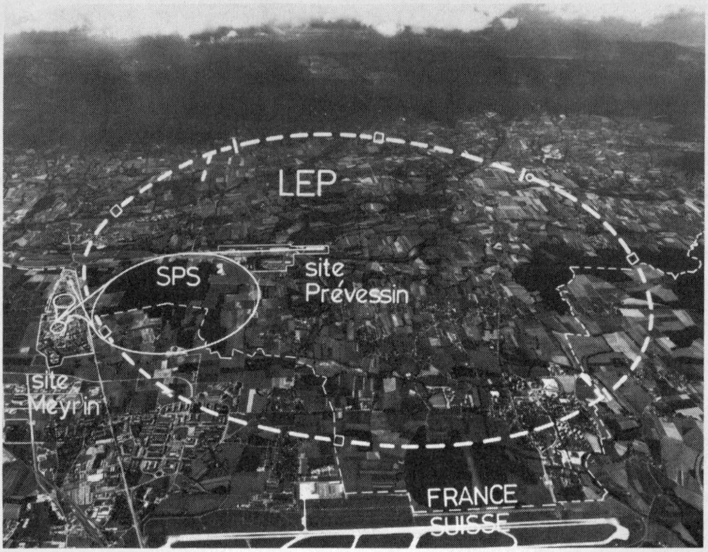

Abb. 1.2.5: Luftaufnahme des Europäischen Forschungszentrums CERN in Genf mit den Umrissen der existierenden Beschleuniger und des neuen Speicherrings LEP (Foto CERN)

giephysik genannt wird. Schwerpunkt der Arbeiten bei DESY ist der Bau und der Betrieb großer Teilchenbeschleunigungsanlagen, die den Universitäten und anderen spezialisierten Instituten zur Verfügung gestellt werden.

DESY hat wesentlich dazu beigetragen, daß die Bundesrepublik Deutschland und Westeuropa als Ganzes den Anschluß an die führende amerikanische Spitzenforschung nach dem Zweiten Weltkrieg wiederhergestellt haben. Der Bau von großen Beschleunigungsanlagen für die Elementarteilchenforschung war dabei unentbehrlich. Neben DESY betreiben dreizehn westeuropäische Länder gemeinsam auf diesem Gebiet das Forschungszentrum CERN in Genf. Dies geschieht im Rahmen einer engen europäischen Zusammenarbeit und Koordinierung. CERN, der **C**onseil **E**uropéen pour la **R**echerche **N**ucléaire, also das Europäische Kernforschungszentrum, wurde offiziell 1954 gegründet und ist etwa viermal größer als DESY.» Ich zeige eine Tabelle mit Angaben über den CERN und ein eindrucksvolles Luftbild (Tabelle 1.2.1 und Abb. 1.2.5).

«Auf Grund der hochinteressanten bei DESY entstandenen Beschleunigeranlagen und wegen des reibungslosen Betriebes derselben haben sich im Lauf der Jahre immer mehr ausländische Wissenschaftler an den Forschungsarbeiten bei DESY beteiligt. Heute sind rund 480 Physiker, etwa die Hälfte von ihnen aus dem Ausland, auf dem Gebiet der Elementarteilchenphysik bei DESY tätig. Dazu kommen noch 400 Forscher, die das intensive Röntgenlicht, das an den Beschleunigern anfällt, die sogenannte Synchrotronstrahlung, für Experimente verschiedenster Art ausnutzen.»

An dieser Stelle kommt die Zwischenfrage eines langgewachsenen Schülers: «Haben die anderen Länder denn keine solchen Einrichtungen?» Ich bin auf die Frage vorbereitet und zeige mit dem Overheadprojektor eine Liste mit den größeren Beschleunigungsanlagen, die es auf der Welt gibt.

Es wird sofort kritisch bemerkt, daß nach dem gezeigten Schema doch manche Länder sehr viel und andere sehr wenig oder gar nichts auf diesem Gebiet leisten.

Der Einwand ist nicht zu widerlegen. Man könnte als Grund dafür annehmen, daß es Länder gibt, in denen weit in die Zukunft geplant wird, und andere, in denen die täglichen Sorgen dies nicht zulassen. Oder daß Länder, die von ihrer Technologie leben und nicht von ihren Naturreichtümern oder Bodenschätzen, vielleicht eher bemüht sind, durch Grundlagenforschung für sich einen Vorsprung zu erarbeiten. Man kann gute Beispiele anführen, die zeigen, daß Grundlagenforschung sehr oft die Basis für die Technologie späterer Jahrzehnte darstellt.

Aber dies gilt alles nicht allgemein. *Eine* Beziehung scheint es allerdings zu geben: nämlich die zwischen Großforschung und Reichtum, bemerkt ein anderer Schüler. Aber auch dies ist nicht immer der Fall. Sonst müßten heute die größten Forschungseinrichtungen von den ölproduzierenden Ländern betrieben werden.

Offensichtlich ist die erste Voraussetzung das Vorhandensein von Wissenschaftlern in einem Land. Diese Wissenschaftler müssen auch in der Lage sein, ihre Mitmenschen von der Wichtigkeit ihrer Vorhaben zu überzeugen. In früheren Jahrhunderten mußten sie den allmächtigen Fürsten überzeugen. Heute müssen sie den Ministerien und Parlamentsausschüssen Rechenschaft ablegen oder, in unseren demokratischen Systemen, Basisarbeit leisten und den Wählern und Steuerzahlern den Sinn und die Richtigkeit ihrer Vorschläge klarmachen.

CERN

A: Allgemeine Angaben, Stand: Mitte 1983

Sitz: Genf, Schweiz

Gelände: 109 Hektar in der Schweiz und 452 Hektar in Frankreich

Postanschriften: Schweiz: CH-1211 Genf 23
Frankreich: Prévessin, F-01631 CERN Cedex

Budget 1983: 681 Millionen Schweizer Franken

Mitgliedstaaten und Beiträge in Prozent:

Belgien	4,62	Niederlande	6,12
Dänemark	2,47	Norwegen	1,78
BR Deutschland	24,79	Österreich	2,51
Frankreich	21,51	Schweden	4,26
Griechenland	0,40	Schweiz	4,10
Großbritannien	14,00	Spanien	0,82
Italien	12,62		

Personal:	3435	Planstellen (Wissenschaftler, Ingenieure, Techniker, Verwaltungsangestellte und Arbeiter)
	131	Stipendiaten
	187	bezahlte Gastwissenschaftler
	2738	unbezahlte Gastwissenschaftler
	118	Studenten und Lehrlinge
	6609	Mitarbeiter insgesamt

Energieverbrauch im Jahr 1983: 700 Gigawattstunden

Tabelle 1.2.1: CERN, das Europäische Laboratorium für Teilchenphysik in Genf:
A (oben) allgemeine Angaben,
B (rechte Seite oben) Beschleuniger und
C (rechte Seite unten) Experimentierprogramm

B: BESCHLEUNIGER IM CERN

SPS:	450-GeV-Super-Protonen-Synchrotron, seit 1976, 2,2 km Durchmesser, in dem seit 1982 auch die 270 + 270-GeV-Protonen-Antiprotonen-Kollisionsanlage untergebracht ist
ISR:	31 + 31-GeV-Speicherringe für Protonen und Antiprotonen, seit 1971, 300 m Durchmesser
PS:	28-GeV-Protonen-Synchrotron, seit 1958, 200 m Durchmesser
SC:	600-MeV-Synchrozyklotron, seit 1957, 5 m Durchmesser
LEP:	50 + 50-GeV-Elektron-Positron-Speicherring im Bau, soll 1988 in Betrieb genommen werden, 9 km Durchmesser

C: EXPERIMENTIERPROGRAMM IM CERN

An diesen Experimenten sind
188 Universitäten oder Institute beteiligt,
es arbeiten daran 2614 Experimentalphysiker

am SPS:	24 laufende Experimente, 6 in Vorbereitung
an der SPS-Proton-Antiproton-Anlage:	5 laufende Experimente, 1 in Vorbereitung
am ISR:	12 laufende Experimente
am PS:	4 laufende Experimente, 3 in Vorbereitung, außerdem 17 Experimente in LEAR, dem Low-Energy-Antiprotonen-Ring
am SC:	12 laufende Experimente, 2 in Vorbereitung, außerdem das Isotopen-Separator-System ISOLDE
für LEP:	4 genehmigte Experimente in Vorbereitung

Wir beschließen kurzerhand, die Diskussion in der Erfrischungspause nach dem Rundgang fortzusetzen. Die Frage bleibt offen: Warum erhalten die Physiker für ihre Vorhaben von der Gesellschaft so viel Unterstützung?

Wir fahren mit der Beschreibung DESYs fort:

«Die Forschungsarbeiten werden zur Zeit bei DESY an zwei großen Beschleunigern, den Speicherringen PETRA und DORIS, durchgeführt.

Der 1978 in Betrieb genommene Speicherring PETRA umgibt mit seinem 2,4 Kilometer langen Ringtunnel fast alle Gebäude der DESY-Anlagen. In ihm werden Elektronen und Positronen (= Antielektronen) beschleunigt und gegeneinander geschossen. Dabei wird eine Stoßenergie erreicht, die es erlaubt, neue Teilchen zu erzeugen, die insgesamt 48mal schwerer als Wasserstoffatome sind. Der kleinere Speicherring DORIS wird seit 1974 für Forschungsarbeiten benutzt und erreicht ein Viertel der Energie von PETRA, ein Bereich, in dem der Einsatz von PETRA nicht sinnvoll wäre.»

Zur Füllung der Speicherringe mit Elektronen und Positronen wird ein System benutzt, das neben zwei Linearbeschleunigern und einem Aufbereitungsspeicherring (PIA) noch ein Elektronen-Synchrotron aufweist. Dieses Synchrotron, das einen Durchmesser von 100 Meter hat, wurde schon 1964 in Betrieb genommen: Nach ihm wurde das Forschungszentrum auch «Deutsches Elektronen-Synchrotron» DESY genannt.

Hier gebe ich eine zusammenfassende Darstellung der Wege der Teilchen in den Beschleunigern. Von der Erzeugung im Glühdraht des Linearbeschleunigers – wie in einem normalen Fernseher – bis in den Speicherring. Besonders werden die zur Beschleunigung notwendigen Hochfrequenzresonatoren erläutert. Der Leser wird dies ausführlicher im Kapitel 3 erfahren.

«Am Speicherring PETRA werden vier große Experimentieranlagen von international besetzten Forscherteams betrieben. Bei DORIS stehen zwei weitere solche Anlagen zur Verfügung. Am Speicherring DORIS werden außerdem drei Laboratorien mit Synchrotronstrahlung versorgt, und zwar das Hauptlabor HASYLAB mit 23 voll eingerichteten Bestrahlungsplätzen, ein Labor des Europäischen Zentrums für Molekularbiologie EMBL (Hauptsitz in Heidelberg) und ein Labor der Fraunhofer-Gesellschaft.»

Wir fassen nochmals zusammen: Im Mittelpunkt der Tätigkeit bei DESY steht die Untersuchung der Eigenschaften derjenigen Teilchen, die heute als Urbausteine der Materie angesehen werden, und das sind die Leptonen und die Quarks. In diesem Buch kommen wir ausführlich auf sie zurück. Das bekannteste Lepton ist das für unsere Technologie so wichtige Elektron; unter den Quarks sind besonders die sogenannten u- und d-Quarks interessant, weil aus ihnen die Atomkerne aufgebaut sind.

Bei DESY werden auch die zwischen all diesen Teilchen wirkenden Kräfte untersucht. Dabei konnten schon wichtige Entdeckungen gemacht werden, wie zum Beispiel der erste Nachweis der Austauschteilchen der Quarkkräfte, der Gluonen. Besonders interessant sind auch die Messungen der Mischung zwischen den sogenannten schwachen und den elektromagnetischen Kräften. Letzteres ergab schon wesentliche Informationen über die Träger der schwachen Kräfte, der Weakonen, deren materielle Existenz dann 1983 im CERN nachgewiesen wurde.

Am Speicherring DORIS werden Quarkverbindungen untersucht, die es erlauben, die Quarkkräfte genauer zu verstehen und so die heute allgemein benutzte Theorie dieser Kräfte zu überprüfen. Diese Theorie – Quanten-Chromo-Dynamik oder QCD genannt – bildet unter anderem die Grundlage für ein zukünftiges besseres Verständnis der Kernkräfte.

Man hat heute den begründeten Verdacht, daß die Quarks und die Leptonen selbst auch wieder aus noch kleineren Komponenten aufgebaut sind. Auf diese Art könnte man die Regelmäßigkeiten, die zwischen diesen Bausteinen auftreten, erklären und verstehen. Auch für die vier bis jetzt bekannten Naturkräfte erwartet man in Zukunft ein umfassenderes und einfacheres Schema.

Um auf diesen Gebieten Klarheit zu schaffen, wurde ein international koordiniertes Forschungsprogramm aufgestellt. Ein Teil dieses Programms soll bei DESY erforscht werden, nämlich die Struktur der Quarks durch Zusammenstoß mit Elektronen bei den höchsten je erreichten Energien zu beobachten. Dies soll in einem Elektron-Proton(Protonen = Wasserstoffkerne)-Speicherring mit dem Namen HERA durchgeführt werden. Dieser Speicherring soll 1990 in Betrieb gehen. Die Vorbereitungen sind schon weit fortgeschritten, der Bau des Ringes soll 1984 beginnen.

Abb. 1.2.6: Ein Blick in den Tunnel des Speicherrings PETRA bei DESY in Hamburg. Im Vordergrund sind die verschiedenen Arten von Strahlführungsmagneten sichtbar: ein Sextupol-, ein Quadrupol- und ein Ablenkmagnet (Foto DESY)

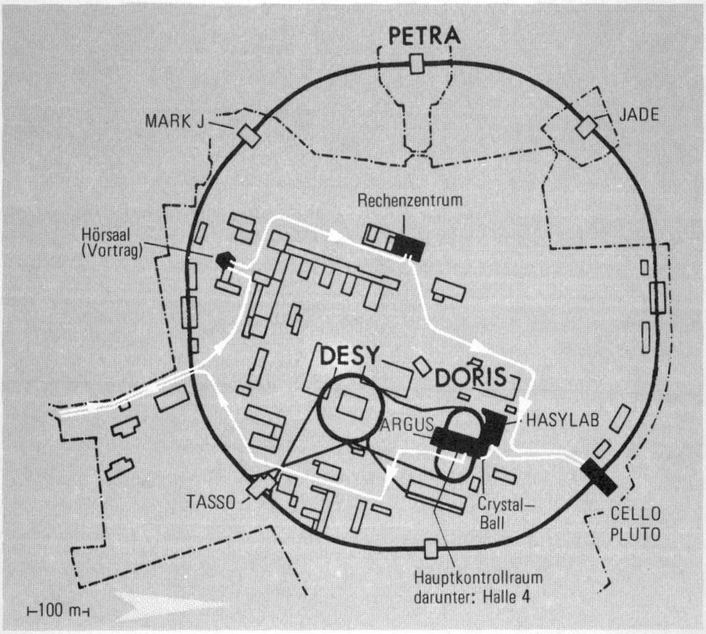

Abb. 1.2.8: Die Experimentieranlage CELLO am Speicherring PETRA. Die 1400 Tonnen schwere Apparatur kann auf Schienen in den PETRA-Strahl hinein- und aus ihm herausgefahren werden. Hinter CELLO, auf unserem Bild nicht sichtbar, steht die herausgefahrene PLUTO-Anlage (Foto DESY, Schmidt-Luchs)

Drei der Experimentieranlagen für Hochenergiephysik sowie das HASYLAB und der Hauptkontrollraum der Beschleuniger werden nach dem Vortrag besichtigt. Ich weise darauf hin, daß Fotografieren überall erlaubt ist; das nehmen die Schüler mit staunender Miene entgegen. Dagegen ist es leider nicht erlaubt, die Beschleunigertunnel zu betreten, weil gerade Teilchen gespeichert sind. Wie es in dem Tunnel aussieht, wird durch ein Dia gezeigt (Abb. 1.2.6). Wir ziehen los und besuchen erst das Rechenzentrum (Abb. 1.2.7). Nach 700 Metern über die «Ringstraße» von DESY befinden wir uns in der Halle NO am Speicherring PETRA (Abb. 1.2.8). Vor dem supraleitenden Magneten und der eindrucksvollen Eisenkonstruktion der riesigen CELLO-Anlage, gleich neben den jetzt geöffneten PLUTO-Apparaturen, bleiben wir stehen. Hier folgt eine weitere Erklärung:

◂ Abb. 1.2.7: Das DESY-Gelände: Der beim Rundgang verfolgte Weg ist in Weiß eingetragen

«Für den Bau und den Betrieb der Beschleuniger und der dazugehörigen Experimentieranlagen sind Technologien erforderlich, die oft an der Grenze der heutigen Möglichkeiten liegen. Es müssen sogar oft ganz neue Techniken entwickelt werden. Dies geschieht meist in enger Zusammenarbeit mit der Industrie.

DESY ist laut Satzung verpflichtet, alle eigenen Entwicklungen der Industrie zugänglich zu machen. Dabei handelt es sich oft um Innovationen, die einstweilen nur in der Hochenergiephysik benötigt werden, die aber in der Zukunft auch durchaus auf anderen Gebieten eingesetzt werden können.

Ein typisches Beispiel ist die Entwicklung supraleitender Apparaturen wie Magnete und Resonatoren. Sie werden mit flüssigem Helium auf minus 269 Grad Celsius gekühlt und haben besondere Eigenschaften, die in der Hochenergiephysik notwendig sind und jetzt auch allmählich sehr interessante Anwendungen auf anderen Gebieten finden.

Weitere Spitzentechnologien betreffen die Gebiete Ultrahochvakuum, Hochfrequenz-Hochleistungssendeanlagen, schnelle Elektronik, Datenübertragung und -verarbeitung, Tieftemperatursysteme und Steueranlagen.»

Es geht weiter durch das HASYLAB (Abb. 1.2.9) mit seiner Vielfalt an mittleren und kleineren Experimenten, die mit der intensiven Röntgenstrahlung, die aus dem Beschleuniger stammt, durchgeführt werden. Dann geht es in die Halle 4 am Speicherring DORIS, wo die ARGUS- und CRYSTAL-BALL-Anlagen stehen. Dort werden auch einige Ersatzteile der Speicherringe besichtigt und erklärt, besonders die Hochfrequenzresonatoren. Dann geht es in den Hauptkontrollraum, von dem alle stark beeindruckt sind: Er ist groß, sogar verglichen mit den Anlagen der Science-fiction-Filme. Alle Beschleuniger werden von hier aus gesteuert. An die hundert Bildschirmgeräte zeigen so gut wie alles, was den Maschinenspezialisten nützlich sein kann. Sie werden von neun Computern unterstützt (Abb. 1.2.10).

Abb. 1.2.10: Der Hauptkontrollraum der Beschleuniger bei DESY – in einer ▸ der sehr seltenen Arbeitspausen. Der Viertelkreis links oben im Bild enthält die Kontrollpunkte und Bildschirme für PETRA, links unten wird DORIS überwacht, rechts das Synchrotron und der Speicherring PIA und rechts oben das Vakuumsystem und andere technische Anlagen (Foto Franz Peters, DESY)

Abb. 1.2.9: Das Hamburger Laboratorium für Synchrotronstrahlung HASYLAB am Speicherring DORIS bei DESY. Das HASYLAB ist eines der größten Forschungszentren seiner Art auf der Welt (Foto DESY)

DESY

A: Allgemeine Angaben, Stand Mitte 1983

Sitz: Hamburg, Bundesrepublik Deutschland

Gelände: 47,3 Hektar

Postanschrift: Notkestraße 85
D-2000 Hamburg 52

Budget 1983: 142 Millionen DM, die zu
90 % vom Bundesministerium für Forschung und Technologie und zu
10 % von der Stadt Hamburg getragen werden

Personal:	1030	Planstellen (Wissenschaftler, Ingenieure, Techniker, Verwaltungsangestellte und Arbeiter)
	154	deutsche Gastwissenschaftler (Hochenergiephysik)
	250	ausländische Gastwissenschaftler (Hochenergiephysik)
	400	Benutzer der Synchrotronstrahlung
	200	Diplomanden und Doktoranden
	80	Auszubildende und Praktikanten
	2114	Mitarbeiter insgesamt

Energieverbrauch im Jahr 1983: 221 Gigawattstunden
(Stadt Hamburg 1983: 10606 Gigawattstunden)

Tabelle 1.2.2: Das Forschungszentrum für Teilchenphysik DESY in Hamburg:
A (oben) allgemeine Angaben
B (rechte Seite oben) Beschleuniger und
C (rechte Seite unten) Experimentierprogramm

B: BESCHLEUNIGER BEI DESY

PETRA:	23 + 23-GeV-Elektron-Positron-Speicherring, seit 1978, 700 m Durchmesser
DORIS-II:	5,6 + 5,6-GeV-Elektron-Positron-Speicherring, seit 1974, 60 × 100 m Oval
Einschußsystem: zwei Linearbeschleuniger, ein Akkumulationsspeicherring (PIA) und ein 7,4-GeV-Elektronensynchrotron	
HERA:	30 + 820-GeV-Elektron-Proton-Speicherringe im Bau; sie sollen 1989/90 in Betrieb genommen werden, 2 km Durchmesser

C: EXPERIMENTIERPROGRAMM BEI DESY

An den Experimenten der Hochenergiephysik sind 14 deutsche und 32 ausländische Universitäten oder Institute beteiligt, es arbeiten daran 480 Experimentatoren

Sechs internationale Kollaborationen betreiben die Großanlagen

bei PETRA:	CELLO, JADE, MARK-J und TASSO
bei DORIS-II:	ARGUS und CRYSTAL-BALL

Für HERA sind vier Großexperimente vorgesehen

An den Arbeiten mit der Synchrotronstrahlung sind 95 Institute beteiligt; etwa 400 Wissenschaftler benutzen diese Einrichtungen

Synchrotronstrahlung am Speicherring DORIS:

23 Meßplätze im HASYLAB,
3 Meßplätze in der Außenstation des EMBL – Europäisches Laboratorium für Molekularbiologie – mit Sitz in Heidelberg,
1 Meßplatz der Fraunhofer-Gesellschaft

Nun hat man immerhin gut zwei Kilometer zurückgelegt und viel Farbiges und Gigantisches gesehen. Eine Erfrischung aus der Dose ist willkommen, ehe die Enddiskussion beginnt. Vorher aber noch einige wichtige Zahlen, die beim Vortrag vergessen wurden (Tabelle 1.2.2).

«Von den 1030 Bediensteten bei DESY sind etwa 80 Prozent mit Aufgaben beschäftigt, die man als Infrastruktur bezeichnen kann. Nur rund 70 DESY-Physiker arbeiten mit den auswärtigen Wissenschaftlern direkt an den Forschungsprojekten zusammen. Dagegen ist eine besonders wichtige Gruppe von DESY-Mitarbeitern mit dem Bau, der Entwicklung und dem Betrieb der Beschleunigeranlagen beschäftigt.

DESY erhält jährlich Zuwendungen in Höhe von etwa 140 Millionen DM (Stand 1983), die zu 90 Prozent vom Bund und zu 10 Prozent von der Stadt Hamburg getragen werden. Die Experimentieranlagen werden zum Teil von den zusammenarbeitenden Instituten selbst finanziert. Besonders die ausländischen Gruppen leisten dazu einen erheblichen Beitrag. Der Bau des HERA-Speicherrings wird im Laufe der sechs Baujahre zusätzlich etwa 950 Millionen DM in Anspruch nehmen, die zum Teil von ausländischen Regierungen beigesteuert werden sollen. DESY hat im Jahr 1983 insgesamt 221 Gigawattstunden Energie verbraucht. Mit HERA soll der Energieverbrauch um etwa 20 Prozent steigen.

Der Bau von Beschleunigern und Experimentieranlagen und die Durchführung von Experimenten geschieht bei DESY – und übrigens auch in allen Einrichtungen dieser Art – ausschließlich *auf Antrag der Wissenschaftler,* die bereit sind, die entsprechenden Arbeiten durchzuführen. Beurteilt werden diese Vorhaben (englisch: Proposals) von geeigneten international zusammengesetzten Komitees. Ein Wissenschaftlicher Rat und ein Verwaltungsrat haben die wichtigeren Vorhaben und die Zukunftsprogramme zu genehmigen. Für die Durchführung ist dann das DESY-Direktorium verantwortlich. Eine beratende Funktion hat dabei auch ein Wissenschaftlicher Ausschuß, der zum Teil von der DESY-Belegschaft und von den wissenschaftlichen Besuchergruppen gewählt wird.»

Die Schüler waren brav und sind jetzt müde. Einige immerhin haben sich Notizen gemacht und warten schon gespannt – jetzt auch erfrischt – auf die Gelegenheit, ihre Fragen und Meinungen unterzubringen. Einiges über diese Diskussionsrunde wird im nächsten Abschnitt wiedergegeben.

1.3. Fragen zur Forschung

«Wenn nun die Quarks aus noch kleineren Teilchen bestehen sollten und diese dann wahrscheinlich wieder aus noch kleineren: Wie lange soll das noch weiterverfolgt werden?»

Man wird so weit gehen, wie es nötig sein wird, um den Aufbau der Materie *genügend* genau zu verstehen. Dieses «genügend» können wir etwas präzisieren. Es bedeutet nicht, daß man endlos weit gehen muß.

Forschung ist nur dann sinnvoll, wenn eine vernünftige Fragestellung dahinter steht, selbst dann, wenn man im Endeffekt Ergebnisse erhält, die von der ursprünglichen Fragestellung weit entfernt sind – was ja öfter passiert.

Außerdem ist Forschung, die von der Allgemeinheit finanziert wird, nur möglich, solange sie mit tragbaren und vertretbaren Aufwendungen durchgeführt werden kann.

Wir haben schon gehört, daß zum Beispiel die Frage nach dem Zusammenhalten der Atomkerne und nach den dabei nötigen Bindeteilchen, den Mesonen, noch nicht vollständig geklärt ist. Die zwischen diesen Teilchen wirksamen Kräfte müssen noch besser verstanden werden. Dies ist eine der Fragen, die als Motivation hinter der heutigen Teilchenphysik stehen.

Andererseits sind die Mittel, die die Gesellschaft in diese Art von Forschung zu investieren bereit ist, begrenzt. Diese Mittel sind in den letzten Jahren grob geschätzt gleichgeblieben, und eine drastische Erhöhung wird nicht erwartet. Aus der Fragestellung und aus den vorhandenen Mitteln ergibt sich also ein wohldefinierter Rahmen, der eine Fortsetzung ins Unendliche unmöglich macht.

Wir haben außerdem die Hoffnung, daß die Materieteilchen, die wir in unserer Welt beobachten, eines Tages auf eine einheitliche Art verstanden werden können. So ist es zum Beispiel möglich, daß unsere heutigen Teilchen und vor allem die Kräfte, die sie zusammenhalten, charakteristisch nur für unseren besonderen Energiezustand sind. Dies ist, vereinfacht ausgedrückt, etwa so, wie wenn die Welt sich «abkühlen» und gerade jetzt – und auf einige Millionen Jahre gewisse Tröpfchen sich bilden würden, die wir als Teilchen beobachten. Bei extrem hohen Energien, wie sie vielleicht am Anfang unseres Universums vorhanden waren, gab es all diese Teilchen nicht. Wenn wir also verstehen könnten, wie sich die Materie bei sehr hohen Energien benimmt und wie sie sich beim Abkühlen «kondensiert», hätten wir vielleicht alle Teilchenarten auf einen Schlag verstanden, und eine weitere Detailuntersuchung der vielen tausend eventuell außerdem noch existierenden Teilchen würde sich erübrigen.

«Ist der heute auf diesem Gebiet getriebene Aufwand noch vertretbar? Gibt es nicht wichtigere Probleme in unserer Gesellschaft und auf unserer Welt?»

Über den Vorrang bei der Verteilung der Güter oder des Geldes – wenn man so den Aufwand messen will – kann man lange streiten. Dies gilt für viele Gebiete und würde den Rahmen dieser Diskussion überschreiten. Wir möchten auch nicht bewerten, was nun am wichtigsten wäre und wie man es dann auch durchführen könnte.

Was die Grundlagenforschung und insbesondere die Elementarteilchenforschung betrifft, so kann man fragen: Was würde passieren, wenn man diese Tätigkeiten streichen würde? Für Teilchenphysik wird in der Bundesrepublik insgesamt etwa eine halbe Milliarde Mark pro Jahr ausgegeben und für Grundlagenforschung insgesamt vielleicht das Zehnfache, je nachdem, was man noch dazu rechnet. Eine halbe Milliarde Mark kann man in zwanzig- bis dreißigtausend Arbeitsplätze umrechnen, da ja selbst Rohstoffe durch Arbeitsstunden von Menschen gefördert werden. Diese Menschen hängen also von der Teilchenforschung ab und müßten weiter ernährt werden – auch als Arbeitslose.

Das Ergebnis einer solchen Streichung wäre also zunächst einmal eine Erhöhung der Arbeitslosenzahl. Die Physiker müßten fast alle weiter bezahlt werden, da sie ja an Universitäten arbeiten und durch Unterricht, unabhängig von ihren Forschungsvorhaben, ihr Geld verdienen. Die Einsparung würde auf keinen Fall der halben Milliarde Mark entsprechen.

Dies ist ein Beispiel für ein Arbeitsfeld, das in Jahrzehnten aufgebaut wurde und das man nicht so einfach abbauen kann. Auf lange Sicht ist es natürlich denkbar, daß man den Menschen, die jetzt an der Hochenergiephysik direkt oder indirekt beteiligt sind, eine andere Betätigung zuweist. Ob die dann sinnvoller ist, müßte erst noch gezeigt werden.

«Warum beschäftigen sich denn so viele Physiker mit Elementarteilchenphysik?»

So etwas fängt man in jungen Jahren an, einfach weil es einen interessiert. Ich sehe darin also in erster Linie eine Tätigkeit, die mich befriedigt, für die ich mich begeistern kann. Glücklicherweise wurde ich nie gezwungen, diese Tätigkeit aufzugeben.

Man kann aber noch andere Gründe für eine Tätigkeit in der Teilchenphysik anführen. Oft wird behauptet, daß die Grundlagenforschung die Basis für die Technologie der Zukunft darstellt. Dies ist sicher richtig und kann auch überzeugend belegt werden.

Eine weitere Begründung für die Tätigkeit in der Teilchenphysik und anderen Wissenschaften ist die Tatsache, daß es sich hierbei um einen kulturellen Wert handelt, der für unsere Gesellschaft genauso wichtig ist wie zum Beispiel die verschiedenen Manifestationen der Kunst. Physik, ja Wissenschaft überhaupt, ist ein ganz wesentlicher Teil unseres Kulturlebens. Ein Synchrotron gehört zu den Monumenten geistiger Kultur: wie eine große Bibliothek, eine Kunstgalerie, ein Opernhaus.

Wir können diesen Gedanken auch anders formulieren:

Eine Antwort auf eine offenstehende Frage zu erarbeiten verursacht bei vielen Menschen ein Gefühl der Freude und Zufriedenheit. Das Vergnügen, ein Problem zu lösen, wird oft mit der Freude des Künstlers bei der kreativen Tätigkeit verglichen. Beides sind Befriedigungen, die man als angeboren, also als instinktiv bezeichnen kann, weil sie in unserem Erbgut, also in unserer innersten Natur mitgeliefert werden. Bei Kindern kann man diese Neigungen am leichtesten beobachten. Menschen von dieser Art sind in der Gesellschaft unentbehrlich.

«Wenn nur einige tausend Physiker auf diesem Gebiet tätig sein können: Welche Berufschancen hat dann ein jetzt promovierter Anfänger, zum Beispiel hier bei DESY*?*»

Man muß hier vorwegnehmen, daß Physiker, die in die Hochenergieforschung gehen möchten, meist schon einen gewissen Kontakt mit dieser Art von Arbeit haben, weil sie Praktikum, Diplomarbeit und Promotion auf diesem Gebiet gemacht haben. Da es sich dabei sehr oft um Arbeit in großen Gruppen handelt, ist es dann nur natürlich, daß die Senioren in solchen Gruppen – also meist Professoren – sich darum kümmern, den für fähig gehaltenen Junioren Stellen zu verschaffen. Dabei sind die Universitäten in den meisten Fällen die Arbeitgeber. Die ersten Jahre werden oft mit Stipendien überbrückt, wobei Aufenthalte in verschiedenen Instituten, auch im Ausland, durchaus die Regel sind. Wer auf diese Art nicht weiterkommt, der sucht sich bald eine Stelle in der Industrie oder widmet sich ausschließlich der Lehre.

«Wenn man aber einige Jahre in der Hochenergieforschung tätig war, hat man denn, dann noch Chancen in der Wirtschaft?»

Erfahrung in der Hochenergiephysik wird oft sehr positiv angerechnet. Motivierte Arbeit in großen Gruppen (ich zeige drei Dias von arbeitenden Physikern, s. Abb. 1.3.1 bis 1.3.3), verantwortungsvolle Einhaltung der Termine und des Finanzrahmens für die übernommenen Aufgaben, Überblick, und trotzdem Liebe zum Detail – all dies sind Merkmale der Arbeit in der Hochenergiephysik, die in der Industrie sehr geschätzt werden. Es gibt natürlich auch Firmen, die nicht gerne Physiker aus der Forschung übernehmen. Dies hängt wohl von der auszuübenden Tätigkeit in der betreffenden Firma und Branche ab.

«Wie groß ist der Stromverbrauch von DESY*? Könnte man diese Energie nicht besser anderswo einsetzen oder eventuell sogar einsparen?»*

Der Gesamtverbrauch und gewisse Maximalwerte werden mit dem Elektrizitätswerk vereinbart, um einen möglichst günstigen Tarif zu erhalten. Je nach der Energie, mit der die Speicherringe betrieben werden, können zwischen etwa 30 und 60 Megawatt aus dem Netz übernommen werden. Das entspricht dem Verbrauch einer Kleinstadt oder eines Hamburger Bezirks.

Auch hier ist es nicht so leicht, nach möglichst sofortigen und drastischen Einsparungen zu suchen. Das Elektrizitätswerk und seine Mitarbeiter sind nämlich einstweilen gar nicht unglücklich darüber, uns so viel Strom zu verkaufen.

Natürlich versuchen wir bei DESY, alle Möglichkeiten zum Stromsparen auszunutzen. Die Stromkosten sind ein wesentlicher Teil unserer Ausgaben und betragen pro Jahr zwischen 15 und 27 Millionen DM. Ein langfristiges Programm zur Ausnutzung der Kühlwässer wird zur Zeit in die Praxis umgesetzt.

«Kümmert man sich bei DESY *außer um die Beschäftigung von Diplomanden und Doktoranden auch um die Ausbildung anderer Fachkräfte für technisch hochqualifizierte Berufe?»*

Ja. Es gibt Praktikanten aus vielen Berufszweigen und eine besondere Werkstatt für fast sechzig Auszubildende.

«Kann man auch von einem unmittelbaren praktischen Nutzen sprechen, oder ist alles nur in der fernen Zukunft – und das auch noch mit einem großen ‹Vielleicht› versehen – anwendbar?»

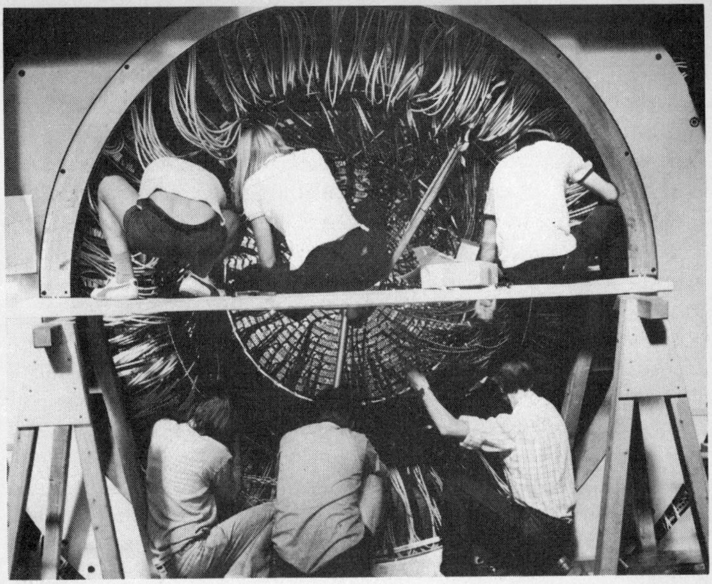

Abb. 1.3.1: Verdrahten der Proportionalkammern der Experimentieranlage ARGUS (= A Russian-German-United States-Swedish-Collaboration) am Speicherring DORIS. Physiker, Ingenieure und Techniker verschiedener Nationalität arbeiten hier kollegial zusammen (Foto DESY)

Ich möchte zuerst das «große» Vielleicht in ein etwas kleineres verwandeln. Wie wichtig es ist, nicht nur an den unmittelbaren Nutzen zu denken, soll an einem Beispiel erläutert werden:

Wer in der zweiten Hälfte des vorigen Jahrhunderts die Beleuchtung von Straßen und Innenräumen verbessern wollte, der hätte höchstwahrscheinlich Physiker und Chemiker damit beauftragt, die Lichtemission der Glühstrümpfe in den Gaslampen zu verbessern. Dagegen haben sich die Wissenschaftler damals um ganz andere, anscheinend weltfremde Phänomene gekümmert, nämlich um die Grundlagen der Elektrizität. Daß hiermit eines Tages die Straßen zu beleuchten waren, konnte man freilich nicht ahnen.

Dies ist ein Beispiel für eine Entwicklung, die durch eine Verbesserung des Wissens – also durch Grundlagenforschung – ausgelöst werden konnte. Der Urmensch, der mit Holzstäbchen versuchte, Feuer künstlich zu entflammen, wurde sicher auch von seinen Mitmenschen als weltfremder Außenseiter belächelt. Jedoch nur dank dieser Sonderlinge wurde es der Menschheit möglich, sich über die ganze Erde zu verbreiten.

Der Mensch könnte ohne Werkzeug, ohne Technik, ohne Kleidung nur in einigen wenigen Gegenden der Erdoberfläche und in sehr begrenzter Zahl überleben. Nur durch die Fähigkeit, zu lernen und die Umgebung für sich nutzbar zu machen, ist es für die meisten Menschen überhaupt möglich zu überleben. Deshalb ist beim Menschen der Wissensdrang, die Neugier, eng mit dem Selbsterhaltungstrieb verknüpft. Und diese Neugier ist natürlich nicht nur auf sofortige Anwendbarkeit von Wissen beschränkt.

Aber trotzdem: Welchen unmittelbaren und praktischen Nutzen hat die Grundlagenforschung? Praktische Anwendungen spielen nämlich bei der Forschung und besonders bei der Vergabe von Forschungsgeldern eine wichtige Rolle. Deshalb wird von den Wissenschaftlern dieser Aspekt auch gern besonders hervorgehoben – wenn dies irgendwie möglich ist. Die Hochenergiephysiker betonen oft ihre Rolle als Innovationsmotoren. Sie waren schon immer die Anwender und oft sogar die Entwickler höchst fortschrittlicher Technologie, die in vielen Fällen sofort auf anderen Gebieten eingesetzt werden konnte. Zwei Beispiele unter vielen anderen: die schnelle Elektronik und die großen Rechneranlagen.

Die an den Beschleunigern anfallende Synchrotronstrahlung ist ein weiteres Beispiel praxisnaher Anwendung, die aus der Hochenergiephysik entsprungen ist. Die Synchrotronstrahlung ist eine Art von Abfallstrahlung der Speicherringe und hat sich mit Starthilfe der Hochenergiephysiker zu einer begehrten Technik entwickelt, die sehr viele Anwendungen findet, zum Beispiel bei der Erzeugung integrierter Schaltungen und in der Medizin.

Firmen lernen oder entwickeln oft besondere Techniken, wenn sie Aufträge aus der teilchenphysikalischen Forschung durchführen. Dies betrifft viele Techniken: zum Beispiel die Mechanik, die Vakuumtechnik, die Kältetechnik. Auch dies sind Beispiele eines sofortigen praktischen Nutzens der Forschung.

All dies soll aber nicht darüber hinwegtäuschen, daß der eigentliche Sinn der Grundlagenforschung in der Vorbereitung der entfernteren Zukunft liegt und daß der Forscher selbst auf keinerlei Anwendbarkeit seines Tuns verpflichtet ist. Ihn lenkt seine natürliche und gesunde Neugier.

«Wie stark ist die Umgebung eines solchen Forschungslabors gefährdet? Entsteht hier irgendeine Art von Radioaktivität oder ähnlich gefährliche Strahlung?»

An Elektronenbeschleunigern entsteht nur sehr wenig Radioaktivität. Etwas gefährlicher sind da die Protonenmaschinen. Die Intensität der entstehenden Strahlung ist jedoch gegenüber der in Kernkraftwerken auftretenden sehr gering. Es handelt sich ja im wesentlichen nicht um Kernreaktionen, die oft radioaktive Kerne hinterlassen, sondern um subnukleare Vorgänge, bei denen nur sehr kurzlebige Teilchen entstehen.

Die Zahl der Teilchen, die in den Beschleunigern umlaufen, ist auch relativ gering. Wichtig ist für die Hochenergiephysiker ja nur die Energie der winzigen Einzelteilchen, und diese ist verschwindend klein, wenn man sie mit den normalen Energien vergleicht, zum Beispiel mit der Verbrennungsenergie eines Streichholzes.

«Wird bei DESY *Forschung betrieben, die für militärische Zwecke geeignet sein könnte oder die Schaden für die Menschen oder für die Natur darstellen könnte?»*

Die Ziele der Forschung bei DESY sind offensichtlich nicht für die Anwendung bestimmt, natürlich auch nicht für eine militärische oder menschenvernichtende. Dies ist schon aus der fehlenden Geheimhaltung ersichtlich. Alles wird besichtigt, alles kann fotografiert werden. Eine militärische Verwertung kann man sich also hier nicht vorstellen.

Abb. 1.3.2: Physiker bei der Arbeit am Computer. Der Computer überwacht die Messungen und analysiert die Ergebnisse: Einen erheblichen Teil ihrer Zeit verbringen deshalb Physiker am Bildschirm (Foto DESY)

Jede neue Erkenntnis oder Entwicklung kann aber für Kriegszwecke benutzt werden. Daran kann man leider nichts ändern. In dieser Hinsicht ist die Natur grausam. Ohne Fortschritt – das ist das Grundgesetz der Evolution – schien es bis jetzt kaum ein Überleben zu geben, und für den Fortschritt müssen andererseits sehr viele Opfer gebracht werden. Die Menschen sehen meist nur das Endergebnis; die Wunden und die Toten werden bald vergessen. So würde heute wohl niemand auf die Elektrizität verzichten, nur weil es einen elektrischen Stuhl gibt oder weil Tausende von Hausfrauen (und Hausmännern) jedes Jahr durch Stromunfälle sterben.

Man kann aus religiösen, politischen oder philosophischen Gründen die Forschung und den technischen Fortschritt bewußt abbremsen. Die Geschichte der Völker bietet Beispiele solcher Entwicklungen. Das Ergebnis war meist Hunger, Überbevölkerung und schließlich doch die Übernahme der Technik anderer Völker. Früher wurde das mit Waffengewalt, heute wird das immer mehr durch wirtschaftliche Überlegenheit vollzogen.

Es ist unsere Überzeugung, daß Forschung und insbesondere Grundlagenforschung weiter betrieben werden muß. Natürlich müssen alle Seiten mit aller Kraft daran arbeiten, daß nur die für alle Menschen, Tiere und Pflanzen vorteilhaften Anwendungen verwirklicht werden.

Forschung abzuwürgen wegen eines möglichen Mißbrauchs wäre sicher der verkehrte Weg. Die Gefahren muß man erst genau erkannt haben, bevor man sie bekämpfen kann. Dies gilt besonders in einer gespaltenen Welt, in der ein Teil versucht, dem anderen seinen politischen Lebensstil aufzuzwingen.

Von der Verantwortung des Wissenschaftlers ist vor allem seit dem Bau der Atombombe die Rede. Auch große Forscher selbst haben sich für eine Selbstbegrenzung der Wissenschaft ausgesprochen. Motto: Man darf nicht alles machen, was machbar wäre. Hier möchte ich Farbe bekennen. Ich meine, daß das Wissen, vor allem auf dem Gebiet der Grundlagen, gar nicht groß genug sein kann und daß die Verantwortung der Wissenschaftler darin besteht, die Welt vor den möglichen Folgen zu warnen. Wer nämlich die Erkenntnisse gar nicht hat, der kann vor ihren Folgen ja auch nicht warnen. Zur Zeit kommen zum Beispiel solche Warnungen von seiten der verantwortungsvollen Gen-Forscher und Biologen. Sie können gar nicht ernst genug genommen werden.

Ich wiederhole aber, um zur ursprünglichen Fragestellung zurückzukehren, daß die Hochenergiephysik im allgemeinen und auch die

Abb. 1.3.3: Die Theoretiker Harry Lehmann und Tai Tsun Wu bei der Abenddiskussion in einem Seminarraum bei Desy. Die theoretischen Physiker befassen sich mit der Analyse der Zusammenhänge zwischen den Naturvorgängen und mit ihrer mathematischen Darstellung (Foto Desy, Schmidt-Luchs)

bei Desy betriebenen Anlagen zu keinerlei militärischen Zwecken mißbraucht werden können. Sie sind unschädlich für die Menschen und für die natürliche Umwelt – wenn wir auch sehr viel Strom verbrauchen.

Die Fragestunde endet. Es ist immer nützlich, über die Anliegen der Jugendlichen nachzudenken. Sicher wird die Lehrerin noch im Bus mit ihren Schülern weiterdiskutieren. Mancher wird erst dann mit seinen Problemen herauskommen. Wir aber kehren zu unserer normalen Tätigkeit im Labor zurück.

In den ersten Abschnitten dieses Buches, also bis an diese Stelle, haben wir den Leser in die Welt und in die Probleme der Teilchenphysiker eingeführt. Es sind Menschen, die in einem großen Institut arbeiten – wir haben Desy als Beispiel gewählt –, die sich Sorgen machen und oft vor fast unlösbaren Aufgaben stehen, die aber im Grunde nichts anderes tun als einen Beruf auszuüben, der für viele von ihnen auch ihr Hobby ist.

Jetzt möchten wir mit dem Leser einen längeren Weg zurücklegen: von den philosophischen Anfängen vor zweieinhalb Jahrtausenden bis zum heutigen Stand unseres Wissens auf dem Gebiet der Erforschung der kleinsten Teile der Materie. Das Thema erfordert einiges an Geduld und auch etwas Konzentration. Mit Analogien und Beispielen werden wir versuchen, das Thema aufzulockern und leichter verständlich zu machen. Wir möchten uns dabei auch langsam in die Denkungsart der Physiker, in ihre gelegentlich auch etwas eigenwillige «Philosophie» einarbeiten. Wir beenden also dieses Kapitel mit einem Vorwort zur Sache, um uns dann in die Bereiche der Moleküle, der Atome und der «subatomaren Phänomene» zu vertiefen. Im Kapitel 7 werden wir den zurückgelegten Weg kurz überfliegen, um danach in einer Zusammenfassung die wichtigsten Kenntnisse nochmals zu erläutern.

1.4. Die Suche nach dem Elementaren

Die Frage nach dem Urgrund der Dinge und nach dem elementaren Stoff, welcher der bunten Mannigfaltigkeit der Welt letzten Endes als vielleicht unveränderlicher Kern zugrunde liegt, hat die Menschheit zu allen Zeiten beschäftigt. Dabei haben nicht nur die Physiker, sondern auch die Philosophen Beiträge zur Klärung der Fragestellungen und zur Auffindung der Antworten geliefert. Auch heute ist die Frage nach den kleinsten und nicht noch weiter teilbaren, also nach den elementaren Bausteinen der Welt für die Bedürfnisse unserer Zeit zwar schon relativ gut, jedoch noch nicht genügend genau beantwortet, obwohl mit großem technischem Aufwand an der Lösung der vorliegenden Probleme gearbeitet wird. Es hat sich in diesem Jahrhundert ein besonderes Teilgebiet der Physik entwickelt, das sich mit der Struktur der Materie und der Erforschung ihrer kleinsten Bausteine beschäftigt. Diese *Elementarteilchenphysik* konnte große Erfolge erzielen, die im folgenden möglichst leicht verständlich dargestellt werden sollen.

Es gibt verschiedene Möglichkeiten, in die Elementarteilchenphysik einzudringen. Der berühmte deutsche Mathematiker Felix KLEIN (1849–1925) hat einmal erklärt, daß der sicherste Weg, eine Wissenschaft verstehen zu lernen, darin besteht, ihren Entwicklungsgang nachzuvollziehen. An diese Art der Darstellung werden wir uns in diesem Buch anlehnen. Dabei wird sich zeigen, daß die Untersuchungen über die Struktur der Materie nicht nur zur Anhäufung einer großen Fülle von Einzelerkenntnissen geführt haben, sondern daß wir darüber hinaus heute ein zusammenhängendes Bild von der Beschaffenheit der materiellen Welt zu zeichnen vermögen, das zwar noch einige Lücken aufweist, dessen eindrucksvolle Schönheit und Harmonie aber schon gut erkennbar sind. Dabei zeigt sich dann auch, daß wir es bei dem Gedankengebäude der modernen Physik und insbesondere auch bei den Erkenntnissen über die Elementarteilchen mit Zeugnissen des menschlichen Geistes zu tun haben, die einen kulturellen Wert an sich darstellen und die einen Vergleich mit den Gemälden großer Meister oder den Dichtungen unserer Klassiker nicht zu scheuen brauchen. Der Unterschied besteht eigentlich nur darin, daß zwischen der – vorwiegend mathematischen – Sprache der Physiker und der natürlichen Sprache der Zeitgenossen ein größerer Abstand klafft als auf anderen Gebieten. Eine Absicht dieses Buches besteht darin, diese Kluft zwischen der Gedankenwelt der Teilchenphysiker und dem Denken der Zeitgenossen zu verringern und am Beispiel der Struktur der Materie zu zeigen, daß ein am geistigen Leben unserer Zeit interessierter Mensch an den Erkenntnissen der heutigen Physik teilhaben kann, wenn – wie wir es hier versucht haben – das Hauptverständigungshindernis beseitigt ist: die Mathematik.

Wenn wir im folgenden den Entwicklungsgang der Elementarteilchenphysik nachvollziehen, wollen wir jedoch nicht alle Umwege und Irrtümer, die auch hier unvermeidlich waren, vollständig darlegen. Es werden vielmehr nur die wesentlichen Entwicklungsstufen behandelt, die zum Verständnis der heutigen Situation erforderlich sind. Dabei interessieren uns nicht allein die experimentell gefundenen Fakten, sondern auch die Wege, die zu ihrer Auffindung führten, und vor allem ihre Interpretation im Rahmen eines physikalischen Systems.

Wir werden dabei auch einige einfache, jedoch zum Teil sehr neuartige physikalische Begriffe und grundlegende Naturgesetze kennenlernen oder in Erinnerung bringen, die für die Erläuterung der Zusammenhänge in der Elementarteilchenphysik sehr nützlich sind.

In der Physik wird ein Teilchen als elementar bezeichnet, wenn es keine innere Struktur besitzt, welche darauf hindeutet, daß das betreffende Teilchen aus noch kleineren Bausteinen besteht. Diese Definition ist jedoch relativ, denn in den verschiedenen Bereichen der Physik können die Vorstellungen über «Elementarität» sehr unterschiedlich sein.

1. In einzelnen *Teilgebieten der Physik*, zum Beispiel in der kinetischen Wärmetheorie und in Teilen der chemischen Physik, ist es üblich, sich die Atome als kleine, vollkommen elastische Kügelchen vorzustellen. Es ist hier ohne Bedeutung, ob die Atome eine innere Struktur haben oder nicht. Man kann einfach annehmen, daß die Materie innerhalb eines Atoms gleichmäßig verteilt ist. Fast alle in diesen Bereich fallenden Erfahrungstatsachen können verstanden und interpretiert werden, wenn man hier die Kügelchen als elementare Gebilde betrachtet.

2. In der *Atomphysik* ist es dagegen erforderlich, die innere Struktur der Atome insoweit zu berücksichtigen, als sie aus einer Atomhülle und einem Atomkern aufgebaut sind. Der Atomkern kann hier als unteilbar und damit als elementar angesehen werden. Die meisten Erscheinungen der Atomphysik lassen sich verstehen, wenn man die Elektronen der Atomhülle und die Atomkerne als elementare Gebilde betrachtet.

3. In der *Kernphysik* dürfen auch die Atomkerne nicht mehr als unteilbar angesehen werden. Sie sind aus den Nukleonen, das heißt aus Protonen und Neutronen, zusammengesetzt. In diesem Bereich der Physik stellen daher die Elektronen, die Protonen und die Neutronen die elementaren Gebilde dar.

4. In der *Subnuklearphysik* können schließlich auch die Nukleonen nicht mehr als elementare Objekte betrachtet werden. Sie erweisen sich vielmehr als zusammengesetzt. Die Bausteine werden als Quarks bezeichnet.

Diese in den verschiedenen Bereichen der Physik unterschiedliche Definition der Elementarität charakterisiert gleichzeitig den Weg, den die physikalische Forschung bei ihrem Vorstoß in die Struktur der Materie beschritten hat. Um den strukturellen Aufbau der Materie zu ergründen, mußten vier Stufen durchlaufen werden, die in Tabelle 1.4.1 dargestellt sind.

Dieses Schema wird im weiteren Verlauf des Buches mit Inhalt erfüllt, gleichzeitig gibt es den Weg an, auf dem der Leser in die Welt der kleinsten Teilchen eingeweiht wird.

Besondere Aufmerksamkeit soll dabei den subnuklearen Teilchen

MOLEKÜLE

Erste Stufe

ATOME

Zweite Stufe

ATOMKERNE und ATOMHÜLLEN

Dritte Stufe

PROTONEN NEUTRONEN MESONEN	ELEKTRONEN NEUTRINOS

Vierte Stufe

QUARKS	LEPTONEN

URBAUSTEINE

Tabelle 1.4.1: Die vier Stufen in der Entwicklung der Elementarteilchenphysik

gelten. Die Erfahrung hat nämlich gezeigt, daß es außer den in Tabelle 1.4.1 genannten Teilchen noch mehr als 200 weitere gibt, die meist nur eine sehr kurze Lebensdauer haben und einen sehr geringen Anteil unserer materiellen Welt ausmachen. Auch hier soll ein zusammenfassendes Schema (Tabelle 1.4.2) zunächst eine kurze Übersicht vermitteln.

Die heute als Urbausteine betrachteten Teilchen sind oben in das Schema eingezeichnet. Dabei ist es bemerkenswert, daß vier dieser Urbausteine, nämlich das Elektron, sein Neutrino, das u-Quark und das d-Quark, die wichtigste Rolle beim Aufbau der stabilen Materie spielen.

Bei unseren weiteren Darlegungen müssen wir gelegentlich Begriffe und Bezeichnungen einführen, die in der anschaulichen Welt des Alltags nicht brauchbar sind. Dies hängt damit zusammen, daß sich unsere Vorstellungen von den Gegenständen des täglichen Lebens nicht ohne weiteres auf den Bereich der Atome übertragen lassen. Es hat sich vielmehr gezeigt, daß man bei der Untersuchung von Gegenständen kleinster Dimensionen wesentlich verfeinerte

URBAUSTEINE

QUARKS		LEPTONEN	
d-QUARK	u-QUARK	ELEKTRON	E.-NEUTRINO
c-QUARK	s-QUARK	MYON	M.-NEUTRINO
t-QUARK	b-QUARK	TAU	T.-NEUTRINO

2-QUARKS MESONEN	3-QUARKS BARYONEN	
Teilchen mit starken Kräften HADRONEN		Teilchen ohne starke Kräfte LEPTONEN

ÜBER 200 ELEMENTARTEILCHEN

Tabelle 1.4.2: Der Aufbau der Elementarteilchen aus Urbausteinen

Methoden und verbesserte physikalische Gesetze anwenden muß. Im folgenden wird auf diesen Sachverhalt, der für das Verständnis der atomaren Welt von entscheidender Bedeutung ist, noch des öfteren einzugehen sein. Trotzdem ist es natürlich möglich, das Eindringen in diese andersartige Welt der Mikrophysik durch die Verwendung anschaulicher Bilder und Vergleiche zu erleichtern. Man muß sich dabei nur immer der Tatsache bewußt sein, daß es sich bei diesen Bildern nicht um die reale Wirklichkeit, sondern um vom Menschen geschaffene Hilfsmittel handelt. Der Gültigkeitsbereich solcher Bilder und Vergleiche, die oft Modelle genannt werden, ist natürlich begrenzt, und man muß der Versuchung widerstehen, sie auch außerhalb dieser Grenzen anzuwenden.

Im folgenden soll versucht werden, das derzeitige Bild der kleinsten Bestandteile der Materie und die Entstehung dieses Bildes nachzuzeichnen. Dabei soll dem Leser vor Augen geführt werden, wie bei dem Übergang von unserer durch die Sinnesorgane unmittelbar beobachtbaren Umwelt zum Studium der meist nicht mehr direkt wahrnehmbaren Atome neue Vorstellungen entwickelt werden mußten, die letzten Endes zu einem einheitlichen und überzeugenden Verständnis der realen Welt geführt haben.

2. Die atomare Welt

2.1. Die Entstehung des Atombegriffes

Die Legende berichtet, daß der griechische Philosoph DEMOKRITOS (etwa 460–370 v. Chr.) mit einem Apfel in der Hand am Ufer des Meeres gesessen und dabei die folgenden Überlegungen angestellt habe: Wenn man den Apfel halbiert und die eine Hälfte ißt, so bleibt die andere Hälfte übrig. Wird mit dieser Apfelhälfte in der gleichen Weise verfahren, so ist noch ein Viertel des Apfels vorhanden. Und wenn man nun die entstehenden Hälften immer weiter halbieren würde? Ob denn der Teilungsprozeß – wenigstens im Prinzip – unbegrenzt fortgesetzt werden könnte, und würde der verbleibende Rest dann immer noch die Eigenschaften des Apfels haben?

DEMOKRIT kam zu dem Ergebnis, daß eine Teilbarkeitsgrenze existieren müsse, die grundsätzlich nicht überschritten werden kann.

Es bleibt dahingestellt, ob diese Geschichte den Tatsachen entspricht. Obwohl wir über DEMOKRIT nur sehr wenig wissen, gilt es als sicher, daß er der eigentliche Begründer der Atomvorstellung ist, wenn auch sein Lehrer LEUKIPPOS wichtige Vorarbeiten geleistet hatte.

Nach LEUKIPP und DEMOKRIT sind alle Stoffe aus einzelnen, voneinander abgegrenzten Teilchen aufgebaut, die als Atome (aus dem griechischen átomos = unzerschneidbar) bezeichnet werden. Diese letzten unteilbaren Bausteine der Materie sind sämtlich aus dem gleichen Urstoff gebildet und unterscheiden sich nur durch ihre Größe und Gestalt. Die Atome bewegen sich nach DEMOKRIT im leeren Raum, wo sie zusammenstoßen, sich vereinigen oder sich auch wieder voneinander trennen können, ohne daß sie bei diesen Vorgängen selbst eine Veränderung erfahren.

Bei den Atomen DEMOKRITS handelt es sich um recht abstrakte Gebilde, welche durch keine andere physikalische Eigenschaft als durch ihre unveränderliche geometrische Gestalt und ihre veränderlichen Bewegungen gekennzeichnet sind. Sie besitzen keine Eigenschaft der uns umgebenden Körper: keine Farbe, keinen Geschmack, keinen Geruch. Die wirkliche Beschaffenheit der Atome kann der Mensch mit seinen groben Sinnesorganen nicht erkennen, weil es sich um sehr kleine Gebilde handelt.

Es war DEMOKRIT natürlich nicht möglich, die Existenz der Atome zu beweisen. Er war vielmehr darauf angewiesen, daß man seiner Behauptung Glauben schenkte. Zu einer solchen dauerhaften Anerkennung seiner Lehre kam es aber nicht. Deshalb sind die Ideen von LEUKIPP und DEMOKRIT für die weitere Entwicklung der antiken und mittelalterlichen Naturbetrachtung nicht wesentlich geworden.

Es war vor allem der griechische Philosoph ARISTOTELES (384–322 v. Chr.), der das Gegenteil lehrte: der erwähnte Teilungsprozeß könne – mindestens grundsätzlich – unbegrenzt fortgesetzt werden. Diese Auffassung, die ebensowenig beweisbar war wie die Lehre der Atomisten LEUKIPP und DEMOKRIT, setzte sich durch, was zur Folge hatte, daß die Atomvorstellung für lange Zeit in Vergessenheit geriet. Dies gilt auch für das Mittelalter, denn die Naturforschung dieser Epoche stand weitgehend unter dem Einfluß von ARISTOTELES.

Erst etwa 2200 Jahre nach DEMOKRIT stellte sich heraus, daß dieser mit seinen Überlegungen auf dem richtigen Weg gewesen war. Der französische Philosoph und Naturforscher Petrus GASSENDI (1592–1655) erweckte die Atomvorstellungen DEMOKRITS zu neuem Leben. In jener Zeit vollzog sich ein grundsätzlicher Wandel bei der Erforschung der Natur: An die Stelle der bloßen Beobachtung und der gedanklichen Spekulation traten das Experiment mit steigendem technischem Aufwand und seine quantitative Auswertung. Dies waren damals völlig neuartige Methoden, die von dem italienischen Physiker Galileo GALILEI (1564–1642) eingeführt und mit sehr viel Aufmerksamkeit und Mißtrauen aufgenommen wurden. Mit solchen Experimenten wurde es möglich, bestimmte Fragen an die Natur zu richten und durch die Auswertung der Versuchsergebnisse eine Antwort auf diese Fragen zu erarbeiten. Diese Naturbefragung muß dann dadurch ergänzt werden, daß die durch Versuche gefundenen Erfahrungstatsachen gedeutet und in einem System miteinander verbunden werden. Auf diese Weise entstehen physikalische Theorien.

Die großen Erfolge, die in allen Naturwissenschaften, insbesondere bei der Erforschung des Aufbaues der Materie, erzielt werden konnten, sind auf ein solches Zusammenwirken von Experiment und Theorie zurückzuführen. Wesentlich ist, daß physikalische

Theorien niemals das Ergebnis bloßer Spekulation sein dürfen, sondern ihr Ausgangspunkt muß stets die experimentelle Erfahrung sein, und am Ende müssen auch die theoretisch gewonnenen Erkenntnisse durch die Erfahrung bestätigt werden.

Für die Vorstellungen von der Struktur der Materie ergab sich, daß die von Demokrit aufgestellte Atomhypothese – im Gegensatz zu den zwei Jahrtausende lang vorherrschenden Lehren des Aristoteles – grundsätzlich bestätigt werden konnte, wenn auch von ihrer ursprünglichen Gestalt nur sehr wenig übriggeblieben ist.

Bei dem experimentellen Eindringen in die Welt der kleinsten Teilchen – der Atome und ihrer Bausteine – ergeben sich besondere Probleme, weil nicht von vornherein klar ist, in welcher Weise die Eigenschaften atomarer Objekte beschrieben werden können. Die Gegenstände des Alltags bieten keine derartigen Probleme. Wenn wir etwa die Eigenschaften eines Apfels angeben wollen, so ist durch unsere Sinnesorgane festzustellen, daß der Apfel eine runde Form hat, einen festen Aggregatzustand, meist eine grüngelbe Farbe, einen charakteristischen Geruch usw. Bei den atomaren Objekten dagegen sind nur sehr selten Eigenschaften mit unseren Sinnesorganen wahrnehmbar. Hieraus folgt auch, daß die Gebilde der atomaren Welt nicht durch die im Alltag üblichen Eigenschaftsbezeichnungen charakterisiert werden können. Ein neues, der Welt der kleinsten Teilchen angepaßtes Begriffssystem muß entwickelt werden, wenn man die elementaren Bausteine der Materie erforschen und ihr Verhalten verstehen oder wenigstens beschreiben will. Dies ist eine der größten Schwierigkeiten, die man bei einem Eindringen in die Welt der kleinsten Materieteilchen überwinden muß. Wir werden dieser Schwierigkeit im folgenden immer wieder begegnen und dieser Problematik – wegen ihrer besonderen Bedeutung für das Verständnis der heutigen Teilchenphysik – große Aufmerksamkeit widmen.

2.2. Der Aufbau der Materie aus Atomen

Die Atomvorstellung erhielt erst einen exakten Inhalt, als sich der Begriff des chemischen Elementes klar herausbildete. Die erste Definition hierfür gab Robert Boyle (1627–1691) in seinem 1661 erschienenen berühmten Buch «Der skeptische Chemiker», in dem er die chemischen Elemente als «gewisse einfache und völlig unvermischte Stoffe» charakterisierte. Es dauerte dann aber doch noch einige Zeit, bis diese Definition so präzisiert werden konnte, daß sie als Grundlage für weitere Entwicklungen geeignet war. Endgültig gelang dies John DALTON (1766–1844), der als Collegedozent in Manchester lebte und sich in seiner Freizeit viel mit chemischen Untersuchungen beschäftigte. Im Jahre 1808 erschien der erste Band seines berühmten Buches «Ein neues System der chemischen Philosophie», mit dem eine neue Epoche wissenschaftlicher Forschung eröffnet wurde. Auch die Beschäftigung mit den Atomen erhielt neue Anstöße durch das 1827 vollendete «Neue System» DALTONS.

DALTON nahm die Atomhypothese ernst und begann, nach ableitbaren Folgerungen zu suchen, die experimentell nachgeprüft werden konnten. Damit begann die Geschichte der neueren Atomistik. In diesem Zusammenhang gab DALTON auch die erste präzise Definition für die chemischen Elemente, bei denen es sich um Stoffe handeln sollte, die jeweils aus Atomen der gleichen Art, der gleichen Größe und des gleichen Gewichtes bestehen. Die verschiedenen Elemente unterscheiden sich voneinander durch die Beschaffenheit ihrer Atome. Bei allen chemischen Umsetzungen bleiben die Atome unverändert, die daran beteiligten Atome werden lediglich anders angeordnet: Umsetzung ist eine Folge von Umlagerung. Dabei hielt DALTON die Atome für unteilbar und unwandelbar; sie waren für ihn also elementare Gebilde. Er schreibt in dem genannten Buch: «Die chemische Synthese und Analyse geht nicht weiter als bis zur Trennung der Atome und ihrer Wiedervereinigung. Keine Neuschaffung oder Zerstörung der Materie liegt im Bereich der chemischen Wirkungen.»

Die Vorstellungen DALTONS von der Existenz einer kleinen Zahl chemischer Elemente und ihres Aufbaues aus einer ebenfalls kleinen Zahl von Atomen löste nicht nur damals große Verwunderung aus. Es ist auch heute noch so, daß jeder Mensch höchst erstaunt ist, wenn ihm zum erstenmal bewußt wird, daß die bunte Vielfalt und Mannigfaltigkeit der uns umgebenden Welt mit ihren zahlreichen Formen, Farben, Gerüchen und sonstigen Eigenschaften durch das Zusammenwirken einer relativ kleinen Anzahl von Elementen oder Atomen zustande kommt. Es kommt noch hinzu, daß die Elemente selbst in den meisten Fällen wenig eindrucksvolle Stoffe sind, die kaum etwas mit der aus ihnen aufgebauten, farbenfrohen Welt gemein haben.

Zu Beginn des 19. Jahrhunderts, also zur Zeit DALTONS, waren die Untersuchungsmethoden der Chemie so weit fortgeschritten, daß man mit Hilfe der Waage quantitative Messungen mit einer ausreichenden Genauigkeit durchzuführen vermochte. Dies bedeutete einen großen Fortschritt, weil damit erstmalig Zahlen bei der Beschreibung chemischer Vorgänge Verwendung finden konnten.

An dieser Stelle ist es angebracht, einige Bemerkungen über den Begriff der Masse zu machen. Allgemein kann man sagen, daß es sich bei der Masse eines Körpers um seine «Stoff- oder Substanzmenge» handelt. Diese macht sich im wesentlichen auf zwei verschiedene Weisen bemerkbar:

Bei den Untersuchungen der Chemie wird die Masse der Körper mit Hilfe von Waagen bestimmt. Diese auf der Waage gemessene Masse eines Körpers wird als sein Gewicht bezeichnet. Bei der Waage wird von der Kraft Gebrauch gemacht, mit der der gewogene Körper durch die Masse der Erde angezogen wird. Dabei handelt es sich um einen Sonderfall der Gravitation, die bewirkt, daß zwei Körper stets eine anziehende Kraft aufeinander ausüben, die von der Größe der Körpermassen abhängt. Diese Kraft, die als Gravitationskraft bezeichnet wird, stellt eine der fundamentalen Kräfte der Physik dar. Sie ist ferner ein charakteristisches Merkmal für die Masse der Körper.

Außerdem spielt die Masse auch beim Beschleunigen oder beim Abbremsen der Körper eine entscheidende Rolle, eine Erscheinung, die am einfachsten bei Automobilen zu beobachten ist. Ein Wagen mit großer Masse ist schwieriger zu beschleunigen und zu bremsen als ein leichterer. Auch beim Kurvenfahren macht sich die Masse bemerkbar. Diese Effekte sind im wesentlichen unabhängig von dem Vorhandensein der anziehenden Erde. Sie gelten auch für ein sich außerhalb der Erdanziehung frei bewegendes Raumschiff. Wir haben es hier mit einer zweiten für die Massen charakteristischen Eigenschaft zu tun, die man als ihre Trägheit oder als ihr Beharrungsvermögen bezeichnet.

Zusammenfassend können wir feststellen, daß die Masse eine charakteristische Eigenschaft aller Körper darstellt. Sie ist insbesondere auch ein wesentliches Merkmal der Atome und der subatomaren Teilchen. Wir werden uns deshalb im Laufe der weiteren Ausführungen noch des öfteren mit dieser Körpereigenschaft beschäftigen.

Durch die Einführung genauer Waagen, die also auf der Erde die Masse von Körpern durch ihr Gewicht bestimmen, wurde es möglich, die folgenden wichtigen Gesetze der Chemie zu formulieren, die auch für die weitere Entwicklung der Atomistik höchst bedeutungsvoll waren.

1. Bei allen chemischen Reaktionen bleibt die Gesamtmasse der beteiligten Stoffe unverändert (Gesetz von der Erhaltung der Masse).

2. In einer chemischen Verbindung sind die einzelnen Elemente stets in festen, für die betreffende Verbindung charakteristischen Massenverhältnissen enthalten (Gesetz der festen Massenverhältnisse oder der konstanten Proportionen).

3. Wenn zwei Elemente mehrere chemische Verbindungen bilden können, so stehen die Massen des einen Elementes, die sich mit einer bestimmten, gleichbleibenden Masse des anderen Elementes verbinden können, im Verhältnis kleiner ganzer Zahlen (Gesetz der vielfachen Massenverhältnisse oder der multiplen Proportionen).

Diese auf den ersten Blick recht kompliziert erscheinenden Gesetze konnten von Dalton mit Hilfe der Vorstellung eines atomaren Aufbaues der Materie zwanglos erklärt werden. Er ging von der Annahme aus, daß die Atome sich zu kleinen Gruppen, die wir heute Moleküle nennen, zusammenschließen können und daß bei allen chemischen Vorgängen nur eine Umlagerung von Atomen stattfindet (Abb. 2.2.1). Da die Atome ihre Masse nicht ändern, ist es selbstverständlich, daß bei allen chemischen Vorgängen die Gesamtmasse der beteiligten Stoffe unverändert bleibt.

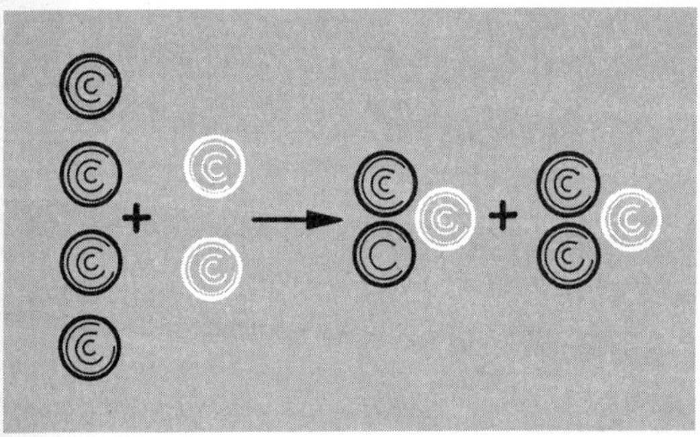

Abb. 2.2.1: Die ersten Grundlagen der Chemie: Zum Gesetz von der Erhaltung der Masse

Wie sich zeigen wird, muß das Gesetz von der Erhaltung der Masse für Vorgänge, die wir noch behandeln, wesentlich genauer formuliert werden. Wenn wir auf die von Albert Einstein (1879–1955) entdeckte Äquivalenz («Gleichwertigkeit») von Masse und Energie zu sprechen kommen, wird sich nämlich noch zeigen, daß eine Umwandlung von Masse in Energie und umgekehrt stattfinden kann. Chemische Vorgänge werden jedoch davon praktisch nicht berührt, so daß hier das Gesetz von der Erhaltung der Masse gültig bleibt.

Da sich die Atome der verschiedenen Elemente unabhängig von den jeweiligen Versuchsbedingungen stets in der gleichen Weise zu Molekülen zusammenschließen und da die Masse der Atome für jede beteiligte Atomart gleich groß und unveränderlich ist, müssen die einzelnen Bestandteile in einer bestimmten chemischen Verbindung stets in den gleichen Massenverhältnissen auftreten (Abb. 2.2.2).

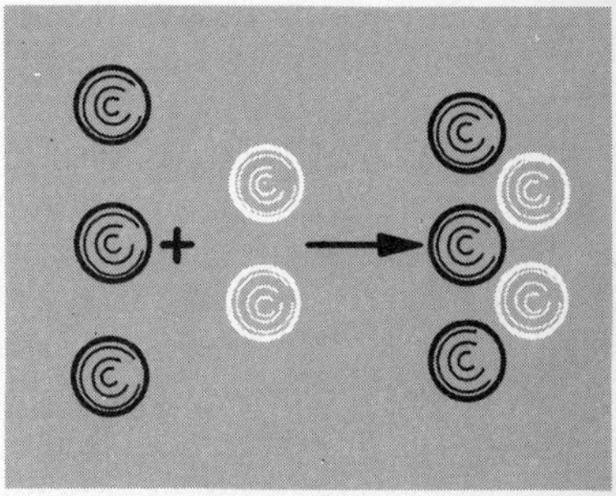

Abb. 2.2.2: Zum Gesetz der konstanten Proportionen

Auch das zunächst überraschend erscheinende «Gesetz der vielfachen Massenverhältnisse» ergibt sich zwanglos aus der Atomvorstellung, wenn man davon ausgeht, daß es für die Zusammenlagerung der Atome zu Molekülen in vielen Fällen mehrere Möglichkeiten gibt, indem sich nämlich ein Atom des einen Elementes nicht nur mit

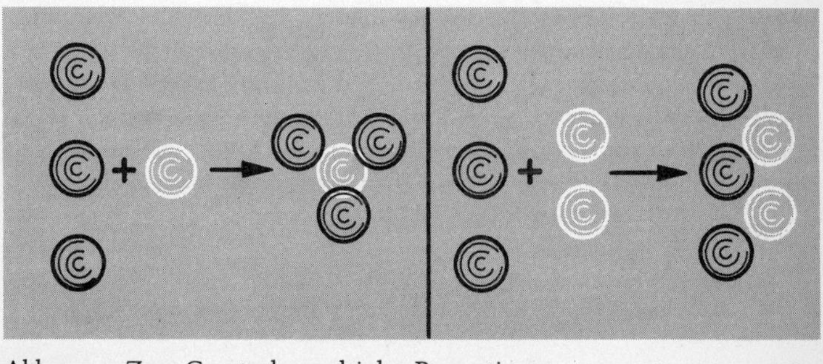

Abb. 2.2.3: Zum Gesetz der multiplen Proportionen

einem Atom eines anderen Elementes, sondern auch mit zwei oder drei oder mehr Atomen dieses Elementes verbinden kann. Da es sich hierbei aber immer nur um eine ganze Zahl von Atomen handeln kann, ist das «Gesetz der vielfachen Massenverhältnisse» vom atomaren Standpunkt eine Selbstverständlichkeit (Abb. 2.2.3).

Auch das «Gesetz der vielfachen Massenverhältnisse» mußte später verallgemeinert werden, was aber von DALTON auf Grund des damals vorliegenden Erfahrungsmaterials noch nicht erkannt werden konnte. Es hat sich nämlich gezeigt, daß bei organischen Molekülen die Anzahl der Atome, die ein Molekül bilden, recht groß sein kann. Dies hat zur Folge, daß die Massen der einzelnen Bestandteile nicht mehr im Verhältnis kleiner ganzer Zahlen stehen, sondern daß die Massenverhältnisse hier auch große Werte annehmen können.

Außer den hier dargelegten Gesetzen über die chemischen Verbindungen konnten noch zahlreiche andere Erfahrungstatsachen aus verschiedenen Bereichen der Physik mit Hilfe der Vorstellung vom atomaren Aufbau der Materie in zwangloser Weise erklärt werden. Die Wirkung dieser Erfolge war, daß sich die Überzeugung von der realen Existenz der Atome am Ende des vergangenen Jahrhunderts unter den Physikern weitgehend durchgesetzt hatte.

Die bisher geschilderte Entwicklung der Atomvorstellung hatte sich vorwiegend auf dem Gebiet der Chemie vollzogen. Dies ist auch noch einige Zeit so geblieben. Wir stellen die wichtigsten Tatsachen zusammen:

1. Zur Zeit DALTONS waren etwa 40 verschiedene Atomarten bekannt, heute sind es über hundert. Von diesen kommt der weitaus überwiegende Teil in der Natur vor; die restlichen sind in Laboratorien künstlich hergestellt worden.

2. Jede Atomart entspricht einem chemischen Element. Aus diesen chemischen Elementen entsteht die Vielzahl der chemischen Verbindungen, indem die Atome sich zu Molekülen zusammenschließen. Ein einfaches Beispiel hierfür ist die Verbindung von Wasserstoffatomen mit Sauerstoffatomen. Dabei geht der Wasserstoff (H) eine chemische Verbindung mit dem Sauerstoff (O) ein, und es entsteht Wasser:

$$H_2 + O \rightarrow H_2O$$

Abb. 2.2.4: Durch die Vereinigung von zwei Atomen Wasserstoff und einem Atom Sauerstoff entsteht die chemische Verbindung Wasser

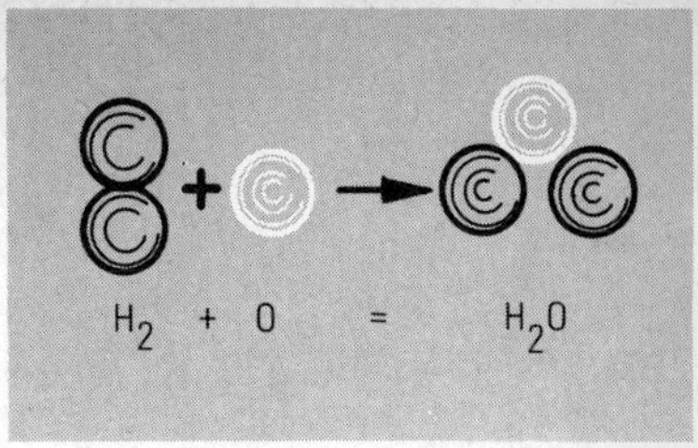

Wie man durch Experimente genau feststellen konnte, verbinden sich hierbei stets zwei Atome Wasserstoff mit einem Atom Sauerstoff (Abb. 2.2.4).

3. Es können sich auch gleichartige Atome zu Molekülen zusammenschließen. So kommen zum Beispiel die Elemente Wasserstoff, Sauerstoff und Stickstoff in der Natur als Moleküle vor, die jeweils aus zwei gleichartigen Atomen aufgebaut sind.

4. Die Atome können sich in unterschiedlicher Anzahl und auf sehr vielfältige Weise zu Molekülen verbinden. Durch diese verschiedenartigen Atomkombinationen entsteht aus den rund hundert Atomarten die gesamte materielle Welt in ihrer bunten Vielfalt.

5. Genaue Messungen haben ergeben, daß sich stets 1 Gramm Wasserstoff und 8 Gramm Sauerstoff zu Wasser verbinden. Da ein Molekül Wasser aus zwei Atomen Wasserstoff und einem Atom Sauerstoff besteht, muß also die Masse eines Sauerstoffatoms achtmal so groß wie die Masse von zwei Wasserstoffatomen oder sechzehnmal so groß wie die Masse von einem Wasserstoffatom sein. In ähnlicher Weise kann man die Massenverhältnisse der übrigen Atome untersuchen. Dabei zeigt sich, daß das Wasserstoffatom von allen Atomarten die kleinste Masse besitzt. Setzt man die Masse des Wasserstoffatoms gleich 1, so kann man mit Hilfe dieser Einheit die Atommassen aller übrigen Elemente ausdrücken. Die so gewonnenen Zahlen hat man früher als die Atomgewichte bezeichnet; heute spricht man von den *relativen Atommassen.* In analoger Weise wird auch die *relative Molekülmasse* definiert.

6. Da beim Zusammenschluß der Atome zu einem Molekül die Gesamtmasse unverändert bleibt, gilt weiter, daß die relative Molekülmasse einer chemischen Verbindung gleich der Summe der relativen Atommassen der das Molekül aufbauenden Atome ist.

Während es früher üblich war, die relativen Atom- und Molekülmassen in der hier angegebenen Weise zu definieren, verwendet man heute aus meßtechnischen Gründen als Bezugsgröße statt der Masse des Wasserstoffatoms eine davon geringfügig abweichende Masse, die man als «*atomare Masseneinheit*» bezeichnet. Man versteht hierunter den zwölften Teil der Masse eines bestimmten Kohlenstoffatoms. Für die *relative Atommasse des Wasserstoffatoms* ergibt sich dann nicht der Wert 1, sondern:

Relative Atommasse des Wasserstoffs = 1,007 825

Der Unterschied gegenüber der oben angegebenen Definition ist so gering, daß wir ihn hier nicht zu berücksichtigen brauchen.

Die relativen Atommassen waren bereits zur Zeit DALTONS bekannt. Sie ermöglichten jedoch noch keine Aussage über die absoluten Massen der Atome. Hierüber sowie über die Größe der Atome wußte man zur Zeit DALTONS nur sehr wenig. Eine grobe Abschätzung der Größe der Moleküle stützte sich auf eine Beobachtung des amerikanischen Staatsmannes und Erfinders Benjamin FRANKLIN (1706–1790). Ein auf eine Wasseroberfläche gebrachter Tropfen Öl breitet sich zu einer sehr dünnen Schicht aus. Wenn man den Versuch mit dem gleichen Öl wiederholt, ergibt sich immer wieder die gleiche Schichtdicke. Dies legt den Schluß nahe, daß die Öltropfen immer gerade so weit auseinanderfließen, bis sich eine nur ein Molekül hohe Schicht gebildet hat. Die Dicke des Ölfilmes müßte dann gleich der Ausdehnung der Moleküle sein. FRANKLIN fand nun, daß ein Löffel Öl, der etwa 5 Kubikzentimeter enthält, sich über eine Fläche von etwa 2000 Quadratmeter ausbreitet. Daraus läßt sich errechnen: Die Dicke des Ölfilmes beträgt ein Viertel eines millionstel Zentimeters. Der Durchmesser eines Ölmoleküls kann dann natürlich nicht größer sein. Da das Ölmolekül aus zahlreichen Atomen besteht, muß der Atomdurchmesser entsprechend kleiner sein. Heute stehen den Physikern sehr viel genauere experimentelle Möglichkeiten zur Bestimmung der Molekül- und Atomdurchmesser zur Verfügung. So wurde ermittelt, daß der Durchmesser der kleinsten Atome (wie zum Beispiel der Elemente Wasserstoff und Helium) etwa

0,000 000 001 Zentimeter = 10^{-9} cm

beträgt. Es gibt Atome, die bis zu fünfeinhalbmal größer sind, zum Beispiel das Uran-Atom.

Die hier auftretenden Größen sind nicht mehr vorstellbar. Man macht deshalb oft von Vergleichen und Bildern Gebrauch. Wenn man zum Beispiel ein Atom und eine Kirsche von einem Zentimeter Durchmesser in der gleichen Weise so lange vergrößert, bis das Atom etwa den Durchmesser einer Melone erreicht hat, dann ist die Kirsche auf die Größe der Erdkugel angewachsen. Solche Vergleiche haben aber keinen großen Wert. Man muß sich vielmehr daran gewöhnen, daß es sich bei den Atomdurchmessern um Größen handelt, die durch das Anlegen eines im Alltag üblichen Maßstabes nicht gemessen werden können. Wichtig ist, daß die genannten Zahlen nicht willkürlich sind, sondern daß man den Atomen diese äußerst kleinen Durchmesser wirklich zuschreiben muß, wenn man die experimentellen Befunde der Physiker verstehen will.

Der Versuch mit dem Ölfilm ermöglicht es auch, die Anzahl der in ihm enthaltenen Moleküle annähernd zu berechnen. Dabei stellt man sich vor, daß die – würfelförmig gedachten – Moleküle dicht an dicht nebeneinander liegen. Die Kantenlänge eines solchen Würfels entspricht dann gerade dem Moleküldurchmesser. Für die in dem obenerwähnten Ölfilm enthaltene Molekülanzahl ergibt sich eine 24stellige Zahl.

Wenn wir außerdem noch wissen, wieviel Gramm Öl ausgegossen wurden, so können wir näherungsweise berechnen, wie groß das Gewicht des einzelnen Ölmoleküls in der Masseneinheit Gramm ist. Damit ist dann die Masse des Ölmoleküls bekannt. Wenn man schließlich noch angeben kann, wievielmal schwerer das Ölmolekül als das Wasserstoffatom ist, wenn man also die relative Molekülmasse des Ölmoleküls kennt, kann man auch die Masse des Wasserstoffatoms in der Masseneinheit Gramm berechnen.

Die Ölfleckmethode sollte nur einen prinzipiellen Weg zur Bestimmung der Masse des Wasserstoffatoms aufzeigen. Sie ist natürlich sehr ungenau und liefert nur einen groben Näherungswert. Es gibt aber inzwischen sehr viel bessere Verfahren zur Bestimmung der Masse des Wasserstoffatoms. Der heute anerkannte Wert dieser Masse beträgt

$$0{,}000\,000\,000\,000\,000\,000\,000\,001\,673\,5 \text{ Gramm}$$
$$= 1{,}6735 \times 10^{-24}\,\text{g}$$

Dies ist eine besonders wichtige Naturkonstante. Da wir diese Naturkonstante heute recht genau angeben können, lassen sich aus den *relativen* Atom- bzw. Molekülmassen die *absoluten* Massen der verschiedenen Atome und Moleküle berechnen. Man braucht hierzu nur die relativen Massen mit der angegebenen Masse des Wasserstoffatoms zu multiplizieren.

In der Atomphysik erweist es sich in vielen Fällen als praktisch, nicht mit den absoluten Atom- oder Molekülmassen zu arbeiten, sondern die Anzahl der Teilchen zugrunde zu legen, die in einer bestimmten Substanzmenge enthalten sind. So wie man im Alltag die verwendeten Substanzmengen bisweilen nicht nach Gewicht, sondern nach der Anzahl von Bestandteilen angibt und für bestimmte Teilchenzahlen besondere Bezeichnungen einführt – etwa «1 Dutzend = 12 Teile» –, so hat man auch in der Physik für eine bestimmte Teilchenzahl die Bezeichnung Mol eingeführt. Man versteht hierunter die Teilchenzahl, die in 12 Gramm des obenerwähnten Kohlenstoffatoms oder in 1,007 825 Gramm – das heißt in rund 1 Gramm – atomarem Wasserstoff enthalten sind. Für diese Zahl, die auf verschiedenen Wegen bestimmt werden kann, hat sich ergeben:

602 204,5 × 1 000 000 000 000 000 000 ($=10^{18}$) Teilchen pro Mol

Diese Zahl ist für die Atomphysik äußerst wichtig. Nach dem italienischen Physiker und Chemiker Amedeo Avogadro (1776–1856) wird sie als Avogadro-Konstante bezeichnet. Bisweilen wird sie auch nach dem österreichischen Physiker Joseph Loschmidt (1821–1895) die Loschmidt-Konstante genannt.

Die Verwendung der Einheit Mol hat wichtige Vorteile. Die Stoffmenge 1 Mol einer aus gleichen Atomen oder Molekülen bestehenden Substanz enthält nämlich unabhängig von der Beschaffenheit, das heißt unabhängig vom Druck, der Temperatur, dem Aggregatzustand usw., stets die gleiche oben angegebene Anzahl von Teilchen.

Zwischen der Stoffmengeneinheit 1 Mol und der Masseneinheit 1 Gramm besteht natürlich ein Zusammenhang: Aus dem bisher Berichteten ergibt sich, daß 1 Mol Wasserstoffatome etwa die Masse 1 Gramm hat. Eine gleich große Anzahl von Kohlenstoffatomen muß dann die Masse von 12 Gramm haben, weil die relative Atommasse des Kohlenstoffes zwölfmal so groß wie diejenige des Wasserstoffes ist. Für alle anderen aus gleichartigen Atomen oder Molekülen bestehenden Substanzen gilt dann, daß 1 Mol stets die Anzahl Gramm

Tabelle 2.2.1: Die einem Mol entsprechende Masse in Gramm einiger Substanzen

1 Mol Helium (He)	=	4 g
1 Mol Kohlenstoff (C)	=	12 g
1 Mol Wasserstoff (H_2)	=	2 g
1 Mol Sauerstoff (O_2)	=	32 g
1 Mol Wasser (H_2O)	=	18 g

hat, die der relativen Atommasse bzw. der relativen Molekülmasse der betreffenden Substanz entspricht. Einige Beispiele hierfür sind in der Tabelle 2.2.1 angegeben.

Von der ungeheuren Größe der Avogadro-Konstante kann man sich nur schwer eine Vorstellung machen. Ein von dem englischen Physiker und Nobelpreisträger (1922) Francis William Aston (1877–1945) angegebenes Bild verdeutlicht, wie groß die Avogadro-Konstante ist. Nehmen wir ein Mol Wasser, was etwa dem Inhalt eines kleinen Wasserglases entspricht. Man denkt sich die Moleküle dieses Wassers markiert, gießt es dann an irgendeiner Stelle ins Meer und sorgt für seine gleichmäßige Verteilung über alle Weltmeere. Unter Berücksichtigung der Masse der Meere erhält man das überraschende Ergebnis, daß dann in jedem Liter Meerwasser noch *mehrere tausend* markierte Moleküle enthalten sind.

Am Ende des vorigen Jahrhunderts waren die Physiker also in der Lage, über die Größe und die Masse der Atome schon recht genaue Angaben zu machen. Obwohl sich darüber hinaus die Atomvorstellung auch bei der Beschreibung und Erklärung zahlreicher Erfahrungstatsachen gut bewährt hatte, konnten berühmte Physiker wie Wilhelm Ostwald (1853–1932) und Ernst Mach (1838–1916) noch um 1900 mit Recht darauf hinweisen, daß bis dahin kein zwingender Beweis für die Existenz der Atome vorlag und daß alle damals bekannten Erfahrungstatsachen auch ohne die Atomvorstellung erklärt werden konnten. Erst in unserem Jahrhundert gelang es nämlich, wirklich überzeugende Beweise für die Realität der Atome zu erbringen, so daß die Einwände von Ostwald und Mach gegenstandslos wurden. Seit der Veröffentlichung der bahnbrechenden Ideen Daltons waren etwa hundert Jahre vergangen.

Obwohl die Vorstellung von den Atomen als kleinen «Kügelchen» zur Erklärung einer großen Zahl von Erfahrungstatsachen, besonders aus dem Bereich der Gase und aus der Chemie, ausreichte, zeigten sich doch in jener Zeit auch schon Erscheinungen, die mit Hilfe dieser einfachen Vorstellung nicht verstanden werden können. Als

Beispiel sei die Tatsache erwähnt, daß ein Kohlenstoffatom immer nur ein oder zwei Sauerstoffatome zu binden vermag. Auf die Frage, warum es nicht auch einmal drei oder vier Atome sein können, war eine Antwort nicht zu geben. Dies gilt auch bei allen anderen chemischen Reaktionen, bei denen immer wieder die gleichen chemischen Verbindungen entstehen.

Andere Schwierigkeiten ergaben sich bei dem Versuch, die Eigenschaften der Flüssigkeiten zu erklären. Wenn man etwa verstehen will, warum der obenerwähnte Ölfilm von FRANKLIN nicht völlig auseinanderläuft, muß man den Molekül- oder Atom-Kügelchen eine klebrige Oberfläche zuschreiben. Ähnlich komplizierte Oberflächeneigenschaften müßten die Kügelchen haben, um feste Substanzen, wie etwa Kristalle, bilden zu können.

Aus den dargelegten Gründen ist es nicht verwunderlich, daß bereits in der zweiten Hälfte des vergangenen Jahrhunderts die Beschreibung der Atome als kleine materielle Kügelchen nicht mehr ausreichend erschien. Schon damals tauchte die Vermutung auf, daß die Atome eine innere Struktur besitzen und aus noch kleineren Teilchen oder Partikeln aufgebaut sein könnten.

Auch die Tatsache, daß viele Atome eine Masse haben, die ein ganzzahliges Vielfaches der Masse des Wasserstoffatoms beträgt, hat schon in jener Zeit die Vermutung nahegelegt, das Wasserstoffatom spiele beim Aufbau der übrigen Atome eine Schlüsselrolle. Es war naheliegend anzunehmen, daß alle Atome aus Wasserstoffatomen aufgebaut sein könnten, was sich jedoch als eine zu einfache Hypothese herausstellte.

Für die Vermutung, daß die Atome eine innere Struktur besitzen, sprachen über die oben dargelegten Sachverhalte hinaus vor allem experimentelle Erkenntnisse, bei denen Atome und elektrische Ladungen verknüpft auftraten. So zeigten zum Beispiel die Erscheinungen der Radioaktivität (wir kommen später darauf zu sprechen), daß von den Atomen positiv und negativ geladene Teilchen ausgesendet werden können. Hieraus mußte der Schluß gezogen werden, daß zwischen den Atomen und den elektrischen Ladungen enge Zusammenhänge bestehen. In die gleiche Richtung wies auch der Vorgang der Elektrolyse, bei der chemische Verbindungen unter dem Einfluß des elektrischen Stromes zerlegt werden. Schließlich konnten durch die Untersuchung der Gasentladungen, wie sie uns im Alltag etwa bei der Leuchtreklame begegnen, Zusammenhänge zwischen dem elektrischen Strom und der Struktur der Atome aufgedeckt werden.

Aus allen diesen Gründen ist es notwendig, daß wir uns jetzt erst einmal mit einigen Phänomenen der Elektrizität beschäftigen. Dabei geht es uns nicht um die wichtigen Anwendungen, welche die Elektrizität in der heutigen Technologie gefunden hat, sondern uns geht es hier um die für den Vorstoß zur Struktur der Materie wesentliche Erkenntnis, daß die elektrischen Kräfte für alle Erscheinungen der atomaren Welt von größter Bedeutung sind.

2.3. Die Elektrizität und die Elektronen

Die Elektrizität spielt im täglichen Leben eine wichtige Rolle. Der elektrische Strom dient vor allem zur Beleuchtung, zur Heizung und zum Betrieb zahlreicher elektrischer Geräte. Daneben existieren aber noch andere elektrische Erscheinungen, die sehr viel länger als der elektrische Strom bekannt sind und die für das Eindringen in die Struktur der Materie von großer Bedeutung sind. Gemeint ist die *Reibungselektrizität.*

Die Erforschung der elektrischen Erscheinungen hat die Physiker im vorigen Jahrhundert besonders intensiv beschäftigt. Damals hatte der Bau von Meßapparaturen eine Präzision erreicht, die eine zahlenmäßige Auswertung der Ergebnisse erlaubte. Wie wir gleich sehen werden, war dies für die Physik genauso wichtig wie etwa der Bau feinerer Waagen für die Chemie.

Jetzt also zur *Reibungselektrizität*! Unter normalen Umständen weisen die Stoffe unserer Umwelt keine elektrischen Eigenschaften auf. Man bezeichnet diesen Zustand als elektrisch neutral. Es ist aber sehr einfach möglich, diesen Zustand zu ändern. Wenn man zum Beispiel einen PVC-Stab mit einem Tuch reibt, so verlieren sowohl der Stab als auch das Tuch ihre elektrische Neutralität. Die gleiche Erscheinung zeigt sich, wenn man einen Glasstab mit einem geeigneten Lappen reibt.

Der Mensch vermag mit seinen Sinnesorganen nur selten festzustellen, daß durch Reiben eine elektrische Veränderung der Stoffe erfolgt ist. Jeder kennt das Knistern, wenn man sich einen Pullover auszieht, oder den unangenehmen kleinen Schlag, wenn man über einen Syntheticteppich gegangen ist und nach der Türklinke greift.

Lagert man einen geriebenen PVC-Stab leicht drehbar und nähert ihm nach Abb. 2.3.1 einen zweiten geriebenen PVC-Stab, so zeigt sich, daß die beiden Stäbe sich gegenseitig abstoßen. In der gleichen Weise kann man feststellen, daß sich auch zwei geriebene Glasstäbe

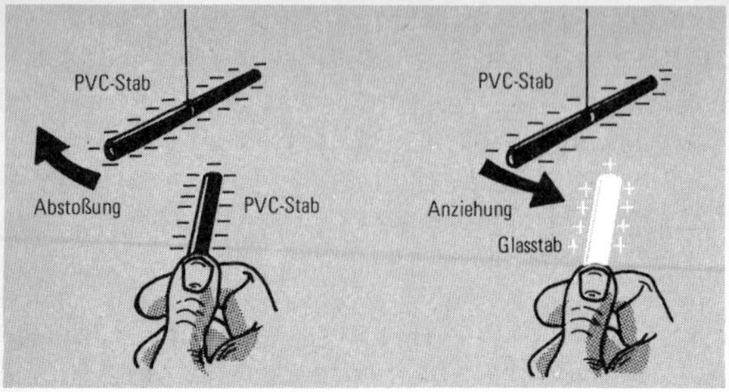

Abb. 2.3.1: Die Abstoßung und Anziehung elektrischer Ladungen, die durch Reibung hervorgerufen wurden

abstoßen. Nähert man dagegen einem geriebenen PVC-Stab einen geriebenen Glasstab oder umgekehrt, so erfolgt in jedem Falle eine Anziehung. Aus diesen Versuchsergebnissen folgt, daß es zwei verschiedene Arten elektrischer Ladungen geben muß. Die Glaselektrizität wird als positiv und die PVC-Elektrizität als negativ bezeichnet.

Man kann also allgemein sagen, gleichartige elektrische Ladungen *stoßen* sich *ab*, und ungleichartige elektrische Ladungen *ziehen* sich *an*. Darüber hinaus kann man feststellen, daß zwei elektrisch neutrale Körper keine elektrischen Kräfte aufeinander ausüben, daß aber ein elektrisch neutraler Körper und ein elektrisch geladener Körper sich stets gegenseitig anziehen, gleichgültig, ob die Ladung positiv oder negativ ist.

Gerade eben haben wir die gegenseitige Anziehung und Abstoßung zweier Körper als Auswirkung einer Kraft bezeichnet. Auch die Anziehung zwischen der Erde und einem anderen Körper ist auf eine Kraft zurückzuführen, die man Schwerkraft oder Gravitation nennt. Bei den durch Reibung von Stäben hervorgerufenen Anziehungen und Abstoßungen handelt es sich um elektrische Kräfte. Auch beim Beschleunigen eines Autos handelt es sich um eine Kraft. Man spricht von *Kraft*, wenn eine Änderung der Geschwindigkeit eines Körpers beobachtet wird. Die von einer bestimmten Kraft bewirkte Geschwindigkeitsänderung hängt von der Masse des Körpers ab. Masse und Kraft sind also eng miteinander verknüpfte Begriffe. Wir erinnern an die von GALILEI und von Isaac NEWTON (1643–1727) erkannte Tatsache, daß jeder Körper seine Geschwindigkeit und Bewegungsrichtung beibehält, solange er nicht durch eine *Kraft* gezwungen wird, diese zu ändern. Wir werden später den Begriff Kraft nach heutigen Vorstellungen noch auf andere Art zu erläutern haben.

Wir kehren jetzt zu unseren elektrisch geladenen Stäben zurück. Es ergibt sich die Frage, wovon die Größe der zwischen den elektrischen Ladungen wirkenden Kräfte abhängt. Hierüber hat der französische Ingenieur Charles Augustin de COULOMB (1736–1806) genaue Untersuchungen angestellt. Die Ergebnisse lassen sich in einem Gesetz zusammenfassen, das man heute als das COULOMB-Gesetz bezeichnet. Es besagt:

1. Die Kraft zwischen zwei elektrischen Ladungen ist um so kleiner, je größer der Abstand zwischen den Ladungen ist, und zwar nimmt sie mit dem Quadrat der Entfernung ab. Dies bedeutet, daß sich bei doppeltem Abstand die Kraft auf ein Viertel reduziert.
2. Die Kraft zwischen zwei elektrischen Ladungen ist um so größer, je größer die Ladungen sind, und zwar ist sie dem Produkt der Ladungen proportional. Wenn also eine der beiden Ladungen verdoppelt wird, dann verdoppelt sich auch die Kraft.

Wie bereits erwähnt, handelt es sich bei gleichartigen Ladungen um abstoßende und bei ungleichartigen Ladungen um anziehende Kräfte.

Wir können schon jetzt vorwegnehmen, daß das COULOMB-Gesetz auch im atomaren Bereich gilt und daß die diesem Gesetz gehorchenden Kräfte, die man als COULOMB-Kräfte bezeichnet, für das Verständnis des Atombaues sogar eine wichtige Rolle spielen.

Der entscheidende Fortschritt bei der Erforschung der Elektrizität gelang erst nach mühseligen Untersuchungen, die sich über das ganze vorige Jahrhundert erstreckten: Die Entdeckung des Elektrons als wichtigster Träger der elektrischen Ladung.

Schon zur Zeit DALTONS erkannte sein Landsmann Michael FARADAY (1791–1867), daß Atome auch elektrische Ladungen tragen können, und zwar immer in kleinen Vielfachen einer schon damals identifizierten Elementarladung. Diese Erkenntnis stammte aus den Untersuchungen der Elektrolyse, bei der mit Hilfe des elektrischen Stromes chemische Umsetzungen herbeigeführt werden.

Hermann von HELMHOLTZ (1821–1894) hat dann Jahrzehnte später die Vermutung geäußert, im Prinzip sei nur ein Typ von elektrischer Ladung nötig, um die meisten bekannten Phänomene zu erklären. Wenn man einem elektrisch neutralen Körper Ladungen dieses Typs entzieht, so entsteht die andere beobachtete Ladungsart, die man durch ein anderes Vorzeichen kennzeichnet.

Neue technische Entwicklungen, wie die Vakuumtechnik und die dabei benötigten leistungsfähigeren Pumpen sowie vakuumdichte Gefäße und Verkittungen, haben dann seit Mitte des vorigen Jahrhunderts die Voraussetzungen für ganz neue Experimente geschaffen. Diese ermöglichten die Untersuchung der elektrischen Entladung in verdünnten Gasen, wobei der endgültige Beweis für die Existenz der Elektronen erbracht worden ist. Die heute benutzte Fernsehröhre ist als direkter Nachkomme aus diesen Versuchen des 19. Jahrhunderts hervorgegangen. Elektronen können nämlich aus Metalloberflächen (zum Beispiel aus Drähten) austreten oder zum Austreten gezwungen werden. Dies geschieht besonders leicht, wenn es sich – wie in der Fernsehröhre – um Glühdrähte oder zum Glühen gebrachte Metallplättchen handelt. Durch die Einwirkung der eben erwähnten COULOMB-Kräfte ist es möglich, die ausgetretenen Elektronen im Vakuum als dünnen Strahl weiterzuführen und zu steuern, wie in Abb. 2.3.2 dargestellt. In den Fernsehröhren wird also mit gelenkten Elektronenstrahlen auf dem Bildschirm das Fernsehbild gezeichnet. Im vorigen Jahrhundert ging es zunächst einmal darum, geeignete Apparaturen zu entwickeln, mit denen die Eigenschaften der Elektronen selbst erforscht werden konnten.

Bei diesen Versuchen hat sich gezeigt, daß die Elektronen eine sehr viel kleinere Masse als die Atome haben. Die Elektronenmasse ist etwa zweitausendmal kleiner als die Masse des Wasserstoffatoms, das unter allen Atomen die kleinste Masse besitzt.

Die elektrische Ladung der Elektronen ist ebenfalls sehr klein, sie kann jedoch Kräfte und Bewegungen hervorrufen, die sich direkt beobachten lassen. So hat der amerikanische Physik-Nobelpreisträger Robert Andrews MILLIKAN (1868–1953) einen berühmten Versuch durchgeführt, in dem winzige Öltröpfchen durch die erwähnten COULOMB-Kräfte zum Auf- und Absteigen gezwungen werden, ob-

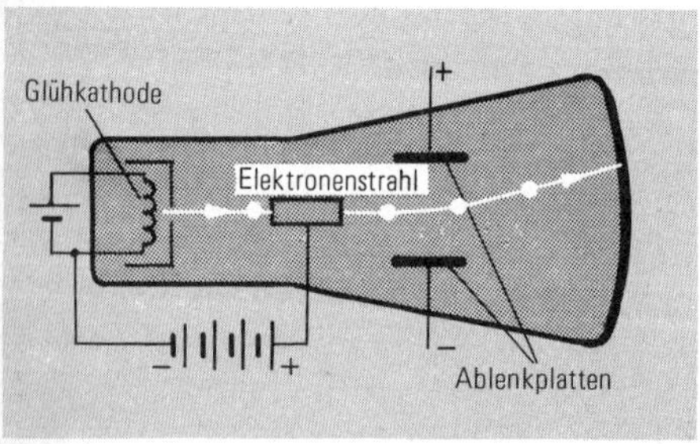

Abb. 2.3.2: Die Erzeugung eines Elektronenstrahls in einer Vakuumröhre (Kathodenstrahlen)

wohl bei ihnen gelegentlich nur ein einziges Elektron zuviel oder zuwenig vorhanden ist.

Seitdem durch MILLIKAN bewiesen war, daß es eine kleinste elektrische Ladung gibt, wurde diese Elementarladung – also die elektrische Ladung der Elektronen – als Einheit für die Ladungen aller Teilchen benutzt. Sie ist die kleinste Ladung, die sicher beobachtet werden konnte.

Wenn man die früher bei der Reibung von Glas- oder PVC-Stäben festgelegten Vorzeichen der elektrischen Ladungen zugrunde legt, so erweist sich die Elektronenladung als negativ.

Die Elektronen sind stabile Gebilde, die unter normalen Umständen weder entstehen noch verschwinden können. Wenn ein isoliertes und elektrisch neutrales System, das sogar ein einzelnes Atom sein kann, ein Elektron abgibt, dann entsteht in dem übrigbleibenden Teil eine positive elektrische Ladung. Obwohl diese Feststellung für die folgenden Erläuterungen völlig ausreichend wäre, können wir doch schon die Tatsache vorwegnehmen, daß in jedem Atom außer den Elektronen auch ein positiv geladener *Kern* vorhanden ist, der die entstehende positive Ladung bewirkt. Aber davon wird noch ausführlich zu reden sein.

So wie die wichtigsten Gesetze der Chemie sehr einfach durch die Einführung der Atome verstanden werden konnten, so erklärt sich die Vielfalt der elektrischen Vorgänge mit Hilfe der Elektronen verblüffend elegant.

Zum Beispiel die oben behandelte Entstehung elektrischer Ladungen durch die Reibung zweier Körper (wie Glas- oder PVC-Stab mit Lappen). Die Atome verschiedener Körper geben bei der Reibung unterschiedlich leicht Elektronen ab. Deshalb ist nach einem Reibungsvorgang auf einem der beteiligten Körper im allgemeinen ein Elektronenüberschuß zu beobachten. Genau dadurch entsteht die negative Aufladung des betreffenden Körpers. Die dem anderen Körper fehlenden Elektronen verursachen hier den positiven Ladungsüberschuß.

Es gibt Stoffe, in denen sich die Elektronen leicht bewegen können, und es gibt andere Stoffe, in denen sie schwer oder gar nicht beweglich sind. Die ersten, zu denen vorwiegend die Metalle gehören, nennt man elektrische Leiter; die zweiten heißen Isolatoren. Für die Versuche mit elektrischen Ladungen sind Isolatoren besonders wichtig, weil man mit ihnen an bestimmten Stellen Ladungen aufrechterhalten kann. Auch das Experiment mit den Glas- und PVC-Stäben ist nur deshalb möglich, weil beide besonders gute Isolatoren sind.

Feuchte Luft, organisches Gewebe und viele andere Substanzen sind weder gute Isolatoren noch gute Leiter.

Von besonderem Interesse ist das Verhalten der Elektronen in Metallen. In diesen Stoffen ist stets eine große Zahl frei beweglicher Elektronen vorhanden, die sich allerdings völlig regellos bewegen. Wenn man dieser regellosen Bewegung eine bevorzugte Richtung gibt, dann fließt in dem Leiter ein elektrischer Strom (Abb. 2.3.3). Dieser in einem Draht fließende elektrische Strom kann mit dem Strömen von Gas oder Wasser durch ein mit Kieselsteinen gefülltes Rohr verglichen werden. In dem Metalldraht können sich die Elektronen ohne Schwierigkeit zwischen den Atomen bewegen. Die zur Bewegung der Elektronen erforderliche Kraft entspricht dem Druck, der die Gas- oder Wassermoleküle durch die freien Räume zwischen den Kieselsteinen treibt. Bei der Elektrizitätsleitung wird die zur Bewegung der Elektronen erforderliche Kraft von dem Elektrizitätswerk oder auch von einer Batterie in Form von elektrischer *Spannung* geliefert. Es ist üblich, diese Spannung in Volt zu messen.

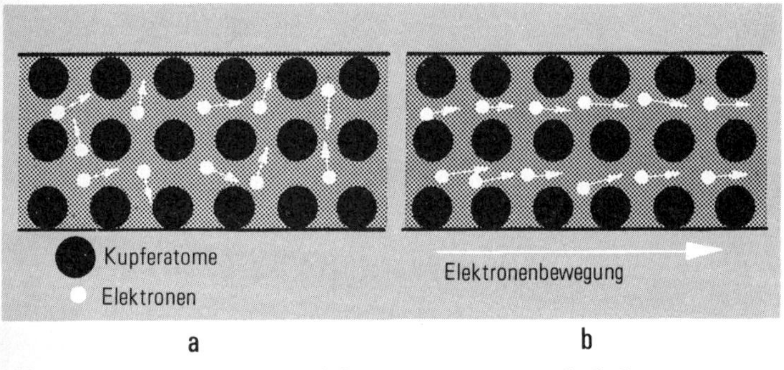

Abb. 2.3.3: Die Bewegung von Elektronen in einem Kupferdraht
a) Bei einer ungeordneten Bewegung fließt kein elektrischer Strom
b) Bei einer geordneten Bewegung in einer Richtung fließt ein elektrischer Strom

Die Zahl der Elektronen, die bei den im Alltag verwendeten elektrischen Strömen durch einen Leiter fließen, ist sehr groß. Wenn etwa durch den Draht einer Glühlampe ein elektrischer Strom mit der Stärke von einem Ampere fließt, so gehen durch jeden Leiterquerschnitt etwa

6,24 × 1000000000000000000 (= 10^{18}) Elektronen pro Sekunde

Wir erinnern hier an die in der Technik und im Haushalt üblichen Einheiten für Strom und Spannung, nämlich das Ampere und das Volt. Ein Strom von 1 Ampere, der durch eine Spannung von 1 Volt erzeugt wird, verursacht eine Leistung von 1 Watt. Wenn diese eine Stunde lang aufrechterhalten wird, haben wir eine Wattstunde an das Elektrizitätswerk zu bezahlen.

Zum Abschluß soll noch auf einige merkwürdige Eigenschaften der Elektronen hingewiesen werden.

Ein Durchmesser oder eine Größe, wie sie bei den Atomen oder Molekülen angegeben werden können, ließ sich bei den Elektronen bis heute nicht feststellen. Dies bedeutet aber lediglich, daß nach dem Stand der Messungen im Jahre 1984 bis zu etwa einem Milliardstel der Atomdurchmesser keinerlei Struktur oder Form der Elektronen nachweisbar ist. Die Elektronen verhalten sich vielmehr wie «punktähnliche» Quellen von Kräften. Im Unterschied zu diesen (bis heute noch) unermeßlich kleinen Elektronen wird sich zeigen, daß die Atomkerne durchaus meßbare Durchmesser besitzen. Dies gilt auch für den kleinsten Atomkern, den Wasserstoffkern oder das Proton, dessen Durchmesser etwa hunderttausendmal kleiner als der Atomdurchmesser ist. Die Tabelle 2.3.1 soll einen Vergleich der bisher gemessenen Durchmesser ermöglichen.

Wasserstoffatom:		10000
Kern des Wasserstoffatoms:		1
Elektron:	kleiner als	0,001

Tabelle 2.3.1: Größenvergleich der gemessenen Durchmesser atomarer Teilchen

Die Elektronen sind der Ursprung elektrischer Kräfte, die eine relativ große Reichweite haben. Das «Anstoßen» eines Elektrons ist der Effekt seiner mitgeführten elektrischen Kräfte und darf nicht auf die Existenz eines ausgedehnten Körpers zurückgeführt werden. Wenn die Elektronen trotzdem bisweilen wie kleine körperliche Partikel behandelt werden, so handelt es sich dabei wieder um eine vereinfachende Modellvorstellung, die zwar für viele Fälle ausreichend ist, aber mit der Wirklichkeit nicht gleichgesetzt werden darf. Später wird sich nämlich zeigen, daß wir das Verhalten und die Eigenschaften der Elektronen viel besser mit den Methoden der in den zwanziger Jahren unseres Jahrhunderts entwickelten Theorien beschreiben können. Mit den Vorstellungen der klassischen Physik lassen sich diese Teilchen nicht korrekt behandeln.

2.4. Die Natur des Lichtes

Das Licht ist für die Menschen so wichtig, daß die Frage «Was ist Licht?» schon sehr früh aufgetaucht ist. Wir gehen hier auf die in der Antike und im Mittelalter entwickelten Vorstellungen nicht ein, sondern beschränken uns auf diejenigen Lichttheorien, die für das Verständnis der heutigen Situation in der Physik von Bedeutung sind.

Das Licht bringt uns Kunde von den Vorgängen, die sich in unserer Umwelt abspielen. Die erste wichtige Erkenntnis auf dem Wege der Erforschung des Lichtes war die Feststellung, daß sowohl das Licht, welches von den Sternen zu uns kommt, als auch das aus irdischen Lichtquellen stammende Licht eine bestimmte, meßbare Zeit braucht, um vom Ort seiner Entstehung zum Ort seiner Wahrnehmung zu gelangen. Daß dies nicht selbstverständlich ist, geht daraus hervor, daß die Griechen anderer Meinung waren und daß es langwieriger Arbeiten und komplizierter Apparaturen bedurfte, um die Ausbreitungsgeschwindigkeit des Lichtes zu messen.

Der zu den Begründern der neuzeitlichen Naturwissenschaft gehörende italienische Physiker Galileo Galilei (1564–1642) hatte bereits vermutet, daß das Licht zu seiner Ausbreitung Zeit benötigt. Er konnte dafür allerdings noch keinen Beweis erbringen. Dies gelang zuerst dem Dänen Ole Rømer (1644–1710) im Jahr 1675. Auf Grund astronomischer Beobachtungen kam er zu dem Ergebnis, daß die Lichtgeschwindigkeit rund

300 000 Kilometer pro Sekunde

beträgt. Dies ist ein sehr guter Näherungswert, der auch heute noch in vielen Fällen, in denen es nicht auf sehr große Genauigkeit ankommt, verwendet wird, um die mit der Lichtausbreitung zusammenhängenden Erscheinungen zu verstehen und zu berechnen.

Nach Rømer sind verschiedene andere Verfahren entwickelt worden, um die Lichtgeschwindigkeit sehr genau messen zu können. Dabei hat sich ergeben, daß das Licht aller Farben sich im Vakuum mit der Geschwindigkeit von

299 792,458 Kilometer pro Sekunde

ausbreitet, die man im allgemeinen mit dem Buchstaben *c* bezeichnet. In Stoffen, wie etwa in Glas oder Wasser, ist die Lichtgeschwindigkeit kleiner als im leeren Raum. Sie hängt von der Art des Materials und außerdem von der Farbe des Lichtes ab.

Auf jeden Fall ist die Lichtgeschwindigkeit, verglichen mit den im Alltag und auch in der Weltraumfahrt auftretenden Geschwindigkeiten, außerordentlich groß. Aus diesem Grund bemerkt man auch gar nicht, daß das Licht zum Durchlaufen einer irdischen Strecke Zeit braucht. Vielmehr sind komplizierte Versuchseinrichtungen erforderlich, um dies festzustellen und um diese meist sehr kurzen Zeitintervalle zu messen.

Eine anschauliche Vorstellung von der Größe der Lichtgeschwindigkeit ergibt sich aus der Tatsache, daß das Licht etwa 8 Minuten braucht, um von der Sonne zur Erde zu kommen, oder daß zur Umkreisung der Erde nur rund eine zehntel Sekunde erforderlich wäre.

Die Lichtgeschwindigkeit ist eine der wichtigsten Konstanten der Physik. Sie spielt auch bei vielen atomaren Vorgängen eine wesentliche Rolle.

Ebenso wichtig wie die Bestimmung der Lichtgeschwindigkeit war die Beantwortung der Frage nach dem Wesen des Lichtes. Dabei galt es zu klären, was dieses Etwas ist, das sich sowohl im leeren Weltraum als auch in der irdischen Luft und in zahlreichen anderen Stoffen mit der angegebenen hohen Geschwindigkeit ausbreitet. Es gibt grundsätzlich zwei Möglichkeiten, durch die man von entfernten Ereignissen Kenntnis erhalten kann. Ein anschauliches Bild soll dies verdeutlichen:

Vor hundert Jahren, im Jahr 1883, ereignete sich in der Sundastraße zwischen Sumatra und Java ein gewaltiger Ausbruch des Vulkans auf der kleinen Insel Krakatau, der auf zwei verschiedene Weisen in der

Welt bekannt wurde. Zum einen geschah dies durch Wasserwellen, die über den Stillen Ozean bis an die südamerikanische Westküste gelangten, und zum anderen durch Staubteilchen, die bei dem Ausbruch in hohe Luftschichten emporgeschleudert und durch die dort herrschenden Luftströmungen in ferne Gebiete der Erde transportiert wurden. Der entscheidende Unterschied zwischen diesen beiden Vorgängen besteht darin, daß im ersten Fall keineswegs Wasserteilchen von der Sundastraße nach Südamerika geschwemmt wurden, sondern daß Wellen durch die Wasser des Ozeans weiterwanderten, während die einzelnen Wasserteilchen im wesentlichen nur Hinundher- oder Aufundabbewegungen an ihrem Ort ausführten; mit diesen Wasserwellen wurde von der Sundastraße an die südamerikanische Küste Energie transportiert. Im zweiten Fall ging dagegen Materie von dem Ursprungsort Krakatau aus und wehte die Kunde von der Vulkankatastrophe in alle Winkel der Erde.

Das Beispiel zeigt: Die beiden Möglichkeiten, durch welche uns ein entferntes Ereignis zur Kenntnis gebracht werden kann, sind Wellen und Korpuskeln. Danach können auch für das Licht zwei Deutungen gegeben werden, die beide in der Geschichte der Physik eine Rolle gespielt haben und die in weiterentwickelter Form auch heute noch zur Beschreibung der Lichteigenschaften verwendet werden.

Der englische Physiker Isaac NEWTON (1643–1727) hat die Auffassung vertreten, daß von einer Lichtquelle kleine Substanz-Partikel ausgehen, die sich nach allen Richtungen geradlinig ausbreiten. Man bezeichnet diese Vorstellung als das Korpuskularmodell des Lichtes.

Im Gegensatz hierzu hat der holländische Physiker Christiaan HUYGENS (1629–1695) die Lichterscheinungen durch ein Bild beschrieben, bei dem von der Lichtquelle Wellen ausgehen, die mit Schallwellen verglichen werden können. Was sich etwa von einer tönenden Glocke in der Luft ausbreitet, sind nicht einzelne Luftteilchen, sondern Wellen, die hier aus Verdichtungen und Verdünnungen bestehen und die mit einem Transport von Energie verbunden sind.

Die von NEWTON und HUYGENS vertretenen Modellvorstellungen schlossen sich nach den damals anerkannten Gesetzen der Physik gegenseitig aus. Sie sind aber für die Entwicklung der Physik von größter Bedeutung gewesen, denn jedes dieser Modelle gestattet nicht nur die zusammenfassende Beschreibung eines großen Bereiches experimenteller Erfahrungen, sondern beide haben darüber hinaus zahlreiche Anstöße zur weiteren Erforschung der Eigenschaften des Lichtes gegeben.

Über die Brauchbarkeit und den Anwendungsbereich des einen oder des anderen Modells kann nur die Erfahrung, das heißt das Experiment des Physikers, entscheiden. Zur Zeit von NEWTON und HUYGENS waren zahlreiche experimentelle optische Befunde bekannt, die durch *beide* Modellvorstellungen in befriedigender Weise erklärt werden konnten. Deshalb kam es zu einem jahrhundertelangen Ringen zwischen den Vertretern des Korpuskel- und des Wellenmodells des Lichtes. Zu Beginn des 19. Jahrhunderts wurden Lichterscheinungen entdeckt, die nur durch die Wellenvorstellung von HUYGENS zu verstehen waren. Es ging dabei im wesentlichen um *Interferenz* und *Beugung*, über die doch einige Bemerkungen gemacht werden sollen, da es sich hierbei um Erscheinungen handelt, die für uns später bei der Erörterung gewisser atomarer Vorgänge von Bedeutung sein werden.

Unter *Interferenz* versteht man die Überlagerung zweier oder mehrerer Wellen an den gleichen Stellen des Raumes. Besonders deutlich sind solche Interferenzerscheinungen bei Wasserwellen zu beobachten. In Abb. 2.4.1 breiten sich von zwei Stellen kreisförmige Wasserwellen aus, die sich überlagern. Dabei werden manche Wasserteile zu

Abb. 2.4.1: Interferenzerscheinungen bei Wasserwellen

stärkeren Schwingungen angeregt, während andere Teile in Ruhe bleiben. Solche Interferenzen sind für Wellen charakteristisch, weil diese sich gegenseitig auslöschen können. Wenn also bei einem physikalischen Vorgang Interferenzen festgestellt werden, so muß man diesen Vorgang als Wellenerscheinung betrachten.

Auch die *Beugung* läßt sich gut bei Wasserwellen zeigen. Wenn man nach Abb. 2.4.2 eine Welle gegen eine Öffnung laufen läßt, dann entstehen an den Rändern der Öffnung Wellen, die in den geometrischen Schatten eindringen. Eine ähnliche Erscheinung zeigt sich, wenn man ein Hindernis in den Weg der Wellen bringt (Abb. 2.4.3). Macht man die Öffnung enger oder das Hindernis kleiner, so werden die Beugungserscheinungen deutlicher; vergrößert man dagegen die Öffnung oder das Hindernis, so wird die Beugung schwächer. Allgemein kann man sagen, daß deutliche Beugungserscheinungen auftreten, wenn die Breite der Öffnung oder des Hindernisses in der gleichen Größenordnung wie die Wellenlänge liegt. Aus diesem Grunde können zum Beispiel Schallwellen mit ihren relativ großen Wellenlängen um Hindernisse herum gehört werden, um die man nicht herum sehen kann. Auch die beim Rundfunk verwendeten elektromagnetischen Wellen sind wegen ihrer Wellenlängen von hundert und mehr Metern sogar in der Lage, sich über hohe Gebirge auszubreiten.

Allgemein steht fest, daß Beugungserscheinungen ebenso wie die Interferenzen nur bei Wellenvorgängen auftreten können. Bei korpuskularen Vorgängen müssen sich die Partikel, laut den von GALILEI und NEWTON aufgestellten Gesetzen der Mechanik, geradlinig ausbreiten und deshalb stets scharf begrenzte Schatten bilden.

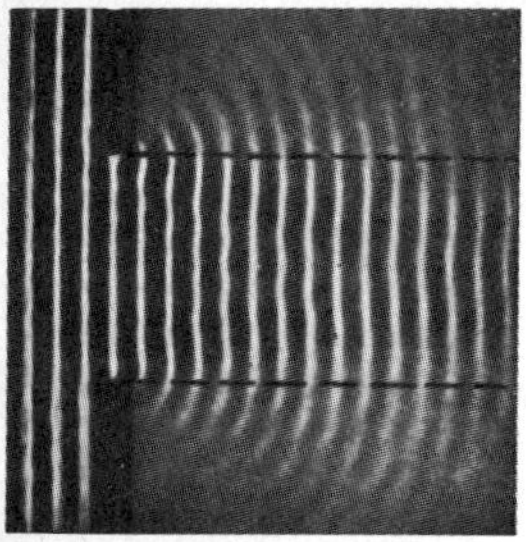

Abb. 2.4.2: Beugung von Wasserwellen an einer Öffnung

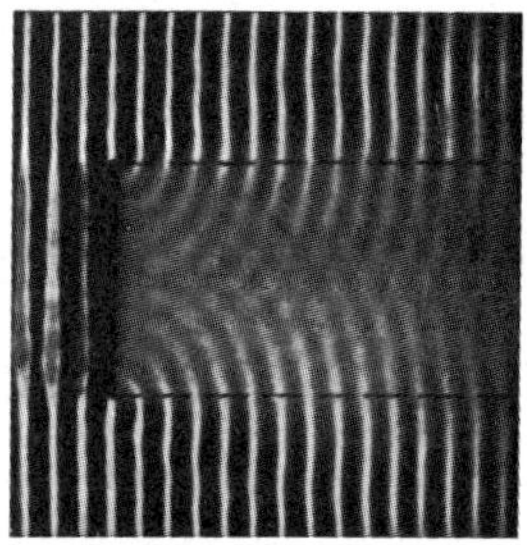

Abb. 2.4.3: Beugung von Wasserwellen an einem Hindernis

Wenn beim Licht Interferenz- und Beugungserscheinungen experimentell festzustellen sind, so ist damit der Streit zwischen HUYGENS und NEWTON zugunsten von HUYGENS entschieden. In diesem Fall ist nur das Wellenmodell in der Lage, die experimentellen Befunde richtig zu erklären. Der Nachweis von Lichtinterferenzen gelang dem französischen Physiker Augustin Jean FRESNEL (1788–1827). Er konnte in überzeugender Weise darlegen, daß eine Überlagerung von Lichtstrahlen nicht immer zu größerer Helligkeit führen muß, sondern daß es unter geeigneten Umständen auch möglich ist, Licht durch anderes Licht auszulöschen.

Wenn im Alltag solche Interferenzerscheinungen nicht beobachtet werden, sondern beim Einschalten mehrerer Lichtquellen normalerweise eine größere Helligkeit vorhanden ist als bei nur einer von ihnen, so liegt dies daran, daß Interferenzen beim Licht nur unter ganz bestimmten Bedingungen auftreten, auf die hier nicht näher eingegangen werden soll. Diese Bedingungen kann der Physiker im Laboratorium ohne weiteres herstellen, im Alltag treten sie normalerweise nicht auf.

Abb. 2.4.4: Interferenzstreifen nach FRESNEL

Abb. 2.4.5: Interferenzerscheinungen (nach R. W. POHL, Einführung in die Optik. Springer-Verlag)

Es gibt verschiedene Versuchsanordnungen, mit deren Hilfe beim Licht Interferenzen und Beugungen erzeugt werden können. Wir beschränken uns hier darauf, die Erscheinungen durch einige Abbildungen zu verdeutlichen. In Abb. 2.4.4 sind die Interferenzen wiedergegeben, wie sie von FRESNEL beobachtet worden sind. Die von zwei Lichtquellen ausgehenden Lichtstrahlen überlagern sich, wobei die hellen Streifen Verstärkungen und die dunklen Zwischenräume Auslöschungen anzeigen. Einen weiteren interessanten Interferenzversuch zeigt Abb. 2.4.5. Es ist durch den Versuchsaufbau bedingt, daß hier abwechselnd helle und dunkle Ringe auftreten. Schließlich ist in Abb. 2.4.6 das Beugungsbild dargestellt, das sich bei dem Auftreffen von Licht auf ein kleines, kreisförmiges Hindernis zeigt.

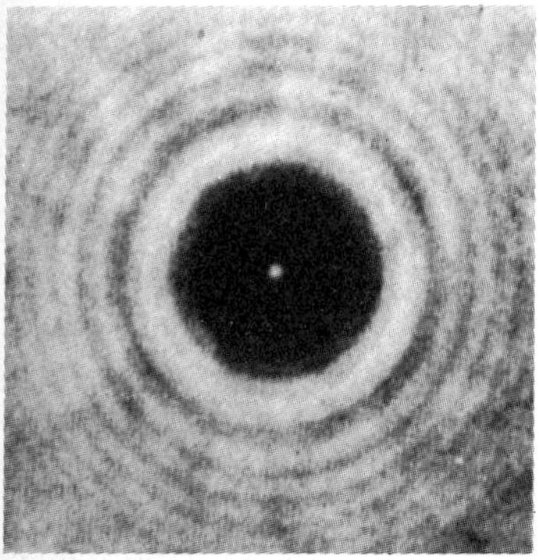

Abb. 2.4.6: Beugung des Lichtes an einem kleinen, kreisförmigen Hindernis

Nachdem sich als Folge der Entdeckung von Interferenzen und Beugungen die Auffassung durchgesetzt hatte, daß es sich beim Licht um eine Wellenerscheinung handeln muß, ergab sich sofort ein neues Problem. Von den mechanischen Wellenbewegungen her war man gewohnt, einen die Schwingungen ausführenden Träger zu fordern. Bei den Wasserwellen sind dies die Wasserpartikel und bei den Schallwellen im allgemeinen die Luftpartikel. Da das Licht sich aber auch im leeren Raum ausbreitet, mußte HUYGENS einen neuartigen Träger der Lichtwellen einführen, den er als *Lichtäther* bezeichnete. Hierbei sollte es sich um einen feinen, nicht wägbaren und unserer Wahrnehmung nicht zugänglichen Stoff handeln, der die ganze Welt erfüllt und dessen elastische Schwingungen die Ausbreitung der Lichtwellen ermöglichen.

Damit die beobachteten Eigenschaften des Lichtes verständlich waren, mußte dieser geheimnisvolle Lichtäther ganz bestimmte Eigenschaften haben. Unter anderem mußte er die Merkmale eines festen Körpers aufweisen und härter als Stahl sein. Auf der anderen Seite können sich aber die Planeten mit großer Geschwindigkeit unbehindert durch diesen Äther bewegen. Das waren Widersprüche, die die Physiker in eine äußerst schwierige Lage brachten, welche erst in der zweiten Hälfte des vergangenen Jahrhunderts überwunden werden konnte, und zwar dadurch, daß der schottische Physiker James Clerk MAXWELL (1831–1879) eine neuartige Erklärung für das Licht gab, die wir im nächsten Abschnitt, in Verbindung mit den elektromagnetischen Feldern, noch gründlich besprechen werden. Laut MAXWELL handelt es sich beim Licht nicht um eine elastische, sondern um eine *elektromagnetische Wellenerscheinung*. Dadurch war der Lichtäther mit seinen merkwürdigen Eigenschaften überflüssig geworden, denn elektromagnetische Wellen bedürfen keines materiellen Trägers.

Hiermit schien die Untersuchung der optischen Erscheinungen und ihre Beschreibung einen gewissen Abschluß erreicht zu haben. Alle bis dahin bekannten Erfahrungstatsachen konnten durch das Modell der elektromagnetischen Wellen befriedigend verstanden werden.

Dieser beruhigte Zustand sollte sich aber durch die Entdeckung neuer physikalischer Erscheinungen schon bald wieder ändern. Bei der Untersuchung der von einem erhitzten Körper ausgehenden Wärmestrahlung, die ebenfalls aus elektromagnetischen Wellen besteht, ergaben sich nämlich neue Schwierigkeiten: Die für die Wärmestrahlung aus der Theorie entwickelten Gesetze standen im Widerspruch zur Erfahrung! Da für den Physiker die Erfahrungstatsachen immer das entscheidende Kriterium bei seiner Arbeit sind, entstand eine kritische Situation, die es notwendig machte, die theoretischen Grundlagen für die Aussendung elektromagnetischer Wellen neu zu überdenken. Nach fünfjähriger schwieriger Arbeit gelang es schließlich dem deutschen Physiker Max PLANCK (1858–1947), die experimentellen Befunde über die Wärmestrahlung durch Hinzufügung einiger sehr gewagter Annahmen noch halbwegs im Rahmen der klassischen Grundgesetze der Wärmelehre und des Elektromagnetismus zu erklären. Im Dezember 1900 legte PLANCK in Berlin die Ableitung einer Formel für die Wärmestrahlung vor, welche die betroffenen experimentellen Untersuchungsergebnisse richtig wiedergab. Damit begann das Zeitalter der Quantentheorie. Später schrieb PLANCK hierüber:

> *«Kurz zusammengefaßt kann ich die ganze Tat als einen Akt der Verzweiflung bezeichnen. Denn von Natur bin ich friedlich und bedenklichen Abenteuern abgeneigt. Aber eine theo-*

retische Deutung des Strahlungsgesetzes mußte um jeden Preis gefunden werden, und wäre er noch so hoch. Die beiden Hauptsätze der Wärmetheorie erschienen mir als das einzige, was unter allen Umständen festgehalten werden muß. Im übrigen war ich zu jedem Opfer an meinen bisherigen Überzeugungen bereit.»

Die Opfer waren in der Tat beachtlich. PLANCK mußte völlig neuartige Annahmen über die Energieausstrahlung machen, welche einen grundsätzlichen Bruch mit den bis dahin herrschenden Überzeugungen bedeuteten. Die von PLANCK aufgestellten Hypothesen besagen:

1. Die Atome eines strahlenden Körpers geben ihre Strahlungsenergie in ganz bestimmten Energiepaketen ab, die man als Energiequanten oder als Photonen bezeichnet. Das gleiche gilt auch für die Aufnahme von Strahlungsenergie.

2. Um eine Übereinstimmung mit den experimentellen Daten zu erzielen, mußte PLANCK weiter annehmen, daß der Energiegehalt der Quanten der Frequenz der betreffenden Strahlung proportional ist. Man erhält die Energie (E) eines Quants, indem man die Frequenz (ν) der zugehörigen Strahlung mit einer Konstante (h) multipliziert. Es gilt also

   Quantenenergie = Konstante × Strahlungsfrequenz

   woraus die berühmte, auf den Grabstein PLANCKS gemeißelte Formel entsteht:

$$E = h \cdot \nu$$

Dies bedeutet, daß nicht alle Quanten die gleiche Energie enthalten, sondern daß es sich bei den langwelligen Wärmestrahlen wegen ihrer kleinen Frequenz um Quanten mit geringer Energie handelt, während den kurzwelligen und daher hochfrequenten Röntgenstrahlen Quanten mit großer Energie zugeordnet sind.

Die Konstante h wird als die PLANCK-Konstante bezeichnet. Ihr Zahlenwert kann heute auf vielen voneinander unabhängigen Wegen ermittelt werden. Man erhält in allen Fällen das gleiche Ergebnis:

$$h = 0{,}000\,000\,000\,000\,004\,14 \text{ Elektronenvolt} \times \text{Sekunde}$$
$$= 4{,}14 \times 10^{-15} \text{ Elektronenvolt} \times \text{Sekunde}$$

Bei der PLANCK-Konstante handelt es sich um eine äußerst kleine physikalische Größe. Sie ist für die Mikrophysik von wesentlicher Bedeutung und kommt in vielen Gleichungen vor, die den Ablauf von atomaren und subatomaren Vorgängen bestimmen. Sie gibt vor allem ein Maß dafür an, was man in der Physik als «sehr klein» betrachten kann. Die PLANCK-Konstante ergibt sich als Produkt aus einer Energie und einer Zeit. Wir werden die benutzten Einheiten noch in diesem Kapitel genau definieren (s. 2.6.).

Die Hypothesen PLANCKS wurden durch Albert EINSTEIN (1879–1955) mit neuen Gedanken weiterentwickelt. Er ging dabei von der Überlegung aus, daß es im Sinne einer einheitlichen Naturerklärung vorteilhaft wäre, wenn die Vorstellungen von der atomistischen Struktur der Materie auch auf alle Arten von Strahlung übertragen werden könnten. Dies bedeutet, daß nicht nur die Abgabe und die Aufnahme von Strahlungsenergie in Form von Quanten erfolgen, wie es PLANCK vorgeschlagen hat, sondern daß wir es auch bei der Strahlung selbst nicht mit einem kontinuierlichen Energiefluß zu tun haben, daß vielmehr der gesamte Energietransport in Form von real existierenden Energiepaketen oder Quanten erfolgt.

Die Energiequantenvorstellung EINSTEINS konnte sich zunächst nicht durchsetzen. Selbst PLANCK sträubte sich lange Zeit gegen ihre Anerkennung. So schrieb er noch 1913 im Zusammenhang mit der geplanten Aufnahme EINSTEINS in die Preußische Akademie der Wissenschaften:

> *«Daß Einstein in seinen Spekulationen gelegentlich auch einmal über das Ziel hinausgeschossen haben mag, wie zum Beispiel in seiner Hypothese der Lichtquanten, wird man ihm nicht allzu sehr anrechnen dürfen. Denn ohne einmal ein Risiko zu wagen, läßt sich auch in der exaktesten Wissenschaft keine wirkliche Neuerung einführen.»*

Zur weiteren Begründung seiner Auffassung konnte EINSTEIN den Photoeffekt anführen. Man versteht hierunter die von dem deutschen Physiker Heinrich HERTZ (1857–1894) bereits im Jahr 1888 zufällig beobachtete Erscheinung, daß Metallflächen bei einer Be-

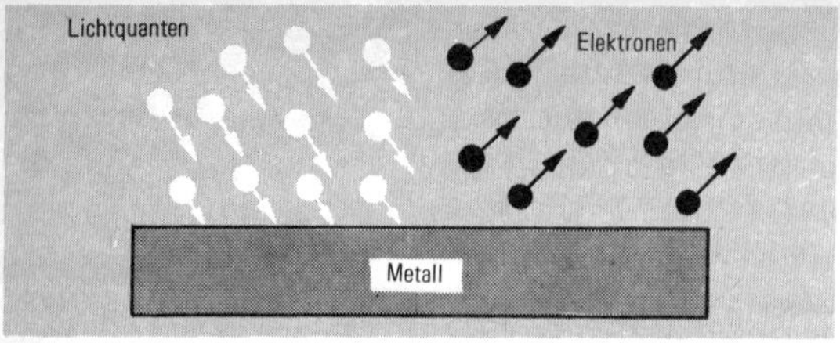

Abb. 2.4.7: Der Photoeffekt an einer Metalloberfläche: Lichtquanten lösen Elektronen aus dem Metall

strahlung mit ultraviolettem Licht Elektronen abgeben (Abb. 2.4.7). Die bei der Untersuchung dieser Erscheinung erzielten Meßergebnisse konnten mit dem Wellenmodell der Strahlung, das eine kontinuierliche Verteilung der Strahlungsenergie auf ihren ganzen Bereich verlangt, nicht in Einklang gebracht werden. Dagegen vermochte die EINSTEIN-Hypothese von der quantenhaften Struktur der Strahlung die Erfahrungstatsachen beim Photoeffekt in überzeugender Weise zu erklären. Obwohl dies ein wichtiger Hinweis auf die reale Existenz der Strahlungsquanten war, vergingen noch zwei Jahrzehnte, bis sich das Quantenmodell für die Strahlung endgültig durchgesetzt hatte.

Wir können heute kaum noch nachvollziehen, wie kühn die Gedanken PLANCKS und EINSTEINS von der quantenhaften Grundstruktur der Natur waren. Es handelte sich dabei um eine radikale und zunächst undenkbar erscheinende Behauptung, die gegen alle Vorstellungen der klassischen Physik verstieß. Ihre Bedeutung kann mit der Begründung der klassischen Physik durch die großen Physiker GALILEI und NEWTON auf eine Stufe gestellt werden, auch wenn die neuen Ideen dieser klassischen Physik im Grunde voll widersprechen.

Die Quanten von EINSTEIN haben die Korpuskelvorstellung des Lichtes wieder zu einem neuen Leben erweckt. Auch wenn die Frequenz der Quanten eine Welleneigenschaft ist, bleibt ihre Individualität und ihre genau definierte Energie ein Merkmal von Teilchen. Es wurde deshalb nötig, eine weitere Theorie zu entwickeln, die in der Lage war, alle bekannten Erfahrungstatsachen über das Licht, sowohl als Quanten wie auch als Welle, in einer einheitlichen Weise zu beschreiben und, soweit dies möglich ist, den Ablauf aller Vorgänge vorauszuberechnen.

Dazu war es notwendig, die Quantenvorstellung und die Wellenvorstellung zu verschmelzen. Dies ist in der Tat gelungen. Erst in den zwanziger Jahren wurde EINSTEINS Quanten-Idee erweitert und in eine leistungsfähige Form gebracht. Auf diese als Quantenmechanik bezeichnete Theorie wird in Kapitel 3 noch ausführlicher eingegangen.

Später entstand eine weitere, äußerst erfolgreiche Theorie, die als Quantenelektrodynamik (QED) bezeichnet wird. Es handelt sich um eine Quantentheorie der elektromagnetischen Vorgänge. Diese Theorie liefert das mathematische Werkzeug, mit dessen Hilfe alle Probleme des Lichtes und der Strahlung – auch im mikroskopischen Bereich – korrekt und extrem genau erfaßt werden können. Dabei wird auch bestätigt, daß sowohl die früher durch das Wellenmodell beschriebenen Vorgänge (Interferenz und Beugung) als auch die durch das Quantenmodell interpretierten Erscheinungen (Wärmestrahlung und Photoeffekt) als Grenzfälle in dem mathematischen Formalismus der Quantenelektrodynamik enthalten sind. Es kann jetzt von Fall zu Fall entschieden werden, ob die genannten Erscheinungen durch die früher jeweils angewandten Modelle genügend genau dargestellt werden. So muß ein Optiker oder ein Antennenbauer gelegentlich prüfen, ob bei seinen Berechnungen auch quantenmechanische Effekte berücksichtigt werden müssen.

Wenn man versucht, sich von den durch die Quantentheorie gelieferten mathematischen Formulierungen eine einigermaßen anschauliche Vorstellung zu machen, so muß man die Photonen als kleine elektromagnetische Wellenpakete betrachten, welche gleichzeitig Korpuskel- und Welleneigenschaften aufweisen. Tatsächlich kann man bei Interferenzexperimenten die Lichtquanten einzeln

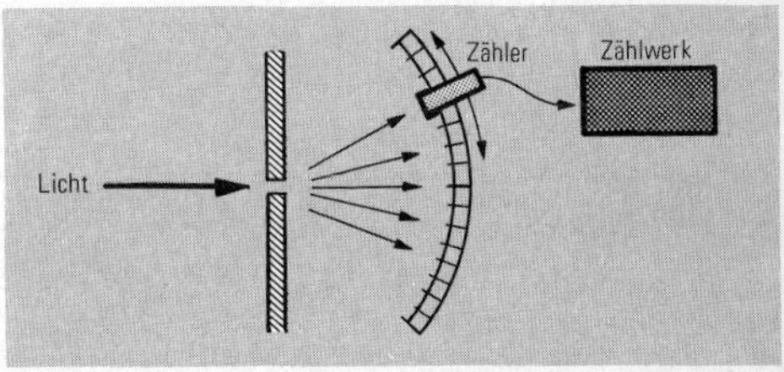

Abb. 2.4.8: Die Messung der Beugungseffekte des Lichtes (Wellenerscheinung) mit einem Zähler, der auf einzelne Lichtquanten anspricht

zählen und durch ihre Häufigkeit an verschiedenen Stellen ihren Wellencharakter gleichzeitig nachweisen. In Abb. 2.4.8 zeigen wir ein Schema eines solchen Experiments. Der an einem Dreharm befestigte Lichtzähler bestimmt die Lichtintensität auf Grund der Zahl der ankommenden Photonen.

Die Vorstellung von kleinen Wellenpaketen entspricht im wesentlichen der äußerst leistungsfähigen quantenelektrodynamischen Theorie, mit deren Hilfe nicht nur alle Erfahrungstatsachen aus dem Bereich des Lichtes und des Elektromagnetismus in einheitlicher Weise beschrieben und berechnet werden können, sondern die darüber hinaus auch für andere Bereiche der Physik recht fruchtbare Anregungen geliefert hat.

Erst durch die Sprache der Mathematik werden die Aussagen der Quantenelektrodynamik – ebenso wie die vieler anderer physikalischer Bereiche – präzise, aber damit auch für viele Leser unverständlich. Deshalb wird hier von der mathematischen Sprache kein Gebrauch gemacht. Dabei muß dann in Kauf genommen werden, daß mit der Übersetzung in die Sprache des Alltags und mit der Verwendung anschaulicher Modellbilder stets ein Verlust an Präzision verbunden ist. Auch das oben eingeführte Wellenpaketmodell des Photons darf nicht genau mit der Wirklichkeit identifiziert werden.

DIE NATUR DES LICHTES	
NEWTON Korpuskularmodell Materielle Teilchen (18. Jahrhundert)	HUYGENS Wellenmodell Elastische Wellen (19. Jahrhundert)
PLANCK + EINSTEIN Energiequanten, Photonen	MAXWELL Elektromagnetische Wellen
QUANTENELEKTRODYNAMIK (QED) Elektromagnetische Wellenpakete (20. Jahrhundert)	

Tabelle 2.4.1: Die Entwicklung der Vorstellungen über die Natur des Lichtes

Das in Tabelle 2.4.1 gezeigte Schema gibt noch einmal einen zusammenfassenden Überblick der verschiedenen Vorstellungen, die im Laufe der Zeit für das Licht entwickelt worden sind. Die Grenzen der Gültigkeit der verschiedenen früher benutzten physikalischen Modelle werden beim Übergang in die Quantentheorie besonders klar hervorgehoben.

2.5. Die elektromagnetischen Felder

In den vorhergehenden Abschnitten ist dargelegt worden, daß die Materie aus Atomen aufgebaut ist und daß auch die Elektrizität eine atomistische Struktur besitzt, wobei den Elektronen als Trägern elektrischer Ladung eine besondere Bedeutung zukommt. Es wurde ferner bereits angedeutet, daß die Elektronen auch beim Aufbau der Atome eine wesentliche Rolle spielen, worauf später noch ausführlich eingegangen wird.

In diesem Abschnitt sollen zunächst weitere Naturerscheinungen aus dem Bereich der Elektrizität, des Magnetismus und der Optik untersucht und mit Hilfe der schon erwähnten Photonen interpretiert werden. Im weiteren Verlauf der Betrachtungen werden wir dann zeigen, wie auch alle anderen mit den elektrischen Kräften zusammenhängenden Erscheinungen durch den Austausch von Photonen gedeutet werden können. Damit ist dann die ganze uns umgebende Welt in *Quanten* zerhackt, ein nicht besonders anschaulicher Gedanke, an den wir uns aber gewöhnen müssen, wenn wir nicht mit klaren experimentellen Tatsachen in Widerspruch geraten möchten. Der Grundgedanke, daß nichts in unserer Welt beliebig klein zerteilt werden kann, gehört heute zum allgemeinen Gedankengut der Physiker. Die vielen anscheinend kontinuierlich ablaufenden Vorgänge in unserer Umgebung entstehen aus der Überlagerung sehr vieler mikroskopischer Einzelprozesse. Nach diesen Vorbemerkungen wenden wir uns jetzt den elektromagnetischen Vorgängen zu.

Es ist eine bekannte Tatsache, daß zwei Magnete Kräfte aufeinander ausüben, ohne daß sie sich berühren oder eine andere kraftübertragende Verbindung erkennbar ist. Früher haben wir gesehen, daß die gleiche Erscheinung auch bei elektrischen Ladungen auftritt. Diese Art von Kraftübertragung auf Distanz hat das Gemüt vieler Physiker lange Zeit erregt. Unser heutiges Verständnis dieser Tatsachen wurde durch die Ideen von Michael FARADAY (1791–1867) eingeleitet. Er ging dabei von einer Beobachtung aus, die schon lange vorher der französische Philosoph und Naturwissenschaftler René DESCARTES (1596–1650) – der auch Renatus CARTESIUS genannt wurde – gemacht hatte. Wenn man nämlich ein Stück Papier über einen Magneten legt und Eisenfeilspäne auf das Papier streut, so ordnen sich die Eisenspäne zu kettenförmigen Linien an (Abb. 2.5.1). Auch in der Umgebung elektrischer Ladungen kann man ähnliche Linienmuster beobachten, wenn man statt Eisenfeilspäne geeignete Kunststoffasern verwendet (Abb. 2.5.2). Bei einer Veränderung der

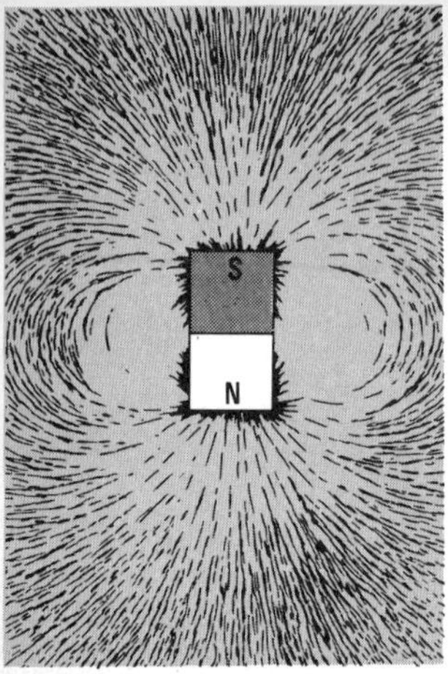

Abb. 2.5.1: Die mit Eisenfeilspänen sichtbar gemachten Feldlinien eines Stabmagneten

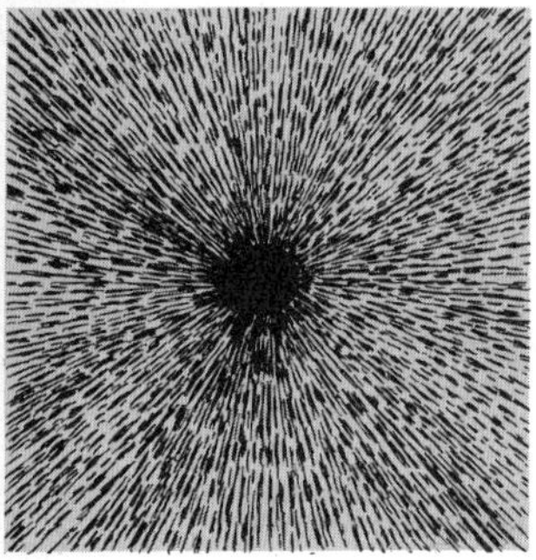

Abb. 2.5.2: Das elektrische Feld in der Umgebung einer elektrisch geladenen kreisförmigen Scheibe

Magnete oder der elektrischen Ladungen nehmen auch die Linien andere Formen an.

Aus diesen Feststellungen zog FARADAY den Schluß, daß der Raum in der Umgebung der Magnete und der elektrischen Ladungen Veränderungen erfahren haben muß, die vom Menschen nicht direkt wahrgenommen werden können, die sich aber durch Eisenfeilspäne oder heute Kunststoffasern sichtbar machen lassen. Dieser veränderte Zustand wird als magnetisches oder als elektrisches Feld bezeichnet. Die beobachteten Linien nennt man Feldlinien. FARADAY stellte sich dieses Feld als eine Art Spannungszustand und die Feldlinien als dünne Schläuche vor. Die Kraftwirkung zwischen den Magneten oder zwischen den elektrischen Ladungen sollte durch die Feldlinien zustande kommen. Im Falle der elektrischen Ladungen entspricht diese Darstellung genau den von COULOMB gefundenen Kraftgesetzen. Die COULOMB-Kraft auf eine Ladung zeigt in die von den Feldlinien angegebene Richtung. Wenn sich die Ladung bewegen kann, dann entsteht auf diese Art ein elektrischer Strom.

Zwischen den elektrischen und den magnetischen Erscheinungen besteht ein enger Zusammenhang. Der dänische Physiker Hans Christian ØRSTED (1777–1851) hatte bereits 1820 entdeckt, daß in der Umgebung eines stromdurchflossenen Leiters ein Magnetfeld existiert, das ebenso wie andere Magnetfelder durch Eisenfeilspäne nachgewiesen werden kann. Dabei zeigt sich, daß die Feldlinien bei einem geradlinigen Leiter konzentrische Kreise sind, deren Mittelpunkte auf dem Leiter liegen (Abb. 2.5.3). Heute wird der elektrische Strom in der Technik zur Erzeugung starker Magnetfelder verwendet. Wenn man nämlich den stromdurchflossenen Draht zu einer

Abb. 2.5.3: Magnetisches Feld in der Umgebung eines stromdurchflossenen Leiters

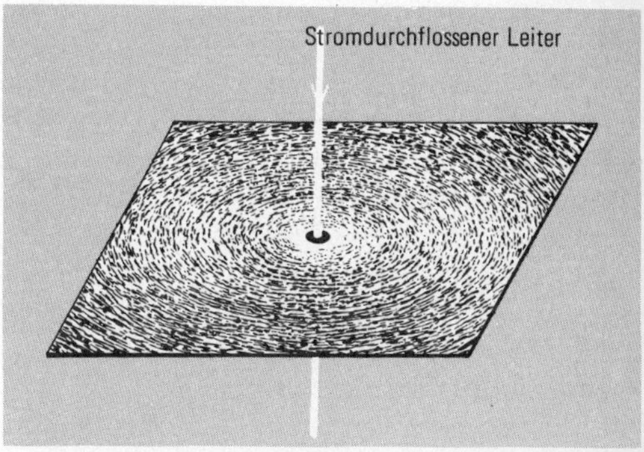

Abb. 2.5.4: Magnetisches Feld einer stromdurchflossenen Spule

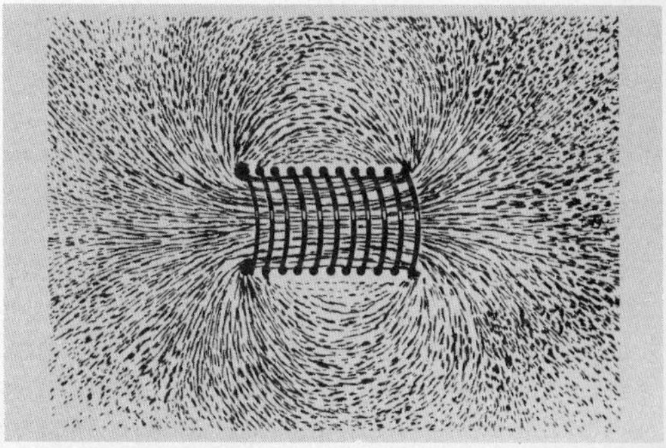

Spule aufwickelt, so überlagern sich die Feldlinien, und es entsteht ein entsprechend starkes Magnetfeld (Abb. 2.5.4).

Es liegt nun nahe, die Frage zu stellen, ob der von ØRSTED entdeckte Zusammenhang auch umkehrbar ist, das heißt, ob man mit Hilfe von Magnetfeldern auch elektrische Ströme herstellen kann. Wieder war es FARADAY, der herausfand, daß dies in der Tat möglich ist. Im Jahr 1831 gelang ihm die für die weitere Entwicklung der Physik und der Technik äußerst fruchtbare Entdeckung, daß durch die Veränderung von magnetischen Feldern elektrische Ströme entstehen können. Dies geschieht zum Beispiel, wenn man einen Magneten in der Nähe eines Drahtes oder umgekehrt einen Draht in einem Magnetfeld bewegt. Man bezeichnet diese Erscheinung als elektromagnetische Induktion. Hiervon wird heute in den Kraftwerken in großem Umfang Gebrauch gemacht, indem man Leiterspulen in starken Magnetfeldern bewegt und auf diese Weise die Bewegungsenergie in elektrische Energie umwandelt.

Ein wichtiger Teil der Entdeckungen FARADAYS bestand in der Feststellung, daß ein in Bewegung gesetzter Magnet, der ja seine Feldlinien mit sich führt, auch dann elektrische Feldlinien entstehen läßt, wenn kein elektrischer Leiter vorhanden ist. Wird andererseits eine elektrische Ladung zum Hinundherschwingen veranlaßt, dann kommt auch das begleitende elektrische Feld nicht zur Ruhe, es entstehen elektrische Feldwellen. FARADAY fand nun weiter, daß jedes zeitlich veränderliche elektrische Feld gleichzeitig ein magnetisches Feld erzeugt und umgekehrt. Dabei umschlingen sich die elektrischen und magnetischen Feldlinien wie die Glieder einer Kette. Diese sich im Raum ausbreitende Verkettung wird als elektromagnetische Welle bezeichnet (Abb. 2.5.5).

Es ist das große Verdienst MAXWELLS, die Ideen FARADAYS bezüglich der Felder mathematisch formuliert und dabei gleichzeitig erweitert zu haben. Die neu dazugekommene Idee läßt sich vereinfacht in der folgenden Weise zusammenfassen:

> *Die magnetischen und elektrischen Felder existieren auch als selbständige Gebilde neben den materiellen Objekten. Sie können sich unabhängig von der Materie im Raum bewegen und unterliegen dabei eigenen Bewegungsgesetzen.*

Die große Leistung MAXWELLS bestand darin, diese Bewegungsgesetze in Formeln klar dargestellt zu haben. Sie sind als MAXWELL-Gleichungen in die Physik eingegangen und stehen auch heute noch

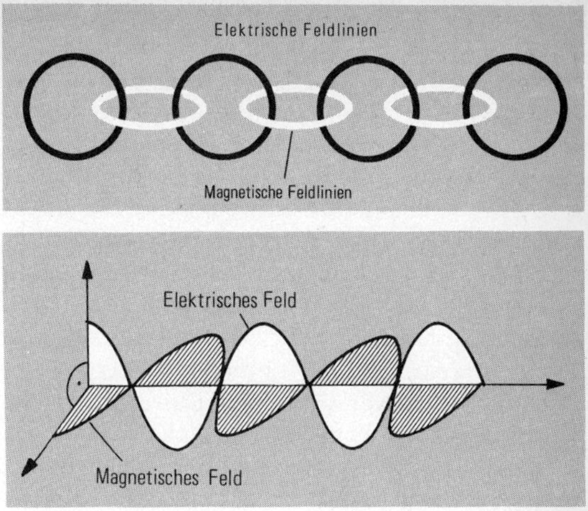

Abb. 2.5.5: Die Verkettung von elektrischen und magnetischen Feldlinien: a) symbolisch als Kette dargestellt, b) Darstellung der Sinuskurven

gleichberechtigt neben den von Galilei und Newton aufgestellten Grundgesetzen der Mechanik.

Auf eine von dem niederländischen Physiker Hendrik Antoon Lorentz (1853–1928) gemachte Entdeckung muß in diesem Zusammenhang noch hingewiesen werden. Es handelt sich dabei um die Tatsache, daß auf eine in einem Magnetfeld bewegte elektrische Ladung im allgemeinen eine Kraft ausgeübt wird, welche die Bewegung der Ladung zu steuern vermag. Der Betrag und die Richtung dieser Kraft ergeben sich aus der berühmten Lorentz-Gleichung, die als eine wesentliche Grundlage der Elektronentechnologie und Elektrotechnik zu betrachten ist. Auf der Lorentz-Kraft beruht unter anderem die magnetische Ablenkung der Elektronenstrahlen in den Bildschirmröhren der Fernsehgeräte sowie die Kreisbewegung der Elektronen in einem ringförmigen Teilchenbeschleuniger.

Das von Maxwell aufgestellte Gleichungssystem in Verbindung mit der Lorentz-Gleichung ging über die Entdeckungen Faradays hinaus und enthielt nicht nur alle bis dahin bekannten Tatsachen aus den Bereichen Elektrizität und Magnetismus, sondern es erlaubte auch die Voraussage völlig neuartiger Erscheinungen. Von besonderer Bedeutung war dabei die Beschreibung der schon erwähnten elektromagnetischen Wellen, die sich frei im Raum ausbreiten können.

Maxwell selbst hat schon 1871 erkannt, daß die Eigenschaften des sichtbaren Lichtes erklärt werden konnten, wenn man einfach annahm, daß es sich dabei um elektromagnetische Wellen handelt, die auch seinen Gleichungen gehorchten. Diese Erkenntnis war für die damalige Zeit bahnbrechend. Wie lange hatten sich die Physiker darum gestritten, ob das Licht Wellen- oder Korpuskelcharakter hat. Die Wellenhypothese hatte schließlich die Oberhand gewonnen, war jedoch als mechanische Welle aus verschiedenen Gründen nicht verständlich. Als elektromagnetische Welle gab es diese Probleme nicht. Einige bis dahin unverstandene Eigenschaften des Lichtes konnten mit den MAXWELL-Gleichungen auf natürliche Art erklärt werden. Die damals wohlbekannten Erscheinungen der Beugung und Brechung des Lichtes konnten mit MAXWELLS Theorie ebenfalls überzeugend dargestellt werden. Das Ergebnis war eine einheitliche Beschreibung der Vorgänge der Elektrizität, des Magnetismus und der Optik in einem klaren und überschaubaren Formelsystem, das bis heute einen Ehrenplatz im Gedankengebäude der Physik einnimmt. Die Schönheit und die Symmetrie der MAXWELL-Gleichungen haben die Physiker immer wieder begeistert. Es ist deshalb verständlich, daß der große österreichische Physiker Ludwig BOLTZMANN (1844–1906), der selbst viel zur Durchsetzung der Ideen MAXWELLS beigetragen hat und der sonst als nüchterner Forscher galt, seiner Bewunderung für die Leistung MAXWELLS dadurch Ausdruck gab, daß er hierauf die Worte GOETHES anwandte:

«War es ein Gott, der diese Zeichen schrieb,
die mir das Innere tobend stillen,
das arme Herz mit Freude füllen
und mit geheimnisvollem Trieb
die Kräfte der Natur rings um mich her enthüllen?»

Es dauerte jedoch Jahrzehnte, bis die MAXWELL-Gleichungen voll verstanden und allgemein anerkannt wurden. Bei der Suche nach den von MAXWELL vorausgesagten elektromagnetischen Wellen war Heinrich HERTZ besonders erfolgreich. Es gelang ihm, elektromagnetische Wellen im Laboratorium zu erzeugen, zu senden und zu empfangen. Dies war eines der aufregendsten Ereignisse der Physik, über das Max PLANCK sagte:

«Durch diese in der ganzen physikalischen Welt das größte Aufsehen erregende Entdeckung waren die Gedanken MAXWELLS *in die Tat umgesetzt und zugleich eine neue Epoche der experimentellen und theoretischen Physik eingeleitet.»*

Die Experimente von HERTZ haben die Richtigkeit der MAXWELL-Gleichungen nachgewiesen und gleichzeitig eine technische Entwicklung eingeleitet, deren Ergebnisse aus dem Leben unserer Zeit nicht mehr wegzudenken sind. Heute kennt man eine große Zahl von Anwendungen der elektromagnetischen Wellen. In diesen Bereich gehört die moderne Nachrichtenübertragung mit ihren Rundfunk- und Fernseheinrichtungen, aber auch das Gebiet der Ultrakurzwellen, das schon behandelte sichtbare Licht, die Ultraviolett- und die Röntgenstrahlen. Alles das sind nur verschiedene Namen für physikalisch völlig gleichartige Schwingungen oder Wellen, die sich nur durch ihre Frequenz und ihre Wellenlänge unterscheiden. In diesem elektromagnetischen Wellenspektrum nimmt das, was das menschliche Auge als Licht wahrnimmt, nur einen sehr kleinen Ausschnitt ein.

Die MAXWELL-Gleichungen erlauben es auch, die Ausbreitungsgeschwindigkeit der elektromagnetischen Wellen zu berechnen. Dabei ergab sich die für die damalige Zeit überraschende Tatsache, daß diese Ausbreitungsgeschwindigkeit mit der früher schon erwähnten, auf verschiedene Weise meßbaren Lichtgeschwindigkeit übereinstimmt. Diese Feststellung war ein entscheidender Hinweis auf den schon behandelten Zusammenhang zwischen dem Licht und den elektromagnetischen Wellen.

Eine Wellenbewegung kann durch ihre *Wellenlänge* oder durch ihre *Frequenz* charakterisiert werden. Zwischen diesen Größen und der Ausbreitungsgeschwindigkeit besteht der einfache Zusammenhang:

$$\text{Wellenlänge} \times \text{Frequenz} = \text{Ausbreitungsgeschwindigkeit}$$

Da für die Ausbreitungsgeschwindigkeit aller elektromagnetischen Wellen im leeren Raum und angenähert auch in Luft der früher bereits als Lichtgeschwindigkeit *(c)* angegebene Wert (s. 2.4.) gilt, kann mit Hilfe der genannten Formel aus der Frequenz einer Wellenbewegung ihre Wellenlänge und umgekehrt aus der Wellenlänge ihre Frequenz berechnet werden. Wir werden hier für die Ausbreitungsgeschwindigkeit den früher bereits erwähnten abgerundeten Wert

$$c = 300\,000 \text{ Kilometer pro Sekunde}$$

benutzen.

DIE ELEKTROMAGNETISCHEN WELLEN				
	Frequenz	Wellenlänge	Quantenenergie	Anwendungsbeispiel
1	1 Hz	300000 km		
2	10 Hz	30000 km		50 Hz =
3	100 Hz	3000 km		Netzfrequenz
4	1 kHz = 1000 Hz	300 km		
5	10 kHz	30 km		
6	100 kHz	3 km		LW (Rundfunk)
7	1 MHz = 1000 kHz	300 m		MW (Rundfunk)
8	10 MHz	30 m		KW (Rundfunk)
9	100 MHz	3 m		UKW (Rundfunk)
10	1 GHz = 1000 MHz	300 mm		UHF / Radar
11	10 GHz	30 mm		
12	100 GHz	3 mm		
13	1 THz = 1000 GHz	300 µm	4,14 meV	Wärmestrahlen
14	10 THz	30 µm	41,4 meV	Wärmestrahlen
15	100 THz	3 µm	414 meV	Infrarot
16	1 PHz = 1000 THz	300 nm	4,14 eV	Sichtbares Licht
17	10 PHz	30 nm	41,4 eV	Ultraviolett
18	100 PHz	3 nm	414 eV	Laser
19	1 EHz = 1000 PHz	3 Å = 300 pm	4,14 keV	Röntgenstrahlen
20	10 EHz	30 pm	41,4 keV	Röntgentherapie
21	100 EHz	3 pm	414 keV	Gammastrahlen
22	1000 EHz	300 fm	4,14 MeV	
23	10000 EHz	30 fm	41,1 MeV	
24	100000 EHz	3 f = 3 fm	414 MeV	
25	1000000 EHz	300 am	4,14 GeV	Hochenergiephysik
26	10000000 EHz	30 am	41,4 GeV	Hochenergiephysik
27	100000000 EHz	3 am	414 GeV	Höhenstrahlen

Bemerkungen:
Die früher üblichen Längeneinheiten Å (Ångström) und f (Fermi) werden wir hier nicht weiter benutzen. Die Energieeinheiten werden in einem späteren Abschnitt genau definiert.

Tabelle 2.5.1: Elektromagnetische Wellen, ihre Frequenz und Wellenlänge und die Energie der einzelnen Quanten laut dem von M. Planck entdeckten Gesetz

In der Fernmeldetechnik, im Rundfunk und im Fernsehen ist es üblich, die verwendeten elektromagnetischen Wellen bisweilen durch ihre Wellenlängen und bisweilen durch ihre Frequenz zu kennzeichnen. Die Tabelle 2.5.1 gibt den Zusammenhang zwischen den Frequenzen und den Wellenlängen der in der Praxis verwendeten elektromagnetischen Wellen an. Wir haben die Tabelle für den

Vorsatz	Kurzzeichen	Vorsatz	Kurzzeichen
Exa	E = 1000 × P	Milli	m = .001 ×
Peta	P = 1000 × T	Mikro	μ = .001 × m
Tera	T = 1000 × G	Nano	n = .001 × μ
Giga	G = 1000 × M	Piko	p = .001 × n
Mega	M = 1000 × k	Femto	f = .001 × p
Kilo	k = 1000 ×	Atto	a = .001 × f

Tabelle 2.5.2: Vorsätze und Kurzzeichen für die hier benutzten Einheiten

Bereich der Hochenergiephysik erweitert und gleich die dem PLANCK-Gesetz entsprechenden Energien der Quanten (s. 2.4.) eingetragen. Die Wellenlängen werden in den normalen Längeneinheiten und die Frequenzen in der Einheit Hertz (1 Hz = eine Schwingung pro Sekunde) sowie den daraus abgeleiteten größeren Einheiten gemessen. Die Energieeinheiten der Quanten werden wir im nächsten Abschnitt genau definieren. Die Grundeinheit ist das Elektronenvolt (eV). Die verwendeten Vorsätze sind in Tabelle 2.5.2 definiert.

Als wir über die Natur des Lichtes sprachen (s. 2.4.), war die Rede davon gewesen, wie sich zu Beginn unseres Jahrhunderts einige experimentelle Erkenntnisse ergaben, die Max PLANCK und Albert EINSTEIN zur Aufstellung der Hypothese veranlaßten, daß die elektromagnetischen Wellen in sehr kleinen Portionen auftreten, die wir als Photonen bezeichnet haben. Diese Hypothese hat sich in der Folgezeit als weitgehend zutreffend erwiesen. Durch die Tatsache, daß es sich bei den Photonen um kleine diskontinuierliche Portionen handelt, ist ihr Wellencharakter jedoch nicht verlorengegangen. Diese Vorstellung wurde nun auf alle elektromagnetischen Wellen übertragen.

Die elektromagnetischen Felder gehören zu den fundamentalen Begriffen der Physik, die auch im Zusammenhang mit der Struktur der Materie, um die es uns in diesem Buch geht, eine wesentliche Rolle spielen. Zu Anfang unseres Jahrhunderts war es den Physikern klar, daß die Welt aus Atomen besteht, aus denen gelegentlich Elektronen abgegeben werden konnten, und daß die Kräfte zwischen den so entstehenden elektrisch geladenen Partikeln mit der MAXWELL-Theorie berechnet werden konnten. Es war ferner klar, daß durch die elektromagnetischen Wellen Energie von einem Ort an einen anderen übertragen wird. Auf dieser Energieübertragung beruht auch die von einer Sende- zu einer Empfangsantenne erfolgende Übermittlung von Nachrichten. Dies gilt auch für die sehr ähnlichen Erscheinungen, welche uns beim Licht begegnen.

Zum Schluß wollen wir ruhig ein bißchen vorgreifen auf Sachverhalte, die später noch ausführlich geklärt werden. Es ist heute üblich, auch die unbewegten elektrischen Feldlinien als Bahnen von hin und her schwebenden Teilchen, die man als virtuelle Photonen bezeichnet, zu verstehen. Diese Erweiterung wird sich als besonders fruchtbar erweisen. Alle in der Natur überhaupt auftretenden Kräfte werden heute auf diese Art beschrieben. Jedes Kraftfeld wird durch photonenähnliche Austauschteilchen aufrechterhalten. Einstweilen begnügen wir uns mit der hier getroffenen Feststellung, daß das elektromagnetische Feld durch den Austausch von Photonen entsteht und daß es auch noch andere Austauschteilchen gibt, die andere Kräfte hervorbringen.

Wir stellen abschließend fest, daß sowohl die Materie als auch die elektromagnetischen Kraftfelder in kleinen Portionen auftreten; man sagt, daß sie *quantifiziert* sind. Damit ist der Weg frei für die stürmische Entwicklung der Mikrophysik, die in unserem Jahrhundert stattgefunden hat. Die Zeit der klassischen Physik ist mit PLANCK und EINSTEIN beendet.

Die mathematisch sehr eleganten Formulierungen der Theorie der Elektrizität und des Magnetismus von MAXWELL und LORENTZ und die Mechanik von GALILEI und NEWTON beschreiben zwar sehr gut die im Alltag auftretenden Vorgänge mit ihrem kontinuierlichen Charakter, mußten aber für die besonders kleinen Gebilde, also für die Quanten und Atome, verfeinert werden. Außerdem traten sogar zwischen den beiden klassischen Theorien Elektromagnetismus und Mechanik einige Schwierigkeiten auf, die wir in den nächsten Abschnitten aufklären werden, weil sich hierbei Einsichten ergeben, die für die späteren Erläuterungen unentbehrlich sind.

2.6. Die relativistische Mechanik

Als 1901 Guglielmo MARCONI (1874–1937) zum erstenmal mit den von Heinrich HERTZ nachgewiesenen elektromagnetischen Wellen über den Atlantik funkte, hatten einige Physiker bereits erkannt, daß die gerade so gut verstandenen und somit auch bestätigten MAXWELL-Gleichungen – mit deren Hilfe ja die elektromagnetischen Wellen vorausgesagt worden waren – auch einigen physikalischen

Sprengstoff enthielten. Es wurde schon darauf hingewiesen, daß sich auf Grund der MAXWELL-Gleichungen die Geschwindigkeit berechnen läßt, mit der sich die elektromagnetischen Wellen ausbreiten. Dabei wird aber gar nicht berücksichtigt, ob sich der Beobachter bei der Messung dieser Geschwindigkeit bewegt oder nicht.

Wir erläutern die sich hierbei ergebende Problematik zunächst an einem einfachen Beispiel aus dem Alltag, das uns selbstverständlich erscheint.

Wenn ein Beobachter von einem mit der konstanten Geschwindigkeit von 80 km/h fahrenden Eisenbahnzug die Geschwindigkeit eines zweiten Zuges, der mit 100 km/h in entgegengesetzter Richtung fährt, ermitteln würde, so käme er zu dem Ergebnis, daß die Geschwindigkeit dieses zweiten Zuges

$$100\ \mathrm{km/h} + 80\ \mathrm{km/h} = 180\ \mathrm{km/h}$$

beträgt.

Wenn der zweite Zug in der gleichen Richtung wie der erste fährt, so würde der Beobachter als Geschwindigkeit des zweiten Zuges

$$100\ \mathrm{km/h} - 80\ \mathrm{km/h} = 20\ \mathrm{km/h}$$

feststellen.

In analoger Weise könnte man erwarten, daß ein Beobachter, der sich gegen die Ausbreitungsrichtung eines Lichtstrahles bewegt, eine größere Lichtgeschwindigkeit mißt, als wenn er sich in der Ausbreitungsrichtung des Strahles bewegt. Sehr genaue Experimente haben aber bereits 1887 ergeben, daß die Bewegung des Beobachters bei der Messung der Lichtgeschwindigkeit überhaupt keine Rolle spielt, sondern daß sich stets die gleiche Lichtgeschwindigkeit ergibt.

Dies ist eine experimentelle Feststellung, die vom Standpunkt der klassischen Mechanik unverständlich ist. Damit war klar, daß diese von Galileo GALILEI und Isaac NEWTON entwickelte klassische Mechanik eine Überarbeitung erfahren mußte. Nach den Vorarbeiten durch mehrere andere Physiker, unter denen besonders der schon früher erwähnte niederländische Physiker Hendrik Antoon LORENTZ (s. 2.5.) zu nennen ist, gelang dem auf vielen Gebieten erfolgreichen Physiker Albert EINSTEIN mit der Formulierung seiner speziellen

Relativitätstheorie die endgültige Überwindung der oben dargelegten Schwierigkeiten.

Bei der speziellen Relativitätstheorie handelt es sich um ein neues Formelsystem, das bei den mechanischen Erscheinungen des täglichen Lebens praktisch die gleichen Ergebnisse wie die klassische Mechanik liefert, das aber bei den von den MAXWELL-Gleichungen betroffenen Vorgängen, bei denen die Lichtgeschwindigkeit eine Rolle spielt, korrekte, mit der Erfahrung übereinstimmende Aussagen macht.

Bei der im Zusammenhang mit den Untersuchungen über die Struktur der Materie äußerst erfolgreichen Hochenergiephysik muß meist die relativistische Mechanik benutzt werden. Es zeigt sich sogar, daß sie bei der täglichen Arbeit der Hochenergiephysiker einfacher als die klassische Mechanik ist, vorausgesetzt, daß bei den Rechnungen die geeigneten Größen benutzt werden. Im Verlauf dieses Abschnittes werden wir einige Größen einführen, die sich hier als besonders geeignet erwiesen haben.

Zunächst soll aber noch auf ein anderes Problem hingewiesen werden, das mit den MAXWELL-Gleichungen zu tun hat und durch die relativistischen Bewegungsgleichungen gelöst worden ist. Da sich die elektromagnetischen Wellen im leeren Raum stets mit der oben angegebenen Lichtgeschwindigkeit ausbreiten, wäre es sehr unangenehm, wenn plötzlich ein geladenes Teilchen, zum Beispiel ein Elektron, mit einer noch größeren Geschwindigkeit fliegen könnte, was auf Grund der klassischen Mechanik durchaus denkbar wäre. Das Elektron könnte dann sozusagen sein mitgeführtes Feld abschütteln, was aber bisher nie beobachtet worden ist. Aus den Gleichungen der Relativitätstheorie folgt, daß dieses Problem im Grunde gar nicht existiert, weil Teilchen, welche eine Masse haben, nie die Lichtgeschwindigkeit erreichen können.

Eine weitere für das Verständnis der atomaren Welt wichtige, aus der speziellen Relativitätstheorie folgende Erkenntnis ist das Gesetz über die Äquivalenz (Gleichwertigkeit oder Wertgleichheit) von Masse und Energie. Dieses Gesetz besagt, daß jeder Energiezuwachs eines Körpers immer gleichzeitig eine Massezunahme bedeutet. EINSTEIN fand, daß zwischen der Masse m und der Energie E der folgende Zusammenhang besteht:

Energie (E) = Masse (m) × Quadrat der Lichtgeschwindigkeit (c^2)

Die berühmte Gleichung

$$E = m \cdot c^2$$

besagt, daß jeder ruhende Körper wegen seiner Masse einen Energieinhalt besitzt, der mit Hilfe der angegebenen Gleichung berechnet werden kann. Da die Lichtgeschwindigkeit c einen sehr großen Betrag hat, folgt aus dieser Gleichung, daß schon sehr kleine Massen – im Sinne unseres normalen täglichen Bedarfs – großen Energiebeträgen entsprechen.

Das von EINSTEIN zunächst rein theoretisch mit der speziellen Relativitätstheorie eingeführte Gesetz über die Äquivalenz von Masse und Energie gehört zu den bedeutendsten Erkenntnissen der modernen Physik. Während man die Masse und die Energie früher als zwei streng voneinander getrennte Gegebenheiten betrachten mußte, sind sie durch das EINSTEIN-Gesetz zu einer physikalischen Einheit verschmolzen worden.

Als EINSTEIN den Zusammenhang zwischen der Masse, der Energie und der Lichtgeschwindigkeit entdeckte, konnte niemand sagen, ob sich eine Umwandlung von Masse in Energie oder von Energie in Masse auch praktisch einmal würde verwirklichen lassen. Inzwischen hat sich gezeigt, daß beide Umwandlungen in der Tat möglich sind und daß hierbei das EINSTEIN-Gesetz gilt. Die Umwandlung von Energie in Masse wird als Materialisation von Energie bezeichnet; sie wird uns später im Zusammenhang mit den Elementarteilchen noch öfters beschäftigen. Die entgegengesetzte Umwandlung von Masse in Energie nennt man die Zerstrahlung von Masse; sie tritt ebenfalls im Bereich der Elementarteilchen auf. Außerdem sind die Atombomben und Kernreaktoren der weithin sichtbare Ausdruck für solche Umwandlungen von Masse in Energie, denn hier wird ein kleiner Teil der beteiligten Massen nach dem EINSTEIN-Gesetz in ungeheuer große Energiemengen umgesetzt.

Die Physiker haben sich inzwischen an diese Äquivalenz von Masse und Energie so sehr gewöhnt, daß es – vor allem im Bereich der Hochenergiephysik – üblich geworden ist, die Massen der Elementarteilchen in Energieeinheiten anzugeben. Als Energieeinheit dient hier das Elektronenvolt und die daraus abgeleiteten größeren Einheiten.

Unter einem *Elektronenvolt* (eV) versteht man diejenige Energie, die einem Elektron zugeführt wird, wenn man es mit Hilfe einer elektrischen Spannung von 1 Volt im leeren Raum beschleunigt.

DIE ENERGIEEINHEITEN		
1 Elektronenvolt	=	1 eV
1 Kiloelektronenvolt (keV)	=	1000 eV
1 Megaelektronenvolt (MeV)	=	1000 keV
1 Gigaelektronenvolt (GeV)	=	1000 MeV
1 Teraelektronenvolt (TeV)	=	1000 GeV

Tabelle 2.6.1: Die Energieeinheiten

In einem normalen Fernsehgerät werden die aus einem Glühdraht austretenden Elektronen mit Spannungen bis zu 20000 Volt beschleunigt. Diese Elektronen haben dann eine Bewegungsenergie von 20000 eV oder 20 keV.

Aus der Energieeinheit Elektronenvolt werden die größeren Einheiten abgeleitet, die in Tabelle 2.6.1 aufgeführt sind. Im allgemeinen werden in der Elementarteilchenphysik bei höheren Energien (Beschleunigern) die Einheiten MeV und GeV verwendet. Aus dem EINSTEIN-Gesetz über die Äquivalenz von Masse und Energie errechnet man dann, daß die Masse des Wasserstoffatoms einer Energie von

938 MeV

entspricht. Damit ein Elektron die Energie bekommt, die der Masse des Wasserstoffatoms entspricht, müßte es also mit einer Spannung von

938000000 Volt

beschleunigt werden. Wir werden später noch beschreiben, wie man solche Beschleunigungen technisch möglich macht.

Die Lichtgeschwindigkeit ist eine der wichtigsten Naturkonstanten, weil sie die größte in der Natur überhaupt erreichbare Geschwindigkeit darstellt. Aus diesem Grunde ist es im Bereich der Teilchenphysik meist üblich, alle Geschwindigkeiten auf die Lichtgeschwindigkeit zu beziehen. Dies soll im folgenden auch durchweg geschehen. Dabei wird die Geschwindigkeit eines Teilchens durch eine Zahl angegeben, die man mit Beta bezeichnet. Man versteht hierunter den Quotienten aus der Geschwindigkeit des Teilchens oder Systems und der Lichtgeschwindigkeit:

$$\text{Beta} = \frac{\text{Geschwindigkeit}}{\text{Lichtgeschwindigkeit}}$$

Man kann dann sagen, daß sich alle elektromagnetischen Wellen im leeren Raum mit der Geschwindigkeit

$$\text{Beta} = 1$$

ausbreiten.

Diese für viele Leser ungewohnte und für das tägliche Leben auch unzweckmäßige Festlegung der Geschwindigkeitseinheit wird aber bisweilen in ähnlicher Weise auch bei den Geschwindigkeitsangaben von Flugzeugen praktiziert. Hierbei wird nämlich die Flugzeuggeschwindigkeit durch die nach dem österreichischen Physiker Ernst MACH (1838–1916) benannte MACH-Zahl angegeben. Man versteht hierunter das Verhältnis der Geschwindigkeit eines Körpers zur Schallgeschwindigkeit. Da die Geschwindigkeit des Schalles in bodennahen Luftschichten rund 340 Meter pro Sekunde beträgt, bedeutet dies, daß die MACH-Zahl 2 einer Geschwindigkeit von etwa 680 Meter pro Sekunde entspricht. So gilt auch, daß Partikel, für die der Beta-Wert 0,5 beträgt, sich mit der halben Lichtgeschwindigkeit bewegen. Da die Lichtgeschwindigkeit die maximal mögliche Geschwindigkeit ist, kann Beta nie größer als eins sein.

Wir wenden uns nun den physikalischen Größen zu, die im folgenden in der relativistischen Mechanik verwendet werden sollen. Sie stammen aus der klassischen Mechanik und sind so ausgewählt, daß sie in der Praxis der Elementarteilchenphysik besonders einfach zu handhaben sind. Die folgenden drei Größen haben dabei eine besondere Bedeutung:

1. **Die Masse *(m)***

eines Teilchens oder eines Systems. Genauer müßte man dabei von der *Ruhemasse* sprechen, denn wenn man das Teilchen oder System in Bewegung setzt, so wird ihm Energie zugeführt, und damit nimmt nach dem früher erwähnten EINSTEIN-Gesetz über die Äquivalenz von Masse und Energie auch die bewegte Teilchenmasse zu; die Ruhemasse dagegen bleibt konstant. Wir haben den Begriff Masse schon früher erläutert (s. 2.2.).

2. **Der Impuls *(p)***

eines Teilchens oder Systems. In der klassischen Physik wird der Impuls eines bewegten Teilchens oder Systems als das Produkt aus der Masse und der Geschwindigkeit definiert. In der relativistischen Mechanik ergibt sich für den Impuls ein etwas komplizierterer Ausdruck, den wir hier jedoch in seiner mathematischen Form nicht ausdrücklich benutzen werden. Der Impuls hat eine bestimmte Richtung, die mit der Richtung der Geschwindigkeit übereinstimmt. Man kann sich den Impuls anschaulich vorstellen: Bei der Kollision eines Autos ist der Schaden im allgemeinen um so größer, je höher die Geschwindigkeit und je größer die Masse des Wagens war. Der Impuls des Autos ist ein Maß für den Schaden, den es anrichten kann.

3. **Die Energie *(E)***

oder genauer die *Gesamtenergie* eines Teilchens oder Systems. Hierunter versteht man die Summe aus der Ruhemasse *m*, die ja nach dem EINSTEIN-Äquivalenz-Gesetz eine bestimmte Energie darstellt, und der Bewegungsenergie des Teilchens oder des Systems. In manchen Lehrbüchern der Physik wird diese Größe auch als die «bewegte Masse» oder als die «dynamische Masse» bezeichnet. Diese Namen sollen jedoch hier nicht verwendet werden, weil sie Mißverständnisse hervorrufen können.

Die Vorteile, die mit der Verwendung der drei genannten Größen

Masse *(m)*, Impuls *(p)* und Energie *(E)*

verbunden sind, werden sich im Laufe der weiteren Darlegungen, insbesondere bei der Besprechung der Erhaltungssätze (s. 2.7.), zeigen. Hier sollen nur einige Beziehungen entwickelt werden, die erkennen lassen, wie einfach man mit diesen Größen umgehen kann.

Die auf das Licht bezogene Geschwindigkeit eines Teilchens oder eines Systems (Beta), deren Energie, deren Impuls und die Lichtgeschwindigkeit sind durch die einfache Beziehung:

$$\text{Beta} = \frac{\text{Impuls}}{\text{Energie}} \times \text{Lichtgeschwindigkeit}$$

miteinander verbunden.

Zwischen der Energie *(E)*, dem Impuls *(p)* und der Masse *(m)* besteht eine wichtige Beziehung, auf die wir in den folgenden Kapiteln öfters zurückgreifen werden. Man kann diese Beziehung aus dem in Abb. 2.6.1 a dargestellten rechtwinkligen Dreieck entnehmen. Wir werden dieses Dreieck kurz das

(E-p-m)-Dreieck

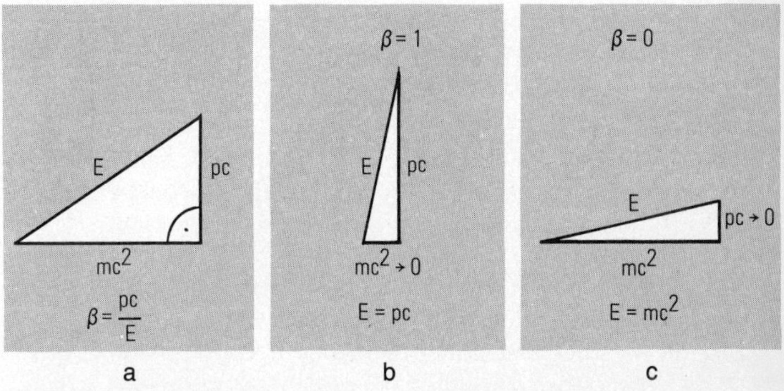

Abb. 2.6.1: Die relativistische Dreiecksbeziehung zwischen Masse, Energie und Impuls, β = Beta ist die Geschwindigkeit, bezogen auf die Lichtgeschwindigkeit
a) zeigt den allgemeinen Fall,
b) zeigt ein System ohne Ruhemasse, das sich folglich mit Lichtgeschwindigkeit bewegt, und
c) zeigt ein System ohne Impuls, das sich also in Ruhe befindet

oder das relativistische Dreieck nennen. Der Satz von PYTHAGORAS besagt für jedes rechtwinklige Dreieck, daß die Summe der Quadrate über den Katheten gleich dem Quadrat über der Hypotenuse ist. In einer Formel ausgedrückt, sieht dies folgendermaßen aus:

$$E^2 = (p \times c)^2 + (m \times c^2)^2$$

Wir können aber oft, durch das Zeichnen des relativistischen Dreiecks, die Formel umgehen und eine sehr anschauliche Vorstellung der Beziehungen auf graphischem Wege erhalten.

Diese so einfach aussehende relativistische Dreiecksbeziehung zwischen der Gesamtenergie E, dem Impuls p, der Ruhemasse m und der Lichtgeschwindigkeit c beinhaltet eine ganze Reihe wichtiger physikalischer Aussagen. So folgt aus der angegebenen Beziehung, daß bei einem Teilchen oder einem System, für das die Energie E und die Größe pc exakt gleich sind, die Ruhemasse Null sein muß; die eine Kathete des Dreiecks wird verschwindend klein (Abb. 2.6.1 b). Das Umgekehrte ist natürlich auch richtig: Wenn die Ruhemasse gleich Null ist, dann ist die Energie gleich dem Impuls multipliziert mit der Lichtgeschwindigkeit. Daraus folgt wiederum, daß dann Beta immer gleich eins sein muß. Dies bedeutet:

Masselose Teilchen müssen sich stets mit
der Geschwindigkeit des Lichtes bewegen

Als Beispiel hierfür haben wir früher das Photon, das heißt das Quant des elektromagnetischen Feldes, kennengelernt. Andere Teilchen mit der Ruhemasse Null werden später noch vorkommen.

Eine andere Überlegung führt mit Hilfe des relativistischen Dreiecks zu einem weiteren wichtigen Naturgesetz. Wir denken uns ein System, das sich der Einfachheit halber in Ruhe befinden soll (Abb. 2.6.1 c). Es hat also den Impuls $p = 0$, so daß jetzt der andere Schenkel des Dreiecks verschwindet. Daraus ergibt sich:

Bei Impuls = 0 ist immer $E = m \times c^2$

Wenn nun aus irgendeinem Grunde, zum Beispiel bei einer chemischen Reaktion, Energie als Wärme oder Licht abgestrahlt wird, dann ist die Energie des Systems im Endzustand geringer geworden. Wie man aus dem schmalen *(E-p-m)*-Dreieck entnehmen kann – das ist der wichtige Punkt –, muß dann gleichzeitig die Ruhemasse geringer geworden sein. Die *Massenänderung* beträgt dann

$$\text{Massenänderung} = \frac{\text{Energieänderung}}{\text{Quadrat der Lichtgeschwindigkeit}}$$

Dies ist eine andere Formulierung für das früher bereits behandelte Masse-Energie-Äquivalenzgesetz von EINSTEIN, das also in der Dreiecksbeziehung zwischen *E*, *p* und *m* in einer viel allgemeineren Form enthalten ist.

Bei chemischen Umsetzungen ist die Abgabe oder die Aufnahme von Energie so gering, daß man die entstehenden Massenunterschiede vernachlässigen kann. Anders ist dies im Bereich der Atomkerne und bei Reaktionen zwischen subnuklearen Teilchen; hier spielen die auftretenden Massenunterschiede eine bedeutende Rolle.

Eine weitere interessante Folgerung aus der relativistischen Mechanik soll hier noch erwähnt werden. Die Tatsache, daß die Lichtgeschwindigkeit unabhängig von der Bewegung eines Beobachters stets den gleichen Betrag hat, führt zu recht sonderbaren und zunächst schwer verständlichen Konsequenzen, welche auch für die hier behandelte Teilchenphysik von praktischer Bedeutung sind. Es handelt sich dabei um die Zeitmessung in bewegten Systemen. Wir erläutern den Sachverhalt zunächst mit Hilfe eines Gedankenexperimentes. Wenn man zwei gleiche Pendeluhren zugrunde legt und die eine Uhr in einem Ringbeschleuniger auf eine der Lichtgeschwindigkeit nahekommende Geschwindigkeit bringt, so zeigt sich bei einer gewissen Geschwindigkeit, daß auf einen Hinundhergang der bewegten Uhr beispielsweise zwei Hinundhergänge der ruhenden Uhr kommen. Dies bedeutet, daß ein Physiker, der die beiden Uhren vom Laboratorium aus beobachtet, zu dem Ergebnis kommt, daß die bewegte Uhr langsamer geht. In analoger Weise würde für einen Raumfahrer, der sich mit der oben angenommenen Geschwindigkeit bewegt, gelten, daß einem Jahr im Raumschiff zwei Jahre auf der Erde entsprechen. Man bezeichnet diese Erscheinung als *Zeitdilatation.* (Das Wort «Dilatation» bedeutet soviel wie «Ausdehnung».) Hierüber sind zahlreiche merkwürdige Spekulationen angestellt worden. So hat der deutsche Physiker Pascual JORDAN (1902–1980) geschrieben:

> *«Man denke sich, daß ein Raumschiff von der Erde aus in den Weltraum hineinfährt mit einer ungeheuren Geschwindigkeit, fast gleich derjenigen des Lichtes. Dann kann es – die Fahrgeschwindigkeit muß nur groß genug (nämlich 0,05 Promille weniger als die Lichtgeschwindigkeit) sein – passieren, daß die Besatzung nach einjähriger Fahrt zur Erde zurückkehrt: Ihre im Raumschiff mitgenommenen Uhren haben gerade die Zeit von einem Jahre abgemessen, ihre für ein Jahr mitgenommenen Lebensmittel sind gerade verbraucht, und ihre Haare sind gerade so viel grauer geworden, wie man das nach den Strapazen einer einjährigen Weltraumreise erwarten muß. Aber auf der Erde angekommen, findet die Besatzung, daß dort inzwischen die Menschheit um 100 Jahre älter geworden ist.»*

Das sind überraschende Feststellungen. Man muß sich aber daran gewöhnen, denn die Zeitdilatation ist nicht nur eine in der Theorie existierende Erkenntnis, sondern es handelt sich um einen Effekt, den man an einem Teilchenbeschleuniger klar beobachten kann. Dieser Uhren-Effekt muß hier sogar bei den Zeitmessungen immer berücksichtigt werden. Es gibt nämlich Teilchen, die zwar keine Uhr mit sich führen, die aber nach einiger Zeit zerfallen. Es wird sich später im Zusammenhang mit der Radioaktivität zeigen, daß für solche instabilen Teilchen eine sogenannte Halbwertszeit existiert, die angibt, nach wie langer Zeit die Hälfte der Teilchen zerfallen ist. Wenn man die Teilchen in einem Beschleuniger mit einer genügend großen Geschwindigkeit kreisen läßt, so erhöht sich die Halbwertszeit genau um den aus der Theorie sich ergebenden Betrag. In neuerer Zeit konnte die Zeitmessung durch die Verwendung von Atomuhren so präzisiert werden, daß sogar die Geschwindigkeit von Flugzeugen ausreicht, um eine meßbare Zeitdilatation zu bewirken.

Die hier dargelegten Vorgänge können auch durch mathematische Formeln beschrieben werden. Diese wurden von LORENTZ entwickelt und werden heute als die LORENTZ-Transformationen bezeichnet. Sie erlauben es, physikalische Größen von einem Bezugssystem auf ein anderes umzurechnen, und zwar auch dann, wenn man der Lichtgeschwindigkeit nahekommt.

Bei dem oben erörterten Uhren-Experiment gibt es zwei Bezugssysteme: Ein Bezugssystem ist mit der bewegten Uhr fest verbunden und natürlich auch mit dem mit dieser Uhr bewegten Beobachter. Dieses System, das wir uns im Schwerpunkt der Uhr verankert denken, fliegt mit der Uhr durch den Beschleuniger. Es soll als das «Schwerpunktssystem» bezeichnet werden. Die in diesem System gemessene Zeit nennen wir die «Schwerpunktszeit». Der im Laboratorium zurückgebliebene Beobachter befindet sich in einem mit dem Laboratorium fest verbundenen Bezugssystem, das als «Laborsystem» bezeichnet werden soll. Die in diesem System gemessene Zeit ist die «Laborzeit». Die oben bereits getroffene Feststellung über die Zeitdilatation kann für den hier betrachteten Fall dann folgendermaßen formuliert werden:

Der Laborbeobachter sieht die bewegte Uhr langsamer laufen als der mitbewegte Beobachter. Aus den von LORENTZ aufgestellten Beziehungen ergibt sich der folgende Zusammenhang:

$$\text{Laborzeit} = \text{Schwerpunktszeit} \times \frac{\text{Energie der Uhr}}{\text{Masse der Uhr} \times c^2}$$

Für den sich mit der Uhr bewegenden Beobachter hat die Gesamtenergie der Uhr genau den Wert ihrer Ruhemasse. Für den Laborbeobachter hat die Uhr dagegen eine andere Gesamtenergie, die sich aus dem relativistischen Dreieck berechnen läßt, wenn man die Geschwindigkeit der Uhr oder ihren Impuls kennt.

Aus den bisherigen Betrachtungen kann man bereits entnehmen, daß die Hochenergiephysiker oft mit besonderen Einheiten arbeiten, die in der klassischen Physik und im Alltag unbrauchbar sind, die sich aber für den atomaren Bereich als sehr praktisch erwiesen haben.

Früher wurde schon erwähnt, daß man die Lichtgeschwindigkeit als Geschwindigkeitseinheit benutzen kann. Man kann außerdem noch entscheiden, die

$$\text{Lichtgeschwindigkeit } (c) = 1$$

zu setzen, was zur Folge hat, daß die Längen und Zeiten nicht mehr in Metern und Sekunden, sondern in komplizierten Einheiten zu messen sind.

Dadurch, daß die Geschwindigkeit – also die zurückgelegte

Distanz dividiert durch die benötigte Zeit – jetzt keine Einheit hat, setzt man ja voraus, daß Länge und Zeit in der gleichen Einheit gemessen werden; beim Dividieren müssen sie herausfallen. Dies ist ein Einheitensystem, das also offensichtlich im täglichen Leben unbrauchbar ist.

Dafür können aber die in der Teilchenphysik oft benutzten Größen Masse, Energie und Impuls sehr einfach und in der gleichen Einheit ausgedrückt und miteinander verknüpft werden. Es ist im allgemeinen üblich, hierfür die aus der Einheit Elektronenvolt (eV) schon oben abgeleiteten größeren Energieeinheiten zu verwenden.

Eine weitere (freie) Entscheidung der Hochenergiephysiker besteht darin, in einer besonderen Weise über den Zahlenwert der PLANCK-Konstante h (s. 2.4.) zu verfügen, indem man

$$\frac{\text{PLANCK-Konstante } h}{2 \cdot \pi} = \hbar = 1$$

setzt. Dadurch ergeben sich erhebliche Erleichterungen bei den Berechnungen der Quantenmechanik, die wir im nächsten Kapitel behandeln werden.

Lichtgeschwindigkeit	= 1
PLANCK-Konstante/2π	= 1
oder kurz:	
$\hbar = c = 1$	
Energie, Impuls und Masse z. B. in GeV	

Tabelle 2.6.2: Das Einheitensystem der Hochenergiephysiker

In der Tabelle 2.6.2 sind die in der Hochenergiephysik verwendeten vereinfachten Einheiten, die wir bei den weiteren Ausführungen oft benutzen werden, noch einmal zusammengefaßt.

Für das *(E-p-m)*-Dreieck, für die relativistische Geschwindigkeit Beta und für die Zeitdilatation gelten dann, bei der Verwendung dieser Einheiten, die vereinfachten Formeln, die in Tabelle 2.6.3 gezeigt sind. In Abb. 2.6.2 haben wir das relativistische Dreieck nochmals gezeichnet, jedoch für die in der Hochenergiephysik üblichen Einheiten.

Abb. 2.6.2: Das relativistische Dreieck in dem Einheitensystem der Hochenergiephysiker

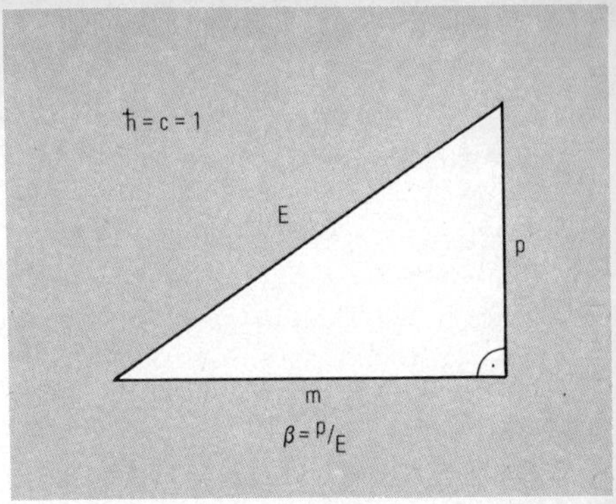

Wir werden im folgenden mit diesen mathematischen Beziehungen möglichst sparsam umgehen. Ein tieferes Verständnis dieser Zusammenhänge wird nicht vorausgesetzt. Wichtig ist vor allem das folgende Endergebnis:

Durch die spezielle Relativitätstheorie ist es um 1905 gelungen, die zwischen den MAXWELL-Gleichungen und der klassischen Mechanik aufgetretenen Widersprüche zu beseitigen. Dabei bleibt die klassische Mechanik im makroskopischen Bereich und damit auch im Alltag genügend genau gültig. Für den atomaren Bereich ergeben sich dagegen wichtige Änderungen, welche in den folgenden Jahren voll bestätigt worden sind. Ohne diese neuen Erkenntnisse wäre die Entwicklung der Hochenergiephysik und insbesondere der Bau der Beschleunigeranlagen nicht denkbar gewesen.

Relativistische Gleichungen bei $\hbar = c = 1$
Das Dreieck: $E^2 = p^2 + m^2$
Geschwindigkeit Beta $= \frac{\text{Impuls}}{\text{Energie}}$
Laborzeit = Schwerpunktszeit $\times \frac{\text{Energie}}{\text{Masse}}$

Tabelle 2.6.3: Die relativistischen Gleichungen im Einheitensystem der Hochenergiephysiker

2.7. Die Erhaltungssätze der Physik

Die Natur führt über einige physikalische Größen genau Buch. Diese Tatsache haben zahlreiche Erfinder immer wieder anerkennen müssen, wenn sie den Versuch machten, Maschinen zu bauen, welche Energie aus dem Nichts erzeugen sollten, oder Einrichtungen zu konstruieren, denen man mehr Energie entnehmen kann, als man hineinsteckt. Inzwischen hat sich die Überzeugung allgemein durchgesetzt, daß es solche Maschinen oder Einrichtungen nicht geben kann, weil sie gegen ein grundlegendes physikalisches Prinzip verstoßen würden.

Es gibt eine ganze Reihe physikalischer Prinzipien, die Aussagen machen über Vorgänge, die in der Natur entweder erlaubt oder nicht möglich sind. Man bezeichnet einige dieser Prinzipien als Erhaltungssätze der Physik. Bei der Behandlung des Elektromagnetismus und der relativistischen Mechanik haben wir bereits einige dieser Prinzipien verwendet, ohne sie ausdrücklich zu nennen. Die genaue Formulierung dieser Erhaltungssätze, deren Gültigkeit durch zahlreiche Experimente allgemein bestätigt worden ist, soll nun nachgeholt werden. Es handelt sich dabei um grundlegende Prinzipien, welche sich zum Teil auch im Erfahrungsbereich des Alltags auswirken, so daß die Menschen sich in vielen Fällen an sie gewöhnt haben.

Um die Buchführung der Natur genauer beschreiben zu können, müssen wir Systeme benutzen, bei denen sich exakt feststellen läßt, was in sie hineinfließt und was aus ihnen herauskommt. Am einfachsten ist es, wenn überhaupt nichts zugeführt oder entzogen wird. Solche Systeme bezeichnet man als «abgeschlossen». Bei einem abgeschlossenen System können die darin enthaltenen Körper zwar untereinander in Wechselwirkung treten, von außen dürfen aber keine Kräfte auf die Körper des Systems wirken, und es darf dem System weder Energie zugeführt noch entzogen werden.

Atomare Systeme können oft als abgeschlossen betrachtet werden, weil ihre Dimensionen sehr klein gemessen am Abstand zu ihrem nächsten Nachbarsystem sind.

Es gibt verschiedene Größen, über die in der Natur genau Buch geführt wird und die in allen abgeschlossenen Systemen erhalten bleiben. Dies gilt auch für den atomaren und subatomaren Bereich. Für das Verständnis der folgenden Ausführungen genügt es aber, wenn wir uns auf die vier wichtigsten dieser Größen und deren genaue Erhaltung beschränken. Den Begriff der Genauigkeit werden wir jedoch in besonderen Fällen im Rahmen der Quantenmechanik noch etwas präzisieren müssen, was die Ergebnisse dieses Abschnittes aber nicht ändern wird.

Die hier behandelten vier Erhaltungssätze beziehen sich auf die folgenden physikalischen Größen:
1. die elektrische Gesamtladung
2. die Gesamtenergie
3. den Impuls
4. den Drehimpuls

Die ersten drei dieser Größen haben wir im Zusammenhang mit dem Elektromagnetismus und der relativistischen Mechanik bereits kennengelernt. Den Drehimpuls werden wir in diesem Abschnitt definieren.

Da die Erhaltungssätze für die vier genannten physikalischen Größen im Bereich der Teilchenphysik besonders wichtig sind, werden wir sie jetzt genauer besprechen.

1. Die Erhaltung der elektrischen Gesamtladung

Der Erhaltungssatz für die elektrische Gesamtladung lautet:

In einem abgeschlossenen System ist die Summe aller positiven minus der Summe aller negativen elektrischen Ladungen konstant.

Dies bedeutet auch, daß ein einmal vorhandener Überschuß einer Ladungsart über die andere bei allen Vorgängen erhalten bleibt.

Aus diesem Gesetz folgt zum Beispiel, daß ein zunächst neutrales elektrisches Atom nach der Abgabe eines Elektrons positiv geladen sein muß (Abb. 2.7.1). Nur so wird die negative Ladung des Elektrons kompensiert, und nur so bleibt die zu Anfang vorhanden gewesene Gesamtladung Null erhalten. Das gleiche gilt bei der früher behandelten Reibungselektrizität. Die beim Reiben von Glas- oder PVC-Stäben entstehenden elektrischen Ladungen werden durch gleich große, entgegengesetzte Ladungen auf den zur Reibung dienenden Lappen ausgeglichen.

Wir werden bei der Behandlung der kleinsten heute bekannten Bausteine der Materie, bei den Quarks und den Leptonen, immer wieder auf das Gesetz von der Erhaltung der elektrischen Ladungen

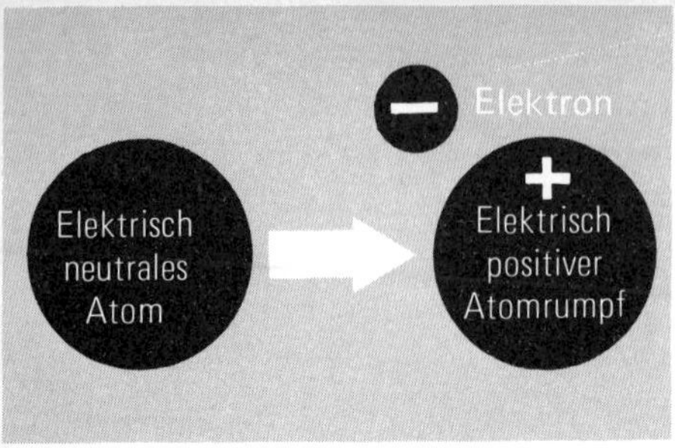

Abb. 2.7.1: Erhaltung der elektrischen Gesamtladung bei der Abgabe eines Elektrons durch ein neutrales Atom

stoßen. Es hat gerade in diesem Bereich seine wichtigsten Anwendungen gefunden, indem hier aus diesem Gesetz eine erstaunliche Fülle von Folgerungen gezogen werden konnte.

Darüber hinaus ist das Gesetz von der Erhaltung der elektrischen Ladungen zu einem Mustergesetz für andere Ladungen geworden, die wir später noch kennenlernen werden.

2. Die Erhaltung der Gesamtenergie

Dieses Gesetz hat im Laufe der Zeit unterschiedliche Formulierungen gefunden. Die allgemeinste Formulierung ergibt sich, wenn man von der relativistisch definierten Gesamtenergie ausgeht und – gemäß den früheren Erläuterungen – hierunter die Summe aller Ruhemassen und ihrer Bewegungsenergien versteht. Das Gesetz von der Erhaltung der Gesamtenergie lautet dann:

> *In einem abgeschlossenen System bleibt die Gesamtenergie erhalten.*

Dies bedeutet, daß zwar nach dem EINSTEIN-Gesetz über die Äquivalenz von Masse und Energie eine Umwandlung von Masse in Energie oder von Energie in Masse stattfinden kann und daß auch die verschiedenen Energieformen ineinander übergeführt werden können, daß aber die Gesamtenergie sich dabei nicht ändert.

Da bei den meisten Vorgängen der Makrophysik und des täglichen Lebens die Umwandlung von Ruhemassen in andere Energiearten vernachlässigt werden kann, läßt sich das Gesetz von der Erhaltung der Gesamtenergie für diesen Bereich in zwei getrennte Gesetze aufspalten:

a) *Die Erhaltung der Ruhemassen*
Dieses Gesetz wurde als Massenerhaltungsgesetz bereits bei der Behandlung der Grundregeln der klassischen Chemie erwähnt (s. 2.2.).

b) *Die Erhaltung der Energie*
Dieser Erhaltungssatz bezieht sich auf die verschiedenen Energieformen im Sinne der klassischen Physik. Hierzu gehören im wesentlichen die Bewegungsenergie, die Lageenergie, die Wärmeenergie, die elektromagnetische Energie und die chemische Energie.

Der Energieerhaltungssatz wurde 1847 durch den deutschen Physiker Hermann von HELMHOLTZ in der folgenden Weise formuliert:

Energie kann weder neu geschaffen noch zerstört, sondern immer nur von einer Form in eine andere umgewandelt werden.

Dies bedeutet, daß die Summe aller Energiearten in einem abgeschlossenen System zeitlich konstant ist.

Im atomaren und subatomaren Bereich hat es sich als zweckmäßig erwiesen, die Gesamtenergie im relativistischen Sinn zur Beschreibung eines Systems zu verwenden. Dies ist nicht nur deshalb angebracht, weil der Erhaltungssatz sich im mikroskopischen Bereich immer auf die Gesamtenergie bezieht, sondern auch deshalb, weil dann die einfachen relativistischen Rechenregeln, die im Zusammenhang mit dem *(E-p-m)*-Dreieck erläutert worden sind, angewendet werden können.

3. Die Erhaltung des Impulses

Dieser Erhaltungssatz lautet:

> *In einem abgeschlossenen System bleibt die Summe aller Impulse erhalten.*

Dies gilt natürlich auch, wenn die in dem abgeschlossenen System befindlichen Körper untereinander Impulse austauschen. Bei der Rechnung muß hier aber beachtet werden, daß die Impulse eine Richtung haben. In der Physik bezeichnet man solche Größen als Vektoren. Zu ihnen gehören auch die Geschwindigkeit, die Kraft und zahlreiche andere physikalische Größen. Die Vektoren werden zeichnerisch durch Pfeile dargestellt, wobei die Richtung des Pfeiles die Richtung des Vektors und die Länge des Pfeiles den Betrag des Vektors angeben. Der rechnerische Umgang mit Vektoren ist etwas komplizierter als derjenige mit nichtgerichteten Größen, die von den Physikern als Skalare bezeichnet werden.

Bei den hier betrachteten einfachen Fällen können die bei der Addition von Vektoren auftretenden Probleme auf graphischem Wege gelöst werden. Wir erläutern dies an einem Beispiel:

In Abb. 2.7.2 a bewegt sich eine Kugel mit der Nummer 1 auf eine zweite mit der Nummer 2 zu. Die erste Kugel hat einen Impuls, der durch den Impulspfeil p dargestellt ist. Die Richtung des Impulses stimmt mit der Richtung der Geschwindigkeit überein. Der Gesamtimpuls des Systems vor dem Stoß (= Summe aller Impulse) ist also gleich p. Die Kugel 1 stößt nun gegen die ruhende Kugel 2 und überträgt dabei einen Teil ihres Impulses auf diese Kugel. Nach dem Stoß haben beide Kugeln einen Impuls, wie es im Teil b der Abbildung zu sehen ist. Nach dem Stoß muß dann auch die Summe dieser beiden Impulse gleich dem Impuls p vor dem Stoß sein. Dabei ist aber zu beachten, daß die Addition der beiden Impulse nach dem Schema c unserer Abbildung erfolgen muß. Ein bekanntes Beispiel für diese Art des Impulsaustausches liegt bei dem Zusammenstoß von zwei Billardkugeln vor.

Ein für den atomaren Bereich wichtiger Spezialfall des Impulserhaltungssatzes liegt vor, wenn ein zunächst ruhendes Teilchen, das also den Impuls Null hat, in zwei Bruchstücke zerfällt. Solche Vorgänge treten in der Teilchenphysik häufig auf. Die Impulse der Zer-

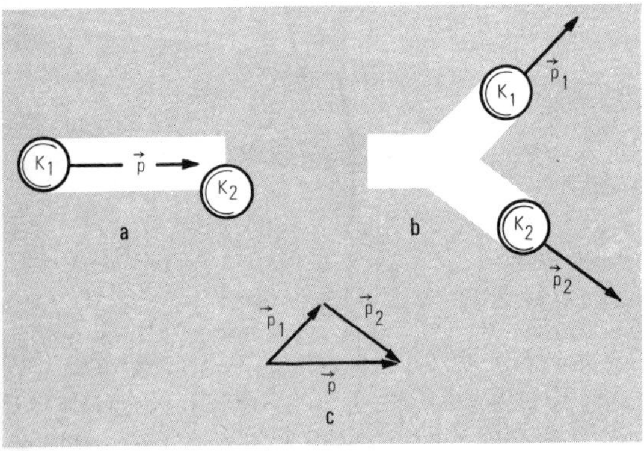

Abb. 2.7.2: Zur Übertragung des Impulses einer bewegten Kugel 1 auf eine ruhende Kugel 2 und die Addition der Impulspfeile

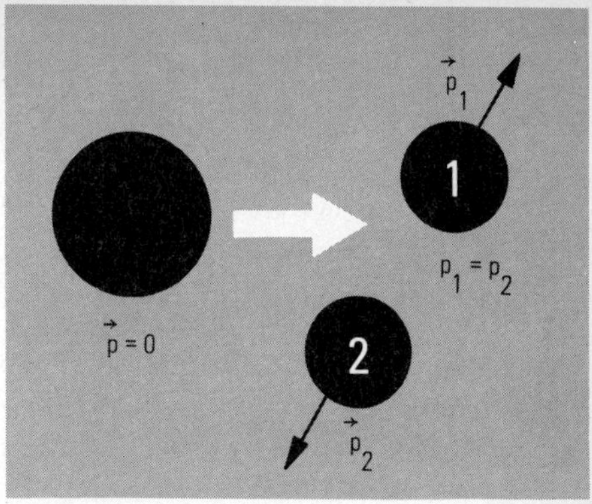

Abb. 2.7.3: Der Zerfall eines ruhenden Teilchens oder Körpers in zwei bewegte Bruchstücke

fallsteilchen weisen dann in entgegengesetzte Richtungen, so daß ihre Summe wiederum Null ergibt, wie es in Abb. 2.7.3 gezeigt ist.

Die Energie, mit der die Teilchen auseinandergeschleudert werden, stammt dann entweder aus der Masse des zerfallenden Teilchens oder aus der in dem zerfallenden Körper gespeicherten chemischen Energie, wie dies etwa bei Sprengstoff der Fall ist. Wenn man diese Energie genau kennt, kann man mit Hilfe der Erhaltungssätze die Impulse der Zerfallsteilchen ausrechnen. Dabei braucht man bei der hier gewählten allgemeinen Formulierung der Gesetze keinen Unterschied zwischen makroskopischen und atomaren Systemen zu machen. Man könnte jedoch für größere Kugeln und chemischen Sprengstoff auch die früher erwähnte getrennte Erhaltung von Masse und Energie heranziehen.

4. Die Erhaltung des Drehimpulses

Unter dem Drehimpuls oder dem Drall eines Körpers versteht man eine physikalische Größe, welche für die Drehbewegung die gleiche Rolle spielt wie der Impuls für die normale Translationsbewegung. Der Drehimpuls eines starren, um eine feste Achse rotierenden Körpers hängt von der Drehgeschwindigkeit, von der Gestalt und von der Masse des Körpers ab. Wir gehen auf die exakte physikalische Definition des Drehimpulses und seine mathematische Formulierung hier nicht näher ein. Soweit dies für die späteren Darlegungen über die Struktur der Materie erforderlich ist, werden wir es nachholen. Statt dessen werden wir an Hand einiger anschaulicher Beispiele erläutern, was unter dem Drehimpuls zu verstehen ist.

Es ist allgemein bekannt, wie sich eine Schlittschuhläuferin, die eine Pirouette drehen will, verhält. Sie streckt zunächst beide Arme sowie ein Bein aus und versetzt ihren Körper dann in Drehung. Anschließend zieht sie die Arme und das Bein ein, so daß alle Körperteile möglichst nahe an die Drehachse heranrücken, wie es in Abb. 2.7.4 gezeigt ist. Dabei nimmt die Drehgeschwindigkeit deutlich zu. Umgekehrt kann die Schlittschuhläuferin durch Ausstrekken der Arme die Drehbewegung wieder verlangsamen.

Abb. 2.7.4: Beim Drehen einer Pirouette wird von der Erhaltung des Drehimpulses Gebrauch gemacht

Das Wesentliche ist, daß durch eine Verlagerung der rotierenden Massen die Drehgeschwindigkeit beeinflußt werden kann. Allgemein gilt, daß die Drehgeschwindigkeit bei einem zunehmenden Abstand der sich drehenden Massen von der Drehachse verringert wird und umgekehrt. Hierbei handelt es sich um eine echte Auswirkung des Gesetzes von der Erhaltung des Drehimpulses. Dieses Gesetz kann in vereinfachter Weise und ohne die Verwendung der mathematischen Sprache in der folgenden Weise formuliert werden:

> *Wenn sich bei einer Drehbewegung um eine feste Achse die Massenverteilung des sich drehenden Körpers bezüglich der Drehachse verändert, so ist damit zwangsläufig auch eine gesetzmäßig bestimmte Änderung der Drehgeschwindigkeit verbunden, wobei eine ganz bestimmte, als Drehimpuls des Körpers bezeichnete Größe erhalten bleibt.*

Abb. 2.7.5: Eigendrehimpuls, interner Drehimpuls oder Spin bei einer Kugel

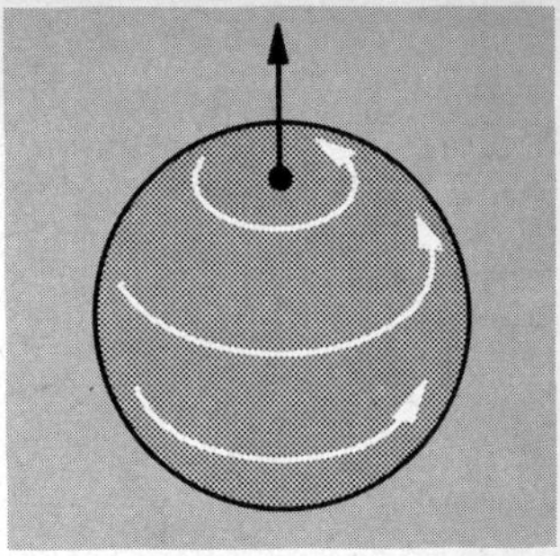

Als besonders einfachen Fall betrachten wir eine außen glatte Kugel mit überall gleicher Oberfläche, die sich um eine durch den Mittelpunkt gehende Achse dreht (Abb. 2.7.5). Eine solche rotierende Kugel ist von einer ruhenden kaum zu unterscheiden. In ihrer Drehbewegung steckt natürlich eine gewisse Energie, die nach dem Energieerhaltungssatz nicht verlorengehen kann. Darüber hinaus gilt aber auch noch der Satz von der Erhaltung des Drehimpulses. Dies bedeutet, daß sich ohne äußere Einwirkungen an der Drehbewegung nichts verändern kann.

Ebenso wie dem Impuls muß auch dem Drehimpuls eine Richtung zugeordnet werden. Dies bedeutet, daß es sich hierbei ebenfalls um einen Vektor handelt, der durch einen Pfeil dargestellt wird. Die Richtung des Pfeiles weist in die Richtung der Drehachse, und die Größe des Pfeiles kann mit Hilfe einer hier nicht angegebenen Formel aus der Masse und der Gestalt des sich drehenden Körpers sowie der Drehgeschwindigkeit berechnet werden.

Bisher war nur von dem Drehimpuls eines Körpers die Rede, der sich wie ein Kreisel um sich selbst dreht. Man bezeichnet diesen Drehimpuls als den internen Drehimpuls, den Eigendrehimpuls, den Drall oder den Spin des Körpers. Daneben gibt es aber noch eine andere Art von Drehimpuls, den man als Bahndrehimpuls bezeichnet. Man versteht hierunter den Drehimpuls, den etwa die Erde auf Grund ihres Umlaufs um die Sonne oder den ein Elektron bei seinem Umlauf um den Atomkern besitzt. In vielen Fällen weisen sich bewegende Körper gleichzeitig einen Eigendrehimpuls und einen Bahndrehimpuls auf, wie dies in Abb. 2.7.6 schematisiert dargestellt ist.

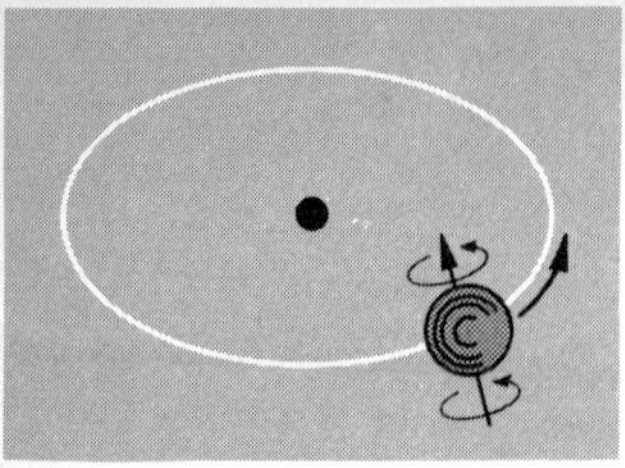

Abb. 2.7.6: Ein auf einer Umlaufbahn sich bewegender Körper, der gleichzeitig um eine Achse rotiert, besitzt einen Bahndrehimpuls und einen Eigendrehimpuls

Wir möchten hier noch andeuten, wie man im Prinzip den Drehimpuls berechnen kann: Für ein sehr kleines Partikel mit Masse, das sich um einen Punkt dreht, ergibt sich der Drehimpuls als Produkt aus seinem normalen Impuls und dem Abstand zum Drehpunkt, wie wir in Abb. 2.7.7 zeigen. Jeden rotierenden Körper kann man sich aus Partikeln zusammengesetzt vorstellen, deren einzelner Drehimpuls auf die soeben gezeigte Art berechnet wird. Der gesamte Drehimpuls ist dann die Summe der Drehimpulse aller einzelnen Partikeln. Dies gilt sowohl für den Eigendrehimpuls wie auch für den Bahndrehimpuls und führt in der Praxis zu komplizierten Formeln, die wir hier nicht brauchen.

Ein eindrucksvolles Beispiel der Erhaltung des Drehimpulses ist manchmal bei Autounfällen zu beobachten. Wenn nämlich zwei schnell fahrende Autos sich streifen, kann der große vorhandene Bahndrehimpuls in Eigendrehimpuls übergehen: Eines oder beide Fahrzeuge drehen sich nach dem Stoß um ihre Achse. Dabei erkennen wir, daß die beiden sich nähernden Autos einen Drehimpuls besitzen müssen, obwohl sie sich anfangs scheinbar gar nicht umeinander drehen. Beim streifenden Zusammenstoß zeigt sich dann klar, daß, entsprechend der in Abb. 2.7.7 angegebenen Rechenregel, ein

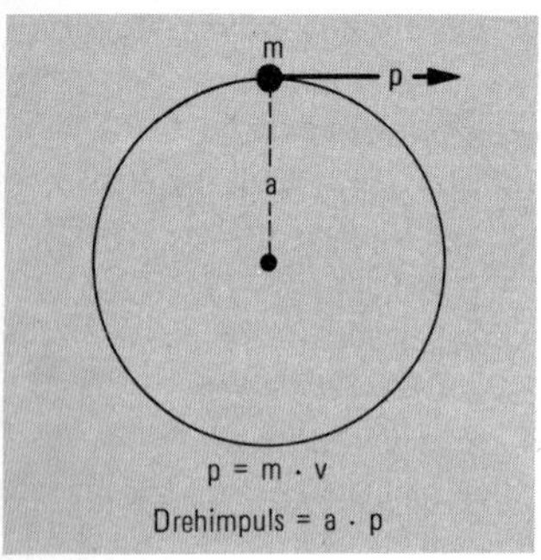

Abb. 2.7.7: Der Drehimpuls ist das Produkt aus dem normalen Impuls und dem Abstand vom Drehzentrum. Bei langsamen Vorgängen ist der normale Impuls gleich dem Produkt aus der Geschwindigkeit und der Ruhemasse

Abb. 2.7.8: Der Drehimpuls eines sich nähernden Autos

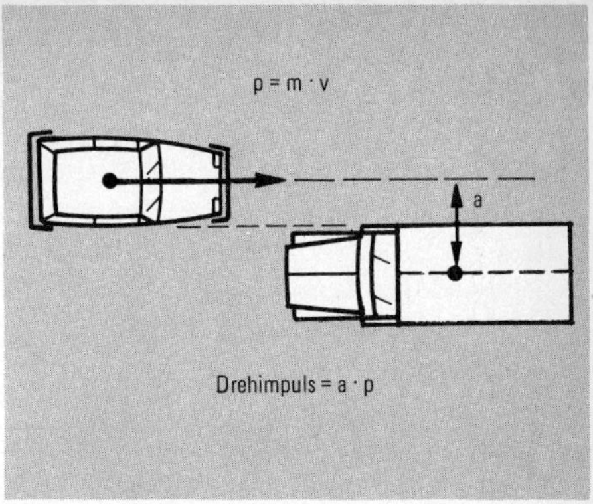

Drehimpuls vorhanden ist. Nehmen wir an, daß wir in einem der Autos sitzen; der entgegenkommende Wagen hat dann, von uns aus gesehen, die Geschwindigkeit *v*. In diesem Fall nennt man den Abstand zur Fahrlinie des anderen Autos sinngemäß den Impakt- oder Stoß-Parameter *(a)*. In Abb. 2.7.8 haben wir diese gefährliche Situation nochmals dargestellt. Zur Vereinfachung nehmen wir an, daß die Masse der Autos auf die eingezeichneten Punkte konzentriert ist. Der Drehimpuls des sich nähernden Autos beträgt – von uns aus gesehen – den in der Abbildung gezeigten Wert. Beim Zusammenstoß von Elementarteilchen werden wir gelegentlich ähnliche Situationen vorfinden.

Die Summe aus dem Eigendrehimpuls und dem Bahndrehimpuls eines Körpers bezeichnet man als seinen Gesamtdrehimpuls. Für diesen Gesamtdrehimpuls gilt der Erhaltungssatz. Dies bedeutet, daß bei einem Zusammenstoß zweier oder mehrerer Teilchen zwar ein Austausch zwischen dem Eigendrehimpuls und dem Bahndrehimpuls erfolgen kann, daß aber der Gesamtdrehimpuls unverändert bleibt.

Es ist für die weiteren Darlegungen über die Struktur der Materie von Bedeutung, daß der Eigendrehimpuls und der Bahndrehimpuls nicht nur bei der Beschreibung der Bewegungen von makroskopischen Körpern eine wichtige Rolle spielen, sondern daß diese Größen auch im atomaren Bereich von Bedeutung sind. Auch hier gelten für abgeschlossene Systeme die obenerwähnten Erhaltungssätze. Im Vorgriff auf spätere genauere Ausführungen kann schon jetzt erwähnt werden, daß der Spin der Elementarteilchen in Analogie zum Eigendrehimpuls makroskopischer Körper als ein durch die Eigenrotation der Teilchen bewirkter Drehimpuls modellmäßig interpretiert werden kann.

Die Teilchen können neben ihrem Eigendrehimpuls bei bestimmten Zusammenstößen auch Bahndrehimpulse haben oder erhalten. Die Summe aus den Eigendrehimpulsen und den Bahndrehimpulsen muß sowohl bei dem Billardspiel – wo diese Tatsache von den Spielern ausgenutzt wird – als auch bei den Elementarteilchen vor und nach dem Zusammenstoß der Billardkugeln beziehungsweise vor und nach einer Teilchenreaktion unverändert sein.

Abschließend soll noch darauf hingewiesen werden, daß die in diesem Abschnitt besprochenen Erhaltungssätze auch auf astronomische Systeme angewendet werden können, solange diese als abgeschlossen betrachtet werden dürfen. Für das gesamte Weltall ergibt sich unter diesen Umständen, daß die elektrische Gesamtladung, die Gesamtenergie, der Impuls und der Gesamtdrehimpuls des Universums unveränderliche Naturkonstanten sind.

3. Die Atomhüllen und die Quantentheorie

3.1. Der RUTHERFORD-Versuch (1911)

Zu Beginn unseres Jahrhunderts war die Auffassung, daß es sich bei den Atomen um kleine, feste und gleichmäßig mit Materie erfüllte Kügelchen handelt, schon weitgehend verworfen. Es hatte sich vielmehr auf Grund der damals angesammelten experimentellen Ergebnisse die Überzeugung durchgesetzt, Atome seien komplizierte Gebilde, bei deren Aufbau auch elektrische Ladungen eine Rolle spielen. Von den ursprünglichen Vorstellungen DEMOKRITS war nur noch der eine grundlegende Gedanke übriggeblieben, daß die Materie eine naturgegebene Teilbarkeitsgrenze aufweist, die nicht überschritten werden kann, ohne daß sich die Eigenschaften der Stoffe in entscheidender Weise ändern. Es waren zahlreiche experimentelle Befunde aus verschiedenen Bereichen der Physik bekannt geworden, welche die Vermutung nahelegten, daß die Atome eine innere Struktur besitzen müßten. Damit ergab sich von selbst als zentrale Aufgabe der weiteren atomphysikalischen Forschung, diese innere Struktur der Atome näher zu untersuchen.

Ein sehr früher Lösungsversuch wurde von dem englischen Physiker Joseph John THOMSON (1856–1940), dem Entdecker des Elektrons, im Jahr 1904 unternommen. Er ging von der Erfahrungstatsache aus, daß Atome im Normalzustand elektrisch neutral sind, und schloß hieraus, daß positive und negative elektrische Ladungen in den Atomen gleichzeitig und in gleichen Beträgen vorhanden sein müssen. THOMSON entwickelte auf Grund dieser Überlegungen ein «Rosinenmodell» der Atome. Danach handelt es sich bei den Atomen um kleine Kügelchen, die gleichmäßig mit Masse und mit positiver Ladung erfüllt sind. In diesen positiven Ladungsteig sollen die Elektronen – ähnlich wie die Rosinen in einen Kuchen – eingebettet

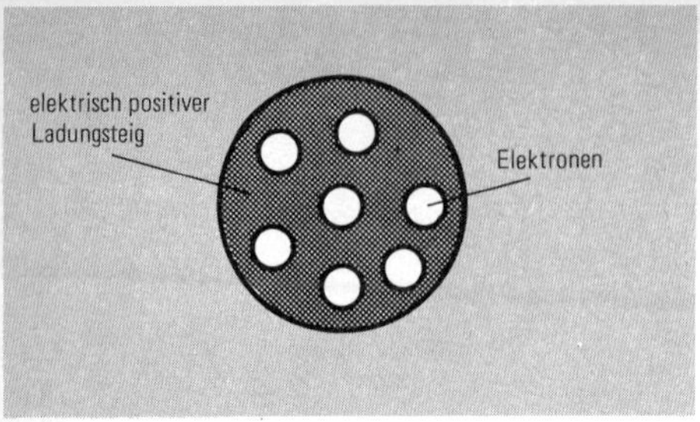

Abb. 3.1.1: Das Rosinenmodell des Atoms von THOMSON

sein (Abb. 3.1.1). Der Zusammenhalt der Atome erfolgt durch die Anziehungskräfte zwischen den ungleichartigen Ladungen. Das THOMSON-Atommodell ist heute nur noch von historischem Interesse. Seine Bedeutung bestand vor allem darin, daß die Physiker angeregt wurden, das Modell zu prüfen und sich auf diese Weise genauer mit der inneren Atomstruktur zu beschäftigen.

Der entscheidende Durchbruch gelang dabei dem britischen Physiker Ernest RUTHERFORD (1871–1937). Er beschoß dünne Goldfolien mit schnell bewegten, positiv geladenen Teilchen (Alphateilchen), die aus dem später noch genauer zu behandelnden radioaktiven Zerfall gewisser Atome stammen. Diese Experimente führten zu äußerst überraschenden Ergebnissen. Es zeigte sich nämlich, daß der überwiegende Teil der Geschosse die Folie ohne nennenswerte Ablenkung durchdringen konnte. Aus den schon damals bekannten Größen der Atome konnte RUTHERFORD berechnen, daß eine beachtliche Anzahl seiner Geschosse durch viele Atome hindurchgehen

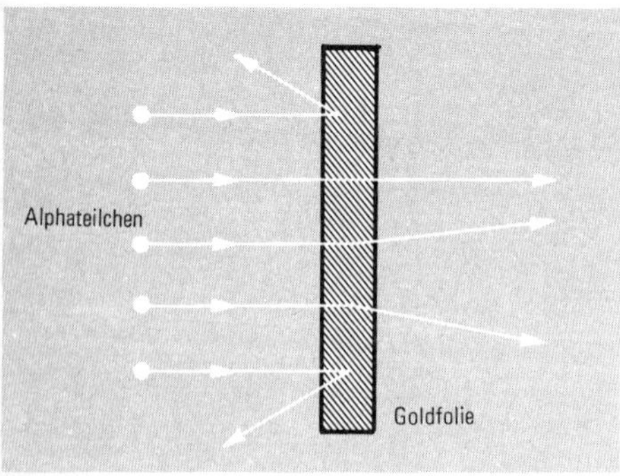

Abb. 3.1.2: Beschuß einer dünnen Goldfolie mit Alphateilchen (RUTHERFORD-Experiment)

mußte, um die Folie zu durchqueren. Bei einzelnen Geschossen konnte er aber auch stärkere Ablenkungen aus ihrer ursprünglichen Richtung feststellen (Abb. 3.1.2). Gelegentlich kam es sogar vor, daß ein Teilchen zurückgeworfen wurde, also auf der Einfallsseite der Folie wieder herauskam. Dieses Ergebnis war für RUTHERFORD so überraschend, daß er später darüber schrieb:

> *«Es war bestimmt das unglaublichste Ergebnis, das mir in meinem Leben widerfuhr. Es war fast so unglaublich, wie wenn jemand eine 15-Zoll-Granate auf ein Stück Seidenpapier abgefeuert hätte und diese zurückgekommen wäre und ihn getroffen hätte.»*

Es dauerte mehrere Jahre, bis es RUTHERFORD gelang, die geschilderten Versuchsergebnisse zu deuten. Die starke Ablenkung mancher Geschosse konnte nicht erklärt werden, wenn die elektrischen Ladungen im Atom – wie dies das THOMSON-Atommodell annahm – über das ganze Atom verteilt waren. Eine der Ladungen, und es war naheliegend, daß dies nicht die negative Ladung der schon bekannten Elektronen sein konnte, sondern die positive, mußte vielmehr auf einen sehr kleinen Raum zusammengedrängt sein.

Auf Grund der Untersuchungen von RUTHERFORD dürfte die räumliche Ausdehnung dieser Ladungen nicht mehr als etwa ein Zehntausendstel des Atomdurchmessers betragen.

Die auf die Goldfolie treffenden Geschosse passieren diese auf engstem Raum konzentrierte Ladung in verschiedenen Abständen und werden nur dann sehr stark abgelenkt, wenn sie der Ladung sehr nahe kommen (Abb. 3.1.3). Man konnte außerdem nachweisen, daß die abgelenkten Geschosse keinen nennenswerten Verlust an Bewe-

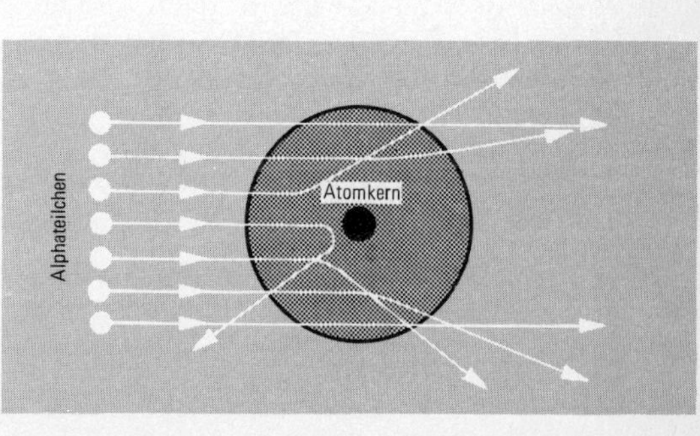

Abb. 3.1.3: Die Ablenkung von Alphateilchen, die sehr nahe an einem Atomkern vorbeifliegen

gungsenergie erleiden. Dies bedeutet wiederum, daß die konzentrierten (positiven) Ladungen im Atom von den Geschossen kaum Energie übernehmen. Es ist so, als ob man sehr schwere Kugeln mit sehr leichten beschießt: Auf Grund der beim Zusammenstoß gültigen physikalischen Gesetze kann geschlossen werden, daß die mit den konzentrierten Ladungen verbundene Masse gegenüber der Masse der Geschosse sehr groß sein muß.

Eine genauere Untersuchung dieser Zusammenhänge führte zu dem Ergebnis, daß nahezu die gesamte Masse der Atome auf diesen sehr kleinen Bereich von einem Zehntausendstel des Atoms zusammengedrängt sein muß. Man bezeichnet diesen Bereich als den Atomkern.

Die dargelegten Ergebnisse veranlaßten RUTHERFORD im Jahr 1911 zur Entwicklung eines neuen Atommodells, das hier kurz beschrieben werden soll. Die gesamte positive Atomladung und nahezu die gesamte Masse des Atoms sind in einem sehr kleinen Kern konzentriert, dessen Durchmesser nur ein Zehntausendstel des Atomdurchmessers beträgt. Dieser Kern befindet sich im Mittelpunkt des Atoms.

Kerndurchmesser = 0,0001 × Atomdurchmesser

Da die Atome im Normalzustand nach außen elektrisch neutral erscheinen, muß die positive Ladung der Atomkerne durch eine entsprechende Anzahl von Elektronen ausgeglichen werden. Diese Elektronen werden wegen ihrer negativen elektrischen Ladung von den positiv geladenen Atomkernen angezogen und so in dem Atomverbund festgehalten. Damit sie nicht in den Kern hineinstürzen, muß angenommen werden, daß sie sich genügend schnell um den Atomkern bewegen, und zwar in einem Abstand vom Kern, der den Dimensionen der Atome entspricht, also etwa ein hundertmillionstel Zentimeter (s. auch 2.2.):

Atomdurchmesser = 0,00000001 Zentimeter = 10^{-8} cm

Die Elektronen sorgen also laut RUTHERFORD für die Ausdehnung der Atome. Man bezeichnet die Gesamtheit der Elektronen eines Atoms als seine Elektronen- oder Atomhülle.

Genauere Untersuchungen haben ergeben, daß jede Atomart eine ganz bestimmte positive Kernladung besitzt, die jeweils ein Vielfaches der elektrischen Elementarladung ausmacht. Man bezeichnet die in elektrischen Elementarladungen ausgedrückte positive Ladung der Atomkerne als ihre Kernladungszahl und verwendet diese Größe oft zur Charakterisierung der Atomkerne. Bei elektrisch neutralen Atomen muß also die Zahl der in der Atomhülle befindlichen Elektronen ebenso groß wie die Kernladungszahl sein.

Das einfachste Atom ist das Wasserstoffatom. Es besitzt einen Atomkern mit einer einzigen positiven Elementarladung. Dieser Kern wird als *Proton* bezeichnet. In der Atomhülle eines neutralen Wasserstoffatoms muß sich daher ein Elektron befinden. Die übrigen Atome haben in ihren Kernen, außer neutralen Komponenten, die wir später behandeln werden, eine unterschiedliche Anzahl von Protonen, die genau der Kernladungszahl entspricht. Man kann deshalb die Kernladungszahl als charakteristisches Merkmal für ein ordnendes Prinzip der chemischen Elemente betrachten. Dies geschieht

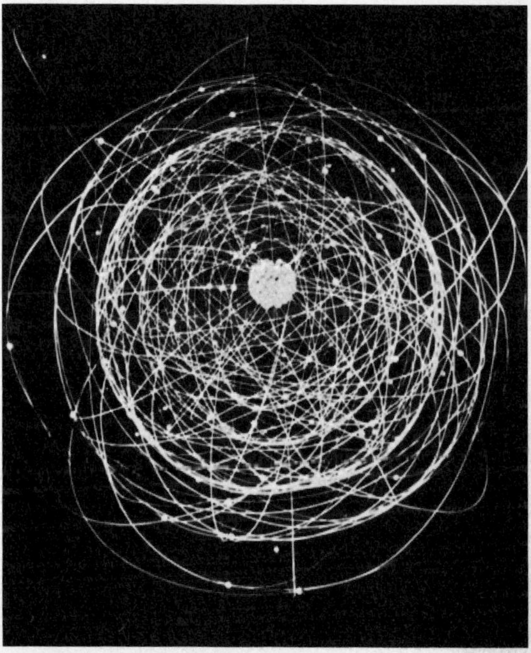

Abb. 3.1.4: Modell eines Uran-Atoms nach RUTHERFORD

zum Beispiel beim Periodensystem der Elemente, auf das wir noch eingehen müssen.

Die Atome können nach den Vorstellungen von Rutherford mit einem stark verkleinerten Planetensystem verglichen werden. So wie sich die Planeten um die Sonne bewegen, so erfolgt bei den Atomen eine Bewegung der Elektronen um den Atomkern. Dabei werden die Verhältnisse mit wachsender Kernladungszahl komplizierter, weil die Anzahl der die Atomhülle bildenden Elektronen laufend zunimmt. In Abb. 3.1.4 ist als Beispiel das Modell eines Uran-Atoms wiedergegeben; da seine Kernladungszahl 92 beträgt, befinden sich in der Atomhülle eines neutralen Uran-Atoms auch 92 Elektronen.

Um das Rutherford-Modell zu veranschaulichen, muß man sich vorstellen, was es bedeutet, daß der Durchmesser des Atomkernes nur rund ein Zehntausendstel des Atomdurchmessers beträgt. Bei einer Vergrößerung des Atomkernes auf die Größe einer Erbse würde das ganze Atom etwa die Ausdehnung des Kölner Domes annehmen. Für einen festen Körper, bei dem sich die Atome gegenseitig berühren, ergäbe sich bei einer geeigneten Vergrößerung das folgende Bild:

In Abständen von etwa 30 Metern würden sich kleine, positiv geladene Materiekügelchen von der Größe eines Stecknadelkopfes befinden, zwischen denen vereinzelt negative Ladungen in Form von praktisch masselosen Elektronen herumschwirren. Alles übrige ist nach dieser Vorstellung leerer Raum.

Das Rutherford-Atommodell hat aber auch einige nicht ver-

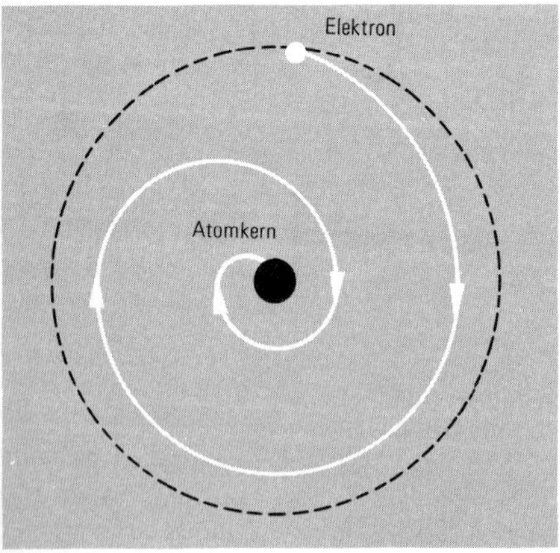

Abb. 3.1.5: Die Atome können nach dem Rutherford-Atommodell nicht stabil sein, weil die Elektronen nach den Gesetzen der klassischen Physik in sehr kurzer Zeit auf spiralförmigen Bahnen in den Atomkern stürzen müßten

ständliche Eigenschaften. Nach den gesicherten Gesetzen der klassischen Mechanik müssen sich die Elektronen um den Atomkern bewegen, damit sie nicht in diesen hineinstürzen. Nach den ebenso gesicherten Gesetzen der Elektrodynamik muß jedes den Atomkern umkreisende Elektron laufend Energie abstrahlen, was zur Folge hat, daß es sich auf spiralförmigen Bahnen um den Kern bewegt und schließlich in diesen hineinfällt (Abb. 3.1.5). Die Frequenz des abgestrahlten Lichtes müßte übrigens mit der Umlauffrequenz der Elektronen übereinstimmen, eine Tatsache, die zu den Ergebnissen der Experimente in krassem Widerspruch steht.

Ein nach den Vorstellungen von RUTHERFORD gebautes Atom wäre also ein instabiles Gebilde. Man konnte schon damals mit Hilfe der MAXWELL-Gleichungen (s. 2.5.) die Zeit berechnen, die ein Elektron benötigt, um wegen der Aussendung elektromagnetischer Strahlung in den Kern zu fallen; es wäre etwa

0,000000001 Sekunde = 1 Nanosekunde

In Wirklichkeit stellen die Atome aber in ihrer überwiegenden Mehrheit sehr stabile Gebilde dar, eine Tatsache, die mit dem RUTHERFORD-Modell also auf keine Weise in Einklang gebracht werden kann.

Aus diesen und auch einigen anderen Feststellungen folgt, daß mit dem RUTHERFORD-Atommodell das letzte Wort über den Bau der Atome noch nicht gesprochen sein konnte. Trotzdem haben die Arbeiten von RUTHERFORD für die nachfolgende Atomforschung und allgemein für die Untersuchungen über die Struktur der Materie eine bleibende Bedeutung.

Die wichtigsten Verdienste RUTHERFORDS bestehen im wesentlichen in den folgenden Erkenntnissen:

1. *Die alte Vorstellung von der Unteilbarkeit der Atome wurde endgültig überwunden.*
2. *Die Atome erwiesen sich als kompliziert zusammengesetzte Gebilde, in denen zwei deutlich voneinander unterscheidbare Bereiche, die Atomhülle und die Atomkerne, vorhanden sind.*
3. *Es wurde mit überzeugender Deutlichkeit dargelegt, daß man Aufschluß über den Bau und die Eigenschaften von unmittelbar*

nicht beobachtbaren, mikroskopischen Gebilden erhalten kann, indem man sie mit energiereichen Teilchen beschießt und die dabei auftretenden Vorgänge beobachtet. Dieses Verfahren hat sich auch bei zahlreichen anderen Untersuchungen, auf die später noch näher eingegangen wird, hervorragend bewährt.

Für die weitere atomphysikalische Forschung ergab sich nun zunächst das Problem, die von RUTHERFORD entdeckten Tatsachen und Erkenntnisse weiterzuentwickeln und zu verfeinern und die in seinem Atommodell enthaltenen Widersprüche zu überwinden. Hierzu war es notwendig, die in der Atomhülle gültigen Gesetzmäßigkeiten eingehend zu untersuchen. Die kleinen Atomkerne traten vorerst in den Hintergrund. Wir werden uns deshalb in den folgenden Abschnitten zunächst mit der weiteren Entwicklung der Vorstellung von der Beschaffenheit der Atomhüllen beschäftigen und erst später auf die Atomkerne näher eingehen.

3.2. Die Elektronen in der Atomhülle

Im Laufe der Untersuchungen über die Atomhüllen zeigte sich, daß die in ihnen enthaltenen Elektronen nicht willkürlich verteilt sein können, sondern daß sie nach ganz bestimmten Gesetzen geordnet sein müssen. Als der dänische Physiker Niels BOHR (1885–1962) bei RUTHERFORD in Manchester zu arbeiten begann, lagen bereits zahlreiche experimentelle Daten über die Atomhüllen vor, darunter auch schon ältere, jedoch sehr genaue Meßergebnisse über die von den Atomen abgestrahlten Energiequanten, auf die wir im nächsten Abschnitt noch ausführlich zu sprechen kommen.

Es fehlte noch ein überzeugendes System für den Bau der Atomhüllen, und es bestand auch noch der ungelöste Widerspruch, wonach die Elektronen im RUTHERFORD-Modell sich einerseits nach den Gesetzen der klassischen Mechanik schnell um den Atomkern bewegen müßten, damit sie nicht in ihn hineinstürzten, und wonach sie andererseits nach den Gesetzen der Elektrodynamik dabei Energie abstrahlen und deshalb nun doch in den Kern stürzen müßten.

BOHR versuchte nun, einen Ausweg aus diesem Dilemma zu finden. Dabei hielt er an der Grundvorstellung RUTHERFORDS fest, daß die als winzige Massepunkte betrachteten Elektronen sich unter dem Einfluß der elektrischen Anziehungskräfte um die Atomkerne bewegen. Die zwischen dem Kern und den Elektronen wirkenden Kräfte müssen dann gerade so groß sein, daß sie ein Entweichen der Elektronen aus dem Atomverband verhindern und sie auf ihren Bahnen halten.

Im einzelnen ging BOHR dann aber über das RUTHERFORD-Modell hinaus. Während dieses Modell es nämlich zuließ, daß die Elektronen sich in Analogie zum Planetensystem grundsätzlich in jedem beliebigen Abstand um den Kern bewegen können, wobei ihre Geschwindigkeit lediglich dem jeweiligen Kernabstand angepaßt sein muß, vertrat BOHR die Auffassung, daß die Elektronen sich nur auf ganz bestimmten Bahnen bewegen können. Er faßte seine Vorstellungen im Jahr 1913 in den beiden folgenden Grundannahmen zusammen, die als die BOHR-Postulate in die Geschichte der Atomphysik eingegangen sind.

1. *Postulat über die stationären Zustände*

Die Elektronen können sich nur auf ganz bestimmten Kreisbahnen um den Atomkern bewegen. Diese Bahnen werden als «stationär» bezeichnet. Jeder solchen stationären Bahn entspricht eine bestimmte Energie, ein bestimmter Abstand vom Kern und eine bestimmte Umlaufgeschwindigkeit der Elektronen, für deren Berechnung BOHR schon geeignete Formeln aufstellen konnte. Es gibt also innerhalb der Atomhülle eine gewisse Folge von Energiestufen. Solange sich ein Elektron auf einer solchen stationären Bahn bewegt, wird – ganz im Gegensatz zu den Forderungen der klassischen Elektrodynamik – keine Energie abgestrahlt.

2. *Postulat über die Quantensprünge*

Die Elektronen können von einer stationären Bahn auf eine andere übergehen. Man bezeichnet diese Übergänge als Quantensprünge. Eine Energieabgabe erfolgt, wenn ein Elektron von einer stationären Bahn auf eine andere überwechselt, auf der es weniger Energie besitzt. Umgekehrt kann ein Bahnwechsel von einer niedrigen auf eine höhere Energiestufe erfolgen, wenn dem Atom Energie zugeführt wird. Die Atome können nur Energiequanten solcher Frequenzen

(s. PLANCK-Gesetz, 2.4.) abgeben oder aufnehmen, die genau den Energiedifferenzen zweier stationärer Bahnen entsprechen. Die Frequenz dieser Lichtquanten hat nichts mit der Umlauffrequenz der Elektronen in ihren Bahnen zu tun.

Das erste von BOHR eingeführte «Postulat über die stationären Zustände» enthält eine physikalische Aussage von wesentlicher Bedeutung, die hier näher erläutert werden soll. Wie erwähnt, entspricht jede stationäre Bahn einer bestimmten Energie, einem bestimmten Abstand vom Kern und einer bestimmten Umlaufgeschwindigkeit der Elektronen. Die um den Atomkern sich bewegenden Elektronen haben ferner auf jeder Bahn einen ganz bestimmten Bahndrehimpuls, den man erhält, indem man den Impuls des Elektrons mit seinem Abstand vom Atomkern multipliziert (s. 2.7.). Dieser Bahndrehimpuls kann keine beliebigen Werte annehmen, er ist «gequantelt». Dies bedeutet, daß die Elektronen sich nur auf stationären Bahnen bewegen können, für die der Bahndrehimpuls ein ganzzahliges Vielfaches einer mit $\hbar$ (lies: h-quer) bezeichneten Größe ist. Es gilt

$$\hbar = \frac{h}{2\pi}$$

wobei h die schon früher eingeführte PLANCK-Konstante darstellt. Die Größe $\hbar$ stellt die Quanteneinheit für den Bahndrehimpuls dar. Sie wird in der Fachliteratur oft als reduzierte PLANCK-Konstante bezeichnet. Es ist also

$$\text{Bahndrehimpuls} = n \times \hbar$$

wobei n eine ganze Zahl ist.

Bei dieser Gleichung handelt es sich um eine mathematische Formulierung des ersten BOHR-Postulates; mit ihrer Hilfe kann man bei einer Kenntnis der zwischen dem Elektron und dem Kern wirkenden elektrischen Anziehungskräfte die Energie der stationären Bahnen des BOHR-Atoms berechnen.

Wie schon im vorigen Kapitel gezeigt wurde, gehört der Drehimpuls zu den wichtigen Größen, über die in der Natur genau Buch geführt wird. Wenn also ein Elektron von einer stationären Bahn auf eine andere überspringen soll, muß dafür gesorgt werden, daß der abgegebene oder der zugeführte Bahndrehimpuls, ebenso wie die Energie, durch einen abgestrahlten oder absorbierten Partner ausgeglichen wird.

Die Energieabgabe oder -aufnahme der Atome geschieht aber üblicherweise durch die Abstrahlung oder Absorption elektromagnetischer Wellen, das heißt durch Lichtquanten oder Photonen. In diesem Fall muß der Drehimpulsausgleich natürlich von den Photonen erledigt werden. Für den Drehimpuls bedeutet dies aber, daß die Photonen in der Lage sein müssen, den zwischen verschiedenen stationären Elektronenbahnen existierenden Drehimpulsunterschied zu kompensieren. Und das können sie am einfachsten, wenn sie selbst auch einen eigenen Drehimpuls besitzen. Tatsächlich wissen wir heute, daß Photonen einen inneren Drehimpuls oder Spin haben:

$$\text{Photonenspin} = \hbar$$

Es zeigt sich: Wir müssen unser ohnehin schon sehr strapaziertes Bild des Photons mit seinem Teilchen- *und* Wellencharakter auch noch mit einem inneren Drehimpuls oder Spin ausstatten, man könnte fast sagen: belasten. Nur so ist es aber möglich, einige Erscheinungen des Lichtes vollständig zu verstehen, wie zum Beispiel die Phänomene der Polarisation des Lichtes, die bei Sonnenbrillen eine praktische Anwendung erhalten. Die Ausrichtung des Spins der Photonen ist gleichbedeutend mit einer «Polarisation» des Lichtes. Nachdem das Licht durch gewisse Substanzen gegangen ist (das Brillenglas), bleibt nur solches Licht übrig, dessen Photonenspin eine gewisse Orientierung aufweist.

Man kann den Spin der atomaren und subatomaren Teilchen anschaulich mit Hilfe eines Modells interpretieren: Man stellt sich dazu vor, daß es sich um kleine Kugeln handelt, die sich wie die Erde um eine durch ihren Mittelpunkt gehende Achse drehen.

Dieses Modell gibt aber den Sachverhalt nicht vollständig wieder. Es führt sogar zu physikalisch unsinnigen Konsequenzen, weil die Geschwindigkeit der äußeren Teile der sich drehenden Kügelchen größer als die Lichtgeschwindigkeit sein müßte. In Wirklichkeit handelt es sich beim Spin nämlich um eine unanschauliche Eigenschaft mikrophysikalischer Teilchen, die wir als Tatsache hinnehmen müssen. Trotzdem ist das Modell der sich drehenden Kügelchen für viele Überlegungen gut brauchbar.

Wir werden uns noch häufig mit dem Spin der verschiedenen Teilchen befassen müssen. Wenn wir uns mit der Beschaffenheit der Atomhülle und den Quantensprüngen auseinandersetzen, bekommen Spin und Bahndrehimpuls der Elektronen wichtige Rollen.

Die Erkenntnis, daß der Drehimpuls nur in bestimmten Quanten auftreten kann, gehört zu den bahnbrechenden Vorarbeiten, aus denen die Quantenmechanik entwickelt wurde. Freilich war dies zu BOHRS Zeiten noch nicht klar, und man kann sagen, daß das BOHR-Modell seinerzeit als eine geniale Schöpfung zum Verständnis der Vorgänge in der Atomhülle angesehen wurde, dessen Gültigkeitsbereich aber durch weitere Experimente noch geprüft werden mußte. Die BOHR-Postulate waren immer noch eine erhebliche Zumutung an das gewohnte Denken der Physiker, weil sie Einschränkungen der in der klassischen Mechanik und in der Elektrodynamik bewährten Gesetze forderten. Ein weiterer, in jener Zeit nicht zu verstehender Zug des BOHR-Modells lag darin, daß die Elektronen offensichtlich nicht alle in die tiefste und energieärmste stationäre Bahn fallen konnten. Ein damals – also zur Zeit des Ersten Weltkrieges – noch unbekannter Mechanismus mußte sie daran hindern. Dies wird im nächsten Abschnitt eingehend besprochen.

Die Stärke des BOHR-Modells lag vor allem in seiner Einfachheit. Es war möglich, mit Hilfe dieses Modells einen Teil der vorliegenden Erfahrungstatsachen verständlich zu machen. Allerdings gab es auch experimentelle Befunde, die sich durch dieses Modell nicht beschreiben ließen, so daß eine Weiterentwicklung erforderlich war. Auf diesem Gebiet betätigte sich der deutsche Physiker Arnold SOMMERFELD (1868–1951). Er ging von der Überlegung aus, wegen der Ähnlichkeit des Atoms mit einem Planetensystem müßte es auch möglich sein, daß die Elektronen der Atomhüllen sich nicht nur auf Kreisen, sondern auch auf Ellipsenbahnen bewegen. Dabei sollten alle Ellipsenbahnen einer Atomhülle einen gemeinsamen Brennpunkt haben, in dem sich der Atomkern befindet. Diese Vorstellung läßt sich auch sehr gut mit Hilfe des Bahndrehimpulses darstellen, worauf wir jedoch hier nicht eingehen wollen.

Das auf diese Weise verbesserte BOHR-SOMMERFELD-Atommodell hat sich bei der Beschreibung von vielen Erfahrungstatsachen gut bewährt. Dies gilt insbesondere für die sogenannten Linienspektren der aus den Atomen stammenden Strahlung, die wir im nächsten Abschnitt näher kennenlernen werden.

3.3. Die Linienspektren und ihre Deutung

Ein Lichtstrahl besteht im allgemeinen aus Photonen verschiedener Wellenlängen, also aus einer Mischung verschiedener «farbiger» Lichtquanten, da ja jeder Farbe eine Wellenlänge entspricht. Das Spektrum eines Lichtstrahls kann als eine graphische Darstellung der in ihm vorhandenen Wellenlängen oder Frequenzen betrachtet werden. Da auf Grund der früher behandelten PLANCK-Gleichung zu jeder Wellenlänge oder Frequenz auch eine bestimmte Energie gehört (s. 2.5.), kann man auch von einem Energiespektrum der in dem Lichtstrahl vorhandenen Photonen sprechen. Es gibt verschiedene Arten von Spektren. Aus dem Alltag ist bekannt, daß an geschliffenen Kanten von Kristallvasen oder Spiegelglasscheiben bei auftreffendem Licht Farberscheinungen auftreten. Dies sind die gleichen Spektralfarben, die wir im Regenbogen sehen.

Wenn der Physiker solche Farben im Laboratorium erzeugen will, so läßt er nach Abb. 3.3.1 einen Strahl «weißen», also scheinbar farblosen Lichtes auf ein Glasprisma fallen. Dabei zeigt sich, daß das weiße Licht in ein Farbband zerlegt wird, bei dem die einzelnen Farben kontinuierlich ineinander übergehen. Man bezeichnet dieses Farbband als

kontinuierliches Spektrum

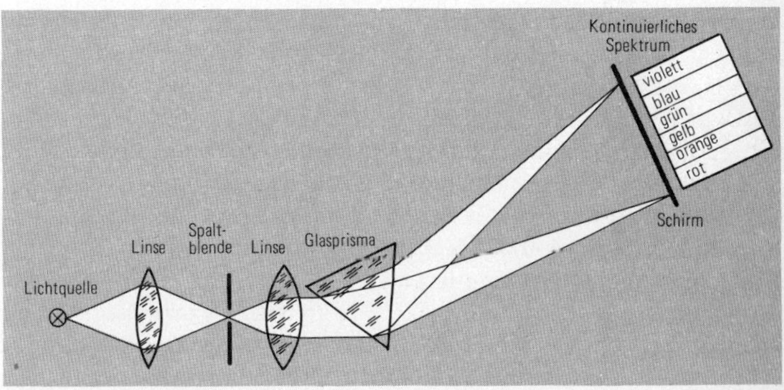

Abb. 3.3.1: Die Herstellung eines kontinuierlichen Spektrums mit Hilfe eines Glasprismas

Solche kontinuierlichen Spektren werden von glühenden Körpern, festen und flüssigen, sowie von sehr stark verdichteten Gasen ausgesendet. Die Helligkeit der einzelnen Farben kann bei verschiedenen Spektren unterschiedlich sein, denn sie hängt unter anderem von der Temperatur der Lichtquelle ab. Auf Grund des kontinuierlichen Spektrums können nur sehr begrenzt Aussagen über die Beschaffenheit des lichtaussendenden Stoffes gemacht werden.

Außer den kontinuierlichen Spektren gibt es aber noch eine andere Art von Spektren, welche aus einzelnen feinen Linien, die deutlich voneinander getrennt sind, bestehen. Man bezeichnet diese Spektren als

Linienspektren

Bei diesen Linienspektren zeigt sich nun die erstaunliche Tatsache, daß die entstehenden Linien für die das Licht aussendenden Atome charakteristisch sind. Jedes chemische Element im gasförmigen Zustand erzeugt unter den gleichen Bedingungen stets das gleiche, für dieses Element charakteristische Linienspektrum.

Schon bald nach der Entdeckung der Linienspektren – Mitte des vorigen Jahrhunderts – tauchte die Frage auf, ob zwischen den Wellenlängen oder Frequenzen der einzelnen Linien Zusammenhänge bestehen. Um diese Frage zu beantworten, mußten zunächst in jahrzehntelanger Kleinarbeit die Wellenlängen oder Frequenzen einer großen Zahl von Spektrallinien des von verschiedenen Atomarten ausgesendeten Lichtes gemessen und in umfangreichen Tabellen zusammengestellt werden. Daraus konnten dann Gesetzmäßigkeiten entwickelt werden. Es ist das Verdienst des Schweizer Physik- und Mathematiklehrers Johann Jakob BALMER (1825–1898), als erster schon im Jahr 1885 herausgefunden zu haben, daß die Linien des vom Wasserstoffatom ausgesendeten Lichtes nicht willkürlich angeordnet sind, sondern daß die Wellenlängen einer einfachen Formel genügen, die heute als die BALMER-Formel bezeichnet wird.

Bei seinen Arbeiten ging BALMER von einem Gedanken aus, der schon im Kreis des PYTHAGORAS (6. Jh. v. Chr.) aufgetaucht war, daß nämlich den ganzen Zahlen in der Natur eine besondere, sinngebende Rolle zukommt. So konnten die Pythagoreer bereits feststellen, daß zwei angeschlagene Saiten dann harmonisch klingen, wenn ihre Längen sich bei sonst gleichen Eigenschaften wie kleine, ganze Zahlen verhalten. Die Erkenntnis, daß *einfache* mathematische Strukturen für die Naturerkenntnis die größte Bedeutung haben, gehört zu den stärksten Impulsen der physikalischen Forschung.

Aus diesem Grunde ging auch BALMER davon aus, daß man das Geheimnis der Spektrallinien durch geeignete Kombinationen kleiner Zahlen ergründen könne, und er fand dann tatsächlich heraus, die Wellenlängen und die Frequenzen der Spektrallinien des Wasserstoffes ließen sich dadurch errechnen, daß man kleine ganze Zahlen nacheinander in eine einfache, von ihm angegebene Formel einsetzte. Später gelang es, die von BALMER gefundene Formel durch geringfügige Veränderungen auch auf Spektrallinien auszudehnen, die zu BALMERS Zeiten noch nicht bekannt waren. Außerdem müssen wir uns vor Augen halten, daß BALMER seine Formel auf rein empirischem Wege nach vielen vergeblichen Ansätzen gefunden hat; es war ihm nicht möglich, für diese Formel eine theoretische Begründung zu geben.

Die vom Atom ausgehende Strahlung, die sich in den Spektrallinien manifestiert, entsteht in der Atomhülle. Wenn einem Atom von außen Energie zugeführt wird, etwa bei Erhitzung, so können ein oder mehrere Elektronen auf eine energiereichere Bahn gehoben werden. In diesen Bahnen verbleiben die Elektronen aber nur sehr kurze Zeit. Sie fallen bald von selbst wieder auf energieärmere Bahnen zurück. Dabei wird Energie frei, die das Atom als elektromagnetische Strahlung abgibt. Sobald diese Strahlung das Atom verlassen hat, breitet sie sich unabhängig vom abstrahlenden Atom im Raum aus und erzeugt die Linienspektren. Es war deshalb zu erwarten, daß die Linienspektren der Atome wichtige Informationen über die Struktur der Atomhüllen enthalten und daß auch zwischen der BALMER-Formel und dem Bau der lichtaussendenden Atome ein Zusammenhang bestehen muß. Diese Erwartung wurde bestätigt, als es gelang, die zunächst rein empirisch gefundene BALMER-Formel aus den BOHR-Postulaten über den Bau der Atomhülle abzuleiten. Natürlich waren BOHR die Ergebnisse von BALMER wohlbekannt, und die Tatsache, daß er sie mit seinem Atommodell dann auch theoretisch besser verstehen konnte, war ein großer Erfolg.

Darüber hinaus war es mit Hilfe des BOHR-SOMMERFELD-Modells möglich, weitere charakteristische Größen der Wasserstoffatome mit großer Genauigkeit zu berechnen und eine Reihe anderer Erfahrungstatsachen aus dem Bereich der Atomhüllen richtig zu beschreiben. Trotz dieser sehr beachtlichen Erfolge trat aber im Laufe der weiteren Entwicklung an die Stelle der ersten Begeisterung über das

Bohr-Sommerfeld-Modell allmählich eine nüchternere Betrachtungsweise. Hierzu trug vor allem die Tatsache bei, daß das Modell mit seiner Ausdehnung auf neue Erfahrungsbereiche immer komplizierter gemacht werden mußte und dabei seine ursprüngliche Eleganz und Anschaulichkeit verlor.

Es waren vor allem folgende Gründe, welche schließlich die Physiker veranlaßten, nach einem neuen, leistungsfähigeren Atommodell zu suchen:

1. Alle Versuche, das Bohr-Sommerfeld-Atommodell über das Wasserstoffatom und die wasserstoffatomähnlichen Atome hinaus auch auf die Atome anderer chemischer Elemente auszudehnen, blieben ohne befriedigenden Erfolg. Die in diesem Zusammenhang durchgeführten Rechnungen stimmten meist sehr schlecht oder gar nicht mit den gemessenen Daten überein.
2. Es wurde in zunehmendem Maße als untragbar empfunden, daß die Bohr-Postulate im Widerspruch zur klassischen Physik standen.
3. Es gab bei vielen Atomen feinere Strukturen der Spektren, deren Existenz auf Grund des Bohr-Sommerfeld-Atommodells überhaupt nicht zu verstehen war und die erst durch die Einführung neuer Begriffe interpretiert werden konnten.

3.4. Das Pauli-Prinzip und der Elektronenspin (1925)

Seit dem Jahr 1924 setzte sich bei den Physikern immer mehr die Auffassung durch, daß die von Bohr und Sommerfeld entwickelten Vorstellungen bezüglich der Elektronenhülle des Atoms trotz ihrer Erfolge eine wesentliche Umgestaltung nötig hatten. Ferner gewann die Überzeugung an Boden, es könne auch nicht erfolgreich sein, dieses Modell noch weiter auszugestalten und zu verbessern, eine Überwindung der Krise sei vielmehr nur auf einem völlig neuen Wege zu erwarten. Hierzu mußte man von der Annahme ausgehen, daß im Inneren des Atoms eine Eigengesetzlichkeit herrscht, die sich von den bekannten und bewährten Gesetzen der klassischen Physik grundsätzlich unterscheidet. Es war verfehlt, die Atome als kleine Planetensysteme zu betrachten, weil es nicht zulässig ist, die Dimensionen eines physikalischen Systems beliebig zu verkleinern und die dabei auftretenden grundsätzlichen Änderungen der geltenden Gesetze unbeachtet zu lassen.

Einen ersten Schritt in die neue Richtung tat der in Wien geborene, damals in Hamburg lehrende theoretische Physiker Wolfgang PAULI (1900–1958). Für das Problem der Belegbarkeit der stationären Bahnen mit Elektronen stellte er einfach ein Postulat auf, welches jedoch eine weittragende Bedeutung bekommen sollte und dessen Gültigkeit dann auch auf andere Teilchensysteme ausgedehnt wurde. Im Jahr 1925 erkannte er, daß für Elektronen ein ganz besonderes Gesetz gelten mußte, welches als PAULI-Prinzip in die Geschichte der Physik eingegangen ist:

> *In einem Atom können zwei Elektronen nie in einem Zustand sein, in dem alle diesen Zustand charakterisierenden Größen identisch sind.*

Die Überlegungen von BOHR und SOMMERFELD hatten ergeben, daß der Zustand eines Elektrons in der Atomhülle durch drei Größen charakterisiert werden kann, die im wesentlichen die Ausdehnung, die Form und die Neigung der in diesem Modell eingeführten Elektronenbahnen kennzeichnen. Diese Größen sind ausnahmslos *gequantelt*, sie können nur als Vielfache bestimmter kleinster Einheiten auftreten, und aus ihnen kann man die Energie der Elektronen, ihren Bahndrehimpuls und dessen Richtung berechnen. Sie werden als die *Quantenzahlen* des Elektrons bezeichnet. Um alle Feinheiten der Linienspektren korrekt wiederzugeben, mußte PAULI beim Aufstellen seines Prinzips eine vierte Quantenzahl einführen, die nur zwei mögliche Werte annehmen kann.

Der physikalische Sinn dieser vierten Quantenzahl wurde von den beiden niederländischen Forschern George Eugene UHLENBECK (geb. 1900) und Samuel Abraham GOUDSMIT (1902–1978) noch im gleichen Jahr 1925 richtig gedeutet. Sie schlugen vor, den Elektronen einen inneren Drehimpuls oder Spin zuzuordnen, dessen Orientierung im Raum durch die vierte Quantenzahl dargestellt wird. Diese revolutionäre Idee traf zunächst keineswegs auf eine begeisterte Zustimmung der Physiker. Der gequantelte Wert des Elektronenspins beträgt

$$\text{Elektronenspin} = \frac{\hbar}{2}$$

wobei $\hbar$ wieder die durch 2π dividierte PLANCK-Konstante darstellt.

Beim Elektronenspin handelt es sich um eine Größe besonderer Art, der man die für die vierte Quantenzahl benötigten mathematischen Eigenschaften zuordnen konnte. Der Eigendrehimpuls (oder Spin) der Elektronen ist also nur halb so groß wie die früher eingeführte kleinste Einheit des Drehimpulses. Der entsprechende Spinpfeil kann, bezogen auf eine bestimmte Richtung, immer nur entweder parallel oder antiparallel (gegenläufig) gerichtet sein, also zum Beispiel bezüglich einer vertikalen Richtung entweder nach oben oder nach unten. Die Orientierung des Spins als vierte Quantenzahl erlaubt dann *zwei* verschiedenen Elektronen den Aufenthalt auf *einer* gemeinsamen stabilen Bahn in der Atomhülle, ohne das PAULI-Prinzip zu verletzen.

Inzwischen hat sich die Überzeugung durchgesetzt, daß es sich beim Spin um eine der wichtigsten Eigenschaften der Elementarteilchen handelt, die auch über die Elektronen hinaus für alle Teilchen von Bedeutung ist. Im folgenden wird deshalb noch öfter vom Spin der subnuklearen Teilchen die Rede sein.

Modellartig kann man sich vorstellen, daß der innere Drehimpuls des Elektrons – wie der schon erwähnte Spin des Photons – durch die Kreiselbewegung einer kleinen Kugel hervorgerufen wird. Auch hier muß wieder betont werden, daß diese Eigenrotation keinesfalls als reales Geschehen betrachtet werden darf, sondern daß es sich lediglich um eine modellmäßige Beschreibung handelt. Diese Modellvorstellung führt auch zu dem korrekten Schluß, daß die elektrische Ladung des Elektrons beim Rotieren ein magnetisches Feld erzeugt, etwa so wie eine kleine Stromspule. Das Elektron benimmt sich also wie ein kleiner Stabmagnet, der ja auch einer Stromspule entspricht. Man bezeichnet die Stärke des Stabmagneten als das «magnetische Moment» des Elektrons. Dieses Verhalten konnte später auch experimentell bestätigt werden.

Während die dem BOHR-SOMMERFELD-Atommodell zugrundeliegende Vorstellung realer anschaulicher Elektronenbahnen in der Folgezeit sehr bald fallengelassen werden mußte, behielten die vier Quantenzahlen auch in den neuen Modellen vom Bau der Atomhüllen ihre volle Bedeutung. Dies kann nur so interpretiert werden, daß den vier Quantenzahlen ein tieferer Sinn zukommen muß.

Ohne auf den physikalischen Inhalt der vier Quantenzahlen und auf die zwischen ihnen bestehenden Beziehungen hier im einzelnen einzugehen, sollen doch noch einige Bemerkungen folgen, welche für die späteren Darlegungen von Bedeutung sind.

Die Drehimpulse im atomaren Bereich sind gequantelt, sie können also nicht jeden beliebigen Wert annehmen. Für den Bahndrehimpuls gilt, daß er nur ganzzahlige Vielfache der früher eingeführten Einheit $\hbar$ annehmen kann. Wie erläutert, zwingt die experimentelle Erfahrung zu dem Schluß, daß der Eigendrehimpuls der Elektronen stets die Hälfte von $\hbar$ beträgt. Es wurde schon darauf hingewiesen (s. 2.6.), daß in der Teilchenphysik oft ein Einheitensystem verwendet wird, bei dem man $\hbar = 1$ setzt. Dann kann man also sagen, daß der

Spin der Elektronen = ½

und natürlich der

Spin der Photonen = 1

ist. Wir werden im folgenden diese vereinfachte Bezeichnung der Spinwerte benutzen. Für die Orientierung des Elektronenspins auf den stationären Bahnen ergeben sich dann die beiden möglichen Werte:

Spinorientierung = + ½ und − ½

die jeweils Elektronen darstellen, die sich nach rechts oder nach links drehen, immer bezogen auf die Richtung des Bahndrehimpulses, wie es in Abb. 3.4.1 gezeigt wird.

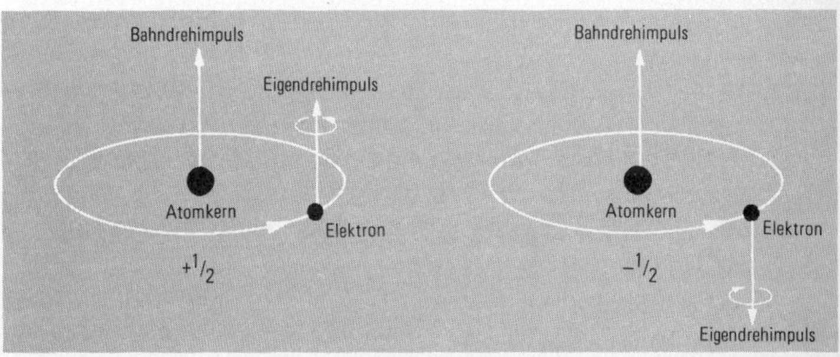

Abb. 3.4.1: Der Bahndrehimpuls und der Eigendrehimpuls (Spin) eines um den Atomkern sich bewegenden Elektrons können parallel oder antiparallel gerichtet sein

Mit dem PAULI-Prinzip konnten die zunächst willkürlich erscheinenden Postulate von BOHR zwar verstanden werden, im Grunde wurden diese aber nur wieder auf ein anderes Postulat zurückgeführt, für das PAULI keine Begründung geben konnte. Erst als die Quantenmechanik genügend weit entwickelt war, erkannte man, daß das PAULI-Prinzip im Rahmen dieser neuen Theorie *ableitbar* ist, daß es also eine Konsequenz anderer fundamentaler Prinzipien darstellt. Dieses Prinzip hat sich übrigens nicht nur für die Elektronen in der Atomhülle als gültig erwiesen, sondern auch für alle Systeme, die aus Teilchen mit halbzahligem Spin zusammengesetzt sind. Da es eine ganze Reihe solcher Teilchen gibt, werden wir das PAULI-Prinzip im folgenden noch öfter anwenden können.

Abschließend soll noch erwähnt werden, daß die hier behandelten Gesetze über die Drehimpulse auch im makrophysikalischen Bereich gültig sind. Sie haben aber hier – im Gegensatz zur Mikrophysik der Moleküle und Atome – meist keine beobachtbaren Auswirkungen. In der Makrophysik haben wir es immer mit der Überlagerung sehr vieler mikrophysikalischer Vorgänge zu tun, wobei die Quantelung der einzelnen Prozesse nicht mehr sichtbar wird. Auch dann, wenn im atomaren Bereich die Beträge der Drehimpulse sehr große Werte annehmen, wie dies zum Beispiel bei den äußeren Elektronenbahnen der schweren Atome der Fall ist, kann man von den obenerwähnten Regeln nicht mehr viel beobachten. Es ist nämlich eine schon von BOHR erkannte, allgemeingültige Eigentümlichkeit der Quantentheorie, daß die Gesetze der Mikrophysik bei genügend großen Quantenzahlen nahtlos in die Gesetze der uns bekannten Körperwelt übergehen. Diese Erkenntnis, die man als das *Korrespondenzprinzip* bezeichnet, stellt auch oft eine Brücke dar zwischen den nach den Gesetzen der klassischen Physik konstruierten anschaulichen Modellen zur Beschreibung mikrophysikalischer Objekte und den für diese unanschaulichen kleinsten Objekte geltenden Gesetzen. Das Korrespondenzprinzip kann in seiner Bedeutung und Tragweite mit den allgemeinen Prinzipien der Physik gleichgesetzt werden, etwa mit dem Energieprinzip oder dem Relativitätsprinzip.

3.5. Das Periodensystem der Elemente

Heute sind über hundert chemische Elemente bekannt, von denen allerdings nur rund neunzig in der Natur vorkommen. Die übrigen werden künstlich im Laboratorium erzeugt, wie zum Beispiel das Element 108, dessen Existenz erst 1984 in den großen Beschleunigern der Gesellschaft für Schwerionenforschung GSI in Darmstadt zum erstenmal nachgewiesen wurde (Abb. 3.5.1).

Schon zu einer Zeit, als die Zahl der bekannten Elemente noch erheblich kleiner war, hatte man sich bemüht, Ordnung in die Mannigfaltigkeit dieser chemischen Grundstoffe zu bringen. Nach einigen wenig befriedigenden Vorarbeiten gelang es schließlich 1869 dem deutschen Chemiker Julius Lothar MEYER (1830–1895) und dem russischen Chemiker Dmitri Iwanowitsch MENDELEJEW (1834–1907) unabhängig voneinander, ein Ordnungsschema für die damals bekannten rund sechzig Elemente zu entwickeln, bei dem die

Abb. 3.5.1: Die große Experimentierhalle des Forschungszentrums der Gesellschaft für Schwerionenforschung (GSI) in Darmstadt. Hier wurden zum erstenmal die Elemente 107, 108 und 109 beobachtet (Foto GSI)

Gesetzmäßigkeiten der physikalischen und chemischen Eigenschaften deutlich erkennbar wurden. Man bezeichnet diese Anordnung heute als

das Periodensystem der chemischen Elemente

Dieses Periodensystem ist vorwiegend aus dem Erfahrungsbereich der Chemie entstanden. Wenn man nämlich die chemischen Elemente nach steigenden relativen Atommassen (s. 2.2.) in eine Reihe einordnet, so stellt man fest, daß sich zahlreiche chemische und physikalische Eigenschaften gesetzmäßig ändern und dabei periodisch wiederkehren. Um diese Zusammenhänge deutlich sichtbar zu machen, ist es heute üblich, die chemischen Elemente nicht in einer einzigen Reihe hintereinanderzuschreiben, sondern sie untereinander in mehreren Spalten anzuordnen, wobei die Elemente mit den gleichen oder ähnlichen Eigenschaften in der gleichen Spalte untereinander zu stehen kommen. Die äußere Anordnung des Periodensystems ist von verschiedenen Forschern im Laufe der Zeit immer wieder abgewandelt worden, so daß in der Literatur heute unterschiedliche Darstellungsformen zu finden sind, die aber in bezug auf ihren physikalischen und chemischen Inhalt übereinstimmen. Wir zeigen in Tabelle 3.5.1 die heute bekannten chemischen Elemente in ihrer periodischen Anordnung.

Es ist üblich, die Elemente im Periodensystem der Reihe nach durchzunumerieren. Auf diese Weise wird jedem Element eine Zahl zugeordnet, die man als seine Ordnungszahl bezeichnet und der eine tiefere physikalische Bedeutung zukommt. Es gilt nämlich, daß die Ordnungszahl der einzelnen chemischen Elemente mit der in Elementarladungen gemessenen positiven Kernladungszahl der betreffenden Atome übereinstimmt. Da bei elektrisch neutralen Atomen die Anzahl der den Kern umkreisenden Elektronen ebenfalls gleich

Tabelle 3.5.1: Das Periodensystem der chemischen Elemente. Oberhalb des ▸ chemischen Zeichens steht die Ordnungszahl und unterhalb die relative Atommasse. Die mit (a) gekennzeichneten Elemente haben noch keinen Namen. Die Elemente 99, 101, 103 und 104 werden gelegentlich mit den Symbolen Es, Md, Lw und Ku bezeichnet. Die Zahlenwerte der Atommassen sind aus der Karlsruher Nuklidkarte, 5. Auflage 1981, entnommen

Das Periodensystem der chemischen Elemente

1 **H** 1,008																	2 **He** 4,003
3 **Li** 6,941	4 **Be** 9,012											5 **B** 10,81	6 **C** 12,011	7 **N** 14,007	8 **O** 15,999	9 **F** 19,00	10 **Ne** 20,179
11 **Na** 22,99	12 **Mg** 24,31											13 **Al** 26,98	14 **Si** 28,09	15 **P** 30,97	16 **S** 32,06	17 **Cl** 35,45	18 **Ar** 39,948
19 **K** 39,10	20 **Ca** 40,08	21 **Sc** 44,96	22 **Ti** 47,88	23 **V** 50,94	24 **Cr** 52,00	25 **Mn** 54,94	26 **Fe** 55,85	27 **Co** 58,93	28 **Ni** 58,69	29 **Cu** 63,55	30 **Zn** 65,38	31 **Ga** 69,72	32 **Ge** 72,59	33 **As** 74,92	34 **Se** 78,96	35 **Br** 79,90	36 **Kr** 83,80
37 **Rb** 85,47	38 **Sr** 87,62	39 **Y** 88,91	40 **Zr** 91,22	41 **Nb** 92,91	42 **Mo** 95,94	43 **Tc**	44 **Ru** 101,1	45 **Rh** 102,91	46 **Pd** 106,4	47 **Ag** 107,87	48 **Cd** 112,41	49 **In** 114,82	50 **Sn** 118,69	51 **Sb** 121,75	52 **Te** 127,60	53 **I** 126,90	54 **Xe** 131,29
55 **Cs** 132,91	56 **Ba** 137,33	57–71 **La** Serie	72 **Hf** 178,49	73 **Ta** 180,95	74 **W** 183,85	75 **Re** 186,21	76 **Os** 190,2	77 **Ir** 192,2	78 **Pt** 195,08	79 **Au** 197,0	80 **Hg** 200,59	81 **Tl** 204,38	82 **Pb** 207,2	83 **Bi** 208,98	84 **Po**	85 **At**	86 **Rn**
87 **Fr**	88 **Ra** 226,03	89–103 **Ac** Serie	(104) **Rf**	(105) **Ha**	(106) **(a)**	(107) **(a)**	(108) **(a)**	(109) **(a)**									

La Serie	57 **La** 138,91	58 **Ce** 140,12	59 **Pr** 140,91	60 **Nd** 144,24	61 **Pm**	62 **Sm** 150,36	63 **Eu** 152,0	64 **Gd** 157,25	65 **Tb** 158,93	66 **Dy** 162,5	67 **Ho** 164,93	68 **Er** 167,26	69 **Tm** 168,93	70 **Yb** 173,04	71 **Lu** 174,97
Ac Serie	89 **Ac** 227,03	90 **Th** 232,04	91 **Pa** 231,04	92 **U** 238,03	93 **Np** 237,05	94 **Pu**	95 **Am**	96 **Cm**	97 **Bk**	98 **Cf**	99 **E**	100 **Fm**	101 **Mv**	102 **No**	(103) **Lr**

der Kernladungszahl ist, ergibt sich, daß auch die Anzahl der in der Elektronenhülle befindlichen Elektronen gleich der Ordnungszahl sein muß.

Diese direkte Beziehung zwischen der Ordnungszahl und der Kernladungszahl der Atome stellt das eigentliche Ordnungsprinzip des Periodensystems der chemischen Elemente dar. Es ergibt sich nun die weitere Frage, wie es zu erklären ist, daß viele chemische und physikalische Eigenschaften der Elemente mit wachsender relativer Atommasse periodisch wiederkehren und wie die zahlreichen im Periodensystem auftretenden Gesetzmäßigkeiten mit Hilfe der Vorstellung vom Bau der Atome verstanden werden können. MENDELEJEW hatte bereits die Vermutung geäußert, die Ursache für die gesetzmäßige Ordnung müsse in der «inneren Mechanik der Atome» zu suchen sein. MEYER hielt die Atome nicht für die letzten Bausteine der Materie, sondern äußerte die Vermutung, daß sie aus «Masseteilchen einer höheren Ordnung» aufgebaut seien. Heute wissen wir: Diese Annahmen waren richtig, und das Periodensystem der chemischen Elemente stellt nur den sichtbaren Ausdruck für ganz bestimmte Aufbauprinzipien der Atomhüllen dar. Ohne hier auf Einzelheiten näher eingehen zu können, sollen noch einige Angaben über diese Aufbauprinzipien gemacht werden.

Wenn man im Periodensystem von einem Element zum nächsten fortschreitet, so findet sich in den Atomhüllen der elektrisch neutralen Atome jeweils ein weiteres Elektron eingebaut. Dieser Einbau erfolgt aber nicht willkürlich, sondern es gelten ganz bestimmte Aufbaurichtlinien. Von entscheidender Bedeutung ist hierbei das PAULI-Prinzip, wonach in der Hülle eines Atoms niemals zwei oder mehr Elektronen vorhanden sein können, die in allen vier für die Elektronen charakteristischen Quantenzahlen übereinstimmen.

Da durch die vier Quantenzahlen jeweils ein möglicher Energiezustand des Elektrons in der Atomhülle bestimmt wird, kann jeder in der Atomhülle mögliche Energiezustand immer nur von einem einzigen Elektron besetzt sein. Der Einbau neuer Elektronen in die Atomhülle erfolgt nun in der Weise, daß stets die niedrigste der noch freien Energiestufen besetzt wird.

Auf die hier nur kurz dargelegte Weise kann der Aufbau der Atomhüllen für alle Atome geklärt werden. Ferner ist es auf Grund des BOHR-SOMMERFELD-Atommodells sowie des PAULI-Prinzips möglich, das Periodensystem mit den darin enthaltenen Gesetzmäßigkeiten zu verstehen.

Trotzdem blieben aber im Bereich der Atomhüllen einige Fragen offen, die mit Hilfe der Vorstellungen von BOHR, SOMMERFELD und PAULI nicht beantwortet werden konnten. In der Folgezeit ist es dann aber mit Hilfe der Quantenmechanik gelungen, auch diese Probleme zu lösen und die Baupläne der Atomhüllen für sämtliche Elemente im Prinzip zu klären. Auf diese Weise war es nicht nur möglich, die physikalischen und chemischen Eigenschaften der Elemente zu verstehen, sondern es konnten auch die Grundlagen für das Zustandekommen der chemischen Verbindungen geklärt werden. Dies war natürlich ein großer Fortschritt auf dem Weg zur Erforschung der Struktur der Materie.

3.6. Die Materiewellen und die Anfänge der Quantenmechanik

Sehr viel Unkonventionelles war schon bis zu den zwanziger Jahren in die Physik eingedrungen. Man hatte sich an die Photonen als Lichtquanten mit Wellen- und Teilchencharakter gewöhnt, man hatte viel Sonderbares über die Struktur der Atomhüllen gelernt und befand sich am Anfang einer revolutionären Entwicklung.

Sehr nützlich war damals der Anstoß des französischen Physikers Louis-Victor, Prinz von BROGLIE (geb. 1892), der den Dualismus zwischen Wellen- und Teilchencharakter des Lichtes auf andere Gebiete auszudehnen versuchte. Er ging dabei von der Überzeugung aus, daß die Natur einheitlich strukturiert sei und daß man sich deshalb schwer vorstellen könne, die Doppelnatur sei auf die Lichtstrahlen begrenzt. So kam er auf den Gedanken, auch den Elektronen sowohl Teilchen- als auch Welleneigenschaften zuzuschreiben.

Er nahm einfach an, daß eine ähnliche Beziehung, wie sie zwischen der Wellenlänge und der Energie des Photons gilt, auch auf die Elektronen zu übertragen sei. Aus bestimmten Gründen folgerte DE BROGLIE, daß die *Wellenlänge* eines Teilchens umgekehrt proportional zu seinem *Impuls* sein müsse. Der Proportionalitätsfaktor ist dann wieder die PLANCK-Konstante *h*:

$$\text{Wellenlänge} = \frac{\text{PLANCK-Konstante}}{\text{Impuls}}$$

Laut PLANCK gilt für Lichtquanten

Energie = PLANCK-Konstante × Frequenz

Für Photonen, welche die Masse Null haben, gilt die relativistische Beziehung (s. 2.6.):

Energie = Impuls × Lichtgeschwindigkeit

Andererseits besteht zwischen der Frequenz und der Wellenlänge des Lichtes die Beziehung (s. 2.5.):

Wellenlänge × Frequenz = Lichtgeschwindigkeit

Jetzt ersetzen wir in der ersten Gleichung die Energie und die Frequenz aus den beiden anderen Gleichungen, dividieren auf beiden Seiten des Gleichzeichens durch die Lichtgeschwindigkeit und erhalten dann:

Impuls × Wellenlänge = PLANCK-Konstante

also genau die DE-BROGLIE-Beziehung in einer etwas anderen Form.

Tabelle 3.6.1: Der Zusammenhang zwischen der PLANCK-Gleichung und der DE-BROGLIE-Beziehung

Nach dieser Formel kann man für alle Körper und Teilchen – die sich natürlich bewegen müssen – eine zugehörige Wellenlänge berechnen, die man als ihre DE-BROGLIE-Wellenlänge bezeichnet.

Die angegebene Formel stimmt übrigens für den besonderen Fall der Lichtquanten mit der berühmten, schon früher von PLANCK aufgestellten Beziehung (s. 2.4.) überein. Dies kann man als mathematische Übung mit Hilfe der schon erworbenen Kenntnisse leicht beweisen, wie wir es in Tabelle 3.6.1 zeigen. Leser, die diese Übergänge nicht mitvollziehen möchten, können das Ergebnis vertrauensvoll glauben.

Die Tatsache, daß DE BROGLIE zur Berechnung der Wellenlänge (und der entsprechenden Frequenz) den Impuls und nicht die Gesamtenergie einführte, ist verständlich: Ein ruhendes Teilchen schwingt nicht, hat also eine unendliche Wellenlänge. Dies ergibt sich aus seinem Impuls, der ja Null ist; seine Gesamtenergie dagegen ist nicht Null, sondern gleich seiner Ruhemasse. Bei Photonen ist dieser Unterschied belanglos, da sie keine Ruhemasse haben. Also werden wir für alle weiteren Betrachtungen sowohl für Photonen als auch für

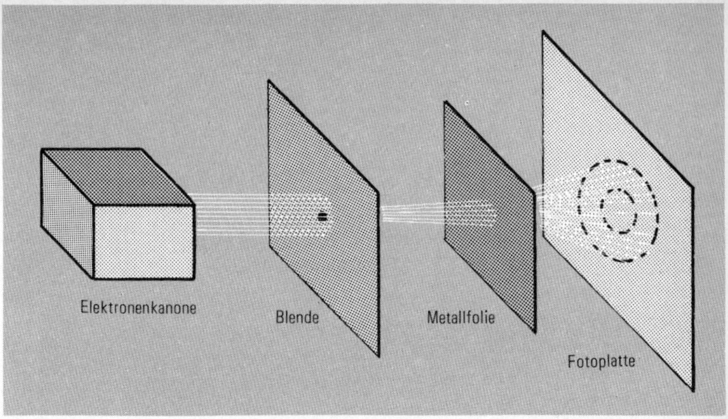

Abb. 3.6.1: Schematische Darstellung der Beugung von Elektronenstrahlen durch eine Metallfolie. Diese Erscheinungen entsprechen den bei Röntgenstrahlen beobachteten

Teilchen mit Masse die allgemeinere De-Broglie-Beziehung benutzen und immer die Wellenlänge aus dem relativistischen Impuls ausrechnen.

Die Überlegungen de Broglies waren zunächst reine Spekulation. Aus der angegebenen Formel folgt, daß sich bei Körpern mit einer sehr kleinen Masse Wellenlängen ergeben, die experimentell meßbar sind. Für ein Elektron, das mit einer Million Volt beschleunigt wurde, ergibt sich eine Wellenlänge, die dem Bereich der Röntgenstrahlung angehört und ohne weiteres mit den damals in den Laboratorien zur Verfügung stehenden Hilfsmitteln nachweisbar war.

Solche experimentellen Untersuchungen konnten tatsächlich erfolgreich durchgeführt werden, wobei zu bemerken ist, daß die Ergebnisse erst bekannt wurden, als die wichtigsten Entwicklungen der Quantenmechanik schon vorlagen. Der von de Broglie eingebrachte Vorschlag war nämlich zusammen mit der Fülle der damals vorhandenen experimentellen Daten ausreichend, um die Grundlagen der neuen Theorien aufzubauen.

Die Bestätigung der von de Broglie vorgeschlagenen Wellennatur der Elektronen wurde erst 1927 von verschiedenen Experimentatoren erbracht. Sie konnten zeigen, daß bei Elektronenstrahlen Beugungs- und Interferenzerscheinungen auftreten, die denen der

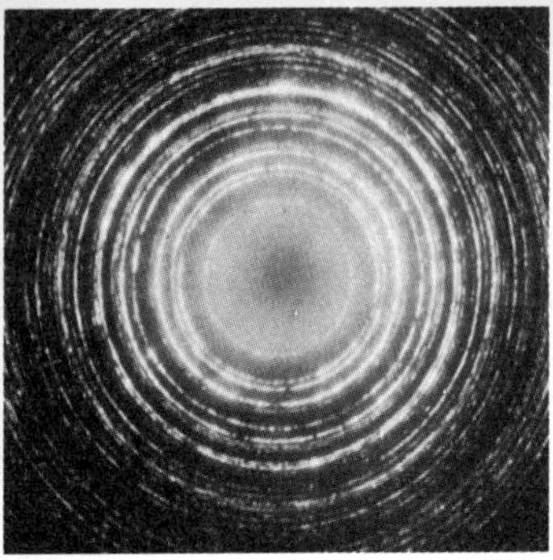

Abb. 3.6.2: Foto der von einem Elektronenstrahl mit Hilfe einer Metallfolie erzeugten Beugungserscheinungen

Röntgenstrahlung sehr ähnlich sind. Hierzu benutzten sie ein als Elektronenkanone bezeichnetes Gerät, welches die Herstellung eines gebündelten Elektronenstrahls erlaubt, ähnlich wie es heute in jedem Fernsehgerät verwendet wird. Durch geeignete Hilfsmittel wird hieraus ein Strahl ausgesondert, in dem alle Elektronen die gleiche Geschwindigkeit, also auch den gleichen Impuls, haben. Dieser Elektronenstrahl fällt nach Abb. 3.6.1 auf eine sehr dünne Metall- oder Cellophanfolie und anschließend auf eine Fotoplatte. Man erhält dann das in der Abbildung schematisch wiedergegebene Bild. Eine Originalaufnahme der hierbei entstandenen Beugungserscheinungen wird in Abb. 3.6.2 gezeigt.

Das Auftreten der Beugungsbilder kann auf Grund unserer früheren Darlegungen nur dadurch erklärt werden, daß die benutzten Teilchen auch Welleneigenschaften besitzen und daß sich die Beugungserscheinungen an den kleinen Kristallen der Folie abspielen. Durch die zahlenmäßige Auswertung der Beugungsbilder konnten auch die zu den Teilchen gehörenden Wellenlängen bestimmt werden, die genau mit den von de Broglie vorausgesagten übereinstimmen.

Man könnte sich vorstellen, daß Beugungserscheinungen nur dann stattfinden, wenn sehr viele Teilchen gleichzeitig durch die Apparatur laufen und sich dann gegenseitig an bestimmten Stellen verstärken oder vernichten. Dies ist jedoch nicht der Fall. Das Beugungsbild wird auch dann erzeugt, wenn man den Teilchenstrahl so stark drosselt, daß die Teilchen einzeln durch den Apparat laufen. Der Wellencharakter ist also an jedes einzelne Elektron gebunden. Die Schwärzung der Fotoplatten wird durch die verschieden große Zahl der im Laufe des Experiments auf jeden Punkt der Platte auffallenden Elektronen erzeugt. Dies entspricht genau den Beugungs- und Interferenzerscheinungen der Lichtquanten.

Die Vorstellung von Teilchen, die gleichzeitig ein klares Wellenverhalten aufweisen, wird ein wesentlicher Grundgedanke für die Entwicklung der Quantenmechanik. Allmählich setzte sich die Anschauung durch, daß die Eigenschaften einer Welle und eines Teilchens sich gegenseitig nicht ausschließen. Die vorher lange diskutierte Alternative «Welle oder Teilchen» ist vielmehr nur dadurch entstanden, daß neu aufgetauchte Tatbestände mit Hilfe alter Begriffe interpretiert worden sind.

Aber es waren besonders die Erforschung der Atomhüllen und die Fülle der dabei erzielten neuen Erkenntnisse, die damals den wesentlichen Anstoß für die weitere Entwicklung der Quantentheorie gaben.

BOHR, SOMMERFELD, PAULI und andere waren mit der Einführung der Quantenvorstellung in den atomaren Bereich zwar schon über die klassische Physik hinausgegangen, hatten sich aber noch nicht vollständig von ihr zu lösen vermocht, weil sie an der Vorstellung festhielten, daß es sich bei den Elektronen um kleine Teilchen handelt, die sich in der Atomhülle in ähnlicher Weise um den Atomkern bewegen wie Planeten um die Sonne.

Diese Kombination von einigen Vorstellungen der klassischen Physik mit den ersten, gerade gefundenen Prinzipien der Quantentheorie war der eigentliche Grund für die Krise, in die die atomphysikalische Forschung geraten war. Nachdem diese Lage erkannt wurde, begann man damit, die Untersuchungen der Atomhülle völlig neu zu gestalten. Als Ergebnis dieser Bemühungen entstand um 1925 die Quantenmechanik, die man als Grundlage für die Untersuchung der Struktur und der Eigenschaften der Atomhüllen sowie der weiteren subatomaren Vorgänge betrachten kann. So konnte dann auch das PAULI-Prinzip aus der Quantenmechanik abgeleitet werden. Wir werden uns mit ihr gleich noch näher beschäftigen.

Diese Entwicklung war gleichzeitig mit einer tiefgreifenden Wandlung in der Einstellung der Physiker zu der von ihnen betriebenen Erforschung der mikrophysikalischen Welt verbunden. Sie ist für das Verständnis der gegenwärtigen Situation in weiten Bereichen der Mikrophysik von entscheidender Bedeutung und hat sich im Laufe unseres Jahrhunderts sogar in eine Art Weltanschauung der Physiker verwandelt, die allmählich auch auf andere Gebiete übertragen wird. Die Grundprinzipien der Quantentheorie, deren erste schüchterne Vorläufer von Forschern wie PLANCK, EINSTEIN und BOHR zur Lösung einiger physikalischer Probleme eingeführt und von HEISENBERG und SCHRÖDINGER genauer formuliert wurden, sind heute für Philosophen interessante Untersuchungsobjekte geworden und vielleicht sogar in mancher Hinsicht Anstöße für eine andere Art der Betrachtung des Universums.

3.7. Die Quantenmechanik der Atomhüllen

Eine völlig neue Epoche in der Erforschung der Atomhüllen begann 1925 mit den Untersuchungen des österreichischen Physikers Erwin SCHRÖDINGER (1887–1961) und des deutschen Physikers Werner HEISENBERG (1901–1976). Innerhalb von drei Jahren wurde von ihnen, zusammen mit einer Reihe weiterer namhafter Wissenschaftler, das Gedankengebäude der Quantenmechanik errichtet, durch das besonders die noch vorhandenen Probleme im Bereich der Atomhülle auf eine grundsätzlich neue Art allgemein befriedigend gelöst werden konnten. Obwohl sich die Ausgangspunkte und der mathematische Formalismus bei den beiden Forschern grundlegend voneinander unterschieden, konnte später gezeigt werden, daß beide Behandlungen des Themas nicht nur zu den gleichen Ergebnissen führen, sondern daß sie in jeder Hinsicht völlig gleichwertig sind.

Die Grundgedanken von SCHRÖDINGER und HEISENBERG sollen im folgenden kurz erläutert werden. Die Darstellung wird dabei insofern vereinfacht, als wir auf die mathematischen Hilfsmittel verzichten und im Rahmen der dann verbleibenden Möglichkeiten zu klären versuchen, welche große Bedeutung der Quantenmechanik, auch über den engeren Bereich der Atomhüllen hinaus, für das Verständnis der gesamten Natur zukommt. Bemerkenswert ist auch die Tatsache, daß sich die Gesetze der klassischen Mechanik als Näherungen für makroskopische, also mit dem bloßen Auge beobachtbare Vorgänge aus den Gesetzen der Quantenmechanik ergeben, so daß die Gesetze der Quantenmechanik schließlich auch als Grundlage der klassischen Mechanik betrachtet werden können.

Den Ausgangspunkt für die Überlegungen von SCHRÖDINGER bildet die schon erwähnte, von DE BROGLIE in seiner Doktorarbeit aufgestellte Hypothese, daß Elektronenstrahlen auch Welleneigenschaften haben. Unter diesen Umständen liegt die Vermutung nahe, daß die Elektronen in den Atomhüllen möglicherweise auch einen Wel-

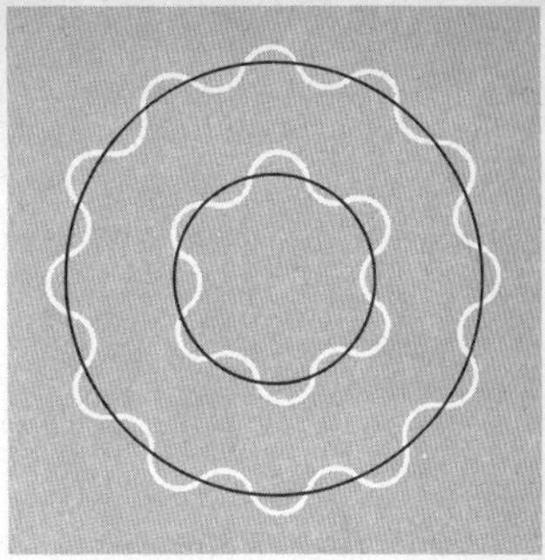

Abb. 3.7.1: Elektronenwellen längs der BOHR-Kreisbahnen

lencharakter aufweisen. Die im Atommodell von BOHR auftretenden Kreisbahnen entsprechen dann Wellen, die rund um den Atomkern verlaufen, wie es in Abb. 3.7.1 angedeutet ist. Da es sich um stabile Gebilde handelt, nimmt man an, daß es sogenannte «stehende» Wellen sind, deren Form sich im Laufe der Zeit nicht ändert. Als solche kommen Wellen in Frage, für die auf dem Kreisumfang gerade ein ganzzahliges Vielfaches der DE-BROGLIE-Wellenlänge der kreisenden Elektronen untergebracht werden kann. Eine hier nicht durchgeführte Berechnung führt zu dem überraschenden Ergebnis, daß die genannte Forderung mit dem ersten Postulat von BOHR identisch ist, das heißt, die stationären Elektronenbahnen sind solche Bahnen, auf denen sich ein ganzzahliges Vielfaches der Elektronenwelle unterbringen läßt.

Damit ist es also gelungen, für das früher als willkürliche Festsetzung erscheinende Postulat von BOHR eine physikalische Begründung zu geben, wobei an die Stelle der kreisförmigen Elektronenbahnen eine geschlossene, stehende Elektronenwelle gesetzt wird. Auch der Widerspruch zu den Gesetzen der Elektrodynamik ist so auf verständliche Art beseitigt, denn eine zeitlich konstante Elektronenwelle führt nicht zur Abstrahlung elektromagnetischer Energie.

Obwohl dieser erste Schritt die Existenz stationärer Elektronenbahnen und ganz bestimmter Energiestufen in den Atomen zu erklären erlaubt, ist an dieser Theorie noch einiges zu verbessern. Die hier zugrundegelegten Elektronenwellen laufen längs einer Kreisbahn um den Atomkern und sind daher eindimensional. Bei den Atomen handelt es sich aber um dreidimensionale Gebilde. Wenn man dieser räumlichen Struktur Rechnung tragen will, muß man auch die Elektronenwellen als dreidimensionale Schwingungszustände betrachten.

Es ist das Verdienst SCHRÖDINGERS, solche räumlichen Schwingungen, die sich um ein anziehendes Kraftzentrum, den Atomkern, bilden, mathematisch beschrieben zu haben. Er hat dabei auch die hierfür geltenden Gesetze entwickelt. Diese heute als

SCHRÖDINGER-Gleichung

bezeichnete mathematische Beziehung hat für die Elektronenwellen eine ähnlich wichtige Bedeutung wie die früher (s. 2.5.) erwähnten MAXWELL-Gleichungen für die elektromagnetischen Wellen.

Allerdings müssen wir hier noch einige Einzelheiten klarstellen. SCHRÖDINGERS ursprüngliche und berühmte Gleichung war eigentlich nur für die Atomhülle gedacht, mit den relativ geringen Teilchenenergien, die in ihr vorkommen. Sie war nicht geeignet für die Beschreibung von Teilchen, die sich mit höheren Geschwindigkeiten bewegen. SCHRÖDINGER selbst hat aber schon 1926 versucht, seine Gleichung an die Relativitätstheorie anzupassen, um dadurch ihre Gültigkeit auf alle Geschwindigkeitsbereiche zu erweitern. Dabei hat sich herausgestellt, daß seine Gleichungen dann nur Teilchen einer besonderen Art beschreiben können, nämlich solche mit dem inneren Drehimpuls Null, also auf keinen Fall Elektronen. Die Beschreibung der Elektronenbahnen mit dem für Elektronen geltenden Spin ½ war also noch nicht zufriedenstellend gelöst.

Zwei Jahre später ist es dann dem englischen Theoretiker Paul Adrien Maurice DIRAC (1902–1984) gelungen, eine ähnliche Gleichung aufzustellen, die mit der Relativitätstheorie in Einklang war und die das Verhalten von Teilchen mit dem Spin ½ zu beschreiben erlaubte. Diese Gleichung ergab eine noch bessere Übereinstimmung mit den Daten der Atomhüllen und zeigte einige Besonderheiten, die wir im nächsten Abschnitt besprechen werden. Wenn wir im weiteren den Ausdruck

Wellengleichung

benutzen, so meinen wir in erster Näherung die ursprüngliche SCHRÖDINGER-Gleichung, bei genaueren Rechnungen jedoch, je nach dem Teilchentyp, die zweite SCHRÖDINGER-Gleichung oder die

DIRAC-Gleichung oder andere ähnliche Gleichungen, die später aufgestellt wurden. Die Folgerungen für die Elektronen der Atomhülle kommen dann meist aus der DIRAC-Gleichung.

DIRAC und SCHRÖDINGER erhielten für ihre Leistungen auf diesem Gebiet gemeinsam den Nobelpreis für Physik 1933.

Aus der Wellengleichung folgt, daß in den Atomen nur ganz bestimmte Schwingungsformen der Elektronen möglich sind und daß jeder dieser Schwingungsformen ein ganz bestimmter Energiezustand des Elektrons entspricht. Auch dem Drehimpuls kommt bei dieser Betrachtung die gleiche Rolle zu wie bei den stationären Bahnen von BOHR, und die verschiedenen Wellenzustände werden sogar nach ihrem Drehimpuls benannt. Beim Übergang von einem stationären Zustand in einen anderen Zustand muß dem Atom entweder Energie zugeführt oder entzogen werden. Dies geschieht in Form von Energiepaketen ganz bestimmter Größe. Durch die Abstrahlung solcher elektromagnetischer Energiepakete oder Lichtquanten entstehen die Linienspektren, die mit Hilfe der Wellengleichung für alle Atomarten in Übereinstimmung mit den experimentellen Ergebnissen berechnet werden können.

Natürlich gilt auch für die räumlichen, also dreidimensionalen Elektronenwellen die oben bereits für die eindimensionalen Elektronenwellen festgestellte Tatsache, daß die aus der Wellengleichung sich ergebenden Eigenschwingungen der Elektronenwellen den erlaubten Quantenbahnen von BOHR entsprechen, wobei hier aber keine Zusatzannahmen erforderlich sind, um das Auftreten der stationären Zustände zu begründen.

Wesentlich für die Berechnung der stationären Zustände der Elektronen im Atom ist natürlich die anziehende Kraft des zentralen Atomkernes. Da man diese dreidimensionale Anziehung nur schwer darstellen kann, wird oft ein zweidimensionales Bild verwendet, welches uns hilft, die Zusammenhänge zu verstehen.

Man stellt sich eine Tischplatte mit einem Loch vor, das eine trichterähnliche Form hat, wie sie in Abb. 3.7.2 im Schnitt dargestellt ist. Die Elektronen, einstweilen wie bei BOHR als Kügelchen gedacht, können in dieses Loch fallen. Die Anziehungskraft des Atomkernes ist hier durch die Schwerkraft und durch die besondere Form der Trichterwände dargestellt. Wir werden diese Art von Darstellung auf anderen Gebieten wiederfinden. Die mathematischen Lösungen der Wellengleichung in Gegenwart des Kraftfeldes entsprechen nun

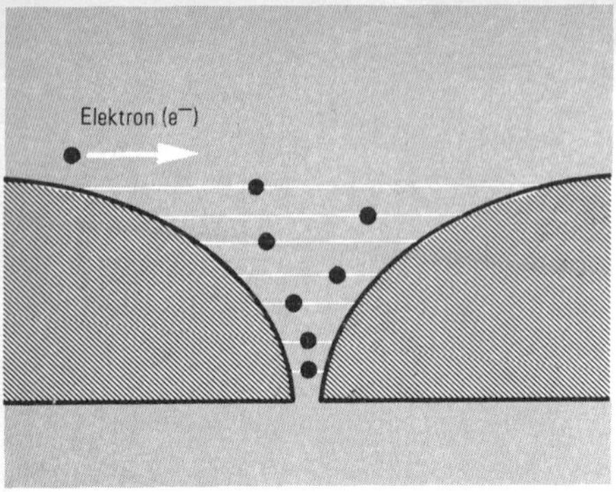

Abb. 3.7.2: Modelldarstellung der anziehenden Kraft eines Atomkernes und der Energiezustände der um ihn auf stabilen Bahnen kreisenden Elektronen

bestimmten Energieniveaus in dem Trichter, in denen die Elektronen steckenbleiben. Sie sind in Abb. 3.7.2 als horizontale Linien dargestellt. Diese Linien entsprechen genau den Energiezuständen der Elektronen im Atom. Man kann sich jetzt auch Kügelchen vorstellen, die in dem Trichter kreisen und dadurch nicht tiefer fallen. Das wäre das Modell von Bohr. Besser ist es, die Niveaus entsprechend der Wellengleichung zu interpretieren. Und das wollen wir jetzt tun.

Mit der Wellengleichung war der mathematische Formalismus für das Verhalten der Elektronen in der Atomhülle gefunden. Eine weitere räumliche Deutung dieser Ergebnisse ist nicht einfach, soll hier jedoch versucht werden. Man muß davon ausgehen, daß die Elektronen hier nicht als punktförmige Gebilde anzusehen sind, die sich auf bestimmten Bohr-Bahnen bewegen, sondern daß sie gewissermaßen «zerfließen» und eine Art Wolke bilden. Diese bildlichen Elektronenwolken haben für die verschiedenen Energiezustände der Elektronen verschiedene Formen und Dichten, die aus der Wellengleichung berechnet werden können. Damit ist aber nicht gemeint, daß die Masse und die Ladung der Elektronen auf die ganze Wolke verteilt sind, sondern es handelt sich hier um eine andere physikalische Größe, deren Deutung wir dem deutschen Physiker Max Born (1882–1970) verdanken. Wir werden uns erst mit den möglichen Formen dieser Elektronenwolke befassen und dann auf ihre eigentliche Beschaffenheit eingehen.

Für das Wasserstoffatom können wir diese Formen graphisch darstellen. Im einfachsten Fall umgibt das Elektron den Kern als kugelförmiges Gebilde, das aber nicht gleichmäßig gefüllt ist. Die Elektro-

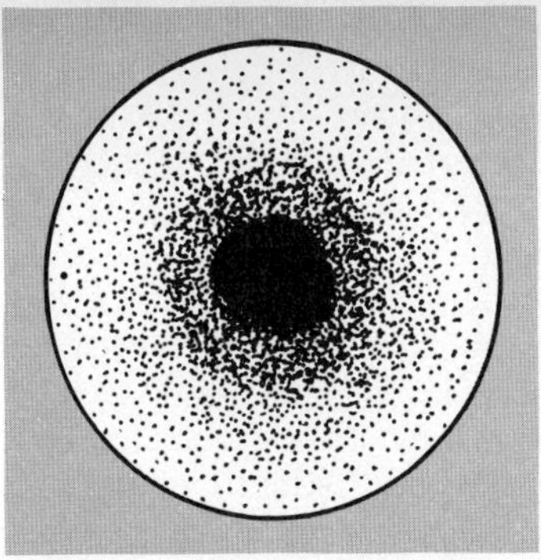

Abb. 3.7.3: Kugelförmige Elektronenwolke bei einem im niedrigsten Energiezustand befindlichen Wasserstoffatom

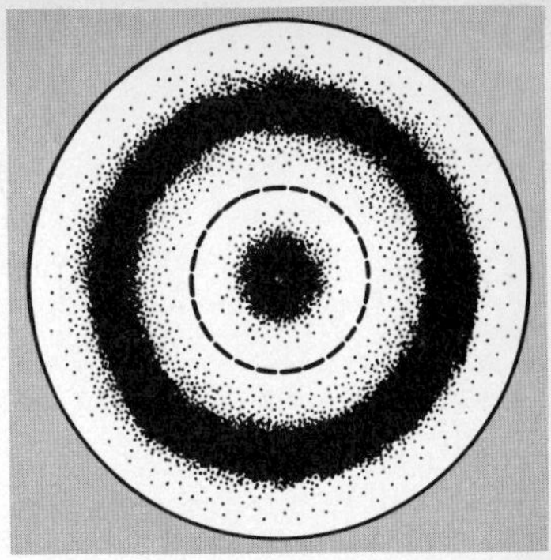

Abb. 3.7.4: Elektronenwolke bei einem in einem höheren Energiezustand befindlichen Wasserstoffatom

nenwolke wird vielmehr von innen nach außen immer dünner, bis schließlich von der Anwesenheit des Elektrons nichts mehr festzustellen ist (Abb. 3.7.3). Dies entspricht dem tiefsten Niveau in unserem Krafttrichter. Ein anderes Beispiel, das einer höheren Energiestufe des Elektrons zuzuordnen ist, wird in Abb. 3.7.4 wiedergegeben. Der größere Teil des Elektrons befindet sich in einer Kugelschale, während im Zentrum nur relativ wenig enthalten ist. Es gibt noch zahlreiche andere Formen der Elektronenwolke, von denen in Abb. 3.7.5 einige Beispiele dargestellt sind. Um eine Form in eine andere überzuführen, muß dem Elektron eine gewisse Menge Energie zugeführt oder entzogen werden.

Abb. 3.7.5: Beispiele für die Gestalt von Elektronenwolken des Wasserstoffatoms bei verschiedenen Energiezuständen

Das Wasserstoffatom war das erste vollständig verstandene und auch das wichtigste Beispiel von zwei aneinandergebundenen Teilchen, in diesem Fall einem Proton und einem Elektron, wobei sich das Elektron in verschiedenen Energiezuständen befinden kann. Den Zustand niedrigster Energie nennt man den *Grundzustand*, alle anderen nennt man *angeregte Zustände*. Wir werden dieser Art von Verbindung im Bereich der subnuklearen Teilchen noch öfter begegnen. Ganz allgemein gilt, daß bei einem solchen System die verschiedenen angeregten Zustände durch Quantenzahlen charakterisiert werden können und daß die Energieunterschiede der einzelnen Zustände aus den Kräften, die zwischen den Teilchen wirken, mit Hilfe einer geeigneten Wellengleichung zu berechnen sind.

Die bisherigen Ausführungen bezogen sich auf das Wasserstoffatom, bei dem in der Atomhülle nur ein einziges Elektron vorhanden ist. Wenn es sich um Atomhüllen mit mehreren Elektronen handelt, so werden die Verhältnisse erheblich komplizierter. Da die verschiedenen Elektronen auch eine Wechselwirkung aufeinander ausüben, kann man die einzelnen Wolken nicht einfach sich überlagernd denken. Es bildet sich vielmehr eine für die gesamte Atomhülle gemeinsame Elektronenwolke, deren Struktur mit Hilfe der Wellengleichung berechnet werden kann. Dies ist zwar eine rechentechnisch schwierige, grundsätzlich aber lösbare Aufgabe.

Wir haben bisher über die Natur der mit der Wellengleichung berechneten Elektronenwolke noch keine Angaben gemacht und lediglich ihre Form diskutiert. Es war Max Born, der 1926 eine brauchbare Interpretation der physikalischen Größen vorgeschlagen hat, die mit der Wellengleichung berechnet werden. Er deutete sie als Wahrscheinlichkeiten und nicht als physikalische Größen in dem bis dahin üblichen Sinn. Im Falle der Elektronenwolken handelt es sich um Wahrscheinlichkeitswellen, die an jedem Punkt die

Wahrscheinlichkeit für die Anwesenheit

des Elektrons angeben. Der Gedankengang von Born ist sehr abstrakt, hat sich jedoch als richtig erwiesen und ist zur Grundlage der Interpretation aller quantentheoretischen Berechnungen geworden.

Wenn man in einem sehr vereinfachten Gedankenexperiment nach der Anwesenheit eines Elektrons an *einem bestimmten Ort* in einem Wasserstoffatom fragt, dann kann die Antwort nur JA oder

NEIN sein, da die Elektronen nur als Ganzes in der Natur auftreten. NEIN bedeutet hier, daß sich das Elektron eben an einem anderen Ort innerhalb des Wasserstoffatoms befindet. Die Wellengleichung würde für die Anwesenheit des Elektrons an einem bestimmten Ort eine ganz bestimmte Wahrscheinlichkeit liefern. Dies bedeutet: Wenn wir den Versuch genügend oft wiederholen, würden wir im Durchschnitt den aus der Wellengleichung errechneten Anwesenheitswert erhalten. Es ist also keine ungenaue Aussage, sondern eine Aussage mit genauem, jedoch statistischem Wert.

Wir kehren jetzt kurz zu unseren Elektronenwolken zurück. An denjenigen Stellen, an denen sie eine große Dichte aufweisen, ist auch die Wahrscheinlichkeit groß, dort ein Elektron anzutreffen. An anderen Stellen ist die Wahrscheinlichkeit der dort herrschenden Dichte entsprechend geringer. So ist zum Beispiel in Abb. 3.7.3 der Grad der Schwärzung als unmittelbares Maß für die Wahrscheinlichkeit zu betrachten, an der betreffenden Stelle ein Elektron anzutreffen.

Die Wahrscheinlichkeit, ein Elektron an einer bestimmten Stelle in einem Atom anzutreffen, ist eine in der Praxis nicht nachprüfbare Aussage. Brauchbarer sind zum Beispiel Berechnungen über die Wahrscheinlichkeit, daß ein Atom von einem Zustand in einen anderen übergeht und dabei ein Photon mit einer gewissen Energie ausstrahlt: Dies sind nämlich überprüfbare Zahlen. Dabei hat sich gezeigt, daß die theoretisch gewonnenen Ergebnisse durchaus von der experimentellen Erfahrung bestätigt werden.

Die Tatsache, daß in der Quantenmechanik nur Wahrscheinlichkeitsaussagen möglich sind, stellt einen der Hauptunterschiede dieses Zweiges der Physik gegenüber der klassischen Makrophysik dar. Der Begriff der Wahrscheinlichkeit wird zwar auch in der klassischen Physik verwendet, der grundsätzliche Unterschied besteht aber darin, daß in der klassischen Physik damit nur gewisse Rechnungen vereinfacht werden und daß es prinzipiell möglich wäre, ohne sie auszukommen. So rechnet man beispielsweise in der kinetischen Gastheorie mit statistischen Methoden, um die Bewegungsgleichungen einer großen Zahl von Gasmolekülen auf einfachere Art zu lösen. In der Quantentheorie besteht eine solche Möglichkeit nicht. Die Wellengleichung erlaubt prinzipiell nur, die Wahrscheinlichkeit für den Ablauf der atomaren Ereignisse zu berechnen.

Es soll hier nicht unerwähnt bleiben, daß die Wahrscheinlichkeitsinterpretation der Quantenmechanik auch heute noch von einigen

Physikern als unbefriedigend empfunden wird. Es hat auch nicht an Versuchen gefehlt, in der atomaren Welt zu jener Beschreibung der Naturvorgänge zurückzukehren, wie wir sie von der klassischen Physik her gewohnt sind.

Diese Weltbetrachtung setzt voraus, daß alle Naturvorgänge nach unabänderlichen Gesetzen ablaufen und daß sich der Zustand eines physikalischen Systems in jedem Augenblick aus dem vorhergehenden berechnen läßt. Für Wahrscheinlichkeitsbetrachtungen bleibt dann kein Raum. Man bezeichnet diese Vorstellung als Determinismus oder als Kausalität. Ihre Verfechter behaupten, daß die Wahrscheinlichkeitsaussagen der Quantenphysik lediglich auf die Unkenntnis der detaillierten inneren Struktur der betrachteten Objekte zurückzuführen sind. Es liegt bis heute keine experimentell nachgeprüfte Aussage vor, die zum Beweis dieser mehr philosophischen Einstellung der Deterministen geeignet wäre. Entsprechend bleibt uns nichts anderes übrig, als mit den bis jetzt übrigens ausgezeichnet bewährten und experimentell voll bestätigten Wahrscheinlichkeitsaussagen der Quantentheorie weiter zu arbeiten.

Kurze Zeit bevor SCHRÖDINGER seine Theorie veröffentlicht hatte, war von HEISENBERG bereits ein ganz anderer Weg zur Überwindung der Unzulänglichkeiten der Atommodelle von BOHR und SOMMERFELD beschritten worden. Die hier aufgetretenen Schwierigkeiten wurden auch von HEISENBERG darauf zurückgeführt, daß die Vorstellungen der klassischen Physik zu bedenkenlos auf die Atomhüllen übertragen worden waren. Dies gilt wiederum insbesondere für die Bahnen, die die Elektronen – in Analogie zu einem Planetensystem – um den Atomkern beschreiben sollten. HEISENBERG ging von der Voraussetzung aus, es sei nicht zulässig, die Elektronen in der Atomhülle als kleine Kügelchen zu betrachten. Die Elektronen sind so komplizierte Gebilde, daß der Begriff Bahnkurve für sie überhaupt keinen Sinn hat. Ebenso wie SCHRÖDINGER verzichtete HEISENBERG deshalb darauf, solche kreisförmigen oder elliptischen Bahnen in seiner Theorie zu verwenden.

Es war eine Grundannahme von HEISENBERG, daß in einer Theorie, die im Mikrokosmos gültig sein sollte – also insbesondere in der Atomhülle –, nur Aussagen über Größen gemacht werden dürfen, die unmittelbar durch Experimente überprüft oder gemessen werden können. Aussagen über nicht meßbare Größen müssen nach HEISENBERG ausgeschlossen werden. Damit hatten dann auch die Bahnkurven der Elektronen ihre Existenzberechtigung verloren.

Es gibt aber im Bereich der Atomhüllen nur wenige physikalische Größen, die unmittelbar gemessen werden können. Zunächst sind dies die Frequenzen – also die Farben – der von den Atomen ausgesandten Spektrallinien, aus denen auch die Energiewerte der in den Atomhüllen vorhandenen Energiestufen ermittelt werden können. Außerdem ist es möglich, die Intensität der Spektrallinien unmittelbar zu messen. Die Frequenz und die Intensität der Spektrallinien waren daher die Größen, welche HEISENBERG seiner Theorie in erster Linie zugrunde legte. Er stellte mathematische Beziehungen zwischen diesen Größen auf, die wir hier nicht erläutern werden. Dazu wäre ein besonderer mathematischer Formalismus erforderlich, den man als Matrizenrechnung bezeichnet. Wir beschränken uns deshalb auf die Feststellung, daß es bei HEISENBERG keine anschaulichen Bilder über den Bau der Atomhüllen mehr gibt, sondern daß die Atomhüllen allein durch mathematische Gleichungen beschrieben werden, welche eine Vorhersage über das Verhalten der Atome bei irgendwelchen Experimenten erlauben.

Bis 1927 behaupteten sich mit den Arbeiten von SCHRÖDINGER und HEISENBERG zwei Theorien über den Bau der Atomhüllen, die sowohl in ihren Ausgangspunkten als auch in ihrem mathematischen Formalismus wesentliche Verschiedenheiten aufwiesen. Beide waren aber trotzdem in der Lage, die bekannten Erscheinungen aus dem Bereich der Atomhüllen in Übereinstimmung mit der Erfahrung zu beschreiben. Es ist verständlich, daß zwischen den Vertretern der beiden Lager lebhafte Diskussionen darüber geführt wurden, welche der beiden Theorien als richtig zu betrachten sei. Dieser Streit wurde 1927 durch SCHRÖDINGER selbst beendet, indem er zusammen mit anderen Physikern nachwies, daß es sich bei den beiden Theorien im wesentlichen um zwei unterschiedliche, aber gleichberechtigte mathematische Schreibweisen handelt, die zu dem gleichen Ergebnis führen.

Damit waren die Untersuchungen über den Aufbau der Atomhüllen zu einem gewissen Abschluß gekommen. Es blieben zwar noch zahlreiche Einzelfragen zu klären, dies waren aber in erster Linie rechentechnische Aufgaben. Die grundsätzlichen Fragen zum Aufbau der Atomhüllen konnten mit den von HEISENBERG und SCHRÖDINGER geleisteten theoretischen Überlegungen und den ihnen folgenden Entwicklungen, die man heute zusammenfassend als *Quantenmechanik* bezeichnet, als gelöst betrachtet werden.

3.8. Weitere Folgerungen aus der Quantentheorie

Die aus den Atomen stammende Strahlung mit ihren sonderbaren Linien hatte wohl die für die Entwicklung der Quantenmechanik wichtigsten Anstöße geliefert. Das von BOHR dafür entwickelte Atommodell war für die Theoretiker eine Herausforderung.

Die direkten Hinweise auf die «Quantifizierung», wie die von PLANCK und EINSTEIN bezüglich des Quantencharakters der Lichtwellen und die von DE BROGLIE bezüglich des Wellencharakters der Materieteilchen, dienten in der ersten Phase der Entwicklung der Quantentheorie hauptsächlich dazu, Lösungen für das Problem der Struktur der Atome zu finden.

Die Bewegung von freien Teilchen oder Quanten im Raum, so wie sie PLANCK, EINSTEIN und DE BROGLIE in ihre Betrachtungen einbezogen haben, wird freilich von der Quantenmechanik auch behandelt und korrekt dargestellt. Hier bietet die SCHRÖDINGER-Gleichung eine besonders interessante Beschreibung, die dem schon früher erwähnten Wellenpaket sehr nahe kommt und an der wir noch einige wichtige Eigentümlichkeiten der Quantenmechanik erkennen können.

In Abb. 3.8.1 haben wir so ein Wellenpaket dargestellt. Es hat eine gewisse Länge, eine Position im Raum und fliegt mit einer gewissen Geschwindigkeit. So sehen die typischen Lösungen der Wellengleichung in Abwesenheit jeglicher von außen wirkenden Kräfte aus, und sie stellen, wie in der Atomphysik, die Wahrscheinlichkeit für die Anwesenheit des Teilchens dar.

Es stellt sich aber hier sofort ein Problem, das Rundfunk- und Radarspezialisten wohlbekannt, für Laien auf diesen Gebieten jedoch nicht so einfach zu verstehen ist: Ein in seiner Länge begrenztes Wellenpaket kann nur durch Überlagerung von Wellen verschiedener, aber relativ nahe beieinander liegender Wellenlängen erzeugt werden. Wenn man nur exakt eine Wellenlänge zur Verfügung hat, dann ist die Länge eines solchen Paketes unendlich. Für das unendlich lange Paket ist aber die Frage nach der Position des Teilchens oder Quants entlang seiner Bahn sinnlos. Es kann sich an irgendeiner Stelle befinden; die Wahrscheinlichkeit dafür ist immer die gleiche.

Wenn wir andererseits das Wellenpaket sehr kurz und dadurch auch die Lage des Teilchens gut definiert haben wollen, dann brau-

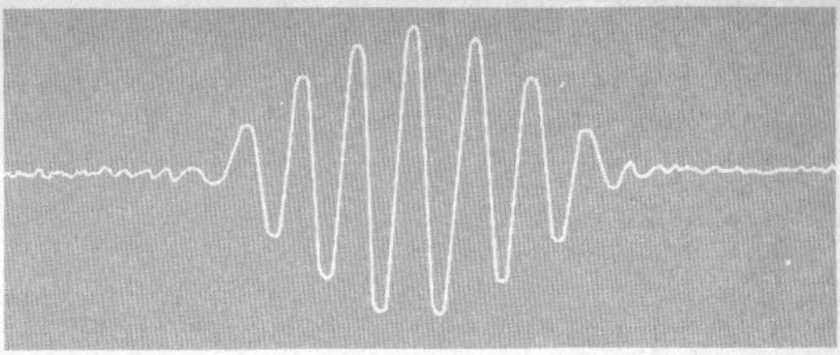

Abb. 3.8.1: Darstellung eines Wellenpakets, das aus der Überlagerung von Wellen verschiedener Frequenz entsteht

chen wir sehr viele Wellenlängen (oder Frequenzen), um das Paket zu bilden.

Das Ergebnis ist verblüffend: Das kurze Wellenpaket ist ein Gemisch aus vielen Wellenlängen, laut DE BROGLIE also vielen Impulsen. Das Paket mit wohldefinierter Wellenlänge (und Impuls) ist dagegen auf seiner Bahn nicht zu lokalisieren. Wir können also nicht gleichzeitig den Impuls und die Position unseres Wellenpaketes auf einen genauen Wert festlegen. Diese rein mathematische Erkenntnis aus dem Bereich der Wellen gilt natürlich auch für die Wahrscheinlichkeitswellen der Quantenmechanik.

HEISENBERG hat diese Tatsache in einer Formel ausgedrückt, die es erlaubt, die Länge des Wellenpaketes, also die Unschärfe bei seiner Ortsbestimmung, mit der Breite (also der Ungenauigkeit) der dafür nötigen Impulsverteilung zu verbinden. Das Produkt der beiden Ungenauigkeiten darf nicht kleiner sein als die früher eingeführte Größe $\hbar$. Es gilt also

Ortsunschärfe × Impulsunschärfe größer als $\hbar$

Ort und Impuls sind also durch eine besondere Beziehung miteinander verknüpft. Man nennt diese besondere Beziehung die HEISENBERG-Unschärferelation.

Für den Teilchenphysiker hat diese Unschärferelation eine wichtige praktische Bedeutung. Wenn man zum Beispiel von einem Teilchen weiß, daß sein Impuls mit einer bestimmten Ungenauigkeit bekannt ist, dann ist die Bestimmung seiner Position, also der Wahrscheinlichkeit, es an einem Ort anzutreffen, auch mit einer Ungenauigkeit behaftet, die sich aus dem obenerwähnten Produkt ergibt.

Ort und *Impuls* sind nicht die einzigen Größen, die durch Unschärferelationen miteinander verbunden sind. Zwischen *Zeit* und *Energie* sowie zwischen *Winkelgeschwindigkeit* und *Drehimpuls* gibt es die gleichen Beziehungen (s. Tabelle 3.8.1). Daher kommt ihre große praktische Bedeutung in der Hochenergiephysik. Vor allem bei Messungen muß darauf geachtet werden, daß man nicht in den kleinen Bereich kommt, in dem dann eventuell nur eine von zwei durch die Unschärferelation verknüpften Größen genügend genau gemessen werden kann.

Die Unschärferelation zwischen Zeit und Energie hat sonderbare Folgen, die wir uns in der makroskopischen Welt nur schwer vorstellen können. Bei Prozessen, die genügend schnell vor sich gehen, kann man nicht mehr nach der genauen Energie fragen, also ist auch der Energieerhaltungssatz vorübergehend, wenn auch nur sehr kurz, nicht mehr gültig. Er bezieht sich ja auf eine Größe, die in den von der Unschärferelation angegebenen Grenzen nicht meßbar ist. Natürlich muß nach Ablauf des kurzen Zeitintervalls die Energiebilanz wiederhergestellt werden. Aber kurzfristig können zum Beispiel Teilchen erzeugt (und wieder vernichtet) werden, für deren Produktion gar nicht genügend Energie vorhanden ist.

Die Zeitintervalle, um die es sich hier handelt, liegen in Bereichen, die bei subnuklearen Vorgängen tatsächlich vorkommen. Entsprechend macht die Natur auch Gebrauch von dieser kleinen Lücke in der Buchführung der Energiebilanz. Die Unschärferelationen zeigen also auch die Grenzen der Gültigkeit – oder besser der Anwendbarkeit – der Erhaltungssätze, was sich besonders auf Energie, Impuls und Drehimpuls bezieht. Wir werden im Bereich der Reaktionen zwischen den kleinsten Bausteinen der Natur des öfteren auf die Unschärferelationen zurückgreifen müssen.

Es gibt natürlich viele physikalische Größen, zwischen denen keine Unschärferelation vorhanden ist. Auch dies ist für den Teilchenphysiker wichtig, denn diese Größen kann er dann beide beliebig genau und gleichzeitig bestimmen. Ein Beispiel: der Impuls und die Energie

ORT und IMPULS
ZEIT und ENERGIE
DREHUNG und DREHIMPULS

Tabelle 3.8.1: Drei Unschärferelationen nach HEISENBERG

eines Systems. Für ihre gleichzeitige Messung gibt es keine durch die Unschärferelation vorgeschriebene Einschränkung.

Aus den Unschärferelationen ergibt sich auch das richtige Kriterium für die quantenmechanische Beurteilung der Größe eines Systems. Sobald die Unschärferelationen in Kraft treten, befinden wir uns in einem System, in dem unbedingt mit den Regeln der Quantenmechanik gerechnet werden muß. Dies wird durch die PLANCK-Konstante in den HEISENBERG-Unschärferelationen klar ausgedrückt.

Einige weitere Konsequenzen, die den Wellengleichungen entnommen werden können, sollen hier noch kurz besprochen werden. Wir haben schon im vorigen Abschnitt erfahren, daß die für schnelle Teilchen gültigen, relativistischen Gleichungen von SCHRÖDINGER und von DIRAC verschiedenartige Teilchen beschreiben, die erste Teilchen mit dem Spin Null und die zweite mit dem Spin ½.

Der Unterschied zwischen diesen beiden Teilchenarten wurde in der Quantenmechanik immer genauer und auch immer allgemeiner präzisiert. So ist das schon erläuterte PAULI-Prinzip der Atomhüllen nur ein Teil eines viel allgemeineren Gesetzes, dem zum Beispiel alle Teilchen mit halbzahligem Spin gehorchen. Teilchen mit halbzahligem Spin werden nach dem italienischen Physiker Enrico FERMI (1901–1954), der sich mit diesem Thema besonders beschäftigt hat, *Fermionen* genannt. Teilchen, die dagegen ganzzahligen Spin haben, sind dem PAULI-Prinzip nicht unterworfen. Sie könnten sich in beliebiger Zahl auf identischen Bahnen eines hypothetischen Atoms häufen. Sie werden nach dem indischen Physiker Satyendra Nath BOSE (1894–1974) *Bosonen* genannt.

Die relativistischen Wellengleichungen von SCHRÖDINGER und DIRAC haben mathematische Lösungen, die sehr seltsame Teilchen mit negativer Masse und negativer Bewegungsenergie darstellen. Diese sonderbaren Zustände kann es in der Natur nicht frei geben. Aber DIRAC konnte das Dilemma mit einer brillanten Idee lösen. Er schlug vor, daß in der Natur normalerweise alle diese Zustände negativer Energie «besetzt» sind. Das Vakuum ist dann voll solcher negativen Zustände. Wenn aber gelegentlich einer dieser Zustände negativer Energie fehlen sollte, dann manifestiert sich sein «Fehlen» in Form eines Teilchens mit positiver Masse und Energie, jedoch mit entgegengesetzter elektrischer Ladung.

DIRAC kam mit dieser eigenartigen Argumentation zu dem Schluß, daß es elektronähnliche Teilchen mit positiver Ladung geben müsse. Diese Teilchen wurden tatsächlich später in der Höhenstrahlung gefunden. Es sind die *Positronen*, die wir als Antiteilchen der Elektronen bezeichnen. Antiteilchen ist ein ganz neuer Begriff, der aber später auf alle anderen Teilchen ausgedehnt wird: Alle haben Antiteilchen, solange sie nicht die Ausnahme bilden und selbst ihre eigenen Antiteilchen sind, was in der Natur auch vorkommt.

DIRAC kam auch zu dem Schluß, daß es möglich sein muß, Teilchenpaare, zum Beispiel ein Elektron und sein Antielektron, durch Zufuhr von Energie aus dem Vakuum zu erzeugen. Auch diese theoretische Voraussage hat sich später als richtig erwiesen und wird heute oft in Hochenergieexperimenten angewendet. Entsprechend können sich ein Teilchen und sein Antiteilchen gegenseitig auch wieder vernichten, sich also wieder in Energie auflösen.

Bei diesen Vorgängen dürfen natürlich die Erhaltungssätze der Physik nicht verletzt werden. Dadurch entstehen gewisse Einschränkungen, die es manchmal erlauben, daß sogar ein Teilchen und sein Antiteilchen eine gewisse Zeit aneinander gebunden überleben können.

Wenn beispielsweise ein Positron in Materie zur Ruhe kommt, dann bildet es mit einem Elektron eine wasserstoffähnliche Verbindung, die

Positronium

genannt wird und die nach kurzer Zeit in Form von zwei oder drei Photonen zerstrahlt. Das System kann nicht sofort in ein einziges Photon übergehen, weil dabei der Impulserhaltungssatz nicht erfüllt werden kann.

Dagegen sind die Zerfälle in mehrere Photonen sehr lehrreich: Es gibt nämlich zwei Arten von Positronium, bei denen sich die Spins der Teilchen verschieden orientieren, wie es in Abb. 3.8.2 dargestellt ist. Im ersten Fall hat das Positronium den Gesamtdrehimpuls eins und kann auf Grund quantenmechanischer Regeln nur in eine ungerade Zahl von Photonen «zerstrahlen», am häufigsten in drei Photonen. (Ein Zerfall in ein einziges Photon ist nicht möglich, weil der Gesamtimpuls ja Null ergeben muß.) Im zweiten Fall hat das Positronium den Spin Null und kann nur in eine gerade Zahl von Photonen zerfallen, diesmal natürlich am häufigsten in zwei Photonen. Wir werden später ähnliche Zerfälle bei anderen Teilchen kennenlernen.

All dies mag recht kompliziert erscheinen, soll aber nur zeigen, wie vielseitig die Auswirkungen der Quantentheorie sind. Sehr wichtig, und wir wiederholen es hier deshalb nochmals, ist die aus der Quantentheorie abgeleitete Erkenntnis, daß es Antiteilchen gibt. Außerdem kommt den berühmten Unschärferelationen von HEISENBERG eine bedeutende Rolle zu. Des weiteren haben wir aus der Quantentheorie gelernt, daß es in der Natur zwei Arten von Teilchen gibt, die mit ganzzahligem und die mit halbzahligem innerem Drehimpuls. Diejenigen mit halbzahligem Spin gehorchen dem PAULI-Prinzip und können nicht in beliebiger Zahl von einem System aufgenommen werden. Diejenigen mit ganzzahligem Spin können dagegen in beliebiger Zahl von einem System aufgenommen oder auch abgestrahlt werden. Das uns schon bekannte Musterbeispiel eines Teilchens der ersten Art ist das Elektron mit dem Spin ½, das der zweiten Art ist das Photon mit dem Spin eins. Für Teilchen mit dem Spin Null werden wir später geeignete Beispiele finden.

3.9. Die Atomhülle als Werkzeug der Physiker

Die Elektronenhüllen der Atome können als diejenigen Bestandteile der atomaren Welt angesehen werden, die unseren Sinnesorganen am nächsten stehen. Schon das Berühren eines Gegenstandes bringt die äußeren Elektronen der Handatome mit denen des berührten Körpers in Wechselwirkung. Daraus entstehen dann die an das Nervensystem weitergegebenen Signale.

Die Elektronen der Atomhülle sorgen auch für den Aufbau der

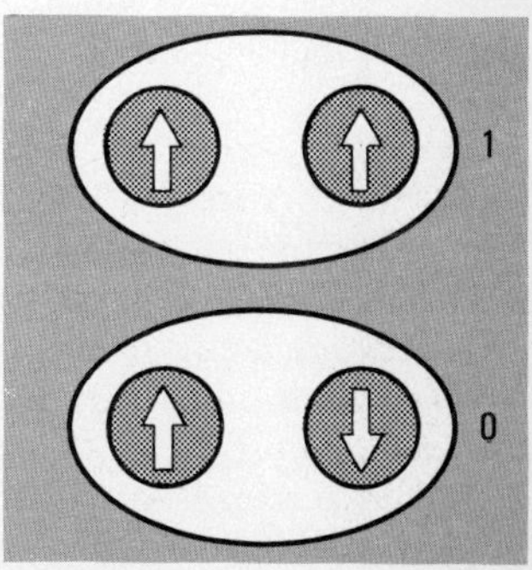

Abb. 3.8.2: Die zwei Spinzustände des Positroniums, die kurzlebigen Verbindungen eines Elektrons mit einem Positron

Moleküle, die alle uns umgebenden Gegenstände bilden. Wenn Luftmoleküle aneinanderstoßen, dann sind es die äußeren Elektronen der Hülle, die dabei die Rolle des Puffers spielen. Das Licht aus einer Glühlampe wird von den Hüllenelektronen der heißen Atome des Glühdrahtes abgestrahlt.

Es ist also denkbar, daß wir uns die Atomhüllen zur Beobachtung von Phänomenen aus der Welt der kleinsten Teilchen nutzbar machen, sie gewissermaßen als Werkzeuge benutzen können oder als Verbindungsmittel, welches einerseits von uns wahrgenommen werden kann und andererseits auch auf die kleinen Einwirkungen der atomaren Welt reagiert. In diesem Abschnitt soll an einem Beispiel, dem

Ionisationsprozeß

gezeigt werden, wie so ein Vorgang vor sich geht und wie viele Anwendungen sich aus einem einzigen Grundprozeß ergeben können.

Wenn ein elektrisch geladenes Teilchen, wie etwa ein schnelles Elektron, Materie durchdringt, dann führt seine Bahn des öfteren durch die Elektronenhüllen der anwesenden Atome. Die Häufigkeit solcher Durchquerungen hängt natürlich von der Dichte des Materials ab. In einem Gas wird ein Teilchen nur zehn bis hundert Atome auf einem Zentimeter Weg antreffen. In einer festen Substanz sind es etwa tausendmal mehr.

Beim Durchqueren des Atoms wirken während der Zeit, in der sich das Teilchen im Atom oder in dessen unmittelbarer Nähe befindet, seine elektrischen Kräfte auf die Elektronen der Atomhülle. Dabei können diese Kräfte eines oder mehrere der Elektronen aus dem Atomverband herauslösen. Diesen Prozeß nennt man *Ionisation.* Je länger das durchquerende Teilchen im Atom verweilt, desto mehr Elektronen kann es mit sich reißen. Deshalb sind hier langsamere Teilchen am wirksamsten, vorausgesetzt, daß sie mindestens die zur Ionisation nötige Energie besitzen. In der Nähe der Lichtgeschwindigkeit erreicht man dagegen ein Minimum der Ionisation, welches dann natürlich nicht mehr unterschritten werden kann.

Dieser Prozeß der Ionisation ist die Grundlage zahlreicher Meßmethoden der atomaren und subatomaren Physik. Er findet Anwendung bei vielen Geräten, von denen wir hier nur einige kurz beschreiben werden.

Das durchquerende elektrisch geladene Teilchen hinterläßt also eine Spur von «ionisierten», positiv geladenen Atomen und den entsprechenden freigewordenen Elektronen. Diese Spur kann mehr oder weniger lange erhalten bleiben, auch wenn das Teilchen schon längst die Gegend verlassen hat. So bleiben zum Beispiel die ionisierten Atome eines Silberbromid-Kornes einer fotografischen Schicht mehrere Jahre erhalten. Besonders dafür vorbereitete, dickschichtige *Kern-Fotoemulsionen* werden so für den Nachweis durchgehender geladener Teilchen benutzt. Die entwickelte Emulsion zeigt dann die Spuren der geladenen Teilchen in Form von aneinandergereihten Silberkörnern, die man mit Hilfe eines Mikroskopes beobachten kann. Wir werden in einem späteren Abschnitt Mikrofotografien von Spuren ionisierender Teilchen zeigen, die mit dieser Methode aufgenommen wurden.

Die in der Spur eines Teilchens entstandenen positiv geladenen Ionen können in manchen Substanzen sehr schnell wieder Elektronen aus ihrer Umgebung einfangen. Diese Elektronen fallen dann in die freien Bereiche der Atomhüllen und senden dabei Lichtquanten aus. Rutherford benutzte bei seinen Experimenten mit Alphastrahlen kleine *Szintillationsschirme* aus phosphoreszierendem Zinksulfid. Im Dunkeln konnte ein geübtes Auge dann die Lichtblitze der einfallenden Teilchen sehen.

Sehr große Verbreitung bei Experimenten in der Hochenergiephysik haben als Nachfolger dieser Methode die *Plastik-Szintillationszähler* gefunden. Sie bestehen aus Akrylglas, in welches bei der Herstellung absichtlich geeignete Verunreinigungen eingebracht wurden. Das nach dem Durchgang eines ionisierenden Teilchens erzeugte Licht ist hier sehr schwach, entsteht aber sehr schnell, und zwar innerhalb von weniger als

1 Nanosekunde = 0,000 000 001 Sekunden

Das erzeugte Licht wird durch einen Lichtleiter – diesmal aus reinem Akrylglas – auf einen kommerziellen Fotovervielfacher, einer Art Fotozelle mit extrem großem Verstärkungseffekt, geleitet, aus dem dann ein für die elektronische Weiterverarbeitung oder einfach zum Zählen geeignetes Signal entnommen wird.

Der Fotovervielfacher ist ein unentbehrlicher Bestandteil dieser

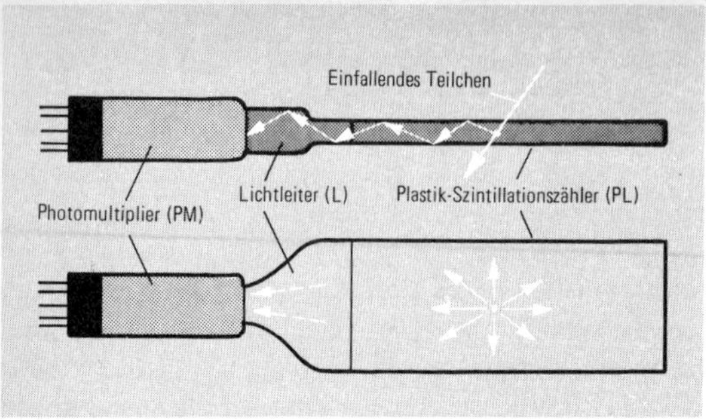

Abb. 3.9.1: Beispiel eines kompletten Plastikzählers (PL) aus Akrylglas mit seinem Lichtleiter (L) und Photovervielfacher

Meßmethode; er spricht auch auf einzelne auf seinen Schirm fallende Photonen an und wird deshalb auch sonst bei heiklen Lichtmessungen verwendet. Abb. 3.9.1 zeigt eine komplette Anordnung eines Plastik-Szintillationszählers mit seinem Lichtleiter und Fotovervielfacher. Das Licht erreicht den Fotovervielfacher durch wiederholte Reflexion an den Plastik-Oberflächen; es kann praktisch nicht nach außen entweichen.

Der besondere Vorteil der Plastik-Szintillatoren-Methode besteht in der schnellen Reaktion, die es erlaubt, die zeitliche Zusammengehörigkeit verschiedener Zähler sehr genau festzulegen und zum Beispiel auch Flugzeiten von Teilchen über Distanzen von der Größenordnung von einem Meter zu messen. Die eben angegebene Zeitgenauigkeit («weniger als 1 Nanosekunde») entspricht der Zeit, welche ein mit Lichtgeschwindigkeit fliegendes Teilchen benötigt, um eine Strecke von 30 Zentimetern zurückzulegen.

Eine sehr große Verbreitung haben im letzten Jahrzehnt die schon seit 1908 im Prinzip bekannten *Gas-Draht-Kammern und -Zähler* gefunden. Zehntausende von ihnen werden oft in einer einzigen modernen Experimentieranlage der Hochenergiephysik eingebaut. Diese Zähler nutzen den Ionisationseffekt in einem Gas aus. Das ionisierende Teilchen hinterläßt im Kammergas Ionen. Die positiven Ionen werden bei dieser Methode heute meist nicht mehr benutzt, sondern die sich viel schneller bewegenden, freigewordenen Elektronen (Abb. 3.9.2).

Diese wandern nun zu dem auf positiver Spannung stehenden dünnen Signaldraht. Schon das erste in der Nähe des Drahtes eintreffende Elektron verursacht dort einen Verstärkungsvorgang, der für

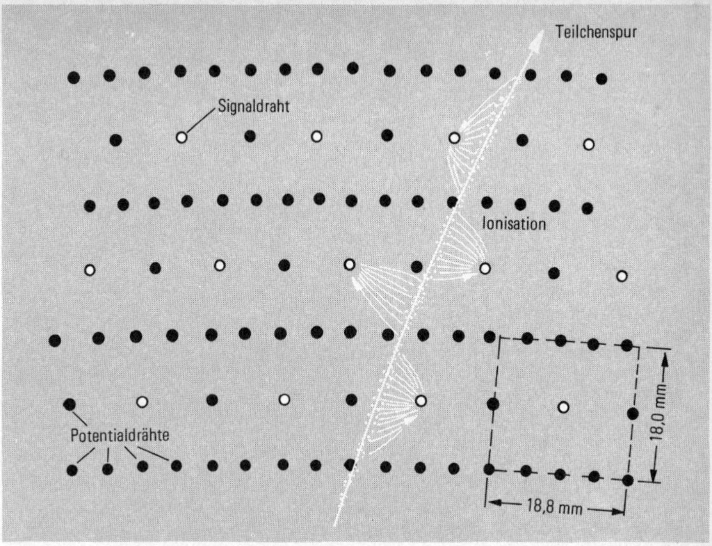

Abb. 3.9.2: Schnitt durch eine Gas-Draht-Kammer quer zu den Drähten. Die aus den Atomhüllen durch Ionisation herausgeschlagenen Elektronen werden am Signaldraht gesammelt. Dabei wird auch ein Verstärkungseffekt erzielt. Das Bild entspricht der Drahtanordnung in der ARGUS-Experimentieranlage am Speicherring DORIS-II

die Auslösung eines brauchbaren Signales von wesentlicher Bedeutung ist: Das Elektron wird in dem starken elektrischen Feld um den Draht immer schneller, bis es in der Lage ist, weitere Atome zu ionisieren; die dabei freigewordenen Elektronen wiederholen den Prozeß lawinenartig weiter. Die Lawinenbildung findet in einer sehr dünnen Gasschicht um den Draht statt. Aus dem ersten Elektron können, je nach der Beschaffenheit des Gases und der angelegten Hochspannung, bis zu einer Million werden, die dann auf dem Draht ein genügend großes Signal verursachen. Es entspricht in seiner Stärke etwa dem Signal auf einer heutigen Fernseh- oder Rundfunk-Empfangsantenne und kann also elektronisch verstärkt und weitergeleitet werden.

Die verschiedenen Drahtkammer- und Zählertypen mit Gasfüllung unterscheiden sich in ihrer Funktion durch weitere Einzelheiten. So wurden solche Zähler zu einer Zeit, in der es keine besonders guten Verstärker gab, so hochgezüchtet, daß sich die Lawinen durch Photo-

Abb. 3.9.3: Zusammenbau einer zylindrischen Drahtkammer für das Experiment UA-1 am CERN in Genf. Diese Kammer ist ein Teil der Apparatur, mit der 1983 die «Weakonen» entdeckt wurden (Foto CERN)

nenerzeugung entlang des Drahtes ausbreiten konnten und einen Zusammenbruch der Hochspannung verursachten. Dies waren die von Hans GEIGER (1882–1945) und Walther M. MÜLLER (1905–1979) im Jahr 1928 gebauten und nach ihnen benannten GEIGER-MÜLLER-*Zählrohre*. Aus ihnen kommen Impulse von einigen hundert Volt, die direkt zu den Zählwerken geleitet werden können. Natürlich haben diese Zähler eine erhebliche Erholungszeit nötig, um die zusammengebrochene Hochspannung wieder aufzubauen und das Gas zu beruhigen.

Schon 1908 hatten RUTHERFORD und GEIGER Zählrohre entwickelt, die keine so starken Signale lieferten und dafür eine kürzere Totzeit hatten. Sie werden *Proportionalkammern* genannt und sind die Vorläufer derjenigen Kammern, die den heutigen Anforderungen entsprechen. Der Name Proportionalkammer besagt übrigens, daß die Signale unter geeigneten Umständen der Ionisation der durchgehen-

Abb. 3.9.4: Flüssig-Argon-Kammer für die Experimentieranlage TASSO am Speicherring PETRA. Der Plattenaufbau besteht aus Blei und gedruckten Schaltungen zum Sammeln der Ionen (Foto DESY)

den Teilchen proportional gemacht werden können. Dies wird bei manchen Anwendungen auch ausgenutzt.

Des weiteren kann bei diesen Kammern die Zeit gemessen werden, die die Elektronen im Gas brauchen, um den zentralen Draht zu erreichen. Dadurch kann dann der Abstand zum Draht mit einer Genauigkeit von einem Bruchteil eines Millimeters berechnet werden. Dies sind die heute in der Hochenergiephysik üblichen *Driftkammern*. Die negative Hochspannung, die im Zählrohr auf dem Rohr liegt, wird heute meist durch ein System von Drähten, die etwas dikker sind, geliefert, so daß die ganze Kammer aus zwei starken Platten bestehen kann, zwischen denen viele tausend Drähte gespannt sind (Abb. 3.9.3). Durch geringe Neigung der Drähte wird dann eine Art Stereosystem erreicht, welches die räumliche Lage der Spur erkennen läßt. Mehrere Weiterentwicklungen der Driftkammer mit einem besonders großen Driftraum sind zur Zeit schon in Betrieb, darunter zum Beispiel die in Heidelberg gebauten Jet-Kammern, die in der Experimentieranlage JADE am Speicherring PETRA bei DESY (Hamburg) eingebaut wurden.

Es gibt auch Zähler und Kammern, bei denen auf die Verstärkung durch Lawinen an einem dünnen Draht verzichtet wird, die sogenannten *Ionisationskammern*, in denen nur die von dem durchlaufenden Teilchen hinterlassenen Elektronen eingesammelt werden. Dies geht aber in der Praxis nur bei Kammersystemen mit sehr aufwendiger Elektronik oder wenn an Stelle eines Gases eine Flüssigkeit verwendet und dadurch die Zahl der gebildeten Ionen um einen Faktor Tausend vergrößert wird. Hierfür eignet sich das flüssige Argon, das bei −186 Grad Celsius verwendet wird. Dabei kann zum Beispiel ein einfacher Plattenaufbau benutzt werden. Diese Art von Kammer wird *Flüssig-Argon-Kammer* genannt; sie wird vorzugsweise als sogenannter Schauerzähler benutzt, den wir am Ende dieses Abschnittes kurz beschreiben werden (Abb. 3.9.4).

Es wurden in den letzten Jahren elektronische Schaltungen entwickelt, die es erlauben, viele Tausende von besonders kleinen Signalen aus Drift- und anderen Kammern *erst zu verstärken, dann auf ihre Stärke zu prüfen, diese zu messen und auch noch die Ankunftszeit genau zu registrieren.* Alle diese Informationen werden dann in Form von Zahlen an einen Empfangsrechner weitergegeben.

Seit der Erfindung der Proportionalzähler Anfang des Jahrhunderts wurde noch eine ganze Reihe anderer Instrumente entwickelt, die zum Teil auch heute noch benutzt werden. Alle nutzen das Phänomen der Ionisation aus. Darunter sind die *Nebelkammer*, die *Blasenkammer* und die *Funkenkammer* besonders bekannt. Es handelt sich hier um Kammern, in denen die gebildeten Ionen als Störzentren wirken und dann auf verschiedene Weise sichtbar gemacht werden. Bei der Nebelkammer ist es ein Dampf, in dem ein Druckstoß die Kondensation von Tröpfchen an den Orten der Ionen verursacht. Bei der Blasenkammer ist es eine fast siedende Flüssigkeit, die durch eine Expansion an den Ionen Bläschen bildet. Schließlich handelt es sich bei der Funkenkammer um einen blitzartigen Funken entlang der ionisierten Spur, der durch einen besonders schnell hervorgerufenen Hochspannungsstoß verursacht wird. Bei der Nebel- und der Blasenkammer müssen die Spuren bei einer geeigneten Beleuchtung fotografiert werden oder durch ein fernsehähnliches System auf einen Rechner übertragen werden. Für die Funkenkammern wurden verschiedene Auslesemethoden entwickelt, die auch das umständliche Fotografieren vermeiden. Die Auswertung der Fotografien wurde für die beteiligten Institute eine untragbare Last, und deshalb ist man in

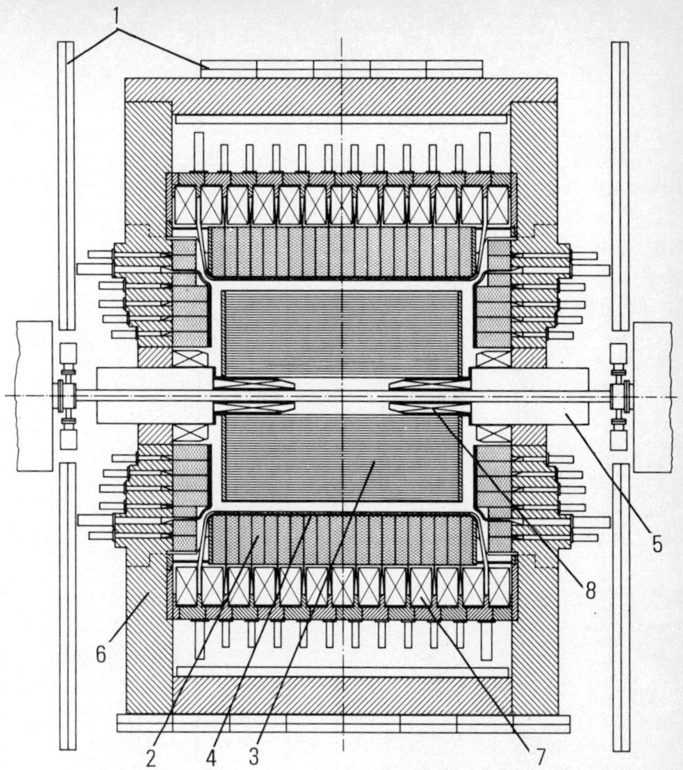

1 Myon-Kammern
2 Schauerzähler
3 Driftkammer
4 Flugzeitzähler
5 Mini-Beta-Quadrupolmagnet
6 Eisenjoch
7 Hauptspule
8 Kompensationsspulen

Abb. 3.9.5: Längsschnitt durch die Experimentieranlage ARGUS am Speicherring DORIS-II. Die zylindrische Apparatur ist insgesamt fünf Meter lang und über fünf Meter hoch. Teilchen, die im Zentrum der Apparatur erzeugt werden, durchqueren die zwiebelartig geschichteten Nachweisgeräte

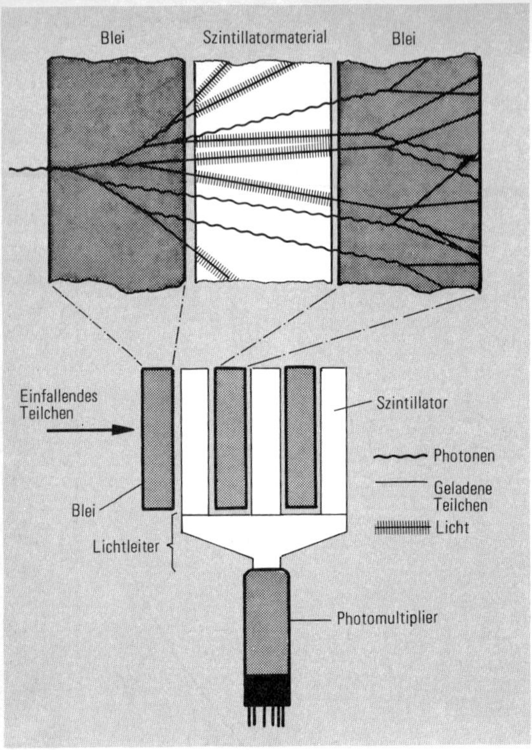

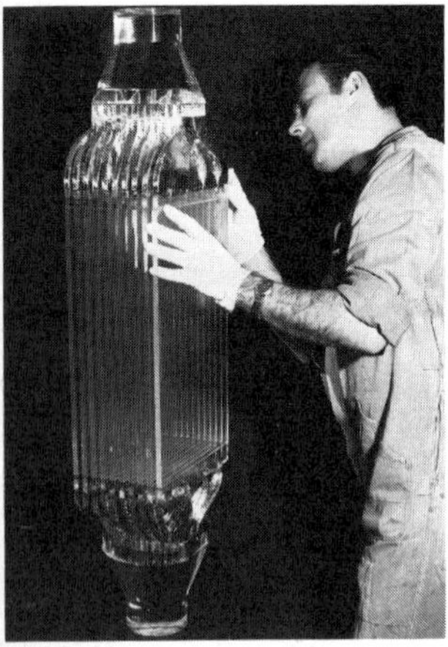

Abb. 3.9.6: Schauerzähler aus Blei- und Szintillationsplatten, wie sie oft in Hochenergieexperimenten verwendet werden. Das Prinzip ist in der oberen Abbildung gezeigt und ein praktisches Beispiel (ohne Blei) unten (Foto DESY)

den letzten zwanzig Jahren auf Meßmethoden mit direkter Computer-Auslese der Daten übergegangen.

Eine moderne Großapparatur besteht im allgemeinen aus vielen der angeführten Kammer- und Zählertypen zum Nachweis elektrisch geladener Teilchen, wie es beispielsweise Abb. 3.9.5 zeigt. Dabei kommt noch das Problem hinzu, die in einer Reaktion eventuell erzeugten, elektrisch nicht geladenen Teilchen, wie etwa die Photonen, nachzuweisen. Da diese Teilchen oder Quanten keine ionisierte «Spur» verursachen können, werden sie indirekt nachgewiesen, das heißt nach einem Konvertierungsprozeß, bei dem sie sich zum Beispiel in ein Elektron und ein Antielektron (Positron) verwandeln. Die bei dieser Verwandlung entstandenen geladenen Teilchen können in geeigneten Substanzen ihrerseits wieder weitere Photonen erzeugen, und so entsteht ein sogenannter Schauer, der dann viele geladene Teilchen enthält, die mit einer der obenerwähnten Methoden nachgewiesen werden können. Eine solche Anordnung wird ein *Schauerzähler* genannt. Zum «Aufschauern» braucht man schwere Elemente wie zum Beispiel Blei, und deshalb sind viele Schauerzähler aus Bleiplatten aufgebaut, in deren Zwischenräumen die aktiven Zähler liegen (Abb. 3.9.6).

Die Gesamtionisation eines Schauers und damit der aus dem Zähler ausgelesene elektrische Impuls hängen von der Energie des einfallenden Photons ab. Mit einem Schauerzähler kann also die Energie eines Photons bestimmt werden.

Wenn an Stelle eines Photons ein Elektron in den Schauerzähler geschossen wird, dann entsteht auf dem gleichen Wege ein Schauer. Auf diese Art können im Experiment auch Elektronen erkannt werden.

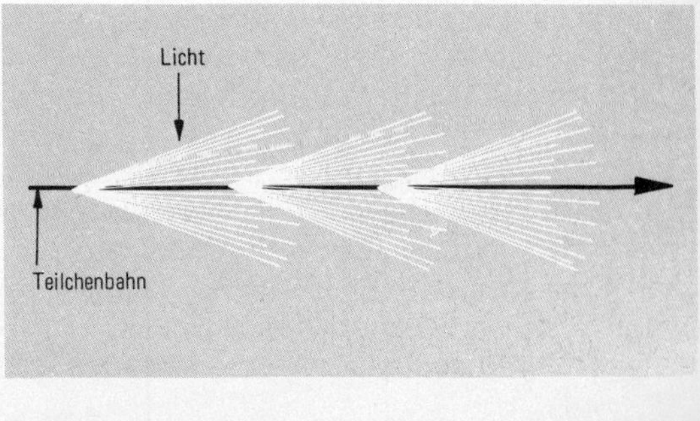

Abb. 3.9.7: Die Abstrahlung von Čerenkov-Licht in durchsichtigen Medien

Abb. 3.9.8: In Bleiglaszählern werden Schauer nachgewiesen durch das von den Elektronen erzeugte ČERENKOV-Licht. Das Bild zeigt einige der über 3 000 Bleiglaszähler der JADE-Apparatur. Sie werden am Speicherring PETRA eingesetzt. Im Bild: Shuji Orito von der Universität Tokio (Foto DESY)

Wir haben bis jetzt nur die auf der Ionisation beruhenden Meßmethoden erläutert. Es gibt jedoch noch andere Phänomene, die es erlauben, geladene Teilchen nachzuweisen, wie zum Beispiel die ČERENKOV-*Strahlung*, die eine besondere Stellung einnimmt. Diese Methode wurde von dem russischen Physiker Pawel Alexejewitsch TSCHERENKOW oder ČERENKOV (geb. 1904) vorgeschlagen und hat weitgehend Anwendung gefunden. Es handelt sich hierbei um eine Erscheinung, welche auftritt, wenn sehr schnelle, elektrisch geladene Teilchen sich in geeigneten Stoffen bewegen. Aus der Untersuchung bewegter Flugkörper ist die Tatsache bekannt, daß sogenannte MACH-Wellen auftreten, wenn sich der Flugkörper in einem Medium mit Überschallgeschwindigkeit bewegt. In ähnlicher Weise erzeugt ein genügend schnell fliegendes, elektrisch geladenes Teilchen elektromagnetische Wellen mit kegelförmiger Wellenfront in der Richtung des bewegten Teilchens (Abb. 3.9.7). Die abgestrahlten Lichtquanten liegen teilweise im sichtbaren Bereich. Der Winkel und die Stärke der Strahlung hängen sehr empfindlich von der Geschwindigkeit des Teilchens und von dem Brechungsindex des durchstrahlten Materials ab. Hier werden deshalb die verschiedensten Gase, Flüssigkeiten und feste Stoffe als Medien benutzt, ja sogar lichtdurchlässiger Quarzschaum. Auch Bleiglas kommt zum Einsatz und dient in diesem Fall als hervorragender Schauerzähler (Abb. 3.9.8). Auch bei dieser Methode wird das erzeugte Licht von besonders empfindlichen Lichtvervielfachern registriert und verstärkt.

Dieser kurze Überblick über die Meßmethoden der Teilchenphysik konnte nur wenig Einzelheiten über den Aufbau der Geräte enthalten. Es zeigt sich auch hier die aus anderen Anwendungsbereichen der Physik bekannte Tatsache, daß die technischen Geräte im allgemeinen kompliziert und einem raschen Wandel unterworfen sind, daß aber die zugrundeliegenden physikalischen Gesetze durchweg einfach und stets unwandelbar sind. Deshalb haben wir uns hier vorwiegend auf die physikalischen Grundlagen beschränkt.

4. Die Atomkerne

4.1. Eigenschaften und Aufbau der Atomkerne

Bei den bisherigen Ausführungen über den Bau der Atome wurden schon einige Angaben über den Atomkern gemacht, an die hier zusammenfassend erinnert werden soll.

1. Die von RUTHERFORD durchgeführten Streuversuche haben ergeben, daß die im Mittelpunkt der Atome befindlichen Atomkerne im Vergleich zu der gesamten Größe der Atome äußerst klein sind, und zwar etwa zehntausendmal kleiner.

2. In den Atomkernen ist nahezu die gesamte Masse der Atome vereinigt. Die Masse der Atome ist aus der Chemie bekannt. Für viele von ihnen beträgt sie ein ganzzahliges Vielfaches der Masse des Wasserstoffatoms. Man kann also vorläufig annehmen, daß alle Atomkerne aus Bausteinen mit der Masse des Wasserstoffkernes bestehen. Heute werden diese Bausteine Nukleonen genannt. Die Zahl der Nukleonen in einem Kern nennt man seine *Nukleonenzahl* oder seine *Massenzahl.*

3. Die Atomkerne tragen eine positive elektrische Ladung, welche stets gleich einem ganzzahligen Vielfachen der schon früher eingeführten Elementarladung ist. Die Anzahl der positiven Elementarladungen eines Atomkernes wird als seine *Kernladungszahl* bezeichnet. Bei einem neutralen Atom ist die Kernladungszahl gleich der Anzahl der Elektronen in der Atomhülle. Da die chemischen Eigenschaften der Atome durch die Atomhülle bestimmt werden, ist die Kernladungszahl eine für jedes chemische Element charakteristische Größe.

Die Massen vieler Atome wurden in den zwanziger Jahren genauer untersucht, und man fand dabei, daß es Atomkerne gibt, die zwar die gleiche Ladungszahl, jedoch verschiedene Massenzahlen haben, welche sich um einen Mittelwert häufen, den man vorher als echte Massenzahl betrachtet hatte. Diese Atomkerne mit gleicher Ladung, also des gleichen Elements, die jedoch verschiedene Massen haben, werden *Isotope* genannt. Die Isotope eines chemischen Elements haben trotz ihrer unterschiedlichen Massenzahlen und wegen der gleichen Kernladungszahl und entsprechend gleicher Elektronenzahl in der Atomhülle auch die gleichen chemischen Eigenschaften.

Es wurden im Laufe dieses Jahrhunderts auch die Durchmesser der Atomkerne genauer gemessen. Dabei konnte man feststellen, daß das Volumen der Kerne – vorausgesetzt, die Kerne sind annähernd kugelförmig – proportional zu den Massenzahlen zunimmt. Daraus ergibt sich, daß die Dichte bei allen Kernen ungefähr gleich groß ist. Deshalb weisen die Atomkerne eine gewisse Ähnlichkeit mit Flüssigkeitstropfen auf, deren Dichte ebenfalls unabhängig von der Tropfengröße ist. Von dieser Tatsache wird bei der Entwicklung einer sehr praktischen Modellvorstellung für die Atomkerne noch Gebrauch gemacht werden.

Die Atomhüllen und die in ihnen enthaltenen Elektronen konnten im wesentlichen durch Untersuchung der von ihnen ausgesandten und der von ihnen eingefangenen elektromagnetischen Strahlung erforscht werden. Die Wellenlängen dieser Strahlung liegen im Bereich des sichtbaren Lichtes und der Röntgenstrahlung. Für diese waren schon seit dem vorigen Jahrhundert geeignete Meßmethoden bekannt. Für die Struktur der Atomkerne sind die entsprechenden Untersuchungen wesentlich schwieriger gewesen, was zur Folge hatte, daß sie erst viel später durchgeführt werden konnten.

Bis zur Entdeckung der Atomkerne durch Rutherfords Experimente von 1911 konnten die bis dahin bekannten Tatsachen, die den Kern betreffen, auch nicht korrekt verstanden werden. Wir meinen hier vor allem die schon 1896 von dem französischen Physiker Henri Becquerel (1852–1908) entdeckten Erscheinungen der Radioaktivität.

4.2. Die Radioaktivität und ihre Gesetze

Uran, das in bestimmten Gesteinen in der Natur vorkommt, sendet eine unsichtbare Strahlung aus, welche in der Lage ist, die lichtdichte Verpackung einer Fotoplatte zu durchdringen und die Platte zu schwärzen. Außerdem wurde festgestellt, daß diese Strahlung die Luft ionisiert: Sie schlägt Elektronen aus den Luftatomen heraus, wodurch die Luft eine gewisse elektrische Leitfähigkeit erhält. Dies sind die Entdeckungen, die Henri BECQUEREL 1896 gemacht hat. Die gleichen Erscheinungen wurden anschließend von dem französischen Ehepaar Marie CURIE (1867–1934) und Pierre CURIE (1859–1906) genauer untersucht. Dabei fanden sie zwei Elemente, die als Polonium und Radium bezeichnet wurden und die erheblich stärker als die Uranmineralien strahlten. Im Laufe der kommenden Jahre konnten weitere strahlenaussendende Elemente gefunden werden. Die allen diesen Elementen gemeinsame Eigenschaft der Strahlenaussendung wird *Radioaktivität* genannt.

Die Erscheinungen der Radioaktivität fanden damals großes Interesse, in vielen physikalischen Laboratorien wurden Untersuchungen darüber durchgeführt. Dabei kam man sehr bald zu der Überzeugung, daß es sich nicht um chemische Vorgänge handeln kann, da die Strahlung durch äußere Einwirkungen wie etwa Druck oder Temperatur nicht beeinflußt werden kann. Die äußere Atomhülle, die ja für das chemische Verhalten der Atome verantwortlich ist, konnte also entsprechend wenig oder gar nichts mit den Phänomenen der Radioaktivität zu tun haben. Es war später, nach den von RUTHERFORD durchgeführten Experimenten, eher naheliegend, die Radioaktivität mit dem von ihm entdeckten Atomkern in Verbindung zu bringen.

Man fand bald heraus, daß es in der Natur eine große Anzahl von radioaktiven Elementen gibt, daß sie aber alle sehr ähnliche Arten von Strahlung entsenden. Man konnte zeigen, daß es drei Typen solcher Strahlung gibt, die man mit den ersten drei Buchstaben des griechischen Alphabets bezeichnete. Einen sehr anschaulichen Beweis für diese Behauptung liefert ein Versuch, bei dem die von einer Substanz ausgesandte Strahlung, entsprechend der in Abb. 4.2.1 gezeigten Anordnung, erst gebündelt und dann durch ein Magnetfeld geleitet wird. Nach den Gesetzen des Elektromagnetismus werden dann die elektrisch positiv geladenen Teilchen in eine Richtung, die negativ geladenen in die entgegengesetzte und die neutralen gar nicht abgelenkt.

Die aus negativ geladenen Teilchen bestehende Strahlung ist die

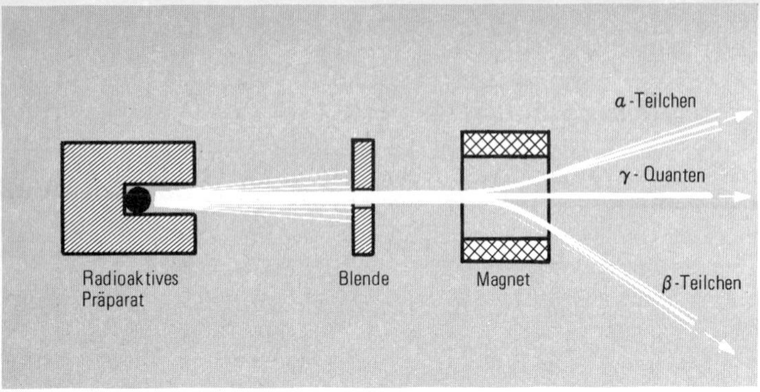

Abb. 4.2.1: Die Aufspaltung der von einem Radiumpräparat ausgehenden Strahlung in einem Magnetfeld

Betastrahlung: Es zeigte sich, daß es sich um Elektronen handelt. Bei den positiv geladenen Teilchen konnte man nachweisen, daß es sich um Kerne des Heliumatoms handelt, die man seit diesen Experimenten auch Alphateilchen nennt. Die entsprechende Strahlung hat den Namen *Alphastrahlung* erhalten. Wir haben sie schon beim Rutherford-Experiment erwähnt (s. 3.1.). Schließlich gibt es noch neutrale Teilchen in der Strahlung, die vom Magnetfeld gar nicht abgelenkt werden; sie konnten als Photonen oder elektromagnetische Quanten identifiziert werden. Sie wurden Gammateilchen und die Strahlung *Gammastrahlung* genannt. Die Photonen der Gammastrahlung haben eine sehr kurze Wellenlänge und gehören deshalb nicht in den Bereich des sichtbaren Lichtes.

Man konnte auch nachweisen, daß ein radioaktives Atom niemals gleichzeitig ein Alpha- und ein Betateilchen abstrahlt, daß dagegen in vielen Fällen zusammen mit einem Alpha- oder einem Betateilchen ein Gammateilchen ausgesandt wird. Es gibt aber auch einige wenige Atome, die sowohl Alpha- als auch Betateilchen abstrahlen können. Von diesen Atomen ist dann jeweils ein bestimmter Bruchteil Alpha- bzw. Betastrahler. Das einzelne Atom kann niemals beide Teilchen abgeben, sondern immer nur Alpha- oder Betateilchen.

Diese Feststellung steht keineswegs im Widerspruch zu Abb. 4.2.1, bei der von einem radioaktiven Präparat gleichzeitig alle drei Strahlenarten ausgehen. Dies ist darauf zurückzuführen, daß bei einem solchen Präparat eine Mischung mehrerer radioaktiver Atome mit unterschiedlichen Zerfallsarten vorliegt. Eine solche Mischung bildet sich immer von selbst, weil bei der Abstrahlung von Teilchen neue Atome entstehen, die meist wieder radioaktiv sind und die bei ihrem radioaktiven Zerfall andere Teilchen abgeben können als die Atome, aus denen sie entstanden sind.

Wenn die geladenen Alpha- und Betateilchen aus dem Kern kommen, dann verursacht ihre Abstrahlung eine Änderung der elektrischen Ladung des Kernes. Entsprechend verwandelt sich dieser in den Kern eines anderen Elements. Mit dieser Überlegung war der Grundgedanke der Existenz unveränderlicher Elemente ernsthaft in Frage gestellt. Aus einem Element kann durch Abstrahlung von Alpha- oder Betateilchen ein anderes entstehen. Diese Erkenntnis wurde später voll bestätigt. Wir werden noch andere Vorgänge kennenlernen, bei denen sich ein Element in ein anderes verwandelt. Das Zeitalter der Kernphysik war damit eingeleitet.

Beim Alpha- und Betazerfall eines radioaktiven Elements entsteht also auf natürliche Art ein neues Element, das Zerfallsprodukt. Dieses ist dann meist auch wieder radioaktiv und entsendet Alpha- oder

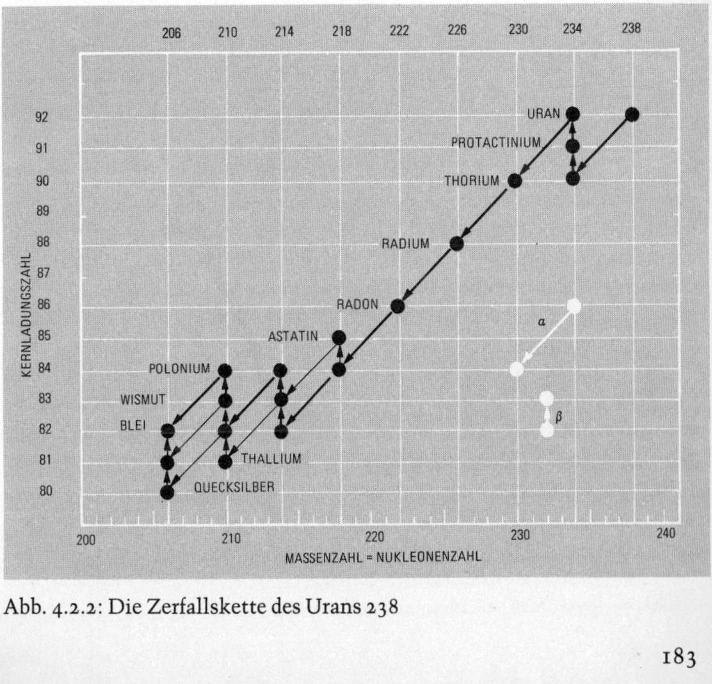

Abb. 4.2.2: Die Zerfallskette des Urans 238

Betateilchen. Dieser Vorgang kann sich öfter wiederholen. Man nennt die entstehenden Atome Teile einer radioaktiven Kette oder Reihe. Diese endet, wenn ein Atomkern gebildet wird, der nicht mehr radioaktiv, sondern stabil ist. Das Endprodukt der in der Natur auftretenden Zerfallsreihen ist in den meisten Fällen das chemische Element Blei. Abb. 4.2.2 zeigt die Zerfallskette des Urans 238 mit mehreren Alpha- und Beta-Verzweigungen. Bei dem Uran 238 handelt es sich um eine bestimmte Uranart, deren Atomkerne aus 238 später noch genauer zu beschreibenden Bausteinen bestehen.

Die Alphateilchen, die ja als Kerne des Elements Helium erkannt wurden, haben zwei elektrische Elementarladungen, also die Kernladungszahl Zwei. Ihre Massenzahl ist dagegen Vier, sie sind etwa viermal so schwer wie die Wasserstoffatomkerne. Der bei der Aussendung eines Alphateilchens entstehende neue Kern hat also eine um zwei Einheiten verkleinerte Kernladungszahl und eine um vier Einheiten verkleinerte Massenzahl. In Abb. 4.2.2 sind diese Zerfälle durch schräge Pfeile nach unten dargestellt.

Die Aussendung eines Betateilchens, also eines Elektrons, führt dagegen zu einem neuen Kern, dessen Kernladungszahl um eine Einheit größer als diejenige des Ausgangskernes ist und dessen Massenzahl unverändert geblieben ist. Diese Übergänge sind in Abb. 4.2.2 durch die kleineren, nach oben gerichteten Pfeile gekennzeichnet.

Es erscheint auf den ersten Blick überraschend, daß von einem Atomkern überhaupt Elektronen ausgehen können. Dies führte zunächst zu der Vermutung, daß der Kern Elektronen enthalten könne. Diese Annahme erwies sich als falsch. Wir wissen heute mit Sicherheit, in den Atomkernen sind keine Elektronen vorhanden. Auf die Erklärung der aus dem Kern stammenden Betastrahlung wird später noch eingegangen werden. Hier soll die Feststellung genügen, daß bestimmte Bausteine der Atomkerne Umwandlungen erfahren können, bei denen Elektronen entstehen, welche dann als Betastrahlen in Erscheinung treten.

Durch die Abgabe von Gammastrahlung wird weder die Kernladungszahl noch die Massenzahl der Atomkerne verändert. Es ändert sich lediglich ihr Energiezustand. In der Graphik der radioaktiven Kette in Abb. 4.2.2 wurden diese Abstrahlungen nicht dargestellt.

Die Atomhüllen sind an den bis jetzt erwähnten radioaktiven Vorgängen nicht direkt beteiligt. Allerdings erfahren sie insofern auch eine Veränderung, als die Anzahl der in der Atomhülle vorhandenen Elektronen sich der neuen Kernladungszahl der bei dem radioaktiven Zerfall entstandenen Kerne anpassen muß.

Für den zeitlichen Verlauf der radioaktiven Zerfälle gelten experimentell sehr genau bestätigte Gesetze, die wir etwas ausführlicher erläutern wollen, weil sie besonders gut zu den erst später von der Quantenmechanik eingeführten Voraussagen und Berechnungen passen (s. 3.6.) und schon vorher bekannt waren.

Betrachten wir eine bestimmte Menge einer radioaktiven Substanz, zum Beispiel eine Milliarde Atome Radium:

1000000000 (= 10^9) Atome

Dies ist, als Masse betrachtet, eine verschwindend kleine Menge, die aber oft sogar an gut gewaschenen Reagenzgläsern noch unsichtbar haftet, und die sich, wie wir sehen werden, durch ihre Strahlung noch immer bemerkbar machen kann. Diese Radiumatome zerfallen unter Abgabe von jeweils einem Alphateilchen.

Man könnte zunächst fragen, warum überhaupt noch Radiumatome existieren, denn bei ihrer Instabilität müßten sie im Laufe der Zeit schon längst alle zerfallen sein. Die Erfahrung zeigt aber, daß dies nicht der Fall ist, woraus wir auch schließen können, daß die Materie in der uns heute bekannten Form nicht seit unendlich langer Zeit existieren kann, sondern daß sie zu einem gewissen Zeitpunkt gebildet werden mußte.

Wenn wir die obenerwähnte Radiumprobe in eine geeignete Zählapparatur einschließen, werden wir über tausend Alpha-Zerfälle pro Tag beobachten, im Durchschnitt 1712 pro Tag. Im Laufe der Jahre würde sich die Zählrate allmählich senken. Nach etwa 1600 Jahren wäre nur noch die Hälfte unseres Radiums vorhanden und auch nur noch die Hälfte der Zerfälle zu beobachten. Von einem radioaktiven Element zerfällt nämlich in einem festen Zeitintervall stets ein gleichbleibender Bruchteil der von dem betreffenden Element jeweils noch vorhandenen Menge. Dieser Bruchteil hat für verschiedene radioaktive Elemente eine unterschiedliche Größe; er ist typisch für jedes dieser Elemente. Rein mathematisch genügt es, die Zeit anzugeben, nach der nur noch die Hälfte der Substanz vorhanden ist. Diese Zeit nennt man die Halbwertszeit des betreffenden radioaktiven Elementes. Nach einer Halbwertszeit ist also noch die Hälfte der zerfallenden Substanz vorhanden. Diese verbliebene Hälfte zerfällt aber keineswegs in der nächsten Halbwertszeit, sondern in dieser Zeit zerfällt von dem Rest wiederum nur die Hälfte. Der Vorgang setzt sich dann in der gleichen Weise fort.

Die Halbwertszeiten haben für die verschiedenen radioaktiven Kerne charakteristische Werte, die von der Vorgeschichte des Kernes sowie von den äußeren Bedingungen vollkommen unabhängig sind. Sie können weder durch physikalische noch durch chemische Einwirkungen verändert werden. Die Halbwertszeiten haben für die verschiedenen radioaktiven Kerne sehr unterschiedliche Werte, die von milliardstel Sekunden bis zu vielen Millionen Jahren reichen.

Man kann die gleichen Zusammenhänge auch noch anders ausdrücken: Die Wahrscheinlichkeit, daß ein radioaktiver Kern in einem bestimmten Zeitintervall zerfällt, ist für jeden solchen Kern eine für ihn charakteristische Konstante. Bei unseren Radiumkernen ist diese Wahrscheinlichkeit etwa

0,000 001 71 pro Tag

was bei der vorhandenen Menge die oben angegebene Zerfallsrate ergibt. Diese Wahrscheinlichkeit ist für alle Kerne eines bestimmten radioaktiven Elements und unter allen Umständen gleich.

Das für die Radioaktivität gültige Wahrscheinlichkeitsgesetz wurde zum Vorbild für die später entdeckten Gesetzmäßigkeiten der Quantenmechanik. Beim radioaktiven Zerfall handelt es sich um den Übergang von einem Zustand der Kerne in einen anderen. In der Physik der Atomhüllen wird mit der Quantentheorie die Wahrscheinlichkeit für den Übergang eines Zustandes in einen anderen berechnet. Es ist also naheliegend, die Quantentheorie auch auf den Atomkern anzuwenden, ein Vorhaben, das später auch weitgehend durchgeführt wurde.

Wir möchten hier nicht verheimlichen, daß es vereinzelt Zweifel an den rein auf Wahrscheinlichkeit ausgelegten Aussagen der Quantenmechanik gibt und daß auf dem Gebiet der Radioaktivität ähnliche Einwände existieren, die von sehr ernst zu nehmenden Theoretikern stammen. Es ist jedoch sehr schwer vorstellbar, daß es Gesetze klassischer Art gibt, die dann als erstes die experimentell bestätigten Wahrscheinlichkeitsaussagen der Quantenmechanik genau erklären müßten. Es wäre wünschenswert, ist jedoch nicht einfach, solche Alternativen nicht nur philosophisch zu betrachten, sondern dafür experimentell nachprüfbare Behauptungen aufzustellen.

Außer den in der Natur vorkommenden radioaktiven Substanzen gibt es noch eine große Zahl radioaktiver Kerne, die künstlich hergestellt worden sind. Diese künstliche Radioaktivität wurde 1934 von

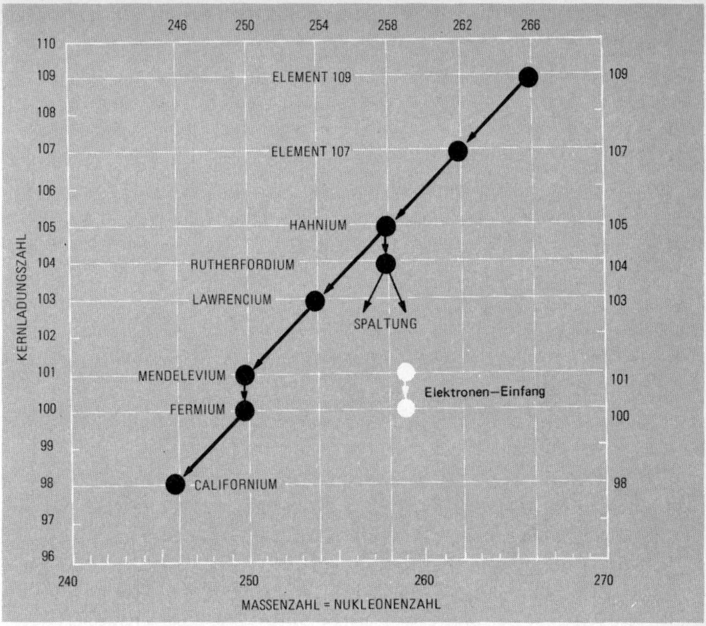

Abb. 4.2.3: Die bis 1982 bekannten Zerfallsarten der Elemente 107 und 109

dem französischen Physikerehepaar Frédéric JOLIOT (1900–1958) und Irène JOLIOT-CURIE (1897–1956) entdeckt. Inzwischen konnte von fast allen Elementen mindestens ein radioaktives Isotop künstlich erzeugt werden; von vielen Elementen gibt es sogar mehrere künstliche radioaktive Isotope. Insgesamt sind bis heute mehr als 1200 radioaktive Atomkerne bekannt.

Bei den künstlichen radioaktiven Elementen hat man auch neue Typen radioaktiven Zerfalles gefunden. So gibt es zum Beispiel Atomkerne, die Positronen, also Antiteilchen der Elektronen (s. 3.8.), aussenden, und andere, die Elektronen aus dem inneren Bereich der Atomhülle einfangen und auf diese Art ihre Kernladungszahl ändern. Auch die Abstrahlung von Protonen wurde 1981 in den Laboratorien der Gesellschaft für Schwerionenforschung, der GSI, in Darmstadt beobachtet.

Eine interessante Zerfallskette, die in dem gleichen Institut beobachtet wurde, ist in Abb. 4.2.3 gezeigt. Es handelt sich um die Elemente 107 und 109, die erst 1981 und 1982 in der GSI entdeckt wurden. Diese beiden sind die schwersten bis jetzt künstlich erzeugten Elemente und auch die schwersten, die überhaupt bekannt sind. Das in der Zerfallskette vorkommende Element 105 zerfällt dabei zu einem Teil durch Alphastrahlung in das Element 103 und zu einem anderen Teil durch Elektroneneinfang in das Element 104. Letzteres spaltet sich dann in zwei leichtere Kerne auf. Mit der Kernspaltung werden wir uns später noch näher beschäftigen wie auch mit dem Erzeugungsmechanismus von Elementen durch Kernverschmelzung (s. 4.5.). Die schweren Elemente 107 bis 109 wurden im Schwerionenbeschleuniger durch Kernverschmelzung beim Zusammenstoß leichterer Kerne erzeugt.

Wir möchten hier betonen, daß für den Zerfall aller künstlichen radioaktiven Substanzen die gleichen Zerfallsgesetze gelten, wie sie für die natürlichen dargelegt worden sind.

Die Untersuchung der natürlichen und der künstlichen Radioaktivität hat wertvolle Beiträge zur Erforschung der Atomkerne geliefert, denn die aus den Kernen kommende radioaktive Strahlung enthält wichtige Informationen über den Bau und die Eigenschaften der Atomkerne selbst. Den Physikern ist es inzwischen weitgehend gelungen, diese Informationen richtig zu interpretieren, so daß ein großer Teil der die Atomkerne betreffenden Probleme heute als gelöst betrachtet werden kann.

4.3. Der Atomkern aus Protonen und Neutronen

Es wurde schon erwähnt, daß es zahlreiche Atomkerne gibt, die zwar die gleiche Kernladungszahl, aber unterschiedliche Massenzahlen aufweisen. Solche Atome eines chemischen Elements, die sich also nur durch ihre Massenzahl unterscheiden, haben wir *Isotope* genannt.

Eine zutreffende Erklärung für das Zustandekommen der Isotope konnte erst gegeben werden, nachdem ein neuer Kernbaustein entdeckt worden war, den man als *Neutron* bezeichnet. Es war ein langer

Weg, der zur Auffindung dieses neuen Teilchens führte. Die wichtigsten Etappen sollen hier kurz nachgezeichnet werden.

Bei den Untersuchungen über die Kernstruktur haben sich die Beschießungen der Atomkerne mit energiereichen Teilchen als besonders aufschlußreich erwiesen. Auch RUTHERFORD, der Entdecker des Atomkernes, hat eine große Zahl solcher Versuche durchgeführt. Insbesondere ließ er energiereiche Alphateilchen, also Heliumkerne, durch eine mit Stickstoff gefüllte Nebelkammer fliegen. Dabei fand er im Jahr 1919 die in Abb. 4.3.1 wiedergegebene Erscheinung. Während die meisten Alphateilchen geradlinige Nebelspuren erzeugten, trat in seltenen Fällen auch einmal eine Gabelung der ursprünglichen Bahn in zwei Teile auf. Es bildete sich eine kurze dicke sowie eine lange dünne Spur, die oft quer zur Richtung der Alphateilchen verlief. Eine genauere Prüfung dieser Erscheinung ergab, daß das Alphateilchen an der Gabelungsstelle auf ein Stickstoffatom getroffen war und dieses anscheinend in zwei Teile aufgespalten hatte. Die kurze dicke Spur erwies sich als Sauerstoffkern, während die andere lange dünne Spur als Wasserstoffkern identifiziert werden konnte. Man kann dies folgendermaßen schreiben, wobei immer die Atomkerne gemeint sind:

Stickstoff + Helium → Sauerstoff + Wasserstoff

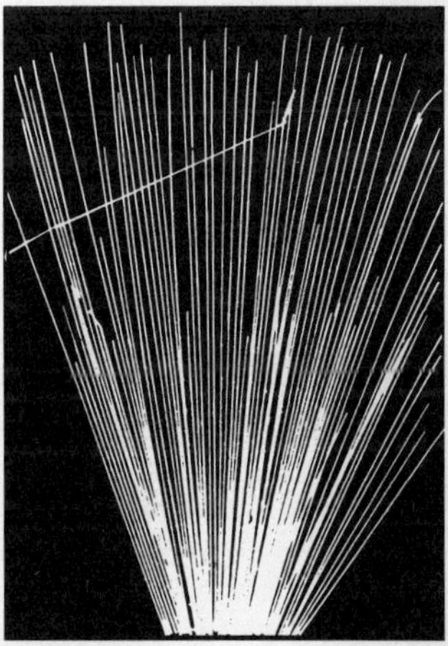

Abb. 4.3.1: Der Beschuß eines Stickstoffatoms mit einem Alphateilchen führt zur Entstehung eines Sauerstoffatoms und eines Protons

Dieses Experiment erregte großes Aufsehen, da es zum erstenmal zeigte, daß man ein chemisches Element durch Beschießung in ein anderes umwandeln kann. In der Folgezeit wurden zahlreiche ähnliche Versuche unternommen.

Besonders bedeutungsvoll erwies sich dabei die Entdeckung einer neuartigen Strahlung in einer Reihe von Experimenten, die ab 1930 durchgeführt wurden und 1932 zum Beweis der Existenz des Neutrons führten. Begonnen wurden diese Experimente von dem deutschen Physiker Walter BOTHE (1891–1957). Er beschoß Berylliumatome mit Alphateilchen und stellte dabei fest, daß auch hier eine Umwandlung von Elementen erfolgte. Dabei treten aber nicht – wie bei RUTHERFORDS Experimenten – Protonen auf, sondern es entsteht eine bis dahin unbekannte Strahlung mit ganz neuartigen Eigenschaften. Eine Klärung dieser Erscheinungen gelang 1932 dem englischen Physiker James CHADWICK (1891–1974) mit dem Nachweis, daß es sich bei dieser Strahlung um bis dahin noch nie beobachtete Teilchen handelt, die nur wenig schwerer als die Protonen sind und keine elektrische Ladung besitzen. Man bezeichnete sie als Neutronen. Die beobachtete Reaktion war dann:

Beryllium + Helium → Kohlenstoff + Neutron

Diese Reaktion wurde später weitgehend zur Erzeugung von Neutronen für die Bestrahlung von Kernen benutzt. Die Neutronen kommen im freien Zustand in unserer normalen Umwelt sonst kaum vor, weil sie, wie man später feststellte, instabil sind und mit einer Halbwertszeit von rund 11,5 Minuten in ein Elektron und ein Proton zerfallen, was aber keineswegs bedeutet, daß die Neutronen selbst aus einem Proton und einem Elektron aufgebaut sind.

Die Entdeckung des Neutrons erwies sich sehr schnell als höchst bedeutungsvoll. Neutronen wurden zu einem der wichtigsten Hilfsmittel bei der Erforschung der Kernstruktur. Außerdem spielen sie bei der Gewinnung von Kernenergie durch Kernspaltung eine entscheidende Rolle. Neutronen können dicke Materieschichten durchdringen, ohne durch Ionisation Energie zu verlieren. Sie werden von den positiv geladenen Atomkernen nicht abgestoßen und können entsprechend leichter in sie eindringen.

Kurz nach der Entdeckung des Neutrons konnten Werner HEISENBERG und Dmitri Dmitrijewitsch IWANENKO (geb. 1904) unabhängig voneinander ihre neuen Vorstellungen über den Bau der Atomkerne darlegen. Danach bestehen die Atomkerne aus Protonen und Neutronen, die man zusammenfassend auch als Nukleonen bezeichnet. Die Nukleonenzahl oder Massenzahl der Atome ist also gleich der Summe aus der Protonenzahl und der Neutronenzahl.

Bei den Protonen und Neutronen handelt es sich nach Heisenberg um unterschiedliche Zustände des gleichen Teilchens, wobei er auch gleich annehmen mußte, daß beide den gleichen inneren Drehimpuls oder Spin, nämlich ½, haben, den gleichen Wert, den auch das Elektron hat. In den Atomkernen spielen sich zwischen Protonen und Neutronen laufend wechselseitige Umwandlungen ab, die wir noch ausführlicher in Verbindung mit den Kernkräften besprechen werden. Um die zwei Zustände des Nukleons als Proton und als Neutron zu unterscheiden, mußte Heisenberg eine neue, sehr abstrakte Quantenzahl einführen, den Isotopenspin. Wie wir aber später zeigen werden, ergeben sich diese Zusammenhänge zwanglos aus der heute bekannten inneren Struktur der Nukleonen, nämlich aus ihrem Aufbau aus Quarks.

Die Neutronen, die im freien Zustand selbst radioaktiv zerfallen, können auch gelegentlich im Kern zerfallen und so die Erklärung für die Betastrahlen der radioaktiven Kerne liefern. Diese Vorstellung hat sich als korrekt erwiesen. Die Tatsache, daß die Neutronen im Kern normalerweise jedoch nicht in Protonen zerfallen, ist auf Grund der besonderen im Kern herrschenden Verhältnisse zu verstehen. Mit diesen werden wir uns noch näher beschäftigen.

Die hier entwickelte Vorstellung vom Bau der Atomkerne erklärt auch zwanglos die Existenz der Isotope. Danach handelt es sich bei den Isotopen um Atome, deren Kerne zwar die gleiche Protonenzahl haben, jedoch eine unterschiedliche Zahl von Neutronen enthalten. Der Aufbau der drei bekannten Isotope des einfachsten chemischen Elements ist jetzt leicht zu erklären:

1. *Gewöhnlicher Wasserstoff*
   Der Kern besteht aus einem Proton.

2. *Schwerer Wasserstoff oder Deuterium*
   Der Kern, der auch Deuteron genannt wird, besteht aus einem Proton und einem Neutron.

3. *Überschwerer Wasserstoff oder Tritium*
   Der Kern, der auch Triton genannt wird, besteht aus einem Proton und zwei Neutronen.

Alle drei Wasserstoffisotope haben in ihrer Atomhülle jeweils ein Elektron.

Die meisten in der Natur vorkommenden Elemente haben mehrere Isotope, die dann in einem bestimmten Verhältnis auftreten. Für zwei natürliche Elemente geben wir die entsprechenden Zahlenwerte in Tabelle 4.3.1 an.

Insgesamt wurden bis jetzt schon mehr als 1500 Isotope verschiedener Elemente gefunden. Allein in der schon erwähnten Großforschungseinrichtung GSI in Darmstadt wurden zwischen 1975 und 1982 noch 75 neue Isotope entdeckt und ihre wichtigsten Eigenschaften gemessen.

Die Erkenntnis, daß alle Atomkerne aus Protonen und Neutronen bestehen, war nur eine erste Etappe auf einem langen Weg, der auch heute noch nicht zu einer allgemein zufriedenstellenden Theorie für den Aufbau der Kerne geführt hat. Wie wir im folgenden sehen werden, hat man sich erst mit der Form der Kerne und dann mit verschiedenen Darstellungen ihrer Eigenschaften beschäftigt. Dabei stößt man immer wieder auf das zentrale Problem, nämlich zu erklären, warum der Kern überhaupt zusammenhält, warum sich die positiv geladenen Protonen nicht gegenseitig hinausstoßen.

Es muß angenommen werden, daß zwischen allen Nukleonen starke, anziehende Kräfte wirken, die den Kern zusammenhalten. Die Frage nach der genauen Natur dieser Kräfte, der Kernkräfte, ist der eigentliche Grund für die Entwicklung der gesamten Subnuklearphysik, mit der wir uns im Rest dieses Buches befassen werden. Wenn man heute ein wahrscheinlich brauchbares Schema für das

Natürlicher Sauerstoff	Kernladungszahl	8
	99,76 % mit Massenzahl	16
	0,04 % mit Massenzahl	17
	0,20 % mit Massenzahl	18
Natürliches Uran	Kernladungszahl	92
	99,274 % mit Massenzahl	238
	0,720 % mit Massenzahl	235
	0,006 % mit Massenzahl	234

Tabelle 4.3.1: Die Isotopenzusammensetzung des natürlichen Sauerstoffs und Urans

zukünftige Verständnis der Kernkräfte vorlegen kann, so rechtfertigt das wohl einen großen Teil der seit der Entdeckung der Neutronen unternommenen Anstrengungen.

Jetzt werden wir aber noch die Entwicklungen der dreißiger Jahre verfolgen, da viele von ihnen für unsere heutige Technologie von grundlegender Bedeutung sind. Daß dabei die Kernkräfte selbst einstweilen als Tatsache nur hingenommen werden müssen, wird nur wenig stören.

Die ersten Streuversuche an Kernen zeigten, daß diese annähernd als kugelförmig angenommen werden können, daß jedoch Abweichungen beobachtbar sind und daß einige Kerne mehr und andere weniger genau kugelförmig sind. Die Atomkerne, die der Kugelform besonders nahe kommen, sind durchweg nicht radioaktiv. Es handelt sich hierbei also um stabile Kerne. Die besonders stabilen Kerne sind dadurch gekennzeichnet, daß in ihnen die folgenden Protonen- oder Neutronenzahlen vorkommen:

2, 8, 20, 28, 40, 50, 82, und 126

Da für diese Zahlen lange Zeit keine überzeugende Erklärung gegeben werden konnte, hat man sie als *magische Zahlen* bezeichnet. Kerne, bei denen entweder die Protonen- oder die Neutronenzahl eine magische Zahl ist, werden magische Kerne genannt. Es gibt sogar doppeltmagische Kerne, bei denen sowohl die Protonen als die Neutronen in magischer Zahl auftreten. Dies sind natürlich Hinweise auf eine gewisse Ordnung im Kern, die an die Atomhülle erinnert und die auch der Ausgangspunkt für einige Modellvorstellungen waren.

Andererseits handelt es sich bei den Kernen um besonders kompakt aufgebaute Objekte. Die Protonen und Neutronen im Kern müssen ziemlich oft aneinanderstoßen. Einen Aufbau ähnlich der Atomhülle, die mit einem Planetensystem vergleichbar ist, konnte man sich schwer vorstellen. Trotzdem wird eine solche Modellvorstellung benutzt. Hier werden wir uns erst mit einer einfacheren, jedoch sehr erfolgreichen Modellvorstellung beschäftigen, bei der die Kerne als Flüssigkeitströpfchen angesehen werden. Zu dieser Modellvorstellung paßt dann auch die aus den Experimenten gewonnene Erkenntnis, daß es Kerne mit mehr oder weniger ausgeprägter Oblaten-, Diskus- oder Zigarrenform gibt.

4.4. Einige Modelle der Atomkerne

Bei der Beschreibung der Elektronenhüllen der Atome wurde bereits klar, daß es nicht genügt, eine Fülle von Einzelerkenntnissen über die untersuchten Objekte zu sammeln, sondern daß diese Erkenntnisse zu einer umfassenden Theorie vereinigt werden müssen. Solange dies nicht möglich ist, muß man sich mit Modellen begnügen, die natürlich nur eine begrenzte Gültigkeit haben.

Aber selbst wenn eine umfassende Theorie vorhanden ist, bleiben die Modelle manchmal erhalten, um eine anschauliche Vorstellung der Vorgänge zu ermöglichen. In vielen Fällen stammt aus den Modellvorstellungen ein geeigneter mathematischer Rahmen, der dann als erlaubte Näherung an die theoretisch exakten Formeln benutzt werden darf.

Bei der Beschreibung der Atomkerne sind wir bis heute auf mehr oder weniger gute Modelle angewiesen. Außerdem existiert eine umfangreiche Theorie der Kernreaktionen, die eine quantenmechanische Beschreibung derselben erlaubt. Bei den Modellvorstellungen muß daran erinnert werden, daß sie unter ganz bestimmten Gesichtspunkten konstruiert sind und daß sie die wiedergegebenen Erfahrungstatsachen stets in einer vereinfachten Weise darstellen und nicht mit der Wirklichkeit identifiziert werden dürfen.

Das anschaulichste aller Kernmodelle ist das von dem amerikanischen Physiker russischer Herkunft George Anthony GAMOW (1904–1968) entwickelte und von Niels BOHR weiter ausgebaute *Tropfenmodell*. Dabei werden die Atomkerne als kleine Tropfen einer aus Protonen und Neutronen bestehenden Flüssigkeit betrachtet. Die Konstruktion dieses Modells kann damit begründet werden, daß die Atomkerne und die Flüssigkeitstropfen manche Eigenschaft gemeinsam haben.

So wurde schon darauf hingewiesen, daß die Dichte der Atomkerne für alle Kernarten nahezu gleich groß und somit, in Übereinstimmung mit den Flüssigkeitstropfen, von der Tropfengröße unabhängig ist.

Eine weitere Ähnlichkeit bezieht sich auf die zwischen den Teilchen wirkenden Kräfte. In beiden Fällen handelt es sich um Kräfte mit einer sehr kleinen Reichweite. Dies hat zur Folge, daß Wechselwirkungen immer nur zwischen nahe beieinanderliegenden Teilchen stattfinden.

Schließlich besteht in bezug auf die Bindungsenergien der Teilchen eine große Ähnlichkeit zwischen den Atomkernen und den

Flüssigkeitstropfen. Zur Herauslösung eines Wassermoleküls durch die Oberfläche der Flüssigkeit benötigt man stets die gleiche Energie, unabhängig davon, ob diese Herauslösung aus einem Regentropfen, einem Eimer Wasser oder einem See erfolgt. Der Grund hierfür liegt wiederum in der kurzen Reichweite der zwischen den Wassermolekülen wirkenden Kräfte, was zur Folge hat, daß alle weiter entfernten Moleküle auf die Herauslösung keinen Einfluß haben.

Auch bei den Atomkernen ist die zur Ablösung eines Nukleons erforderliche Energie nahezu unabhängig von der Größe des Kernes. Genauer betrachtet gibt es hier jedoch gewisse Ausnahmen, die wir etwas näher betrachten werden, weil wir für sie später interessante Anwendungen finden werden. Die zur Ablösung eines Nukleons erforderliche Energie ist bei leichten und schweren Kernen etwas kleiner als bei den mittleren. Diese Tatsache kann aber mit Hilfe des Tropfenmodells verständlich gemacht werden.

Bei den leichteren und also kleineren Kernen folgt aus rein geometrischen Überlegungen, daß der prozentuale Anteil der an der Oberfläche befindlichen Nukleonen größer ist als bei den größeren. Da jedes Nukleon wegen der kleinen Reichweite der Kernkräfte nur mit seinen unmittelbaren Nachbarn wechselwirkt, die an der Oberfläche befindlichen aber weniger Nachbarn haben, liegt die Bindungsenergie bei den leichteren Kernen unter dem Mittelwert.

Bei den schwereren Kernen wird dagegen die Abnahme der Bindungsenergie auf die höhere Protonenzahl und deren elektrische Abstoßung zurückgeführt. Die elektrische Kraft hat nicht die kurze Reichweite der Kernkraft, sondern sie wirkt über den ganzen Kern hinweg, was zur Folge hat, daß die Bindungsenergie mit steigender Protonenzahl abnimmt. Sie kann schließlich so klein werden, daß sich Instabilitäten einstellen und der Kern spontan zerfällt.

Der deutsche Physiker Carl Friedrich von Weizsäcker (geb. 1912) hat diese Zusammenhänge in einer halbempirischen Formel zusammengefaßt. Mit ihr kann man die Bindungsenergien der Nukleonen aller Kerne ziemlich genau berechnen.

Das Tropfenmodell erlaubt es auch, andere Eigenschaften der Kerne zu beschreiben, die besonders bei der Kernspaltung interessant sind und auf die wir noch zurückkommen werden. Zum Bau des ersten Kernreaktors konnte das Tropfenmodell in der Planungsphase herangezogen werden und hat dabei besonders gute Dienste geleistet.

Das Tropfenmodell hat natürlich wie jedes Modell auch seine Grenzen. In ihm werden die individuellen Eigenschaften verschiedener Atomkerne nicht genügend beachtet, eine innere Struktur der

Kerne wird gar nicht berücksichtigt. Weitergreifend ist in dieser Beziehung das *Schalenmodell*, in dem angenommen wird, daß die Nukleonen im Kern, so ähnlich wie die Elektronen in der Atomhülle, auf ganz bestimmten stabilen Bahnen, die auch Schalen genannt werden, angeordnet sind. Diese Schalen entsprechen hier auch wieder ganz bestimmten Energiestufen, nur daß bei den Kernen die entsprechenden Energiewerte etwa einemillionmal größer sind als bei den Atomhüllen.

Ein Grund für die Entwicklung des Schalenmodells war das schon erwähnte Auftreten der magischen Zahlen, die durch das Tropfenmodell nicht verständlich gemacht werden können. Aus dem Bereich der Elektronenhüllen ist bekannt, daß jede Schale nur eine Maximalzahl von Elektronen aufnehmen kann, was durch das PAULI-Prinzip ausgedrückt wird. Vollständig gefüllte Schalen, die man auch als abgeschlossen bezeichnet, weisen eine große Stabilität auf. In ähnlicher Weise sind die durch die magischen Zahlen ausgezeichneten, besonders stabilen Atomkerne durch abgeschlossene Protonen- oder Neutronenschalen gekennzeichnet. Die Voraussetzungen für die Gültigkeit des PAULI-Prinzips waren durch den Spin der Nukleonen (s. 3.4.) ja gegeben.

Bei einem stabilen Kern sind die verschiedenen Schalen voll mit Nukleonen besetzt. Dadurch erklärt sich die Tatsache, daß in diesen Kernen die Neutronen nicht zerfallen können: Die Zerfallsprotonen würden keinen freien Platz im Kern finden. Entsprechend finden diese Zerfälle normalerweise auch gar nicht statt.

Die Nukleonen der Atomkerne können ähnlich wie die Elektronen der Atomhüllen durch Absorption von genügend energiereichen Photonen auf ein höheres Energieniveau gehoben werden und auch durch Abstrahlung von Energie wieder auf tiefere Niveaus zurückfallen. Aus dem Bereich der Atomhüllen wissen wir, daß diese Vorgänge zur Entstehung der äußerst aufschlußreichen Linienspektren führen. In ähnlicher Weise vermittelt die Kernspektroskopie wichtige Daten über die Beschaffenheit der Schalen der Atomkerne.

Auch für die Atomkerne ist die räumliche Vorstellung der Nukleonenschalen sehr schwierig. Man kann aber ein anschauliches Bild mit Hilfe eines zweidimensionalen Modells entwickeln. Man stellt sich, wie bei den Atomhüllen (s. 3.7.), ein Loch in einer Tischplatte vor, das aber im Fall der Atomkerne ein ganz andere Form haben muß. Es sieht hier nicht wie ein Trichter, sondern eher wie ein Topf aus und wird in der Fachsprache auch *Potentialtopf* genannt. Ein solcher Topf ist in Abb. 4.4.1 dargestellt. Mit der SCHRÖDINGER-

Gleichung (oder einer anderen Wellengleichung) kann man jetzt, genau wie im Fall der Elektronen, ganz bestimmte Niveaus ausrechnen, die den Schalen der Kerne, also den stationären Zuständen der Nukleonen im Kern, entsprechen.

Der Name Potentialtopf stammt aus der klassischen Mechanik und ist mit der potentiellen Energie verbunden. Wenn ein Teilchen, in unserem Bild durch ein Kügelchen dargestellt, in den Potentialtopf fällt, dann hat es am oberen Topfrand eine potentielle Energie, die durch den Abstand vom Boden bestimmt ist. Nach dem Rutsch zum Boden hat es seine potentielle Energie in Bewegungsenergie verwandelt. Das Teilchen muß dann also eine gewisse Geschwindigkeit haben, es sei denn, die Energie wurde durch Abstrahlung abgegeben.

Im Fall der Atomkerne kann man mit dem Modellbild des Topfes auch noch weitere physikalische Eigenschaften der Kerne korrekt darstellen: zum Beispiel die elektrische Abstoßungskraft der Kerne für positiv geladene Teilchen wie die Protonen oder Alphateilchen. Dies wird in Abb. 4.4.2 in Form eines Walles dargestellt. Während also in Abb. 4.4.1 der Topf so dargestellt wurde, wie er einem Neutron erscheint, ist in Abb. 4.4.2 gezeigt, wie er einem Proton (oder Alphateilchen) wegen seiner elektrischen Ladung erscheint.

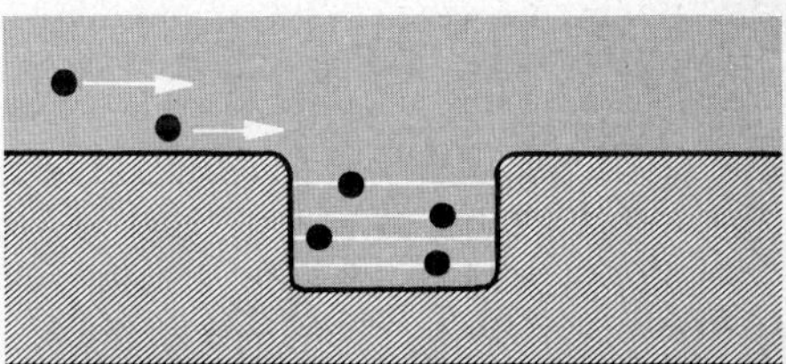

Abb. 4.4.1: Der Potentialtopf, der durch die Kernkräfte verursacht wird, so wie er von einem Neutron gesehen wird

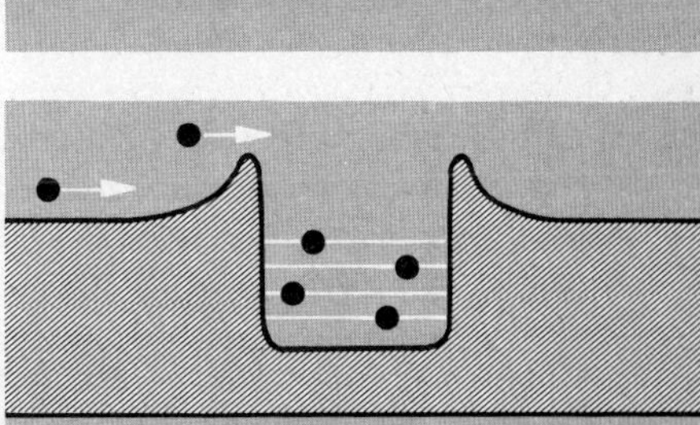

Abb. 4.4.2: Der Potentialtopf mit einem abstoßenden Wall, wie er von positiv geladenen Teilchen gesehen wird

Wenn wir uns die Nukleonen wie Kügelchen vorstellen, die auf dem Tisch herumrollen, dann versteht man mit Hilfe dieses Modells, warum Neutronen so leicht in Kerne «hineinfallen», während man Protonen und Alphateilchen erst beschleunigen muß, damit sie den für sie gültigen Wall überschreiten können. Der Wall stellt nichts anderes dar als die abstoßenden elektrischen Kräfte, die aber im Inneren des Kernes von den anziehenden und viel stärkeren Kernkräften weit übertroffen werden. Die Tiefe, in der ein Nukleon im Topf liegt oder schwebt, ist eine Darstellung seiner Bindungsenergie, also der Energie, die nötig ist, um das Nukleon aus dem Kern zu «heben».

Der Abstand vom Grund des Topfes ist so dargestellt, daß er der Bewegungsenergie der Nukleonen entspricht. Das Modellbild des Topfes veranschaulicht nämlich noch eine weitere wichtige Aussage, die aber diesmal eher aus dem Tropfenmodell stammt. Teilchen, die sich über einem flachen Potentialtopfboden befinden, verhalten sich wie fast freie Teilchen. Im freien Raum, wie er zum Beispiel durch unsere Tischplatte für Kügelchen symbolisiert wird, ist ja der Boden auch eben, und die Teilchen «schweben» in unserer Darstellung in einer durch ihre Bewegungsenergie oder durch ihren Impuls festgelegten Höhe (s. Abb. 4.4.1). Der flache Boden des Kerntopfes zeigt also, daß sich die Nukleonen im Inneren des Kernes relativ frei bewegen. Sie werden ja auch von allen Seiten zwar kräftig, aber gleichmäßig angezogen. Erst an den Rändern, das heißt an der Oberfläche des Kernes, bekommen sie ihre Zugehörigkeit zum Kern zu spüren: Die Außenwelt liegt für sie viel zu hoch, sie brauchen, um herauszuspringen, einen gewaltigen Energiestoß.

Für die Hochenergiephysik ist die Darstellung des Kernes als Flüssigkeit oder besser als Gas mit frei beweglichen Teilchen in einem Potentialtopf meist ausreichend. Dabei stellt sich heraus, daß die Nukleonen im Kern durchaus große Geschwindigkeiten haben, deren Wert bis zu etwa einem Viertel der Lichtgeschwindigkeit beträgt. Die entsprechenden Bewegungsenergien liegen dann um die 30 Millionen Elektronenvolt, also bei etwa 30 MeV. Die Elektronen in der Atomhülle sind damit verglichen sehr langsam; sie bewegen sich mit Geschwindigkeiten, die nur einige Hundertstel der Lichtgeschwindigkeit betragen. Entsprechend gering sind auch die in der Atomhülle auftretenden Energien.

Ein in den Kern eindringendes Teilchen mit sehr hoher Energie schlägt meist ein einzelnes Nukleon heraus, ohne sich um den Rest des Kernes besonders zu kümmern. Die Bewegung des getroffenen

Nukleons muß dabei jedoch oft berücksichtigt werden und kann sogar zur Erhöhung der Stoßenergie beitragen.

Zusammenfassend läßt sich sagen, daß man die Atomkerne durch Flüssigkeitstropfen oder schalenartig aufgebaute Gebilde beschreiben kann. In beiden Fällen werden die Energieverhältnisse der Nukleonen mit Hilfe eines Potentialtopfes anschaulich wiedergegeben. Dieser Potentialtopf ist hier aus zeichnerischen Gründen zweidimensional dargestellt. In Wirklichkeit handelt es sich jedoch um ein räumliches Gebilde, das man erhält, indem man die zweidimensionale Darstellung um die Symmetrieachse rotieren läßt.

Allgemein kann gesagt werden, daß die für den Atomkern geltenden Gesetzmäßigkeiten komplizierter sind als diejenigen für die Atomhülle. Der Grund hierfür ist unter anderem darin zu sehen, daß die Elektronen in der Atomhülle sich in dem verhältnismäßig einfachen und wohlbekannten elektrischen Feld der Atomkerne bewegen, während im Kern selbst, wegen der Natur der kurzreichenden Kernkräfte und wegen der Bewegung der Nukleonen, besonders komplizierte Bedingungen herrschen. Hier gibt es deshalb noch eine Reihe ungeklärter Probleme. Trotzdem war es möglich, genügend Erkenntnisse über den Atomkern zu erwerben, um damit eine beachtliche Technologie aufzubauen, über die im nächsten Abschnitt berichtet wird.

4.5. Die Kernspaltung und die Kernverschmelzung

Wenn der Begriff *Atomkern* heute weit über den Kreis der Fachleute hinaus im Bewußtsein fast aller Menschen eine wichtige Rolle spielt, so ist dies darauf zurückzuführen, daß durch die Kernspaltungen und die Kernverschmelzungen große Energiemengen freigesetzt werden können. Dies geschieht hauptsächlich in den Kernkraftwerken und wurde beim Einsatz der Kernwaffen in erschreckender Weise deutlich. Im folgenden sollen die grundlegenden physikalischen Vorgänge dargelegt werden, die sich bei den Kernspaltungen und bei den Kernverschmelzungen abspielen, ohne daß dabei auf technische Einzelheiten eingegangen wird. Dabei greifen wir in der Zeit etwas voraus, um an dieser Stelle die Wichtigkeit der Kernkräfte hervorzuheben.

Es wurde schon gesagt, daß die Bausteine der Atomkerne, die Nukleonen, durch die besonders starken Kernkräfte aneinander gebunden sind. Um ein Nukleon aus einem Atomkern zu entfernen, muß zur Überwindung dieser anziehenden Kräfte Energie beigesteuert werden. Umgekehrt wird Energie frei, wenn in den Atomkern ein weiteres Nukleon eingebaut wird. Anschaulich stellt man sich das mit Hilfe des Potentialtopfmodells vor. Um ein Nukleon herauszuheben, muß Energie zugeführt werden. Wenn ein Nukleon in den Topf fällt, gibt es Energie ab. Sie entspricht dem Niveauunterschied zwischen der Außenebene und der Höhe, in der das Nukleon im Kern seine Bahn oder Schale gefunden hat.

Dabei beobachtet man einen auf den ersten Blick sonderbaren Effekt, den wir mit der Masse-Energie-Beziehung der relativistischen Mechanik leicht verstehen werden. Am einfachsten erläutern wir die Zusammenhänge am Beispiel des Heliumkernes, der aus zwei Protonen und zwei Neutronen besteht. Die Massen der beiden Nukleonen wurden sehr genau gemessen und sind, ausgedrückt in den Einheiten der Teilchenphysiker, also in MeV:

Protonenmasse = 938,3 MeV
Neutronenmasse = 939,6 MeV

Durch die Vereinigung von zwei Protonen und zwei Neutronen müßte sich daher ein Kern mit der Masse 3755,8 MeV ergeben. Sehr genaue Messungen zeigen dagegen, daß die Masse des Heliumkernes 3727,5 MeV beträgt.

Dies bedeutet, daß die Masse des Heliumkernes um 28,3 MeV, das heißt um 0,75 Prozent kleiner als die Summe der Massen seiner Bausteine ist. Auf jedes Nukleon des Heliumkernes entfällt also ein Massenverlust von 7,1 MeV. Auch bei allen anderen Atomkernen tritt die gleiche Erscheinung auf. Der Massenverlust pro Nukleon schwankt (bis auf einige Ausnahmen) zwischen 7 und 9 MeV. Daher kann allgemein festgestellt werden, daß beim Zusammenschluß von Protonen und Neutronen zu Atomkernen stets ein Massenverlust entsteht, den man auch Massendefekt des Kernes nennt. Die fehlende Masse entspricht nach der Energie-Masse-Beziehung von EINSTEIN (s. 2.6.)

$$\text{Energie} = \text{Masse} \times c^2$$

Abb. 4.5.1: Die Bindungsenergie eines Nukleons im Atomkern in Abhängigkeit von der Massenzahl

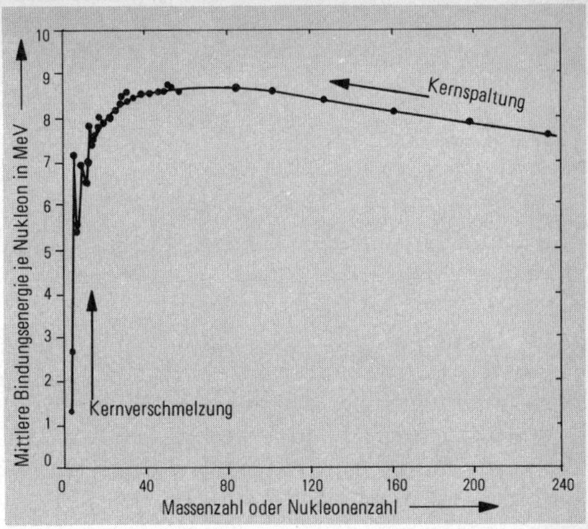

genau dem Wert der beim Zusammenschluß der Nukleonen abgestrahlten Energie. Wenn man die Nukleonen wieder trennen möchte, dann muß natürlich der gleiche Energiebetrag aufgewendet werden.

Es wurde schon früher erwähnt und im Zusammenhang mit dem Tropfenmodell verständlich gemacht, daß die Bindungsenergie der Nukleonen bei den Atomkernen mit einer mittleren Nukleonenzahl am größten ist und daß sie sowohl nach der Seite der schweren als auch nach der Seite der leichten Kerne hin abnimmt. In Abb. 4.5.1 ist die Bindungsenergie je Nukleon in Abhängigkeit von der Massen- oder Nukleonenzahl der Atomkerne schematisch dargestellt. Auf die dabei erkennbaren unregelmäßigen Schwankungen im Bereich der kleinen Nukleonenzahlen soll hier nicht näher eingegangen werden, weil sie für die hier durchgeführten grundsätzlichen Betrachtungen ohne Bedeutung sind.

Wenn es gelingt, einen schweren Atomkern in zwei mittelschwere zu spalten, so wird dabei die Bindungsenergie je Nukleon vergrößert; auf Grund der früheren Darlegungen hat dies zur Folge, daß Energie nach außen abgegeben wird. Aus Abb. 4.5.1 ist ferner ersichtlich, daß auch bei der Verschmelzung leichter Atomkerne zu mittelschweren die Bindungsenergie je Nukleon zunimmt, so daß also auch bei diesem Vorgang Energie frei wird. Die Gewinnung von Kernenergie durch Kernspaltung oder Kernverschmelzung beruht also immer darauf, daß Atomkerne mit kleiner Bindungsenergie je Nukleon in andere Atomkerne mit größerer Bindungsenergie je Nukleon übergeführt werden.

4.5.1. Die Kernspaltung

Die beiden deutschen Forscher Otto Hahn (1879–1968) und Fritz Strassmann (1902–1980) machten 1938 in Berlin eine aufsehenerregende und folgenreiche Entdeckung. Sie fanden nämlich, daß die schweren Urankerne durch den Beschuß mit Neutronen in zwei Bruchstücke gespalten werden können. Bei den beiden Bruchstücken handelt es sich um Atomkerne mittlerer Massenzahl. Damit war der Beweis dafür erbracht, daß die für eine Freisetzung großer Energiemengen erforderliche Spaltung schwerer Atomkerne in zwei mittelschwere Teile tatsächlich realisierbar ist. Die Untersuchungen ergaben weiter, daß bei jeder solchen Spaltung noch zwei bis drei Neutronen frei werden. In Abb. 4.5.2 ist ein Beispiel für eine solche Kernspaltung schematisch dargestellt. Die hinter den Elementen angegebene Zahl ist ihre Massenzahl. Die freigewordene Energiemenge von 198 MeV ist natürlich der für die Energiegewinnung wesentliche Teil des Vorganges.

Das Zustandekommen der Kernspaltung kann mit Hilfe des Tropfenmodells der Atomkerne verständlich gemacht werden. Wenn man nämlich einem Flüssigkeitstropfen mechanische Energie zuführt, so erfolgt eine Änderung seiner zunächst kugelförmigen Gestalt. Da die Oberflächenspannung die Gestaltänderung rückgängig zu machen sucht, beginnt der Tropfen zu schwingen. Bei einer genügend großen Energiezufuhr können die Schwingungen so groß werden, daß der Tropfen eine Einschnürung erfährt und schließlich in zwei Tröpfchen zerfällt (Abb. 4.5.3).

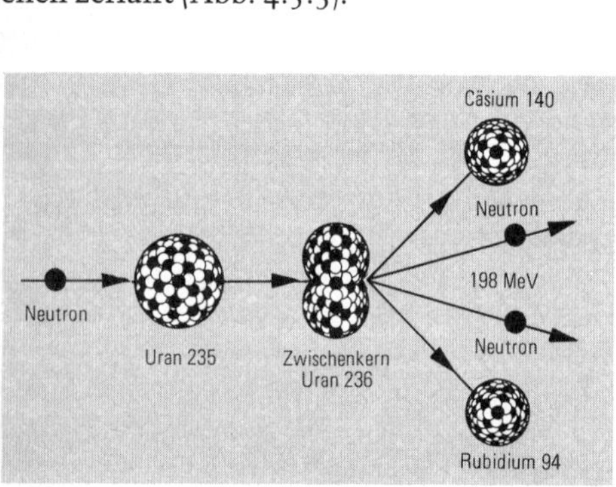

Abb. 4.5.2: Spaltung eines Uran-235-Kernes durch den Beschuß mit einem Neutron

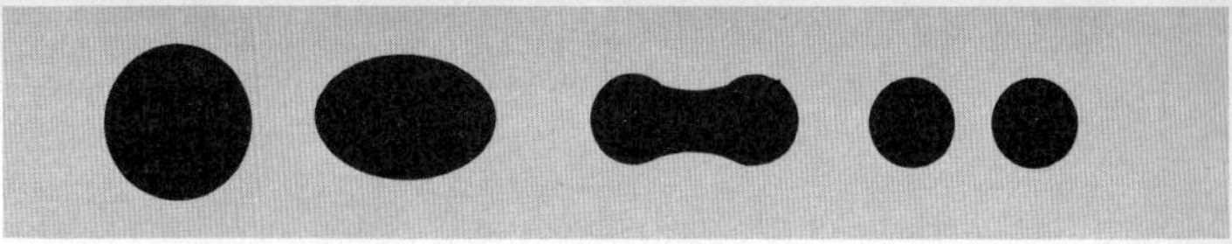

Abb. 4.5.3: Spaltung eines Flüssigkeitstropfens durch Energiezufuhr

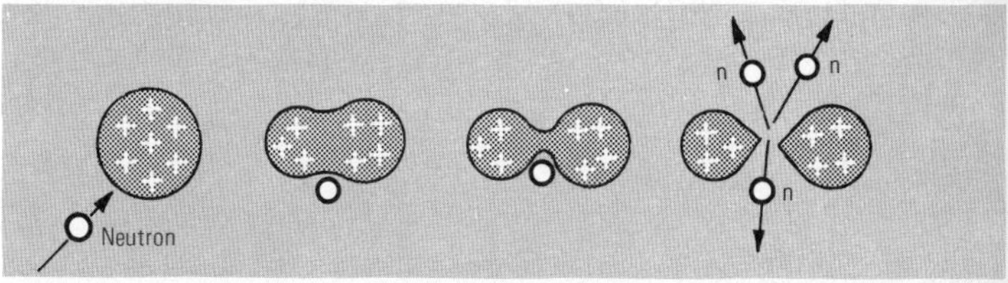

Abb. 4.5.4: Spaltung eines Urankernes durch Beschuß mit einem Neutron

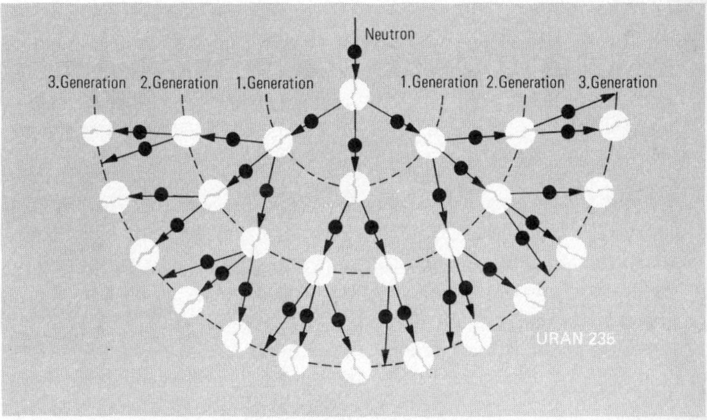

Abb. 4.5.5: Schema einer atomaren Kettenreaktion

In ganz ähnlicher Weise vollzieht sich die Kernspaltung. Doch besteht gegenüber dem Flüssigkeitstropfen ein wichtiger Unterschied, da hier die abstoßenden elektrischen Kräfte der Protonen hinzukommen. Durch das Eindringen eines Neutrons in den Urankern entsteht zunächst in Analogie zum Flüssigkeitstropfen ein hantelförmiges Gebilde, das dann durch die elektrische Abstoßung der beiden Verdickungen an seiner schwächsten Stelle in zwei Bruchstücke zerfällt (Abb. 4.5.4).

Entscheidend für die praktische Gewinnung und Nutzung der bei den einzelnen Spaltungen freiwerdenden Energie ist die Tatsache, daß bei jeder solchen Spaltung einige neue Neutronen abgegeben werden, die dann unter geeigneten Umständen weitere Kerne spalten können. So entsteht eine atomare Kettenreaktion, wie sie in Abb. 4.5.5 schematisch dargestellt ist. Diese Kettenreaktionen sind eine unentbehrliche Voraussetzung für den Betrieb von Kernreaktoren. Der Ablauf einer solchen Kettenreaktion wird durch einen Multiplikationsfaktor charakterisiert. Diese Zahl gibt an, um welchen Faktor sich die Anzahl der neue Spaltungen bewirkenden Neutronen von Generation zu Generation in einem bestimmten Aufbau verändert. Dabei sind drei Fälle möglich:

1. Wenn der Multiplikationsfaktor größer als eins ist, so nimmt die Neutronenzahl mit jeder Generation zu. Die Generationen folgen sehr schnell aufeinander, da die Zeit zwischen der Entstehung eines Neutrons und der von ihm bewirkten Spaltung weniger als eine hunderttausendstel Sekunde beträgt. Dies hat zur Folge, daß die Neutronenzahl sehr schnell hohe Werte erreicht und daß in weniger als einer Sekunde das gesamte vorhandene reine Uran 235 unter Abgabe ungeheuer großer Energiemengen gespalten wird. Dieser Fall liegt bei der Atombombe vor.

2. Hat der Multiplikationsfaktor den Wert eins, so führt von den entstehenden Neutronen im Mittel genau eines zu einer neuen Kernspaltung. Die darüber hinaus freigesetzten Neutronen werden entweder von anderen als den Uran-235-Kernen eingefangen und damit für weitere Spaltungen unwirksam gemacht, oder sie entweichen aus dem räumlichen Bereich des spaltbaren Urans, ohne dort eine Spaltung bewirkt zu haben. In diesem Fall befindet sich die Kettenreaktion im Gleichgewicht. Es handelt sich um den Zustand, der beim stationären Betrieb eines Kernreaktors vorliegt.

3. Schließlich kann der Multiplikationsfaktor kleiner als eins sein. Dann nimmt die Neutronenzahl von Generation zu Generation ab. In diesem Fall kann entweder eine Kettenreaktion überhaupt nicht zustande kommen, oder eine bereits ablaufende erlischt in sehr kurzer Zeit.

Es ist für den Betrieb der Kernreaktoren von entscheidender Bedeutung, daß es technisch möglich ist, den Multiplikationsfaktor innerhalb gewisser Grenzen durch geeignete Einrichtungen nach Wunsch zu verändern und damit die Kettenreaktion zu steuern. Zum erstenmal gelang dies dem Team des italienischen Physikers Enrico FERMI (1901–1954) Ende 1942 an der Universität Chicago. Entsprechende deutsche Versuche im Zweiten Weltkrieg wurden kurz vor Kriegsende wegen Materialmangels und Kriegseinwirkungen aufgegeben.

Damit eine Kettenreaktion überhaupt zustande kommen kann, muß eine weitere Voraussetzung erfüllt sein. Es läßt sich nicht vermeiden, daß ein Teil der entstehenden Neutronen aus der zu spaltenden Stoffmenge wirkungslos entweicht. Außer der geometrischen Form und der Beschaffenheit aller beteiligten Materialien ist auch die insgesamt vorhandene Masse des spaltbaren Materials von entscheidender Bedeutung. Am Beispiel einer Urankugel läßt sich dies am einfachsten verstehen. Der durch das Entweichen entstehende Neutronenverlust ist um so geringer, je größer die Masse der spaltbaren Substanz ist, weil die Oberfläche bei zunehmender Masse langsamer als das Volumen wächst. Bei zu geringen Mengen an spaltbarem Material entweichen deshalb so viele Neutronen ohne Spaltwirkung durch die Oberfläche, daß keine Kettenreaktion entsteht. Die für das Zustandekommen einer Kettenreaktion erforderliche Mindestmasse einer spaltbaren Substanz wird als ihre kritische Masse bezeichnet. Bei reinem Uran 235 beträgt diese etwa 50 Kilogramm, was einer Kugel mit dem Radius von rund 8,5 Zentimeter entspricht.

In den Kernreaktoren steht die bei den gesteuerten Kettenreaktionen freiwerdende Energie zum weitaus überwiegenden Teil in Form von Wärme zur Verfügung. Die Kraftwerke verwenden diese Wärmeenergie zur Erzeugung von Wasserdampf, der – ebenso wie bei den mit Kohle, Öl oder Erdgas betriebenen traditionellen Wärmekraftwerken – über Turbinen elektrische Generatoren antreibt. Auf diese Weise wird die Kernenergie in elektrische Energie übergeführt, die dann dem Verbraucher geliefert wird. Die in Energie umgewandelte Masse ist dabei nur ein sehr geringer Bruchteil der Masse des verbrannten, spaltbaren Isotops, zum Beispiel des Urans 235. Praktisch bleibt dann nahezu die gesamte eingesetzte Masse an spaltbarem Material in Form von heute zum großen Teil nicht verwertbaren mittelschweren Elementen übrig, die außerdem meist radioaktiv sind. Dies bereitet den Kraftwerken zunehmend Sorgen, und deshalb wird auch so intensiv an der Erschließung anderer Energiequellen und anderer Möglichkeiten zur Verwertung der Kernenergie gearbeitet.

Es gibt verschiedene Typen von Kernreaktoren, auf die hier nicht näher eingegangen werden soll. Für das Verständnis der Struktur der

Materie ist nicht so sehr der Bau und die Wirkungsweise solcher großtechnischen Anlagen interessant als vielmehr die dabei gewonnenen grundlegenden Einsichten in die physikalischen Zusammenhänge. Diese bestehen hier in der wichtigen Erkenntnis, daß es möglich ist, manche Atomkerne durch den Beschuß mit Neutronen zu spalten, und daß dabei sehr große Energiemengen frei werden. Außer dem hier erwähnten Uran 235 existieren noch einige wenige andere Elemente, die ein ähnliches Verhalten zeigen. In allen Fällen entsteht die Energie dadurch, daß bei den Kernspaltungen ein kleiner Teil der beteiligten Massen nach dem von EINSTEIN formulierten Gesetz in Energie übergeht.

4.5.2. Die Kernverschmelzung oder die Kernfusion

Eine weitere Möglichkeit zur Gewinnung von Kernenergie besteht in dem Zusammenbau von leichten zu etwas schwereren Atomkernen. Man bezeichnet diesen Vorgang als Kernverschmelzung oder als Kernfusion. Es wurde bereits am Beispiel des Heliums gezeigt, daß auch hierbei ein kleiner Teil der beteiligten Massen nach dem EINSTEIN-Gesetz in Energie umgewandelt wird. Dabei hat sich allerdings später herausgestellt, daß die bei diesem Beispiel zugrunde gelegte unmittelbare Vereinigung von Protonen und Neutronen zu Heliumkernen technisch nicht realisierbar ist. Es handelt sich um eine Erörterung, durch die dargestellt werden sollte, daß bei solchen Kernverschmelzungen Massendefekte auftreten, die zur Freisetzung großer Energiemengen führen können.

Es gibt verschiedene Möglichkeiten zur Verschmelzung von Atomkernen. Für alle diese Vorgänge gilt, daß die zu verschmelzenden Kerne einander sehr nahe gebracht werden müssen, um in die Reichweite der gegenseitigen Kernkräfte zu gelangen. Diese notwendige Annäherung wird dadurch erschwert, daß alle Atomkerne positiv elektrisch geladen sind und sich deshalb gegenseitig abstoßen. Die Abstoßung wird um so stärker, je näher sich die Kerne kommen. Hier ist die Darstellung des Potentialtopfes mit seinem Wall sehr zutreffend, wie schon früher in Abb. 4.4.2 gezeigt wurde. Man kann einfach einen der Kerne als ein schwebendes Kügelchen betrachten; es muß genügend hoch schweben, also genügend Bewegungsenergie haben, um den Wall zu überfliegen und in den Bereich der Kernkräfte zu gelangen. Wenn wirklich eine Fusion eintreten soll, so müssen sich die Atomkerne mit einer bestimmten Mindestgeschwindigkeit, das heißt auch mit einer bestimmten Mindestenergie, nähern, die um so größer sein muß, je höher die Kernladungszahl der zu verschmelzenden Kerne ist. Eine größere Kernladungszahl ist durch einen höheren Wall dargestellt.

Mit dem geringsten Energieaufwand sind also Fusionen von Kernen mit möglichst kleiner elektrischer Ladung realisierbar. Dies sind die Wasserstoffisotope mit der Kernladungszahl 1, die Heliumkerne mit der Ladung 2 und die Lithiumkerne mit der Ladung 3. Die zur Fusion erforderliche Energie kann den Teilchen entweder durch die später noch genauer zu behandelnden Beschleunigungsgeräte oder durch die Zufuhr großer Wärmemengen erteilt werden.

Mit Beschleunigungseinrichtungen ist es gelungen, Teilchen auf so hohe Energie zu bringen, daß eine Fusion erfolgt, wenn man sie aufeinander schießt. Die Zahl der dabei stattfindenden Treffer ist aber zur Gewinnung von Energie nicht ausreichend. Nach dem heutigen Stand der technischen Entwicklung ist diese Methode zur Gewinnung nutzbarer Energie nicht geeignet, weil der zur Beschleunigung der Teilchen erforderliche Energieaufwand größer ist als die bei der Fusion freiwerdende Nutzenergie. Für die Erforschung der Verschmelzungsvorgänge und für die Untersuchungen über die Struktur der Materie sind solche Beschießungsversuche aber sehr aufschlußreich.

Die andere Möglichkeit, den Atomkernen die für Kernfusionen erforderliche Energie zu erteilen, besteht in der Aufheizung auf sehr hohe Temperaturen. Die zu fusionierenden Teilchen führen mit steigender Temperatur eine immer lebhafter werdende, ungeordnete Bewegung aus, wobei ihre Geschwindigkeiten und damit auch ihre Energien zwar sehr unterschiedliche Beträge haben, jedoch im Mittel ansteigen. Wenn man etwa Deuteriumgas auf rund 100 Millionen Grad Celsius erhitzt, so hat ein genügend großer Teil der Deuteronen eine zur Kernfusion ausreichende Energie. Man bezeichnet die dann möglichen Verschmelzungsvorgänge, bei denen also die erforderliche Energie der Stoßpartner aus ihrer Wärmebewegung stammt, als thermonukleare Reaktionen.

Solche thermonuklearen Kernfusionen konnten bis jetzt nur bei der Wasserstoffbombe verwirklicht werden und führten dort zu der bekannten explosionsartigen Freisetzung großer Energiemengen. Die erforderliche hohe Temperatur wird durch die Zündung einer «gewöhnlichen» Uranbombe erreicht. Wenn die thermonukleare Verschmelzung auf diese Weise erst einmal in Gang gekommen ist, wird durch die Fusion selbst so viel Energie frei, daß die gesamte vorhandene Substanz explosionsartig fusioniert.

Die Sonne und die Fixsterne gewinnen die von ihnen abgestrahlte

Energie ebenfalls durch thermonukleare Fusionsvorgänge. Dabei laufen im Inneren der Gestirne mehrere Fusionsreaktionen ab, wobei im wesentlichen vier Wasserstoffkerne über verschiedene Zwischenstufen zu einem Heliumkern verschmolzen werden. Auf Grund der Masse-Energie-Äquivalenz ist die Energieabstrahlung der Gestirne stets mit einem Massenverlust verbunden, der im Fall der Sonne rund vier Millionen Tonnen pro Sekunde ausmacht.

Die Reaktion:

Tritium + Deuterium → Helium + Neutron + 17,6 MeV

wird als die geeignetste für Fusionsreaktoren angesehen. Das Tritium und Deuterium wird hierfür von seinen Elektronen getrennt und bildet ein sogenanntes Plasma (Abb. 4.5.6). Dieses Plasma kann in geeigneten Magnetfeldern gespeichert werden, so daß es die Gefäßwände nie berührt. Dadurch hofft man dann die zur Fusion erforderliche Temperatur und Teilchendichte zu erreichen. Eine der dafür verwendeten Anordnungen wird nach einer russischen Abkürzung TOKOMAK genannt, auf deutsch *toroidale* (also ringförmige) *magnetische Kammer.* Während man das nötige Deuterium aus natürlichem Wasser gewinnen kann, muß das Tritium aus dem Metall Lithium durch Neutronenbeschuß erzeugt werden:

Lithium 6 + Neutron → Helium + Tritium + 4,6 MeV

Hierfür können die im TOKOMAK anfallenden Neutronen verwendet werden.

Obwohl in vielen Forschungseinrichtungen der Welt mit großem Einsatz an der Verwirklichung der Kernfusionsreaktoren gearbeitet wird, konnten auf diesem Gebiet bisher nur Anfangserfolge erzielt werden.

Das europäische Programm auf diesem Gebiet konzentriert sich auf einige Forschungszentren und vor allem auf das gemeinsame Großexperiment Joint European Torus (JET) in Culham bei Oxford in England (Abb. 4.5.7). Mit ihm sind alle westeuropäischen Kernfusionszentren durch Rechte und Pflichten verbunden. Koordiniert werden diese Untersuchungen im Rahmen einer europäischen Zusammenarbeit mit der Bezeichnung EURATOM.

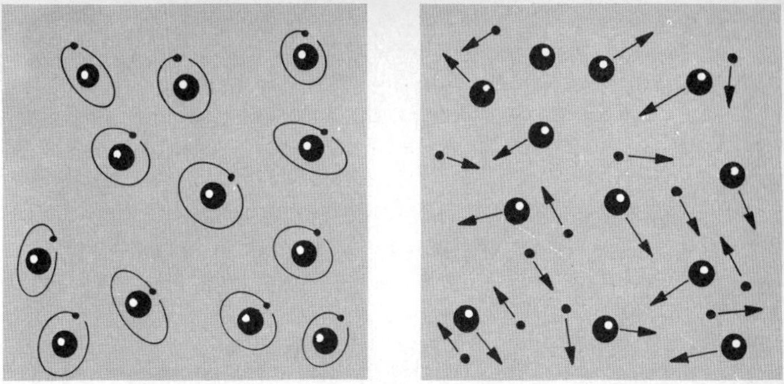

Abb. 4.5.6: Darstellung eines normalen Gases (links) und eines Plasmas (rechts), in dem die Elektronen von ihren Atomkernen abgetrennt sind

Abb. 4.5.7: Die JET-(Joint European Torus-)Apparatur im Bau, als man noch in die ringförmige Plasmakammer hineinsehen konnte
(Foto JET JOINT UNDERTAKING)

Vor Mitte der neunziger Jahre rechnet man nicht mit dem Bau eines energieliefernden Prototyp-Kernfusionsreaktors. Es ist auch nicht möglich, Termine für den großtechnischen Einsatz dieser Energiequelle anzugeben. Es gibt Kritiker, die grundsätzlich an der Realisierungsmöglichkeit dieses Planes zweifeln. Wenn es aber trotzdem gelingen sollte, wirtschaftlich und sicher arbeitende Kernfusionsreaktoren zu bauen, so stünde der Menschheit eine nahezu unerschöpfliche Energiequelle zur Verfügung. Allerdings entstehen dabei auch große Probleme, etwa mit dem radioaktiven Müll. Die intensive Neutronenstrahlung der Fusionsreaktoren verursacht in vielen der Baustoffe des Reaktors künstliche Radioaktivität.

Hiermit beenden wir unseren Ausflug in die Anwendung der Kernkräfte und kehren zurück zu den Problemen, die Anfang der dreißiger Jahre bei den Untersuchungen der radioaktiven Phänomene auftraten.

4.6. Die Betastrahlung und das Neutrino

Es ist in der Geschichte der Physik mehrfach vorgekommen, daß die Existenz von bestimmten Teilchen auf Grund theoretischer Erwägungen vorausgesagt wurde und daß ihr experimenteller Nachweis erst sehr viel später erfolgt ist. Ein Beispiel für einen solchen Vorgang soll im folgenden erörtert werden. Es handelt sich dabei um die Erkenntnis, daß es ein neues Teilchen geben müßte, welches schon von Anfang an als fast unsichtbar und unbeobachtbar betrachtet wurde und dessen Nachweis dann 23 Jahre auf sich warten ließ.

Der Betazerfall der radioaktiven Substanzen (s. 4.2.), bei dem von den Atomkernen Elektronen abgegeben werden, hatte die Atomphysiker vor Probleme gestellt, die nur durch einen genialen Gedanken gelöst werden konnten. Wir möchten als erstes die Probleme erläutern, die in den zwanziger Jahren, als gerade die brillanten Ideen zur Quantentheorie der Atomhüllen geboren wurden, einen tiefen Schatten auf die Kernphysik warfen.

Überraschend erschien schon damals die Tatsache, daß beim Betazerfall eines Kernes Elektronen ausgesandt werden, obwohl es sehr fraglich erschien, ob es im Kern überhaupt Elektronen geben kann.

Chadwick hatte schon 1919 die von den Atomen abgestrahlten Elektronen näher untersucht. Er konnte klarstellen, daß vom Kern stammende Elektronen Energiewerte aufweisen, die über einen größeren Bereich kontinuierlich verteilt sind, und daß sie in manchen Fällen von keinerlei Gammastrahlung begleitet werden. Diese scheinbar banale Erkenntnis entpuppte sich bald als verheerend für eine Reihe grundlegender Prinzipien der Physik.

Die hier betrachteten Elektronen wurden von Kernen entsandt, die vor und nach der Emission exakte und wohlbekannte Energiezustände besaßen. Dementsprechend mußten auch die ausgestrahlten Elektronen solche exakt bestimmten Energien aufweisen, zumal sie von keiner weiteren meßbaren Abstrahlung begleitet waren. Da aber die abgestrahlten Elektronen unterschiedliche Energien aufwiesen, schien der Energieerhaltungssatz hier verletzt zu werden.

Man konnte auch feststellen, daß beim Betazerfall der innere Drehimpuls (Spin) des zerfallenden Kernes einen ganzzahligen Sprung machte, während das abgestrahlte Elektron einen halbzahligen Spin mitnahm. Eine Erhaltung der Summe der Drehimpulse schien also ebenfalls nicht vorzuliegen. An einem bestimmten Betazerfall, den man genau untersuchen konnte, wurde dieser Widerspruch besonders klar. Das superschwere Wasserstoffisotop Tritium zerfällt in einen Helium-3-Kern und ein Elektron. In diesem Fall konnte festgestellt werden, daß der Drehimpuls nicht erhalten blieb, da man schon damals die Drehimpulse aller beteiligten Teilchen kannte.

Als letztes war auch noch der Erhaltungssatz des Impulses in Frage gestellt, denn beim Zerfall eines Systems mit genau bekannter Masse durften die zwei Zerfallsprodukte immer nur genau den Impuls aufweisen, den man aus den Gleichungen der (relativistischen) Mechanik ausrechnen konnte. Dagegen wiesen die beobachteten Elektronen nur als Maximalwert diesen ausgerechneten Betrag auf und sonst meist nur kleinere Werte.

All dies bedeutete für die Physiker eine schwere Zumutung, denn die Erhaltungssätze gehörten und gehören zu den wichtigsten und umfassendsten Gesetzen der Physik, deren uneingeschränkte Gültigkeit zu den Fundamenten des gesamten physikalischen Gedankengebäudes gehört. Es gab eine große Zahl von Spekulationen zur Lösung des Dilemmas, bis schließlich Wolfgang Pauli 1930 auf den richtigen Gedanken kam, den er anfangs nur sehr zurückhaltend aussprach.

Ein neues Teilchen, welches sich bis dahin der Beobachtung entzogen hatte, mußte für die fehlenden Größen verantwortlich sein. Dieses hypothetische Teilchen sollte Energie, Impuls und Drehimpuls mitnehmen können und so für die Wiederherstellung dieser drei

Erhaltungssätze sorgen. Die Physiker in Rom, unter ihnen Enrico FERMI, nannten das neue Teilchen Neutrino. Mit diesem Namen wird heute eine Gruppe von Teilchen bezeichnet, zu denen es gehört. Es hat sich nämlich gezeigt, daß es verschiedene Arten von Neutrinos gibt, die auch unterschiedliche Bezeichnungen tragen. Wir kommen später auf sie zurück. Das von PAULI postulierte, beim Betazerfall entstehende Neutrino wird heute präzis als Elektron-Antineutrino bezeichnet.

Man mußte annehmen, daß das Neutrino für elektromagnetische Kräfte unempfindlich ist, daß es also keine elektrische Ladung besitzt. Es reagiert auch nicht auf Kernkräfte. Energie und Impuls kann es, ähnlich wie das Photon, auch ohne nennenswerte Masse mitnehmen. Um den Drehimpuls bei der obengenannten Reaktion wieder in Ordnung zu bringen, mußte man annehmen, daß das Neutrino einen halbzahligen Spin besitzt. Heute wird sein Spin als ½ anerkannt. Dagegen ist es nicht unbedingt nötig, daß die Masse des Neutrinos exakt Null ist, und es gibt Physiker, die mit einer endlichen, jedoch sehr kleinen Neutrinomasse zufrieden wären.

Ein Teilchen, welches keine der bis dahin bekannten Kräfte spürt und trotzdem mit hoher Energie von einem System abgeschossen wird, muß nun doch von irgendeiner Kraft beschleunigt werden. Diese Kraft wurde die «schwache Kraft» genannt; sie ist von FERMI näher untersucht und beschrieben worden. Wir werden noch öfter auf sie zurückkommen.

In den Jahren nach 1930 wurde so gut wie allgemein anerkannt, daß es dieses hypothetische Neutrinoteilchen geben muß, obwohl sein Nachweis erst viel später möglich wurde. Eine direkte Beobachtung einer durch Neutrinos verursachten Reaktion gelang erst 1953 an einem Kernreaktor. Man konnte dann 1957 zeigen, daß man in besonderen Nebelkammern außer der Spur des Betastrahls, das heißt des Elektrons, auch noch die des Rückstoßkernes (es war Helium 6) beobachten kann und daß man so aus der Impulsbilanz auf die Anwesenheit eines dritten Partners schließen muß.

Der beim Betazerfall sich abspielende Grundvorgang kann also so gedeutet werden:

$$\text{Neutron} \rightarrow \text{Proton} + \text{Elektron} + \text{Neutrino}$$

wobei es sich in diesem Fall um ein Elektron-Antineutrino handelt. Dieser in Abb. 4.6.1 graphisch dargestellte Zerfallsvorgang gilt so-

Abb. 4.6.1: Schematische Darstellung des Neutronenzerfalls

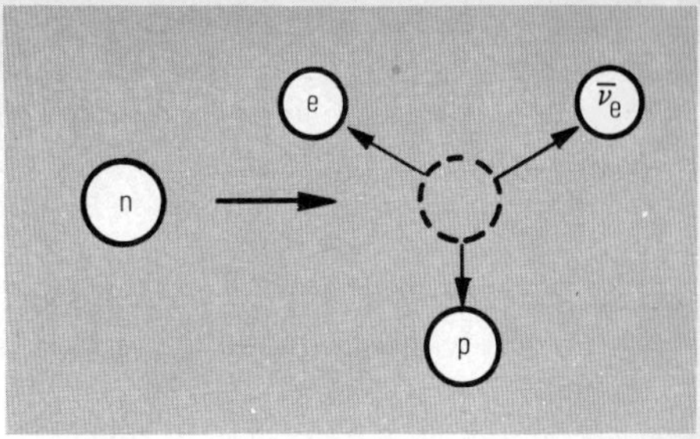

wohl für die in den Atomkernen gebundenen als auch für die freien Neutronen. Sehr lange wurde die Vorstellung FERMIS benutzt, nach der die schwachen Kräfte immer vier Teilchen – wie zum Beispiel in der oben angegebenen Reaktion – verbinden. Heute können wir diese Vorgänge etwas präziser beschreiben, wie wir noch zeigen werden.

Der Nachweis der Neutrinos ist so schwierig, weil sie eine äußerst geringe Neigung haben, mit anderen Teilchen oder mit Materie überhaupt zu reagieren. Um eine Aussicht zu haben, einzelne Wechselwirkungen der Neutrinos zu beobachten, braucht man eine intensive Neutrinoquelle und spezielle Nachweisgeräte mit extrem viel «Masse». Kernreaktoren eignen sich als Neutrinoquellen, weil die bei der Kernspaltung entstehenden Kern-Bruchstücke stark radioaktiv sind und als Begleitung der Betastrahlung auch Neutrinos aussenden.

Äußerst ergiebige Neutrinoquellen sind auch die Fixsterne und für uns die Sonne. Die Zahl der aus dem Inneren der Sonne auf uns strahlenden Neutrinos ist unvorstellbar groß; sie beträgt auf der Erde mehrere Milliarden pro Quadratzentimeter und pro Sekunde. Diese Strahlung trifft uns nicht nur am Tage, sondern auch in der Nacht; die nächtliche Neutrinostrahlung kommt dadurch zustande, daß dic Neutrinos die ganze Erde fast ungestört zu durchdringen vermögen. Selbst der Weg aus dem Zentrum der Sonne macht ihnen keine Schwierigkeiten; da die Neutrinos sich wahrscheinlich mit Lichtgeschwindigkeit bewegen, wird dieser Weg in wenigen Sekunden zurückgelegt. Die gleichzeitig erzeugte Fusionskernenergie braucht dagegen dreißig Millionen Jahre, um an die Oberfläche der Sonne zu gelangen. Die Neutrinos, welche den Fusionsreaktionen entsprechen, die uns heute erwärmen, wurden also schon vor 30 Millionen Jahren abgeschickt!

Die bis jetzt erwähnten Neutrinos haben Energien, die in der Größenordnung der Energie der Betastrahlung der radioaktiven Elemente liegen, also höchstens 10 MeV erreichen. Neutrinos entstehen jedoch nicht nur beim Zerfall des Neutrons, sondern auch aus anderen Teilchen, die wir in den nächsten Kapiteln kennenlernen werden. Deshalb ist es sogar möglich, im Labor künstliche Neutrinostrahlen mit Hilfe von Hochenergiebeschleunigern aufzubauen. Auf Grund ihrer hohen Energie können die Reaktionen dieser Neutrinos dann leichter identifiziert werden.

Die sehr seltenen Reaktionen zwischen den Neutrinos und anderen Teilchen haben sich als äußerst interessante physikalische Ereignisse erwiesen. So kann man zum Beispiel wichtige Informationen über die innere Struktur der mit Neutrinos beschossenen Teilchen erhalten. Außerdem sind die Neutrinos selbst auch interessante Forschungsobjekte, da ihre physikalischen Eigenschaften noch einige Rätsel aufgeben. Wie schon erwähnt, ist die Frage nach der genauen Masse der Neutrinos noch nicht endgültig geklärt. Diese Frage ist keineswegs von untergeordneter Bedeutung. Ihre Beantwortung hat auch auf unsere Vorstellungen von der Entwicklung des Universums einen entscheidenden Einfluß. Wegen dieser umfassenden Bedeutung wird die Antwort auf die Frage nach der Neutrinomasse auch über den Kreis der Physiker hinaus mit großer Spannung erwartet. Man kann sagen, daß die Erforschung der Neutrinos zu den Schwerpunkten der Elementarteilchenphysik gehört. Einige wichtige Aspekte dieser Untersuchungen werden deshalb noch genauer beleuchtet werden.

4.7. Die heile Welt von 1932

Das Jahr 1932 brachte für die physikalischen Vorstellungen von der Struktur der Materie einen gewissen vorläufigen Abschluß. CHADWICK konnte in diesem Jahr die Existenz eines neuen Teilchens nachweisen, das wir als Neutron kennengelernt haben, und HEISENBERG und IWANENKO entwickelten kurz danach ihre Theorien über den Aufbau der Atomkerne aus Protonen und Neutronen. Es gab also damals drei in Experimenten nachgewiesene Urbausteine der Materie, nämlich *die Elektronen,*

aus denen die Atomhüllen aufgebaut sind und die zum Beispiel für den elektrischen Strom verantwortlich sind, und

die Protonen und die Neutronen,

aus denen die Atomkerne gebildet sind.

Hierzu kamen noch

die Photonen

als die Quanten des elektromagnetischen Feldes, die für zahlreiche damals bekannte Energieübertragungen verantwortlich waren und als solche auch das Licht und die Rundfunkwellen bilden.

Mit Hilfe dieser vier Teilchenarten schien die gesamte physikalische Welt erklärbar und beschreibbar zu sein. Man nahm damals an, daß diese vier Teilchen die letzten elementaren Objekte seien, die nicht aus noch kleineren Bausteinen zusammengesetzt sind. Die Welt erschien damit wunderbar einfach und überschaubar. Eine große Fülle von Erfahrungstatsachen konnte in ein einfaches System eingeordnet werden.

Für die Wechselwirkungen aller Art zwischen diesen vier Teilchen konnte man drei Kräfte verantwortlich machen, und zwar die wohlbekannte *elektromagnetische Kraft,* die *Kernkraft* mit ihrer kurzen Reichweite, über die man damals noch wenig aussagen konnte, und, wenn man sehr genau sein wollte, die für die radioaktiven Zerfälle gerade eingeführte *schwache Kraft.* Hinzu kommt noch die *Gravitationskraft,* die aber im Bereich der kleinen, hier behandelten Massen keine Rolle spielt, weil sie um viele Zehnerpotenzen schwächer ist als alle anderen.

Dazu muß man natürlich das theoretische Werkzeug rechnen, das bis dahin schon in einem beachtlichen Zustand war. Die Physiker hatten sich schon längst an die *Relativitätstheorie* gewöhnt sowie an die Quantifizierung aller Naturerscheinungen, besonders im mikroskopischen Bereich, und an die Wahrscheinlichkeitsaussagen der gerade entwickelten *Quantenmechanik.*

Die theoretischen Vorstellungen waren von außerordentlicher Wichtigkeit; durch sie wurde die weitere Entwicklung sehr stark bestimmt. Die verschiedenen theoretischen Betrachtungen führten zu wichtigen Erkenntnissen, die wiederum zum experimentellen Forschen anspornten. So sind damals die Grundlagen für die Quantentheorie der elektromagnetischen Vorgänge, das heißt für die *Quantenelektrodynamik,* entstanden, und danach kamen die ersten Ideen über einen ähnlichen Aufbau der Kernkräfte. Dabei ergaben sich Fragen und Voraussagen, die für die folgenden Jahre wegweisend waren und mit denen wir uns in den nächsten Kapiteln beschäftigen werden.

Einige Fragen warteten damals dringend auf eine Antwort. So hatte man bis dahin die von Pauli vorgeschlagenen Neutrinos zur Lösung des Betazerfallproblems, das wir im vorigen Abschnitt besprochen haben, noch nicht nachweisen können. Aber da es sich ja um *fast* unnachweisbare Teilchen handelte, nahm man ihr Fehlen einstweilen nicht sonderlich ernst.

Es mußten auch einige physikalische Tatsachen einfach postuliert werden, ohne daß ein besonderer Grund dafür angegeben werden konnte, wie zum Beispiel das Zusammenhalten der Atomkerne und die dafür nötigen Kernkräfte mit ihrer kurzen Reichweite. Man hat ihre Existenz einfach als gegeben angenommen, eine Einstellung, die jedoch bald nicht mehr aufrechterhalten werden konnte. Kräfte, über die man so gut wie nichts wußte, konnten nicht auf die Dauer als reine Tatsache hingenommen werden. Die Kenntnis der elektromagnetischen Kräfte, die unter anderem die Atomhüllen zusammenhalten, war im Vergleich dazu in einem bewundernswerten Zustand.

Auch für die damals gerade eingeführten «schwachen Kräfte» gab es keine nähere Beschreibung, und ihr Auftreten wurde als eine empirische Tatsache hingenommen. Freilich handelte es sich einstweilen nur um die Erklärung der Radioaktivität. Erst in den folgenden Jahren mußte man sich immer mehr mit den «schwachen Kräften» beschäftigen, weil immer mehr experimentelle Ergebnisse bekannt wurden, die durch diese Kräfte verursacht werden.

Ein weiteres nicht gelöstes Problem wár die Frage nach den von der Dirac-Gleichung geforderten Antiteilchen, mindestens der Antielektronen, über deren Existenz damals noch nichts bekannt war.

Seit 1932 hat sich die Lage wesentlich verändert. Es zeigte sich nämlich sehr bald, daß es außer den vier obengenannten Teilchen – Elektronen, Protonen, Neutronen und Neutrinos – und den Photonen noch eine große Menge weiterer sogenannter Elementarteilchen gibt und daß die zunächst als elementar betrachteten Protonen und Neutronen sowie die über hundert neu dazuentdeckten Teilchen in Wirklichkeit zum überwiegenden Teil gar nicht elementar sind, sondern daß sie aus noch kleineren Bausteinen bestehen. Mit diesen interessanten Arbeiten und ihren eindrucksvollen und manchmal sogar aufregenden Ergebnissen werden wir uns in den folgenden Abschnitten beschäftigen.

5. Die Subnuklearphysik

5.1. Die Wege zur Neuen Physik

Die großen Fortschritte in der Physik sind immer durch die Verknüpfung vieler einzelner Erkenntnisse zustande gekommen. Dies gilt besonders für die Untersuchung der kleinsten Teile der Materie. Ein Beispiel, das wir schon in Kapitel 3 behandelt haben, stammt aus der Frühzeit der modernen Atomphysik: Einerseits hatte RUTHERFORD die Struktur der Atome durch Beschuß mit Alphateilchen erforscht und festgestellt, daß es sich um Elektronenhüllen mit einem Kern handelt; andererseits hatte man auf Grund der Spektren des von den Atomen abgestrahlten Lichtes und durch die Untersuchung der angeregten Zustände der Atome auf deren inneren Aufbau schließen können. Dies waren zwei verschiedene Informationsquellen, die am Ende zu einem einheitlichen Bild der Atomstruktur geführt haben.

Sehr ähnlich hat sich die Subnuklearphysik entwickelt. Man fand viele Teilchen, die durch ihre Ordnung, durch ihre Regelmäßigkeiten und durch ihre angeregten Zustände auf eine eigene innere Struktur hinwiesen. Unabhängig davon führte man eine Art von RUTHERFORD-Experiment in kleineren Dimensionen durch. Beides führte schließlich zu dem heute anerkannten Bild der Quarks und Leptonen als Grundbausteinen der Materie.

Es ist immer etwas vereinfacht, wenn man versucht, solche langjährigen Entwicklungen in einem ganzen Forschungsbereich auf rigoros getrennte «Wege» zu zwingen. Querverbindungen sind immer vorhanden, und in vielen Fällen sind sie sogar wesentlich für den erzielten Fortschritt. Wenn wir also hier von «Wegen» sprechen, so soll dieses sprachliche Bild nur die Hauptrichtungen angeben, die man sich aber nicht isoliert vorstellen darf.

Die innovative Entwicklung eines Forschungsbereichs beginnt im allgemeinen mit einer fundamentalen Fragestellung, die sehr oft später zu unerwarteten Ergebnissen führt. Bei der Subnuklearphysik, die wir in diesem fünften Kapitel behandeln, geht es am Anfang um das Problem der Kernkräfte, die in den dreißiger Jahren als unverstandene Tatsache hingenommen werden mußten. Der Versuch, diese Kräfte des Atomkerns besser zu verstehen, hat überraschend zur Entdeckung neuer Teilchen geführt. Der Versuch, diese Teilchen zu ordnen, hat dann den Schluß nahegelegt, daß alle Teilchen, auch die früher schon bekannten, aus *noch* kleineren Bausteinen bestehen.

Der Weg über die Ordnung des «Teilchenzoos», den wir jetzt zuerst beschreiten werden, entspricht etwa dem Weg, auf dem die Physik der Atomhülle über die Ordnung der Atome und ihre angeregten Zustände an ihr Forschungsziel gelangte. Danach werden wir den zweiten Weg beschreiben, der genau dem RUTHERFORD-Experiment entspricht: Dann werden Nukleonen mit besonders feinen Projektilen beschossen, um wiederum Rückschlüsse auf deren innere Struktur vollziehen zu können.

Wir werden also zwei ganz unterschiedliche Methoden kennenlernen, mit denen man zu der Erkenntnis vorstieß, daß die Materie aus Quarks und Leptonen besteht. Dies war eine langwierige Arbeit, die sich bis weit in die siebziger Jahre erstreckte, eine Zeit, in der auch viele Wissenschaftler den Mut verloren haben und auf andere Gebiete übergewechselt sind. In den sechziger Jahren war das Panorama noch lange nicht so weit geklärt wie heute, und die zwei Wege, auf denen man in das Innere der Nukleonen vordringen konnte, waren noch lange nicht miteinander vereinigt. Erst als die sogenannten *schweren Quarks* an Speicherringen erzeugt wurden, also nach 1974, konnte man eine gewisse Zwischenbilanz ziehen, über die wir in den nächsten Kapiteln berichten.

Teilchenbeschleuniger haben bei diesen Entwicklungen eine sehr wichtige Rolle gespielt. Ganz allgemein gilt, daß man kleinere Objekte nur dann erfassen kann, wenn man höhere Energien zur Verfügung hat. Einerseits ist es eine Tatsache, daß Teilchen mit höherer Energie auch kleinere Abmessungen haben, was man aus der Quantenmechanik verstehen kann (s. 3.6.). Entsprechend kann man wie RUTHERFORD bei Streuexperimenten auch kleinere Strukturen *sehen* oder erfassen. Andererseits kann man aber bei höheren Energien neue und schwerere Teilchen erzeugen und untersuchen.

Auch an den Beschleunigern haben wir also zwei mögliche Wege zur Teilchenphysik vor uns:

1. Erzeugung von Teilchen und angeregten Zuständen

und

2. Streuexperimente

Beide Wege wurden mit Hochenergiebeschleunigern beschritten, obwohl den Physikern eine weitere Quelle von Teilchen zur Verfügung steht, nämlich die Höhenstrahlung, die wir im Abschnitt 5.3. besprechen werden. In der Höhenstrahlung gibt es sogar Energien, die mit der heute zugänglichen Technik in Beschleunigern nicht erreichbar sind. Trotzdem konnte nur mit Hilfe von künstlich erzeugten Teilchenstrahlen ein glaubwürdiges Bild geschaffen werden. Die gleiche Information über die Elementarteilchen hätte vielleicht in jahrzehntelangen Messungen aus der Höhenstrahlung entnommen werden können. Der Aufwand wäre aber noch viel größer gewesen.

Bevor wir uns nun in die Entwicklung der Subnuklearphysik vertiefen, möchten wir aber noch einige Bemerkungen einschieben.

Der Leser wird sicher bemerken, daß wir im Laufe des Buches immer mehr auf die Namen der Autoren wichtiger Errungenschaften verzichten. Dies hat seinen besonderen Grund. Der Arbeitsstil der Physiker hat sich nämlich im Laufe der Jahre wesentlich geändert. Was zur Zeit RUTHERFORDS ein Professor mit seinem Assistenten und einigen Studenten in seinem kleinen Labor-Kämmerchen leisten konnte, das entspricht heute einem Experiment mit einer großen Gruppe von Wissenschaftlern und Technikern, die in jahrelanger Teamarbeit und mit einem Millionenaufwand ihre Forschungsvorhaben verfolgen.

Man kann darüber streiten, ob die heute eingesetzten riesigen Mittel dem Zweck oder dem erwarteten wissenschaftlichen Erfolg noch entsprechen. Es ist jedoch klar, daß alle als wichtig angesehenen Experimente, die mit weniger Mitteln durchführbar wären, schon längst durchgeführt sind. In unserer Darstellung werden wir also allmählich auf diesen neuen Stil eingehen. Wir können aus praktischen Gründen die vielen Autoren der neueren Forschungsarbeiten nicht mehr namentlich zitieren. Bestenfalls kann – bis auf wenige Ausnahmen – der Kurzname der Kollaboration oder der Mannschaft genannt werden.

Dies bedeutet natürlich nicht, daß es heute keine genialen Menschen mehr gibt oder daß sich die Forschungsvorhaben auf mittelmäßige Gemeinschaftsarbeiten beschränken. Die Wissenschaftler haben es verstanden, sich so zu organisieren, daß Genialität noch immer ihren Vorrang behält und daß der beim Menschen vorhandene gesunde Herdentrieb für die Durchführung der genialen Ideen eingesetzt wird.

Mancher Leser wird hier zweifelnd den Kopf schütteln. Wie können hundert hochqualifizierte Wissenschaftler sich auf eine bestimmte Forschungslinie einigen, obwohl sie sonst ganz andere Ziele verfolgen würden? Die Antwort ist: Es gibt objektiv gesehen Ziele, die weit höher liegen als die Interessen einzelner Persönlichkeiten. Dies wird bei der Diskussion im Gruppentreffen anerkannt und dann nach außen mit eiserner Geschlossenheit vertreten.

Die Bildung von großen Arbeitsgruppen ist in der modernen Hochenergiephysik unumgänglich geworden. Diese Entwicklung fing in den fünfziger Jahren an. Heute sind Arbeitsgruppen von zweihundert Wissenschaftlern keine Seltenheit. Auf den menschlichen Aspekt und auf die Probleme dieses sozialen Phänomens möchten wir besonders hinweisen. In vielen anderen Forschungsfeldern hat diese Entwicklung nicht oder *noch* nicht stattgefunden. Es ist aber zu erwarten, daß überall, wo großangelegte Technik erforderlich ist, diese Art von solidarischer Zusammenarbeit entstehen muß.

Der Stil der Hochenergiephysiker ist auch mit einem hohen materiellen Aufwand verbunden. Wenn Lord RUTHERFORD noch mit einem kleinen Zimmerchen und einem nicht nennenswerten jährlichen Etat auskam, so sind die analogen Experimente in den sechziger Jahren mit einem Aufwand von einigen Millionen DM verbunden und das nächste Experiment – wir meinen zum Beispiel die Untersuchung der inneren Struktur der Quarks – mit weniger als einer Milliarde nicht zu bewältigen. Auch daraus ergibt sich eine organisierte Gemeinschaftsarbeit besonderen Typs, die sich auf natürliche Art in der Hochenergiephysik eingebürgert hat.

In den nächsten Abschnitten werden wir die Wege verfolgen, die seit 1932 zur Physik der Quarks und der Leptonen geführt haben. Wir betrachten dies heute als einen gewaltigen Schritt zum besseren Verständnis der Struktur der Materie.

5.2. Die Kernkräfte und das YUKAWA-Teilchen

Die Tatsache, daß die Protonen und die Neutronen in den Atomkernen durch besondere Kräfte aneinander gebunden sind, stellte die Physiker Ende der zwanziger Jahre vor große Probleme. Aus den damals entstandenen Fragestellungen stammt auch der wesentliche Anstoß für die Untersuchungen, die in den darauffolgenden Jahrzehnten durchgeführt wurden und die zum heutigen Stand unseres Wissens über die kleinsten Bausteine der Materie geführt haben.

Das erste und wichtigste Problem betrifft die kurze Reichweite der Kernkräfte. Sie wirken offensichtlich nur über Entfernungen, die nicht größer sind als die Abmessungen der Atomkerne, übertreffen dort aber in ihrer Stärke bei weitem die elektromagnetischen Kräfte, die ja sonst die positiv geladenen Protonen auseinandertreiben würden. Sobald zwei Atomkerne aber etwas weiter voneinander entfernt sind, besteht zwischen ihnen kein merkbarer Effekt der Kernkräfte mehr. Auch die Elektronen der Atomhülle spüren nichts von diesen Kernkräften.

Die Kernkräfte sind nicht die ersten Kräfte, die den Physikern bekannt wurden, deren Effekt auf sehr kleine Abstände beschränkt ist. Schon in der Atom- und Molekularphysik gab es ähnliche Erscheinungen. Die möchten wir hier kurz erläutern, weil sie als Vorbild für die Überlegungen bezüglich der Kernkräfte (und dann auch anderer Kräfte) dienten. Im Endeffekt hat sich nämlich gezeigt, daß sowohl die Kernkräfte als auch die Kräfte zwischen Atomen auf andere, viel stärkere Kräfte zurückzuführen sind.

Zwischen elektrisch neutralen Atomen oder Molekülen sollte im Prinzip keinerlei elektrische Kraft wirken. Sie sollten sich weder abstoßen noch anziehen. Wenn aber neutrale Atome oder Moleküle einander sehr nahe kommen, dann kann sich ihr Verhalten ändern, wie es in Abb. 5.2.1 gezeigt ist. Die äußeren Elektronen der jeweiligen Atomhüllen spüren die Anwesenheit ihrer Partner-Elektronen im Nachbaratom und verändern ihre Bahnen oder, genauer genommen, es ändert sich die Wahrscheinlichkeitsverteilung (s. 3.7.) für ihre Anwesenheit, gemäß den Gesetzen der Quantenmechanik. Es kommt dabei vor, daß die äußeren Elektronen sogar beide (oder mehrere) Atome umkreisen und sie auf diese Art zusammenhalten. So bildet sich zum Beispiel aus einzelnen Atomen oder Molekülen eine Flüssigkeit. Solange die Atome sehr weit voneinander entfernt sind,

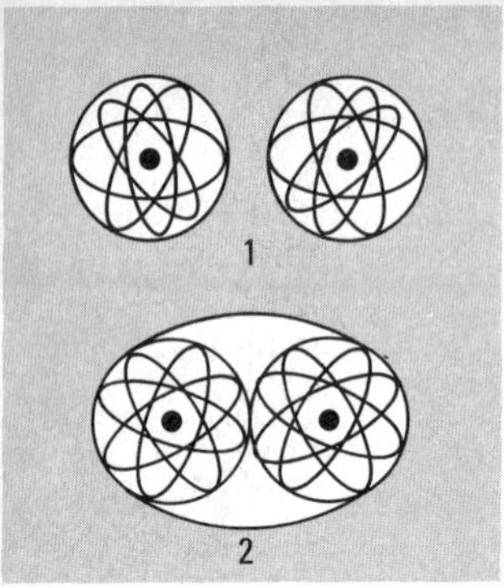

Abb. 5.2.1: Zwischen elektrisch neutralen Atomen wirken normalerweise keine Kräfte (1); wenn sie sich aber nahe genug kommen (2), verändern sich die Bahnen der äußeren Elektronen ihrer Elektronenhülle: Dadurch können die Atome sich gegenseitig anziehen und sogar aneinander binden

spüren sie sich gegenseitig nicht. Wenn sie sich aber genügend nahe kommen, entsteht eine Anziehung, die sie sogar aneinander binden kann.

Hier handelt es sich also um komplizierte Auswirkungen der elektrischen Kräfte, die zwischen den äußeren Elektronen der Atome oder Moleküle wirken. Solange man von der Struktur der Atome nichts wußte, mußte man annehmen, daß die Atome durch besondere Kräfte zusammengehalten werden, die eine sehr kleine Reichweite besitzen. Solche Kräfte sind auch für das Zusammenhalten einer Flüssigkeit oder eines Kristalls verantwortlich. Nachdem die Struktur der Atome erkannt war, konnte man all diese Phänomene leicht erklären, auch wenn sie in der Praxis dann sehr schwer zu berechnen sind.

Die Vorstellung, daß hin und her schwebende Elektronen Moleküle zusammenhalten können, gilt als Anregung für das Verständnis der Entstehung anderer Anziehungseffekte, die ebenfalls durch ihre kurze Reichweite ausgezeichnet sind. Der Austausch eines Bindeteilchens wurde später zu einem grundlegenden Begriff für die weitere Physik, auch wenn das Vorbild der Kräfte zwischen neutralen Molekülen dann nicht mehr in diesem erweiterten Sinne interpretiert werden kann.

So ist schon 1935 der japanische Theoretiker Hideki YUKAWA (1907–1981) auf den Gedanken gekommen, daß die Kernkräfte, die ja auch eine sehr kurze Reichweite haben, durch Austauschteilchen, die um jedes Nukleon schwirren, erzeugt werden. Aus der mathematischen Formulierung, die er für die Anziehung zwischen Nukleonen gefunden hatte, konnte er sogar entnehmen, daß die Austauschteilchen der Kernkräfte etwa dreihundertmal schwerer als die Elektronen sein müßten.

Die Reichweite einer Kraft ist nämlich mit der Masse des Austauschteilchens eng verknüpft. Dies kann man schon aus den von HEISENBERG eingeführten Unschärferelationen der Quantenmechanik (s. 3.8.) verstehen. In dem hier betrachteten Fall ist die Beziehung zwischen der Unbestimmtheit der Zeit und der Energie anzuwenden. Wenn ein Nukleon ein Teilchen emittiert (also ein Bindeteilchen aussendet), dann erhöht sich die Gesamtenergie des Systems (die Summe aller Massen und Energien) mindestens um den Betrag der Ruhemasse des erzeugten Teilchens. Wenn man diesen Zustand beobachten oder messen *könnte*, dann würde man eine Verletzung des Energieerhaltungssatzes feststellen. Nach der Unschärferelation beansprucht aber diese Messung mindestens eine gewisse, vorgegebene Zeit. Dieses Zeitintervall muß, mit dem unerlaubten Energiezuwachs multipliziert, innerhalb der erlaubten Unschärfe liegen, also größer als die reduzierte PLANCK-Konstante $\hbar$ sein:

Meßzeit × Energieunschärfe größer als die Konstante $\hbar$

Als Energiezuwachs, der innerhalb der Energieunschärfe bleiben muß, zählt hier die Masse des Austauschteilchens, die entsprechend der von EINSTEIN aufgestellten früher behandelten Beziehung (s. 2.6.) mit dem Quadrat der Lichtgeschwindigkeit zu multiplizieren ist:

Energie = Masse × Quadrat der Lichtgeschwindigkeit

Dies alles bedeutet im Klartext, daß man keine Verletzung des Energieerhaltungssatzes feststellen kann, wenn das erzeugte Bindeteilchen innerhalb der errechneten Zeit wieder verschwindet, zum Beispiel dadurch, daß es von einem anderen Nukleon oder von dem Erzeuger selbst absorbiert wird.

Da sich das Bindeteilchen aber höchstens mit Lichtgeschwindigkeit fortbewegen kann, ist dadurch eine maximale Entfernung oder Reichweite festgelegt. Sie ist gleich dem Produkt aus seiner höchstmöglichen Geschwindigkeit und der zur Verfügung stehenden Zeit. Daraus ergibt sich, daß die Reichweite der Austauschkräfte umgekehrt proportional zur Masse der Austauschteilchen ist.

Wenn also das Austauschteilchen dreihundertmal schwerer als das Elektron ist, dann kann man mit den oben angegebenen Gleichungen berechnen, daß die Reichweite der von ihm übertragenen Kräfte die Dimension der Atomkerne nicht überschreitet:

$$\text{Reichweite} = 0{,}0000000000001 \text{ Zentimeter} = 10^{-13} \text{ cm}$$

Diese Länge wurde früher oft als ein FERMI mit dem Symbol f bezeichnet, heute nennen wir sie ein Femtometer (fm) (s. 2.5.); sie ist für die Atomkerne charakteristisch und entspricht auch rein zufällig dem ungefähren Durchmesser eines Wasserstoffatomkernes, also eines Protons.

Die elektromagnetischen Kräfte verhalten sich ganz anders als die Kernkräfte: Sie haben eine im Prinzip unendliche Reichweite, und ihre Austauschteilchen sind die Photonen, deren Ruhemasse gleich Null ist.

Auch die Schwerkraft hat eine unendliche Reichweite, und die ihr zugeordneten Austauschteilchen, die hypothetischen Gravitonen, haben die Masse Null. Die Gravitonen wurden jedoch noch nie beobachtet.

Wir werden noch zwei weitere Naturkräfte in den nächsten Kapiteln kennenlernen. Eine von ihnen hat unendliche Reichweite und masselose Austauschteilchen: Es ist die zwischen den Quarks wirkende Kraft. Die andere ist die sogenannte «schwache Kraft»; sie hat wiederum eine sehr kurze Reichweite. Ihre Austauschteilchen haben eine entsprechend hohe Ruhemasse. Die «schwache Kraft» ist für viele der radioaktiven Zerfälle verantwortlich. Mit den beiden erwähnten Kräften werden wir uns noch eingehend beschäftigen.

Die Betrachtungen über die Reichweite der Kräfte und die entsprechende Masse der Austauschteilchen haben einen sehr allgemeinen Charakter. Es ist dabei belanglos, ob es sich bei den Austauschteilchen um mehr oder weniger «elementare» Teilchen handelt, ob diese aus anderen Teilchen aufgebaut sind oder ob es sich sogar um viel kompliziertere Vorgänge handelt. So wurde auch die am Anfang dieses Abschnittes erwähnte Anziehung neutraler Atome oder Moleküle als Resteffekt der elektromagnetischen Kraft zwischen den äußeren Elektronen der Atome erkannt. Wir werden auch später zeigen, wie man die Kernkraft und ihre Austauschteilchen als Resteffekt einer viel stärkeren Kraft ganz anderer Art verstehen kann, nämlich der schon erwähnten Quarkkraft. Zur Zeit YUKAWAS war man jedoch der

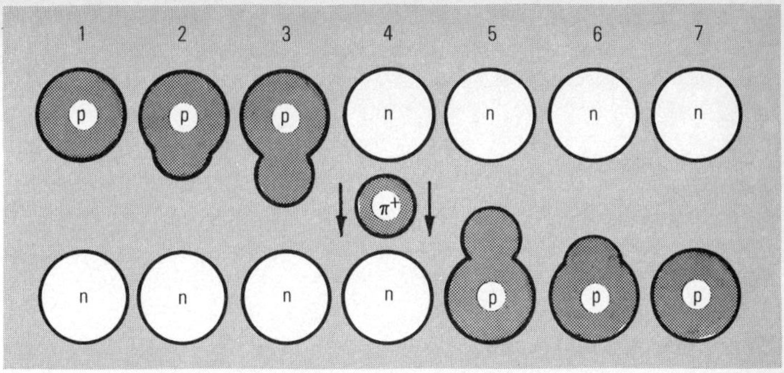

Abb. 5.2.2: Ein Beispiel von Pionenaustausch: Die starken Kräfte, welche die Bausteine der Atomkerne – die Protonen und die Neutronen – zusammenbinden, entstehen durch Austausch von Pionen

Ansicht, daß es sich bei den Austauschteilchen der Kernkräfte um elementare Teilchen handeln müßte und daß ihre Entdeckung und genaue Untersuchung wesentlich für das Verständnis der Kernkräfte sein würde.

Die Protonen und Neutronen in den Atomkernen tauschen gelegentlich ihre elektrischen Ladungen miteinander aus, das heißt, daß sich ein Proton in ein Neutron verwandeln kann und umgekehrt. Dementsprechend wurde angenommen, daß es geladene YUKAWA-Teilchen gibt, und zwar mit positiver und mit negativer Ladung. Außerdem kann die Anziehung zwischen Nukleonen auch durch den Austausch neutraler YUKAWA-Teilchen verursacht werden. Wir nennen heute diese Teilchen *Pionen* oder *Pi-Mesonen* und verwenden manchmal für sie den griechischen Buchstaben π.

Es müßte also in der Natur Pionen mit verschiedener elektrischer Ladung geben, nämlich positive, negative und neutrale. In Abb. 5.2.2 haben wir die Abstrahlung und den Einfang der Pionen graphisch dargestellt; wir werden später zeigen, wie man diese Vorgänge, auf Grund der inneren Struktur der Teilchen, noch viel genauer verstehen kann. In Tabelle 5.2.1 haben wir die wichtigsten Abstrahlungs- und Einfangsreaktionen von Pionen zusammengestellt.

Bei der Aufstellung der möglichen Fälle von Pionen-Abstrahlung und -Einfang bemerken wir, daß es Zustände gibt, die wir noch gar nicht berücksichtigt haben. Wenn zum Beispiel ein positives Pion auf ein Proton trifft, dann bildet sich kurzfristig ein doppelt positivgeladener Zustand. Ein weiterer kurzlebiger Zustand bildet sich

Tabelle 5.2.1: Abstrahlung und Einfang von Pionen durch Nukleonen

Abstrahlung von Pionen:				
Proton	→ Neutron	+	positives Pion	
Proton	→ Proton	+	neutrales Pion	
Neutron	→ Neutron	+	neutrales Pion	
Neutron	→ Proton	+	negatives Pion	
Einfang von Pionen:				
Proton	+	neutrales Pion	→	Proton
Proton	+	negatives Pion	→	Neutron
Neutron	+	positives Pion	→	Proton
Neutron	+	neutrales Pion	→	Neutron

beim Zusammenstoß eines negativen Pions mit einem Neutron. In diesen Fällen wird von den Zwischenzuständen sehr schnell ein Pion wieder abgestrahlt. Wir werden diese Zustände später genauer erklären können. Bei höheren Energien werden solche Zustände oft beobachtet und erhalten dann den Namen *Delta*.

Man stellt sich also heute den Atomkern so vor, daß dort die Nukleonen sehr oft ihre Identität wechseln und dann als Protonen, Neutronen oder auch gelegentlich in Form einer der oben erwähnten Zwischenzustände erscheinen. Die Umwandlungen entstehen natürlich durch Austausch von Pionen. Nach den Formulierungen der Quantenmechanik könnte man diesen Sachverhalt folgendermaßen ausdrücken:

Die Nukleonen in einem Atomkern befinden sich jeweils mit einer bestimmten Wahrscheinlichkeit in einem der für sie möglichen Zustände. All diese Zustände sind immer nur sehr kurzlebig, so wie auch die Pionen selbst, die ihre Umwandlungen verursachen.

Durch weitere Überlegungen können die Eigenschaften der YUKAWA-Teilchen (oder Pionen oder Pi-Mesonen) noch genauer festgelegt werden: Da ein Proton und ein Neutron beliebig viele Pionen entsenden und aufnehmen können, muß man annehmen, daß es sich um Partikeln handelt, die nicht – wie etwa die Elektronen in der Atomhülle – an ein Bahnbelegungsgesetz (PAULI-Prinzip, s. 3.4.) gebunden sind. Entsprechend der Quantenmechanik können also die Pionen keinen halbzahligen inneren Drehimpuls oder Spin besitzen. Es muß sich also um Teilchen handeln, die einen ganzzahligen Spin haben, zum Beispiel mit dem Wert 0 oder 1.

Die Suche nach den YUKAWA-Teilchen wurde von den Experimentalphysikern sehr bald aufgenommen. Einige Physiker, die von den Theorien Yukawas nichts wußten, hatten sogar schon vorher den Verdacht gehabt, daß es in der im nächsten Abschnitt genauer behandelten Höhenstrahlung Teilchen gibt, die schwerer sind als Elektronen und leichter als Protonen. Man nannte diese Teilchen damals, Mitte der dreißiger Jahre, «Mesotronen», also «mittelschwere» Teilchen; heute werden sie allgemein «Mesonen» genannt, womit man aber nur diejenigen meint, die als Yukawa-Teilchen für die Übertragung der Kernkräfte in Frage kommen. Leider wurde dadurch einige Konfusion verursacht, da es sich herausgestellt hat, daß es auch «mittelschwere» Teilchen gibt, die keineswegs als Yukawa-Teilchen geeignet sind.

Bis zur Aufstellung der Hypothese von Hideki Yukawa 1935 hatte man hauptsächlich Beobachtungen und Messungen im Bereich der *Atomhüllen* und der *Atomkerne* durchgeführt. Bei den Atomhüllen und den von ihnen abgestrahlten Quanten kommen Energien vor, die in der Elektronenvolt- und Kiloelektronenvolt-(keV-)Gegend liegen; bei den Vorgängen *in* den Atomkernen ist die Energie eher in der Gegend einiger Megaelektronenvolt (MeV) angesiedelt (s. 2.6.). Auch die Alphastrahlen der radioaktiven Substanzen, die bei den Kernstoßversuchen verwendet werden, haben Bewegungsenergien von einigen MeV. Das jetzt gesuchte Teilchen sollte aber eine Ruhemasse haben, die einer Energie von etwa 150 MeV entspricht. Es war also hoffnungslos, dieses Teilchen in Atom- oder in Kernvorgängen der damals bekannten Art zu suchen.

Schon damals kannte man aber Erscheinungen in der Natur, die zwar zum größten Teil nicht verstanden wurden, bei denen es aber klar war, daß bei ihnen viel höhere Energien vorkommen, als es in den Atom- und Kernversuchen der Fall war. Dies waren die Phänomene der Höhenstrahlung, die auch «kosmische Strahlung» genannt wird, mit der wir uns im nächsten Abschnitt beschäftigen werden. Wie wir gleich sehen werden, ist in der Höhenstrahlung tatsächlich ein Meson entdeckt worden; aber zugleich tauchte eine Vielzahl zusätzlicher Teilchen auf, die immer neue Probleme aufwarfen, deren Klärung erst viele Jahre später gelungen ist.

5.3. Das Pion in der Höhenstrahlung

Im Weltraum herrschen Kraftfelder, die in der Lage sind, Teilchen sehr stark zu beschleunigen. Offensichtlich sind auch genügend Atomkerne im Raum vorhanden, so daß sich eine Art von Teilchenwind bildet, der natürlich auch auf unsere Erde trifft. Es handelt sich dabei um Atomkerne, die genau von der gleichen Art sind wie diejenigen, aus denen unsere normale irdische Materie besteht. Etwa 90 Prozent von ihnen sind Wasserstoffatomkerne, also Protonen. Die einfallenden Teilchen, man nennt sie Primärteilchen, erreichen jedoch praktisch nie die Erdoberfläche, weil sie schon in der hohen Atmosphäre mit Luftmolekülen zusammenstoßen.

Die Energie der einfallenden Primärteilchen ist beachtlich; ein Teil dieser Partikeln hat Bewegungsenergien, die selbst mit den größten bis heute gebauten Beschleunigern nicht erreicht werden können. Beim Zusammenstoß mit den Kernen der Luftatome werden nicht nur die beteiligten Atomkerne zertrümmert, sondern auch neue Teilchen erzeugt, die zum Teil sehr kurzlebig sind und wieder in andere Teilchen zerfallen. Auf der Erdoberfläche beobachtet man dann sehr sonderbare Phänomene, für deren Aufklärung viele Jahre nötig waren, auf die wir hier aber nicht im Detail eingehen möchten. Wir betrachten hier die Höhenstrahlung, wie man es auch damals tat, als eine willkommene Quelle von Teilchen aller Art, insbesondere von Teilchen, die man zur damaligen Zeit noch nicht beobachtet hatte.

Schon Anfang unseres Jahrhunderts hatten Physiker, unter ihnen besonders der Österreicher Victor Franz Hess (1883–1964), Untersuchungen durchgeführt, die 1913 zu dem Schluß führten, es müsse eine Strahlung geben, die von außen auf die Erde trifft. Die Messungen wurden mit Ionisationskammern durchgeführt, die damals auch zur Bestimmung der Stärke radioaktiver Strahlung benutzt wurden. Elektrisch geladene Teilchen, wie sie auch in der radioaktiven Strahlung vorkommen, verursachen in diesen Kammern Ionisation (s. 3.9.), die von empfindlichen Meßgeräten, damals waren es sogenannte «Elektroskope», angezeigt wird. Man hatte erst angenommen, daß in Abwesenheit einer radioaktiven Substanz die angezeigten Restwerte der Ionisation aus den immer etwas radioaktiven Mineralien der Erdoberfläche und aus dem für den Kammerbau verwendeten Material stammen. Dagegen konnte man feststellen, daß die Ionisation mit der Entfernung von der Erdoberfläche anwächst. Die angezeigte Strahlung beim Aufsteigen mit einem Ballon erhöht sich bis auf das Hundertfache des Wertes, der auf der Erdoberfläche gemessen wird.

Der einfachste Weg zur näheren Untersuchung der Höhenstrahlung war der Aufbau von Apparaturen auf Berggipfeln. Für Elementarteilchenphysiker waren dies Fundgruben für die Suche nach Teilchen, die man bis dahin noch nicht beobachtet hatte. So wurden auf verschiedenen Bergen Laboratorien eingerichtet, in denen gleichzeitig die Eigenart der Höhenstrahlung und die in ihr enthaltenen noch unbekannten Teilchen untersucht wurden. Geigerzähler und Nebelkammern wurden als Nachweisinstrumente eingesetzt (s. 3.9.). Messungen mit Ballons wurden bis zu Höhen von 30000 Meter durchgeführt. Später wurden auch Langstreckenflugzeuge eingesetzt. Außerdem hatte sich herausgestellt, daß ein Teil der Höhenstrahlung sehr tief in die Erde eindringen kann, und so wurden auch Versuche in Bergwerken und unter Wasser durchgeführt, um gerade diese Teilchen zu beobachten. Schon aus der Tatsache, daß diese Teilchen so viel Materie durchdringen konnten, hatte man erkannt, daß ein Teil der kosmischen Strahlung sehr hohe Energie haben mußte.

Unter den vielen Wissenschaftlern, die sich dem Studium der Höhenstrahlung widmeten, hat sich auf dem Gebiet der Entdeckung neuer Teilchen besonders der amerikanische Physiker Carl David Anderson (geb. 1905) ausgezeichnet. Ihm ist es gelungen, die Existenz von zwei wichtigen Teilchen zu beweisen.

Als erstes fand Anderson 1932 mit Hilfe einer großen Nebelkammer, die in einem Magneten aufgestellt war, die Spur eines Teilchens, das etwa die Masse des Elektrons hatte, jedoch positive elektrische Ladung. Dieses sonderbare Teilchen wurde alsbald mit dem von Dirac vorausgesagten Positron (s. 3.8.), dem Antiteilchen des Elektrons, identifiziert.

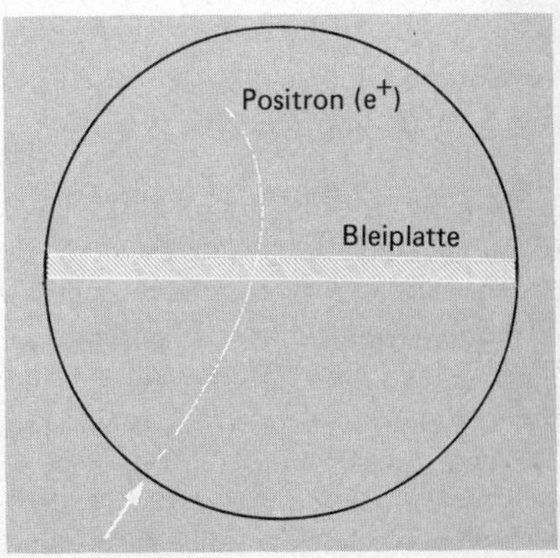

Abb. 5.3.1: Darstellung des von Carl David Anderson zum erstenmal 1932 in einer Nebelkammer beobachteten positiv geladenen Elektrons, das mit dem Antielektron (= Positron) identifiziert wurde

Das Positron entsteht meist in der Natur zusammen mit einem Elektron als Paar. Dies geschieht zum Beispiel, wenn ein Photon mit genügend hoher Energie sehr nahe an einem Kern vorbeifliegt. In der Höhenstrahlung entstehen Photonen beim Zerfall einiger der in der Atmosphäre erzeugten Teilchen. Diese Photonen verwandeln sich dann in Elektron-Positron-Paare. Aus einem solchen Paar stammt wahrscheinlich das von ANDERSON beobachtete Positron, das wir in Abb. 5.3.1 dargestellt haben.

Um 1935/1936, als YUKAWA seine Bindeteilchen-Hypothese aufstellte, gab es verschiedene Hinweise auf die Existenz eines mittelschweren Teilchens in der Höhenstrahlung. Die Ruhemasse dieses Teilchens lag zwischen der des Elektrons und der des Protons. Auch hier hat ANDERSON die ausschlaggebenden Daten geliefert, und das Teilchen wurde eine Zeitlang ANDERSON-Teilchen genannt.

Erst zwölf Jahre später konnten drei italienische Physiker, nämlich Marcello CONVERSI (geb. 1917), Ettore PANCINI (1915–1981) und Oreste PICCIONI (geb. 1915), nachweisen, daß dieses Höhenstrahlungsteilchen als Austauschquant der Kernkräfte, wie es YUKAWA forderte, nicht in Frage kam, weil es mit den Atomkernen praktisch keine Reaktionen oder Wechselwirkungen hatte. Die drei italienischen Wissenschaftler kamen zu diesem Schluß auf Grund von Messungen, die sie schon während des Zweiten Weltkrieges angefangen hatten. Damals arbeiteten sie versteckt im Keller des Physikalischen Instituts der Universität Rom, um einer Deportation nach Deutschland zu entgehen. Das nun besser identifizierte ANDERSON-Teilchen nennt man heute *Myon*. Seine Eigenschaften kann man kurz beschreiben, indem man es als ein schweres Elektron bezeichnet. Das Myon ist aber nicht stabil, sondern zerfällt in etwa zwei Millionstel einer Sekunde in ein Elektron und zwei Neutrinos. Genauer ausgedrückt, und dem heutigen Stand des Wissens entsprechend, ist eines der Neutrinos ein Elektron-Antineutrino und das andere ein Myon-Neutrino; diese Klassifikation wird später noch erläutert werden.

Das Myon wurde anfangs als «Meson» bezeichnet, da man in ihm ja einen Kandidaten für das YUKAWA-Teilchen sah, und auch, weil man damals einfach alle mittelschweren Teilchen als Mesonen bezeichnete. Das Myon ist übrigens auch das aus der Höhenstrahlung stammende Teilchen, welches so tief in die Erde eindringt und dabei die Atomkerne der durchquerten Materie fast unberührt läßt. Seine elektrische Ladung verursacht Ionisation (s. 3.9.) durch Zusammenstöße mit den Elektronen der Atomhüllen; dabei verliert das Myon Bewegungsenergie und kann schließlich bis zum Stillstand abgebremst werden. Auf Meereshöhe ist die Zahl der einfallenden Myonen etwa so groß, daß mehrere von ihnen jede Sekunde den Kopf eines Menschen durchschießen.

Die Massen der neuen Teilchen konnten in der WILSON- oder Nebelkammer dadurch ermittelt werden, daß ihre Impulse in einem Magnetfeld vor und nach dem Durchgang durch eine Platte (zum Beispiel eine Metallplatte, wie auf Abb. 5.3.1) bestimmt wurden. Der Energieverlust in der Platte ist nur von der Geschwindigkeit des Teilchens abhängig. Die Krümmung der Bahn im Magnetfeld stellt ein Maß für den Impuls dar. Aus diesen beiden Größen kann man unter geeigneten Umständen die Masse der durchdringenden Teilchen relativ gut bestimmen.

Nun hatte man zwar (1932 und 1936) die Voraussagen von DIRAC bezüglich der Positronen voll bestätigt und das – später als schweres Elektron entlarvte – Myon entdeckt, aber das Austauschteilchen der Kernkräfte war noch immer nicht gefunden. Dazu kam es gegen Ende des Jahres 1947, und das wollen wir im folgenden etwas ausführlicher schildern, da es sich um eine der wichtigsten Entdeckungen der Subnuklearphysik handelt.

Die Instrumente, die den Teilchenphysikern zur Verfügung standen, waren bei der Entdeckung des YUKAWA-Teilchens von wesentlicher Bedeutung. Die Technik der Kernemulsionen (s. 3.9.) war bis zu dieser Zeit (1947) so weit entwickelt, daß man mit ihr Höhenstrahlenteilchen, Kernzertrümmerungen und auch radioaktive Alphazerfälle sehr genau untersuchen konnte.

Führend auf diesem Gebiet waren damals die Physiker des «H. H. Wills Physical Laboratory» in Bristol, eines für heutige Begriffe sehr spartanisch ausgestatteten Labors. Die Gruppe arbeitete in einem Dachboden unter der Leitung des englischen Physikers Cecil POWELL (1903–1969), dem sich 1945 der Italiener Giuseppe P. S. OCCHIALINI (geb. 1907) angeschlossen hatte. Dort wurde in Zusammenarbeit mit der englischen Firma Ilford Ltd. die Technik der Kernemulsionen auf einen sehr hohen Stand gebracht. Es war gelungen, Kernemulsionen zu erzeugen, die durch besondere Entwicklungsverfahren für die Erkennung leichterer Teilchen sehr gut geeignet waren. Kernemulsionen sahen aus wie die damals noch üblichen Glasfotoplatten und wurden auch mit ähnlichen Verfahren erzeugt und behandelt. Die Schichtdicke wurde allmählich erhöht und die Empfindlichkeit gesteigert.

Es war sogar möglich, Teilchen in den bis zu einem Millimeter

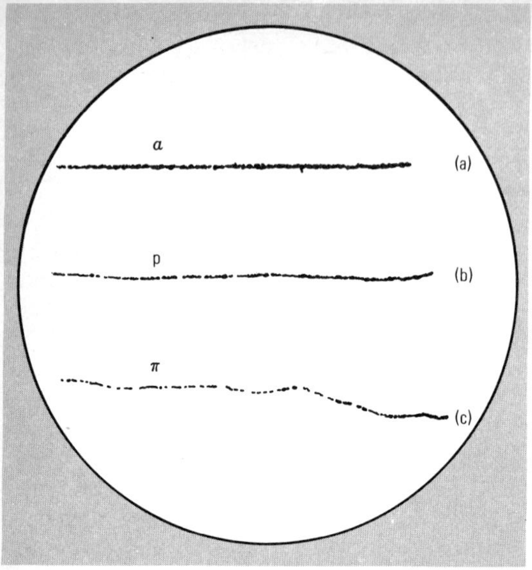

Abb. 5.3.2: Darstellung der im Mikroskop sichtbaren Spuren von geladenen Teilchen verschiedener Masse, die in einer Kernemulsion zum Stillstand kommen: (a) Alphateilchen, (b) Proton und (c) Pion

dicken Schichten der Kernplatten zu stoppen und dadurch sehr anschaulich ihre Massen zu erkennen: Leichte Teilchen streuen sehr oft an den Kernen der Emulsion («Vielfachstreuung») und bilden stark verformte Spuren, während schwere Teilchen relativ gerade Spuren hinterlassen. Die Beobachtung wird am Mikroskop durchgeführt, da die Größe der entwickelten Silberkörner der Spuren in der Emulsion nur einige Tausendstel eines Millimeters beträgt. Den Unterschied zwischen der Spur eines Alphateilchens, eines Protons und eines Mesons, die jeweils zum Stillstand kommen, ist in Abb. 5.3.2 dargestellt.

Diese Kernemulsionsplatten wurden auf Berggipfeln, an Ballons hängend und in Flugzeugen der Höhenstrahlung ausgesetzt. Dabei wurden alsbald auch «mittelschwere» Teilchen gefunden, die man anfangs mit den ANDERSON-Mesonen identifizierte und die von den Atomen der Kernemulsion am Ende ihrer Bahn absorbiert wurden. Offensichtlich explodierte danach der Kern, und man konnte einige Spuren sehen, die alle aus dem Endpunkt der Mesonenspur kamen. Man nannte dies einen «Sigma-Stern».

Bei der Durchsuchung von Kernemulsionsplatten, die auf dem 3000 Meter hohen Pic du Midi in den Pyrenäen der kosmischen

Strahlung ausgesetzt gewesen waren, ist 1947 einem der Mikroskopiermädchen im Bristol-Laboratorium eine sonderbare Spurenkombination aufgefallen. Der Name der damals sehr jungen Mikroskopistin, Marietta KURZ, ist in die Geschichte der Physik eingegangen. Es fiel ihr auf, daß aus dem Ende der Spur eines Teilchens, das in der Emulsion zur Ruhe kam und wie ein Meson aussah, ein weiteres, sehr ähnlich aussehendes Teilchen abgeschossen wurde, das 0,6 Millimeter danach wieder stoppte. Einige Zeitlang wurde Marietta mit diesem «Event» – ein Meson, aus dem wieder ein Meson kommt, ein Doppelmeson – nicht ernst genommen; die Kernemulsionsplatten vom Pic du Midi waren voll von sonderbaren und oft unverständlichen Teilchenspuren. Schließlich hat sich einer der verantwortlichen Physiker der Sache angenommen. Ein Blick genügte ihm, um zu erkennen, daß es sich um den Zerfall eines mittelschweren Teilchens handelte: Es war klar zur Ruhe gekommen und hatte dann wieder ein mittelschweres Teilchen emittiert.

Bald wurde ein zweites Beispiel gefunden, bei dem jedoch das Zerfallsmeson nicht vollständig in der Kernemulsionsplatte enthalten, aber dennoch klar erkennbar war. Diese beiden «Ereignisse» wurden in der Fachpresse veröffentlicht und veranlaßten einen der Autoren, den Brasilianer Cesare M. G. LATTES (geb. 1924), zu einer Tour nach Bolivien, wo er in 5300 Meter Höhe, in einer auf Straßen erreichbaren meteorologischen Station in der Nähe der Hauptstadt La Paz, nochmals Kernemulsionen aussetzte. In diesen Platten wurden dann dreißig weitere Beispiele der Doppelmesonen gefunden. Der Massenunterschied zwischen den beiden Mesonen konnte mit den schon verfügbaren Techniken bestimmt werden. Das erste und natürlich schwerere der beiden Mesonen wurde dann mit dem YUKAWA-Meson identifiziert und wird seitdem Pion, π-Meson oder Pi-Meson genannt. Das beobachtete Zerfallsprodukt war ein Myon: das schon länger bekannte ANDERSON-Teilchen. Ein typisches Beispiel der vielen danach beobachteten Pion-Zerfälle ist in Abb. 5.3.3 wiedergegeben. Beweise für die Identität des entdeckten Teilchens mit dem von YUKAWA postulierten Träger der Kernkräfte wurden dann schnell gefunden.

Die Tatsache, daß es sich hier um zwei verschiedene mittelschwere Teilchen handelt, wurde durch einen Vorschlag der berühmten Theoretiker Robert E. MARSHAK (geb. 1916) und Hans BETHE (geb. 1906) verständlich gemacht. Sie hatten nämlich diese Lösung, es handelte sich um zwei verschiedene mittelschwere Teilchen, im gleichen Jahr 1947, schon vor dem Bekanntwerden der Bristol-Ergeb-

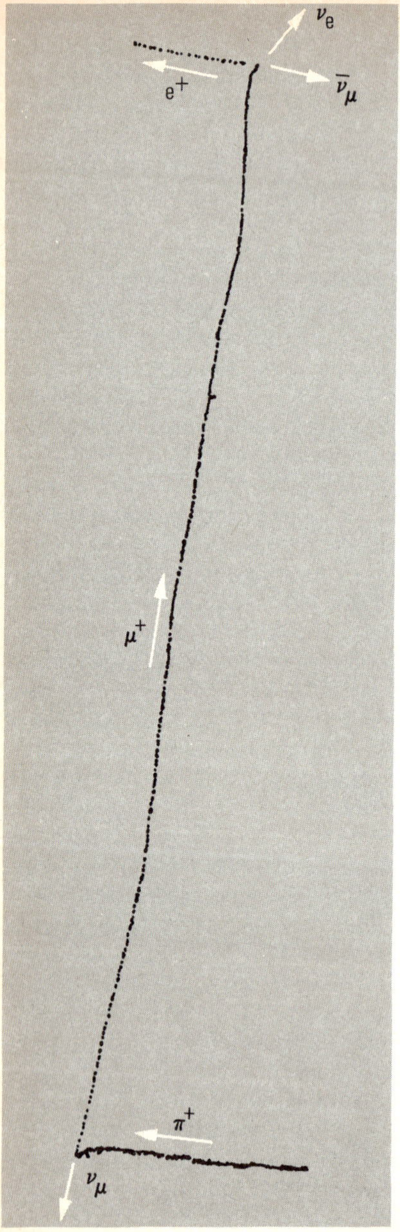

Abb. 5.3.3: Zerfall eines Pions in ein Myon und ein Neutrino in einer Kernemulsion: Sichtbar sind die geladenen Zerfallsprodukte, das Myon und das aus ihm entstehende Elektron. Die unsichtbaren Neutrinos wurden durch Pfeile dargestellt (Nach einer Mikrofotografie der Bristolgruppe)

Abb. 5.3.4: Einfang eines negativen Pions durch einen Kohlenstoffatomkern in einer Kernfotoplatte und die darauf folgende Explosion dieses Kerns (Mikrofotografie von B. Coignet, H. Roederer und P. Waloschek, 1951)

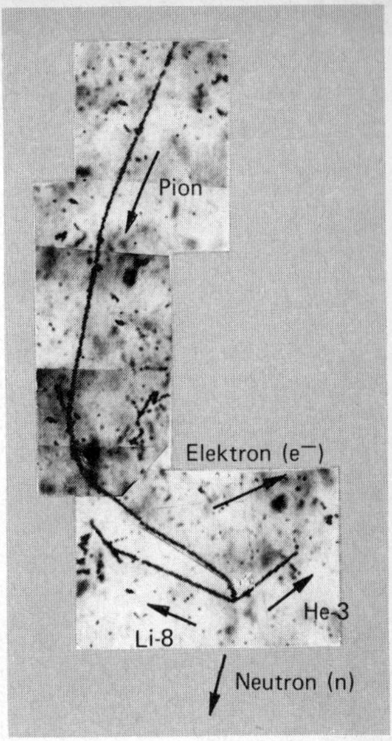

nisse, angeregt. Das Yukawa-Teilchen sollte nach ihren Vorstellungen in ein leichteres Teilchen zerfallen. Diese theoretischen Spekulationen haben sich dann als korrekt erwiesen.

Bei dem beobachteten Zerfall eines Mesons hatte man angenommen, daß es eine positive elektrische Ladung hat, da es sonst sehr leicht von einem ionisierten Atom eingefangen werden konnte und dann schnell in den Kern fallen würde. Das Pion würde, ungeachtet der anwesenden Elektronen und den Regeln der Quantenmechanik entsprechend, eine sehr kleine Bahn um den Atomkern einnehmen; diese überlappt praktisch den Kern. Somit würde es in kürzester Zeit von den Nukleonen, nach den von Yukawa vorgesehenen Reaktionen, eingefangen werden. Diese Vorstellung wurde sehr bald durch die Entdeckung von Spuren bestätigt, die an ihrem Ende Kernzertrümmerungen aufwiesen. Man hat sie als negative Pionen interpretiert.

Ein lehrreiches Beispiel für das Einfangen eines negativen Pions durch einen Atomkern ist in Abb. 5.3.4 dargestellt: Ein zur Ruhe gekommenes negatives Pion wird von einem Kohlenstoffkern der Kernemulsion absorbiert, der anschließend in Lithium 8, Helium 3 und ein Neutron zerplatzt. Das Lithium 8 bildet einen charakteristischen «Hammer» am Ende seiner Spur, der darauf hinweist, daß es schließlich in zwei Alphateilchen zerfällt. Vorher unterliegt der Lithium-8-Kern aber noch einem Betazerfall und verwandelt sich somit in Beryllium 8, das dann in zwei Alphateilchen übergeht. Einige Emulsionskörner zeigen auch den Weg des emittierten Elektrons des Betazerfalls. Das an der Reaktion beteiligte Neutron hinterläßt in der Kernemulsion keine Spur, kann aber rechnerisch aus den Daten der sichtbaren Teilchen rekonstruiert werden.

Die Tatsache, daß die europäischen Forscher der Bristol-Gruppe unter der Leitung von POWELL als erste das Pion identifiziert haben, soll nicht den Eindruck erwecken, daß in Amerika dieses Problem vernachlässigt wurde. Schon 1940, als der Bau eines großen Zyklotrons in Berkeley vorgeschlagen wurde, war die Erzeugung der YUKAWA-Teilchen von dem berühmten amerikanischen Physiker Ernest Orlando LAWRENCE (1901–1958) als wichtige Begründung angegeben worden. Die Einbeziehung der Wissenschaftler in die Waffenfabrikation für den Zweiten Weltkrieg – die Erzeugung von Uran 235 für die ersten Atombomben – hat diese Projekte wesentlich verzögert.

Am 1. November 1946 wurde dann im Berkeley Laboratory (heute «Lawrence-Berkeley-Laboratory»: LBL) dieser damals größte Teilchenbeschleuniger der Welt eingeweiht. Es war das 184-Inch-Synchrozyklotron, in dem sowohl Deuteronen als auch Alphateilchen auf Energien von jeweils 195 und 380 MeV gebracht werden konnten. Dies sollte für die Erzeugung von YUKAWA-Teilchen beim Zusammenstoß mit Atomkernen knapp reichen. Man kann nämlich nicht einfach die gesamte zur Verfügung stehende Energie für die Teilchenerzeugung umsetzen, sondern nur die beim Zusammenstoß eines einzelnen Nukleons mit einem anderen, das sich in dem beschossenen Kern befindet. Die Eigenbewegung der Nukleonen im Kern mußte in diesem Fall auch noch einen erheblichen Beitrag leisten. Wir haben in Abb. 5.3.5 den hierfür erwünschten Zusammenstoß dargestellt, beim Beschuß von Kohlenstoff-Atomkernen mit den im Zyklotron künstlich beschleunigten Alphateilchen. Und genau mit diesen Kernen wurde später der erste erfolgreiche Versuch durchgeführt.

Als man in Berkeley von den eben erwähnten Ereignissen aus Bristol erfuhr, konnte man, auf Grund der Abschätzung der Masse der Pionen, die zu ihrer Erzeugung nötige Minimalenergie noch besser bestimmen.

Abb. 5.3.5: Zusammenstoß eines Alphateilchens mit einem Kohlenstoffatomkern: Die zwei Nukleonen im jeweiligen Kern haben gegeneinander gerichtete Impulse und erreichen dadurch die zur Pionenerzeugung nötige Energie

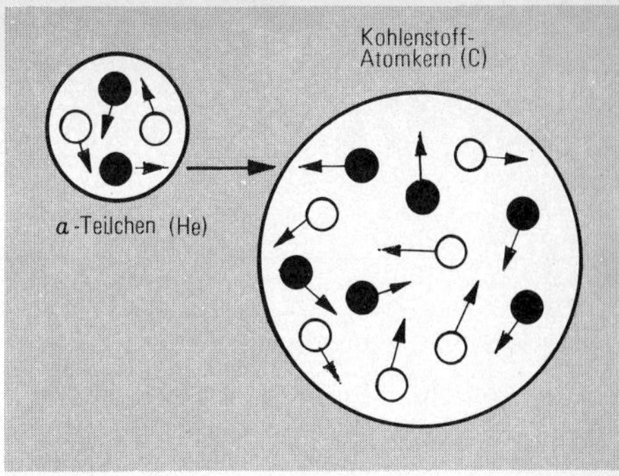

Mit viel Optimismus hat damals der amerikanische Physiker Edward Eugene GARDNER (1923–1950) am neuen Beschleuniger nach YUKAWA-Teilchen gesucht. Auch er benutzte Kernemulsionen, die damals von der US-Firma Kodak im Konkurrenzkampf mit Ilford in England entwickelt worden waren. Achtzehn Monate lang setzte GARDNER Platten in und um die Maschine, ohne die gesuchten Spuren zu finden, bis er dann Anfang 1948 ein Ilford-Plattenpaket auf Veranlassung von LATTES bekam. Die Platten wurden an eine Stelle gesetzt, an der man negative Mesonen erwarten konnte, wie wir es später noch genauer darstellen werden. Sie wurden nach den Bristol-Rezepten entwickelt, den Anweisungen von LATTES folgend, der auch selbst einige Tage später eintraf und praktisch auf den ersten Blick die ihm wohlbekannten Pionen in den Platten fand. Am 9. März 1948 wurde offiziell die künstliche Erzeugung von Pionen bekanntgegeben.

Das Berkeley-Kernemulsionsteam wurde nun von LATTES auf den letzten Stand dieser Technik gebracht, und kurz darauf war es schon zur Routine geworden, daß ein geübter Mikroskopist bis zu fünfzig Pionen pro Stunde in den Kernemulsionen entdeckte. Auch Myonen wurden dabei gefunden. Die Arbeit von GARDNER und LATTES (Abb. 5.3.6) wurde sehr hoch eingestuft, und man glaubte damals sogar, neue Energiequellen erschlossen zu haben. Man verglich die künstliche Erzeugung von Pionen mit der Entdeckung der Kernspaltung durch Otto HAHN. Um die Wichtigkeit für Laien verständlich zu machen, wurde die Errungenschaft sogar mit der Entdeckung Amerikas verglichen. Diese optimistische Einschätzung hat sich binnen weniger Jahre als übertrieben und für die Praxis der Energieerzeugung sogar als falsch erwiesen. Die Wichtigkeit der Pionen für das Verständ-

Abb. 5.3.6: Cesare LATTES (links) und Eugene GARDNER bei der Arbeit am 184-Inch-Synchrozyklotron in Berkeley, an dem sie 1948 die ersten künstlich erzeugten Pionen beobachtet haben (Foto LBL, s. hierzu auch Abb. 5.6.1)

nis der Kernkräfte bleibt jedoch unbestritten, und wir werden noch sehen, daß die weitere Untersuchung der Eigenschaften dieser Teilchen von grundsätzlicher Bedeutung ist.

Mit dem Pion war ein Teilchen gefunden, das als Austauschquant der Kernkräfte geeignet war. Es hatte die von YUKAWA vorausgesagten Eigenschaften, wurde bei Reaktionen zwischen Kernen erzeugt und auch von Kernen wieder eingefangen. Das Pion hat außerdem eine Lebensdauer, die mit der von den Theoretikern berechneten gut übereinstimmt.

Der damals beobachtete Zerfall des Pions in ein Myon mit immer der gleichen Energie – es hatte immer die gleiche Reichweite in der Kernemulsion – führte zu dem Schluß, daß bei jedem Zerfall ein einziges weiteres Teilchen vorhanden sein mußte, das in der entgegengesetzten Richtung des Myons wegfliegt und das keine Spur hinterließ, also elektrisch neutral sein sollte. Als solches Teilchen wurde natürlich das schon von PAULI zur Rettung der Erhaltungssätze postulierte Neutrino herangezogen (s. 3.4.). Heute bezeichnen wir es genauer als Myon-Antineutrino.

Für die Theoretiker war die Erklärung der Kernkräfte mit der Entdeckung des Pions einen wesentlichen Schritt vorwärtsgekommen. Nur die Experimentatoren waren noch lange nicht am Ende ihrer Messungen. In der Höhenstrahlung wurden in den Jahren darauf noch weitere Teilchen entdeckt, die sich zu dem geheimnisvollen Myon scharten und für deren Existenz einstweilen keine vernünftige Erklärung vorhanden war.

Wir werden in den nächsten Abschnitten noch einige der wichtigsten Teilchenentdeckungen der folgenden Jahre beschreiben, jedoch nicht so ausführlich wie die Entdeckung der Pionen. Wir können nämlich vorwegnehmen, daß es sich um eine riesige Familie *instabiler* Teilchen handelt, die beim Aufbau der Materie zwar eine bestimmte Rolle spielt, jedoch nur zu einem relativ geringen Bruchteil in ihr vorhanden ist, und zwar als Zustände, die immer schnell wieder verschwinden. Diese Teilchen, die oft als Teile eines Zoos bezeichnet werden, waren aber andererseits besonders wichtig für das Verständnis der Struktur der Nukleonen und der Mesonen, wie wir in den späteren Kapiteln noch näher erfahren werden.

5.4. Die Entdeckung des Teilchen-Zoos

Das Jahr 1947, in dem das Pion entdeckt wurde, hat den Teilchenphysikern noch weitere Überraschungen beschert. Als erstes waren die schon etwas früher (1946) gemachten Nebelkammer-Bilder veröffentlicht worden, auf denen in der Höhenstrahlung sogenannte V-Teilchen beobachtet wurden. Dabei handelt es sich um Zerfälle relativ kurzlebiger Teilchen (Abb. 5.4.1). Es gab anscheinend zwei Arten solcher Teilchen: Die elektrisch neutralen, die in der Nebelkammer in ein positives und ein negatives Teilchen zerfallen, und die elektrisch geladenen, die nur durch einen Knick in ihrer Bahn ihren Zerfall bemerkbar machen. Es hat einige Jahre gedauert, bis man diese ersten Beobachtungen wiederholen und dann auch genauer interpretieren konnte.

Die neutralen V-Teilchen, die wir hier beschreiben werden, zeigen das typische Bild eines mit der Spitze nach oben zeigenden V. Dies führte auch bald zu der Bezeichnung Lambda (Λ) für einen der beobachteten Zerfälle.

Mit besonders raffinierten Analysemethoden konnte später ermittelt werden, daß es sich mindestens um zwei verschiedene Typen

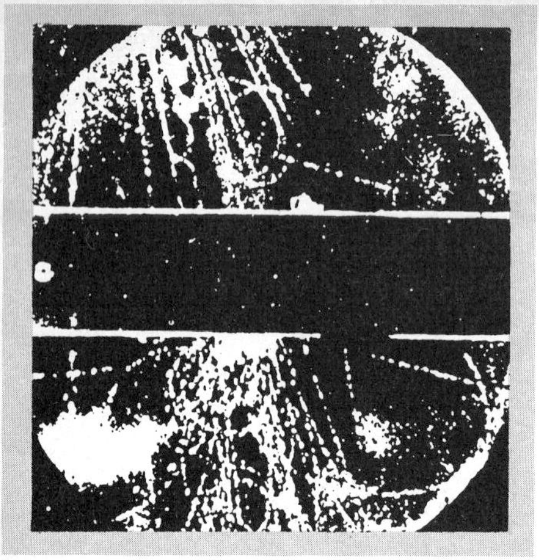

Abb. 5.4.1: Darstellung des ersten V-Teilchens, welches 1946 in einer Nebelkammer beobachtet wurde (Nach G. D. Rochester und C. C. Butler, *Nature*, Bd. 160, S. 855, 1947). Das V-Teilchen hat die «Spitze» nach oben und ist in der unteren Hälfte rechts sichtbar.

von neutralen Teilchen handelt: um das schon erwähnte Lambda und um ein Teilchen, welches damals Theta genannt wurde und heute als neutrales K-Meson oder Kaon bezeichnet wird. Schwierig war bei diesen Experimenten auch die Abtrennung von Reaktionen, die zum Beispiel von Neutronen stammen konnten, die ja auch keine Spur hinterlassen und die beim Zusammenstoß mit einem Atomkern des Kammergases zwei geladene Reaktionsprodukte erzeugen und entsprechend einem V-Teilchen sehr ähnlich sind.

Bei den einwandfrei als Lambda identifizierten Teilchen konnte man dann auch beweisen, daß es sich um Zerfälle eines neutralen Teilchens in ein Proton und ein Pion handelte, während das Theta ein Zerfall in ein negatives und ein positives Pion war. Die beiden Bruchstücke werden stark in die Bewegungsrichtung der zerfallenden Teilchen geschleudert und ergeben somit die typische V-Form.

Für die beiden obenerwähnten Teilchen konnte auch die Ruhemasse bestimmt werden und die dementsprechend beim Zerfall üb-

Masse des Lambda-Teilchens	=	1116 MeV
Masse des Theta-Teilchens	=	498 MeV
Zum Vergleich:		
Masse des Protons	=	938 MeV
Masse des Pions	=	140 MeV

Tabelle 5.4.1: Die Masse der neutralen V-Teilchen

rigbleibende Energie. Das Lambda zerfällt in ein Pion und ein Proton mit einem Energieüberschuß von 37 MeV, während das Theta in zwei Pionen zerfällt mit einem Energieüberschuß von 214 MeV. Die beiden Massen sind in der Tabelle 5.4.1 angegeben, entsprechend den heute vorhandenen Messungen.

Aus den zurückgelegten Weglängen in den Nebelkammern konnte auch die Lebensdauer der beobachteten Teilchen abgeschätzt werden. Wenn sich ein Teilchen fast mit Lichtgeschwindigkeit bewegt, kann es in einer Nanosekunde eine Distanz von etwa 30 Zentimeter zurücklegen. Zur Erinnerung:

$$1 \text{ Nanosekunde} = 0{,}000\,000\,001 \text{ Sekunde} = 10^{-9}\text{ s}$$

Für die mittlere Lebensdauer der V-Teilchen ergeben sich dann die in Tabelle 5.4.2 angegebenen Werte. Sie entsprechen dem Stand von 1983. Die von hochenergetischen Höhenstrahlen erzeugten Teilchen haben meist Geschwindigkeiten, die über der halben Lichtgeschwindigkeit liegen. So ist es auch verständlich, daß diese Teilchen noch innerhalb der Nebelkammern zerfallen können.

Dies war der Anfang einer Serie von Entdeckungen, die die Zahl der «elementaren» Teilchen schließlich auf über 200 ansteigen ließ. Nach den V-Teilchen wurde dann 1949 wieder in Bristol, in Kernemulsionen, ein Teilchen entdeckt, das zur Ruhe kam und dann in drei geladene Pionen zerfällt. Das Teilchen wurde damals mit dem griechischen Buchstaben Tau bezeichnet und gehört zu der gleichen Gruppe der Kaonen oder K-Mesonen, deren neutraler Partner als Theta schon bekannt war. Auch einige der geladenen V-Teilchen gehören in diese Kategorie.

Viele weitere Tau-Zerfälle konnten in Kernemulsionen beobachtet werden. Diese Technik war wiederum verbessert worden. Die

	Mittlere Lebensdauer	Weglänge bei Lichtgeschwindigkeit
Lambda	0,26 Nanosekunden	7,9 Zentimeter
Theta	0,09 Nanosekunden	2,7 Zentimeter

Tabelle 5.4.2: Die Lebensdauer der neutralen V-Teilchen

Schichten waren bis zu einem Millimeter dick und konnten ohne Glasträger gestapelt werden. So bildete man Pakete, die «Stacks» genannt wurden und in denen die Teilchenbahnen durch mehrere Schichten verfolgt werden konnten. Die Empfindlichkeit der Emulsionen war bis dahin so weit verbessert, daß jetzt alle geladenen Teilchen, selbst diejenigen, die fast mit Lichtgeschwindigkeit durch die Schicht flogen, gut erkennbare Spuren hinterließen. Diesmal war die Firma Kodak eine Nasenlänge voraus und lieferte die Platten, in denen das erste Tau beobachtet wurde.

Bei einigen der Tau-Zerfälle kamen alle drei Zerfalls-Pionen innerhalb des Emulsionspakets zur Ruhe. In Abb. 5.4.2 haben wir das erste «komplette» Tau dargestellt, so wie es im Kernplatten-Labor der Universität Padua gefunden wurde. Man konnte dabei feststellen,

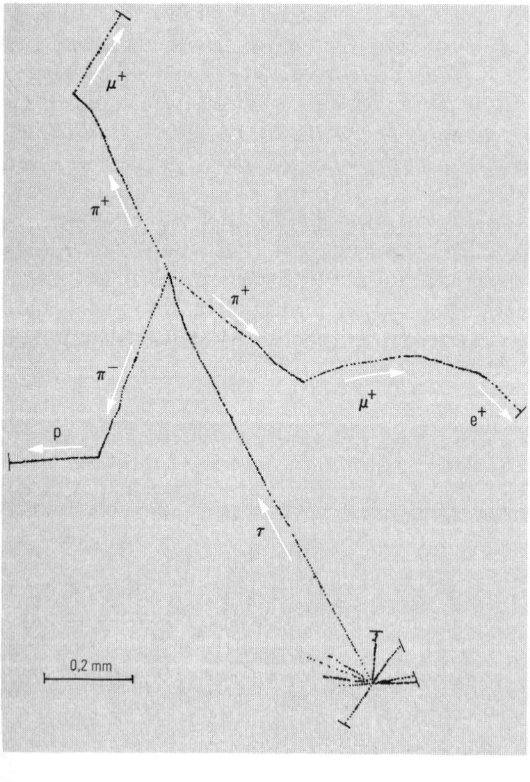

Abb. 5.4.2: Darstellung des ersten kompletten «Tau»-Meson-Zerfalls (heute Kaon genannt) in einer Kernfotoplatte: Das Meson zerfällt in drei geladene Pionen (Nach G. Belliboni, B. Sechi und B. Vitale, *Suppl. Il Nuovo Cimento*, Bd. 12, S. 185, 1954)

daß zwei von den Pionen in Myonen zerfallen (positive Pionen), während das dritte eine Kernzertrümmerung verursacht (negatives Pion). Entsprechend kam man zu dem Schluß, daß das beobachtete K-Meson positive Ladung haben müßte, nach dem Zerfallsschema:

positives Kaon → zwei positive Pionen + ein negatives Pion

Danach wurden noch einige andere Zerfälle von Kaonen identifiziert. Man gab ihnen anfangs unterschiedliche Namen, und erst später konnten sie zusammen mit den Theta-Teilchen in die Familie der Kaonen eingereiht werden. Heute kennen wir die positiven, negativen und neutralen Kaonen. Die Zerfälle der positiven Kaonen sind als Beispiel in der Tabelle 5.4.3 angegeben, zusammen mit der relativen Häufigkeit der verschiedenen Zerfallsarten (Stand 1983).

Bei den neutralen Kaonen ist die Lage etwas komplizierter. Es wurden zwei verschieden lang lebende Arten beobachtet, die sich auch unterschiedlich beim Durchgang durch Materie benehmen. Später wurde erkannt, daß diese zwei Teilchen aus einer quantenmechanischen Mischung eines neutralen K-Mesons mit seinem Antiteilchen bestehen. Daraus ergab sich ein besonders interessanter Fall zur Untersuchung der Materiewellen.

Auch das neutrale Lambda-Teilchen bekam bald geladene Partner. Nur war deren Masse etwas größer als die des Lambdas, und so stellte sich heraus, daß es ein etwas schwereres Teilchen war, das sowohl neutral als auch geladen in der Natur vorkommt. Es wird heute Sigma-Teilchen genannt. Die elektrisch geladenen Sigma-Teilchen

Die positiven Kaonen und ihre Zerfälle:

→ positives Myon + Neutrino	63,5 %
→ positives Pion + neutrales Pion	21,2 %
→ zwei positive und ein negatives Pion	5,6 %
→ zwei neutrale und ein positives Pion	1,7 %
→ positives Myon + neutrales Pion + Neutrino	3,2 %
→ Positron + neutrales Pion + Neutrino	4,8 %
Summe:	100,0 %

Außerdem sind zwölf weitere Zerfallsarten beobachtet worden, die aber insgesamt kein Promille ausmachen.

Tabelle 5.4.3: Die Zerfallsarten der geladenen Kaonen

Lambda → negatives Pion + Proton	64,2 %
Lambda → neutrales Pion + Neutron	35,8 %
positives Sigma → neutrales Pion + Proton	51,6 %
positives Sigma → positives Pion + Neutron	48,4 %
neutrales Sigma → Lambda + Photon	100,0 %
negatives Sigma → negatives Pion + Neutron	100,0 %

Tabelle 5.4.4: Die ersten beobachteten Hyperonenzerfälle

zerfallen fast ausschließlich in ein Proton und ein Pion. Die neutralen Sigmas dagegen zerfallen normalerweise in ein Lambda und ein Photon. In Tabelle 5.4.4 haben wir die ersten entdeckten Zerfallsarten aufgeführt.

Die Teilchen, die in ihren letzten Zerfallsprodukten ein Proton oder ein Neutron enthalten, wurden *Hyperonen* genannt. Später wurden noch weitere entdeckt.

Von vielen der erwähnten Teilchen konnte, wie schon erwähnt, auf Grund der jeweils vor ihrem Zerfall zurückgelegten Weglänge (zum Beispiel in einer Nebelkammer oder in einer Kernemulsion) eine mittlere Lebensdauer ermittelt werden, die zum Beispiel einen Bruchteil einer Nanosekunde betragen kann.

Mitten in die aufregendste Zeit der Entdeckung all dieser vorher noch nie beobachteten Teilchen kam die Fertigstellung der ersten Beschleuniger, die in der Lage waren, solche Teilchen unter kontrollierbaren Bedingungen zu erzeugen. Aber schon die Beobachtungen in der natürlichen Höhenstrahlung zeigten, daß es sich um Teilchen handelt, denen man sehr sonderbare Eigenschaften zuordnen mußte. So hatte man schon damals bemerkt: Die V-Teilchen waren unerwartet oft als Paare im gleichen Nebelkammer-Foto zu beobachten. Es kam der Verdacht auf, daß sie überhaupt nur in Paaren erzeugt werden können. Es mußte sich also um eine Art Teilchen und Antiteilchen handeln, obwohl es nicht – wie Elektron und Positron – Antiteilchen mit gleicher Masse waren. Vielmehr wurde öfter ein Lambda zusammen mit einem Theta erzeugt, zwei Teilchen, die ganz sicher nicht als Teilchen und Antiteilchen betrachtet werden können, weil sie unterschiedliche Massen und Zerfallsarten haben.

Eine gewisse Aufklärung brachten 1955 die verschiedenen Vorschläge einiger theoretischer Physiker. Besondere Verdienste auf diesem Gebiet hatten unter anderen Murray GELL-MANN (geb. 1929), Abraham PAIS (geb. 1918) und Kazuhiko NISHIJIMA (geb. 1926). Der Amerikaner GELL-MANN schlug zum Beispiel vor, einem Teil der beobachteten Teilchen eine neue Quantenzahl zuzuordnen, die er sinngemäß «strangeness», also Seltsamkeit, nannte. Es sollte dann Teilchen mit der Seltsamkeit +1 geben und andere mit der Seltsamkeit −1. Die «normalen» Teilchen wie das Proton, das Neutron und das Pion haben danach die Seltsamkeit Null. Bei einer Erzeugungsreaktion muß die Summe der Seltsamkeiten erhalten bleiben. Beim späteren Zerfall der so erzeugten Teilchen wurde aber die Seltsamkeit wieder vergessen, gleichsam als ob bei schnellen Reaktionen ein neuer Seltsamkeit-Erhaltungssatz gelten würde, bei langsamen Reaktionen aber nicht. Diese Regeln bleiben auch bis heute gültig, nur daß man jetzt eine etwas detailliertere Vorstellung von den Vorgängen hat.

Auch die von HEISENBERG (s. 4.3.) eingeführte Quantenzahl «Isotopenspin», mit der man das Proton und das Neutron als verschiedene Erscheinungen des Nukleons darstellen konnte, wurde auf alle bekannten Teilchen ausgedehnt. Es ergaben sich kleine Gruppen von Teilchen, innerhalb deren man die Mitglieder der Gruppe durch den Isotopenspin unterscheiden konnte oder – genauer ausgedrückt – durch seine Orientierung in einem abstrakten Raum. So gehören zum Beispiel die Kaonen in eine Gruppe: Die verschieden geladenen Kaonen sind durch die Orientierung des Isotopenspins und natürlich durch ihre Seltsamkeit charakterisiert. Wir werden aber diese etwas komplizierten Zusammenhänge auf natürliche Art mit der Einfüh-

	Nanosekunden	Weglänge in Zentimeter bei Lichtgeschwindigkeit
Myon	2197,1	65 868
geladenes Pion	26,0	780
geladenes Kaon	12,4	371
neutrales Kaon Kurz	0,089	2,67
neutrales Kaon Lang	51,8	1554
Lambda	0,26	7,89
positives Sigma	0,08	2,40
negatives Sigma	0,15	4,44
neutrales Pion	0,000 000 083	0,000 002 5
neutrales Sigma	0,000 000 000 006	0,000 000 001 7

Tabelle 5.4.5: Die mittleren Lebensdauern und Weglängen

rung der Quarks erklären können und brauchen deshalb hier nicht weiter auf sie einzugehen.

Es war schon damals den Physikern klar, daß noch lange nicht alle in der Natur existierenden Teilchen in den Meßapparaturen erkannt waren. Zu viele unverständliche Fotos von Nebelkammern warteten auf eine plausible Interpretation, und zu viele Kernzertrümmerungen und Spuren in Kernemulsionen konnten noch nicht verstanden werden. Eine damals übliche Bezeichnung für solche Ereignisse oder Bilder war «GOKs», sinnreiches Kürzel für:

«God Only Knows»

Bevor wir uns den weiteren Untersuchungen und Ergebnissen auf dem Gebiet des Teilchen-Zoos zuwenden, werden wir uns mit den Beschleunigern und ihrer Entwicklung zu höheren Energien befassen. Mit ihnen sind dann auch die meisten der weiteren Teilchenentdeckungen gemacht worden und die wichtigen Untersuchungen, die zu einem brauchbaren Ordnungsschema geführt haben.

5.5. Hochenergiebeschleuniger

Nachdem man die Pionen und auch andere Teilchen in der Höhenstrahlung identifiziert hatte und Näheres über ihre Massen wußte (s. 5.4.), konnte man sofort die Energie berechnen, die nach der Relativitätstheorie von Einstein nötig ist, um diese neuen Teilchen künstlich – also aus Energie beschleunigter Teilchen – zu erzeugen. Dabei genügt es nicht, zum Beispiel einen Atomkern mit der nötigen Energie einfach auf einen anderen, ruhenden zu schießen. Die Bewegungsenergie kann nämlich nicht voll in Masse neuer Teilchen umgesetzt werden. Wir werden dieses Problem später, in Verbindung mit anderen Beschleunigern, den Speicherringen, etwas näher betrachten. Eine genaue relativistische Berechnung zeigt nämlich, daß zum Beispiel zur Erzeugung eines Pions mit einer Masse von 140 MeV ein Proton mit mindestens 290 MeV Bewegungsenergie auf ein *ruhendes* Proton geschossen werden muß.

Ein kleiner Trick wurde allerdings gelegentlich bei der Erzeugung von Teilchen herangezogen. Die Bewegung der Nukleonen im Kern kann zur Erhöhung der Stoßenergie ausgenutzt werden. Wenn das

Nukleon sich gegen das eintreffende Teilchen bewegt, dann erhöht sich die zur Verfügung stehende Energie. Beim Beschuß von schwereren Kernen können also Pionen erzeugt werden, auch wenn die Energie der einfallenden Teilchen nach der obigen Betrachtung nicht ganz ausreichen würde. Wie wir schon bei der ersten künstlichen Erzeugung von Pionen gezeigt haben, kann beim Beschuß von Kernen mit Alphateilchen sogar die Bewegung der Nukleonen in *beiden* Kernen ausgenutzt werden (s. 5.2.).

Im folgenden befassen wir uns mit den Beschleunigern, die für die weiteren Entwicklungen so wichtig waren, weil sie genügend Energie haben, um Teilchen zu erzeugen, die noch schwerer als das Pi-Meson sind.

Der schon erwähnte Berkeley-Beschleuniger, an dem Pionen beobachtet wurden, war ein sogenanntes «Synchrozyklotron» – ein verbessertes Zyklotron, das zu einer Serie von Beschleunigern gehörte, die ursprünglich zur Herstellung künstlicher radioaktiver Elemente errichtet wurden. In dem gleichen Laboratorium war schon 1930 von Ernest LAWRENCE und seinem Schüler Milton Stanley LIVINGSTON (geb. 1905) das erste funktionsfähige Zyklotron entwickelt worden. Das benutzte Beschleunigungsprinzip ist eine Weiterentwicklung einer Idee des damals in Deutschland tätigen norwegischen Ingenieurs Rolf WIDERÖE (geb. 1902), die darin besteht, eine Hochfrequenzspannung so auszunutzen, daß sie den Teilchen beim Durchqueren geeigneter Lochblenden wiederholt Spannungsstöße gibt, die sich addieren. WIDERÖE gelang es erstmals, Kaliumionen auf 50000

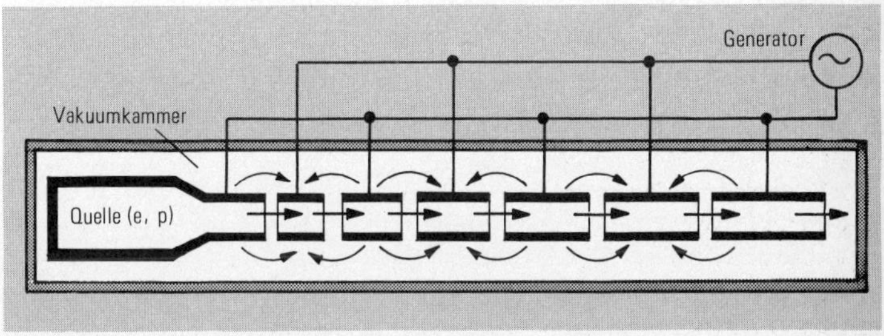

Abb. 5.5.1: Schema zu dem von Rolf WIDERÖE Ende der zwanziger Jahre entwickelten Prinzip der Beschleunigung von Teilchen: Hochfrequente elektrische Wechselfelder wirken zwischen den Zylinderelektroden – natürlich im richtigen Takt – auf kleine Teilchenpakete, die sich auf der Zylinderachse fortbewegen

Volt zu beschleunigen, obwohl die ihm zur Verfügung stehende hochfrequente Spannung nur halb so hoch war. Die Anordnung kann mit der in Abb. 5.5.1 gezeigten Skizze verstanden werden. Ein kleines Teilchenpaket erhält zwischen den Blenden jeweils einen Spannungsstoß in der richtigen Richtung. Die unterschiedliche Länge der Zylinderelektroden ergibt sich aus der zunehmenden Geschwindigkeit der beschleunigten Ionenpakete. LAWRENCE, der den auf deutsch geschriebenen Artikel von WIDERÖE nicht verstehen konnte, hat das Prinzip aus der Skizze in der Veröffentlichung entnommen.

Man hatte freilich schon früher Elektronen und andere Ionen in Vakuumröhren mit elektrischen Gleichspannungen beschleunigt. Diese Apparate wurden zum Beispiel zur Erzeugung von Röntgenstrahlen und für Kernzertrümmerungen benutzt (s. Kap. 4.). Auf diese Weise erreicht man Bewegungsenergien von einigen Millionen Elektronenvolt. Dies entspricht den höchsten elektrischen Spannungen, die man in der Praxis aufrechterhalten kann, ohne daß blitzartige Funken auf die weiteren im Raum stehenden Körper überspringen, wodurch natürlich die Hochspannung zusammenbrechen würde.

Solche sogenannten statischen Beschleuniger werden heute noch benutzt und auch als erste Beschleunigungsstufen größerer Maschinen eingesetzt. Dabei kann die hohe elektrische Spannung auf verschiedene Art hergestellt werden. Eine Methode beruht auf dem Transport elektrischer Ladungen auf einem Gummiband nach dem in Princeton (USA) entwickelten Prinzip von Robert Jennison VAN DE GRAAF (1901–1967). Eine andere Methode benutzt eine besondere Art von Gleichrichter, die oft als COCKROFT-WALTON-Anlagen bezeichnet werden, nach den beiden Physikern, die im Cavendish-Laboratorium in Cambridge zum erstenmal künstliche Kernzertrümmerungen mit einem solchen Hochspannungsgerät herbeigeführt haben: John D. COCKROFT (1897–1967) und Ernest Thomas Sinton WALTON (geb. 1903).

Die auf Hochspannung gebrachten, gut abgerundeten metallischen Gebilde dieser Anlagen werden oft in Drucktanks isoliert oder sehr hoch in großen Hallen aufgestellt.

Die geladenen Teilchen fliegen in einer isolierten und luftleeren Röhre von einem Ende des Hochspannungsgerätes zum anderen. Das Vakuum ist erforderlich, da sonst die beschleunigten Teilchen durch Zusammenstöße mit Gasmolekülen aus ihrer Bahn geschlagen werden können. Diese Art von Beschleunigung wird als «elektrostatisch» bezeichnet.

Abb. 5.5.2: Prinzipskizze des Zyklotrons, dessen erste funktionsfähige Version – damals mit nur einer D-Elektrode – von Ernest LAWRENCE und M. Stanley LIVINGSTON 1930 gebaut wurde

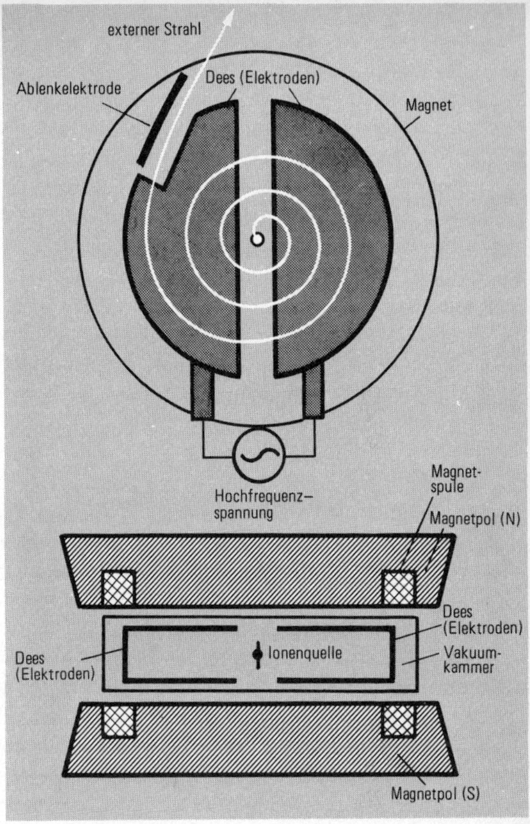

Dem WIDERÖE-Prinzip folgend, wird nun keine gleichbleibende elektrische Spannung benutzt, sondern es wird eine hochfrequente Wechselspannung so angelegt, daß sie – wie eben gezeigt – in einer Reihe hintereinandergeschalteter Loch- oder Zylinderblenden ein kleines Teilchenpaket immer in der gleichen Richtung beschleunigt. Dieses 1929 eingeführte Prinzip der Beschleunigung mit hochfrequenter Spannung wurde später bei vielen anderen Anlagen erfolgreich angewandt.

WIDERÖE hatte schon seit Anfang der zwanziger Jahre an der Entwicklung von besonderen, ringförmigen Elektronenbeschleunigern, sogenannten *Betatrons*, gearbeitet, die nach einem anderen Prinzip funktionieren. Er hat auch später das erste europäische «15-MeV-Betatron» in Hamburg mitten im Zweiten Weltkrieg gebaut und gilt als einer der Pioniere auf dem Gebiet der Hochenergiebeschleuniger.

Eine besondere Form der Beschleunigungskörper wurde 1930 von LAWRENCE für das berühmte, schon mehrmals erwähnte Zyklotron entwickelt. Das Prinzip ist in Abb. 5.5.2 gezeigt. Die Idee, die LAWRENCE in die Praxis umsetzen konnte, bestand darin, daß die Teilchen sich auf einer Spiralbahn in einem Magnetfeld bewegen und beim jeweiligen Übergang zwischen den zwei D-förmigen Elektroden einen Spannungsstoß erhalten. Das ursprüngliche Zyklotron begnügte sich sogar mit nur einer D-Elektrode; auch so funktioniert nämlich das von LAWRENCE erprobte Prinzip. Die Weiterentwicklung dieser Idee führte später zu Zyklotrons, in denen den Teilchen wiederholt Spannungsstöße gegeben werden konnten, die insgesamt

$$1\,000\,000\,000 \; (= 10^9) \text{ Volt}$$

also 1 Milliarde Volt, ausmachen. Die Bewegungsenergie der Teilchen entspricht somit einem GeV (Gigaelektronenvolt). Dies ist wesentlich mehr als das, was mit Gleichspannungen machbar war.

Die mit Zyklotrons erreichbare Energie hat aber auch eine praktische Begrenzung, die durch die Größe der Vakuumkammer und des Magneten gegeben ist. Deshalb hat man bald andere geometrische Formen gesucht. Es wurden mit Hilfe von Magnetfeldern Ringbeschleuniger gebaut, in denen die Teilchen herumkreisen können und dann an einigen Punkten beschleunigt werden. Man kam so auf die ursprünglichen Elektrodenanordnungen von WIDERÖE zurück. Die hintereinandergereihten Röhren von WIDERÖE wurden in einen einzigen besonders geformten zylindrischen Metallkörper verwandelt, in dem sich die elektrischen Spannungen als *Schwingungen* aufbauen. Dies nennt man einen Resonator, genauer einen Hohlraumresonator oder eine Kavität (englisch: cavity). Es ist die wesentliche Komponente beim Bau der meisten heute verwendeten Beschleuniger.

An den Innenwänden eines Resonators schwingen die Leitungselektronen des Metalls schnell hin und her. So werden die elektrischen Spannungen aufgebaut, die zur Beschleunigung der kleinen Teilchenpakete nötig sind. Die gute Leitfähigkeit der Innenwände ist also für die Qualität eines Resonators wesentlich. Deshalb werden auch supraleitende Resonatoren entwickelt, mit denen man heute die höchsten Beschleunigungsspannungen erreicht.

Mit normalleitenden Resonatoren kann man den Teilchen (die immer in kleinen Paketen durchlaufen müssen) Spannungsstöße geben, die ungefähr

1000000 (= 10^6) Volt pro Meter Resonatorstruktur

entsprechen. Wir können zum Vergleich folgende Zahlen anführen: Eine Million Volt ist die Spannung, die auch in einem guten Röntgengerät zur elektrostatischen Beschleunigung von Elektronen verwendet wird; bis zu 20000 Volt werden in einem Fernsehgerät zum Aufbau des Elektronenstrahls benutzt.

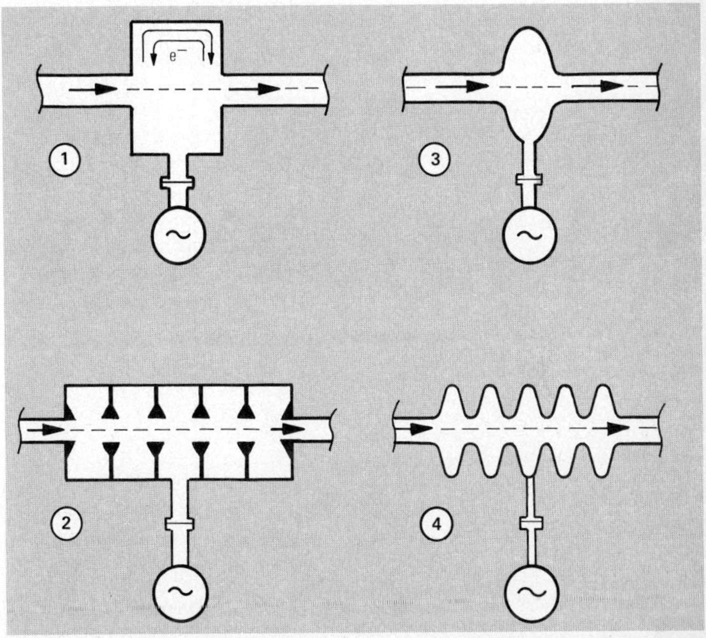

Abb. 5.5.3: Typische Resonatoren, wie sie in Teilchenbeschleunigern heute benutzt werden. Skizze (1) zeigt die Urform eines Resonators mit nur einer Zelle, (2) stellt einen fünfzelligen Resonator dar. Die Zeichnung (3) zeigt die heute für supraleitende Resonatoren übliche Form und Bild (4) einen fünfzelligen supraleitenden Resonator. In allen gezeigten Fällen wird die hochfrequente Spannung seitlich eingespeist

Abb. 5.5.4: (oben) Fünfzelliger Hochfrequenz-Resonator, der aufgesägt wurde, um die Form der Zwischenwände zu zeigen, (links) zwei Zellen eines supraleitenden Niob-Resonators bei der Justierung (Fotos DESY)

Mit supraleitenden Resonatoren, in denen die Elektronen keinen Widerstand für ihre Bewegung finden, hat man schon ein Vielfaches dieses Wertes erreicht. Nur müssen die heute benutzten supraleitenden Resonatoren auf −269 Grad Celsius abgekühlt werden, was mit einigen technischen Schwierigkeiten verbunden ist. Sie werden heute aus dem Metall Niob hergestellt und müssen auch besonders behandelte, sehr glatte innere Oberflächen haben.

Durch Hintereinanderschalten vieler Resonatoren kann man Teilchen bis zu sehr hohen Energien beschleunigen, ohne jedoch besonders hohe Spannungen zu benötigen. So sind Spannungen von einigen hunderttausend Volt zum Betrieb von Resonatoren durchaus ausreichend. Dies muß natürlich die Spitzenspannung eines Hochfrequenzsenders sein, der einem Radio- oder Fernsehsender sehr ähnlich ist. Die Frequenz dieser Spannung muß genau an die Form der Resonatoren angepaßt sein und diese wiederum an die Geschwindigkeit der durchgehenden Teilchenpakete. In Abb. 5.5.3 haben wir einige Typen von Resonatoren dargestellt, in Abb. 5.5.4 sind zwei Resonatoren des Elektronenbeschleunigers PETRA abgebildet. Die benutzten Frequenzen haben in der Praxis Werte zwischen 30 und 1000 Megahertz. Bei 500 Megahertz ist die Länge einer Zelle eines Resonators für Teilchen mit Lichtgeschwindigkeit fast genau 30 Zentimeter.

Jetzt werden wir noch einige Komponenten beschreiben, die heute für den Bau von Teilchenbeschleunigern verwendet werden.

Man bezeichnet als *Ionenquellen* Vorrichtungen, in denen elektrisch geladene Teilchen (also Ionen) erzeugt werden. Die einfachste dieser Quellen ist ein Glühdraht, wie er in den heute üblichen Fernsehröhren vorhanden ist. Aus einem stark erhitzten Metall treten spontan Elektronen aus, die dann durch eine elektrische Spannung abgesaugt werden können. Dieses Prinzip haben wir schon bei der Erzeugung von Röntgenstrahlen kennengelernt (s. 2.3.). In großen Elektronenbeschleunigern wird sehr ähnlich vorgegangen.

Positive Ionen sind – bei Hochenergiebeschleunigern – meist Protonen, also Wasserstoffatomkerne. Das Elektron wird den Wasserstoffatomen (Wasserstoffgas) auf verschiedene Art entzogen, zum Beispiel durch stark schwingende Elektronen in einem elektromagnetischen Wechselfeld. Die auf diese Weise gebildeten positiv geladenen Wasserstoffkerne wandern zu einer negativ geladenen Loch- oder Gitterelektrode und können dann weiter beschleunigt werden. So erhält man eine Wasserstoffionenquelle, also eine Protonenquelle.

Ein weiterer Baustein der Hochenergiebeschleuniger ist die ma-

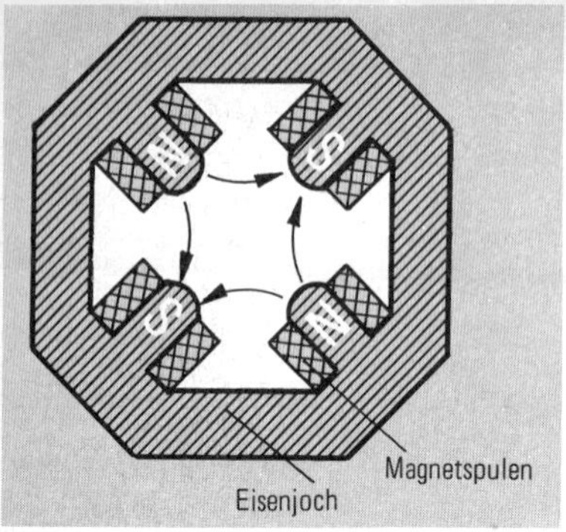

Abb. 5.5.5: Schema der Kupferwicklungen (Spulen) und Eisenpole eines Quadrupolmagneten, der zur Bündelung von Teilchenstrahlen benutzt wird

Abb. 5.5.6: Ein Quadrupolmagnet des Speicherrings DORIS-II kurz vor dem Einbau (Foto DESY)

Abb. 5.5.7: Ein Blick in den Linearbeschleuniger LINAC-II bei DESY: Die von der Decke kommenden sogenannten Hohlleiter versorgen die Resonatoren mit hochfrequenter Wechselspannung; in den runden Behältern sind die Quadrupole untergebracht (Foto DESY)

gnetische Fokussierungslinse, der *Quadrupol*. Wie sein Name andeutet, besteht er aus vier Polen, meist aus Eisen, die ein besonderes Magnetfeld erzeugen (Abb. 5.5.5). Abb. 5.5.6 zeigt einen Quadrupol vor dem Einbau. Für die weiteren Betrachtungen genügt es, wenn wir festhalten, daß ein Quadrupolpaar, also zwei um 90 Grad verdrehte, hintereinanderstehende Quadrupole, ungefähr den Effekt auf den Teilchenstrahl hat, den eine Sammellinse auf Lichtstrahlen hat. Die Teilchen werden um ihre Sollbahn gebündelt, also zusammengehalten. Dies geschieht natürlich nur dann, wenn die Quadrupole richtig berechnet wurden. Auch in Fernsehapparaten ist eine solche Bündelung nötig, um einen dünnen Elektronenstrahl zu erzeugen.

Abb. 5.5.8: Ein Luftbild des größten Linearbeschleunigers der Welt, des 3 km langen Stanford-Linear-Accelerator (Kalifornien, USA), in dem Elektronen eine Energie bis zu 32 GeV erreichen können (Foto SLAC)

Das Hintereinanderschalten einer Reihe von Beschleunigungsstrecken und Quadrupolen entlang einer luftleeren Röhre am Ausgang einer Ionenquelle ergibt einen sogenannten

Linearbeschleuniger

wie wir ihn als Beispiel in Abb. 5.5.7 zeigen. Der größte Beschleuniger dieser Art steht in Kalifornien, es ist der «Stanford Linear Accelerator», der eine Länge von 3 Kilometer hat. Abb. 5.5.8 zeigt ein Luftbild dieser Anlage. Die Endenergie der in ihm beschleunigten Elektronen beträgt 32 GeV (Stand 1983) und kann durch Hinzufügen weiterer Elemente natürlich noch erhöht werden.

Um den Spannungsstoß der Beschleunigungsstrecken mehrmals ausnutzen zu können, wurden sehr bald, wie wir schon früher erwähnten,

Ringbeschleuniger

entwickelt. Sie bestehen aus Stücken von Linearbeschleunigern und sogenannten *Ablenkmagneten*. Diese Elektromagnete biegen die Bahnen der Teilchen entsprechend dem von LORENTZ aufgestellten Gesetz (s. 2.5.) auf eine Kreisbahn. In Abb. 5.5.9 ist ein Schnitt durch einen Ablenkmagneten gezeigt. Bei den heute benutzten Hochenergiebeschleunigern sind diese Magnete oft mehrere Meter lang, wie es in Abb. 5.5.10 gezeigt ist. Der ganze Beschleuniger hat mehrere Kilometer Umfang. Die Feldstärke der Ablenkmagnete muß exakt auf die Energie der umlaufenden Teilchen abgestimmt sein, oder, genauer ausgedrückt, auf ihren relativistischen Impuls, da die Teilchen ja sonst auf die Wände des Strahlrohres auffallen würden.

Bei jedem Umlauf kann den Teilchen Energie in den Beschleunigungsstrecken zugeführt werden, wobei natürlich die Stärke der Ablenkmagnete und die Frequenz der beschleunigenden Hochspannungen genau aufeinander abgestimmt sein müssen. Die umlaufenden Teilchen haben meist eine Geschwindigkeit, die der des Lichtes sehr nahe kommt. So kann man berechnen, daß in einem Beschleuniger von drei Kilometer Umfang die Teilchen

100000 Umkreisungen pro Sekunde

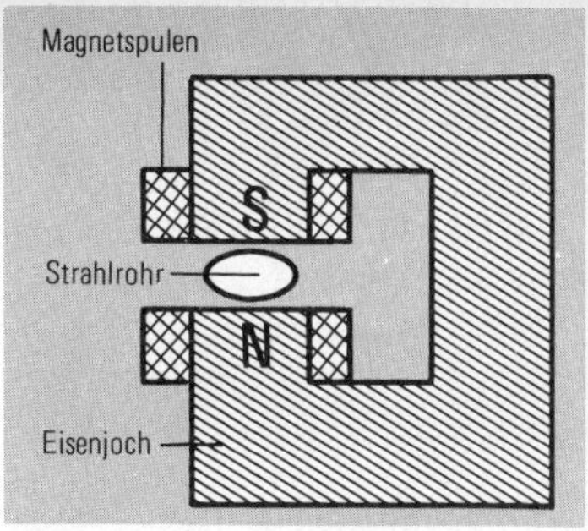

Abb. 5.5.9: Schnitt durch einen Ablenkmagneten: Das Magnetfeld ist vertikal gerichtet und kann durch den Strom in den Spulen genau gesteuert werden

Abb. 5.5.10: Ein typischer Ablenkmagnet eines Hochenergiebeschleunigers. Diese Magnete werden auch Dipolmagnete genannt, weil sie zwei Pole (im Bild oben und unten) haben (Foto Desy)

durchführen und natürlich ebensooft durch die Beschleunigungsstrecken hindurchgehen.

Die Technik der Strahlführung hat sich in den letzten Jahrzehnten stark entwickelt, und es wurde erkannt, daß noch ein weiteres Element für einen stabilen Betrieb nötig ist. Es handelt sich um die *Sextupolmagnete*, die eine weitere fokussierende Funktion haben, die

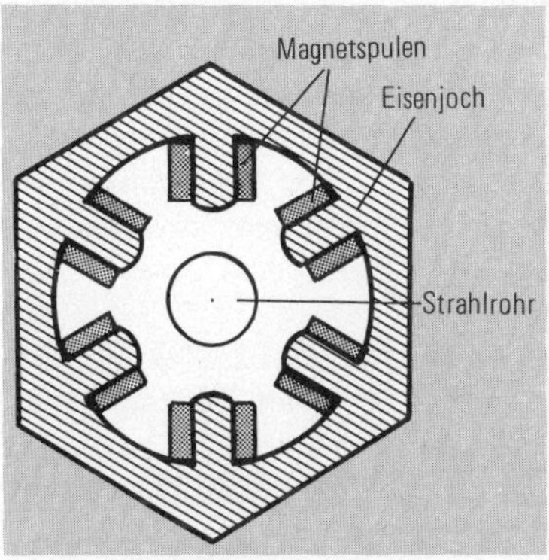

Abb. 5.5.11: Schema eines Sextupolmagneten

Abb. 5.5.12: Ein Sextupolmagnet kurz vor dem Einbau in einen Beschleuniger: Die Spulen und die sechs Eisenpole sind erkennbar (Foto Desy). Siehe hierzu auch Abb. 1.2.6, in der die Anwendung von Sextupolen, Quadrupolen und Ablenkmagneten im Petra-Ring in Hamburg besonders klar zu erkennen ist

mit der etwas unterschiedlichen Energie der Teilchen im Strahl zu tun hat. In Abb. 5.5.11 und 5.5.12 wird ein solcher Sextupolmagnet gezeigt.

Quadrupole, Sextupole und Ablenkmagnete ergeben ein System, das im wesentlichen mit einem langen optischen Teleskop vergleichbar ist. Selbst die Ablenkmagnete kann man als Prismen (die ja eine brechende und damit ablenkende Wirkung auf das Licht haben) mit einbeziehen. Man spricht auch von einer «Strahloptik» mit «Korrekturgliedern» und anderen Begriffen, die zum Teil aus der Optik stammen.

Hier soll noch erwähnt werden, daß es auch Magnete gibt, die kombinierte Funktionen haben. So kann man Ablenkmagnete bauen, die durch schräge Polschuhe auch fokussierende Eigenschaften besitzen. Auf dieser Grundlage werden seit den fünfziger Jahren interessante Beschleuniger gebaut, die man «stark fokussierend» nennt.

Andererseits sind die in einem Beschleuniger benutzten Magnete auch nicht perfekt und haben nie ausschließlich die ihnen zugeordnete Funktion. So hat zum Beispiel ein Ablenkmagnet durch die an den Enden entstehenden Felder immer einen gewissen Bündelungs- oder Trennungseffekt auf den Teilchenstrahl. Dieser muß dann kompensiert oder ausgenutzt werden.

Zum Betrieb eines Beschleunigers braucht man noch eine Reihe von Hilfstechniken. Einige von ihnen möchten wir hier noch kurz aufzählen. Die wichtigste unter ihnen ist wohl die Hochfrequenztechnik, die zur Erzeugung und zur Kontrolle der Beschleunigungsspannungen erforderlich ist. So wurden für den Bau von Beschleunigern in Hamburg bei DESY, dem Deutschen Elektronen-Synchrotron, in Zusammenarbeit mit der Industrie besondere Senderöhren entwickelt, die weltweit den höchsten Stand dieser Spezialität erreicht haben. Ihre Dauerleistung beträgt mehr als 1000 Kilowatt (Abb. 5.5.13).

Eine weitere hochentwickelte Technik betrifft das Vakuum. Die oft kilometerlangen Strahlführungsröhren müssen dauernd luftleer gehalten werden. Das dabei erreichte *Ultrahochvakuum* entspricht oft dem, was vor einigen Jahrzehnten noch als reines Forschungsergebnis an Vakuum in kleinen, kubikzentimetergroßen Gefäßen erreicht wurde. Pumpen, Schweißstellen, Flansche und viele weitere Komponenten mußten für diesen Betrieb neu entwickelt werden. Die Behandlung der Oberflächen, die meist Gase in geringen, aber sehr schädlichen Mengen abgeben, ist hier von wesentlicher Bedeutung.

Abb. 5.5.13: Die besonders leistungsfähigen Hochfrequenz-Senderöhren (Klystrons), die für den Speicherring PETRA in Zusammenarbeit zwischen DESY und der Firma VALVO in Hamburg entwickelt wurden

Im folgenden werden wir noch einige Bemerkungen zu den Besonderheiten der Elektronenbeschleuniger machen. Elektronen sind die Teilchen, die am leichtesten erzeugt und beschleunigt werden können. In jeder Fernsehröhre wird ein dünner Elektronenstrahl erzeugt und, mit relativ aufwendiger Technik, zur Aufzeichnung des Bildes auf den Schirm gelenkt. Ähnlich sind auch Röntgenröhren aufgebaut.

Trotzdem haben Elektronenbeschleuniger in den fünfziger Jahren, als gerade die Protonenbeschleuniger ihren Siegeszug bei der Enthüllung der immer größer werdenden Teilchenfamilien antraten, ein Mauerblümchen-Dasein gefristet. Nur wenige Physiker interessierten sich für sie, weil man dachte, daß die für Elektronen zuständigen elektromagnetischen Kräfte schon genügend gut verstanden waren und daß nur durch die starken Kernkräfte (an denen Elektronen nicht beteiligt sind) neue Teilchen produziert und damit auch neue Erkenntnisse erworben werden konnten. Deshalb wurden die großen Beschleunigeranlagen in den USA und in Europa erst auf Protonenmaschinen spezialisiert. Das Elektron als Geschoß zur Untersuchung kleinster Strukturen wurde vorübergehend vernachlässigt. In den sechziger Jahren wurde es aber klar, daß Experimente mit Elektronen auch sehr geeignet waren, um den Aufbau der Materie zu verstehen. Dann wurden auch geeignete Beschleuniger dafür gebaut.

Alles, was wir über die Beschleunigung geladener Teilchen gesagt haben, gilt natürlich auch für die Elektronen. Größere Ringbeschleuniger bestehen auch hier aus einem luftleeren Strahlrohr, umgeben von Beschleunigungsstrecken, Ablenkmagneten, Quadrupolmagneten, Sextupolmagneten und den erforderlichen Zusatzaggregaten wie Hochfrequenzsender und Vakuumpumpen. Linearbeschleuniger kommen normalerweise ohne Ablenkmagnete und Sextupole aus und dienen in den heutigen Anlagen meist als Einschußgeräte, mit der wichtigen Ausnahme des schon erwähnten Stanford-Beschleunigers.

In allen Magnetfeldern ergibt sich für Elektronen jedoch ein wichtiger Unterschied beim Vergleich mit Protonen oder anderen schwereren Teilchen. Elektronen geben auf Grund ihrer hohen Geschwindigkeit, die sehr nahe an die des Lichtes herankommt, bei ihrer Ablenkung im Magnetfeld sehr viel elektromagnetische Strahlung ab. Daraus ergibt sich ein erheblicher Energieverlust, der beim Beschleunigerbau berücksichtigt werden muß. An Elektronenspeicherringen entstehen dadurch Energieverluste von mehreren Megawatt. Diese Energie muß den umkreisenden Teilchen durch Nachbeschleunigung wiedergegeben werden. Abgestrahlt werden von den umkreisenden Teilchen sowohl sichtbares Licht wie auch Röntgenstrahlen, die zusammen *Synchrotronstrahlung* genannt werden. Diese Abstrahlung erfolgt in der Flugrichtung der Teilchen und ist stark gebündelt, wie es in Abb. 5.5.14 gezeigt ist. Sie ist sehr intensiv; man kann den Teil der Strahlung, der durch kleine Öffnungen in der Betonabschirmung nach außen tritt, für viele praktische Anwendungen und Forschungsarbeiten nutzen (s. HASYLAB, Abb. 1.2.9).

Die Energieverluste durch Synchrotronstrahlung kommen in Linearbeschleunigern nur in sehr geringem Maße (in den Quadrupolen) vor. Entsprechend wird auch die höchste Elektronenenergie zur Zeit an einem Linearbeschleuniger erreicht. Aus dem gleichen Grund ist

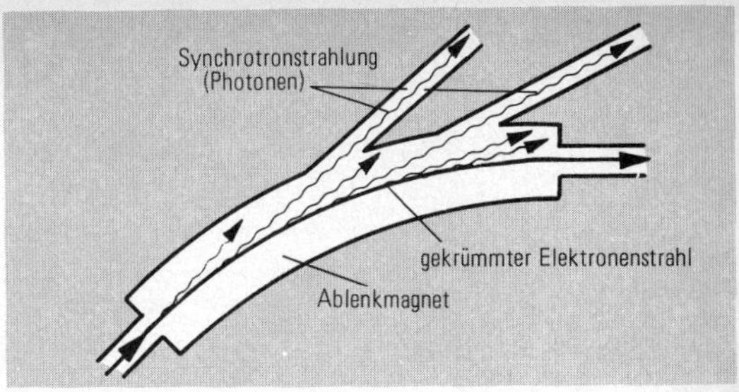

Abb. 5.5.14: Elektrisch geladene Teilchen, die sich fast mit Lichtgeschwindigkeit durch ein Magnetfeld bewegen (im Bild Elektronen in einem Ablenkmagneten), strahlen tangential zu ihrer Bahn und stark gebündelt elektromagnetische Quanten ab (Synchrotronstrahlung) und verlieren dabei einen Teil ihrer Bewegungsenergie

es auch nötig, die Krümmung in einem Elektronenring möglichst gering zu halten. Bei höheren Energien müssen die Ringe entsprechend größer gebaut werden, und es muß den gespeicherten Teilchen entsprechend viel Energie zugeführt werden.

Zusammenfassend möchten wir in Tabelle 5.5.1 nochmals die wichtigsten Komponenten eines modernen Beschleunigers aufzählen. In der Tabelle 5.5.2 haben wir einige Teilchenbeschleuniger besonders hoher Energie angeführt, die in den letzten Jahrzehnten gebaut wurden. Eine ähnliche Liste der Speicherringe wird in Abschnitt 6.1. gezeigt werden. Hierbei möchten wir dem Leser nur einen Überblick geben, ohne ihn mit der Vielfalt aller bis heute entstandenen Anlagen zu belasten. Über zukünftige Beschleuniger werden wir in Kapitel 8 berichten.

BESCHLEUNIGER-KOMPONENTEN
IONENQUELLE
BESCHLEUNIGUNGSSTRECKEN (Resonatoren)
HOCHFREQUENZSENDER
VAKUUMSYSTEM
QUADRUPOLMAGNETE (Bündelung)
SEXTUPOLMAGNETE (Stabilität)
ABLENKMAGNETE (bei Ringen)
Des weiteren: Vorbeschleuniger, Einschußsystem, Korrekturelemente, Strahlmeß- und Kontrolleinrichtungen

Tabelle 5.5.1: Die wichtigsten Komponenten einer Beschleunigungsanlage

PROTONENBESCHLEUNIGER		Land	GeV	seit
Cosmotron	Brookhaven	USA	3	1952
Bevatron	Berkeley	USA	6,2	1954
Cern-PS	Genf	EUR	28	1960
AGS	Brookhaven	USA	31	1960
PS	Serpuchov	UdSSR	76	1967
FNAL	Batavia	USA	500	1972
Cern-SPS	Genf	EUR	450	1976
FNAL	Batavia	USA	1000	1983
ELEKTRONENBESCHLEUNIGER				
Desy	Hamburg	D	7,4	1964
Slac (Linac)	Stanford	USA	32	1966
Cornell	Cornell	USA	12	1967

Tabelle 5.5.2: Große Teilchenbeschleunigungsanlagen der letzten Jahrzehnte. Speicherringe werden getrennt in Kapitel 6.1. behandelt (s. Tabelle 6.1.2). Zukünftige Anlagen werden in Kapitel 8.4. beschrieben und in Tabelle 8.4.1 aufgeführt

Unter den Physikern und Ingenieuren hat sich eine gewisse Spezialisierung auf dem Gebiet des Beschleunigerbaues ergeben; man bezeichnet diese besonders geschätzten Fachleute als *Maschinenphysiker* und *Maschineningenieure.* Sie bauen und betreiben nicht nur die heutigen Beschleuniger, sondern planen auch schon weit in die Zukunft. Dabei kommen oft sehr ausgefallene und neuartige Technologien zum Einsatz. Außerdem werden mathematische Theorien zum Verständnis der Eigenschaften der Beschleuniger entwickelt, mit denen Verbesserungen der bestehenden und auch neue Maschinen vorausberechnet werden können.

Es werden zum Beispiel schon jetzt supraleitende Bauelemente wie Resonatoren und Magnete eingeplant, gebaut und gelegentlich eingesetzt. Dadurch wird zunächst die nötige Erfahrung zum Dauerbetrieb dieser Bauelemente gewonnen. Supraleitung erlaubt es, praktisch verlustfrei starke elektrische Ströme in gewissen Metallen aufrechtzuerhalten. Der Fortschritt auf dem Gebiet der Beschleuniger ist eng an den jeweiligen Stand der Technologie gebunden. Genauso wie im vorigen Jahrhundert die Entwicklung von Vakuumpumpen und vakuumdichten Verkittungen den Bau von Röntgenröhren erlaubte, sind heute zum Beispiel die Hochfrequenztechnik, die schnelle Elektronik und auch die Supraleitung wesentliche Faktoren bei der Weiterentwicklung von Beschleunigern.

5.6. Teilchenerzeugung mit Beschleunigern

Die Erzeugung und die Untersuchung der neu entdeckten Teilchen an Hochenergiebeschleunigern haben es ermöglicht, in wenigen Jahren sehr viele experimentelle Ergebnisse zu sammeln. Gleichzeitig konnten die interessanten, in diesem Buch besprochenen Theorien über die Struktur der Materie aufgestellt werden.

Die Experimente waren sehr unterschiedlich, wurden auch oft neu durchdacht, und es mußten sogar neue Meßmethoden erfunden werden. Dies ist in der Hochenergiephysik bis heute so geblieben. Wir werden den Aufbau einiger einfacher Experimente mitvollziehen und dabei die wichtigsten Begriffe auf möglichst anschauliche Art erläutern. Dies soll auch einen kleinen Einblick in die Arbeitswelt und in die Methoden der Experimentalphysiker geben.

Als erstes Beispiel dient uns die schon früher erwähnte Pionenerzeugung in einem Zyklotron und die darauf folgende Untersuchung der austretenden Pionen. Wir werden dies als Gedankenexperiment

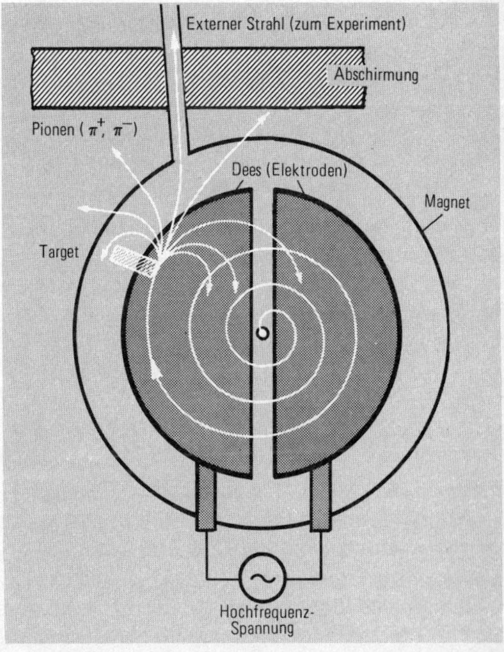

Abb. 5.6.1: Beschleunigte Protonen treffen im Zyklotron auf einen Metallblock (Target) und erzeugen dort unter anderem Pionen. Die nach vorn aus dem Target austretenden Teilchen werden vom Magnetfeld des Zyklotrons abgelenkt und können herausgeführt werden. An einer der stark nach außen gekrümmten Teilchenbahnen hatten GARDNER und LATTES (s. 5.3.) die ersten künstlich erzeugten Pionen beobachtet

verfolgen. In Abb. 5.6.1 wird gezeigt, wie die Protonen in einem Zyklotron (hier ist es belanglos, um welche Art von Zyklotron es sich handelt) mit steigender Energie auf immer größeren Bahnen kreisen, bis sie endlich auf ein Metalltarget (Zielobjekt) stoßen und in ihm Kernzertrümmerungen verursachen. Bei genügend hoher Protonenenergie kommt es, wie schon gesagt (s. 5.3.), dabei auch zur Erzeugung von Pionen.

Die aus dem Target zum Teil nach vorn austretenden Partikeln und Kerntrümmer werden im Magnetfeld des Zyklotrons ihrer elektrischen Ladung entsprechend getrennt, wobei die positiv geladenen nach innen und die negativ geladenen nach außen abgelenkt werden. Dies ist etwas vereinfacht dargestellt, da in der Wirklichkeit eine Anzahl der Teilchen auch in anderen Richtungen aus dem Target austritt und sich dadurch ein komplizierteres Bild ergibt.

Eine kleine Anzahl der aus dem Target austretenden negativen Teilchen kommt durch ein dünnes Metallfenster aus der Vakuumkammer des Zyklotrons in den Außenraum. Nur Teilchen mit einer bestimmten Richtung und mit einem bestimmten Impuls können jetzt durch ein – meist luftleeres – Rohr die Betonabschirmung durchqueren und in den daneben liegenden Experimentierraum gelangen.

Dabei handelt es sich natürlich nicht nur um Pionen, sondern auch um Teilchen anderer Art, die den in Abb. 5.6.1 gezeigten Weg eingeschlagen haben oder auf Umwegen in das Strahlrohr gelangen. Unter den austretenden Teilchen sind auch Elektronen und negative Myonen. Wir haben es also im Experimentierraum mit einer Mischung von Teilchen verschiedener Masse zu tun, die aber im wesentlichen den gleichen Impuls haben: Durch die Krümmung ihrer Bahn im Zyklotron selbst ist diese Auswahl vorgenommen worden. Wir werden annehmen, daß unser Strahl etwa hundert MeV hat.

Wir werden den Impuls unseres Strahles noch genauer festlegen, indem wir einen Ablenkmagneten vor das Fenster stellen und einige Blenden einbauen. Auf diese Art vermeiden wir auch, vor einem Fenster zu arbeiten, das direkt vom Inneren des Beschleunigers «bestrahlt» wird; dort gibt es im allgemeinen viel künstliche Radioaktivität, die unsere Meßapparaturen beschädigen könnte.

Bevor wir uns um die Zusammensetzung unseres Strahles kümmern, möchten wir noch zeigen, wie die Erzeugung von Strahlen an einem Ringbeschleuniger vor sich gehen kann. In Abb. 5.6.2 ist dies dargestellt. Der beschleunigte Strahl «kratzt» an dem in der Vakuumröhre befindlichen Target, oder er wird durch geeignete Magnete

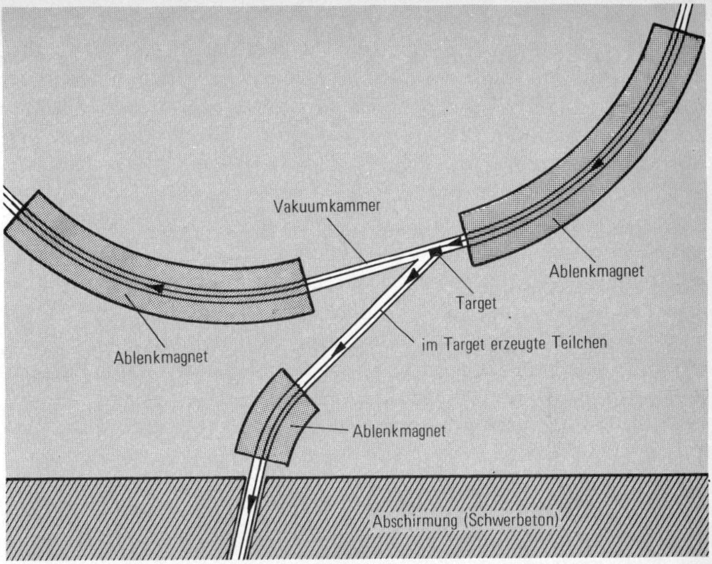

Abb. 5.6.2: In einem Ringbeschleuniger aus einzelnen Komponenten können neue Teilchen auch an Stellen erzeugt werden, an denen kein Magnetfeld herrscht. Positive und negative Teilchen werden dann gleichermaßen nach außen abgestrahlt und können in die Strahlführung geleitet werden

oder andere Vorrichtungen schnell auf dieses Target gelenkt. Das Target liegt *nicht* in einem Magnetfeld, und somit können sowohl positive wie auch negative Teilchen in unseren Strahl gelangen. Der erste Magnet unserer Strahlführung wird über dieses Vorzeichen entscheiden und gleichzeitig den Impuls definieren. Hinter der Betonabschirmung können wir den Strahl weiter untersuchen.

Als erstes wird uns die Zusammensetzung unseres Strahles interessieren. Für Strahlen in der Hundert-MeV-Gegend besteht die einfachste und wohl auch langwierigste Methode darin, ein Kernemulsionspaket in den Strahl zu stellen. Nach Entwicklung und mikroskopischer Untersuchung kann man feststellen, wie viele Teilchen in den Emulsionen stoppen und dann auch die jeweils richtige Reichweite für Pionen oder Myonen haben. Die Reichweite von Teilchen mit gleichem Impuls ist für jede Masse charakteristisch; schwerere Teilchen haben eine kürzere Reichweite.

Schneller kommt man zu dem gleichen Ergebnis, wenn man einfach Platten (Kupfer und Graphit wird oft benutzt) vor einen Szintillationszähler stellt und beobachtet, bei welcher Materialstärke der Teilchenfluß merklich abnimmt: Dies kann der Stärke entsprechen, bei der zum Beispiel Pionen die Platten nicht mehr durchqueren können. So hat man den Pionenstrom bestimmt. Elektronen kann man durch *Schauerzähler* erkennen (s. 3.9.), in denen sie viel höhere Signale als andere Teilchen auslösen.

Es gibt natürlich noch weitere Methoden, um die Zusammensetzung eines Teilchenstrahles genau zu messen, auf die wir aber hier nicht weiter eingehen möchten. Wichtig ist, daß wir an einem beliebigen Punkt der Strahlführung diese Messung durchführen können, wobei aber oft der Strahl selbst zerstört wird. Man mißt also erst die Zusammensetzung und entfernt dann die benutzte Apparatur, um andere Messungen durchzuführen. Die Zusammensetzung bleibt ja bei gleichen Bedingungen unverändert.

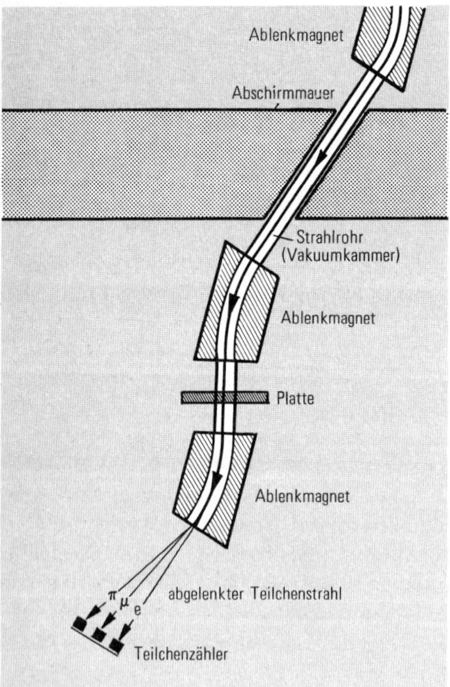

Abb. 5.6.3: Eine Methode zur Trennung verschiedener Teilchenarten in einem Strahl, in dem alle Teilchen anfangs den gleichen Impuls haben. Nach dem Durchdringen einer Platte haben die Teilchen verschiedener Masse einen unterschiedlichen Impuls und können in einem Ablenkmagneten voneinander getrennt werden

Wir stellen jetzt in unserem Gedankenexperiment die Forderung, daß wir einen möglichst reinen Pionen- oder Kaonenstrahl in eine Apparatur lenken möchten. Das erste Problem besteht also in der Abtrennung der anderen Teilchenarten. Wir können hierbei manchmal einen Effekt ausnutzen, den wir als Ionisation schon kennengelernt haben. Teilchen mit unterschiedlicher Geschwindigkeit verlieren beim Durchqueren einer Substanz verschieden viel Energie. Da unsere Teilchen unterschiedliche Massen haben, aber den gleichen Impuls, ergibt sich aus den Regeln der relativistischen Mechanik (s. 2.6.), daß sie unterschiedliche Geschwindigkeiten haben müssen. Wenn wir also unser Teilchengemisch durch eine Platte dringen lassen, dann haben die verschiedenen Teilchenarten danach einen etwas unterschiedlichen Impuls. Es haben dann die leichteren und dementsprechend etwas schnelleren Teilchen weniger Impuls verloren: Sie haben also danach einen etwas höheren Impuls. Jetzt können wir die Teilchen wieder mit einem Magnetfeld trennen, wie es in Abb. 5.6.3 dargestellt ist. Wir haben die unterschiedliche Ablenkung um der Klarheit willen etwas übertrieben.

Durch das soeben erwähnte und durch andere Verfahren, wie zum Beispiel eine Ablenkung in einem elektrischen Feld, kommt man am Ende zu einem fast reinen Strahl einer einzigen Teilchensorte. Wenn es sich um sehr selten auftretende Teilchen handelt, die von vielen anderen begleitet werden, müssen die Trennvorgänge mehrmals wiederholt werden.

Falls der Strahl sehr weit geleitet werden soll, kann man Vorkehrungen treffen, die ein Auseinanderlaufen der Teilchen verhindern. Wir haben bei der Besprechung der Beschleuniger schon (s. 5.5.) auf die Bündelung des Strahls durch Quadrupolmagnete hingewiesen: Diese Technik ist auch bei der weiteren Führung unseres Strahles anwendbar. So können wir unsere Teilchen, am besten in einem luftleeren Rohr, ziemlich weit führen.

Hier können wir eine interessante und lehrreiche Messung durchführen. Wir untersuchen als Beispiel einen möglichst reinen Pionenstrahl von 200 MeV Bewegungsenergie. Nach 20 Metern messen wir ein zweites Mal seine Zusammensetzung. Eigentlich müßten wir, bis auf kleinere Verluste, die am Anfang gemessene Zahl von Pionen wiederfinden. Dagegen zeigt sich, daß der Strahl eine erhebliche Anzahl Myonen enthält. Auf dem Weg ist nämlich ein Teil der Pionen in ein Myon und ein Neutrino zerfallen. Da die Geschwindigkeit der Pionen sehr hoch ist, werden die Zerfallsmyonen nach vorn geschleudert und bleiben im Strahl. Wenn man die Geschwindigkeit der Pionen kennt, ist es nun leicht, aus der neuen Zusammensetzung des Strahls die Zerfallsrate zu errechnen. Wir müssen hier die relativistischen Formeln benutzen, da bei einer Bewegungsenergie von 200 MeV, die wir hier als Beispiel eingesetzt haben, die Geschwindigkeit der Pionen schon 91 Prozent der Lichtgeschwindigkeit beträgt. Wir erinnern hier daran (s. 2.6.), daß man die relativistische Geschwindigkeit sehr leicht aus der Beziehung

$$\text{Geschwindigkeit} = \frac{\text{Impuls}}{\text{Gesamtenergie}}$$

und mit Hilfe des E-p-m-Dreiecks erhalten kann, wie es in Abb. 5.6.4 dargestellt ist. Die Gesamtenergie ergibt sich aus der Summe der Bewegungsenergie und der Ruhemasse, für die wir hier 140 MeV eingesetzt haben. Unsere Pionen werden also etwa

27 Zentimeter pro Nanosekunde

zurücklegen.

Es müssen hier genau die gleichen Wahrscheinlichkeitsgesetze angewendet werden wie bei den Zerfällen radioaktiver Substanzen (s. 4.2.). In einem Pionenstrahl von 200 MeV und 20 Meter Länge zerfallen etwa zwei Drittel der Teilchen. Dieser Unterschied in der Zusammensetzung des Strahls ist also relativ leicht meßbar. Mit der genau bekannten Zeit, in der die Pionen auf der beobachteten Strecke anwesend sind, kann man dann ihre mittlere Lebensdauer errechnen. Dabei muß man noch die relativistische Zeitdilatation berücksichtigen (s. 2.6.). Es ergibt sich bei genauerer Berechnung:

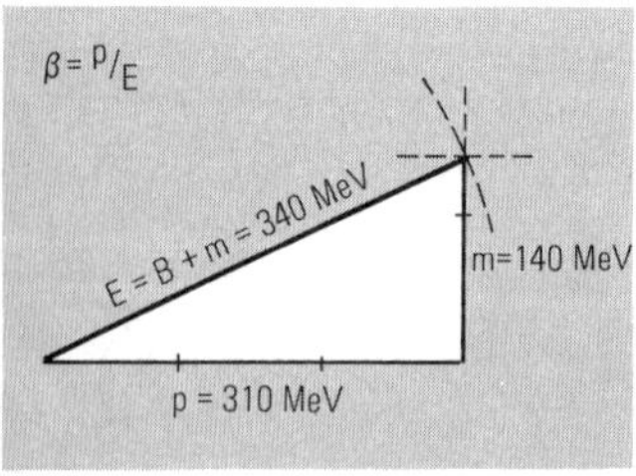

Abb. 5.6.4: Das relativistische E-p-m-Dreieck zur Berechnung der Geschwindigkeit von Pionen mit 200 MeV Bewegungsenergie (B) und 140 MeV Masse (m)

mittlere Lebensdauer eines Pions = 26,0 Nanosekunden

Auf diese Art haben wir im Prinzip eine Methode kennengelernt, mit der man die mittlere Lebensdauer von Pionen und anderen instabilen Teilchen messen kann. Dies ist ein Beispiel, an dem gezeigt wird, wie man Zeiten messen kann, die für die Verhältnisse des täglichen Lebens unvorstellbar klein sind.

Wir können jetzt auch, falls dies erwünscht sein sollte, einen relativ reinen Myonenstrahl erzeugen: Bei genügend langen Anordnungen bleiben nämlich fast nur noch Myonen im Strahl übrig. Als letzte Stufe könnte man auch noch die restlichen Pionen absondern. Da die Myonen etwa hundertmal länger leben als die Pionen, ist ein Verlust durch Zerfall nicht zu befürchten. Hier ist die zusätzliche Strahlbündelung durch Quadrupole sehr wichtig, da die Zerfallsmyonen doch nicht so genau die Richtung der Pionen beibehalten.

Wir betrachten jetzt nochmals unseren Beschleuniger. Man kann mit einiger technischer Raffinesse auch die beschleunigten Teilchen selbst, durch ein dünnes Fenster, in den Experimentierraum leiten. Hier ist es dann möglich, die Erzeugungsprozesse der Pionen und anderer Teilchen aus der Nähe zu betrachten. Man nennt dies ein Experiment mit einem extrahierten oder herausgeführten Strahl.

Eines der wichtigsten Nachweisinstrumente der fünfziger und sechziger Jahre war die Blasenkammer, besonders in der von Donald Arthur GLASER (geb. 1926) in Ann Arbor, USA, entwickelten, mit flüssigem Wasserstoff betriebenen Ausführung. Mit dieser Blasenkammer konnte man die Zusammenstöße der Strahlteilchen mit Wasserstoffkernen direkt beobachten. Erzeugte Teilchen, die innerhalb der Kammer zerfallen, können erkannt werden. Meist wurde ein Magnetfeld angelegt, so daß der Impuls der an einer Reaktion beteiligten Teilchen aus der Krümmung der Bahn berechnet werden konnte. Viele Arten von Teilchen wurden (als Strahlen) durch Blasenkammern geleitet; so konnten ihre Zusammenstöße mit Protonen genau untersucht werden.

Ein Beispiel einer Reaktion in einer Wasserstoffblasenkammer ist in Abb. 5.6.5 gezeigt. In einem Strahl aus negativen Pionen von 960 MeV am Cosmotron in Brookhaven konnte man die Reaktion

Pion + Proton → Lambda + Theta

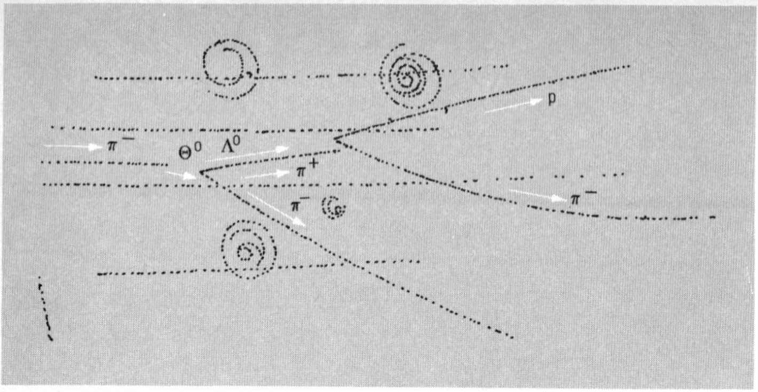

Abb. 5.6.5: Beobachtung der gleichzeitigen Erzeugung eines Lambda- und eines Theta-Teilchens in einer Wasserstoffblasenkammer, die am Cosmotron in Brookhaven einem negativen Pionenstrahl von 960 MeV ausgesetzt wurde (Nach einem an der Universität Bologna 1958 ausgewerteten Foto)

beobachten. Hunderte solcher Bilder wurden genau analysiert, um die Eigenschaften der Lambda- und Theta-Teilchen zu erforschen. Dabei wurden sehr wichtige Entdeckungen gemacht, wie zum Beispiel die sogenannte *Paritätsverletzung* beim Zerfall des Lambdas (die wir noch besprechen werden) und die besondere Zusammensetzung der Theta-Teilchen, die heute «neutrale Kaonen» genannt werden.

An Protonenbeschleunigern gelang es, eine ganze Reihe von interessanten Strahlen zu erzeugen. Wir möchten hier einen kurzen Überblick über die seit den fünfziger Jahren vorhandenen Strahlen geben. Die mit ihnen erzielten Ergebnisse werden wir im nächsten Abschnitt beschreiben.

Wie erwähnt, können *Pionen-*, *Myonen-* und *Protonenstrahlen* relativ leicht erzeugt werden. Daneben wurden auch geladene *Kaonen* als Strahlen in Berkeley verfügbar. Dafür mußte freilich eine viel höhere Protonenenergie eingesetzt werden, da diese Teilchen immer nur zusammen mit einem Partner produziert werden können. Diese 1955 schon bekannte Tatsache wurde durch die Messungen an Beschleunigerstrahlen klar bestätigt.

Eine aus der Kernphysik bekannte Methode wurde zur Erzeugung von *Neutronenstrahlen* benutzt: Man beschoß das meist in Form von schwerem Paraffin oder schwerem Wasser verwendete Deuterium mit Protonen. Die einfallenden Protonen stoßen dabei die Neutronen des Deuteriums an, und man kann einen (natürlich nicht besonders intensiven) Neutronenstrahl erhalten.

Wir möchten hier vorwegnehmen, daß 1955 mit den hier beschriebenen Methoden am Cosmotron in Berkeley das Antiteilchen des Protons, das Antiproton, erzeugt wurde. Auch hier muß die Energie der einfallenden Protonen sehr hoch sein, etwas mehr als 6 GeV, weil gleichzeitig ein zusätzliches Proton erzeugt wird, zum Beispiel nach der folgenden Reaktion:

Proton + Proton → Antiproton + 3 Protonen

Es hat länger gedauert, bis man *Antiprotonenstrahlen* zur Verfügung hatte. Solange Antiprotonen nicht mit normaler Materie in Berührung kommen, also zum Beispiel im luftleeren Raum, kann man sie weiterbeschleunigen wie gewöhnliche Protonen. Sie zerfallen nicht, sind also genauso stabil wie die Protonen.

Das wohl sonderbarste Teilchen, das heute als hochenergetischer Strahl zur Verfügung steht, ist das flüchtige *Neutrino*. Die Methode, mit der dieser Strahl zu erzeugen ist, läßt sich aber leicht verstehen. Beim Zerfall des Pions in ein Myon entsteht auch ein Neutrino. Bei genügend hoher Energie wird auch ein Teil der Neutrinos in die Richtung des zerfallenden Teilchens geschleudert. Es gibt noch weitere Teilchen (zum Beispiel die Kaonen), die relativ schnell zerfallen und dabei auch ein Neutrino oder im Endeffekt mehrere Neutrinos hinterlassen. Zuletzt zerfällt nämlich auch noch das Myon in ein Elektron und zwei Neutrinos. Sie alle werden benutzt, um verschiedene Neutrinostrahlen zu erzeugen. Die hochenergetischen Neutrinostrahlen werden immer mit der schon für Myonen erläuterten Zerfallsmethode erzeugt. Die Neutrinos durchqueren viele Meter Material und können so von allen Teilchen, die sie im Strahl begleiten, abgetrennt werden. Trotz der geringen Neigung der Neutrinos, mit Materie zu reagieren, konnten schon viele Tausende von Neutrino-Reaktionen in Großapparaturen und sogar in Blasenkammern registriert werden.

Auch an Linearbeschleunigern werden externe Strahlen erzeugt. Hier ist es naheliegend, daß der Strahl aus dem Ende der Maschine einfach in ein Experiment geleitet wird. Dies ist auch der Fall bei Versuchen mit Elektronenstrahlen, die wir später behandeln werden.

Bei Elektronen-Ringbeschleunigern kann ein internes Target eingebaut werden, in dem dann, durch eine kurzfristige Ablenkung des

Strahls, andere Teilchen erzeugt werden. Allerdings sind es hier meist nur Photonen, die mit genügend hoher Ausbeute nach außen gelangen. Auf diese Weise werden sehr intensive, hochenergetische Photonenstrahlen erzeugt, die in vielen Metern Entfernung auf geeignete Substanzen geschossen werden. Die Photonen entstehen bei der Ablenkung der Elektronen in unmittelbarer Nähe von Atomkernen.

Eine weitere Besonderheit der Elektronenbeschleuniger besteht in der Möglichkeit, Positronenstrahlen zu erzeugen. Dies sind die von ANDERSON entdeckten Antiteilchen der Elektronen. Die Methode, mit der man diese Teilchen erzeugt, entstammt den theoretischen Überlegungen von DIRAC. Wenn elektromagnetische Strahlung an einem Atomkern vorbeifliegt, dann kann sie sich in ein *Paar* verwandeln, das aus Materie und Antimaterie besteht. Diese schon früher erwähnte Elektron-Positron-Erzeugung kann in einem Linearbeschleuniger in einem geeigneten Materialstück (meist Wolframblech), das Converter genannt wird, hervorgerufen werden. Die Elektronen strahlen erst Photonen ab, wie oben schon angedeutet, und die Photonen verwandeln sich dann in Elektron-Positron-Paare. Dieser Prozeß wiederholt sich lawinenartig im Converter; er wurde als «Schauerbildung» schon beschrieben (s. 3.9.). Auf der Austrittseite des Converters kommt ein Gemisch aus Elektronen und Positronen heraus, das durch geeignete Magnete getrennt werden kann. Die Positronen werden weiter beschleunigt und können genau wie Elektronen behandelt werden. Sie sind ja stabil und haben die gleiche Masse wie die Elektronen. Heute gehören Linearbeschleuniger mit Positronenconverter zur Standardausrüstung größerer Elektronenbeschleunigeranlagen.

Für Experimente an Elektronenbeschleunigern stehen also Elektronen-, Positronen- und Photonenstrahlen zur Verfügung. Die höchste erreichte Strahlenenergie wurde schon erwähnt: Sie beträgt 32 GeV im Stanford-Linearbeschleuniger.

Zum Abschluß haben wir in Tabelle 5.6.1 die heute zur Verfügung stehenden hochenergetischen Teilchenstrahlen zusammengestellt. Sie sind weltweit über ein Dutzend Großlabors verteilt, und an ihnen werden an die 400 Experimente durchgeführt. Die Zahl der Teilchen in diesen Strahlen ist weit von den 30 Pionen des GARDNER-LATTES-Experiments entfernt. In einem Teilchenpaket können heute etwa

$$10\,000\,000\,000\,000 = 10^{13} = 10 \text{ Billionen Protonen}$$

TEILCHENSTRAHLEN
PROTONEN (-Beschleuniger):
Positive und negative Pionen
Positive und negative Myonen
Positive und negative Kaonen
Antiprotonen
Neutronen
Neutrale Kaonen
Neutrinos
ELEKTRONEN (-Beschleuniger):
Positronen
Photonen

Tabelle 5.6.1: Die wichtigsten hochenergetischen Teilchenstrahlen an Beschleunigern

beschleunigt werden. Jeder Beschleunigungszyklus dauert einige Sekunden. Die erzeugten Sekundärstrahlen enthalten typischerweise zwischen einigen tausend und einigen Millionen Teilchen pro Zyklus. Die Energien reichen zur Zeit bis zu einigen hundert GeV an den Protonenmaschinen.

5.7. Die Entdeckung der Resonanzen

Sobald es möglich wurde, Pionen im Laboratorium zu erzeugen (1948), haben die Physiker mit der Untersuchung der Eigenschaften dieser Teilchen begonnen. Dabei hat sich bald gezeigt, daß ein neuer Bereich der Teilchenphysik der Beobachtung zugänglich geworden war; der Teilchen-Zoo wurde danach in wenigen Jahren mehr als verdoppelt. Wegen der Wichtigkeit dieser Ergebnisse möchten wir hier unsere Gedankenexperimente mit Pionen am Zyklotron etwas weiter verfolgen und dabei einige Begriffe einführen, die für das Verständnis dieser Untersuchungen nützlich sind.

Aus dem Zyklotron wurde ein Teil der in einem internen Target erzeugten Teilchen durch ein Rohr in der dicken Abschirmwand in die Experimentierhalle geleitet. Dort wurden durch geeignete Vorrichtungen die Pionen vom Rest des Strahles getrennt. Wir lenken jetzt diesen Strahl auf ein kleines dünnwandiges Gefäß, das flüssigen

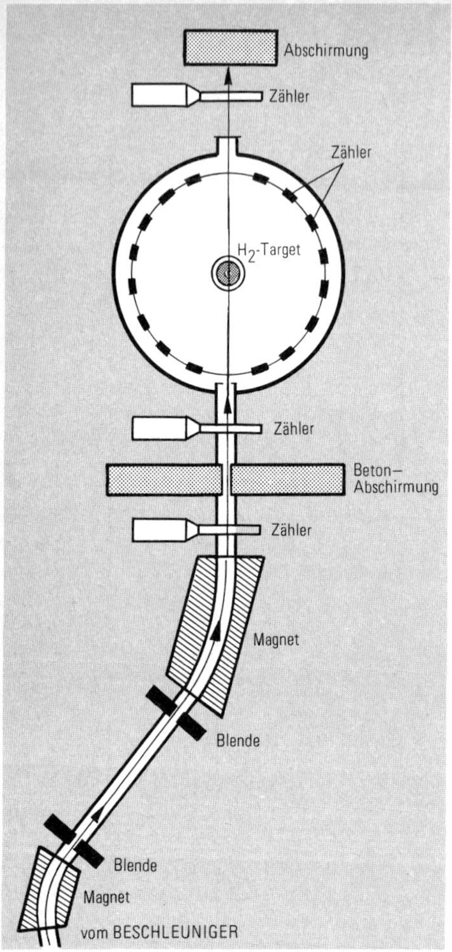

Abb. 5.7.1: Schema eines Experiments, bei dem geladene Teilchen (Pionen) auf Wasserstoffatomkerne geschossen werden. Dabei können Teilchen, die mit bestimmten Winkeln abgelenkt, also an Wasserstoffkernen gestreut wurden, in den Zählern rund um das Target registriert werden. Der Zähler in Strahlrichtung am Ausgang erlaubt es, die Zahl der nach dem Durchdringen des Targets fehlenden Strahlteilchen zu bestimmen

Wasserstoff enthält. Um ein zu starkes Kochen des Wasserstoffes zu vermeiden, ist das Gefäß als Dewar (Thermosflasche) ausgeführt. Man nennt dies ein Wasserstofftarget.

Wir stellen rund um dieses Target einige Zähler auf, wie es in Abb. 5.7.1 dargestellt ist. Unser Target ist insgesamt nicht sehr dick, die meisten Teilchen werden ohne spürbare Ablenkung hindurchfliegen. Sie werden in einem besonders schnell reagierenden Zählersystem registriert und einfach in einem Betonblock abgebremst und vernichtet, das heißt, sie zerfallen in unschädliche Teilchen.

Jetzt erwarten wir in den seitlichen Zählern diejenigen Pionen, die auf einen Wasserstoffkern gestoßen sind und deshalb in verschiedene Richtungen abprallen. Die Stöße auf Elektronen der Atomhüllen spielen hier keine Rolle; Elektronen werden zwar bei Ionisationsvorgängen (s. 3.9.) aus den Atomen herausgeschlagen, verursachen dabei aber keine meßbaren Ablenkungen der Strahlenteilchen. Wir erinnern daran, daß die zur Ionisation erforderlichen Energien viele Größenordnungen kleiner sind als die Bewegungsenergien unserer Strahlteilchen. Nur ein Aufprall auf einen Kern kann unsere Teilchen genügend ablenken, um sie in diesem Experiment wahrnehmen zu können.

Wir wollen jetzt zunächst kurz die allgemeinen Überlegungen der Physiker zu diesem Experiment verfolgen, die sich jedoch auch auf andere Experimente anwenden lassen.

Wir betrachten ein einzelnes Teilchen des Strahles, mit dem man auf die in dem Target verteilten Atomkerne schießt. Innerhalb des Strahls, der ja in seiner Höhe und Breite Abmessungen von einigen

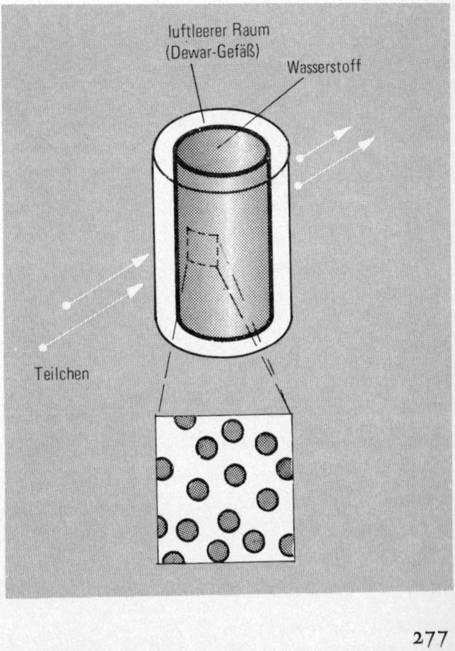

Abb. 5.7.2: Das Wasserstofftarget, wie es von den einfallenden Strahlteilchen «gesehen» wird. Um die Zahl der Wasserstoffatome im Target zu erhöhen, benutzt man flüssigen Wasserstoff, der auf –253 Grad Celsius in einem Dewargefäß (eine Art von Thermosflasche) gehalten werden muß

1 cm²	= 1 000 000 000 000 000 000 000 000 Barn (b)		
1 Barn	=	1000 Millibarn	(mb)
1 Millibarn	=	1000 Mikrobarn	(μb)
1 Mikrobarn	=	1000 Nanobarn	(nb)
1 Nanobarn	=	1000 Picobarn	(pb)

Tabelle 5.7.1: Die Flächeneinheiten der Elementarteilchenphysiker

Millimetern oder Zentimetern hat, kann ein einzelnes Teilchen nicht lokalisiert werden. Von einem Zielen auf einen Kern kann also niemals die Rede sein. Man spricht von der Wahrscheinlichkeit, einen Kern zu treffen. Es ist so, als wenn ein schlechter Schütze ohne das geringste Zielvermögen auf eine kleine Scheibe schießt oder gleich auf mehrere. Die Wahrscheinlichkeit, eine Scheibe zu treffen, hängt nur von der Größe der Scheiben ab. Das eintreffende Teilchen «sieht» die Zielscheiben etwa so, wie es in Abb. 5.7.2 gezeigt ist.

Die Trefferchancen kann man also in Quadratzentimeter ausdrükken, und genauso machen es die Physiker mit den Atomkernen. Da es sich dabei um sehr kleine Zahlen handelt, haben die Physiker geeignete Flächeneinheiten dafür eingeführt, die jedoch nicht im normalen Leben zu benutzen sind. Wir haben diese Einheiten in der Tabelle 5.7.1 zusammengestellt, wobei man immer vor Augen haben muß, daß es sich hier einfach um zweckmäßige Flächeneinheiten handelt, wie auf anderen Gebieten etwa das Hektar oder der Quadratmeter.

Die uns aus früheren Kapiteln schon bekannte Zielflächengröße der Atome beläuft sich auf etwa 100 000 000 Barn und die der Atomkerne auf etwa 10 bis 100 Millibarn. Diese Flächen, die ja die Wahrscheinlichkeit eines Stoßes angeben, müssen nicht immer genau mit der geometrischen Größe der Teilchen übereinstimmen, wie wir im folgenden noch erläutern werden.

Aus der Zahl der Treffer kann man natürlich auch umgekehrt die Größe der Kerne (oder der sonst beschossenen Objekte) abschätzen. So konnte auch RUTHERFORD schon 1911 die Größe der Atomkerne berechnen.

Die Trefferwahrscheinlichkeit, in Quadratzentimeter oder geeigneten Flächeneinheiten ausgedrückt, wird mit dem Namen

totaler Wirkungsquerschnitt

bezeichnet. Wir werden später diese Größe noch unterteilen, je nachdem, was für eine besondere Art von Zusammenstoß stattgefunden hat. Auch diese Wahrscheinlichkeit gibt man in Flächeneinheiten an, deren Summe muß natürlich den oben angegebenen totalen Wirkungsquerschnitt ergeben.

Beim Planen eines Experiments muß man schon am Anfang überlegen, ob die Trefferwahrscheinlichkeit der angepeilten physikalischen Fragestellung entspricht. Ein Experiment muß schließlich in einem halbwegs vorgegebenen Zeitraum und mit einem bestimmten Aufwand zu einem Ergebnis führen. Hier hat sich eine besonders anschauliche Größe als Maß der Ergiebigkeit eines Experiments eingebürgert. Sie wird

Luminosität

genannt. Eine ganze Reihe von praktischen Faktoren wird in den Begriff Luminosität einbezogen. Vor allem die Zahl der Schießversuche, also die Zahl der im Strahl vorhandenen Teilchen, ist dabei ein ausschlaggebender Faktor. Aber auch die Dicke des Targets, also die Zahl der Kerne im beschossenen Objekt, ist als Faktor einzusetzen. Die Zahl der wirklich interessanten Reaktionen oder *Ereignisse* (Events) erhält man dann aus der Formel:

Ereignisse = Wirkungsquerschnitt × Luminosität

Dabei kann der Wirkungsquerschnitt der totale oder der auf eine bestimmte Reaktion spezialisierte sein; die Formel ist allgemein anwendbar.

Als Beispiel kehren wir zu unserem Experiment zurück. Wenn wir ein 5 Zentimeter dickes Target aus flüssigem Wasserstoff mit einem Strahl von 1000 negativen Pionen pro Sekunde beschießen, dann erhält man aus der Dichte des Wasserstoffes und der Pionenzahl eine Luminosität von

0,018 Ereignissen pro Sekunde und pro Millibarn

Für einen Wirkungsquerschnitt von 15 Millibarn ergibt das eine Trefferrate von insgesamt

rund 980 Ereignissen pro Stunde

Der benutzte Wirkungsquerschnitt entspricht Reaktionen, bei denen das Pion genügend abgelenkt wurde, um aus dem Strahlbereich herauszutreten, oder bei denen es auf andere Art beim Zusammenstoß mit den Wasserstoffkernen aus dem Strahl verschwindet. Ihr Fehlen wird dann am einfachsten in den Zählern am Ausgangsfenster unserer Anordnung festgestellt: Die Strahlzähler am Eingang zeigen die Ankunft eines Teilchens an, das am Ausgang nicht mehr registriert wurde.

Der für die Berechnung des oben angegebenen Zahlenbeispiels benutzte Wirkungsquerschnitt von 15 Millibarn entspricht dem wirklich in der Natur auftretenden, wenn die Strahlenergie auf 50 MeV eingestellt war. Dies wird durch die Anordnung und Stärke der Magnete in der Strahlführung festgelegt.

Jetzt wollen wir in Gedanken eine Reihe von Messungen durchführen, die schon berühmte Physiker wie Enrico Fermi stark beeindruckt haben. Es wird der gleiche Versuch so wiederholt, daß jede Stunde die Energie des Pionenstrahls um 20 MeV erhöht wird. Die im Strahl vorhandene Zahl der Pionen, über eine Stunde aufaddiert, bleibt immer die gleiche. Man würde erwarten, daß sich dabei keine drastischen Änderungen ergeben, weil sich die Größe der Wasserstoffkerne, also der Zielscheiben, eigentlich nicht ändern sollte und weil alle weiteren Parameter, also die Luminosität des Experiments, gleichgeblieben sind.

Das erstaunliche Ergebnis dieses Experiments ist in Abb. 5.7.3 dargestellt. Die Höhe der Kästen gibt die Zahl der beobachteten Ereignisse pro Stunde an. Dies entspricht also Energiesprüngen von 20 MeV. Bei rund 190 MeV Strahlenergie zeigt sich ein Höhepunkt in der Zahl der Treffer pro Stunde, also im Wirkungsquerschnitt. Unser Modellbild einer Zielscheibe wirkt hier sehr beunruhigend: Je nach der Energie der zusammenstoßenden Teilchen müßte sich ihre Größe ändern. Wir können unser Modell der Realität etwas anpassen, wenn wir klarstellen, daß sich der Durchmesser der Scheibe nicht ändert; dagegen hat die Scheibe Löcher, die eine gewisse Durchlässigkeit darstellen. Von der Gesamtfläche müssen jetzt natürlich

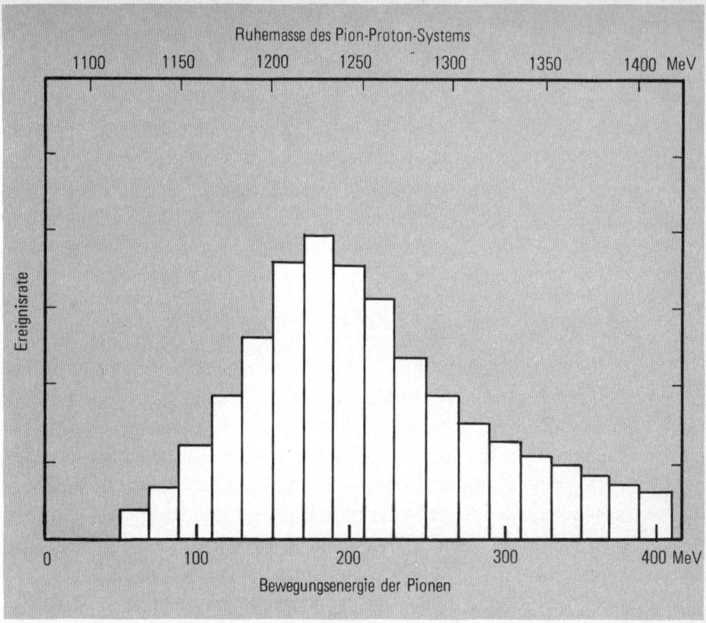

Abb. 5.7.3: Die erste Beobachtung der Pion-Nukleon-Resonanz. Das Balkendiagramm zeigt die Ergebnisse des Streuexperiments: die Zahl der aus dem Strahl verschwundenen Pionen, die also mit Wasserstoffatomkernen zusammengestoßen sind, bei Strahlenergien, die jeweils um 20 MeV erhöht wurden. Man beobachtet ein Maximum der Ereignisrate bei 190 MeV

die Löcher abgezogen werden. Das Ergebnis des Experiments wird jetzt so interpretiert, daß sich bei einer gewissen Energie eine ganze Reihe von Löchern in der Scheibe des beschossenen Teilchens verschließt; die Wahrscheinlichkeit eines Zusammenstoßes ist dann entsprechend größer.

Die Ruhemasse des Systems, das aus den beiden zusammenstoßenden Teilchen besteht, kann man leicht berechnen: Sie beträgt am Höhepunkt unseres Trefferdiagramms 1232 MeV. Dies ist die Masse oder Schwerpunktsenergie der ersten sogenannten *Nukleon-Resonanz*. Sie wird heute *Delta-Resonanz* oder noch genauer *Δ(1232)* genannt. Bei Stoßversuchen mit positiven Pionen wird sie genau bei der gleichen Energie beobachtet.

Natürlich genügt das einfache oben beschriebene Experiment

nicht, um eine Resonanz zu identifizieren. Das gleiche Pion-Nukleon-System muß noch in anderen Experimenten beobachtet werden. Das Delta(1232) wurde das Muster für eine solche Art von Identifizierung. Es wurde als erstes in der Pionenerzeugung durch hochenergetische Photonen wiedergefunden und dann auch in einer Blasenkammer, bei der zusätzlichen Erzeugung von Pionen, bestätigt. Letzteres möchten wir hier kurz besprechen. Beim Zusammenstoß von Pionen viel höherer Energie (etwa 1000 MeV) wird folgende Reaktion beobachtet:

negat. Pion + Proton → posit. Pion + negat. Pion + Neutron

Das Neutron wird dabei nicht als Spur in der Blasenkammer gesehen, weil es keine elektrische Ladung hat. Aus den Daten der beiden gemessenen Pionen wird es rekonstruiert. Danach untersucht man die drei Reaktionsprodukte und berechnet für jeweils zwei von ihnen die Ruhemasse, nach den Regeln der relativistischen Mechanik, also mit dem E-p-m-Dreieck (s. 2.6.). Wir betrachten zum Beispiel bei jedem Ereignis das negative Pion und das Neutron. Zusammen bilden sie ein System, dessen Ruhemasse wir berechnen können. Aus dieser Größe bilden wir für alle beobachteten Ereignisse eine Häufigkeitsverteilung, d. h. ein Diagramm, das zeigt, wie häufig die verschiedenen Pion-Neutron-Massen auftreten (Abb. 5.7.4). Dabei wird eine Häufung von Ereignissen entdeckt, bei denen das Pion-Neutron-System eine sehr ähnliche Verteilung aufweist wie die bei der Pion-Proton-Streuung beobachtete. Natürlich muß man für letztere auch die Ruhemasse des Systems benutzen.

Die Natur hat also eine gewisse Neigung, ein System zu bilden, das eine Ruhemasse von 1232 MeV hat, sehr häufig in ein Pion und ein Nukleon zerfällt und auch beim Zusammenstoß eines Pions und eines Protons entstehen kann.

Die Ruhemasse, die man für ein einzelnes Delta-Ereignis erhält, ist nicht immer die gleiche. Bei jedem Einzelversuch (physikalisch also einem «Ereignis») erhält man einen etwas anderen Wert; diese Werte gruppieren sich um den oben angegebenen Mittelwert, wie wir aus den Abbildungen der beiden Experimente erkennen. Es handelt sich um keinen experimentellen Meßfehler, sondern um eine echte *Massenverteilung*, deren Bedeutung wir jetzt richtig interpretieren müssen.

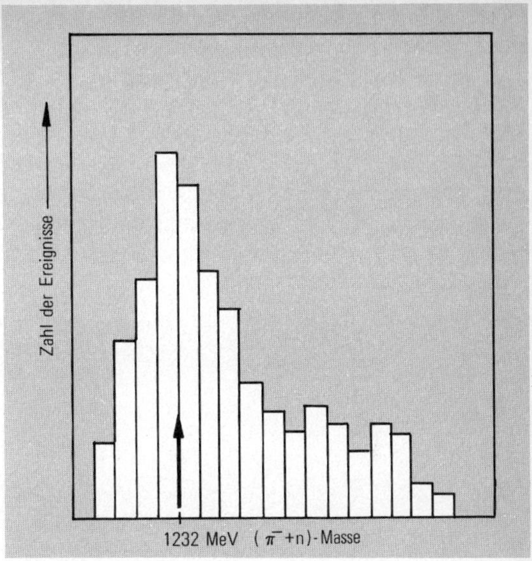

Abb. 5.7.4: Balkendiagramm der Häufigkeit der Pion-Neutron-Massen bei einem Teilchenerzeugungsexperiment in einer Blasenkammer: Die Spitze der Häufigkeiten erscheint bei der gleichen Ruhemasse des Pion-Nukleon-Systems wie in Abb. 5.7.3

Hier kommt uns die von HEISENBERG eingeführte Unbestimmtheitsrelation der Quantenmechanik zur Hilfe (s. 3.8.). Die Gesamtenergie (also Ruhemasse) eines Zustandes, der nur sehr kurz lebt, kann nicht genau bestimmt werden. Jedesmal, wenn man versucht, seine Masse zu messen, erhält man einen etwas anderen Wert. Das Produkt aus der Massenunbestimmtheit und der Lebensdauer des Zustandes ergibt die schon früher eingeführte PLANCK-Konstante dividiert durch 2π ($\hbar$). Daraus ergibt sich, daß auch umgekehrt eine gemessene Massenverteilung einer bestimmten Lebensdauer entspricht.

Es handelt sich hier also um ein besonders instabiles System, das nicht einmal so lange lebt, daß es nach seiner Entstehung auch nur die Entfernung, die einem Kerndurchmesser entspricht, zurücklegen könnte.

Tatsächlich gibt es viele solche Resonanzen in der Natur, und ihre Existenz wurde den Physikern durch Kombination mehrerer Experimente an Beschleunigern allmählich klar. Es besteht auch kein Grund, diese Resonanzen nicht als Teilchen oder gar als minderwertige Teilchen zu behandeln. Unter den vielen instabilen Teilchen gibt es eben auch solche, die ganz besonders schnell zerfallen.

Es genügt natürlich nicht, nur die Massen der Resonanzen aus bestimmten Verteilungen zu entnehmen. Um die Resonanzen später in ein Schema einzuordnen, müssen möglichst alle ihre Eigenschaften bestimmt werden, so wie dies bei den stabilen und bei den länger lebenden Teilchen auch der Fall war. Zu diesen Eigenschaften zählt die elektrische Ladung. Eine Resonanz kann, wie jedes andere Teilchen, in verschiedenen Ladungszuständen auftreten. Dazu können wir bemerken, daß 30 bis heute bekannte nukleonähnliche Resonanzen in zwei Gruppen unterteilt werden können, deren beobachtete Ladungszustände die folgenden sind:

17 Nukleon-Resonanzen, beobachtet mit Ladung +1 oder 0

und

13 Delta-Resonanzen, beobachtet mit Ladung +2, +1, 0 oder −1

Diese Daten werden uns bei der Klassifikation der Teilchen und Resonanzen im nächsten Abschnitt sehr nützlich sein. Wir werden jetzt noch zeigen, wie man weitere Eigenschaften der Resonanzen untersuchen kann.

Die am Anfang dieses Abschnittes in Abb. 5.7.1 dargestellte Zähleranordnung können wir uns mit einem anschaulichen Modell vereinfacht vorstellen, wie wir es in Abb. 5.7.5 zeigen. Die Pionen des einfallenden Strahls sind kleine Kügelchen, die über einen Tisch rollen. In der Mitte ist ein Hindernis angebracht, etwa ein kleiner Hügel oder ein trichterförmiges Loch, das genau dem früher mehrmals erwähnten Potentialtopf entspricht (s. z. B. 4.4.) und jetzt einen Wasserstoffatomkern darstellt. Einige unserer Strahlpionen fallen in das Loch hinein; andere können das Loch wegen ihrer hohen Geschwindigkeit überspringen, stoßen dabei an den gegenüberliegenden Rand des Loches, ändern ihre Richtung und rollen auf dem Tisch weiter.

Unsere Zähler werden in diesem Modell als kleine Tore dargestellt, die auf dem Tisch rings um das Loch angebracht sind. Die Kügelchen, die nun an die Ränder des Loches gestoßen sind und weiterrollen, können in eines der Tore gelangen. Dort werden sie gezählt. Das physikalische Ergebnis ist eine Reihe von Zahlen, die am Ende des Versuches in jedem Tor registriert wurden. Wenn zum Beispiel alle 20 Grad ein Tor aufgestellt ist, dann sind das 8 Tore und Zähler auf jeder Seite. Die entsprechende Zahlenreihe ist die

Winkelverteilung

der gestreuten Kügelchen oder Pionen. Sie ist mit der Beschaffenheit des Loches in der Mitte des Tisches und besonders mit der Beschaffenheit seiner Ränder eng verknüpft. Man kann natürlich eine Wahrscheinlichkeit für den Fall angeben, daß ein bestimmtes Tor getroffen wurde. Auch dies wird als eine bestimmte Fläche einer Scheibe interpretiert. Man spricht dann von einem *differentiellen Wirkungsquerschnitt.*

Wenn das Loch im Tisch nur eine flache Delle in der Oberfläche wäre, würden die Kügelchen nie eine starke Ablenkung erfahren. Sie würden eventuell in die Tore bei 20 Grad links und rechts der Ausgangsöffnung fallen oder im Strahl einfach weiterfliegen. Die Anwesenheit eines kleinen und harten Gegenstandes in der Mitte der Delle, zum Beispiel ein herausstehender Nagel, würde sofort durch einige abgeprallte Kügelchen (aus der Winkelverteilung) verraten werden. Dies war der Fall bei dem RUTHERFORD-Experiment mit Alphateilchen (s. 3.1.).

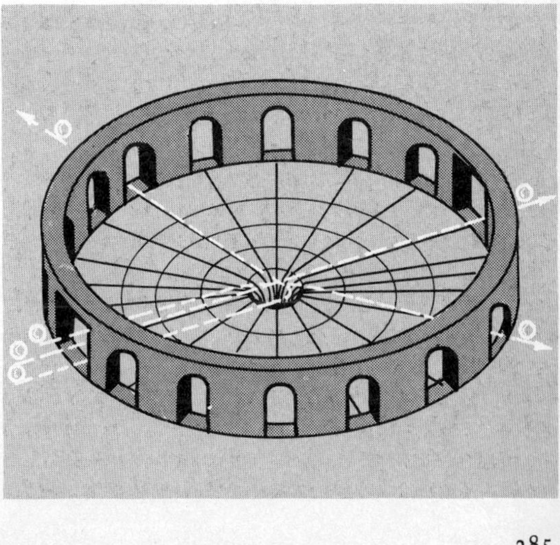

Abb. 5.7.5: Modelldarstellung des Streuexperiments von Abb. 5.7.1: Kügelchen rollen über einen Tisch und können in dem Loch verschwinden oder an den Rändern abprallen und in die seitlichen Tore gelangen, wo sie gezählt werden

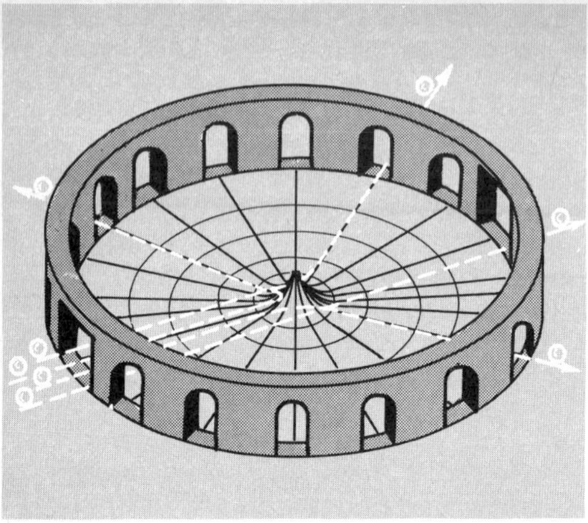

Abb. 5.7.6: Modelldarstellung eines abstoßenden Targetteilchens. So wird zum Beispiel ein Proton (das ja positiv geladen ist) von einem positiven Pion «gesehen»

Wenn wir das Experiment mit positiven Pionen durchführen würden, dann könnte man die abstoßenden elektrischen Kräfte durch einen Hügelwall darstellen (Abb. 5.7.6). Hier ist die Ablenkung der Kügelchen an den Hügelhängen besonders gut zu verstehen. Ein sehr hoher Hügel mit steilem Hang würde eine ganz andere Winkelverteilung der gestreuten Teilchen zur Folge haben als ein flacher und niedriger.

Die Winkelverteilung ist auch eng mit dem Bahndrehimpuls der zusammenstoßenden Teilchen verknüpft. Das ergibt sich aus der Definition des Drehimpulses als Produkt aus dem normalen Impuls und dem Stoßparameter (s. 2.7. und Abb. 5.7.7). Da der Drehimpuls in der Quantenmechanik eine wichtige Rolle spielt, wäre es natürlich interessant, wenn man die bei einer Reaktion oder einem Stoß auftretenden Drehimpulse aus einer Winkelverteilung entnehmen könnte.

In einem Streuexperiment kann man den Drehimpuls leicht durch den Stoßparameter verstehen. Das ruhende Proton würde in unserem Fall vom einfallenden Pion so gesehen, wie es in Abb. 5.7.7 dargestellt ist. Jeder Ring der Zielscheibe entspricht einem bestimmten Bahndrehimpuls, der ja nach den Regeln der Quantenmechanik nur ganzzahlige Werte annehmen kann. Der Mittelkreis hat auf unserem Bild den Drehimpuls Null, der erste Ring den Wert 1. Da der Impuls unserer Strahlenteilchen wohlbekannt ist, können wir die wirkliche Größe und Fläche der einzelnen Ringe berechnen. Der so erhaltene

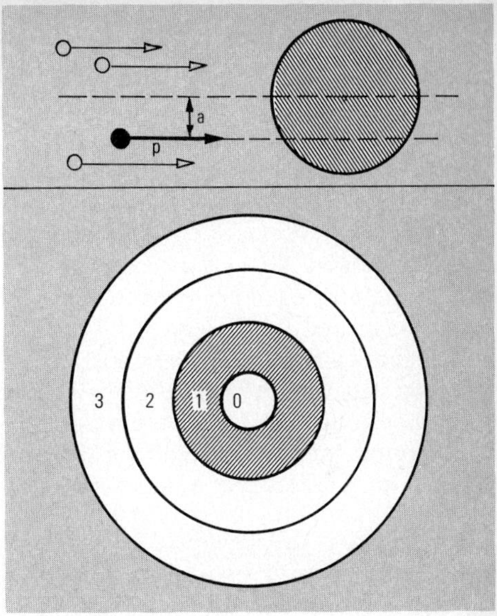

Abb. 5.7.7: Der Drehimpuls beim Zusammenstoß von kleinen Teilchen: Die Größe der Zielscheibenringe der einzelnen möglichen Bahndrehimpulse ist durch den Impuls der einfallenden Teilchen und durch die PLANCK-Konstante genau bestimmt

Wert ist nicht korrekt; wir haben den Eigendrehimpuls des Protons nicht berücksichtigt. Die Quantenmechanik liefert Argumente, die zeigen, wie die Rechnung genau durchzuführen ist.

Für Pionen von 190 MeV ergibt sich als die Fläche des ersten Ringes (Bahndrehimpuls 1 mit Berücksichtigung des Eigendrehimpulses des Protons): 200 Millibarn. Diese Fläche entspricht ziemlich genau dem Wirkungsquerschnitt, den man bei der Streuung von positiven Pionen an Protonen am Höhepunkt der Delta(1232)-Resonanz beobachtet. Es ist, als wäre dieser Ring für Pionen undurchdringlich, während alle anderen Ringe bei dieser Energie fast durchsichtig sind. Bemerkenswert ist die Tatsache, daß wir hier eine völlig theoretische Zahl aus der Quantenmechanik – die Fläche des Ringes – mit dem Ergebnis eines effektiv durchgeführten Experiments vergleichen und dadurch zu einer physikalisch wertvollen Aussage kommen.

Die Quantenmechanik geht aber noch weiter und erlaubt es, die Winkelverteilung der mit dem Bahndrehimpuls 1 gestreuten Pionen zu berechnen. Diese Verteilung kann auch in unserer Modell-Apparatur gemessen werden. Das Ergebnis stimmt mit der Voraussage der Theorie voll überein (Abb. 5.7.8). Auf diese Art konnte man feststellen, daß die Delta(1232)-Resonanz bei der Streuung mit Bahndrehimpuls 1 erscheint. Da das beteiligte Proton einen Eigendrehimpuls von einer halben Einheit hat, kam man zu dem Schluß, daß die Delta(1232)-Resonanz insgesamt einen Eigendrehimpuls von 3/2 besitzt.

Aus der Winkelverteilung können die Physiker also besonders viel über die Beschaffenheit des streuenden Körpers oder Teilchens erfahren. Man kann mit unserer Meßanordnung aber noch weitere Versuche durchführen. So ist es (wieder in unserem Tischmodell) auch von Bedeutung, einfach die Zahl der in dem Loch verschwundenen, also hineingefallenen Teilchen zu bestimmen. Dies nennt man Absorption. Dabei kann es auch vorkommen, daß das gebildete System dann zerplatzt und die Bruchstücke in unsere Zähler geraten oder daß sich ganz neue Teilchen bilden. Bei unserem Versuch mit negativen Pionen kommt es zum Beispiel oft vor, daß als Endprodukte ein neutrales Pion und ein Neutron auftauchen, also nach dem Schema:

negatives Pion + Proton → neutrales Pion + Neutron

Diese Teilchen werden nur sehr selten von den hier (im Gedankenexperiment) angenommenen normalen Szintillationszählern angezeigt. Es scheint so, als würde das einfallende Pion zusammen mit dem getroffenen Wasserstoffkern einfach verschwinden.

Bei solchen Versuchen ist es übrigens auch gelungen, die Existenz des neutralen Pions nachzuweisen. Es zerfällt nämlich relativ schnell in zwei Photonen, die man mit besonderen Zählern (s. 3.9.) nachweisen kann. Das neutrale Pion spielt bei der Höhenstrahlung eine wichtige Rolle. Durch seinen Zerfall in Photonen bilden sich in der oberen Atmosphäre hochenergetische Schauer aus Photonen, Elektronen und Positronen (s. 5.3.), die dann die Erdoberfläche erreichen. Neutrale Pionen sind durch diesen Schauermechanismus ihrer Zerfallsphotonen auch für viele der Elektronen verantwortlich, die in einem Zyklotron aus dem internen Target austreten.

Zu den eben geschilderten Vorgängen sollen jetzt noch einige allgemeine Bemerkungen folgen.

Bei hohen Energien der einfallenden Teilchen, oder wenn es sich um den Beschuß leichter Kerne handelt, wie zum Beispiel der in unserem Musterexperiment benutzten Protonen, kann es vorkommen, daß auch das beschossene Teilchen beim Zusammenstoß so viel

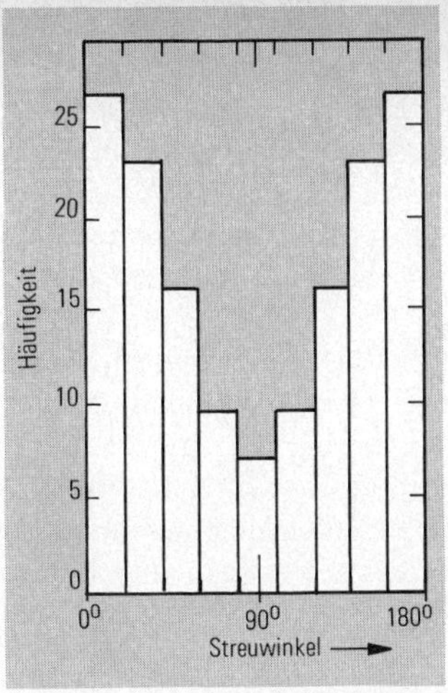

Abb. 5.7.8: Die Winkelverteilung der an Wasserstoffatomkernen gestreuten Pionen, als Balkendiagramm umgerechnet in das Ruhesystem der zusammenstoßenden Teilchen

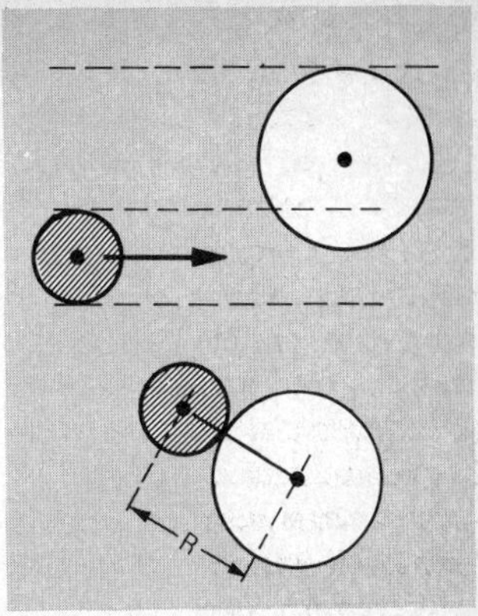

Abb. 5.7.9: Berücksichtigung der Größe beider zusammenstoßenden Teilchen bei der Abschätzung der Wirkungsquerschnitte. Der effektive Radius ergibt sich näherungsweise aus der Summe der beiden Teilchenradien

Bewegungsenergie erhält, daß es wegfliegt und in einen der Zähler gerät. Dadurch ist natürlich noch viel besser gekennzeichnet, daß der Zusammenstoß stattgefunden hat, und man spricht von einem Koinzidenzexperiment. Das zeitliche Zusammenfallen der Signale in beiden Zählern wird dann als Bedingung für die elektronische Registrierung gefordert, es ist eine Koinzidenz.

Des weiteren können natürlich hinter den Zählern zusätzliche Apparaturen aufgestellt werden, mit denen die Eigenschaften der gestreuten (oder erzeugten) Teilchen genauer untersucht werden. So stellt man beispielsweise fest, ob die gestreuten Teilchen beim Überfliegen des Potentialtopfes Energie verloren haben. Dies kann eventuell auf das Vorhandensein kleinerer Bestandteile innerhalb des Potentialtopfes hinweisen. Diese Vorgänge nennt man inelastische Streuungen.

Zur Größe der beschossenen Teilchen, also zu ihrem Wirkungsquerschnitt oder zu ihrer Fläche als Zielscheiben, soll noch bemerkt werden, daß wir bis jetzt die Geschosse selbst als sehr klein angenommen haben, was aber in Wirklichkeit oft nicht zutrifft. Wie in Abb. 5.7.9 dargestellt ist, müßte man bei Kügelchen die Dimensionen der Teilchen so definieren, daß die Radien der beiden Teilchen addiert werden und somit eine effektive Gesamtgröße ergeben. Ähnlich stellt man es sich auch bei komplizierter gebildeten Teilchen vor. Die Definitionen der Wirkungsquerschnitte ändern sich jedoch durch diese Betrachtungen nicht, nur ist ihre modellartige Darstellung als Scheiben nicht ganz zutreffend.

Zuletzt möchten wir noch auf die vielen Experimente aufmerksam machen, bei denen weitere Resonanzen gefunden wurden, die wir hier nicht alle beschreiben wollen. Wir haben bis jetzt nur die 30 Resonanzen erwähnt, die in ihren Endzerfallsprodukten ein Nukleon enthalten; man nennt sie alle Baryonen. Zu ihnen gehören noch weitere 35 Resonanzen, die in *seltsame* Teilchen wie das Lambda oder das Sigma zerfallen. Wenn man alle Ladungszustände getrennt zählt, gibt es über 150 Baryonen und Baryonenresonanzen.

Dazu kommt noch die Familie der Mesonen und der mesonischen Resonanzen, die in ihren Zerfallsprodukten kein Nukleon aufweisen (also weder ein Proton noch ein Neutron). Es gibt (Stand 1982) davon über 40, viele von ihnen tauchen auch noch mit verschiedener elektrischer Ladung auf. Dabei haben wir seltsame und normale Mesonenresonanzen zusammengezählt. Wenn man ihre Ladungszustände getrennt zählt, gibt es an die 100 mesonenartige Teilchen oder Resonanzen. Insgesamt besteht der Teilchen-Zoo aus

etwa 250 Teilchen (Stand 1982)

Wir werden uns im nächsten Abschnitt noch mit den im Jahre 1970 bekannten Teilchen befassen. Damals waren noch keine 100 Baryonen und knapp 50 Mesonen (Resonanzen inbegriffen) entdeckt.

Die drei letzten Abschnitte sollten dem Leser einen Einblick in die Welt der experimentellen Hochenergiephysik geben, ohne ihn mit genauen Darlegungen der Zusammenhänge zu sehr zu belasten. Es ist für die späteren Erläuterungen nur wichtig zu wissen, daß man durch Experimente an Beschleunigern die Eigenschaften der beteiligten Teilchen und der ihnen gleichgestellten sehr kurzlebigen Resonanzen genau untersuchen kann und daß dies in den Jahren zwischen 1947 und der Gegenwart intensiv in mehreren großen Laboratorien geschehen ist.

5.8. Die Teilchenfamilien und ihre Ordnung

In nur zwanzig Jahren (1948–1968) wurden in der Höhenstrahlung und vor allem mit Hilfe der neuen Beschleuniger an Stelle eines einzigen Austauschteilchens für die Erklärung der Kernkräfte, wie es YUKAWA gefordert hatte, etwa 150 verschiedene Teilchen entdeckt, für deren Existenz einstweilen keine Interpretation zur Verfügung stand und die anscheinend mit dem Zusammenhalten der Kerne auch nur sehr wenig zu tun hatten. Man war in eine neue Welt vorgestoßen, in der die Bausteine des Kernes, die Protonen und die Neutronen, nur zwei besonders stabile Mitglieder einer riesigen Gemeinschaft waren.

Die Entdeckung immer neuer Teilchen war damals zu einer Art Sport geworden. Nach einiger Zeit bot dieser Sport den Physikern, die sich in großen Gruppen an den Forschungsarbeiten beteiligten, freilich keinen besonderen Anreiz mehr. Man hatte zwar sehr viel an physikalischem Wissen ergänzen können, war aber im Grunde nicht viel weitergekommen im Verständnis der Grundbausteine der Materie.

Es wurde jedoch bald klar, daß die neuen Teilchen eine gewisse Ähnlichkeit mit den angeregten Zuständen der Atome hatten. In der Physik der Elektronenhüllen der Atome waren die verschiedenen Anregungszustände und ihre Übergänge zum Schlüssel des Verständnisses der Hüllen selbst geworden. Nur waren die Atome von Anfang an durch das Periodensystem der Elemente genau geordnet, während die sogenannten Elementarteilchen einstweilen ziemlich willkürlich zusammengewürfelt aussahen.

Dieses Bild hat sich in den sechziger Jahren wesentlich geändert. Man hat erkannt, welche der Teilchen einen fundamentalen Charakter hatten und welche nur angeregte Zustände derselben Teilchen waren. Unter den Grundzuständen konnte man auch eine gewisse Ordnung finden, die sehr bald zu einem Verständnis ihres Innenlebens erweitert wurde. Dieses Ordnungsschema hat sich weitgehend durchgesetzt und wird auch heute noch anerkannt. Deshalb werden wir diesen wichtigen Schritt in der Teilchenphysik jetzt etwas ausführlicher erläutern.

Erste Andeutungen eines Ordnungsschemas ergaben sich aus der elektrischen Ladung und aus der Eigenschaft «Seltsamkeit», die für das Verständnis der Erzeugung von Paaren der neuen Teilchen eingeführt werden mußte. Der Seltsamkeit mußte man sowohl positive wie auch negative ganzzahlige Werte zuordnen, wobei auch Teilchen mit der Seltsamkeit 2 beobachtet wurden. Auch wir werden die Teilchen von jetzt an in *seltsame* und *nicht seltsame* einteilen.

Durch ihre unterschiedliche elektrische Ladung konnten alle Teilchen in kleine Gruppen mit fast gleichen Eigenschaften eingeteilt werden, denen man auch den gleichen Namen gab. Wir werden die Gründe dieser verschiedenen Ladung im Laufe dieses Abschnittes verstehen und gleichzeitig zeigen, daß es sich doch um unterschiedlich aufgebaute Teilchen handelt.

Für die beobachteten Teilchen und Resonanzen ist in fast allen Fällen der innere Drehimpuls oder Spin experimentell bestimmt worden, zum Beispiel aus den gemessenen Winkelverteilungen. Dies liefert ein weiteres Kriterium zur Einordnung.

Man nimmt an, daß die Teilchen mit den kleinsten Massen jeweils einen Grundzustand darstellen, wie dies schon bei den früher behandelten atomaren Sytemen der Fall war. Das Wasserstoffatom mit seinen Energieniveaus gilt hierfür als Modell. Eine höhere Masse entspricht einer höheren Energie, was bei ansonsten gleich aufgebauten Teilchen darauf hinweist, daß man es mit einem angeregten Zustand zu tun hat. Oft ist eine höhere Masse oder Energie auch mit einem größeren Drehimpuls verbunden, wie es auch bei den Atomhüllen der Fall war.

Durch die Drehimpuls- oder Spinwerte ergibt sich automatisch die schon früher eingeführte Trennung zwischen Baryonen und Mesonen. Die ersten haben halbzahligen Spin, die zweiten ganzzahligen. Dieser Unterschied wird sich noch als wesentlich erweisen.

Zunächst werden wir uns jetzt mit den Teilchen mit halbzahligem Spin beschäftigen. Wir werden eine Kategorie vorwegnehmen, die nicht zu den Baryonen gehört. Es handelt sich um Teilchen, die an den Kräften, welche die Kerne zusammenhalten, nicht beteiligt sind und deshalb eine Sonderstellung einnehmen. Wir führen sie in Tabelle 5.8.1 an, werden aber erst später wieder auf sie zurückkommen. Sie werden Leptonen genannt.

Leptonen	Ladung
Elektron	−1
Elektron-Neutrino	0
Myon	−1
Myon-Neutrino	0

Tabelle 5.8.1: Die Leptonen vor der Entdeckung des Taus

	Seltsamkeit	Ladungszustände			A. Z.*
Nukleon N(939)	0	+1	0		17
Lambda Λ(1115)	−1		0		14
Sigma Σ(1193)	−1	+1	0	−1	11
Xi Ξ(1317)	−2		0	−1	3

* Angeregte Zustände

Tabelle 5.8.2: Teilchen mit Spin 1/2

Hier müßten noch die entsprechenden Antiteilchen hinzugefügt werden, die eine gleiche Tabelle ergeben, jedoch mit positiven elektrischen Ladungen. Das Antielektron ist dabei natürlich das Positron.

Jetzt gehen wir zu den nukleonähnlichen Teilchen und Resonanzen mit halbzahligem Spin über. Wir erinnern daran, daß bei all diesen Teilchen im Endeffekt unter ihren Zerfallsprodukten ein Nukleon vorhanden ist.

Wir betrachten als erste die Teilchen, die – wie das Proton und das Neutron – den Spin ½ haben, und ordnen sie nach ihrer Seltsamkeitszahl. Dabei nehmen wir immer nur das leichteste Teilchen jeder Art, in der Annahme, daß so ein Grundzustand vorliegt. Wir haben sie in Tabelle 5.8.2 zusammengestellt.

Wir bezeichnen hier die verschiedenen Teilchen mit einem griechischen Symbol, das wir aber zur Klarheit meistens ausschreiben. Daneben setzt man üblicherweise ihre Masse in MeV in Klammern. Diese heute übliche Schreibweise wird im weiteren Verlaufe dieses Abschnittes eine klare Bedeutung bekommen.

Zu der Tabelle ist gleich zu bemerken, daß sich das neutrale Sigma-Teilchen mit dem Lambda gewissermaßen überlappt: Sie haben beide die gleiche Seltsamkeit, und ihre Masse ist nicht sehr verschieden. Wir werden unter den neutralen Teilchen des öfteren solche Überlagerungen antreffen. Sie entsprechen relativ komplizierten physikalischen Gebilden, die nur mit den Methoden der Quantenmechanik zu interpretieren sind.

Jetzt stellen wir in Tabelle 5.8.3 die leichtesten Teilchen mit dem Spin ³⁄₂ zusammen. Sie ergeben eine ähnliche Tabelle, nur daß das zweite und dritte Teilchen als angeregte Zustände von Spin-½-Teilchen angesehen werden können. Die Grundzustände haben wir schon in Tabelle 5.8.2 angeführt; sie haben genau die gleichen Ladungszustände. Lediglich ihr Spin und ihre Masse sind höher.

		Seltsamkeit	Ladungszustände				A. Z.
Delta	Δ(1232)	0	+2	+1	0	−1	12
Sigma-Stern	Σ(1385)	−1		+1	0	−1	
Xi-Stern	Ξ(1530)	−2			0	−1	

Tabelle 5.8.3: Teilchen mit Spin 3/2

Neu hinzugekommen ist also nur das erste Teilchen dieser Tabelle. Es ist zwar dem Nukleon sehr ähnlich, hat aber vier Ladungszustände. Es handelt sich um die kurzlebige Resonanz, deren Messung wir bei der Streuung von Pionen an Protonen beschrieben haben (s. 5.7.) und deren eventuelle Existenz uns schon beim Pionenaustausch der Kernkräfte nach YUKAWA aufgefallen ist (s. 5.2.).

Wenn man jetzt versucht, die Tabellen für höhere Spinwerte zu erstellen, also für den Spin 5/2 usw., dann erkennt man, daß nur noch angeregte Zustände von schon angeführten Teilchen vorhanden sind. Die Kandidaten für Grundzustände sind also:

Nukleon, Delta, Lambda, Sigma und Xi

wobei aber sowohl das Nukleon mit dem Delta wie auch das Sigma mit dem Lambda eine engere Beziehung zueinander haben.

Die Zahlen rechts in unseren Tabellen geben an, wie viele angeregte Zustände (A. Z.) zu den jeweiligen Grundzuständen gehören, so wie sie bis 1982 beobachtet wurden. In der Tabelle 5.8.4 sind all diese angeregten Zustände angeführt. Jetzt wird es auch klar, warum man immer die Masse in Klammern neben das Symbol setzt: Das gleiche Symbol wird für alle angeregten Zustände benutzt.

Jeder dieser angeregten Zustände ist dadurch charakterisiert, daß er in den gleichen Ladungszuständen seines Grundzustandes erscheint. Es handelt sich hier also um Zustände, die durch Abstrahlung von Energie in tieferliegende Zustände übergehen können. Umgekehrt kann man diese Zustände durch Zufuhr von Energie aus niedrigeren Zuständen erzeugen. Anders als im atomaren Bereich stehen hier aber verschiedene Teilchen zur Verfügung, die die Energieübertragung übernehmen können. So werden beim Zerfall der angeregten Zustände sehr oft Pionen abgestrahlt. Sie haben hier zum Teil die Rolle der Photonen aus der Atomphysik übernommen.

Die angeregten Zustände haben oft einen höheren Spin als die Grundzustände.

Wie wir später noch zeigen werden, sind die hier gezeigten Listen nach 1974 um einige Grund- und Anregungszustände noch etwas erweitert worden. Dies ist aber für die nächsten Betrachtungen unwichtig. Sehr befriedigend ist die Tatsache, daß diese Listen *alle* Baryonen (also Teilchen, die in Nukleonen zerfallen) enthalten, die in der Natur beobachtet wurden.

Die Tatsache, daß man alle beobachteten Baryonen als angeregte Zustände einiger Grundzustände betrachten kann, ist von weittragender Bedeutung. Wenn all die beobachteten Teilchen «elementar» wären, müßte man es als Zufall ansehen, daß so viele von ihnen so ähnliche Eigenschaften haben. Dies ist aber äußerst unwahrscheinlich. Mit der Annahme, daß es sich bei vielen von ihnen um angeregte Zustände handelt, ist eigentlich schon klargestellt, daß all diese Teilchen eine innere Struktur haben müssen. Die verschiedenen Bewegungszustände der Bestandteile sind dann für die verschiedenen Massen der beobachteten angeregten Zustände verantwortlich.

Zu allen Teilchen der oben gezeigten Listen gehört jeweils ein An-

ANGEREGTE BARYONEN				
N(3030)				
N(2600)				
N(2250)				
N(2220)		Λ(2585)		
N(2200)		Λ(2350)		
N(2190)	Δ(3230)	Λ(2110)		
N(2080)	Δ(2850)	Λ(2100)	Σ(2620)	
N(1990)	Δ(2420)	Λ(1890)	Σ(2455)	
N(1720)	Δ(1950)	Λ(1830)	Σ(2250)	
N(1710)	Δ(1930)	Λ(1820)	Σ(2030)	
N(1700)	Δ(1920)	Λ(1800)	Σ(1940)	
N(1680)	Δ(1910)	Λ(1800)	Σ(1915)	
N(1675)	Δ(1905)	Λ(1690)	Σ(1775)	
N(1650)	Δ(1900)	Λ(1670)	Σ(1750)	
N(1535)	Δ(1700)	Λ(1600)	Σ(1670)	Ξ(2030)
N(1520)	Δ(1620)	Λ(1520)	Σ(1660)	Ξ(1820)
N(1440)	Δ(1600)	Λ(1405)	Σ(1385)	Ξ(1530)
N(939)	Δ(1232)	Λ(1115)	Σ(1193)	Ξ(1317)

Tabelle 5.8.4: Die angeregten Zustände der Baryonen

Name		Seltsamkeit	Ladungszustände		
Kaon	K (494)	+ 1	+ 1	0	
Pion	π (140)	0	+ 1	0	− 1
Eta	η (549)	0		0	
Eta'	η'(958)	0		0	
$\overline{\text{Kaon}}$	$\overline{\text{K}}$ (494)	− 1		0	− 1

Tabelle 5.8.5: Die leichtesten Mesonen mit Spin 0

titeilchen; dadurch wird die Gesamtzahl der Teilchen genau verdoppelt. Die Antiteilchen haben die gleichen Massen, jedoch entgegengesetzte elektrische Ladung und umgekehrte Seltsamkeit. Nicht alle diese Antiteilchen sind tatsächlich beobachtet worden; kein Physiker zweifelt aber heute an ihrer Existenz.

Wir versuchen jetzt die Teilchen mit ganzzahligem Spin, also die Mesonen, auf ähnliche Weise zu ordnen. Als erstes betrachten wir die leichtesten Teilchen mit dem Spin 0 und 1 und ordnen sie nach ihrer Seltsamkeit. Es entstehen zwei erstaunlich ähnliche Tabellen: 5.8.5 und 5.8.6.

Hier ist die Lage etwas komplizierter. Als erstes mußten wir Teilchen und Antiteilchen zusammen darstellen, weil es sich herausstellt, daß die entgegengesetzt geladenen Partner immer gleichzeitig die Antiteilchen sind. Die neutralen Pionen sind hier ihre eigenen Antiteilchen. Wir möchten diesbezüglich daran erinnern, daß zum Beispiel das Neutron keineswegs mit dem Antineutron identisch ist. Diese Aussagen sind experimentell gefunden und als Tatsachen be-

Name		Seltsamkeit	Ladungszustände		
Kaon-Stern	K* (892)	+ 1	+ 1	0	
Rho	ϱ (770)	0	+ 1	0	− 1
Omega	ω (783)	0		0	
Phi	φ (1020)	0		0	
$\overline{\text{Kaon-Stern}}$	$\overline{\text{K}}$* (892)	− 1		0	− 1

Tabelle 5.8.6: Die leichtesten Mesonen mit Spin 1

stätigt worden. Daraus entsteht auch eine wichtige Anregung für das Ordnungsschema, welches im Anschluß erläutert werden soll. Auch bei den Mesonen beobachten wir die Überlagerung von neutralen Teilchen in der Mitte der Tabelle.

Wir sollten hier eigentlich noch einige weitere

Neunergruppen

aus Mesonen mit dem Spin 0 und 1 (und höherer Masse) hinzufügen, um alle in der Natur auftretenden Kombinationen zu berücksichtigen. Man konnte den Teilchen sogar noch gewisse quantenmechanische *Symmetrieeigenschaften* zuordnen, durch die sich die verschiedenen Gruppen voneinander unterscheiden. Wir haben auf die Wiedergabe dieser weiteren Neunergruppen verzichtet, weil sie aus dem später zu erläuternden Ordnungsschema klar hervorgehen werden.

Auch bei den Mesonen sind angeregte Zustände beobachtet worden. Es sind jedoch nicht so viele wie bei den Baryonen. Sehr merkwürdig ist, daß alle beobachteten Mesonen entweder in Neunergruppen, wie die oben gezeigten, eingeordnet werden können oder angeregte Zustände von Teilchen sind, die schon in einer Neunergruppe untergebracht wurden. Man kann sich davon leicht überzeugen, wenn man an Hand der heute gültigen Teilchentabellen (s. Tabelle 5.8.7) die oben gezeigten Listen erstellt.

M. Roos et al., Particle Data Group:
«Review of Particle Properties»
Hier benutzte Ausgabe:
Physics Letters, 111B, April 1982
Reprint CERN, August 1982 (315 Seiten)

Bem.: Diese Tabellen werden alle 2 Jahre publiziert (seit 1957) und meist als Sonderdrucke an wissenschaftliche Institutionen verteilt. Sie können in jeder Fachbibliothek eingesehen werden. Es gibt auch Kurz- und Taschenausgaben.

Tabelle 5.8.7: Die offiziellen Teilchentabellen

Mit Hilfe des Spins, der Seltsamkeit und der elektrischen Ladung (und genaugenommen zwei weiteren Symmetrieeigenschaften der Mesonen) ist es also gelungen, alle in der Natur auftretenden subnuklearen Teilchen in einem halbwegs übersichtlichen Schema zu ordnen. Dieses Schema hat es nahegelegt, daß zumindest die Nukleonen eine innere Struktur haben müssen. Mehrere Versuche wurden in dieser Richtung unternommen, bis dann das Quarkmodell zum Durchbruch kam, wie wir im nächsten Abschnitt zeigen werden.

5.9. Das Quarkmodell der sechziger Jahre

Im vorigen Abschnitt haben wir eine bemerkenswerte Ordnung bei den beobachteten Subnukleartellchen erläutert. Vor allem der Unterschied zwischen Mesonen und Baryonen ist dabei hervorgehoben worden. Die einen haben ganzzahligen Spin und die anderen halbzahligen. Nur Baryonen haben unter ihren Zerfallsprodukten ein Nukleon; sie haben etwas «Schweres» in sich («barys»: griech. schwer). Für diese beiden Teilchenarten, die Mesonen und die Baryonen, wurden dann einfache Familien von vermutlichen Grundzuständen gefunden und jeweils eine Reihe von Teilchen und Resonanzen, die man als ihre angeregten Zustände betrachten kann.

Als Kandidaten für Grundzustände der Baryonen fanden wir:

Nukleon, Delta, Lambda, Sigma und Xi

und für die Mesonen:

Kaon, Pion, Eta, Rho, Omega und Phi

wobei auch diese beiden Gruppen eventuell noch verkleinert werden könnten, wenn man zum Beispiel wiederum einige ihrer Mitglieder als angeregte Zustände anderer betrachtet.

Schon Anfang der sechziger Jahre, als das Schema und die Ordnung der Subnukleartellchen so, wie wir es hier dargestellt haben, noch sehr umstritten waren, haben mehrere Physiker, besonders Yuval NE'EMAN (geb. 1925), Murray GELL-MANN und George ZWEIG (geb. 1937), Vorschläge zum inneren Aufbau aller Teilchen (außer den Leptonen) vorgelegt. Auf Grund *rein mathematischer* Überlegungen über die bis dahin bekannte Ordnung der Teilchen sind sie zu dem Schluß gekommen, daß alle in unseren Listen angegebenen Teilchen und ihre Eigenschaften erklärt werden können, wenn man annimmt, daß sie aus noch kleineren Subteilchen aufgebaut sind. Diese Subteilchen nannte Murray GELL-MANN willkürlich «Quarks» nach einem Ausdruck in dem sonderbaren Roman «Finnegans Wake» des irischen Schriftstellers James JOYCE (1882–1941). Der Ausdruck am Ende dieses ungemein schwer zugänglichen experimentellen Romans:

«Three quarks for Muster Mark»

ist für den Leser genauso rätselhaft wie zu Beginn der sechziger Jahre wohl die Hypothese der Quarks für die meisten der Physiker. (Man beachte aber die auffällige Kleinigkeit, daß ein theoretischer Physiker von Rang wie M. GELL-MANN den schwierigsten Roman der modernen Weltliteratur offensichtlich bis zum Ende durchgelesen hat!) Dabei hat die Tatsache, daß es sich um genau drei Quarks handelt, wohl eine gewisse Rolle gespielt aus Gründen, die wir im folgenden noch erfahren werden. GELL-MANN glaubte damals außerdem, daß es überhaupt nur drei Quark-Arten gibt und daß der Zahl *Drei* eine tiefere Bedeutung zukommt. Heute wissen wir, daß es mehr als drei Quark-Arten gibt. Vielleicht hätte GELL-MANN heute einen anderen Namen ausgesucht.

Tatsache ist, daß das Quarkmodell erstaunlich gut die Ordnung der Teilchenfamilien wiedergeben kann. Wir werden später unsere Teilchenlisten neu aufschreiben, und zwar so, daß an jeder Stelle die richtige Quarkkombination eingetragen ist.

Nach dem Quarkmodell bestehen alle Teilchen mit halbzahligem Spin (Baryonen) aus drei Quarks und alle Teilchen mit ganzzahligem Spin (Mesonen) aus einem Quark und einem Antiquark.

Drei verschiedene Quark-Arten wurden dafür eingeführt, denen man die Namen Up, Down und Strange gab und die man mit den Buchstaben

u, d und s

bezeichnete. Wir werden im nächsten Kapitel zeigen, wie dieses Schema später erweitert werden mußte für Teilchen, die freilich zur

Zeit der Einführung des Quarkmodells noch nicht bekannt waren. Jedes Quark hat ein Antiquark, das wir mit Anti-Balken kennzeichnen:

$\bar{u}$, $\bar{d}$ und $\bar{s}$

Die hypothetischen Quarks haben den Spin ½, wodurch es möglich wird, Teilchen mit halbzahligem Spin wie:

S = ½, 3/2 usw. aus drei Quarks

und Teilchen mit ganzzahligem Spin:

S = 0, 1, 2 usw. aus zwei Quarks

aufzubauen; bei den Spinbetrachtungen werden Quarks und Antiquarks allerdings gleichbehandelt. In Abb. 5.9.1 wird gezeigt, wie sich die Spins orientieren müssen, um zum Beispiel ein Nukleon, ein Delta und zwei verschiedene Arten von Mesonen zu bilden. Dabei wird angenommen, daß es sich um Verbindungen handelt, bei denen *kein Bahndrehimpuls* auftritt; der Gesamtdrehimpuls, der den Spin des zusammengesetzten Teilchens ergibt, ist dann gleich der Summe der (orientierten) Spins der Quarks.

In Abb. 5.9.2 ist gezeigt, wie man auch noch einen Bahndrehimpuls hinzufügen und auf diese Weise andere Energiezustände aufbauen kann, die dann Teilchen mit höherer Masse entsprechen. Diese Prozedur ist die gleiche wie diejenige, die zu den angeregten Zuständen eines Atoms führt; am besten eignet sich zum Vergleich das nur aus einem Proton und einem Elektron bestehende Wasserstoffatom mit seinem Grundzustand und seinen Energieniveaus.

Durch ihren Spin sind die Quarks auch an gewisse Regeln der Quantenmechanik gebunden, wie zum Beispiel an das Exklusionsprinzip von Pauli, das sowohl in der Atomhülle als auch in der Quarkphysik eine so wichtige Rolle spielt (s. 3.4.). Dadurch werden allerdings auch noch einige Probleme entstehen, deren Lösung uns zu wichtigen Folgerungen zwingen wird.

Am einfachsten kann man die elektrischen Ladungen aller beobachtbaren Teilchen erklären, wenn man *annimmt*, daß die Quarks

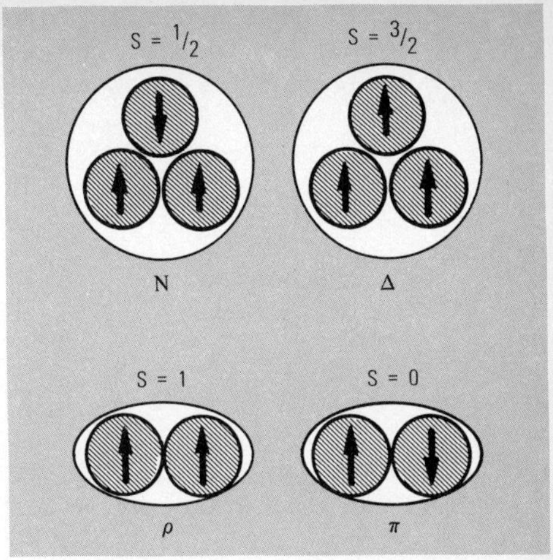

Abb. 5.9.1: Der Eigendrehimpuls der einfachsten Kombinationen von drei oder zwei Quarks. Als Beispiele sind das Nukleon, die Deltaresonanz, das Rho-Meson und das Pion gezeigt

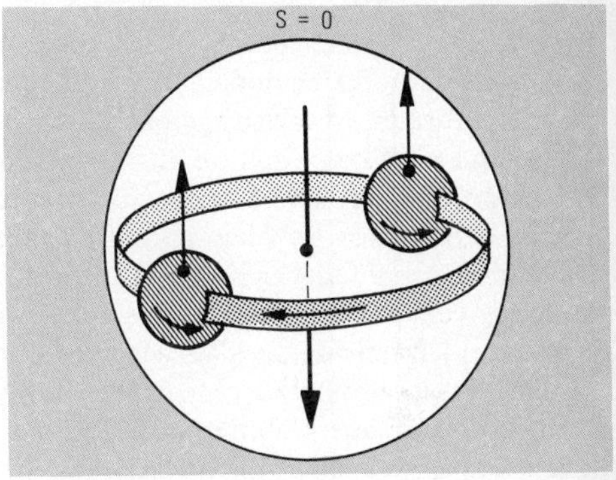

Abb. 5.9.2: Weitere Kombinationen von zwei Quarks, bei denen auch ein Bahndrehimpuls hinzugefügt werden kann. Gezeigt ist ein Fall, in dem der Gesamtdrehimpuls Null ergibt. Auf ähnliche Art können natürlich beliebig hohe Drehimpulse erzielt werden

selbst elektrische Ladungen von ⅓ oder ⅔ der Elementarladung haben, also Werte, die in der Natur noch nie beobachtet wurden. Diese am Anfang sehr umstrittene Annahme kann man heute auf Grund der Ergebnisse vieler durchgeführter Experimente als gültig betrachten.

Das dritte Quark, das s-Quark, wurde eingeführt, um die schon seit den fünfziger Jahren bekannten seltsamen Teilchen und ihre Erzeugungs- und Zerfallsregeln zu erklären.

Man kann fast alle Teilchen, die keine Seltsamkeit besitzen, auch mit nur zwei Quarks aufbauen. So wird ein Proton als (uud) dargestellt und ein Neutron als (udd). Dem u-Quark wird eine elektrische Ladung von + ⅔ und dem d-Quark eine Ladung von – ⅓ zugeordnet. Somit ergibt sich auf einfache Art die Ladung des Protons:

u	+	u	+	d	=	p
2/3	+	2/3	−	1/3	=	+1

und die Neutralität des Neutrons:

u	+	d	+	d	=	n
2/3	−	1/3	−	1/3	=	0

Dem s-Quark wurde die Ladung – ⅓ zugeordnet. Die Antiquarks haben natürlich die gleichen Ladungen mit entgegengesetztem Vorzeichen und die umgekehrte Seltsamkeitszahl.

Wir wiederholen jetzt unsere Tabellen der bekannten Teilchen entsprechend dem Quarkmodell in der gleichen Ordnung, wie wir es schon im vorigen Abschnitt gemacht haben. Dabei sei bemerkt, daß wir keine Quarkkombination auslassen und nachher erklären werden, warum einige unter ihnen nicht existieren können. Die im folgenden gezeigten Tabellen enthalten also *alle* möglichen Kombinationen der drei Quarks u, d und s und *alle* möglichen Zweierverbindungen eines dieser drei Quarks mit einem ihrer Antiquarks. Wir erinnern nochmals daran, daß wir auf Grund des Quarkspins Teilchen mit insgesamt halbzahligem Spin nur mit einer ungeraden Zahl von Quarks aufbauen können und Teilchen mit ganzzahligem Spin nur mit einer geraden Zahl von Quarks. Wir werden später noch untersuchen, warum es nur Dreier- und Zweierverbindungen gibt.

In Tabelle 5.9.1 haben wir die Teilchen mit Spin ½ zusammengestellt. Das Lambda-Teilchen fehlt einstweilen in unserer Tabelle. Es ist aber leichter als das neutrale Sigma (uds), und dieses zerfällt relativ schnell, durch Abstrahlung eines Photons, in ein Lambda. Entsprechend gibt man dem Lambda den Vorrang bei der Zuordnung des (uds)-Zustandes. Das neutrale Sigma kann gewissermaßen als ein angeregtes Lambda betrachtet werden.

Außerdem stehen drei Quarkverbindungen in der Tabelle, die in der Natur nicht vorkommen. Es sind dies die Verbindungen (uuu), (ddd) und (sss). Es stellt sich heraus, daß es nach sehr allgemeinen Gesetzen der Quantenmechanik diese Verbindungen gar nicht geben

	Seltsamkeit	Ladung			
		+2	+1	0	−1
Nukleon	0	(uuu)	uud	udd	(ddd)
Sigma/Lambda	−1		uus	uds	dds
Xi	−2			uss	dss
?	−3				(sss)

Tabelle 5.9.1: Teilchen mit Spin 1/2

kann. Drei Teilchen dieser Art mit dem gleichen Spin ½ können sich nicht zu einem Teilchen verbinden, das selbst auch den Spin ½ hat. Ganz anders lautet diese Regel, wenn das gebildete Teilchen den Spin ³⁄₂ hat, wie wir in der Tabelle 5.9.2 zeigen werden. Dann besteht nämlich von seiten der Quantenmechanik kein Einwand zur Bildung eines solchen zusammengesetzten Teilchens. Hier ist also die Existenz der vier Ladungszustände der Delta-Resonanz auf einfache Weise dargestellt. Gleichzeitig wird der Spin ³⁄₂ dieser Resonanz plausibel gemacht.

Das Schema sieht also sehr gut aus bis auf die Tatsache, daß zur Zeit seiner Aufstellung die sss-Kombination mit der Seltsamkeitszahl − 3 noch nicht beobachtet worden war. Die spätere Entdeckung dieses sonderbaren und leicht identifizierbaren Teilchens gehört zu den größten Erfolgen des Quarkmodells. Dieses Teilchen wurde Omega-Minus genannt.

Eine Schwierigkeit ergab sich allerdings gleich bei der Aufstellung des Quarkmodells, und zwar bei einigen der oben gezeigten Quarkverbindungen. Das aus der Quantenmechanik abgeleitete PAULI-Prinzip war bei einigen der Verbindungen grob verletzt worden. Bei der Delta-Resonanz zum Beispiel befinden sich gleich drei identische Quarks mit genau den gleichen Quantenzahlen auf der tiefsten sta-

	Seltsamkeit	Ladung			
		+2	+1	0	−1
Delta-Resonanz	0	uuu	uud	udd	ddd
Sigma-Stern	−1		uus	uds	dds
Xi-Stern	−2			uss	dss
1964 unbekannt	−3				(sss)

Tabelle 5.9.2: Teilchen mit Spin 3/2

tionären Bahn eines zusammengesetzten Systems. Als Lösung für dieses Problem wurde schon 1964 vorgeschlagen, den Quarks eine zusätzliche Eigenschaft zu verleihen, die es jeweils drei von ihnen erlaubt, zusammen ein stabiles System zu bilden, ganz unabhängig von eventuellen PAULI-Prinzip-Verboten. Später nannte GELL-MANN diese Eigenschaft *Farbe*. Sie muß drei verschiedene Werte annehmen können, und jedes der Quarks kann in einer der drei Farben vorkommen. Für die Antiquarks wurden entsprechende Antifarben eingeführt.

Mit den Farben im üblichen Sinn haben die Quarkfarben allerdings nichts zu tun. Sie sind als abstrakte Eigenschaften aufzufassen, die man eher mit einer Ladung, wie zum Beispiel der elektrischen Ladung, vergleichen sollte. Wir werden im Kapitel 7 viel Genaueres über diese Farbladungen erfahren. Ihre Wichtigkeit wurde erst später in ihrem ganzen Umfang erkannt.

Die Probleme mit dem PAULI-Prinzip gibt es bei den Verbindungen aus einem Quark und einem Antiquark nicht. Dies sind unterschiedliche Teilchen. Außerdem haben sie jetzt noch jeweils eine Farbe und eine Antifarbe bekommen, die sie voneinander unterscheiden.

Wir wiederholen die gleiche Prozedur und stellen in Tabelle 5.9.3 alle möglichen Quark-Antiquark-Kombinationen auf, ohne einstweilen Rücksicht auf den Spin zu nehmen.

Danach werden wir in Tabelle 5.9.4 versuchen, diese Quarkverbindungen mit den in der Natur vorkommenden Mesonen in Verbindung zu bringen. Als erstes ergeben sich die leichtesten Mesonen mit Spin 0 und 1.

Die Entstehung der Neunergruppen von Mesonen wird aus diesem Schema klar: Die drei Quarks und ihre Antiquarks haben nur neun Möglichkeiten, sich miteinander zu verbinden. Alle Mesonen müs-

Seltsamkeit	Ladung		
	+1	0	−1
+1	$u\bar{s}$	$d\bar{s}$	
0	$u\bar{d}$	$u\bar{u}$ $d\bar{d}$ $s\bar{s}$	$\bar{u}d$
−1		$\bar{d}s$	$\bar{u}s$

Tabelle 5.9.3: Die möglichen Quark-Antiquark-Kombinationen der u-, d- und s-Quarks

	Seltsamkeit	Ladung +1	0	−1
TEILCHEN MIT SPIN 0:				
Kaon (494)	+1	$u\bar{s}$	$d\bar{s}$	
Pion (140)	0	$u\bar{d}$	$u\bar{u}$ $d\bar{d}$	$\bar{u}d$
Eta (549)	0		$u\bar{u}$ $d\bar{d}$ $s\bar{s}$	
Eta (958)	0		$u\bar{u}$ $d\bar{d}$ $s\bar{s}$	
$\overline{\text{Kaon}}$ (494)	−1		$\bar{d}s$	$\bar{u}s$
TEILCHEN MIT SPIN 1:				
Kaon-Stern (892)	+1	$u\bar{s}$	$d\bar{s}$	
Rho (769)	0	$u\bar{d}$	$u\bar{u}$ $d\bar{d}$	$\bar{u}d$
Omega (783)	0		$u\bar{u}$ $d\bar{d}$	
Phi (1020)	0		$s\bar{s}$	
$\overline{\text{Kaon-Stern}}$ (892)	−1		$\bar{d}s$	$\bar{u}s$

Tabelle 5.9.4: Die leichteren Mesonen mit Spin 0 und 1

sen aus diesen Konfigurationen entstehen, entweder als Grundzustände oder als angeregte Zustände. Dies entspricht auch genau den in der Natur beobachteten Mesonen.

Dabei entstehen drei elektrisch neutrale Verbindungen von einem Quark mit seinem eigenen Antiquark, die in der Mitte der Listen gezeigt sind. Im Grunde mußten sich diese beiden Quarks sofort vernichten und ihre Masse in Energie umsetzen. Dies geschieht auch, jedoch relativ langsam, wie wir bei der Besprechung der Zerfälle der Teilchen noch sehen werden. Ihre Lebensdauer entspricht meist den hier schon öfter betrachteten Resonanzen. Diese besonderen Quark-Antiquark-Verbindungen können nun auch umgekehrt aus Energie entstehen. Dabei wird die Art der Quarkverbindung, die sich bildet, durch die vorhandene Energiemenge bestimmt.

Um beispielsweise einen ($s\bar{s}$)-Zustand zu erzeugen, muß im allgemeinen mindestens die Energie von 1020 MeV vorhanden sein, die der Masse des Phi-Teilchens entspricht. Bei den ($u\bar{u}$)- und ($d\bar{d}$)-Zuständen ist die Lage komplizierter, weil diese beiden Quarks praktisch die gleiche Masse haben. Es entstehen also in der Natur Mischzustände von ($u\bar{u}$)- und $d\bar{d}$)-Quarks. Dies sind zum Beispiel die wirklich auftretenden neutralen Pi-, Rho- und Omega-Mesonen. Bei den Eta-Mesonen ist die Lage noch komplizierter: Sie bestehen aus einer Mischung von $(u\bar{u})$, $(d\bar{d})$ und $(s\bar{s})$.

Hier sind wir zum erstenmal auf den Begriff «Masse» der Quarks gestoßen. Solange man kein Quark als freies Teilchen beobachtet, kann man von seiner Ruhemasse nicht sprechen. Zur Zeit der ersten Formulierung des Quarkmodells hatte man über ihre Masse keine ausgeprägte Meinung. Natürlich wurde sofort die Suche nach freien Quarks eingeleitet, sie führte aber bis heute (Mitte 1984) zu keinem Ergebnis. Im gebundenen Zustand, also in den Baryonen und Mesonen, ist die Ruhemasse der Quarks nicht definiert, genau wie in einem Atomkern die Ruhemasse der Nukleonen prinzipiell nicht definiert ist. Man kann sich also nur eine ungefähre Vorstellung dieser Masse machen, indem man die verschiedenen Massen der aus Quarks (und Antiquarks) gebildeten Teilchen als Anhaltspunkt nimmt. Man schätzt, daß die Ruhemasse der u- und d-Quarks etwas mehr als 300 MeV betragen kann, und die der s-Quarks etwa 450 MeV.

Wesentlich ist jedoch die Tatsache, daß die u- und die d-Quarks praktisch die gleiche Masse haben. Daraus ergeben sich nämlich wichtige Konsequenzen wie zum Beispiel die Ähnlichkeit vieler Eigenschaften der Protonen und Neutronen, die ja HEISENBERG in den dreißiger Jahren dazu veranlaßt hat, beide als verschiedene Zustände eines einzigen Teilchens zu betrachten (s. 4.3.). Hier spielt der Isotopenspin eine wichtige Rolle: Die Identität der u- und d-Quarks ist eng mit diesem Begriff verbunden, so wie die s-Quarks mit dem Begriff der Seltsamkeit verbunden sind. Alle Erläuterungen, die mit dem Isotopenspin zu tun haben, können auf die u- und d-Quarks zurückgeführt werden.

Sehr einfach wäre die Materie aufgebaut, wenn es überhaupt nur u- und d-Quarks geben würde: Es gäbe dann nur das Proton, das Neutron und das Pion und einige weitere kurzlebige Zustände wie das Delta und die Rho- und Omega-Resonanzen. Diese Gruppe wird oft als die erste Generation von Teilchen bezeichnet, und wir werden auf dieses Thema später noch zurückkommen. Man kann behaupten, daß der weitaus größte Teil unserer Welt aus diesen Teilchen besteht. Wir zählen sie deshalb in Tabelle 5.9.5 nochmals auf.

Dabei könnte man durchaus, im Sinne der Atomphysik, die Deltas, die Rhos und das Omega als angeregte Zustände höheren Spins des

Nukleons und des Pions betrachten, wie es sich in der Quarkzusammensetzung auch andeutet. Damit hätten wir ein besonders einfaches Schema, in dem genügend Teilchen für den Aufbau der Materie und die Entstehung der Kernkräfte (laut YUKAWA) vorhanden wären.

Die Seltsamkeit und die seltsamen Quarks haben jedoch die wesentlichen Anstöße zur Aufklärung dieser Zusammenhänge geliefert.

Zu den angeführten Teilchen rechnet man als erste Generation von Leptonen noch das Elektron, das Positron, das Elektron-Neutrino und sein Antineutrino.

Das Quarkmodell ist nicht genau in der Form entstanden, in der wir es hier dargestellt haben. Vielmehr wurde es in einer sehr abstrakten und nur für Spezialisten verständlichen Fassung entwickelt. Dabei ging es hauptsächlich um die mathematische Darstellung der zwischen den vielen Teilchen gefundenen Regelmäßigkeiten. Es wurden dabei Begriffe aus der Gruppentheorie benutzt, die unter anderen der französische Mathematiker Elie CARTAN (1869–1951) gegen Ende des 19. Jahrhunderts entwickelt hatte. Erst später hat sich gezeigt, daß die gefundenen Zusammenhänge genau durch die

	Spin	Quarks	Masse
BARYONEN:			
Proton	1/2	uud	938 MeV
Neutron	1/2	udd	940 MeV
Delta ++	3/2	uuu	1232 MeV
Delta +	3/2	uud	1232 MeV
Delta 0	3/2	udd	1232 MeV
Delta –	3/2	ddd	1232 MeV
MESONEN:			
Neutrales Pion	0	$u\bar{u} + d\bar{d}$	135 MeV
Positives Pion	0	$u\bar{d}$	140 MeV
Negatives Pion	0	$\bar{u}d$	140 MeV
Neutrales Rho	1	$u\bar{u} + d\bar{d}$	769 MeV
Positives Rho	1	$u\bar{d}$	769 MeV
Negatives Rho	1	$\bar{u}d$	769 MeV
Omega	1	$u\bar{u} + d\bar{d}$	783 MeV

Tabelle 5.9.5: Teilchen aus der ersten Generation von Quarks (u und d)

Quark-Darstellung wiedergegeben werden können; es entsteht dadurch auch kein Verlust an Genauigkeit. Nur die Vorstellung von den Quarks als den kleinsten Subteilchen reeller Existenz, aus denen dann weitere Materieteilchen aufgebaut sind, hatte am Anfang keine überzeugende Berechtigung.

Die Tatsache, daß Quarks wirklich existieren, auch wenn sie nicht frei beobachtet werden können, ist erst in den siebziger Jahren allgemein anerkannt worden. Bis dahin wurden die Quarks eher als Denkhilfen mit einem großen Anspruch auf theoretische Präzision betrachtet. Man kann sie in diesem Sinne also nicht als anschauliche Modelle ansehen. Modellartig waren lediglich die Vorstellungen, nach denen die Quarks wie Kügelchen zusammengebaut werden, wie wir sie etwa in unseren Abbildungen darstellen.

5.10. Die Zerfälle der neuen Teilchen

Nur sehr wenige der mehreren hundert Teilchen, die wir in den vorigen Abschnitten beschrieben haben und die in diesem Jahrhundert entdeckt wurden, kann man als stabil betrachten. Neben die schon früher als stabil bekannten Protonen, die gebundenen Neutronen und die Elektronen konnte man lediglich die Positronen, die Antiprotonen und die verschiedenen Neutrinos in die Klasse der stabilen Teilchen aufnehmen. Beim Positron und beim Antiproton muß man allerdings voraussetzen, daß sie nicht mit normaler Materie in Berührung kommen, da sie sonst vernichtet werden können. Es ist aber möglich, diese Teilchen in besonderen Vakuumröhren stundenlang zu speichern. Dabei konnten keine Zerfälle dieser Teilchen beobachtet werden.

Unter «stabil» verstehen wir hier, daß man noch keine Zerfälle dieser Teilchen beobachtet hat. Dies gibt aber grundsätzlich nur eine untere Grenze für die Lebensdauer der stabilen Teilchen an, da man diese Messungen nicht mit beliebig großen Mengen von Materie und in beliebig langer Zeit durchführen kann. Die mittlere Lebensdauer der Protonen muß nach unserem heutigen Wissen größer sein als

$$8\,000\,000\,000\,000\,000\,000\,000\,000\,000\,000 \; (= 8 \times 10^{30}) \text{ Jahre}$$

(30 Nullen!). Wenn also das Proton eine mittlere Lebensdauer (s. 4.2.) hätte, die kürzer als diese Zahl ist, dann hätte man seinen Zerfall schon beobachten müssen. Einige experimentelle Daten weisen darauf hin, daß es solche Protonenzerfälle doch gibt. Dies wäre aber nur von Interesse für bestimmte Theorien, die heute aufgestellt werden. Für die Existenz des Universums hat dies keinerlei Bedeutung, da «unser» Weltall ein Alter von nur

10000000000 (= 10^{10}) Jahren

hat, und selbst wenn es noch einmal zehn Milliarden Jahre existieren sollte, würde das Fehlen einiger Protonen nichts Wesentliches ändern.

Aus diesen Betrachtungen kann man entnehmen, wie relativ der Begriff Lebensdauer ist. Für Prozesse, die sich in den Atomkernen sehr schnell abspielen, sind Teilchen, die im Laboratorium über meßbare Strecken fliegen, praktisch stabil. Ihr Zerfall geschieht so langsam, daß er für die schnellen Kernreaktionen ohne jede Bedeutung ist. Wie ja auch der Zerfall der Protonen sich (wenn überhaupt) so langsam vollzieht, daß er für die Lebensdauer der Menschen auf dem Planeten Erde belanglos ist.

Wir wollen uns in diesem Abschnitt mit den sehr unterschiedlichen Zerfallszeiten der Elementarteilchen befassen. Dabei werden wir erkennen, daß es in der Natur eine besondere Kraft gibt, die für eine Art dieser Zerfälle sorgt. Es muß nämlich einen Mechanismus geben, der sicherstellt, daß die Welt so erhalten bleibt, wie wir sie kennen, ohne daß sie sich allmählich mit Abfallprodukten aus bestimmten Reaktionen füllt, die zum Beispiel in der Höhenstrahlung dauernd erzeugt werden. Auch für den Zerfall des radioaktiven Mülls der Kernkraftwerke (s. 4.5.) sorgen diese Kräfte. Nur sind sie zu schwach, um das Entsorgungsproblem für uns kurzlebige Menschen zu lösen.

Eine besondere Art von Instabilität haben wir schon bei den sogenannten Resonanzen kennengelernt. Diese Systeme sind so kurzlebig, daß sie sich aus der Gegend, in der sie gebildet wurden, nicht einmal entfernen können. Für eine typische Resonanz, wie zum Beispiel das Delta (s. 5.7.), ergibt sich aus der Breite der Verteilung der gemessenen Massen (115 MeV) und mit Hilfe der Unbestimmtheitsrelation von Heisenberg eine Lebensdauer von

0,000 000 000 000 000 000 000 006 (= 6 × 10^{-24}) Sekunden

Wenn solch ein Teilchen, wie etwa das Delta, gebildet wurde und sich danach bewegt, dann würde es in dieser – salopp gesagt – irrsinnig kurzen Zeit eine Entfernung zurücklegen, die höchstens einige Male dem Durchmesser eines Protons entspricht, und dies auch nur, wenn das Delta sich mit der höchstmöglichen, also mit Lichtgeschwindigkeit bewegen würde. Diese Zeitspannen sind extrem kurz, deshalb gibt man meistens nur die physikalisch sinnvollere Breite der Massenverteilung an. Einige Beispiele von Resonanzen und ihrer Breite sind in Tabelle 5.10.1 zusammengefaßt.

Die Resonanzen *zerfallen* also in einer Zeit, die zu der gleichen Größenordnung gehört wie die Zeit, die nötig ist, um sie beim Zusammenstoß hochenergetischer Teilchen zu *erzeugen*. Es handelt sich bei diesen Zerfällen um besonders wahrscheinliche Prozesse. Man nimmt an, daß hierbei die gleichen Kräfte im Spiel sind wie bei der Erzeugung, und nennt sie

starke Zerfälle

Bei der Durchsicht der Zerfälle der beobachteten Teilchen stellt man fest, daß Teilchen immer «stark» zerfallen, wenn man ihnen dazu eine Chance gibt. Mit anderen Worten: Wenn ein Teilchen nicht sofort «stark» zerfällt, kann man für dieses Verhalten immer zwingende Gründe finden. Meist ist es so, daß einfach keine Teilchen mit genügend kleiner Masse existieren, in die das Teilchen auf Grund seiner eigenen Masse zerfallen könnte. Da auch bei den Zerfällen die grundlegenden Erhaltungssätze der Physik respektiert werden müssen (und dazu einige Regeln, die wir noch besprechen werden), ist oft eine ganze Reihe von Zerfällen «verboten».

Bei den Atomen zerfällt ein angeregter Zustand normalerweise durch Abstrahlung eines Photons. Bei den Subnuklearteilchen gibt es meist verschiedene Möglichkeiten. Die Abstrahlung von Pionen wird sehr oft beobachtet; sie geht auf die obenerwähnte starke und schnelle Art vor sich. Wenn aber aus einem der angeführten Gründe kein starker Zerfall möglich ist, dann weicht die Natur auf den nächstschnelleren Prozeß aus: in diesem Fall, wie bei den Atomen, auf die Abstrahlung von Photonen. Auch hier gibt es manchmal alternative Prozesse – wie zum Beispiel die Abstrahlung von einem

Tabelle 5.10.1:
Beispiele von Resonanzen

Resonanz (Masse)	Breite
Delta (1232)	115 MeV
Rho (769)	154 MeV
Omega (783)	10 MeV
Phi (1019)	4 MeV

Elektron-Positron-Paar –, die aber auch durch die elektromagnetischen Kräfte verursacht werden. Diese Art von Zerfällen nennt man

elektromagnetische Zerfälle

Sie finden in Zeiträumen von der Größenordnung

0,000000000000001 (= 10^{-15}) Sekunde

statt. Hier können wir wieder mit HEISENBERGS Unbestimmtheitsrelation die Breite der Massenverteilung der so zerfallenden Teilchen ausrechnen. Es ergeben sich Breiten, die praktisch nicht mehr meßbar sind. Wenn man dagegen die Distanzen berechnet, die diese Teilchen zurücklegen können, erhält man wiederum Strecken, die in den meisten Experimenten zu kurz sind, um genau genug erfaßt zu werden. Die elektromagnetischen Zerfälle sind also schwierig zu messen. Dagegen bereitet ihr Verständnis mit Hilfe der Quantenelektrodynamik keine größeren Schwierigkeiten. In Tabelle 5.10.2 zeigen wir zwei Beispiele von elektromagnetischen Zerfällen.

Es gibt aber in der Natur noch andere Teilchen, für die weder ein starker noch ein elektromagnetischer Zerfall in Frage kommt. Man könnte auch sagen: sie warten vergeblich auf einen solchen Zerfall, er ist durch bestimmte wohlbekannte physikalische Grundgesetze einfach «verboten». Es muß also noch einen dritten Zerfallsmecha-

Teilchen (Masse)	Mittlere Lebenszeit in Nanosekunden
Neutrales Pion (135)	0,000000083 ns
Neutrales Sigma (1193)	0,000000000058 ns

Tabelle 5.10.2: Zwei Beispiele von elektromagnetischen Zerfällen

Stark	1
Elektromagnetisch	1000000
Schwach	1000000000000

Tabelle 5.10.3: Verhältnisse der Zerfallszeiten

nismus geben, der garantiert, daß die noch übriggebliebenen Teilchen unserer Tabellen in eines oder mehrere der ganz stabilen Teilchen zerfallen. Dieser Mechanismus wird durch die sogenannten

schwachen Kräfte

bereitgestellt. Die Zerfallszeiten betragen hier bis zu 15 Minuten (wie beim freien Neutron) und sogar Jahre (beim gebundenen Neutron), liegen aber bei vielen Teilchen eher in der Gegend von

0,000000001 (= 10^{-9}) Sekunde

Wenn wir die typischen Größenordnungen der verschiedenen Zerfallszeiten vergleichen, erhalten wir die Größenordnungen für die Verhältnisse zwischen ihnen, die in Tabelle 5.10.3 angegeben sind.

Ein elektromagnetischer Zerfall verläuft also einemillionmal langsamer als ein starker Zerfall; ein schwacher Zerfall braucht sogar einebillionmal soviel Zeit wie ein starker Zerfall.

Zwischen den drei verschiedenen Zerfallsarten bestehen Unterschiede, die experimentell festgestellt wurden. So konnte man zum Beispiel nachweisen, daß bei *starken* Zerfällen die Seltsamkeitszahl des Systems erhalten bleibt. Dadurch können die leichteren seltsamen Teilchen in den meisten Fällen nicht schnell zerfallen, weil es einfach keine noch leichteren Teilchen mit der gleichen Seltsamkeitszahl gibt, in die sie zerfallen könnten. Diese Regel stammt natürlich aus einer ähnlichen Bedingung, wie sie für die Erzeugungsreaktionen aufgestellt wurde. Sie war auch einer der Gründe für die Einführung der Seltsamkeit selbst. Diese Regel gilt allerdings nicht für die durch schwache Kräfte verursachten Zerfälle. Es ist, als ob die Teilchen, wenn sie lange genug warten, ihre Seltsamkeit vergessen würden. Aber nur durch ihre Seltsamkeit konnten sie überhaupt so lange leben.

Von solchen Regeln gibt es mehrere. Sie wurden in langwierigen Experimenten gefunden. Sie werden im Rahmen des Quarkmodells und der elektroschwachen Theorie (die wir noch besprechen werden) verstanden. So kann man die Erhaltung der Seltsamkeitszahl mit der Existenz des s-Quarks in Verbindung bringen. Die s-Quarks können bei starken Prozessen weder einzeln erzeugt noch vernichtet werden. Auf Grund ihres halbzahligen Spins können sie ja überhaupt nicht einzeln entstehen oder verschwinden. Dagegen kann ein s-Quark mit Hilfe einer hierfür eingeführten *schwachen Kraft* in ein u-Quark übergehen, wobei meist ein Elektron und ein Elektron-Antineutrino abgestrahlt wird.

Durch einen ähnlichen Quarkzerfall erklärt man auch die Instabilität des Neutrons. Ein d-Quark kann auf Grund der gleichen schwachen Kraft in ein u-Quark übergehen, wenn es gleichzeitig ein Elektron und ein Elektron-Antineutrino abstrahlt. Dies ist die Erklärung des Betazerfalls, in dem ein udd-System (ein Neutron) in ein uud-System (ein Proton) übergeht.

Eine detailliertere Theorie der schwachen Kräfte, in der ihnen Austauschteilchen besonderer Art zugeordnet werden, erlaubt es, die verschiedenen Regeln der schwachen Teilchenzerfälle abzuleiten. Diese Theorie wird heute allgemein als gültig anerkannt, und wir werden noch mehrmals auf sie zurückkommen. Deshalb ist es hier nicht nötig, alle Regeln der Zerfälle im einzelnen wiederzugeben. Zur historischen Information des Lesers möchten wir nur eine dieser Regeln noch kurz erläutern: die der Parität und ihrer Verletzung. Die Entdeckung dieser Regel hat zu ihrer Zeit nämlich größtes Aufsehen erregt.

Nachdem die Vergeßlichkeit der Teilchen für ihre Seltsamkeitszahl entdeckt war, kam eine weitere Größe ins Zwielicht, nämlich die *Parität.* Bis dahin hatte man angenommen, daß uns die Welt, wenn man sie durch einen Spiegel oder durch ein Umkehrprisma untersucht, zu den gleichen physikalischen Gesetzen führen muß, als wenn man dies ohne Spiegel oder Umkehrprisma tut. Man nennt das die Erhaltung der Parität. Normaldenkend hätte man diese Regel nie aufgestellt, da, in einem Spiegel beobachtet, die allermeisten Menschen Linkshänder wären, was ja falsch ist. Aber bei physikalischen Gesetzen – zum Beispiel dem Gesetz über den Fall eines Steins – kann man sich wohl vorstellen, daß die Einhaltung des Fallgesetzes nicht davon abhängig sein könne, ob man den Fall des Steins direkt oder in einem Spiegel beobachtet.

Aber die Natur hat die Physiker überlistet. Es hat sich nämlich herausgestellt, daß die Ergebnisse bestimmter Messungen bei den

Zerfällen von Teilchen sehr wohl von der Verwendung eines Spiegels oder Umkehrprismas abhängig sind. So mußte man bei den Untersuchungen der Zerfälle der Pionen in Kernemulsionen sehr sorgfältig auf die Zahl der Umkehrprismen in den Mikroskopen achten, bevor man die Daten verschiedener Mikroskope miteinander vergleichen oder gar zusammenzählen konnte. Ähnliche Vorkehrungen mußten bei den Projektoren der Blasenkammerfotos getroffen werden: Die Zahl der Spiegel mußte immer genau spezifiziert werden. Das erste Experiment, bei dem der Spiegeleffekt entdeckt wurde, ist ein Betazerfall gewesen. Danach wurden ähnliche Effekte auch beim Zerfall der Myonen und der Lambdas gefunden.

Das Endergebnis dieser Untersuchungen war dann, daß bei den langsamen Zerfallsprozessen unterschiedliche Ergebnisse erzielt werden, wenn man zusätzlich einen Spiegel oder ein Prisma in eine Apparatur einbaut. Wir werden auf diese sonderbaren Vorgänge noch zurückkommen.

Eine sehr brauchbare Theorie der schwachen Kräfte war schon in den dreißiger Jahren von Fermi entwickelt worden. Schon 1938 wurde der Vorschlag gemacht, daß die schwachen Kräfte auch von Trägerteilchen übertragen werden. Man hat schon damals angenommen, daß diese Kräfte eine besonders kurze Reichweite haben. Aus ähnlichen Überlegungen, die Yukawa für die Übertragung der Kernkräfte Trägerteilchen mit einer Masse vorschlagen ließen, wurden schon damals sehr schwere Teilchen für die Übertragung der schwachen Kräfte eingeführt.

Eine genauere Theorie wurde erst viel später entwickelt. Sie benötigt zur Erklärung aller bekannten schwachen Phänomene – wir werden außer den Zerfällen noch weitere kennenlernen – drei Träger, die man *Weakonen* nennt (engl. weak = schwach) und die in drei Ladungszuständen auftreten:

$$W^+, W^- \text{ und } Z^\circ$$

So wie die elektromagnetischen Kräfte durch den Austausch von Photonen entstehen, stellt man sich vor, daß die schwachen Kräfte durch den Austausch von Weakonen zustande kommen. Wir möchten hier vorwegnehmen: Der Nachweis, daß die Weakonen tatsächlich existieren, ist 1983 am Cern in Genf gelungen. Ihre Massen liegen in der Gegend von 90 GeV; es handelt sich also um Teilchen, die um zwei Größenordnungen schwerer sind als diejenigen, die in den sechziger Jahren untersucht wurden.

Der Zerfall eines Quarks in ein anderes Quark wird jetzt so interpretiert, daß dabei das zerfallende Quark ein Weakon abstrahlt. Dieses Weakon kann sogleich in ein Lepton-Antilepton-Paar zerfallen wie zum Beispiel beim Neutronenzerfall:

d-Quark → u-Quark + negatives Weakon,
negatives Weakon → Elektron + Elektron-Antineutrino

Das d-Quark ist im Neutron enthalten, und die gezeigte Zerfallskette entspricht dem Betazerfall der radioaktiven Atomkerne.

Die Tatsache, daß sich die Weakonen in Leptonenpaare verwandeln können, macht uns auf einen Zerfall aufmerksam, den wir noch gar nicht behandelt haben, nämlich den des mysteriösen Myons. Wenn wir uns schon mit seiner Existenz abfinden müssen, möchten wir wenigstens klar verstehen, wie es aus unserer stabilen Welt wieder verschwindet. Dies geschieht nun folgendermaßen:

negatives Myon → My-Neutrino + negatives Weakon,
negatives Weakon → Elektron + Elektron-Antineutrino

Beim Zerfall des Myons entstehen also außer dem Elektron noch zwei Neutrinos, die normalerweise nicht beachtet werden.

Alle in der Natur vorkommenden langsamen Teilchenzerfälle können im Rahmen der Weakonentheorie oder, besser ausgedrückt, im Rahmen der heute anerkannten elektroschwachen Theorie erklärt werden, auf die wir später noch eingehen werden. Die schnelleren Zerfälle waren ja durch die starken und elektromagnetischen Kräfte schon klargestellt. Somit ist gesichert, daß alle Teilchen und Resonanzen höherer Masse sich allmählich in die stabilen Grundzustände der normalen Materie verwandeln. Wir führen diese hier nochmals an:

STABILE TEILCHEN:

Proton, gebundenes Neutron, Elektron
und die verschiedenen Neutrinos

Man könnte sich jetzt fragen, warum der ganze Teilchen-Zoo nicht schon längst verschwunden ist oder warum wir uns überhaupt noch mit ihm beschäftigen. Dies scheint mit der Energie der auf unserer Welt existierenden atomaren und subatomaren Systeme zusammenzuhängen. In einem Atomkern oder noch mehr in einem Nukleon bilden sich dauernd instabile Zwischenzustände und Austauschteilchen. Dies geschieht auf Grund der in den atomaren und subatomaren Systemen unserer Welt vorhandenen Energie. Nur so kann man sich das Zusammenhalten der Materie heute überhaupt vorstellen. Die Untersuchung des instabilen Teilchen-Zoos ist also gleichbedeutend mit einer Untersuchung des Zusammenhalts der Materie selbst. Wir können mit GOETHES Faust sagen, was der Teilchenphysiker heute will:

«Daß ich nicht mehr mit sauerm Schweiß
Zu sagen brauche, was ich nicht weiß,
Daß ich erkenne, was die Welt
Im Innersten zusammenhält.»

Grob geschätzt, besteht unsere Materie, wenn wir eine Art Momentaufnahme machen könnten, nur etwa zur Hälfte aus den Bausteinen, die wir als «stabil» betrachten. Dazu zählen natürlich auch die u- und d-Quarks. Die andere Hälfte würde sich als kurzlebige Austauschteilchen und Resonanzen entpuppen, von denen wir schon einige kennengelernt haben. Gerade diese Zustände sind es, die unsere Welt im Innersten zusammenhalten. Wir werden versuchen, dieses Bild noch etwas genauer darzustellen. Doch brauchen wir noch einige wichtige experimentelle Ergebnisse, die wir im nächsten Abschnitt erläutern.

5.11. Streuexperimente zur Struktur des Protons

Nachdem das Cosmotron in Brookhaven (3 GeV) und das Bevatron in Berkeley (6 GeV) die ersten Zyklotrons (in denen nur Pionen erzeugt wurden) abgelöst hatten, sind 1960 zwei Riesenmaschinen in Betrieb genommen worden (s. 5.5.): das CERN-PS in Genf (28 GeV) und das Brookhaven-AGS (31 GeV), mit denen man alle bis dahin bekannten Teilchen erzeugen konnte. In ihnen wurden Protonen beschleunigt

Abb. 5.11.1: Zusammenstöße zusammengesetzter Teilchen, aus denen relativ wenig über die elementaren Vorgänge zwischen ihren Bausteinen gelernt werden kann

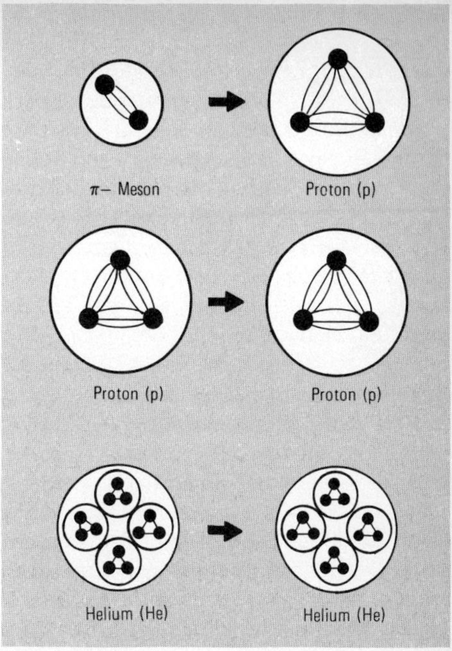

genau wie in der größeren Anlage, dem Serpuchow-Beschleuniger (UdSSR, 76 GeV), die im Jahr 1967 ihre Tätigkeit aufnahm. An diesen Beschleunigern wurden in jahrelanger Arbeit die Sparten des Teilchen-Zoos ergiebig mit Inhalt erfüllt und die Zerfallseigenschaften der erzeugten Teilchen sorgfältig untersucht.

Auf Grund der Wellenlänge, also der quantenmechanischen Abmessungen, der beschleunigten und erzeugten Teilchen hätte man vermutet, daß eine Art von RUTHERFORD-Experiment am Proton nachgeholt werden könnte, um das Innere desselben zu untersuchen. Beim Beschuß des Protons mit den einfachsten und leichtesten der erzeugten Teilchen, den Pionen, konnte man aber nur immer mehr neue Teilchen und Resonanzen finden, wie wir es schon beschrieben haben. Genauere Hinweise auf eine innere Struktur des Protons kamen aber im wesentlichen nur von den Quark-Theoretikern.

Aus dem Quarkmodell konnte man aber bald erschließen, daß ein Beschuß von Protonen mit Pionen oder sogar mit Protonen selbst etwa so aussehen muß, als wenn man zur Untersuchung der Wasserstoffkerne mit Heliumkernen (Alphateilchen) gegen Heliumkerne schießen würde. Der Vergleich wird in Abb. 5.11.1 gezeigt. Das Ergebnis wird zum Verständnis des Protons und seines Innenlebens in allen drei Fällen nur wenig beitragen: Man schießt immer mit mehreren Quarks auf wiederum mehrere Quarks.

Die starken Kräfte, welche die Quarks zusammenhalten, sorgen dafür, daß beim Zusammenstoß von Teilchen, die jeweils zwei oder drei Quarks enthalten, neue Zustände entstehen, die zwar selbst sehr interessant sind, über die Struktur der zusammenstoßenden Teilchen aber sehr wenig verraten. Dazu müßte man das Proton mit Teilchen beschießen, die diese starken Quarkkräfte nicht spüren. Hierzu bieten sich natürlich Elektronen an, die man außerdem leicht beschleunigen kann.

Etwas abseits des großen Trubels der Protonenbeschleuniger hatten sich in der Zwischenzeit mehrere Laboratorien an den Bau von Elektronenmaschinen gemacht. Nachdem in einigen Instituten wertvolle Pionierarbeit geleistet worden war, besonders in Cambridge (USA), wurde im Jahr 1964 als erste Maschine höherer Energie DESY, das Deutsche Elektronen-Synchrotron, in Hamburg fertiggestellt. Die höchste erreichbare Energie des Elektronenstrahls war anfangs 6 GeV. Sie wurde im Laufe der Zeit bis auf 7,4 GeV erhöht. Drei Jahre später (1967) wurde dann eine ähnliche Maschine in Cornell (USA) in Betrieb genommen. Die Energie ihres Elektronenstrahls reichte bis zu 12 GeV. In der Zwischenzeit war aber für beide Maschinen ein Konkurrent in Kalifornien aufgebaut worden: der Stanford Linear Accelerator SLAC, der später bis auf 32 GeV erweitert wurde und ab 1966 Strahlen zur Verfügung stellte.

Jetzt konnte mit einer ganz neuen Serie von Experimenten begonnen werden: Beschuß von Protonen mit extrem hochenergetischen Elektronen. Diese würden die Quarkkräfte nicht spüren und entsprechend einfacher interpretierbare Ergebnisse bezüglich der Struktur des Protons liefern. Da die Quarks eine elektrische Ladung haben, erwartete man als erstes Daten über die Verteilung der elektrischen Ladungen innerhalb des Protons. Später wurden diese Experimente natürlich auch auf Neutronen ausgedehnt.

In der Tat haben die Streuexperimente mit Elektronen eine Fülle von Ergebnissen geliefert, die für die Weiterentwicklung der Quark-Ideen sehr interessant waren. Man hat die Versuche später auch mit Myonenstrahlen weitergeführt. Dies konnte dann natürlich wieder an Protonenbeschleunigern gemacht werden. Die letzte und raffinierteste Variante dieser Experimente bestand darin, Neutrinos als

Geschosse zu benutzen. Diese Teilchen spüren nicht einmal die elektromagnetischen Kräfte. Sie dringen in das Proton ein und fühlen die Quarks erst in allernächster Nähe. Die Ergebnisse aus diesen Experimenten gehören zu den wertvollsten für das Verständnis des Inneren der Nukleonen.

Wir werden jetzt einen kurzen Überblick dieser neuen Auflage der RUTHERFORD-Experimente geben und auf diese Art einen Einblick in das Innenleben der Nukleonen erhalten. Als erstes muß wieder auf die Schwierigkeit der Interpretation der Ergebnisse aufmerksam gemacht werden: Wir beschießen ein Objekt, dessen Größe wir halbwegs kennen, und versuchen aus der Häufigkeit der Streuung in verschiedene Winkel Schlüsse über das Innere des Objektes abzuleiten. Es ist, als wollte man auf einen undurchsichtigen Sack mit spitzen Pfeilen schießen, um festzustellen, ob sich im Inneren des Sackes

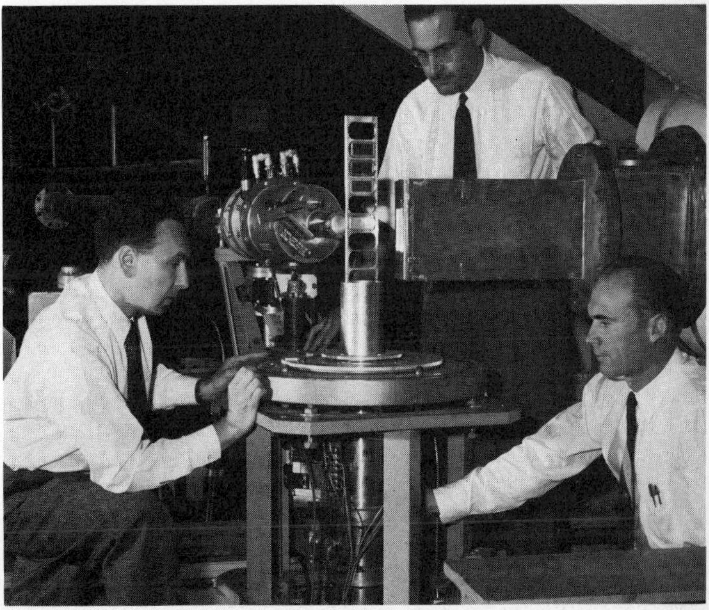

Abb. 5.11.2: Nobelpreisträger Robert HOFSTADTER (links) zusammen mit zwei Kollegen, Lance ROGERS (oben) und Bud BUNKERS (rechts), beim Zusammenbau der Apparatur, mit der sie 1960 Streuexperimente am Proton durchgeführt haben (Foto Stanford University)

Watte oder Steinchen befinden. Im Endeffekt möchten die Physiker auf diese Weise sogar noch die Steinchen im Sack zählen! RUTHERFORD hatte es relativ leicht, weil in seinem Fall die Watte (Elektronenwolke) um den Kern herum sehr lose lag und nur ein einziges Steinchen in der Mitte (der Kern) vorhanden war.

Die ersten Messungen der Streuung von Elektronen an Protonen waren schon vor 1955 an einem kleineren Linearbeschleuniger in Stanford (Abb. 5.11.2) von Robert HOFSTADTER (geb. 1915) durchgeführt worden. Er konnte zeigen, daß die elektrische Ladung im Proton nicht auf einen Punkt konzentriert, sondern vielmehr über das ganze Innere verteilt ist. HOFSTADTER erhielt für diese Entdeckung 1961 den Nobelpreis. Man konnte dann auch durch Streuexperimente an Deuterium beweisen, daß innerhalb des Neutrons eine elektrische Ladung verteilt ist.

Dabei war es grundsätzlich nicht möglich festzustellen, ob die Ladung auf kleinere Zentren verteilt oder wirklich gleichmäßig verschmiert ist. Letzteres würde allen unseren quantenmechanischen Vorstellungen widersprechen. Sicher war nur, daß die Ladung *nicht* auf einen einzigen Punkt konzentriert war. Diese Tatsache allein war für die weitere Entwicklung vor allem des Quarkmodells von größter Bedeutung.

In der zweiten Hälfte der sechziger Jahre wurden die neuen Beschleuniger für bessere Streuexperimente benutzt und die Ergebnisse mit raffinierteren Methoden analysiert. Man spricht bei diesen Experimenten von *Formfaktoren* und *Strukturfunktionen*, das sind Kurven, die man aus verschiedenen Modellen berechnen kann und dann mit dem Experiment vergleicht. Nach unserem Modellbild des undurchsichtigen Sackes ist es bei diesen Experimenten so, als ob wir ausschließlich aus der Information, die wir aus den Rückstoßpfeilen entnehmen, die Struktur im Inneren des Sackes erforschen.

Man kann die experimentellen Bedingungen mit einer Analogie noch klarer ausdrücken. Wir versuchen, die Struktur eines Autos zu ergründen. Zu diesem Zweck beschießen wir es mit einem großkalibrigen Maschinengewehr und beobachten *ausschließlich* die zurückprallenden oder durchgehenden Kugeln. Dann denken wir uns Modelle für das Innere des Autos aus, programmieren sie in einen Computer und vergleichen die berechneten Ergebnisse mit denen des Experiments. Es würde sehr lange dauern, bis wir die Einzelheiten des Autoinneren verstehen könnten.

Trotzdem gelang es, aus den Streuexperimenten klare Schlüsse zu ziehen. Bald erkannte man, daß die beste Übereinstimmung mit den experimentellen Ergebnissen durch ein sogenanntes *Partonmodell* erreicht wurde. Die Partonen sind kleinere Teilchen, die sich im Proton befinden, von denen man aber noch nicht behaupten wollte, daß sie mit den Quarks identisch sind.

Es wurde sogar möglich, die elektrische Ladung der Partonen abzuschätzen, dabei ergaben sich Werte, die mit denen der Quarks kompatibel sind. Es ergaben sich aber auch einige Ungereimtheiten, für deren Interpretation man annehmen mußte, daß das Proton auch noch andere Komponenten in seinem Inneren haben mußte. Dieses Ergebnis werden wir im Rahmen des Quarkmodells noch genauer interpretieren.

All dies wurde viel eleganter und übersichtlicher, als man endlich mit Neutrinos experimentieren konnte. Wir können die Ergebnisse schon vorwegnehmen: Die Existenz von drei Streuzentren im Proton und Neutron wurde bestätigt. Heute spricht man darüber nur noch in der Sprache des Quarkmodells: Die Neutrinos «treffen» im Proton eines der Quarks.

Untersuchungen dieser Art werden zum Beispiel in einer riesigen Blasenkammer beim Genfer CERN (Abb. 5.11.3) durchgeführt, in der Tausende von Zusammenstößen von Neutrinos mit Protonen registriert werden. Die herausgeschlagenen Quarks, die ja in der Natur nicht frei auftreten können, verwandeln sich dabei in Bündel von normalen Teilchen. Das Entsprechende bei unserem Autoversuch wäre, durch geeignete Geschosse den Motor, in alle seine Komponenten zerlegt, aus dem Auto herauszuschießen. Die weitere Analyse ist dann natürlich relativ einfach.

In Abb. 5.11.4 zeigen wir, wie der Zusammenstoß eines Neutrinos mit einem Proton aussieht. Die Kräfte, die zwischen Neutrino und Quark wirken, haben nur eine Reichweite von etwa einem Tausendstel des Protonendurchmessers. Entsprechend ist es hier ziemlich sicher, daß es sich um Neutrino-Quark-Stöße handelt. Die Neutrinos «sehen» den Rest des Protons gar nicht. Es handelt sich also um eine Art von Röntgenaufnahme der Quarks. Das Neutrino verwandelt sich beim gezeigten Stoß in ein Myon; dies erleichtert die Identifikation und Analyse des Ereignisses. Es handelt sich um einen Prozeß, der durch die *schwachen* Kräfte hervorgerufen wird, auf die wir noch zurückkommen. Die Analyse der erzeugten Teilchenbündel ist natürlich viel detaillierter, als wenn man nur das gestreute Geschoß allein (in diesem Fall das Myon) zur Verfügung hat. Diese Experimente haben die Vorstellung über die Struktur des Protons im wesentlichen bestätigt und werden zur Zeit weitergeführt. Man

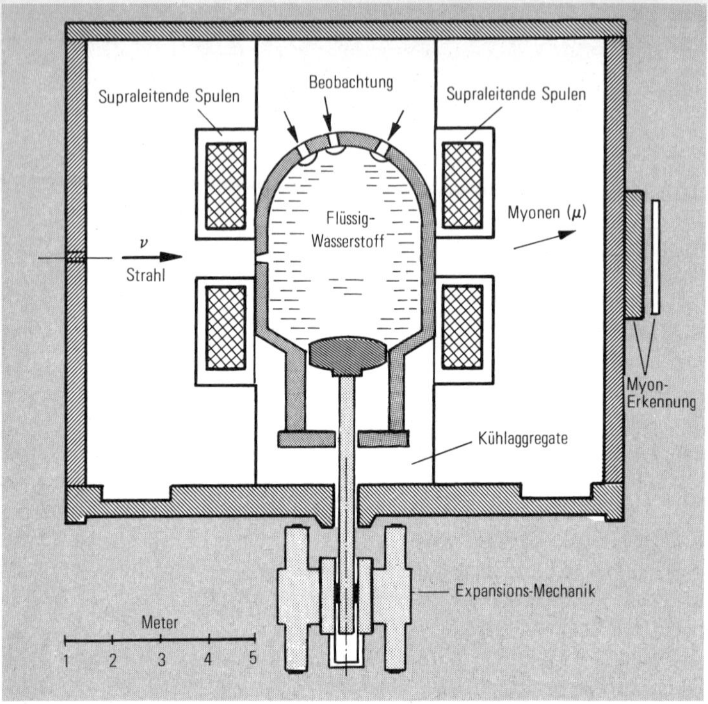

Abb. 5.11.3: Schematische Darstellung der Großen Europäischen Blasenkammer (BEBC): Im Zentrum der Behälter für 37 Kubikmeter Flüssig-Wasserstoff, der auf –254 Grad Celsius gehalten werden muß

erwartet von ihnen weitere Informationen über die Verteilung der Quarks innerhalb des Nukleons.

Ein wichtiger Schluß aus all diesen Untersuchungen soll hier nochmals unterstrichen werden:

Außer den drei Quarks muß es im Nukleon noch eine Art Füllmaterial geben, welches elektrisch neutral ist und auf Neutrinos nicht besonders stark reagiert. Wir werden diese Füllung später im wesentlichen mit den Trägern der Quarkkräfte, den Gluonen, *identifizieren, die in großen Mengen zwischen den Quarks herumschwirren.*

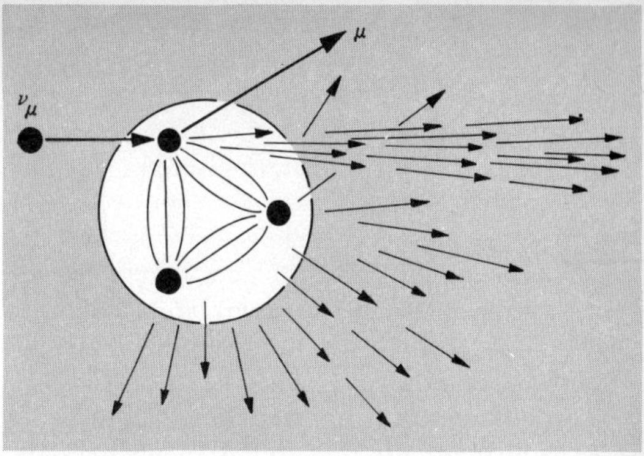

Abb. 5.11.4: Zusammenstoß eines Neutrinos mit einem Proton. Das Neutrino stößt eines der Quarks aus dem Proton heraus. Dabei entsteht ein hochenergetisches Teilchenbündel. Die restlichen Quarks verwandeln sich in weniger energetische Teilchenbündel

Wir haben hier in der Geschichte etwas vorgegriffen, da die Ergebnisse der Streuexperimente der sechziger Jahre in ihren großen Zügen erst später mit Neutrinos bestätigt wurden. Dadurch sind sie natürlich wesentlich verbessert und verständlicher gemacht worden. Man kann heute die im letzten Absatz geäußerte Schlußfolgerung als bestätigt betrachten und sie als Arbeitsgrundlage für die neuere Physik benutzen.

5.12. Der Stand Ende der sechziger Jahre

Die Entwicklung, die mit der Entdeckung des Teilchen-Zoos begonnen hatte, ist in den sechziger Jahren nicht zur Ruhe gekommen. Es wurden weitere Teilchen entdeckt, und das wird auch in den siebziger Jahren so bleiben, wie wir im nächsten Kapitel zeigen. Zwei wichtige Ereignisse der sechziger Jahre haben jedoch eine gewisse Hoffnung geweckt, daß in absehbarer Zukunft ein besseres Verständnis der Naturvorgänge möglich sein würde. Dies waren:

1. *Die Einordnung aller gefundenen Teilchen in das Quarkmodell und*
2. *Die Beobachtung einer inneren Struktur des Nukleons in Streuexperimenten.*

Damit ist in der Subnuklearphysik ein großer Fortschritt gemacht, jedoch noch lange nicht die Klarheit erreicht worden, die zum Beispiel in der Atomphysik herrscht. Man hatte zwar eine der bekannten Naturkräfte, die Kernkraft, durch die Entdeckung des Pions etwas verständlicher gemacht, mußte aber jetzt das Zusammenhalten der aus Quarks aufgebauten Teilchen erklären. Das Problem war lediglich verlagert, aber nicht gelöst worden.

Die Zahl der offenen Probleme schien eher größer geworden zu sein. So konnte man sich nicht erklären, warum die Quarks nicht frei in der Natur auftreten und warum sie die sonderbare Eigenschaft «Farbe» haben mußten.

Während man Anfang der dreißiger Jahre das Proton, das Neutron und das Elektron als elementare Teilchen ansah, konnte man jetzt bestenfalls eine längere Liste von Quarks und nach wie vor das Elektron vorzeigen, mit seinem schweren Bruder, dem Myon, und den entsprechenden Neutrinos. Viel einfacher war die Erklärung der Materie auf keinen Fall geworden.

Während bei den Experimentalphysikern Ende der sechziger Jahre eine gewisse Müdigkeit beim Entdecken weiterer Teilchen und Resonanzen zu beobachten war, haben die Theoretiker die Zeit genutzt, um Entwicklungen voranzutreiben, die für das darauffolgende Jahrzehnt sehr wichtig waren. Außer der Theorie der Quarks und der dahintersteckenden mathematischen Formulierung konnte das Gebäude der Quantenelektrodynamik weithin abgesichert werden. Es hat sich herausgestellt, daß diese Theorie zu den genauesten gehört, die es in der Physik überhaupt gibt.

Während man die Kenntnisse auf den schon klassischen Gebieten der Teilchenphysik langsam erweiterte, wurden neue Hochenergiebeschleuniger gebaut. Mit ihnen konnte man zu noch höheren Energien vordringen in der Hoffnung, daß dann neue Entdeckungen das Panorama klären könnten oder mindestens weitere Stützen für das existierende Schema der Quarks gefunden würden.

Wir haben in den vorhergehenden Abschnitten die wichtigsten Entwicklungen der sechziger Jahre so gezeigt, wie man sie im Lichte der heute zur Verfügung stehenden Erkenntnisse betrachtet. Der damals in der Forschung tätige Physiker konnte diese Auswahl natürlich nicht treffen. Er sah sich von einer Reihe von Theorien und Vermutungen umgeben, die ihm sein weiteres Vorgehen recht schwierig machte.

Man muß bedenken, daß Ende der sechziger Jahre das Quarkmodell noch in seinen Anfängen steckte und auch sehr viel Kritik über sich ergehen lassen mußte. Die Unzulänglichkeiten des Modells gaben seinen Gegnern Gründe für zahllose Angriffe. Die Experimente zur Struktur des Protons wurden gerade erst im Rahmen des Parton-Modells geprüft und sind nicht sofort mit den Quarkvorstellungen identifiziert worden.

Wenn 1940 das Problem der Kernkräfte mit ihrer kurzen Reichweite und ihren fehlenden Austauschteilchen bei den Physikern im Mittelpunkt der Aufmerksamkeit stand, so ist es 1970 wohl das Problem der Quarkkräfte gewesen, das noch viel tiefgreifender am Weiterdenken hinderte. Das Fehlen der freien Quarks und ihr gewaltsames Zusammensein gaben Anlaß zu vielen Spekulationen, die erst später aufgeklärt wurden.

6. Die Revolution der Teilchenphysik seit 1974

6.1. Die ersten Speicherringexperimente

Nach den Regeln der relativistischen Mechanik kann man die Energie berechnen, die beim Zusammenstoß eines beschleunigten Teilchens mit einem ruhenden für die Erzeugung von neuen Teilchen zur Verfügung steht. Wie wir schon früher bemerkt haben (s. 5.4.), kann ein Teil der vorhandenen Energie nicht hierfür benutzt werden, weil das gesamte System einen Impuls erhält und die Reaktionsprodukte diesen Impuls beibehalten müssen. Die Ergebnisse dieser Rechnung haben wir in Tabelle 6.1.1 für den Stoß von Protonen gegen Protonen zusammengestellt. Die gewählten Bewegungsenergien entsprechen denen, die heute in Beschleunigern erreichbar sind. Rechts daneben haben wir die Energie eingetragen, die man zur Erzeugung neuer Teilchen zur Verfügung hätte, wenn man auf ein entgegenkommendes Teilchen mit der gleichen Masse und Energie treffen würde. Dies ist der Fall bei kollidierenden Protonenstrahlen.

Es wäre also möglich, viel mehr Energie für die Erzeugung neuer Teilchen übrig zu haben, wenn man beschleunigte Teilchen gegeneinander schießen könnte. Dann hätte man im günstigsten Fall gleich schneller Teilchen (wie in der rechten Spalte unserer Tabelle gezeigt) die gesamte Bewegungsenergie beider zusammenstoßenden Teilchen zur Verfügung.

Im Prinzip könnte man die erwünschten Frontalzusammenstöße erhalten, indem man einfach zwei Teilchenstrahlen mit geeigneten Magneten gegeneinander lenkt. Die Zahl der Teilchen und die Bündelung in den heute verfügbaren Strahlen reicht aber leider nicht aus, um so ein Experiment mit einer sinnvollen Zusammenstoßrate

Bewegungsenergie der beschleunigten Teilchen	Freie Energie beim Stoß eines Protons gegen	
	ruhendes Target	bewegtes Proton im Speicherring
1 GeV	0,5 GeV	2 GeV
5 GeV	1,7 GeV	10 GeV
10 GeV	2,8 GeV	20 GeV
30 GeV	5,9 GeV	60 GeV
100 GeV	11,9 GeV	200 GeV
1000 GeV	41,1 GeV	2000 GeV

Tabelle 6.1.1: Vergleich zwischen dem Stoß auf ein ruhendes und ein entgegenkommendes Teilchen

durchzuführen. Besser wäre es, wenn man in einem Ringbeschleuniger die Strahlen wiederholt zur Kreuzung bringen könnte.

Eine Kuriosität in der Teilchenphysik ist wohl die Tatsache, daß die soeben erläuterte Idee des Gegeneinanderschießens von Teilchen zur Erhöhung der verfügbaren Energie (bei Kernreaktionen) schon 1953 als deutsches Patent anerkannt worden ist. Als Erfinder ist genannt Rudolf WIDERÖE aus Oslo, damals in Baden in der Schweiz, den wir schon bei der Entwicklung der Beschleunigung mit hochfrequenter Spannung erwähnt haben (s. 5.5.). Erst drei Jahre später wurden in den USA ähnliche Vorschläge gemacht, freilich ohne etwas von dem deutschen Patent zu wissen. Physiker in der Grundlagenforschung lesen eben normalerweise die Fachpresse und nicht Patentschriften.

WIDERÖE spielte schon seit längerer Zeit mit dem Gedanken, Teilchen in Ringen so kreisen zu lassen, daß zwei Strahlen gegeneinander laufen. Dabei wird den Teilchen des öfteren eine Chance zu einem besonders kräftigen Zusammenstoß gegeben. Natürlich funktioniert dies nur, wenn Teilchen mit entgegengesetzter elektrischer Ladung in einem Einzelring kreisen oder wenn man zwei solche Ringe gegenläufig aneinanderkoppelt.

Im Jahr 1960 hat der gebürtige Wiener Physiker Bruno TOUSCHEK (1921–1978), der damals in Rom tätig war und mit WIDERÖE schon in Deutschland zusammengearbeitet hatte, einen Vorschlag gemacht, der sowohl auf Grund seiner physikalischen Nützlichkeit wie auch seiner technischen Realisierbarkeit einen Durchbruch auf dem Gebiet der Hochenergiephysik darstellte. TOUSCHEK schlug vor, je ein kleines Paket von Elektronen und Positronen gegenläufig in einem einzigen Ring zu speichern. Diese Teilchenpakete würden

Abb. 6.1.1: AdA = Anello d'accumulazione, der erste Speicherring der Welt, der 1960 in Frascati bei Rom gebaut wurde (Foto Peter Joos, DESY)

sich auf genau den gleichen Bahnen im Beschleuniger (gegenläufig) bewegen und sich automatisch an zwei Stellen durchdringen. Dort müßten dann die Experimentieranlagen aufgebaut werden.

Die Vorteile, die daraus für die physikalischen Untersuchungen entstehen, wurden sehr schnell erkannt. Es handelt sich bei den Elektronen und Positronen um Teilchen und Antiteilchen. Beim Zusammenstoß können sich die beiden dann auch vernichten, das heißt, sie können sich in Energie verwandeln, die in diesem Fall die quantenmechanischen Eigenschaften besitzt, die einem ruhenden Photon entspricht. Man hat also exakt definierte Anfangsbedingungen und kann analysieren, was die Natur aus einem Kügelchen wohldefinierter Energie machen kann.

Beflügelt durch die überzeugende Begründung von TOUSCHEK, haben die italienischen Physiker im Laboratorio Nazionale di Frascati (in den Hügeln südlich von Rom), innerhalb von weniger als einem Jahr, einen ersten Speicherring zum Funktionieren gebracht (Februar 1961). Die gespeicherten Elektronen konnte man durch ein kleines Fernglas mit dem ungeschützten Auge beobachten und sogar zählen. Das bei der magnetischen Ablenkung abgestrahlte sichtbare Licht (Synchrotronstrahlung, s. 5.5.) eines einzigen Elektrons reicht für eine direkte optische Beobachtung aus! Dieser erste Speicherring hatte den Namen AdA, Anello d'accumulazione, was auf italienisch Speicherring bedeutet. Sein Durchmesser betrug 1,6 Meter und die höchste erreichbare Energie bescheidene 200 MeV (Abb. 6.1.1).

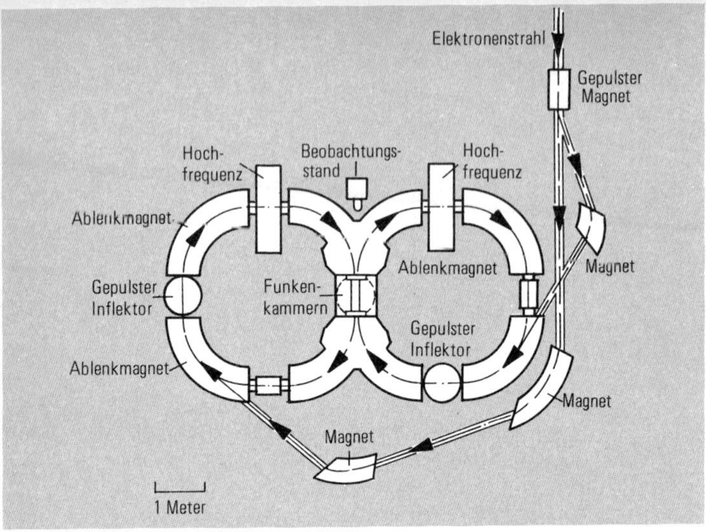

Abb. 6.1.2: Schema des Elektron-Elektron-Speicherrings, der 1962 in einer Zusammenarbeit der Universitäten Stanford und Princeton erstellt wurde

Schon die ersten Versuche haben gezeigt, daß die Technik für den Bau dieser Maschinen reif war. Besonders auf dem Gebiet des Ultrahochvakuums mußte nämlich einiges geleistet werden, um den Zusammenstoß der Strahlteilchen mit Restgasmolekülen zu vermeiden und sie so mehrere Stunden unbehindert kreisen zu lassen, wie das bei dem gebauten Speicherring auch der Fall war.

Um den Speicherring AdA auch mit Positronen besser zu testen, wurde er nach Frankreich transportiert und am Linearbeschleuniger in Orsay (nahe Paris) aufgebaut. Die Tests bestätigten die Erwartungen der Erbauer und erlaubten es sogar, die ersten, für solche Maschinen sehr wichtigen, sogenannten Stabilitätsuntersuchungen durchzuführen.

Die Erfolge dieser italienisch-französischen Zusammenarbeit ermutigten die amerikanischen und sowjetischen Kollegen, und es wurde 1962 in Stanford und 1963 in Moskau je ein kleiner Elektron-Elektron-Doppelring in Betrieb genommen (Abb. 6.1.2). An diesen Ringen konnten schon Messungen zur Elektron-Elektron-Streuung durchgeführt werden, mit denen man die Genauigkeit der Rechnungen der Quantenelektrodynamik überprüft hat. Dies waren auch die zwei ersten und einzigen Versuche, auf Elektronen mit Elektronen zu schießen.

Gleichzeitig waren mehrere größere Projekte gestartet worden, an denen dann auch weitere physikalische Untersuchungen durchgeführt werden sollten. Die UdSSR hatte diese Entwicklungsarbeiten nach Nowosibirsk in Sibirien verlagert, wo unter der Leitung des hervorragenden Physikers Gersch Izkowitsch BUDKER (1918–1977) der zweite sowjetische Ring, mit dem Namen VEPP-2 und einer Strahlenergie von 700 MeV, schon 1963 fertig wurde.

Im Oktober 1965 wurde dann in Orsay der 500-MeV-Speicherring ACO in Betrieb genommen und schließlich, nach einer längeren Einlaufphase, 1969 in Frascati der 1500-MeV-Ring ADONE, der «große AdA» (Abb. 6.1.3).

Man hatte in der bis dahin vergangenen Zeit schon viel an den ersten Ringen gelernt, und die später folgenden Speicherringe wurden schon mit wichtigen Verbesserungen gebaut. Die Ringe bestehen aus Beschleunigungsstrecken, Ablenkmagneten, Quadrupolen und Sex-

Abb. 6.1.3: Der Elektron-Positron-Speicherring ADONE, der «große AdA», der bis zu 3,1 GeV Gesamtenergie erreicht (Foto LNF, Laboratori Nazionali di Frascati)

tupolen wie ganz normale Beschleuniger (s. 5.5.). Dazu mußten die Vakuumkammern besondere Kühlvorrichtungen haben, um die von den Elektronen und Positronen in den Ablenkmagneten erzeugte *Synchrotronstrahlung* aufzufangen und die entstehende Wärme abzuleiten. Schon damals konnte man mehr als

10000000000 (= 10^{10}) Elektronen pro Paket

speichern. Eine direkte Beobachtung des Strahles mit ungeschützten Augen wie zu TOUSCHEKS Zeiten ist hier natürlich nicht mehr möglich. Mit Fernsehkameras und über Spiegel wird aber auch heute noch der Strahl in Speicherringen mit Hilfe des abgestrahlten Lichtes überwacht.

Eine wesentliche Verbesserung der Speicherringe wurde 1966 von Ken ROBINSON und Gustav-Adolf VOSS vorgeschlagen; sie bestand in einer besonderen Bündelung der Strahlen in der Nähe der Punkte, an denen die Teilchenpakete sich durchdringen. Es ist wichtig, an diesen Punkten den Querschnitt der Strahlen zu verkleinern, damit durch eine höhere Teilchendichte die Wahrscheinlichkeit eines Zusammenstoßes vergrößert wird. Wie wir schon für andere Experimente gezeigt haben (s. 5.6.), wird auch hier die Ergiebigkeit des Experiments durch eine Zahl ausgedrückt, die *Luminosität* genannt wird. Sie gibt die Zahl der Ereignisse pro Einheit *Wirkungsquerschnitt* (also pro Einheit Trefferwahrscheinlichkeit oder Zielscheibengröße) an. Die bessere Bündelung der Strahlen bewirkt also eine Erhöhung der Luminosität. Die dazu benutzte Quadrupollinsen-Technik wird «Low-Beta» genannt.

Mit den Speicherringen VEPP-2 und ACO wurden die ersten Experimente zur Teilchen- oder Resonanzerzeugung durchgeführt. Es zeigte sich sofort, daß die Resonanzen Rho und Omega durch ihre Zerfälle in Pionen und das Phi durch seinen Zerfall in Kaonen leicht zu erkennen waren und auch in erheblichen Mengen produziert wurden. Eine detaillierte Untersuchung konnte durchgeführt werden.

Hier konnte zum erstenmal nachgewiesen werden, daß sich der photonähnliche Zwischenzustand, der bei der gegenseitigen Vernichtung eines Elektrons und eines Positrons entsteht, in gewisse *Mesonen* verwandeln kann. Genauer ausgedrückt, können hierbei nur Mesonen mit dem inneren Drehimpuls oder Spin gleich 1 erzeugt werden, da nur diese den gleichen Drehimpuls wie das Photon (also 1) haben.

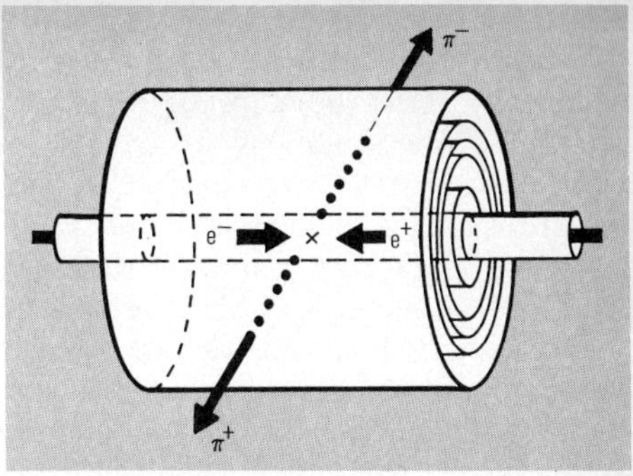

Abb. 6.1.4: Die Erzeugung eines Pionen-Paares bei der Elektron-Positron-Vernichtung. Wir zeigen die Reaktion in einem einfachen zylindrischen Driftkammersystem, in dem man sie leicht erkennen kann

Das Experiment geht folgendermaßen vor sich: Man mißt bei jeder eingestellten Speicherringenergie die Erzeugungsrate für bestimmte Ereignistypen, zum Beispiel den in Abb. 6.1.4 gezeigten 2-Pionen-Endzustand. Die Häufigkeit dieser Ereignisse wird graphisch dargestellt und zeigt die gleichen Merkmale, die wir bei der Beobachtung von Resonanzen beschrieben haben. Die Wahrscheinlichkeit, ein Rho zu erzeugen, ist am größten, wenn die Speicherringenergie genau auf den zentralen Wert der Masse des Rhos eingestellt ist.

Von besonderem Vorteil ist hier die Tatsache, daß sich das erzeugte Meson im Ruhezustand befindet. Wenn es also in zwei Pionen zerfällt, dann müssen diese in einander entgegengesetzte Richtungen abgestrahlt werden. Bei der Erzeugung der Mesonen mit normalen Teilchenstrahlen an ruhenden Protonen, an denen die Mesonenresonanzen auch beobachtet wurden, wird zum Beispiel das Meson meist mit hoher Geschwindigkeit abgestrahlt, und die Zerfallsprodukte werden mit nach vorn geschleudert.

Mit Aco und Vepp-2 konnten also die Mesonen Rho, Omega und Phi sehr gut untersucht werden. Man konnte dabei auch gewisse Vermischungen zwischen dem Rho und dem Omega aufklären, die für das Verständnis der komplizierten Quarkzusammensetzung dieser Teilchen von großer Hilfe waren. Dies waren auch die Vorarbeiten für die Entdeckungen, die erst später an den größeren Speicherringen gemacht wurden und die wir im nächsten Abschnitt besprechen werden.

Bei den höheren Energien, die mit Adone erreicht wurden, zeigte sich dann ein bis dahin unbekanntes, jedoch sehr wichtiges Phänomen: Die Wahrscheinlichkeit, daß bei einer Elektron-Positron-Vernichtung sehr viele Teilchen, zum Beispiel gleich mehrere Pionen, erzeugt werden, ist erheblich größer als das, was man auf Grund der damaligen theoretischen Kenntnisse erwartete. Dies zwang die Physiker, die Theorie dieser Erzeugungsprozesse gründlich zu überprüfen, und führte schließlich zu einer besonders wichtigen Aussage und Stütze für das Quarkmodell und für die endgültige Einführung der Farbladungen der Quarks. Diese Ergebnisse konnten in einem bis 1970 zum Speicherring umgebauten Elektronensynchrotron, dem CEA-Bypass in Cambridge bei Boston (USA), bestätigt werden.

Mit diesen schon sehr wichtigen Ergebnissen aus den Elektron-Positron-Speicherringen begann eine revolutionäre Epoche in der Teilchenphysik, die mit den größeren Speicherringen Spear und Doris eine Glanzphase erleben sollte. Diese beiden Ringe wurden Ende der sechziger Jahre geplant und kamen 1972 und 1974 in Betrieb: Spear in Stanford und Doris in Hamburg (s. 1.2., Abb. 1.2.7). Keiner der Physiker und Ingenieure, die diese beiden Speicherringe geplant hatten, konnte ahnen, daß mit ihnen eine besonders aufregende Zeit der Elementarteilchenphysik beginnen würde.

Abschließend möchten wir noch einen Überblick der Entwicklung der Speicherringe in Form einer Tabelle geben (Tabelle 6.1.2). Über die zukünftigen Speicherringe wird in Kapitel 8 berichtet.

6.2. Die Erweiterung der Quarkfamilie

Die außerordentlich wichtige Entdeckung, die 1974 gemacht wurde und durch die die Elektron-Positron-Speicherringe in das Zentrum der Aufmerksamkeit der Teilchenphysiker rückten, ist gar nicht nur an einem Speicherring gemacht worden. Die interessante Geschichte dieses Vorgangs soll hier näher erläutert werden.

Vorher möchten wir noch einiges zum Arbeitsstil der Physiker bemerken. In der Grundlagenforschung werden nur Ergebnisse berücksichtigt, die in einem anerkannten Fachblatt veröffentlicht wurden. Die Priorität einer Idee oder Entdeckung wird durch das Eingangsdatum der Arbeit bei der Zeitschrift festgelegt. Auf diese Art sind Streitigkeiten weitgehend ausgeräumt. Es ist auch vernünftig so, denn wer seine Ergebnisse nicht einer renommierten Fachzeitschrift mit einem sachkundigen Prüfungskomitee vorlegt, der ist offensichtlich noch nicht von der Richtigkeit seiner Arbeit überzeugt. Nicht veröffentlichte Ergebnisse gelten in der Physik als nicht existent, im besten Fall als Zwischenergebnisse verworfener Übungen.

SPEICHERRINGE				GeV	seit
AdA	Frascati	I	e+ē	2×0,2	1961
STANFORD	Stanford	USA	e+e	2×0,5	1962
VEPP-1	Nowosibirsk	UdSSR	e+e	2×0,14	1963
VEPP-2	Nowosibirsk	UdSSR	e+ē	2×0,7	1963
ACO	Orsay	F	e+ē	2×0,5	1965
ADONE	Frascati	I	e+ē	2×1,5	1969
BYPASS	Cambridge	USA	e+ē	2×2	1970
SPEAR	Stanford	USA	e+ē	2×4	1972
DORIS-II	Hamburg	D	e+ē	2×5,6	1974
DCI	Orsay	F	e+ē	2×1,8	1976
VEPP-IV	Nowosibirsk	UdSSR	e+ē	2×7	1980
CESR	Cornell	USA	e+ē	2×8	1979
PETRA	Hamburg	D	e+ē	2×22,5	1978
PEP	Stanford	USA	e+ē	2×18	1980
CERN-ISR	Genf	EUR	p+p	2×31	1971
CERN-SPS	Genf	EUR	p+p̄	2×270	1982

Tabelle 6.1.2: Liste der Speicherringe. Der DCI in Orsay kann auch e + e und ē + ē speichern, der ISR in Genf konnte auch p + p̄ und p̄ + p̄ speichern, sein Betrieb wurde 1984 eingestellt.

Diese Anerkennung der publizierten Arbeit ist sehr wichtig. Man muß berücksichtigen, daß die Kommunikation zwischen Wissenschaftlern sehr intensiv ist, vor allem auf Kongressen und Vortragsreisen. Es wird sehr viel und offen diskutiert; meist kennen sich alle, die auf dem gleichen Gebiet arbeiten, persönlich. So ist es in der Praxis sehr schwierig, den echten Urheber einer Idee oder Erkenntnis rein historisch zu ermitteln. Es haben meist viele Physiker mitgewirkt, und man kann behaupten, daß es sich, zumindest bei den Denkvorgängen, sehr oft um Gemeinschaftsleistungen handelt.

Wer sich ausschließlich an das Eingangsdatum der Veröffentlichung hält, um so die Priorität einer wissenschaftlichen Erkenntnis zu bestimmen, der hat in dem Fall, den wir jetzt behandeln werden, eine heikle Aufgabe. Die Nachrichten über die Entdeckung eines neuen Teilchens, an der zwei Gruppen sehr lange und hart gearbeitet hatten, sind nämlich an zwei aufeinanderfolgenden Tagen, dem 12. und 13. November 1974, bei derselben Zeitschrift eingegangen und wurden auch nebeneinander abgedruckt. Sogar eine dritte Arbeit, von ADONE (Rom), die «erst» am 18. November eingegangen ist, in der die Ergebnisse bestätigt wurden, ist im gleichen Heft abgedruckt.

Die beiden zuerst genannten Gruppen haben weit entfernt voneinander gearbeitet: die eine in Brookhaven und Boston, die andere in Stanford in Kalifornien.

Daß die Angelegenheit sehr wichtig war, ist wohl beiden Gruppen schon länger klar gewesen; und daß sie ungern eine falsche Nachricht in die Welt setzen wollten, ist auch klar. Es wird dagegen wohl nie restlos geklärt werden, auf welche Art dann beide zur gleichen Zeit zu dem Schluß kamen, daß ihre Ergebnisse richtig und publizierbar waren. Die beiden Gruppen haben das Ergebnis wahrscheinlich abgestimmt gleichzeitig bekanntgegeben. Dem Nobelpreiskomitee in Stockholm blieb nichts anderes übrig, als den Preis für das Jahr 1976 an die beiden Gruppenchefs zu verteilen: Burton RICHTER (geb. 1931) und Samuel Chao Chung TING (geb. 1936).

Natürlich wartet die Fachwelt in so einem Fall nicht auf die Auslieferung einer gedruckten Zeitschrift. Sobald die beiden Gruppen ihrer Sache sicher waren, wurden alle größeren Laboratorien und wichtigen Persönlichkeiten per Fernschreiber informiert. Binnen wenigen Stunden stand es auf den Schwarzen Brettern der Institute: Es gibt ein neues Teilchen, welches in das Schema der bis dahin bekannten Quarks nicht paßt.

Die internationale Arbeitsgruppe, welche seit 1957 den Teilchen-Zoo mit peinlichster Sorgfalt überwacht, nimmt normalerweise den Namen eines neuen Teilchens so an, wie ihn die Entdecker des Teilchens vorschlagen. In diesem Falle mußte ein Doppelname eingeführt werden. Das Teilchen wurde

J/Psi

genannt. Die Bezeichnung J stammt von der chinesischen Schreibweise des Namens TING, die dem Buchstaben J ähnlich ist. Die Bezeichnung Psi nach dem vorletzten Buchstaben des griechischen Alphabets wurde von der weniger fernöstlich angehauchten kalifornischen Gruppe vorgeschlagen.

Jetzt ist die Frage berechtigt, warum diese Entdeckung eine solche Aufregung verursacht hat, nachdem doch der Teilchen-Zoo schon mit weit über hundert Teilchen gefüllt war. Wir werden zuerst diese Frage beantworten und danach einige Details der Experimente erläutern, die zu dieser Entdeckung geführt haben.

Wesentlicher Grund der Aufregung war die von den Experimentatoren gefundene, sehr geringe Breite der Massenverteilung des J/Psi. Daraus ergibt sich nämlich nach der Unbestimmtheitsrelation von HEISENBERG, daß dieses Teilchen für eine hochenergetische Resonanz *viel zu langlebig* ist, viel zu stabil. Es paßt also nicht in das Schema der drei Quarks u, d und s, für die bei so hoher Energie (= Masse) nur sehr breite (also kurzlebige) Resonanzen erwartet werden. Die Stabilität des J/Psi mußte erklärt werden. Es mußte eine Regel geben, die diesem neu gefundenen Teilchen das sofortige Zerfallen verbietet, etwa wie die der Seltsamkeitszahl, die den seltsamen Teilchen das Leben verlängert. Spekulationen, nach denen es sich um ein Trägerteilchen der schwachen oder einer anderen Kraft handeln könnte, wurden schnell aus dem Weg geräumt.

Es blieb nach einigen Überlegungen nur ein eleganter Ausweg, der voll im Rahmen der schon viel früher (1964) aufgestellten Quarktheorie lag: Es könnte sich beim J/Psi um ein Meson handeln, das aus einem Quark und einem Antiquark besteht, und es müßte aus einer bis dahin noch nie beobachteten Art von Quarks aufgebaut sein.

Es war eine ziemliche Zumutung zu behaupten, daß nach der großen Treibjagd auf neue Teilchen sogar eine ganze Quarkart unentdeckt geblieben war. Dieses neue Quark könnte ja auch Verbindungen mit den bekannten Quarks eingehen und somit ganze Familien neuer Teilchen bilden. Später hat man solche Teilchen auch in alten Datensammlungen gefunden; aber leicht zu erkennen waren sie nicht, besonders wenn man nichts von ihnen wußte.

Die Entdeckung eines neuen Quarks traf die Theoretiker nicht unvorbereitet. Sie hatten sogar für die Suche nach neuen Teilchen in der Gegend von 2 bis 4 GeV sehr überzeugende Argumente geliefert. Man konnte nämlich mit Hilfe einer neuen Quark-Art, die man schon c-Quarks nannte, einige Schwierigkeiten des bis dahin üblichen Quarkmodells bei den Zerfällen neutraler Kaonen erklären. Überhaupt war das ganze Schema mit einem vierten Quark etwas logischer. Das s-Quark hatte so einen Partner bekommen; s- und c-Quark bilden ein Paar, so wie es das u- und d-Quark tun.

Die Behauptung, daß das J/Psi-Teilchen eine Verbindung eines neuen Quarktyps mit seinem Antiquark ist, rechtfertigt als erstes, im Rahmen des Quarkmodells, seine lange mittlere Lebensdauer. Die in ihm enthaltenen neuen Quarks wurden mit den

c-Quarks oder Charme-Quarks

der Theoretiker identifiziert.

Das J/Psi zerfällt zum größten Teil in eine Vielzahl von altbekannten Teilchen aus dem Zoo, die in den Apparaturen am Speicherring als Zertrümmerungssterne (s. Abb. 1.2.2) klar zu beobachten sind. Auf welche Weise dieser Zerfall vor sich geht, ist etwas komplizierter zu erklären. Ihr Zerfall verläuft über besondere Quanten, die Gluonen, das sind die Träger der starken, zwischen den Quarks wirkenden Kräfte.

Es stellt sich auf Grund theoretischer Überlegungen heraus: Die erste brauchbare Lösung zum Zerfall des J/Psi besteht darin, daß es erst in drei Gluonen übergeht und daß diese dann normale Teilchen aus dem Zoo bilden. Die gegenseitige Vernichtung des c- und c̄-Quarks kann nur auf diese Art oder noch langsamer vor sich gehen. Dieser umständliche Zerfall ist entsprechend wenig wahrscheinlich und erklärt dadurch die relativ lange Lebensdauer des J/Psi. Wir werden auf diese komplizierte Zerfallsart später noch zurückkommen.

Einfachere und schnellere Zerfälle kommen für das J/Psi nicht in Frage. So ist zum Beispiel der Zerfall in Mesonen unmöglich, weil es keine geeigneten Kandidaten gibt, in die das J/Psi auf Grund seiner Masse zerfallen könnte. Die Zerfallsmesonen müßten nämlich das c- und c̄-Quark übernehmen und dann selbst «Charme» haben. Genügend leichte Mesonen dieser Art gibt es aber nicht.

Vom rein experimentellen Standpunkt waren die bis jetzt vorgelegten Argumente zum Beweis der Quark-Antiquark-Zusammensetzung des J/Psi allerdings nicht besonders überzeugend. Die aufregendste Frage kam erst: Ein Zweiquarksystem müßte eigentlich auch in angeregten Zuständen auftreten. Die beiden Teilchen müßten gegeneinander schwingen und sich auch umeinander drehen können. Auch diese Zustände waren von einigen Theoretikern schon im voraus berechnet worden. Hier zeigte sich dann die Stärke des Speicherringexperiments. Innerhalb kurzer Zeit kam wieder ein Fernschreiben in aller Welt an: das

Psi-Strich

war in Kalifornien gefunden worden! Dies stellte den ersten angeregten Zustand des J/Psi-Mesons dar. Damit konnte man nun auch die skeptischsten unter den Fachkollegen endgültig von der Existenz der neuen und der alten Quarks überzeugen. Das Psi-Strich zerfällt zum Teil in sehr kurzer Zeit in ein J/Psi und zwei Pionen. Es kann auch direkt in normale Teilchen zerfallen.

Die wichtigste Konsequenz dieser Entdeckungen war, daß ab November 1974 das bis dahin doch noch umstrittene Quarkmodell weitgehend anerkannt wurde. Erst jetzt konnte man die Quarks als Realität betrachten und nicht nur als Modellvorstellung einer rein mathematisch aufgebauten, besonders wenig anschaulichen Theorie. Dieser wichtigste Aspekt der J / Psi-Entdeckung muß ganz besonders unterstrichen werden. Jetzt konnte man mit ruhigem Gewissen die Eigenschaften der Quarks und die Kräfte, die zwischen ihnen wirken, genauer untersuchen. Sowohl die Experimente als auch die Theorie bekamen neue Impulse, die in wenigen Jahren zu einem viel klareren Bild führten. Zunächst nannte man dies die *Neue Physik*. Wir werden dieses Bild im nächsten Kapitel, zusammen mit den bis dahin erweiterten Kenntnissen über die schwachen Kräfte, als *Standard-Modell* in seiner eindrucksvollen Gesamtheit vorstellen.

Die beiden Experimente zur Entdeckung des J / Psi sollen jetzt noch erläutert werden. Eigentlich waren es mehrere Experimente, die zur Entdeckung des J / Psi führten.

In einem ersten, auch in Brookhaven aufgebauten Experiment versuchte man schon vor 1970 resonante Zustände, die in Myonenpaare zerfallen, zu erkennen. Diese Forschungsarbeiten waren bei einer Gruppe unter der Leitung von Leon LEDERMAN (geb. 1922) schon seit mehreren Jahren im Gange. Andeutungen in Richtung auf das J / Psi hin konnten aber nicht eindeutig interpretiert werden. Dieses Experiment wurde bei höheren Energien an einem anderen Beschleuniger fortgesetzt und brachte dann auch einen sensationellen Erfolg, auf den wir später noch zurückkommen werden.

Die beiden Experimente, die schließlich beim J / Psi zum Erfolg führten, waren

das von der Gruppe von Sam TING aus dem renommierten Massachusetts Institute of Technology MIT in Boston und

das unter der Leitung von Burt RICHTER am Speicherring SPEAR in Kalifornien.

Wir fangen mit dem Experiment der TING-Gruppe an. Es handelt sich um die Fortsetzung eines Experiments, das im Zusammenhang mit der Prüfung der Quantenelektrodynamik schon viel früher durchgeführt wurde. Es geht darum, die Erzeugung von Elektron-Positron-Paaren beim Beschuß von Wasserstoff (und anderen Elementen) mit Photonen zu untersuchen. TING hat diese Arbeiten bei DESY in Hamburg durchgeführt und dabei die Gültigkeit der Quantenelektrodynamik mit hoher Genauigkeit bestätigen können. Das Experiment wurde bei DESY weiter ausgebaut, und zwar zur Suche nach neuen Mesonen, die aus hochenergetischen Photonen entstehen können. Dabei konnten auch die Mesonen Rho, Omega und Phi beobachtet werden.

Für die Suche nach Mesonen in der Energiegegend über 1 GeV war das Synchrotron bei DESY nicht ausreichend, und so übersiedelte die TING-Gruppe zum Brookhaven National Laboratory BNL und baute dort die in Abb. 6.2.1 gezeigte Apparatur auf. Hier wurde nicht mit Photonen geschossen, sondern mit 28,5-GeV-Protonen auf ein Berylliumtarget. Der Ursprung der Elektron-Positron-Paare ist nämlich unwichtig; die genaue Bestimmung der Ruhemasse eines hypothetischen Teilchens, aus dem die Paare stammen, ist das Ziel des komplizierten Experiments.

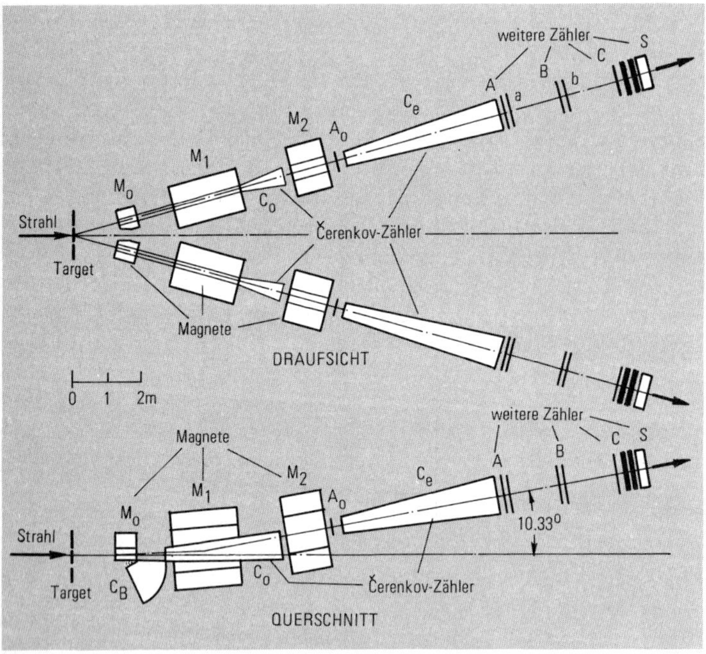

Abb. 6.2.1: Die Apparatur, mit der die Gruppe des Nobelpreisträgers Samuel TING das J/Psi-Teilchen nachgewiesen hat: In einem der beiden Arme wurden Elektronen, im anderen Positronen identifiziert und genau gemessen

Abb. 6.2.2: Die Berechnung der Masse eines hypothetisch angenommenen Zwischenzustands, der in ein Elektron und ein Positron zerfallen ist. Diese Teilchen wurden in der Apparatur von Abb. 6.2.1 ausgemessen

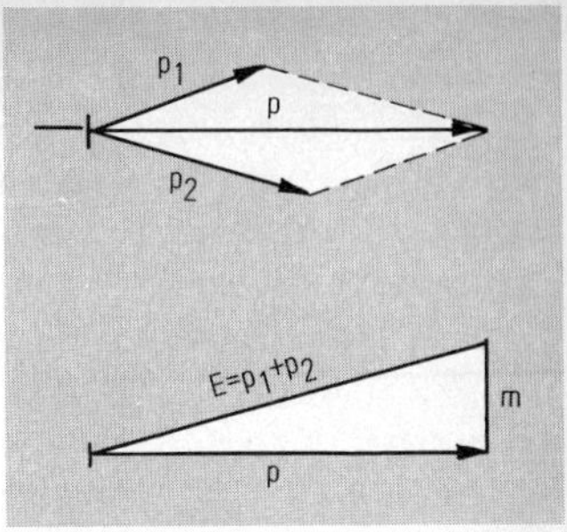

Die Apparatur wird von einer Flut von Kerntrümmern und Mesonen überschüttet, die bei der hohen Protonenenergie im Target erzeugt werden. In den beiden Armen der Experimentieranlage (s. Abb. 6.2.1) muß ein Elektron-Positron-Paar unter jeweils *hundert Millionen* anderer Teilchenpaare von besonderen Zählern eindeutig erkannt werden. Diese Technik hatte man schon bei DESY ausprobiert und im BNL perfektioniert. Man mißt in jedem der beiden Arme den Impuls des erzeugten Elektrons. Dann wird die Ruhemasse des vermutlichen Zwischenzustandes mit Hilfe des relativistischen Dreiecks ausgerechnet, wie es in Abb. 6.2.2 gezeigt wird. Energie und Impuls der Elektronen können bei dieser Rechnung als gleich angesetzt werden. Für jedes Ereignis erhält man einen Wert der Ruhemasse und trägt ihn in ein Massen-Häufigkeits-Diagramm ein. Das Ergebnis ist in Abb. 6.2.3 gezeigt. Die Gruppierung um 3,1 GeV ist das «J» genannte Teilchen; die Daten wurden im August 1974 aufgezeichnet.

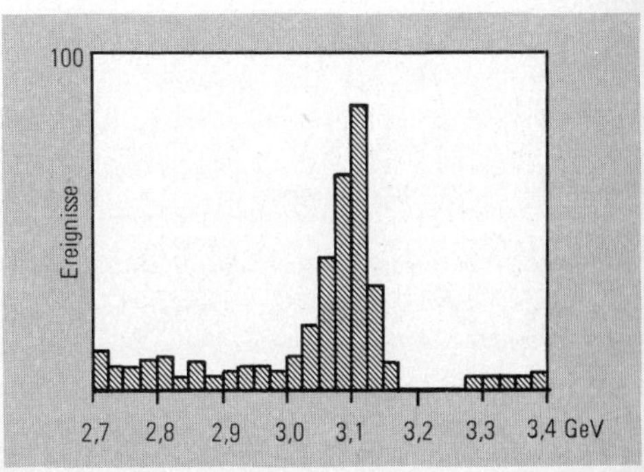

Abb. 6.2.3: Verteilung der Massenwerte von 242 Ereignissen, die in der Apparatur der TING-Gruppe im August 1974 beobachtet wurden: Das Maximum der Verteilung entspricht der Masse des J/Psi-Teilchens

Das «Psi» genannte Teilchen wurde am Speicherring SPEAR mit der gleichen Masse beobachtet, jedoch in genau der umgekehrten Reaktion. Hier wurden Elektronen und Positronen aufeinander geschossen und dabei die Reaktionsrate beobachtet; TINGS Gruppe hatte dagegen die aus dem Target herauskommenden Elektron-Positron-Paare ausgemessen.

Das Experiment am Speicherring SPEAR war die logische Fortsetzung der schon bei ACO, VEPP-2 und ADONE (s. 6.1.) durchgeführten Messungen. Man beobachtete die Reaktionsprodukte, die beim Zusammenstoß der gegenläufigen Strahlteilchen entstanden. Wesentlich war einstweilen nur die Zahl der Zusammenstöße, bei denen schwerere Teilchen produziert wurden, also solche, die zum Beispiel schwerer als Elektronen waren. Wir können uns in Gedanken vorstellen, daß jeden Tag die Speicherring-Energie ein wenig erhöht wird und die dabei gesammelte Zahl der gefundenen Reaktionen in ein Tagesdiagramm aufgenommen wird. Mit dieser Technik hatte man ja die Rho-, Omega- und Phi-Mesonen beim Elektron-Positron-Stoß an den kleineren Speicherringen untersuchen können.

Die Apparatur muß hier nicht besonders kompliziert sein und könnte etwa so aussehen, wie es in Abb. 6.2.4 skizziert ist. Man hat nur mit relativ harmlosen energiearmen Photonen und Elektronen aus dem Strahlrohr zu kämpfen, die in die Apparatur eindringen. Bei größeren Winkeln zur Strahlachse und in einiger Entfernung ist dieser Störeffekt nicht besonders stark. Selbst die für den Menschen gefährliche Strahlung ist an Speicherringen im Normalbetrieb sehr gering. Als Auswahlkriterium für brauchbare Reaktionen wird meist

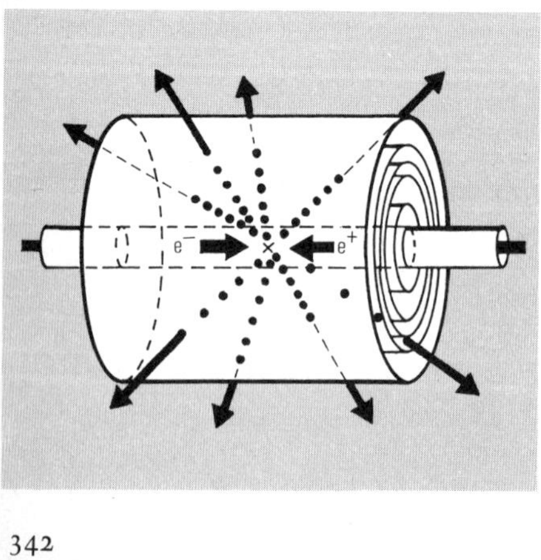

Abb. 6.2.4: Ein typisches Vielteilchenerzeugungsereignis an einem Elektron-Positron-Speicherring

Abb. 6.2.5: Die MARK-I-Apparatur am Speicherring SPEAR im Laboratorium des Stanford Linear Accelerator Center SLAC

mit einer elektronischen Logik verlangt, daß einige Spuren vom Zentrum der Anlage ausgehen. Die Spuren werden mit zylindrischen Driftkammern ausgemessen (s. 3.9.).

Um auch später noch weiteres untersuchen zu können, hatte man jedoch bei SPEAR eine recht aufwendige Meßanordnung aufgebaut, wie in Abb. 6.2.5 gezeigt wird. Sie ist typisch für die sogenannten Detektoren, die Experimentieranlagen, die dann an Speicherringen weiter verwendet wurden.

Für die Entdeckung des Psi-Teilchens hätte jedenfalls eine viel einfachere Apparatur genügt. Am Tag, an dem die richtige Energie er-

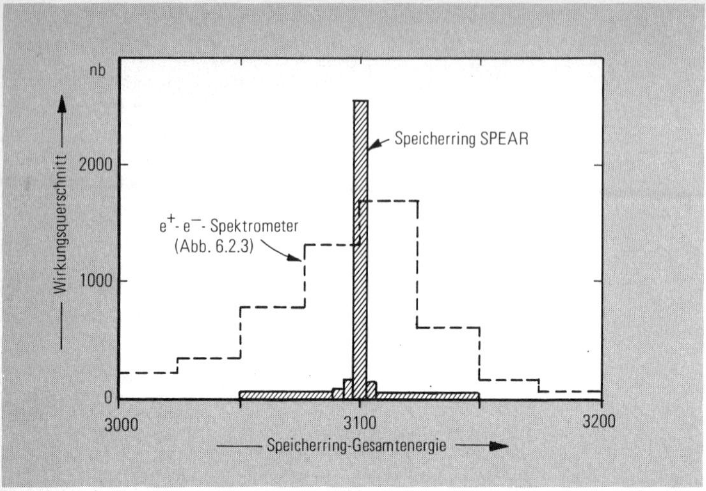

Abb. 6.2.6: Die Häufigkeit der Vielteilchenereignisse am Speicherring SPEAR in der Energiegegend des J/Psi. Jeder Balken (schraffiert) entspricht einer anderen Speicherring-Energieeinstellung. Die Daten wurden mit der MARK-I-Apparatur aufgenommen. Gestrichelt haben wir die Daten der TING-Gruppe eingezeichnet, um die bessere Bestimmung der Masse am Speicherring darzustellen

reicht wurde, im November 1974, ist nämlich die Zahl der beobachteten Reaktionen sprunghaft auf das Hundertfache gestiegen. Dabei war es nicht einmal nötig, etwa verschiedene Reaktionen voneinander zu trennen. Die Summe genügte und ergab das in der Abb. 6.2.6 gezeigte Diagramm.

Es dauerte nur wenige Wochen, bis in dem damals schon fünf Jahre lang laufenden Speicherring ADONE in Frascati die Energie der Strahlen um 3,3 Prozent über den ursprünglich festgelegten Maximalwert von 1,5 GeV erhöht werden konnte und so das J/Psi dort auch beobachtet wurde. Kurz darauf wurde es am Speicherring DORIS in Hamburg, der noch in der Anlaufphase war, ebenfalls bestätigt.

6.3. Das Charmonium und das Bottonium

Die sensationelle Entdeckung des J/Psi-Teilchens und seines ersten angeregten Zustandes, die wir im vorigen Abschnitt beschrieben haben, hätten allein sicher nicht genügt, um dem Quarkmodell zu seinem endgültigen Durchbruch zu verhelfen. Dazu mußte schon etwas mehr vorgezeigt werden. Wir werden jetzt die Ergebnisse der folgenden Jahre auf dem Gebiet der neuen Mesonen zusammenfassen. Es zeigte sich nämlich, daß das J/Psi-Teilchen und sein rund dreimal schwererer Nachfolger, das Ypsilon-Meson (dessen Entdeckung wir gleich beschreiben werden), wesentlich einfacher mit Hilfe des Quarkmodells zu verstehen waren als die aus u-, d- und s-Quarks zusammengesetzten Teilchen. Daher ihre Wichtigkeit für die weitere Entwicklung der Theorie.

Bis 1982 waren schon neun angeregte Zustände des Psi-Mesons in die offiziellen Teilchentabellen aufgenommen. Wir werden diese Quarkkombinationen jetzt in ein einfaches Schema einordnen. Es handelt sich um Systeme, die mit den schon früher gezeigten angeregten Zuständen der Zweiquarkverbindungen (s. 5.9.) durchaus vergleichbar sind. Mit den angeregten Zuständen des Wasserstoffatoms (ein Proton und ein Elektron, s. 3.7.) oder des Positroniums (ein Elektron und ein Positron, s. 3.8.) kann man sie auch vergleichen, da es sich in allen Fällen um Systeme handelt, die aus zwei Teilchen bestehen. Für die Theoretiker bildet das Positronium ein besonders geeignetes Vorbild, da es auch aus einem Teilchen und seinem Antiteilchen besteht und Ähnlichkeiten beim Zerfall auftreten.

Das J/Psi wird in Elektron-Positron-Vernichtungen erzeugt und hat dementsprechend den gleichen Spin 1 des Zwischenzustandes, der ja in diesem Fall ein virtuelles Photon ist. Die angeregten Zustände mit dem gleichen Spin des J/Psi werden heute alle Psi genannt, mit ihrer Masse in Klammern daneben. Bei ihnen sind die Spins der beiden Quarks parallel orientiert, so daß sich der Gesamtdrehimpuls 1 bildet; einen Bahndrehimpuls haben die beiden Quarks also nicht.

Einen Zustand mit etwas weniger Energie erhält man, wenn man die Spins in ihre natürliche Lage versetzt, also den einen nach oben und den anderen nach unten. Man stellt sich dabei die Quarks wie zwei kleine Magnetstäbchen vor, die ja auch lieber antiparallel liegen. Diesen Zustand, der übrigens dem Pion und dem Eta entspricht, nennt man Eta-c, und er wurde auch beobachtet. Ein angeregtes Eta-c ist zwar ebenfalls beobachtet, jedoch noch nicht voll bestätigt worden. Ein neues Teilchen wird erst dann in die offiziellen Tabellen aufgenommen, wenn es von einem zweiten Experiment bestätigt wurde. Drei weitere Zustände, die man als angeregte Psis betrachten kann, ergeben sich dadurch, daß die zwei Quark-Spins parallel stehen und ihre Summe 1 ergibt, aber der Bahndrehimpuls auch 1 beträgt. Jetzt gibt es nach den Regeln der Quantenmechanik drei Möglichkeiten, diese Drehimpulse zu kombinieren. Die Summe kann dann 0, 1 oder 2 ergeben, je nach der relativen Orientierung der Spinpfeile. Diese Teilchen werden Chi genannt.

Die in der Tabelle 6.3.1 angegebenen Zustände sind in Abb. 6.3.1 dargestellt. Die Angaben entsprechen der Lage, die sich 1983 ergab. Hiermit soll auch gezeigt werden, daß sich die Quarks sehr genau an die durch die Quantenmechanik gegebenen Regeln halten, die eigentlich aus der Atomphysik stammen.

DAS CHARMONIUM

	Psi (4415)	
	Psi (4160)	
	Psi (4030)	
	Psi (3770)	Chi-2 (3555)
Eta-c (3590)?	Psi (3685)	Chi-1 (3510)
Eta-c (2980)	J/Psi (3100)	Chi-0 (3415)

Tabelle 6.3.1: Die c-Anti-c-Quark-Systeme

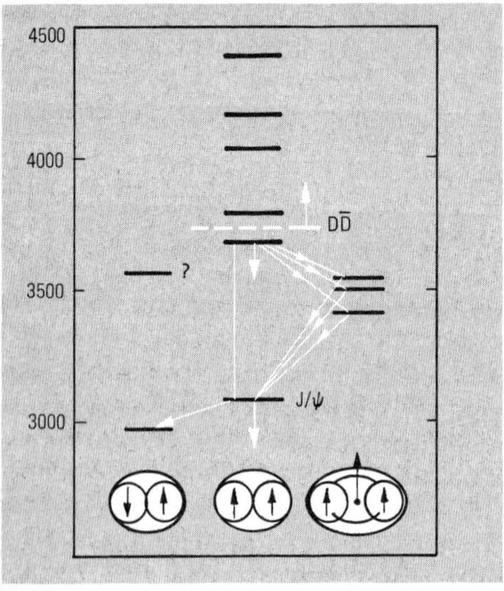

Abb. 6.3.1: Darstellung der angeregten Zustände der Charme-Anticharme-Verbindung: Links sind die Grundzustände mit Spin Null gezeigt, in der Mitte die am Speicherring erzeugbaren Zustände mit Spin 1 (Psi) und rechts die Zustände mit Bahndrehimpuls 1. Letztere entstehen aus dem – auch am Speicherring erzeugten – Psi-Strich durch Abstrahlung von einem Photon und können durch Abstrahlung eines weiteren Photons in das J/Psi zerfallen

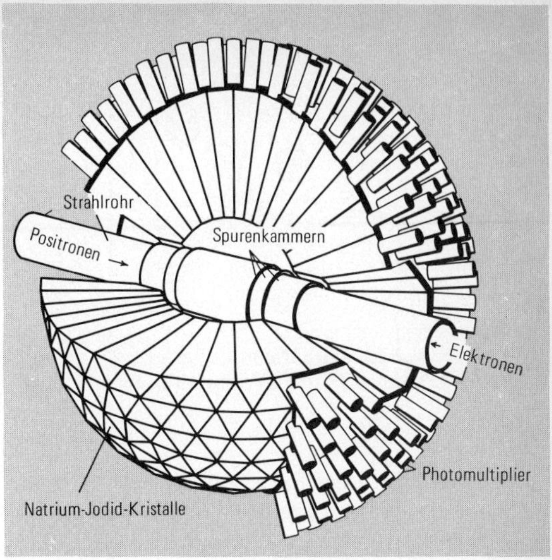

Abb. 6.3.2: Die CRYSTAL-BALL-Apparatur, die erst bei SPEAR und dann bei DORIS eingesetzt wurde. Mit 712 Natrium-Jodid-Schauer-Zähler-Kristallen werden die Energien von Photonen und Elektronen besonders genau gemessen. Die Photonenmessung dient zur Untersuchung der Übergänge zwischen Charmonium-Zuständen (s. Abb. 6.3.1)

Die Übergänge zwischen den Psis und den jeweiligen Chis und Etas finden durch Abstrahlung von Photonen statt; dagegen gehen die Übergänge vom Psi(3685) zum J/Psi(3100) durch Abstrahlung von Pionen vor sich. All diese Information stammt aus den Messungen an den Speicherringen SPEAR und DORIS. Besonders wertvoll sind dabei die Experimente, mit denen die abgestrahlten Photonen genau gemessen werden. Eine der Experimentieranlagen, die auf diesem Gebiet besondere Leistungen erbracht haben, ist der CRYSTAL-BALL, der erst bei SPEAR und dann bei DORIS aufgebaut wurde. Ein Schema der 712 Natriumjodid-Kristalle, aus denen der wesentliche Teil dieser Apparatur besteht, ist in Abb. 6.3.2 gezeigt. Diese Kristalle dienen als Schauer-Zähler (s. 3.9.).

Das J/Psi hat den Physikern noch weitere wertvolle Informationen geliefert. Weil es so ergiebig erzeugt werden kann, wurde es möglich, seine Zerfallsprodukte sehr genau zu untersuchen. *Siebenundvierzig* verschiedene Zerfallsarten wurden schon beobachtet. Dabei entstehen natürlich Resonanzen und Teilchen, die aus dem Teilchen-Zoo bekannt waren. Das J/Psi ist also eine gute Quelle von Teilchen, die zu ihrer Untersuchung genutzt werden kann.

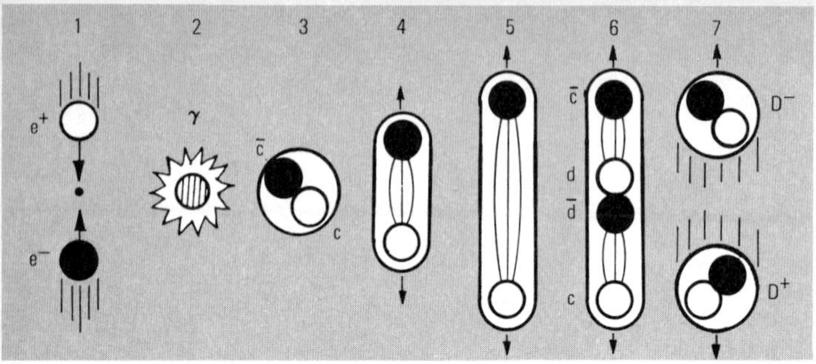

Abb. 6.3.3: Vereinfachte Darstellung der Entstehung eines D-Mesonen-Paares bei der Elektron-Positron-Vernichtung

Aus den Daten der Psi-Zustände schätzt man, daß die Masse des c-Quarks etwa bei 1500 MeV liegen müßte. Dieses c-Quark sollte auch mit anderen Quarks Verbindungen eingehen. Diese müßte man bei höheren Energien als Paare von jeweils einem Teilchen und seinem Antiteilchen erzeugen können. Jedes der neuen Mesonen könnte eine Masse von 1800 MeV oder mehr haben, da dies die leichteste Verbindung eines c-Quarks mit einem u- oder d-Quark darstellen würde. Die Energie der Strahlen an den Speicherringen SPEAR und DORIS wurde also auf höhere Werte eingestellt, und sehr bald kamen die ersten Erfolgsmeldungen.

Die Entstehung dieser schwereren Mesonen kann man sich so vorstellen, als ob erst ein c-Anti-c-Quark-Paar erzeugt wird und dann, wenn die beiden sich gewaltsam (auf Grund der hohen Energie des Systems) trennen wollen, ein zusätzliches Quark-Antiquark-Paar entsteht. Natürlich sind dann die leichtesten Quarks bevorzugt, und es bildet sich zu jedem der c-Quarks ein zusätzliches u- oder d-Quark. Wir haben den Vorgang in Abb. 6.3.3 vereinfacht dargestellt.

Diese Mesonen sind relativ stabil. Sie werden

D-Mesonen

genannt. Sie können vom Entstehungsort einige Zehntelmillimeter weit fliegen, bevor sie zerfallen. Dadurch wurde es möglich, ihre Lebenszeit zu messen. Auch in Experimenten mit einer Wasserstoffblasenkammer (und anderen) konnte man D-Mesonen erzeugen.

Unter den Zerfallsprodukten der D-Mesonen befindet sich besonders oft ein Kaon. Dies ist ein Hinweis auf die schon von der Theorie her erwartete Verknüpfung der c-Quarks mit den s-Quarks: Ein c-Quark kann offensichtlich in ein s-Quark übergehen. Dies geschieht auf Grund der schwachen Kräfte, die wir noch ausführlicher besprechen wollen.

Angeregte Zustände der D-Mesonen wurden auch schon beobachtet. Die D-Mesonen erscheinen wie die Kaonen, jeweils ein positives mit einem neutralen Partner und ein negatives mit einem neutralen Partner. Wir können wieder Familien bilden, wie die aus den u-, d- und s-Quarks entstandenen (s. 5.8. und 5.9.), und es ergeben sich ähnliche Diagramme. Aus jeweils drei Quarks kann man eine Neunerfamilie von Mesonen bilden, die dann auch in den verschiedenen Spinzuständen erscheint. Eine Neunergruppe mit dem Spin Null ergibt dann die D-Mesonen mit dem Charme +1 und −1 und in der Mitte die Pionen, das Eta und das Eta-c (Tabelle 6.3.2). Die gleiche Tabelle kann auch für den Spin 1 aufgestellt werden. Wir möchten auch hier darauf hinweisen, daß es noch weitere solche Tabellen gibt (s. 5.9.). Bei dem Spin 1 erscheint natürlich das J/Psi-Teilchen als c-Anti-c-Verbindung; an Stelle der D-Mesonen treten dann die angeregten Ds oder D-Stern. Die Quark-Ordnung scheint auch hier einwandfrei zu funktionieren, und es sind keine Teilchen aufgetaucht, die man in unserem Schema nicht unterbringen könnte.

Es ist zu bemerken, daß durch die Definition der Seltsamkeits- und Charmezahl hier die c-Quarks oben und die Anti-c-Quarks unten erscheinen, also umgekehrt wie in der Tabelle der u-, d- und s-Quarks, was aber keinerlei tieferen Sinn hat.

Man kann sich noch ausgefallenere Mesonen vorstellen. So wurde

	Charme	Ladung +1	0	−1
D-Meson (1869)	+1	$\bar{d}c$	$\bar{u}c$	
Pion (140)	0	$u\bar{d}$	$u\bar{u}$ $d\bar{d}$	$\bar{u}d$
Eta (549)	0		$u\bar{u}$ $d\bar{d}$	
Eta-c (2980)	0		$c\bar{c}$	
$\overline{\text{D}}$-Meson (1869)	−1		$u\bar{c}$	$d\bar{c}$

Tabelle 6.3.2: Mesonen mit Spin 0 aus u-, d- und c-Quarks

ein sogenanntes F-Meson entdeckt, das gleichzeitig Charme und Seltsamkeit besitzt. Das positive F-Meson besteht aus einem c- und einem Anti-s-Quark; das negative F-Meson besteht aus einem s- und einem Anti-c-Quark.

Auch eine Verbindung von drei Quarks, von denen eines ein c-Quark ist, wurde schon entdeckt. Auch dieses Teilchen hat eine relativ lange mittlere Zerfallszeit. Es wurde Lambda-c genannt; seine Spur konnte in Kernemulsionen beobachtet werden.

Hiermit schließen wir unsere Erläuterungen über die Teilchen mit Charme und kehren zu anderen wichtigen Entdeckungen der siebziger Jahre zurück.

Elf Jahre lang hatten sich Leon Lederman und seine Gruppe mit der Analyse der Myonenpaare beschäftigt und dabei, wie schon erwähnt, den Ruhm und das J/Psi-Teilchen gestreift. Lederman hatte sein Experiment dann an einem 400-GeV-Strahl aufgebaut, beim Protonensynchrotron des Fermilabs bei Chicago, das schon seit 1972 in Betrieb war. Die benutzte Methode ist im Prinzip die gleiche, die wir schon im Fall des Ting-Experiments mit Elektron-Positron-Paaren erläutert haben, nur daß die Lederman-Apparatur auf die Identifizierung von Myonenpaaren spezialisiert war.

Bei der Untersuchung der Häufigkeit der verschiedenen hier auftretenden Ruhemassen hypothetischer Zwischenzustände, die dann in Myonenpaare zerfallen, gelang es der Lederman-Gruppe 1977, eine Anhäufung von Ereignissen bei einer bestimmten Energie zu entdecken. Sie lag bei einer Ruhemasse, die etwa 9,5 GeV entsprach. Es handelt sich also um einen Zustand, der etwa zehnmal schwerer als das Proton ist. Das vermutete neue Teilchen wurde

Ypsilon

genannt. Aus der Erfahrung mit dem J/Psi hatte man schon den Verdacht, daß das Ypsilon auch angeregte Zustände haben könnte, und analysierte die Massenverteilung in dieser Beziehung. Tatsächlich konnte man aus einem Buckel auf der hochenergetischen Seite des Ypsilons auf eine zweite kleinere Anhäufung schließen und mit einigem Optimismus sogar auf eine dritte.

Die Lage war damals klar. Das gleiche Teilchen mußte bei Elektron-Positron-Stößen wiedergefunden werden, wenn die Quarkvorstellungen weiterhin sinnvoll sein sollten. Nur gab es keinen Spei-

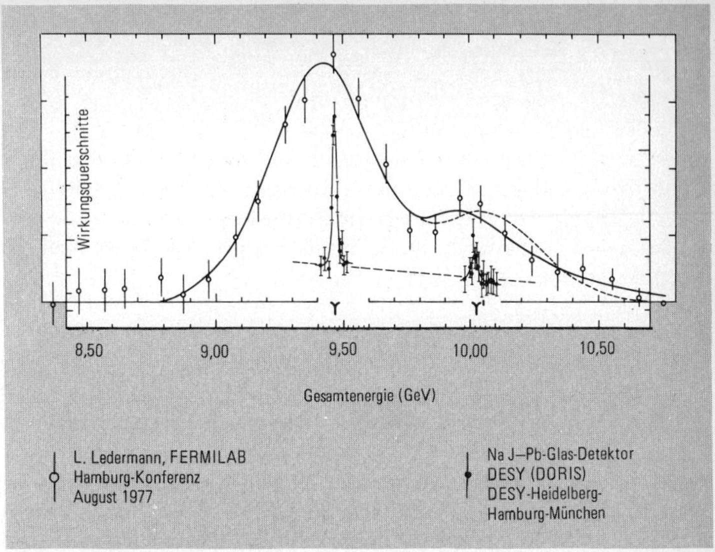

Abb. 6.3.4: Die Ergebnisse der Myonenpaarerzeugung von der LEDERMAN-Gruppe aus dem FERMILAB und die am Speicherring DORIS ermittelten Erzeugungsraten von Vielteilchenreaktionen, beides in der Energiegegend des Ypsilon-Teilchens: Der Vergleich zeigt wieder den Unterschied in der Energie-Meßgenauigkeit dieser zwei sehr unterschiedlichen Methoden, die zur Erkennung des Ypsilon führten

cherring, an dem man das umgekehrte Experiment mit Elektron-Positron-Stößen wie beim J/Psi durchführen konnte. SPEAR und DORIS waren für Strahlen von 3,5 GeV ausgelegt, für das Ypsilon-Teilchen wären aber 4,8 GeV nötig gewesen.

Beim DESY hatte man allerdings beim Bau von DORIS eine vorsorgliche Entscheidung getroffen: Man baute die größten Komponenten, nämlich die Ablenkmagnete, so, daß später eine Erhöhung der Strahlenergie bis auf 5 GeV möglich war. Dieser Tatsache ist es zu verdanken, daß bis Juni 1978 durch ein Sonderprogramm die für das Ypsilon erforderliche Strahlenergie erreicht wurde. Mit der gleichen Methode wie beim J/Psi wurden Daten aufgenommen, die in Abb. 6.3.4 zusammen mit den ursprünglichen Messungen von LEDERMAN dargestellt sind. Man sieht dabei auch die bessere Massenauflösung, die am Speicherring erreicht wird. Es muß jedoch betont werden, daß die Suche nach dieser relativ schmalen Erhöhung der Rate am Speicherring sehr langwierig gewesen wäre, wenn man ihre Lage nicht ge-

	Y (10570)	
	Y (10350)	Chi-b-2 (9915)
	Y (10020)	Chi-b-1 (9895)
Eta-b (?)	Y (9460)	Chi-b-0 (9874)

Tabelle 6.3.3: Die b-Anti-b-Quark-Systeme (1983)

kannt hätte. Wir möchten noch darauf hinweisen, daß hier die Breite der Massenverteilungen eine experimentelle Meßungenauigkeit darstellt und nicht die echte Breite der Resonanz.

Das neue Quark, das durch die Entdeckung des Ypsilons eingeführt wurde, hat man

b-Quark oder bottom-Quark

genannt. Es wird gelegentlich auch als beauty-Quark bezeichnet. Das Ypsilon-Teilchen ist also eine Verbindung eines b-Quarks mit einem Anti-b-Quark. Die Untersuchung der angeregten Zustände des Ypsilons ist (1983) noch nicht soweit wie beim J/Psi-Teilchen (s. Tabelle 6.3.3). In der Zwischenzeit wurde der zweite Speicherring fertiggestellt, der den gleichen Energiebereich erforschen kann: der schon erwähnte CESR an der Cornell University in Ithaca, New York. DORIS wurde im Winter 1981/82 umgebaut, um den Ypsilon-Bereich mit höherer Luminosität zu überdecken. Seitdem sind sowohl bei DORIS (der jetzt DORIS-II genannt wird) wie bei CESR Messungen der höheren Ypsilon-Zustände im Gange. Das Programm wird sich über mehrere Jahre erstrecken. Dabei sollen natürlich auch die Mesonen untersucht werden, die aus der Verbindung eines b-Quarks mit einem der anderen Quarks entstehen. Eines von ihnen wurde schon beobachtet. Sie werden B-Mesonen genannt.

In Anlehnung an die Bezeichnung «Positronium» hat man die atomähnliche Familie der Charme-Teilchen als

Charmonium

bezeichnet und die des b-Quarks als Beautymonium oder

Bottonium

Ganz allgemein werden heute solche Quark-Systeme als

Quarkonia

bezeichnet. Ihre Untersuchung bildet ein Spezialgebiet innerhalb der Teilchenphysik.

Die Berechnung der Anregungszustände der Zweiquarksysteme, wie sie im Charmonium und Bottonium auftreten, ist natürlich eine besonders interessante Aufgabe für die Theoretiker, die sich mit dem Quarkmodell befassen. Außerdem muß das Modell für die Zerfälle der erzeugten Teilchen plausible Antworten geben. Im Grunde handelt es sich darum, die Kräfte, die zwischen den Quarks wirken, genauer zu beschreiben und der Berechnung zugänglich zu machen.

Man kann sich die Quarkkräfte so vorstellen, wie wir es mit den elektromagnetischen Kräften gemacht haben, und ihnen einen Potentialtopf zuordnen. Dann entstehen, den Regeln der Quantenmechanik entsprechend, in dem Topf stabile Quarkbahnen oder Zustände, die man mit den in der Natur auftretenden Systemen vergleichen kann. Die Vorgänge in den Atomhüllen sind hier das natürliche Vorbild. Allerdings muß hierzu bemerkt werden, daß die Vorstellung eines Potentialtopfes bei den extrem starken Quarkkräften und den dadurch verursachten hohen Geschwindigkeiten nicht mehr voll zulässig ist. Man könnte sich vorstellen, daß zwar die Wände des Topfes zur Berechnung der stabilen Quarkbahnen brauchbar sind, daß aber der – viel zu tief liegende – Boden des Topfes nicht richtig dargestellt werden kann.

Obwohl die Charme- und Bottom-Quarks nur relativ selten in der Natur auftreten, haben sie doch erlaubt, die Theorie der Quarkkräfte erfolgreich voranzutreiben. Die Kräfte, die das Proton zusammenhalten, sind nämlich genau die gleichen, die bei der Erzeugung zum Beispiel der D-Mesonen zwischen den Quarks wirken.

Diese Untersuchungen sind noch lange nicht abgeschlossen. Theorie und Experiment gehen hier Hand in Hand, um unsere Kenntnisse der Quarkkräfte in den nächsten Jahren zu einem brauchbaren Werkzeug zu entwickeln. Ein Vergleich mit der Untersuchung der elektromagnetischen Kräfte im vorigen Jahrhundert ist durchaus angebracht. Erst als diese Kräfte gründlich verstanden waren, konnte man mit ihnen Anwendungen erdenken, von denen vorher niemand geträumt hätte. Die naive Neugier des Wissenschaftlers hat sich meist als lohnend erwiesen.

6.4. Beweise für die Existenz der Farbladungen

Beim Zusammenstoß eines Elektrons und eines Positrons können sehr unterschiedliche Reaktionen vor sich gehen. Wir haben in den letzten Abschnitten nur diejenigen Reaktionen berücksichtigt, bei denen mehrere Reaktionsprodukte, etwa quer zu den beiden kollidierenden Strahlen, in einer geeigneten Apparatur registriert werden. Wir haben ferner angenommen, daß es sich bei den Reaktionsprodukten um Teilchen handelt, die schwerer als Elektronen sind. Dies war dadurch begründet, daß wir diese am häufigsten vorkommenden Vernichtungsvorgänge zuerst behandeln wollten. Dabei konnten wir auch wichtige Entdeckungen erläutern, wie zum Beispiel die Beobachtungen der J/Psi- und Ypsilon-Teilchen bei Elektron-Positron-Stößen.

Wir werden jetzt diese Reaktionen, bei denen das Elektron und das Positron vernichtet werden, etwas näher untersuchen und uns vor allem mit ihrer Häufigkeit beschäftigen. Daraus entstehen nämlich besonders interessante Folgerungen für das Quarkmodell. Wir betrachten jetzt Speicherringenergien, bei denen *keine* besonderen Resonanzen wie das J/Psi oder das Ypsilon erzeugt werden.

Als erstes möchten wir an eine Beobachtung erinnern, die schon 1970 in Frascati am Speicherring ADONE gemacht wurde (s. 6.1.). Die Erzeugung von mehreren Teilchen bei einer Elektron-Positron-Vernichtung, eine sogenannte Vielteilchenreaktion, kommt viel häufiger vor, als ursprünglich (etwa bei der Planung der Speicherringe) erwartet wurde.

Eine ähnliche Beobachtung wurde auch am BYPASS-Speicherring im amerikanischen Cambridge gemacht. Man hat schon damals die hohen Teilchenerzeugungsraten mit den Quarks in Verbindung gebracht. Dies wurde nach der Entdeckung der J/Psi- und Ypsilon-Teilchen und nach ihrer Interpretation als Verbindungen von Quarks mit Antiquarks noch naheliegender.

Diese relativ häufigen Vernichtungsreaktionen zwischen einem Elektron und einem Positron werden wir jetzt etwas näher betrachten. Aus der Quantenelektrodynamik entnimmt man, daß sich dabei zuerst ein photonähnlicher Zustand bildet, der sich im Ruhezustand befindet und eine Masse besitzt, die der Gesamtenergie des Systems entspricht. Dieser Zwischenzustand wird oft als *virtuelles Photon* bezeichnet; er zerfällt sehr schnell in die Endprodukte der Reaktion. Die Gesamtenergie oder Masse des virtuellen Photons ist natürlich die Summe der Bewegungsenergien und Massen der beiden einfallenden Strahlteilchen.

Hier stoßen wir genau auf die grundlegende und ursprüngliche physikalische Fragestellung, die an Elektron-Positron-Speicherringen gestellt wird. Der Physiker möchte wissen, was die Natur macht, wenn sie ein Kügelchen höchstkonzentrierter Energie unter genau definierten Bedingungen zur Verfügung hat, wie es bei unseren virtuellen Photonen der Fall ist. Er möchte mehr über die vielen erzeugten Teilchen wissen und besonders, warum sie mit bestimmten Häufigkeiten erzeugt werden. Es ist übrigens durchaus denkbar, daß die Vorgänge, die man hier in Miniatur untersucht, bei der Entstehung des uns heute bekannten Universums, beim sogenannten Urknall, eine wichtige Rolle gespielt haben.

Wir möchten die Antwort auf die grundlegende Frage nach dem Schicksal unserer virtuellen Photonen vorwegnehmen, um so die folgenden Erläuterungen durchsichtiger zu machen. Die Natur macht nämlich aus den Energiekügelchen mit den photonähnlichen Eigenschaften nur zwei Dinge:

1. Lepton-Antilepton-Paare

und

2. Quark-Antiquark-Paare

Wir können diese sehr gewagte Behauptung einstweilen als Arbeitsansatz hinnehmen. Dann kann man nämlich die Erzeugungsraten für Lepton- und Quarkpaare aus sehr allgemeinen theoretischen Überlegungen und Grundregeln berechnen. Die wesentliche Annahme dabei ist, daß sowohl die Leptonen als auch die Quarks *sehr klein* sind. Es genügt hier, wenn wir annehmen, daß beide Arten von Teilchen Abmessungen haben, die kleiner als etwa ein Tausendstel des Protonendurchmessers sind. Leptonen und Quarks sind also Quellen von Kräften, können Ladungen tragen und Spin aufweisen, haben aber eine Struktur, die, wenn sie überhaupt vorhanden sein sollte, die angegebenen Dimensionen nicht überschreiten darf.

Unter dieser Annahme kann man die Häufigkeit der Erzeugung von Paaren von Teilchen mit dem Spin ½ aus der Quantenelektrodynamik berechnen. Es stellt sich heraus, daß unter normalen Um-

	Ladung	Relative Häufigkeit (×3)
Myonenpaar	1	1
u + Anti-u	−2/3	4/9 (4/3)
d + Anti-d	+1/3	1/9 (1/3)
s + Anti-s	+1/3	1/9 (1/3)
Summe		6/9 → (6/3)

Tabelle 6.4.1: Häufigkeit der Teilchenpaarerzeugung relativ zur Myonenpaarerzeugung

ständen (die Ausnahme geben wir gleich an) und bei der gleichen Energie alle Teilchenpaare, wie zum Beispiel Leptonen und Quarks, mit einer Wahrscheinlichkeit erzeugt werden, die nur von ihrer elektrischen Ladung abhängt. Die Erzeugungswahrscheinlichkeit ist einfach dem Quadrat dieser Ladung proportional.

Wir müssen gleich bemerken, daß die Rechnung nicht für «anormale» Umstände gilt, wie zum Beispiel für Energien, bei denen Resonanzen auftreten, wie das J/Psi oder das Ypsilon und ihre angeregten Zustände. Des weiteren ist zu bemerken, daß Spin-½-Teilchen immer in Paaren erzeugt werden, auf Grund der Erhaltungssätze und der früher besprochenen sehr allgemeinen Wellengleichung von Dirac (s. 3.8.).

Unter den Reaktionen, die bei der Elektron-Positron-Vernichtung am besten zu beobachten sind, ist die Myonenpaarerzeugung. Die zwei entgegengesetzt abgestrahlten Myonen können dicke Schichten Materie durchdringen und lassen sich so von anderen Teilchen klar abtrennen und elektronisch zählen.

Da die Myonen die Ladung 1 haben, können wir die Myonenpaarerzeugung als Bezugspunkt nehmen und auf sie die Erzeugung von anderen Teilchen beziehen. Nach der oben angegebenen Regel wird ein Quark mit der elektrischen Ladung 1/3 bei der gleichen verfügbaren Energie neunmal weniger als ein Myon erzeugt; für die Quarkladung 2/3 ergibt sich ein Faktor 4/9, wobei natürlich immer Paarerzeugung gemeint ist. Man erhält für die drei leichtesten Quarks die in Tabelle 6.4.1 angegebenen relativen Häufigkeiten.

Wir nehmen jetzt an, daß auf irgendeine Art die Quarks, so wie das beim J/Psi und beim Ypsilon der Fall ist, nach ihrer Erzeugung in viele normale Teilchen zerfallen, also in Teilchen, die uns aus dem Zoo schon bekannt sind. Aus diesen Prozessen stammen dann alle

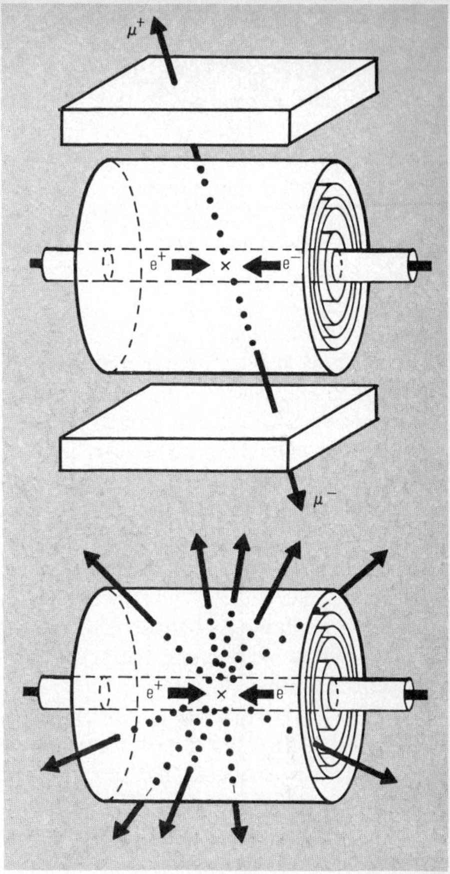

Abb. 6.4.1: Myonen durchdringen dicke Materieschichten und können entsprechend leicht erkannt werden (Bild oben). Die gezeigte Myonenpaarerzeugung dient als Referenz für die Vielteilchenerzeugung (Bild unten). Das Verhältnis der Häufigkeiten der beiden Reaktionen, gemessen bei verschiedenen Energien, war für das Quarkmodell eine sehr wichtige Information

Reaktionen, in denen zwei oder mehr Teilchen bei der Elektron-Positron-Vernichtung erzeugt werden. (Ausgenommen haben wir hier lediglich die Erzeugung von zwei Photonen, die genau nach den Regeln der Quantenelektrodynamik vor sich geht.) Die zwei Arten von Reaktionen, die wir also hier vergleichen werden, sind in Abb. 6.4.1 dargestellt.

Man kann dann versuchen, diese rein theoretisch erarbeiteten Resultate mit der in Frascati beobachteten Teilchenerzeugung zu vergleichen. Bis zur Energie, bei der das J/Psi entsteht, also bis zu Gesamtenergien von 3 GeV, können wir annehmen, daß nur die u-, d- und s-Quarks erzeugt werden. Die Erzeugungsrate müßte etwa 6/9, also 2/3 der Myonenerzeugung betragen, wie wir es in unserer Tabelle schon eingetragen haben. Der in Frascati zwischen 2 und 3 GeV beobachtete Wert ist aber mehr als *dreimal* so groß!

Entweder unsere ganze Theorie ist falsch, oder wir erzeugen dreimal so viele Quarks wie ursprünglich angenommen, um unsere Vielkörperreaktionen zu produzieren. Die zweite Lösung hat sich als die bessere erwiesen, und man kam zu dem Schluß, daß es je drei der u-, d- und s-Quarks geben muß. Und dies ist genau so, wie es im Quarkmodell mit Farben vorgesehen ist. Das war der erste unabhängige Hinweis auf die Tatsache, daß jedes Quark in drei Zuständen, also mit drei *Farbladungen*, in der Natur vorkommt und entsprechend auch dreimal bei der Erzeugung zu berücksichtigen ist. Auch die Messungen am BYPASS-Ring in Cambridge (USA) haben bei Strahlenergien von 2 GeV einen großen Wert für die Vielteilchenproduktion ergeben. Die Meßfehler waren jedoch damals, auf Grund der geringen Anzahl von Ereignissen, sehr groß.

Skeptiker nahmen all dies nicht sehr ernst, bis dann, nach der Entdeckung des J/Psi Ende 1974, genauere Messungen zwischen 4 und 8 GeV durchgeführt wurden. Bei diesen Energien kommt ein weiteres Quark dazu, das c-Quark. Es mußte, so wurde erwartet, ein Sprung in der Teilchenerzeugung beobachtbar werden, der entweder 1/3 oder 4/3 der Myonenerzeugung beträgt. Der beobachtete Sprung hatte aber etwa den Wert 2!

Die Lage hat sich schnell geklärt, als man entdeckte, daß zwischen den beiden Meßgebieten, also unterhalb der J/Psi-Energie und darüber, nicht nur ein neues Quark dazukommt, sondern auch ein neues Lepton. Mit dem Lepton werden wir uns später noch beschäftigen. Wenn man seine Beiträge zur Teilchenerzeugung abzieht, erhält man das Ergebnis, daß das neue Quark – das c-Quark – eine elektrische Ladung von 2/3 hat und entsprechend einen Wert von 4/3 zur Vielteilchenerzeugung beiträgt. Das Vorzeichen der Ladung kann aus diesen Daten nicht bestimmt werden.

Genauso wichtig oder sogar wichtiger als die Bestimmung der elektrischen Ladung des c-Quarks war wohl die neu gewonnene Erkenntnis, daß die *Farbladungen* einen recht «sichtbaren», experimentell nachweisbaren Effekt verursacht hatten.

Es war nur noch eine Routinesache, die gleiche Messung auch beim Ypsilon-Teilchen, also unter und über 9,5 GeV durchzuführen. Der Sprung in der Erzeugungsrate betrug nur 1/3, und entsprechend wurde dem b-Quark die Ladung 1/3 zugeordnet.

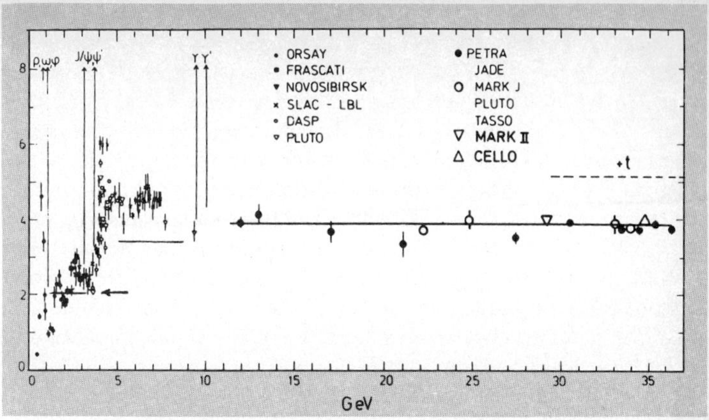

Abb. 6.4.2: Die Vielteilchenerzeugung, bezogen auf die Myonenpaarerzeugung, aufgetragen für Speicherring-Gesamtenergien bis 37 GeV. Die eingezeichneten Geraden, die besonders bei hohen Energien recht gut mit den Meßdaten übereinstimmen, würden einen Faktor drei tiefer liegen, wenn man die Farbladungen der Quarks nicht berücksichtigen würde

In Abb. 6.4.2 haben wir die Ergebnisse der Messungen der Vielteilchenerzeugung zusammengestellt. Man sieht die Effekte der neu dazukommenden Quarks. Die eingetragenen Geraden sind nach Tabelle 6.4.2 berechnet.

Hierzu eine Bemerkung: Von dem sechsten Quark, dem t-Quark, wurden erste Anzeichen bei höherer Energie gefunden. Es wird hier angeführt, um zu zeigen, wie groß sein Effekt auf die Teilchenerzeugung sein würde, wenn es leichter wäre.

	Ladung	Relative Häufigkeit		
			×3	Summe
Myonenpaar	1	1		
u + Anti-u	−2/3	4/9	4/3	4/3
d + Anti-d	+1/3	1/9	1/3	5/3
s + Anti-s	+1/3	1/9	1/3	6/3
c + Anti-c	+2/3	4/9	4/3	10/3
b + Anti-b	−1/3	1/9	1/3	11/3
t + Anti-t	+2/3	4/9	4/3	15/3

Tabelle 6.4.2: Quarkerzeugung an Speicherringen

Wir haben bis zu diesem Punkt immer nur die Quarkpaarerzeugung in bezug auf die Myonenpaarerzeugung betrachtet. Dies ist ein sehr elegantes Verfahren, da man nur die Häufigkeit von zwei Reaktionstypen miteinander vergleichen muß. Es ist aber für einen Physiker noch viel eindrucksvoller, daß die Berechnung auch die absolute Erzeugungsrate der Teilchenpaare, das heißt den für diese Reaktionen gültigen *Wirkungsquerschnitt* (s. 5.6.) ergibt. Diese Zahl, die angibt, wie groß die zusammenstoßenden Teilchen sich gegenseitig (etwa als Zielscheibe) «sehen», können wir als praktisches Beispiel hier berechnen. Die aus der Quantenelektrodynamik abgeleitete Formel ist übrigens sehr einfach und enthält außer der Gesamtenergie und der Ladung der erzeugten Teilchen nur die PLANCK-Konstante und die elektrische Elementarladung.

Wie schon früher erläutert, wird der Wirkungsquerschnitt in Quadratzentimetern oder in einer ähnlichen, geeigneten Einheit ausgedrückt. Wir verwenden hier das Nanobarn (s. 5.6.). Für die Erzeugung von Myonenpaaren ergibt sich bei einer Gesamtenergie von 1 GeV der Wert:

Wirkungsquerschnitt bei 1 GeV = 87,6 Nanobarn

Für jede andere Energie muß man einfach durch das Quadrat der Gesamtenergie (in GeV) dividieren; für die verschiedenen Quark-Arten muß die oben angegebene Tabelle benutzt werden.

Wir verfolgen nun unser Beispiel etwas weiter und zeigen, wie die Arbeit am Speicherring vor sich geht. Die Zahl der Ereignisse, die man im Experiment erwartet, hängt von vielen Faktoren ab, die man alle in den Begriff *Luminosität* (s. 5.7.) integriert hat. So ist es am Hamburger Speicherring DORIS-II (1983) möglich, beim Lauf ohne Pannen und bei einer guten Bündelung des Strahls Luminositäten bis zu 1000 Ereignisse pro Nanobarn und pro Tag zu erreichen. Dies bedeutet, daß man nach der Formel:

Ereignisse = Luminosität × Wirkungsquerschnitt

bei einer Strahlenergie von 5 GeV, also einer Gesamtenergie von 10 GeV, mit einem Wirkungsquerschnitt von 0,876 Nanobarn und bis zu

876 Myonenpaaren pro Tag

rechnen kann. Ein kleiner Teil der Ereignisse geht natürlich verloren, weil die Apparatur nicht alle Raumwinkel abdecken kann. Vorn und hinten, wo das Strahlrohr durchläuft, entstehen tote Zonen. Jetzt kann man leicht abschätzen, wie lange man messen muß, um eine bestimmte Zahl von Ereignissen zusammenzustellen.

Eine Randbemerkung: Wenn man berücksichtigt, daß sich die Teilchenpakete mit jeweils über 10 Milliarden Teilchen im Speicherring DORIS-II etwa einemillionmal *pro Sekunde* durchdringen und trotzdem keine tausend Zusammenstöße mit Myonenerzeugung *pro Tag* stattfinden, erhält man einen Eindruck von der winzigen Dimension der umkreisenden Teilchen. Ein Zusammenstoß ist ein extrem seltenes Ereignis.

Zurück zu unseren Rechnungen: Man kann natürlich umgekehrt aus der Zahl der beobachteten Ereignisse und aus der auf andere Art gemessenen Luminosität den physikalisch so wichtigen Wirkungsquerschnitt berechnen.

Dies wurde im Fall der Vielteilchenerzeugung an Speicherringen auch getan, und man konnte die gute Übereinstimmung mit der oben erläuterten theoretischen Berechnung feststellen. Darin lag ein weiteres, unabhängiges Argument zur Unterstützung des Quarkmodells mit Farbladungen. Außerdem bekräftigt es die Behauptung, daß die Quarks und die Myonen genügend klein sind, um die oben erwähnten Formeln zu benutzen. Man nimmt genau aus diesem Grund auch an, daß all die erzeugten Teilchen mindestens bis zu Dimensionen von einem Tausendstel des Protonendurchmessers keinerlei Struktur aufweisen. Dieser wichtige Schluß wurde in den letzten Jahren oft falsch interpretiert: Man liest vom Beweis der «Punktförmigkeit» der Leptonen und Quarks. Hier handelt es sich um eine mangelhafte Übersetzung des englischen Fachbegriffs «pointlike» ins Deutsche. Dieser besagt, daß all diese Teilchen punktähnlich *aussehen* – was aber *nicht* bedeutet, daß es sich um geometrische Punkte *handelt*.

Die oben erläuterten Messungen, die in den siebziger Jahren an den Elektron-Positron-Speicherringen durchgeführt wurden, werden sicher in die Geschichte der Physik als der experimentell wichtigste Beweis der Quark-Farbladungen eingehen. Es besteht heute kein Zweifel, daß dies einen Meilenstein im Verständnis der subnuklearen Vorgänge darstellt.

Wie wir später noch zeigen werden, entspricht die Entdeckung der Farbladungen der Quarks in ihrer Bedeutung und in ihrer Wichtigkeit der im vorigen Jahrhundert geglückten Entdeckung der elektrischen Ladung. Die Farbladungen sind für das Zusammenhalten der Quarks genau das, was die elektrischen Ladungen für das Zusammenhalten der Atome sind.

6.5. Die Jets und die Entdeckung der Gluonen

An den Speicherringen SPEAR in Stanford und DORIS in Hamburg wurden noch zwei weitere wichtige Beiträge zur Subnuklearphysik geleistet, die wir in diesem und dem nächsten Abschnitt beschreiben möchten. Es handelt sich um die ersten Beobachtungen der Quark- und Gluonen-Jets und um die Entdeckung des schweren Leptons Tau.

Bei den langwierigen Messungen der Teilchenerzeugungsraten, die sowohl der Untersuchung des Charmoniums, des Bottoniums und der dazugehörenden Mesonen dienten als auch zu den erstaunlichen Ergebnissen führten, die der Quarkfarbladung zur allgemeinen Anerkennung verhalfen, hat man in Kalifornien bei SPEAR und in Hamburg bei DORIS Daten über eine große Zahl von Reaktionen gesammelt und analysiert, bei denen jeweils viele Teilchen erzeugt wurden. In Abb. 1.2.2 wurden zwei Beispiele gezeigt, wie sie vom Computer aufgezeichnet oder auf einem Bildschirm dargestellt werden.

Hochenergieexperimente laufen normalerweise im Tag- und Nachbetrieb. Sie liefern die Daten der registrierten Reaktionen – nach einer ersten elektronischen Vorwahl und Umwandlung – an ein Rechenzentrum, das sie auf einem Massenspeicher einlagert. Normalerweise werden so Tausende von Magnetbändern beschrieben und einige Jahre zur weiteren Durchmusterung aufbewahrt.

So können komplizierte Untersuchungen noch Jahre nach der Aufnahme der Daten durchgeführt werden. Es ist also nicht erstaunlich, wenn manche Ergebnisse erst viel später veröffentlicht werden. Auf diese Weise wird es auch möglich, daß Physiker sich in Ruhe die Computerbilder der Reaktionen am Bildschirm ansehen und nochmals beurteilen.

Ein wichtiges Phänomen, das schon bei den ersten Durchmusterungen der Computerbilder aufgefallen war, ist die *Bündelung* von Teilchen bei Reaktionen, in denen sehr viele Teilchen abgestrahlt werden. Dieser Bündelungseffekt verstärkt sich bei höherer Energie und erregte damals (etwa 1977) großes Aufsehen, da man ja nach einem Zeichen suchte, welches die zwei Quarks verraten könnte, die als Urheber aller Reaktionen angesehen wurden. Wie man bald eindeutig bestimmen konnte, sind die abgestrahlten Teilchen tatsächlich nicht willkürlich im Raum verteilt, wie man es bei einer normalen Explosion erwarten würde; sie bündeln sich vielmehr in zwei entgegengesetzten Richtungen. Dies zeigt an, daß im Ursprung doch nur zwei Teilchen entstehen, die dann auf eine besondere Art zerfallen – man spricht in diesem Fall von *fragmentieren*. Die Teilchenbündel werden sinnvoll *Jets* genannt. Die Kegel, in denen die Jets enthalten sind, werden bei höheren Erzeugungsenergien immer dünner, was darauf hinweist, daß es sich um die gleichen Quarks handelt, die dann, durch ihre höhere Geschwindigkeit, die Zerfallsprodukte immer mehr in eine Richtung schleudern.

Sehr willkommen war damals die Fertigstellung des großen Speicherringes PETRA bei DESY in Hamburg, an dem die gleichen Untersuchungen mit viel höherer Energie durchgeführt werden konnten. PETRA wurde auch allmählich auf Strahlenergien von über 23 GeV hochgezüchtet (Stand 1984). So gelang es zuerst bei PETRA, die Jet-Bildung zu bestätigen. Die Beobachtung der Jets war ja eine wesentliche Stütze für das Quarkmodell.

Die Theorie der Quarks hatte in der Zwischenzeit auch große Fortschritte gemacht. Man mußte ja das Zusammenhalten der Quarks verständlich machen. Wir werden im nächsten Kapitel die Ergebnisse dieser Überlegungen darstellen. Wie bei allen Kräften müßte auch die zwischen den Quarks wirkende Anziehung durch bestimmte Träger- oder Austauschteilchen verursacht werden.

Hier war die Lage anders als bei den Kernkräften und den YUKAWA-Teilchen, die zwischen den Nukleonen agieren: Diese Teilchen mußten wegen der kurzen Reichweite der Kräfte eine recht große Masse haben. Ganz anders war es bei den Quarks. Man entwickelte eine Theorie für die Farbladungen der Quarks und kam zu dem Schluß, daß die Träger der Quarkkräfte keine Masse haben konnten, genau wie es zum Beispiel bei den Photonen der Fall ist. Man nannte diese Träger, wie schon früher erwähnt, *Gluonen* (vom engl. glue = kleben, also «Klebekräfte»). Die Entstehung und Abstrahlung der Gluonen ist mit der der Photonen vergleichbar. Gluonen und Photonen haben beide einen inneren Drehimpuls von einer Einheit und keine elektrische Ladung. Während aber die Photonen Kräfte zwischen Teilchen mit elektrischer Ladung übertragen und selbst keine solche Ladung besitzen, übertragen die Gluonen Kräfte zwischen farbgeladenen Quarks und haben auch selbst komplizierte Farbladungen. Dadurch ist es den Gluonen möglich, die Farbladungen der Quarks, zwischen denen sie herumschwirren, zu ändern.

Die Theorie der Quarks mit Farbladungen nimmt an, daß es frei in der Natur keine farbgeladenen Partikeln geben kann. Entsprechend können Gluonen genauso wie Quarks nicht selbständig wegfliegen. Die Photonen dagegen können das.

Es gab damals (um 1979) mehrere Prozesse, bei denen nach der Theorie Gluonen entstehen mußten. Ein solcher Prozeß war der Zerfall der neu entdeckten J/Psi- und Ypsilon-Teilchen. Bei beiden kommt als einfachster Zerfall derjenige in drei Gluonen in Frage, wie

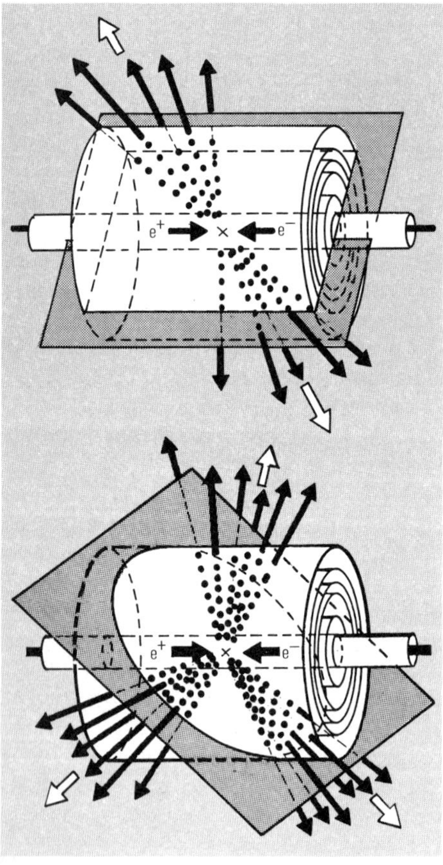

Abb. 6.5.1: Ein Zwei-Jet-Ereignis (oben) und ein Drei-Jet-Ereignis (unten): Zwei Jets (die hier von zwei Quarks stammen) müssen sich beide in entgegengesetzter Richtung entwickeln. Drei Jets, die zum Beispiel von drei Gluonen stammen, müssen sich (näherungsweise) in einer Ebene ausbreiten

wir schon früher erwähnt haben (s. 6.3.). Man hatte sich auch überlegt, daß die Gluonen – so ähnlich wie die Quarks – bei der gewaltsamen Abstrahlung einen Teil ihrer Energie zur Entstehung zusätzlicher Quark-Antiquark-Systeme benutzen, um dann im Endeffekt als Bündel von normalen Teilchen (also Dreier- und Zweierverbindungen von Quarks) in der Natur zu erscheinen. Diese Bündel entsprechen den schon bei den Quarks beobachteten Jets. Ähnliche Jets sollten nun auch die Anwesenheit der Gluonen verraten.

Die Analyse des Zerfalls der J/Psi- und Ypsilon-Teilchen nahm besonders viel Zeit in Anspruch. Man konnte zwar bald die Liste aller beobachteten Zerfallsprodukte vorzeigen, jedoch nicht so schnell beweisen, auf welche Art diese Zerfälle zustande kommen, obwohl im wesentlichen nur ein Zerfall über drei Gluonen möglich ist. Aber die Energie dieser drei Gluonen ist nicht ausreichend, um die Zerfallsprodukte der Gluonen erkennbar zu bündeln. Beim J/Psi-Teilchen ist diese Untersuchung hoffnungslos. Beim Ypsilon konnte nach längerer Arbeit nachgewiesen werden, daß die Zerfallsprodukte nicht willkürlich im Raum verteilt erscheinen, sondern bevorzugt in einer Ebene.

Man kann sich auf Grund des Impulserhaltungssatzes (s. 2.7.) leicht klarmachen, daß beim Zerfall oder bei der Explosion eines ruhenden Körpers in genau drei Bestandteile diese unbedingt in einer Ebene wegfliegen müssen. Aus den gleichen Gründen muß beim Zerfall in nur zwei Bestandteile der eine in entgegengesetzter Richtung vom anderen wegfliegen. In Abb. 6.5.1 sind die beiden Fälle darge-

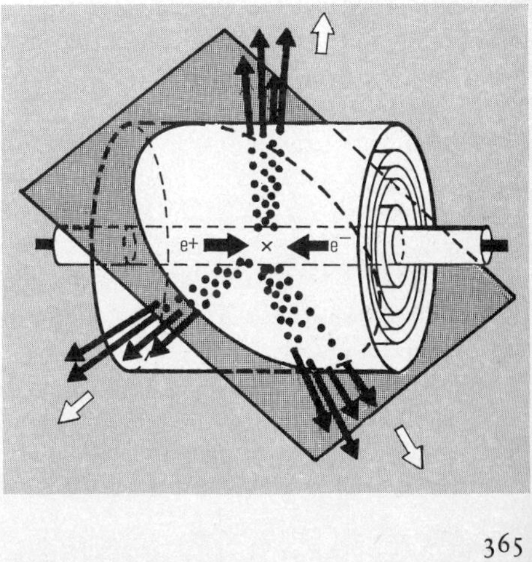

Abb. 6.5.2: Bei höherer Energie ergibt sich eine stärkere Bündelung der Endprodukte. Dies hat es erlaubt, den Bündelungseffekt der drei Gluonen beim Zerfall des Ypsilon-Teilchens zu beobachten (beim J/Psi war dies nicht möglich). Auch Zwei-Jet-Ereignisse zeigen bei höherer Energie eine stärkere Bündelung

stellt. Die Summe der Impulspfeile muß immer Null ergeben, weil der zerfallende Körper keinen Impuls hat. Man nimmt natürlich an, daß alle beteiligten Zerfallsprodukte wirklich beobachtet werden und nicht etwa ein neutrales Teilchen einen Teil des Impulses ungesehen mitnimmt.

Wir wissen also, daß eine flache Verteilung der Zerfallsprodukte ein guter Hinweis auf einen Dreikörperzerfall ist. In Abb. 6.5.2 haben wir dargestellt, wie in der Praxis ein noch vorteilhafterer Zerfall aussehen kann, nämlich der eines Teilchens mit noch höherer Masse, das auch in drei Gluonen zerfällt. Man erwartet solche Zerfälle bei den Verbindungen eines t-Quarks mit einem Anti-t-Quark, deren Existenz vermutet wird. Ihre Masse muß nach heutigem Wissen (1984) über 45 GeV liegen.

Wir betrachten jetzt die Energiegegend, in der das Ypsilon erzeugt wird. In Abb. 6.5.3 ist schematisch die Zahl der Ereignisse pro Energieeinstellung des Speicherringes eingetragen. Die Analyse der Vielkörperzerfälle dieser Ereignisse müßte nun sowohl rechts wie auch links der Resonanz die typische Zwei-Jet-Verteilung zeigen, da es sich hier um Quark-Antiquark-Erzeugungen handelt. Ereignisse in der Mitte des Ypsilons müßten dagegen flach wie Drei-Jet-Ereignisse aussehen, weil es sich um Drei-Gluonen-Ereignisse handelt. Und genau diesen Tatbestand konnte man bei den registrierten Daten auffinden!

Dies war eine recht gute experimentelle Bestätigung für die Existenz der Gluonen. Der Effekt ist so klar, daß man ihn sogar benutzen kann, um nach weiteren ähnlichen Resonanzen zu suchen. Auch wenn die Erhöhung der Erzeugungsrate kaum sichtbar wäre, könnte man die merkwürdige Änderung der Verteilung der Zerfallsprodukte nicht übersehen.

Für die bei PETRA erreichbaren Energien haben die Theoretiker einen weiteren Effekt der Gluonen berechnet. Das Quarkmodell mit Farbladungen war in der Zwischenzeit weiterentwickelt worden, und es entstand eine Theorie, die an die Quantenelektrodynamik (QED) stark angelehnt war. Aus dieser Theorie, die man sinngemäß Quantenchromodynamik (QCD) nannte, stammen die im folgenden erläuterten Überlegungen.

Genau wie eine elektrische Ladung, wenn sie beschleunigt, abgebremst oder abgelenkt wird, elektromagnetische Strahlung entsendet, so können Farbladungen bei ähnlichen Vorgängen Gluonen abstrahlen. Bei allen elektromagnetischen Prozessen entstehen diese

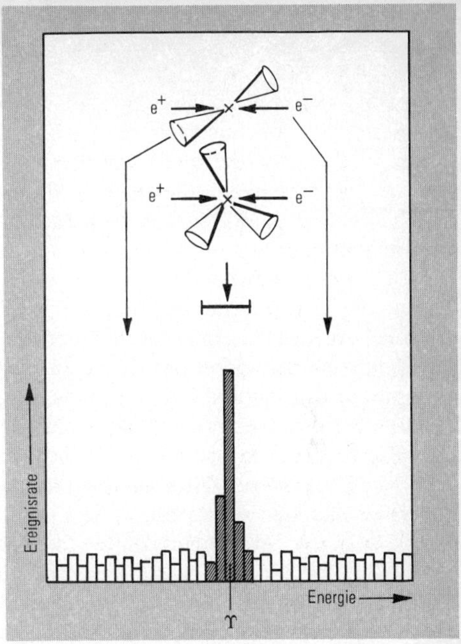

Abb. 6.5.3: Zwei-Jet- und Drei-Jet-Ereignisse innerhalb und außerhalb der Gegend einer Resonanz, wie sie beim Ypsilon gefunden wurden. Man kann diesen Effekt ausnutzen, um nach neuen Resonanzen zu suchen (T-Quark-Suche)

Abstrahlungen. Sie wurden auch immer entsprechend den theoretischen Berechnungen beobachtet. Sonderfälle sind zum Beispiel die Röntgenstrahlen, die beim Abbremsen von Elektronen entstehen, sowie die in den Magneten der Elektronenbeschleuniger auftretende Synchrotronstrahlung (s. 5.5.).

So konnte man berechnen, daß bei den von PETRA erreichten Energien während der Erzeugung von Quarkpaaren auch gelegentlich ein zusätzliches Gluon abgestrahlt werden muß. Der Effekt ist bei 2 × 18 GeV nicht sehr groß. Etwa bei jedem zwanzigsten Quarkpaar müßte dann ein schon sichtbarer, kleiner Gluon-Jet seitlich entstehen, wie er in Abb. 1.2.3 schon gezeigt wurde. Die Suche nach diesem dritten Jet verlief erfolgreich. Viele solcher Ereignisse mit einem kleineren Zusatz-Jet wurden unter den gesammelten Daten gefunden. Sie entsprechen der Voraussage der Theorie. Andererseits konnte man aus der Häufigkeit dieser abgestrahlten Gluonen-Jets genauere Schlüsse über die Stärke der Quarkkräfte ziehen. Diese Stärke muß ja in die Theorie eingegeben werden.

Damit war ein zweites, sehr anschauliches Beispiel für die Existenz der Gluonen gefunden. Es bestand kein Grund mehr, daran zu zweifeln.

Aus den experimentellen Daten über Gluonen, die sowohl beim Zerfall des Ypsilons als auch bei der Abstrahlung von Gluonen gesammelt wurden, konnte einwandfrei festgestellt werden, daß die Gluonen nicht (wie zum Beispiel die Pionen) Spin Null haben. Die Daten sind mit Spin 1 gut verträglich, und entsprechend wird dies auch angenommen.

Durch den Nachweis der Gluonen konnte man auch verstehen, daß in einem Proton oder in einem Neutron ein Teil der Energie dauernd in Form von Gluonen vorhanden ist. Um die Stärke der zwischen den Quarks wirkenden Kräfte zu erklären, muß man nämlich annehmen, daß dauernd *viele* Gluonen ausgetauscht werden. Die in einem Streuexperiment von Elektronen (s. 5.11.) an Protonen getroffenen Quarks stellen also nur etwa eine Hälfte der vorhandenen Materie dar. Die andere Hälfte ist vermutlich in Form von elektrisch neutralen Gluonen anwesend.

Bei weiteren Streuexperimenten an Protonen und Neutronen ist die Quarkstruktur immer klarer zum Ausdruck gekommen, wie wir schon in Abschnitt 5.11. erläutert haben.

Die Entdeckung der Farbladungen und der Gluonen an den Elektron-Positron-Speicherringen bildet einen großen Teil der experimentellen Grundlage für die Quantenchromodynamik (QCD), die Theorie, mit der man die besonders starken Kräfte und schnellen Vorgänge zwischen den Quarks beschreiben kann. Die Lage ist durchaus mit der Entdeckung der elektrischen Ladung und der elektromagnetischen Strahlung in bezug auf die Quantenelektrodynamik (QED) zu vergleichen.

Wie schon am Anfang dieses Abschnitts erwähnt, sind noch weitere wichtige Entdeckungen an den Elektron-Positron-Speicherringen gemacht worden. Wir werden im nächsten Abschnitt noch ein weiteres Ergebnis beschreiben, das einen neuen Aspekt in der Teilchenphysik sehr klar hervorhob: Ein neues schweres Lepton wurde gefunden, und dadurch ist eine recht merkwürdige Ähnlichkeit zwischen der Familie der Quarks und der der Leptonen hergestellt worden.

6.6. Die Entdeckung des schweren Leptons Tau

Die Leptonen haben den Physikern im Laufe der Geschichte entweder viel Arbeit oder viel Sorge bereitet. So wurde das Elektron, das wohl bekannteste der Leptonen, zur Grundlage der heutigen Technologie. Die Arbeit für den Physiker bestand hier in der Entwicklung der Grundlagen für die Chemie, den Rundfunk, die Elektrotechnik, die Elektronik und viele weitere Anwendungen der Physik der Elektronen.

Alle anderen Leptonen erwiesen sich als schwieriger, sowohl bei ihrer Entdeckung als auch bei der Begründung ihres Daseins. Das Neutrino zum Beispiel hat zwar die Erhaltungssätze der Physik gerettet, als es von PAULI als Partner des Elektrons im radioaktiven Beta-Zerfall vorgeschlagen wurde (s. 4.6.), bereitete aber bei seinem viel später erfolgten Nachweis größte experimentelle Schwierigkeiten.

Das zweite geladene Lepton, das von ANDERSON in der Höhenstrahlung entdeckte Myon, hat zwar auf einige Zeit den Physikern die Illusion gegeben, das von YUKAWA geforderte Trägerteilchen der Kernkräfte zu sein, erwies sich dann aber als ein unverständlicher, eigentlich nur schwererer Partner des Elektrons. Man konnte jedoch nachweisen, daß es sich *nicht* um einen angeregten Zustand des Elektrons handelt, sondern daß das Myon eine eigene Identität besitzt und, was noch viel wichtiger ist, auch ein eigenes Neutrino aufweist. Dadurch erklärt sich der sonderbare Zerfall des Myons in ein Elektron und zwei Neutrinos: Das eine Neutrino übernimmt die «Identität» des Myons, und das andere ist ein Elektron-Antineutrino, welches es erlaubt, auch dem Elektron seine «Identität» zu gönnen:

Myon → Myon-Neutrino + Elektron + Elektron-Antineutrino

Die Tatsache, daß das Myon kein angeregtes Elektron ist, hat natürlich Konsequenzen. Wenn es nämlich ein angeregter Zustand wäre, dann könnte man daraus auf eine innere Struktur des Elektrons schließen und auch nach weiteren, höher angeregten Zuständen fahnden. Da dies aber nicht der Fall ist, können wir heute *noch* das Elektron, und entsprechend auch das Myon, als unteilbar und elementar betrachten.

Marcello CONVERSI (geb. 1917), einer der drei italienischen Physiker, die 1947 entdeckten, daß das Myon als Träger der Kernkräfte nicht in Frage kommt, hat 25 Jahre später am Speicherring ADONE eine Gruppe geleitet, die eine wichtige Reaktion untersuchte, der wir schon öfter begegnet sind:

Elektron + Positron → negatives Myon + positives Myon

«Mein größter Wunsch ist es, vor meinem Tode noch zu erfahren, warum es Myonen gibt», war der Wahlspruch des temperamentvollen Forschers. Er suchte aber auch nach einer anderen mysteriösen Reaktion, die wir jetzt etwas näher betrachten werden.

Wenn es neben dem Elektron und dem Myon noch ein weiteres, schwereres Lepton gäbe, dann könnte dieses sehr wahrscheinlich sowohl in ein Elektron als auch in ein Myon zerfallen, vorausgesetzt natürlich, daß die entsprechenden Neutrinos ebenfalls vorhanden sind. Man hatte die Hoffnung, daß durch die Entdeckung weiterer Leptonen die Begründung für die Existenz des Myons gefunden werden könnte.

Das hypothetische, schwere Lepton müßte also, auch wenn es sehr kurzlebig wäre, daran zu erkennen sein, daß ein Elektron und ein Myon zusammen unter den Reaktionsprodukten einer Elektron-Positron-Vernichtung erscheinen. Für diese Art von Ereignis hätte man damals keine weitere Erklärung gehabt, da ja sowohl Myonen als auch Elektronen nur in Paaren erzeugt werden können. Da man bei einem schwereren Lepton auch annehmen konnte, daß es in andere (normale) Teilchen zerfällt, war ein Ereignis, in dem ein einzelnes Elektron oder Myon erscheint, schon ein wichtiger Hinweis. Wir haben schematisch einige dieser Ereignisse in Abb. 6.6.1 dargestellt.

All diese sonderbaren Erscheinungen wurden als *abnormale Ereignisse* bezeichnet, und es wurde fleißig nach ihnen gesucht. Erst bei ADONE – erfolglos – und dann bei den weiteren Speicherringen. Die ersten positiven Meldungen kamen 1975 aus Kalifornien, von SPEAR. Dort hatte sich ein Physiker ganz besonders dieser Suche angenommen: Martin Lewis PERL (geb. 1927), der in einer der erfolgreichsten Speicherringgruppen tätig war.

Normalerweise hätte man gleich die Entdeckung des schweren Leptons angekündigt. Es war aber in der Zwischenzeit das J/Psi-Teilchen entdeckt worden und damit die neuen c-Quarks. Es ergab sich so die Möglichkeit der Bildung neuer Mesonen, die ein c-Quark enthalten. Die entdeckten abnormalen Ereignisse lagen nämlich in dem

Abb. 6.6.1: Abnormale Ereignisse, nach denen lange gesucht wurde und die schließlich zur Entdeckung des Tau-Leptons bei SPEAR geführt haben: Es wird entweder nach Ereignissen mit einem einzelnen Elektron oder Myon gefahndet oder nach Elektron-Myon-Paaren. Normalerweise entstehen Leptonen nur in gleichartigen Paaren (Elektron-Positron, Myon-Myon)

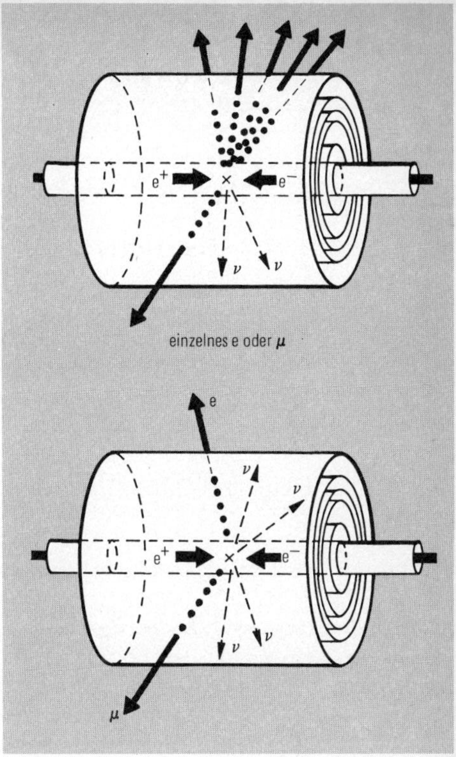

Energiebereich, in dem diese Mesonen auch entstehen können. Für die Mesonen mit einem c-Quark hatte man aber berechnet, daß sie eventuell auch Ereignisse vortäuschen könnten, die den abnormalen Ereignissen ähnlich sind.

Es dauerte zwei Jahre, bis man die abnormalen Ereignisse eindeutig als schwere Leptonen identifizieren konnte. In dieser Zeit waren natürlich auch schon in Hamburg bei DORIS viele abnormale Ereignisse gefunden worden. Man kann sagen, daß ab 1977 das schwere Lepton als nachgewiesen galt. Man gab ihm auf Wunsch der amerikanischen Entdeckergruppe den Namen Tau. Eine Verwechslung mit dem früher einmal gleichbenannten Kaon war zu der Zeit nicht mehr zu befürchten.

Unter den «abnormalen» Ereignissen, die jetzt als saubere Tau-

Zerfälle betrachtet wurden, gab es viele, die man sehr gut analysieren konnte. Man fand, daß auch hier sehr viel Energie (und natürlich Impuls) in Form von neutralen und unsichtbaren Teilchen verschwindet. Aus diesen Daten konnte man entnehmen, daß es sich bei jedem Tau um mindestens zwei neutrale Teilchen handelt. Es ist naheliegend anzunehmen, daß es sich dabei, wie beim Myon-Zerfall, um zwei Neutrinos handelt. Eines der Neutrinos müßte ein Tau-Neutrino sein, das die Tau-Identität übernimmt, und das andere müßte dem Elektron oder Myon als Gegenstück dienen, also ein (Anti-)Elektron- oder ein (Anti-)Myon-Neutrino sein:

Tau → Tau-Neutrino + Myon + Myon-Neutrino

oder:

Tau → Tau-Neutrino + Elektron + Elektron-Neutrino

und die entsprechenden Zerfälle für positive Anti-Taus.

Man hat dann noch viele andere Zerfallsarten des Tau-Leptons gefunden, worunter die zwei hier erwähnten etwas mehr als ein Drittel ausmachen. Man kann aus den vielen heute verfügbaren Daten die Ruhemasse des Taus ermitteln; wir vergleichen sie in Tabelle 6.6.1 mit der Masse des Myons und des Elektrons.

Tau-Masse:	1784,2	MeV
Myon-Masse:	105,6594	MeV
Elektron-Masse:	0,511003	MeV

Tabelle 6.6.1: Die Massen der geladenen Leptonen

Bei einigen der Tau-Zerfälle konnte man feststellen, daß sie nicht genau am Erzeugungspunkt stattfinden. Man verbesserte die Meßanordnungen und konnte beweisen, daß die erzeugten Taus noch eine Strecke zurücklegen, die von der Größenordnung eines Zehntelmillimeters ist. So kam man zu dem Schluß, daß die mittlere Lebensdauer der Taus etwa

0,0000000000003 (= 3×10^{-13}) Sekunden

beträgt. Sie ist also etwa fünfmillionenmal kürzer als die mittlere Lebensdauer der Myonen.

Wenn der Spin des Taus gleich dem des Elektrons und des Myons (also ½) ist, dann folgt daraus, daß man die Erzeugung des Taus aus der Quantenelektrodynamik berechnen kann (s. 6.4.), vorausgesetzt, daß das Tau sehr klein ist. Wie schon angegeben, müssen dann Teilchen mit der gleichen elektrischen Ladung auch mit der gleichen Häufigkeit erzeugt werden: Das Tau wird genausooft wie das Myon erzeugt. Dies wurde im Experiment bestätigt und weist darauf hin, zusammen mit anderen Befunden, daß die Spin-½-Annahme für das Tau richtig war.

Da fast zwei Drittel der Taus in mehrere «normale» Teilchen zerfallen (verschiedene Mesonen) und entsprechend schwer von anderen Reaktionen zu trennen sind, ist ihre Erzeugung bei der Vielteilchenproduktion zu berücksichtigen. Dies wurde auch durchweg getan. Das Tau ist heute zu einem wohlbekannten, immer anwesenden Gast-Teilchen bei Messungen an Elektron-Positron-Speicherringen geworden.

Die Familie der Leptonen besteht also (Stand 1984) aus drei elektrisch geladenen Partnern: dem Elektron, dem Myon und dem Tau. Jedes von ihnen hat ein neutrales und sehr leichtes «Neutrino» zugeordnet bekommen, und alle sechs haben dann noch jeweils ein Antiteilchen. Bei den elektrisch geladenen hat dieses das entgegengesetzte Ladungsvorzeichen. Die Teilchen aus normaler Materie haben hier negative Ladung, die Antiteilchen positive Ladung. All diese Teilchen haben gemeinsam, daß ihre Erzeugung noch nie in einer sogenannten schnellen oder starken Reaktion beobachtet wurde. Sie werden in elektromagnetischen Prozessen wie beispielsweise am Speicherring oder als Zerfallsprodukte in relativ langsamen Vorgängen erzeugt. Ihr Zerfall ist, wie schon für das Myon und Tau erwähnt, auch relativ langsam; das Elektron schließlich ist sogar stabil.

Wenn man einerseits argumentieren kann, daß die schwereren Leptonen gar nicht nötig sind, so kann man andererseits auch anführen, daß die Natur gewisse Symmetrien aufweist, die sich später als besonders nützlich für das weitere Verständnis erweisen. So gibt es einen Aspekt der Entdeckung des Taus, den wir hier noch erwähnen möchten.

Nachdem das J/Psi-Teilchen gefunden war und das c-Quark seinen Platz in der Quarkfamilie eingenommen hatte, waren die Ästheten zufriedengestellt:

u- und d-Quarks   s- und c-Quarks

bilden zwei Paare, die in vieler Hinsicht miteinander verglichen werden konnten. Dies wird bei der Behandlung der Zerfälle und der schwachen Kräfte besonders deutlich. Daneben standen nun

das Elektron und sein Neutrino sowie   das Myon und sein Neutrino

als Vergleichspartner, die jedoch keine starken Kräfte spüren.

Als das b-Quark (mit dem Ypsilon) dazukam, war die Symmetrie wieder zerstört. Das Tau hat die Symmetrie dann einerseits wiederhergestellt, aber auch ein Neutrino mitgebracht, das wieder zuviel ist. Aus diesem und auch aus anderen Gründen glauben die Physiker an die Existenz eines sechsten Quarks, des Gegenstücks zum Tau-Neutrino.

Der tiefere Sinn der hier erwähnten Symmetrien ist heute (1983) noch nicht aufgeklärt. Es werden sehr interessante theoretische Spekulationen hierüber durchgeführt, die eines Tages zu einem noch einfacheren Weltbild führen sollen. Aber die Beschreibung der Teilchenwelt ist auch schon jetzt sehr einfach und bis zu einem gewissen Grade zufriedenstellend geworden. Wir können die Leptonen und die Quarks einstweilen als gegeben betrachten, in der Erwartung, daß eines Tages die zwischen ihnen herrschenden Symmetrien und Ähnlichkeiten in einer weiterreichenden Theorie erklärt werden.

Etwas weiter ist dagegen schon die Untersuchung der Kräfte vorangekommen, die zwischen den Quarks und den Leptonen wirken. Die Farbladungen der Quarks und die Gluonen als Trägerteilchen liefern eine gute Grundlage für das Verständnis der starken Kräfte, die in den Atomkernen die wichtigste Rolle spielen. Die elektromagnetischen Vorgänge sind mit der Quantenelektrodynamik in einem musterhaften Zustand. Mit den schwachen Kräften, die für den Zerfall des Teilchen-Zoos in stabile Materie und auch für die Energieerzeugung im Zentrum der Sonne sorgen, müssen wir uns jetzt noch etwas eingehender befassen. Dies wird im nächsten Abschnitt geschehen in Verbindung mit den besonders wichtigen Entdeckungen, die bezüglich der Träger dieser Kräfte gemacht wurden.

Die Physiker glauben heute, daß die vorliegende Beschreibung der kleinsten heute bekannten Teilchen der Natur und ihrer Grundkräfte, die wir im nächsten Kapitel zusammenfassend darstellen, schon zum allgemeinen Gedankengut der Menschen zu rechnen sind und daß auf dieser Grundlage weitere Entwicklungen aufgebaut werden können.

6.7. Die Weakonen und ihre Entdeckung

Wir gehen bei unseren Betrachtungen davon aus, daß alle Kräfte in der Natur von gewissen Teilchen übertragen werden, die wir gelegentlich auch Austauschquanten oder Kräfteträger genannt haben. Diese Betrachtungsart hat sich auch bewährt, weitgehend durchgesetzt und ist heute theoretisch gut verstanden. So haben wir neben den Photonen als Träger der elektromagnetischen Kräfte die Gluonen als Träger der Quarkkräfte und die Weakonen als Träger der schwachen Kräfte eingeführt. Während wir schon gezeigt haben, wie man die Anwesenheit von Photonen und Gluonen in Experimenten sichtbar machen kann, haben wir die Weakonen als rein hypothetische Teilchen eingeführt und vorläufig so stehen lassen. Jetzt möchten wir zeigen, wie die Physiker zu der Überzeugung gekommen sind, daß es die Weakonen tatsächlich gibt und daß man ihre Anwesenheit auch experimentell nachweisen kann.

Bis 1973 hatte man als Anhaltspunkte für die Existenz hypothetischer Weakonen nur die vielen beobachteten Teilchenzerfälle und eine Reihe von Ergebnissen mit Neutrinostrahlen. Neutrinos reagieren ja überhaupt nur auf schwache Kräfte, müssen also bei jeder Reaktion ein Weakon als kräftetragendes Teilchen in Anspruch nehmen. Bei diesen experimentellen Befunden handelte es sich um Vorgänge, bei denen elektrisch geladene Weakonen ausgetauscht werden mußten. Ein neutrales Weakon wäre für die Erklärung der damals bekannten experimentellen Tatsachen nicht nötig gewesen. Einige Beispiele, die in Abb. 6.7.1 dargestellt sind, sollen dies erläutern.

Zu diesen Reaktionen möchten wir bemerken, daß die Weakonen nur eine extrem kurze Zeit vorhanden sein können, weil sie sonst auf Grund ihrer hohen Masse den Energieerhaltungssatz verletzen würden. Sie zerfallen sofort in Teilchen, die dann in ihrer Gesamtheit wieder die Erhaltungssätze erfüllen müssen. Deshalb kann zum Beispiel das Myon im Endeffekt nur in leichtere Teilchen (also in ein Elektron und Neutrinos) zerfallen, obwohl der Zwischenzustand «Weakon» eine viel größere Masse hatte.

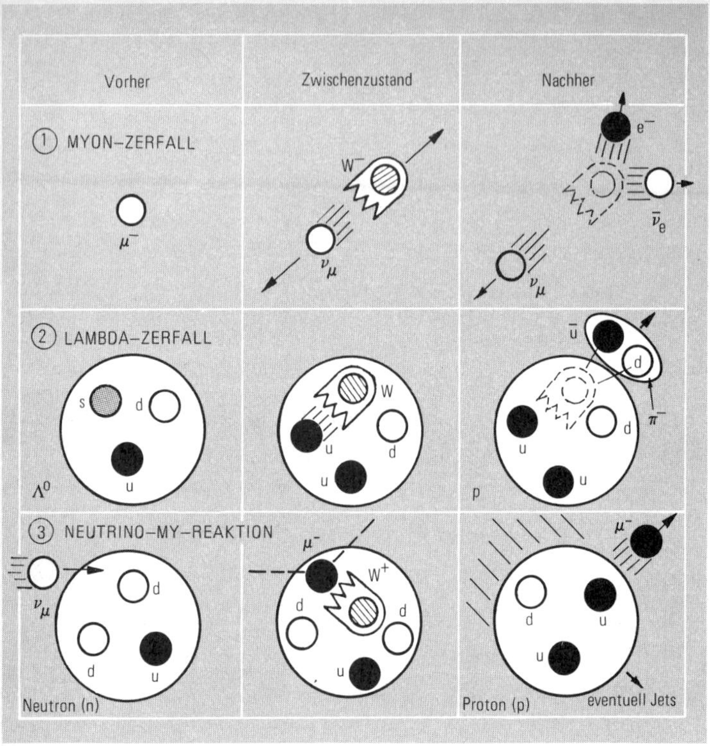

Abb. 6.7.1: Beispiele von Reaktionen, die durch geladene Weakonen verursacht werden. Weitere Beispiele werden in Abschnitt 7.5., Abb. 7.5.3 gezeigt

Eine Welt nur mit elektrisch geladenen Weakonen war denkbar. Es gab aber ein Problem beim Zerfall der neutralen K-Mesonen, durch das einige Theoretiker auf einem etwas komplizierten Wege auf einen neutralen Partner der W-Teilchen aufmerksam gemacht wurden. Diese K-Zerfälle waren übrigens auch zur Voraussage der erst später entdeckten c-Quarks benutzt worden; die beiden Themen sind miteinander verknüpft.

Man suchte also Anfang der siebziger Jahre nach einem Beispiel für eine Reaktion, die durch die schwachen Kräfte verursacht und von einem neutralen Zwischenteilchen übertragen wird. Im Physikerjargon nannte man das die Suche nach «neutralen Strömen».

Der große Erfolg war diesmal den Physikern am CERN beschert. Sie hatten dafür auch die besten Voraussetzungen geschaffen, denn nur mit Neutrinos konnte man ein solches Experiment überzeugend durchführen. Sie installierten eine große Blasenkammer im Myon-Neutrinostrahl des Proton-Synchrotrons. Die Myon-Neutrinos stammen natürlich aus dem Zerfall hochenergetischer Pionen, wie wir schon früher erläutert haben (s. 5.6.).

Die gesuchte Reaktion war im Grunde sehr einfach: Ein Myon-Neutrino sollte einen Stoß machen, bei dem *kein* Myon erzeugt wird. Am besten wäre eine ganz einfache Kollision mit einem Elektron oder einem Kern, bei der die beiden nur wie Kügelchen aneinanderstoßen. Ein harmloser Stoß eines Neutrinos ist mit dem Austausch eines neutralen Weakons gleichbedeutend. Genau diese Reaktionen, bei denen kein geladenes Weakon ausgetauscht wird, aber ein neutrales, sind nun effektiv beobachtet worden und haben sehr bald die Fachwelt davon überzeugt, daß es neutrale Träger der schwachen

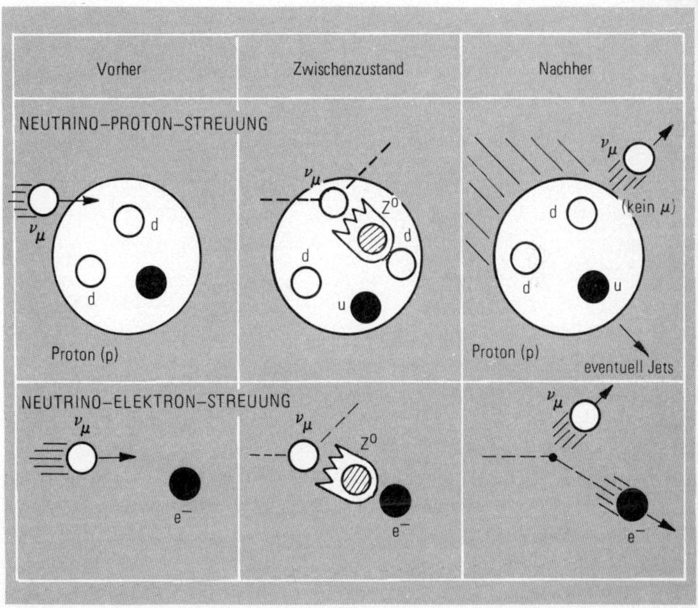

Abb. 6.7.2: Beispiele von Neutrinostößen, bei denen ein neutrales Weakon (Z) als Kräfteträger beteiligt sein muß. Solche Reaktionen wurden 1974 im CERN gefunden

Kräfte geben muß. Als Beispiel haben wir diese Reaktionen in Abb. 6.7.2 dargestellt.

Der hier als hypothetisches Teilchen eingeführte neutrale Partner der Weakonen wurde Zet-Null, Z^0 oder einfach Z genannt, während man die geladenen Weakonen W nannte mit ihrem jeweiligen Ladungsvorzeichen:

$$W^+, W^- \text{ und } Z^0$$

Die Theoretiker hatten gute Argumente, um die Masse der Weakonen abzuschätzen. Sie mußte danach in der Gegend von 100 GeV liegen. Dies würde dann auch der besonders kurzen Reichweite der schwachen Kräfte entsprechen. Es wurde in den folgenden Jahren eine Theorie entwickelt, in der die obengenannten Weakonen als real angenommen wurden. Es ist die heute allgemein anerkannte Theorie, die sowohl die schwachen als auch die elektromagnetischen Vorgänge beschreibt.

Damals wurde nach weiteren Experimenten gesucht, durch die die Existenz des Z «eindeutiger» bewiesen werden konnte. Dieses Teilchen hat nämlich ganz besondere Eigenschaften, die wir hier kurz erläutern möchten. Nach den Vorstellungen der Theoretiker müßte das Z den gleichen Spin wie das Photon haben, also die Einheit 1. Es stimmt auch in seinen weiteren Eigenschaften mit dem Photon überein, ausgenommen seine große Masse. Aber auch Photonen haben in ihrer virtuellen Form gelegentlich eine Masse, wie wir schon früher (s. 6.4.) erwähnt haben.

Es entsteht nun folgendes Problem: Die Natur kann das Z von einem Photon in besonderen Fällen prinzipiell nicht unterscheiden. Alles, was wir über die Erzeugung von Teilchen mit einem Photon als Zwischenzustand oder über Kräfte, die durch Austausch von Photonen herbeigeführt werden, erläutert haben, gilt nun auch für das Z. Bei elektrisch geladenen Teilchen hat die Natur die Wahl, ob ein bestimmter Vorgang über ein Photon oder über ein Z als Zwischenzustand vor sich geht. In diesem Fall (der Wahl) gibt es aber eine Art von Mischzustand, den wir bei der Interferenz von Licht schon kennengelernt haben und der hierauf in einer ähnlichen Form anzuwenden ist. Die in der Quantenmechanik eingeführten (s. 3.8.) Wahrscheinlichkeitswellen können Interferenzerscheinungen zeigen und sich bei bestimmten Raumwinkeln addieren und bei anderen subtrahieren.

Die Anwesenheit von kleinen Beimischungen von Z in Prozessen, die im wesentlichen über einen Photon-Zwischenzustand vor sich gehen, zeigt sich nun in Form von meßbaren Asymmetrien. Gleich 1979 wurde das erste Ergebnis eines Experiments vorgelegt, in dem eine Interferenz des neutralen Z zwar sehr klein, aber klar beobachtet wurde. Es handelte sich um die Streuung von polarisierten Elektronen an Kernen, bei der meist ein Photon, jedoch manchmal ein Z als Zwischenzustand erscheint. Die gemessene Asymmetrie betrug nur ein Prozent eines Promilles.

Einen klaren Zehn-Prozent-Effekt konnte man dagegen am Speicherring PETRA beobachten, diesmal bei der Vernichtung von Elektronen und Positronen. Der Zwischenzustand kann hier ein virtuelles Photon oder ein Z sein. Bei niedriger Energie, etwa unter 10 GeV, besteht der Zwischenzustand bei der Teilchenerzeugung praktisch immer aus einem virtuellen Photon. Bei höherer Energie kommt eine immer stärker werdende Beimischung des Z dazu. Bei Energien in der Gegend der Masse des Z wird dann das Photon vom Z total verdrängt.

Das Experiment bei PETRA bestand in der Messung der Vorwärts-Rückwärts-Asymmetrie bei der Leptonenpaarerzeugung. Man zählt zum Beispiel die positiven Myonen, die in der Halbkugel in Richtung der einfallenden Positronen austreten, gegen die in der anderen Halbkugel, wie es in Abb. 6.7.3 gezeigt ist. Eine ungleiche Zahl kann sich nur ergeben, wenn Interferenzerscheinungen zwischen den elektromagnetischen und den schwachen Kräften vorhanden sind. Bei etwa 30 GeV Gesamtenergie ergab sich ein negativer Überschuß (= Asymmetrie) von etwa 10 Prozent, der dem von der Theorie vorausberechneten Wert entspricht.

Die Tatsache, daß es diese Interferenzen gab – mit dem richtigen Vorzeichen und der richtigen Größe –, zeigte, daß die Theorie des Z

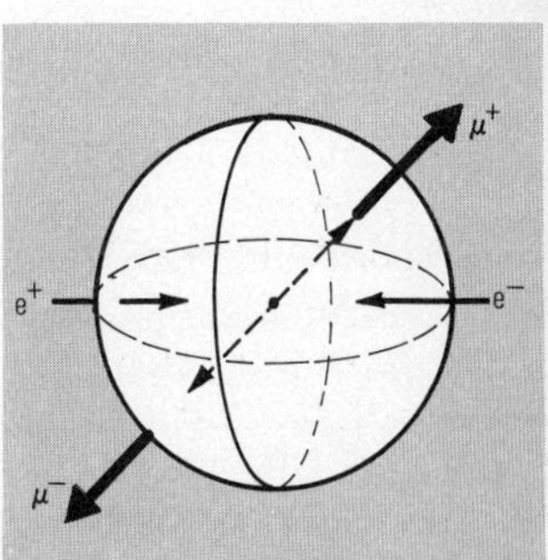

Abb. 6.7.3: Die Asymmetrie bei der Myonenpaarerzeugung: Der Überschuß von positiven Myonen auf einer der zwei (schematischen) Halbkugeln wird gemessen

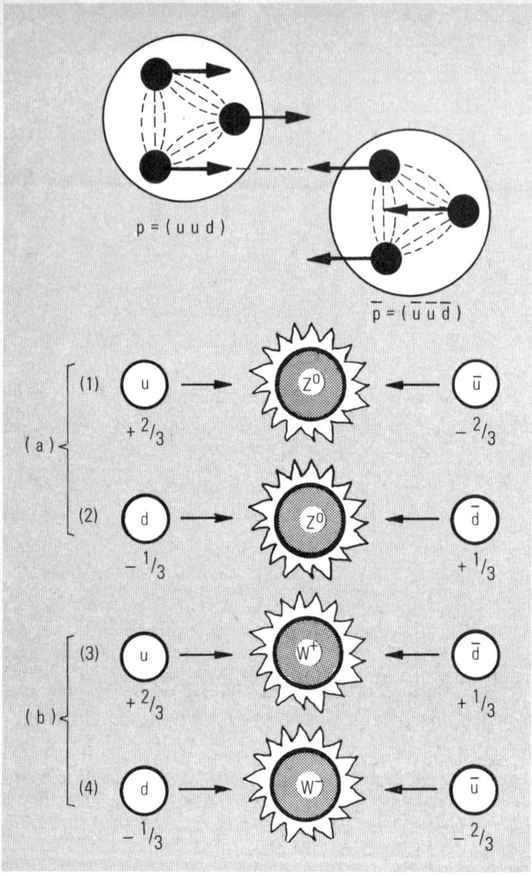

Abb. 6.7.4: Der Zusammenstoß eines Protons und eines Antiprotons: Nur Quark-Antiquark-Stöße tragen zur Weakonen-Erzeugung bei; wir zeigen die vier möglichen Fälle

auf dem richtigen Wege war. Auf eine experimentell bestätigte Existenz des Z konnte man daraus jedoch noch nicht schließen, es sei denn, man glaubte sowieso schon aus anderen Gründen an die Theorie: Dann konnte man auf Grund der PETRA-Ergebnisse sogar die Masse des Z abschätzen: Sie muß zwischen etwa 70 und 100 GeV liegen.

Darüber brauchten sich die Experimentatoren jedoch nicht lange den Kopf zu zerbrechen, denn Ende 1982 kam ein Experiment in Gang, das eine viel überzeugendere Evidenz für die Existenz der Wea-

Tabelle 6.7.1: Entstehung von Weakonen bei Quarkzusammenstößen an Proton-Antiproton-Speicherringen

(a)	u-Quark + Anti-u-Quark → Z° d-Quark + Anti-d-Quark → Z°
(b)	u-Quark + Anti-d-Quark → W^+ d-Quark + Anti-u-Quark → W^-

konen lieferte. Es handelt sich um die Messungen am Proton-Antiproton-Speicherring beim CERN in Genf. Wir möchten dieses Experiment hier etwas ausführlicher beschreiben.

Es geht darum, Protonen und Antiprotonen mit sehr hoher Energie gegeneinanderzuschießen und dabei Quarks mit Antiquarks zur Vernichtung zu bringen. Der Zusammenstoß wird in Abb. 6.7.4 für zwei typische Fälle gezeigt. Der Fall (a) ist ein Zusammenstoß eines u- oder d-Quarks mit einem Anti-u- oder Anti-d-Quark. Der Fall (b) ist ein Zusammenstoß eines u-Quarks mit einem Anti-d-Quark und der umgekehrte Fall. Dabei ergeben sich die in Tabelle 6.7.1 aufgeführten Reaktionen.

Bei der Vernichtung der Quarks mit Antiquarks entstehen also möglicherweise Weakonen. Sie hätten in der Meßapparatur auch eine relativ geringe Geschwindigkeit, da die Quarks, bis auf ihre Bewegung im Nukleon, mit nahezu gleicher Geschwindigkeit gegeneinanderprallen.

Die für dieses Experiment erforderliche Strahlenergie der Protonen und Antiprotonen kann man abschätzen. Es ergibt sich nämlich aus den Streuexperimenten mit Elektronen und Neutrinos an Protonen (s. 5.11.), daß die Quarks nur etwa die Hälfte der Energie mit sich führen, die einem Drittel des Protons und Antiprotons entsprechen würde; die andere Hälfte ist in Form von Gluonen und eventuell anderen Teilchen (im Nukleon selbst) unterwegs. Wenn man also mit Protonen von 270 GeV gegen Antiprotonen der gleichen Energie schießt, erwartet man Quark-Antiquark-Stöße mit einer Gesamtenergie von nur etwa 90 GeV und nicht von 180 GeV, wie man zunächst annehmen könnte.

Die zerfallenden Weakonen würden Spuren in der Meßapparatur hinterlassen, die man von keiner anderen zur Zeit bekannten Reaktion erwarten kann. Nur wenn Materie sich mit Antimaterie vernichtet und dann explodiert, kann es so stark seitlich abgestrahlte Teilchen geben. Es gibt auch noch andere Möglichkeiten, die Richtigkeit der angenommenen Weakonenzerfälle zu verifizieren.

Das Experiment am CERN wurde 1976, zusammen mit dem dafür

$Z^0 \rightarrow$	Elektron + Positron
$Z^0 \rightarrow$	positives Myon + negatives Myon
$W^- \rightarrow$	Elektron + Elektron-Antineutrino
$W^+ \rightarrow$	Positron + Elektron-Neutrino

Tabelle 6.7.2: Leicht erkennbare Zerfallsarten der Weakonen

erforderlichen Beschleunigerumbau, von dem italienischen Physiker Carlo RUBBIA (geb. 1934; Harvard University und CERN) vorgeschlagen. RUBBIA überzeugte seine Kollegen im CERN, den damals gerade in Betrieb genommenen Protonenbeschleuniger, der eine Energie von 450 GeV erreichen kann, in einen Proton-Antiproton-Speicherring umzubauen. Außerdem sollten zwei riesige unterirdische Experimentieranlagen gebaut werden. Für den Aufbau und Betrieb der Experimente haben sich über 200 Physiker eingesetzt. Gegen Ende 1982 konnte man innerhalb dieser Apparaturen Protonen gegen Antiprotonen mit je 270 GeV schießen.

Man erhoffte sich die Beobachtung verschiedener Zerfälle der Weakonen. Die Apparaturen sind so ausgelegt, daß man einige Zerfälle besonders gut identifizieren kann. Wir haben sie in Abb. 6.7.5 dargestellt. Es handelt sich hauptsächlich um die in Tabelle 6.7.2 angegebenen Zerfälle. Außer den geladenen Zerfallsteilchen der Weakonen beobachtet man in der Apparatur die nach vorn und hinten gebündelten Reste («Fragmente») der übriggebliebenen Quarks und Gluonen des ursprünglichen Protons und Antiprotons.

Das Experiment war erfolgreich, und man konnte am Ende der ersten Meßperiode, im Juli 1983, an die 100 Exemplare des Zerfalls der W-Teilchen und 12 Exemplare des Zerfalls des Z-Teilchens vorzeigen. Die mittleren Massen waren:

Masse des geladenen Weakons	W = 81 GeV
Masse des neutralen Weakons	Z = 93 GeV

Besonders eindrucksvoll ist die Tatsache, daß diese Massen im Rahmen der heute anerkannten vereinten Theorie der schwachen und elektromagnetischen Kräfte berechnet werden können und mit dem Experiment sehr gut übereinstimmen. Carlo RUBBIA erhielt für diese Entdeckung den Nobelpreis für Physik 1984. Bei diesen Messungen wurden auch erste Anzeichen für die Existenz der t-Quarks gefunden.

In Abb. 6.7.6 zeigen wir die von einer der Experimentiergruppen

Abb. 6.7.5: Zerfälle von Weakonen, die leicht erkannt werden können, weil entweder ein Elektron oder ein Myon seitlich mit hoher Energie abgestrahlt wird: Diese Zerfallsprodukte müssen unter Hunderten von Teilchen, die hauptsächlich nach vorn und nach hinten gehen, identifiziert werden

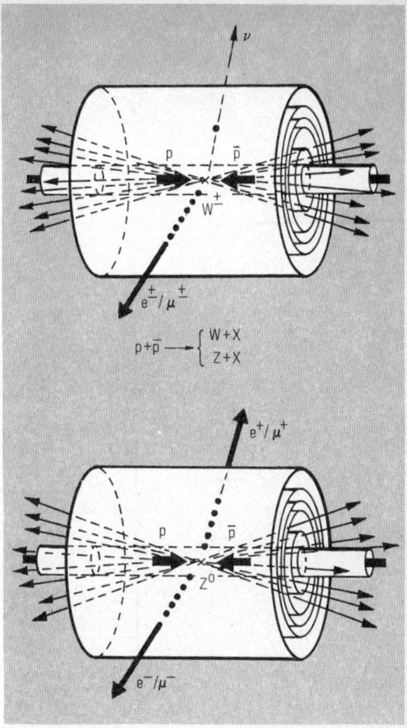

benutzte Apparatur. In Abb. 6.7.7 ist die Strahlführung der Protonen und Antiprotonen gezeigt, die erforderlich ist, um die Experimente mit den erwünschten Zusammenstößen zu beliefern. Dazu muß noch bemerkt werden, daß die Speicherung von Antiprotonen in genügend großer Zahl nur durch eine besondere Entwicklung möglich war, nämlich durch die von dem niederländischen Maschinenexperten Simon VAN DER MEER (geb. 1925; CERN) erfundene sogenannte «stochastische Kühlung» der Antiprotonen. Abb. 6.7.8 zeigt einen Blick in den 6,9 km langen Tunnel des SPS-Beschleunigers. VAN DER MEER hat für diese Entwicklung den Nobelpreis 1984 zusammen mit Carlo RUBBIA erhalten.

Die Wichtigkeit der Entdeckung der Weakonen muß hier nicht weiter hervorgehoben werden. Man kann nur noch hinzufügen, daß es jetzt möglich ist, eine Zwischenbilanz über den Zustand unseres Wissens auf dem Gebiet der Elementar- oder Urkräfte der

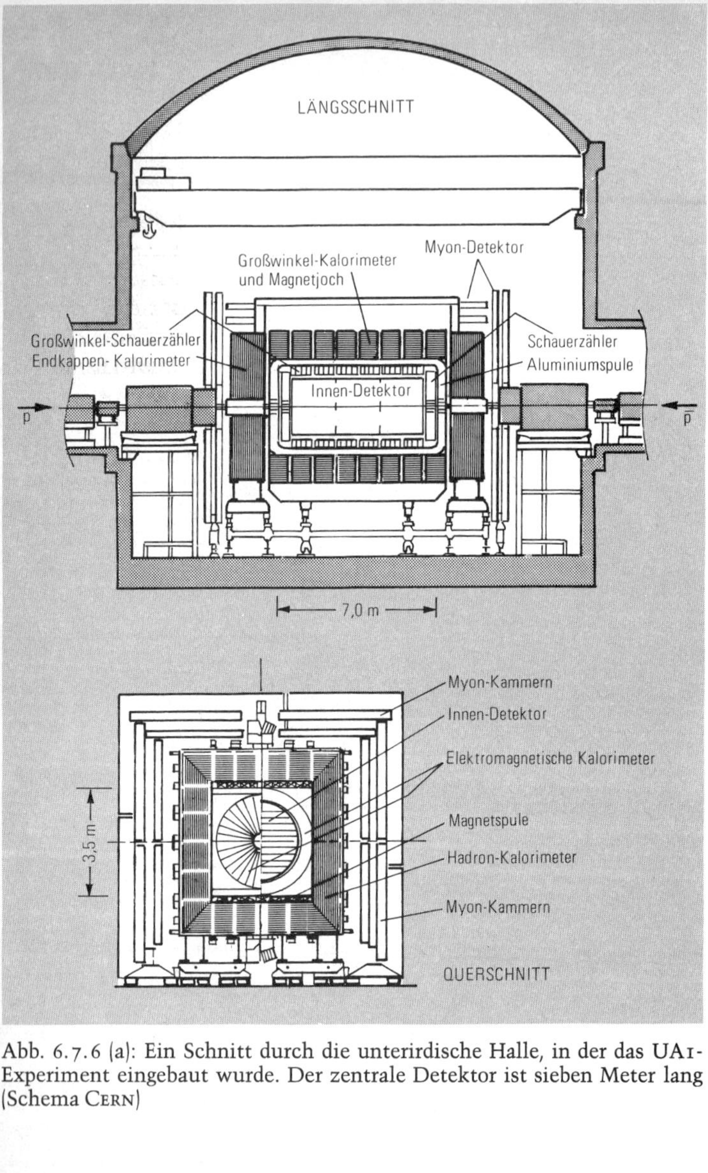

Abb. 6.7.6 (a): Ein Schnitt durch die unterirdische Halle, in der das UA1-Experiment eingebaut wurde. Der zentrale Detektor ist sieben Meter lang (Schema CERN)

Abb. 6.7.6 (b): Aufbau einer der beiden Apparaturen, mit denen die Weakonen am SPS-Beschleuniger im CERN nachgewiesen wurden. Es handelt sich um die UA1-Anlage: Underground Area One. Die zweite Anlage trägt den Namen UA2 (Foto CERN)

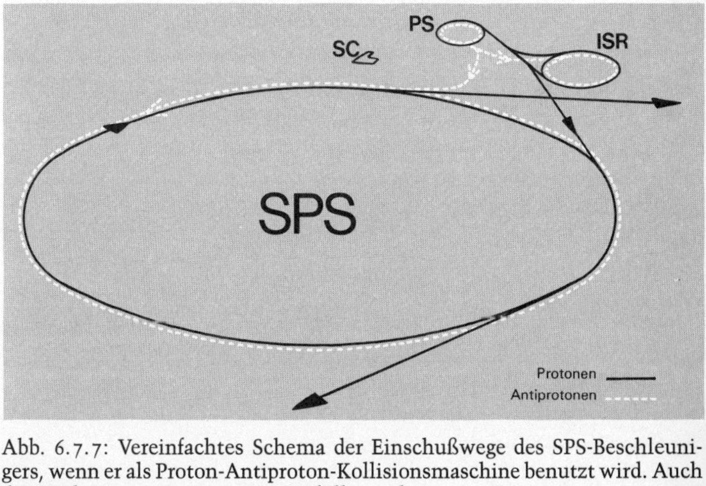

Abb. 6.7.7: Vereinfachtes Schema der Einschußwege des SPS-Beschleunigers, wenn er als Proton-Antiproton-Kollisionsmaschine benutzt wird. Auch der ISR kann mit Antiprotonen gefüllt werden

Abb. 6.7.8: Der 6,9 km lange Tunnel des Super-Protonen-Synchrotrons SPS im CERN in Genf (Foto CERN)

Natur zu ziehen. Die Physiker machen sich dagegen schon längst wieder Sorgen um die weitere Gültigkeit der jetzt als Standard angenommenen Vorstellungen bezüglich des Gesamtaufbaues der Materie. Wir beenden hier die Bestandsaufnahme der experimentellen Ergebnisse und kümmern uns im weiteren um eine möglichst klare und kompakte Darstellung der heute anerkannten Zusammenhänge.

Im folgenden Abschnitt werden wir die Errungenschaften des 1974 angefangenen Jahrzehnts kurz rekapitulieren, um dann im nächsten Kapitel für die erworbenen Kenntnisse das «Standard-Modell» zu formulieren.

6.8. Der Stand 1984

Im achten Jahrzehnt unseres Jahrhunderts wurde ein großer Teil des in den sechziger Jahren entdeckten oder entstandenen vielfältigen und bunten Chaos des Teilchen-Zoos halbwegs wieder aufgeräumt.

Die Entdeckung der Weakonen 1983 gilt als die Krönung der Serie, die mit dem J/Psi-Teilchen und den neutral übertragenen schwachen Kräften 1974 begann. Der Weg führte über die neuen Quarks und ihre Verbindungen, über die Farbladungen und die Gluonen zu den Tau-Leptonen und vor allem zu den so wichtigen Theorien, der Quantenchromodynamik QCD und der vereinigten Theorie der elektroschwachen Kräfte. Die Wichtigkeit der elektroschwachen Theorie wurde schon vor der sensationellen Entdeckung der Weakonenzerfälle klar erkannt: Im Jahr 1979 erhielten drei der an ihrer Entwicklung beteiligten Theoretiker den Physik-Nobelpreis: Sheldon Lee GLASHOW (geb. 1932), Abdus SALAM (geb. 1926) und Steven WEINBERG (geb. 1933). Manchmal wird deshalb diese Theorie mit den Buchstaben GSW bezeichnet. Die weiterhin bewährte Quantenelektrodynamik ist in dieser elektroschwachen Theorie im Prinzip auch enthalten. Die Quantenmechanik und die relativistische Mechanik sind dabei, wo immer es nötig oder soweit es heute möglich ist, berücksichtigt.

So wie die Atomphysik von einem gewissen Zeitpunkt an als prinzipiell verstanden abgehakt wurde, so scheint es nach der Meinung vieler Physiker in absehbarer Zukunft für die Quark- und Leptonenphysik der Fall zu sein.

Zwischen der Atomphysik und der Quark- und Leptonenphysik liegt noch das Gebiet der Kernphysik. Auf Grund der jetzt anders interpretierten, jedoch gleich agierenden Austauschteilchen der Kernkräfte, der Mesonen, müssen die Kernkräfte jetzt neu formuliert werden. In der Praxis wird man jedoch noch lange mit den in der Kernphysik schon eingeführten Vorstellungen arbeiten können.

Eine wichtige Rolle bei der Entwicklung der Subnuklearphysik spielten die hochenergetischen Beschleuniger und Speicherringe und die an ihnen aufgebauten Experimentieranlagen. Projekte mit sehr unterschiedlicher Größe wurden geplant, gebaut, benutzt und dann meist wieder für weitere Anlagen umfunktioniert. Internationale Komitees überwachen die Planung und verhindern Überlappungen.

Die Ergebnisse der Experimente konnten sehr bald in die theoretischen Überlegungen einbezogen werden, und umgekehrt konnten Fragen aus der Theorie oft von den Experimentatoren beantwortet werden. So entstand in den siebziger Jahren ein Bild von der Struktur der Materie, in dem es Urbausteine gibt und Urkräfte, über deren Ursprung man noch nachdenken kann, aber deren Zusammenspiel «halbwegs vernünftig» erklärt werden kann. Befriedigt sind zur Zeit viele Theoretiker über die Tatsache, daß alle in der Natur auftretenden Kräfte von der gleichen Art sind, nämlich (a) durch gewisse Ladungen verursacht und (b) von gewissen Austauschteilchen übertragen werden. Man nennt diese Art von Theorien *eichinvariante Theorien* oder einfach *Eichtheorien*.

Befriedigt sind auch viele Experimentalphysiker von der beruhigenden Gültigkeit der Theorien, besonders der Quantenelektrodynamik, der elektroschwachen Theorie und des Quarkmodells. All dies wird zusammenfassend als das heute übliche *Standard-Modell* bezeichnet. Darum geht es uns im nächsten Kapitel.

Dies soll aber keineswegs bedeuten, daß damit der Vorstoß zur Struktur der Materie an sein Ziel gelangt ist. Wir werden im abschließenden Kapitel 8 noch auf die Fragen eingehen, die heute weiterhin offen sind und die für so viele, besonders auch für junge Wissenschaftler genügend Motivation bieten, um ihr ganzes Leben der Lösung dieser Fragen zu widmen. Man könnte es kurz so ausdrücken: Die Physiker sind einen großen Schritt weitergekommen, sie können den nächsten Generationen einiges mehr an Wissen weitergeben. Wie tief man noch weiter in die Geheimnisse der Welt der kleinsten Teilchen vordringen muß, wird sich aus den dann herrschenden Bedürfnissen ergeben.

Noch eine Bemerkung: In der zweiten Hälfte des Jahres 1984 hat die Gruppe UA 1 am CERN noch weitere Messungen durchgeführt. Es kann also erwartet werden, daß Genaueres über die Weakonen bekannt wird und daß die ersten Anzeichen der Existenz der t-Quarks, die beim Zerfall der W-Teilchen beobachtet wurden, bestätigt und ergänzt werden.

7. Die Neue Physik und das Standard-Modell

7.1. Einleitung und Rückblick

In den vorhergehenden Kapiteln wurde der geschichtliche Weg zu den heute anerkannten Ideen über den Aufbau der Materie verfolgt. In diesem Kapitel werden wir, nach einem Rückblick auf das Panorama dieser Forschungsergebnisse, den Versuch machen, das erworbene Wissen in zusammengefaßter Form darzustellen. Wir wollen dabei zeigen, wie man mit einem Minimum an Grundbegriffen die Struktur und die Umwandlungen der Materie verstehen kann. Es soll ein klares und auf das Wesentliche beschränktes Bild der Zusammenhänge entstehen.

Dieses Kapitel ist so verfaßt, daß es der neugierige Leser auch im Vorwege überfliegen kann, um sich von der Eleganz und verblüffenden Einfachheit der neueren Physik der Elementarteilchen zu überzeugen und erst danach die oft wesentlich kompliziertere Entstehung der Begriffe in den vorangehenden Kapiteln systematisch nachzulesen. Wer dagegen die vorangegangenen Teile des Buches schon sorgfältig gelesen hat, der möge den folgenden Rückblick und einige Bemerkungen im Text als Wiederholung und Gedächtnisstütze betrachten.

Eine Klarstellung zur Überschrift dieses Kapitels: Man bezeichnet als *Neue Physik* das Quark-Modell mit Farbladungen und die dafür entwickelte Quantenchromodynamik QCD. Die etwa gleichzeitig entstandene gemeinsame Theorie der schwachen und der elektromagnetischen Kräfte vereinigt die Quantenelektrodynamik QED mit den aktuellen Vorstellungen von den schwachen Kräften. Diese heute anerkannten Theorien werden zusammen oft als das *Standard-Modell* bezeichnet. Dabei versteht sich, daß natürlich die Quantenmechanik und die Relativitätstheorie als gültig und anwendbar betrachtet werden.

Jetzt zu unserem Rückblick.

Die uns umgebende Materie besteht aus *Atomen*. Die verschiedenen Atomarten charakterisieren die *chemischen Elemente*. Mehrere Atome können sich zu *Molekülen* zusammenschließen. Aus größeren Molekülen bestehen zum Beispiel die Zellen, die auch unseren Körper bilden.

Die Atome sind keine gleichmäßig gefüllten Materiekügelchen. Sie enthalten einen kleinen *Kern* und eine *Elektronenhülle*, wie es Rutherford 1911 durch Beschuß von Atomen mit schnellen Alphateilchen einer radioaktiven Substanz nachweisen konnte. Es handelt sich um ein sogenanntes Streuexperiment, bei dem man erkennen kann, wie es im Inneren des untersuchten Körpers aussieht. Rutherford bemerkte, daß nur sehr selten ein Zusammenstoß stattfand, bei dem sein Geschoß stark abgelenkt wurde. Meist gingen die Alphateilchen fast ungestört durch das Atom hindurch. Aus der Häufigkeit der starken Ablenkungen konnte Rutherford die Größe der Atomkerne errechnen: Sie sind etwa zehntausendmal kleiner als die Atome, deren Abmessungen damals schon bekannt waren.

Der Kern besteht aus *Protonen* und *Neutronen*, wie es in den dreißiger Jahren nachgewiesen wurde. Sie werden durch besondere Kräfte zusammengehalten, die *Kernkräfte*. Die Protonen würden sich sonst gegenseitig elektrisch abstoßen, da sie positiv geladen sind. Die Protonen und die (neutralen) Neutronen bewegen sich im Kern wie kleine Kügelchen und stoßen dabei auch öfter zusammen.

Die Kernkräfte werden von «Teilchen» oder Quanten übertragen, die wir heute *Mesonen* nennen und deren Existenz 1932 von dem japanischen Theoretiker Yukawa gefordert wurde. Alle Kräfte in der Natur werden übrigens von solchen *Austauschteilchen* übertragen. Im Falle der elektrischen Kräfte sind dies die wohlbekannten «Licht-Teilchen», die *Photonen*, die außer dem sichtbaren Licht auch zum Beispiel die Rundfunkwellen bilden.

Die Suche nach den Mesonen hat zur Entdeckung eines beachtlichen *Teilchen-Zoos* geführt (1945–1978). Ein Ordnungsschema für den Zoo führte zur Idee der *Quarks*. Die meisten Materieteilchen bestehen aus zwei oder drei Quarks. Bei Streuexperimenten mit sehr hochenergetischen Teilchen zeigte sich schließlich klar, daß die Protonen und Neutronen aus jeweils drei noch viel kleineren Teilchen bestehen, die wir heute mit den Quarks identifizieren.

Das *Elektron*, das aus der Höhenstrahlung bekannte *Myon* (1938) und das an Speicherringen entdeckte *Tau* (1975) gehören zu einer zweiten Teilchenart, die wir *Leptonen* nennen. Die Elektronen sind für den Aufbau der Materie und für unser tägliches Leben besonders wichtig. Für die Existenz der weiteren Leptonen kennen wir (noch) keine überzeugenden Gründe. Wie wir aber sehen werden, passen sie ausgezeichnet in das Gesamtschema der Teilchen. Auch die verschiedenen *Neutrinos* gehören zu den Leptonen. Das erste von ihnen wurde schon 1930 von PAULI als notwendiger Partner der Elektronen im radioaktiven Zerfall sozusagen «theoretisch» gefunden (postuliert).

Zwischen allen Teilchen wirken Kräfte verschiedener Art, die auch sehr unterschiedliche Stärke haben. Wie wir es für die Kernkräfte eben erwähnt haben, glauben wir heute, daß zu jeder Kraftart ein «Träger» oder Austauschteilchen gehört, dessen Eigenschaften für die übertragene Kraft von wesentlicher Bedeutung sind. Wie wir jedoch sehen werden, gehören die Träger der Kernkräfte, die Mesonen, nicht zu den fundamentalen Kräfteträgern der Natur: Wir werden sie als Nebenwirkungen anderer Kräfte ableiten. Dies ändert jedoch nichts an der Tatsache, daß zur Kernkraft nach wie vor ein «Träger» gehört. Dieser Träger hat sich aber als ein zusammengesetztes Teilchen erwiesen.

Im Laufe der letzten Jahrzehnte entstand das Bild einer Welt, in der die Materie ausschließlich aus *Quarks* (den Kernbausteinen) und *Leptonen* (elektronähnlichen Teilchen) aufgebaut ist. Wir nennen hier alle Teilchen dieser beiden Arten

URBAUSTEINE

und werden in den folgenden Abschnitten zeigen, wie mit ihnen und mit einigen zwischen ihnen wirkenden

URKRÄFTEN

(und deren *Austauschteilchen*) der Aufbau und die Erscheinungen der gesamten materiellen Welt verstanden werden können. Dies ist der Inhalt des als

STANDARD-MODELL

bezeichneten Systems. Mit dem Namen *Modell* ist hier gemeint, daß die Physiker vorläufig *modellartig* die Gültigkeit der dabei benutzten (zum Teil auch sehr genauen) Theorien en bloc annehmen und damit arbeiten. Das Standard-Modell, wie wir es hier beschreiben, hat erst Anfang der achtziger Jahre allgemeine Anerkennung erlangt. Man kann aber schon heute behaupten, daß ein großer Teil der hier beschriebenen Zusammenhänge in die Schulbücher der nächsten Generation einbezogen werden kann.

Es ist uns heute kein einziges experimentelles Ergebnis bekannt, das mit dem Standard-Modell im Widerspruch stehen würde. In mühseliger Kleinarbeit konnten im letzten Jahrzehnt alle noch vorhandenen Bedenken aus dem Wege geräumt werden. Die Aufgabe, alle Naturvorgänge im Rahmen des Standard-Modells zu erklären, wird jedoch noch viele Jahre in Anspruch nehmen. Es ist auch möglich (und sogar wahrscheinlich), daß die Liste der Urteilchen oder der Urkräfte erweitert oder korrigiert werden muß. Dies würde aber, so glauben wir, die großen Züge der Gedankengänge des Standard-Modells nicht wesentlich verändern, sondern nur vervollständigen.

In den nächsten Abschnitten werden wir versuchen, die Gedankengänge des Standard-Modells auf möglichst anschauliche Art nachzuvollziehen. Auch hier werden wir eine Reihe von Modellvorstellungen oder Analogien einführen, wie das auch auf unzähligen anderen Wissens- und Lebensgebieten gemacht wird. Diese Modellvorstellungen entsprechen im wesentlichen denen, die die Physiker im Umgang mit diesen Themen selbst benutzen. Es muß dabei aber immer klar bleiben, daß solche modellhaften Darstellungen nur bis zu gewissen Grenzen statthaft sind. Dann muß man, um keine falschen Schlüsse zu ziehen, wohl oder übel (wenn dies möglich ist) ein anderes Modell oder eine andere Analogie zur Hilfe heranziehen.

Manchmal helfen auch mehrere Modelle, um den von einer Theorie beschriebenen Tatbestand anschaulich darzustellen. Modelle, die sich an die tägliche Erfahrung anlehnen, sind keineswegs als Schandflecken anzusehen. Selbst die genialsten Erfinder von physikalischen Theorien beschreiben ihre Ideen oft mit Modellen und Analogien.

Die mathematische Formulierung ist nur der exakte Ausdruck der verstandenen physikalischen Zusammenhänge und bleibt natürlich den Spezialisten vorbehalten. Es kommt aber auch vor, daß erst aus der mathematischen Formulierung ein wichtiger Zusammenhang erkannt wird. Dann dient das Modell nur nachträglich zum Verständnis und kann unter Umständen auch zu falschen Schlüssen führen.

7.2. Die Urbausteine

Die Urteilchen werden in zwei Gruppen eingeteilt: die *Quarks* und die *Leptonen.* Aus Quarks sind die Atomkerne aufgebaut. Das bekannteste der Leptonen, das Elektron, bildet die für unser tägliches Leben so wichtige Elektronenhülle der Atome.

Einen wesentlichen Unterschied der beiden Gruppen findet man schon bei der elektrischen Ladung der einzelnen Teilchen. Alle heute bekannten Leptonen haben eine ganzzahlige Ladung, wie sie in der Natur auch bei anderen Gelegenheiten vorkommt. Den Quarks dagegen wurden Drittelladungen zugeordnet. Solche Ladungen wurden bis jetzt noch nie frei in der Natur beobachtet.

Hierzu möchten wir doch bemerken, daß schon zur Zeit der Bestimmung der elektrischen Elementarladung durch Robert Andrews MILLIKAN (1913, s. 2.3.) der österreichische Physiker Felix EHRENHAFT (1879–1952) behauptete, Drittelladungen beobachtet zu haben. Dies konnte jedoch nie bestätigt werden. Ein neueres und aufwendiges Experiment, das seit einigen Jahren von William Martin FAIRBANK (geb. 1917) an der Stanford University in Palo Alto bei San Francisco durchgeführt wird, könnte auch auf die Existenz von Drittelladungen hinweisen. Auch hier fehlt noch eine Bestätigung oder mindestens die Wiederholung durch einen zweiten Experimentator.

Die ganzen Ladungen und die Drittelladungen der Urteilchen scheinen einen tieferen Sinn zu haben, dessen Bedeutung wir heute noch nicht verstanden haben. Wir könnten statt Quarks den Namen «Drittelladungsurteilchen» und statt Leptonen den Namen «Ganzladungsurteilchen» wählen.

Jedenfalls benehmen sich die Urteilchen mit Drittelladung (die Quarks) ganz anders als die mit ganzzahliger Ladung (die Leptonen). Sie unterscheiden sich hauptsächlich durch die zwischen ihnen wirkenden Kräfte. Die Quarks werden von ungeheuer starken Kräften aneinandergezogen und zusammengehalten. Für die Leptonen existieren diese Kräfte nicht. Die Drittelladung der Urteilchen ist also anscheinend an ihre Quarkkraft gekoppelt.

Die verschiedenen Urbausteine haben eine genaue Identität, sozusagen einen Namen, den man üblicherweise als ihren *Flavour* (englisch für Geschmack) bezeichnet. Diese Identität und ihre Erhaltung ist bei den Quarks und für die zwischen ihnen wirkenden starken Farbkräfte besonders wichtig. Es gibt aber auch Vorgänge, bei denen Urteilchen ihre Identität ändern, sie sozusagen vergessen; sie verwandeln sich dann eventuell in andere Urteilchen. Im Endeffekt verwandeln sich alle Urteilchen natürlich in diejenigen, die am stabilsten sind.

Die Urteilchen unterscheiden sich außerdem durch ihre Ruhemasse, soweit dieser Begriff hier sinnvoll ist. Für Quarks, die ja nicht frei, sondern nur in Verbindungen beobachtet werden, kann eine Ruhemasse nur mit besonderen Einschränkungen angegeben werden. Die in der Tabelle der Urbausteine (Tabelle 7.2.1) angegebenen Werte der Quarkmassen sind also nur als Anhaltspunkte für die Abschätzung möglicher Quarkverbindungen zu verstehen.

In unserer Tabelle sind alle zur Zeit bekannten Urteilchen angegeben zusammen mit dem 1984 am CERN entdeckten t-Quark. Diese insgesamt zweimal zwölf Teilchen (wir zeigen in der Tabelle nur 12 «Teilchen» und die Ladung ihrer 12 Antiteilchen) sollen den Leser nicht entmutigen: Unsere stabile Welt besteht aus nur drei dieser Teilchen, nämlich aus den ersten beiden Quarks und den Elektronen, die sich in der sogenannten 1. Generation befinden, die wir in der Tabelle besonders hervorgehoben haben. Diese drei Teilchen erscheinen in der Natur auch in entsprechend stabilen Verbindungen. Die restlichen Urteilchen gehören zu denen, die ihre Identität bald wieder vergessen und sich dann allmählich (oft in verschiedenen Etappen, wie bei den Zerfallsketten der radioaktiven Substanzen) in stabile Urteilchen verwandeln. Eine Sonderstellung nehmen die (stabilen) Neutrinos ein.

Alle Urbausteine haben genau den gleichen inneren Drehimpuls oder Spin, und zwar ½ der natürlichen Drehimpulseinheit ($\hbar$) (s. 3.2.).

Zu jedem Urteilchen gehört auch ein Anti-Urteilchen mit genau der entgegengesetzten elektrischen Ladung, wie es in der Tabelle auch gezeigt ist. Die neutralen Teilchen bleiben natürlich neutral. Es gibt also noch eine zweite, ähnliche Tabelle, in der alle Ladungsvorzeichen ausgetauscht sind und alle Teilchen einen Anti-Balken über ihren Namen bekommen.

Die Frage nach dem Grund für die Ähnlichkeiten und Unter-

Das faszinierende …

…Zusammenspiel der vielfältigen Kräfte, die das reibungslose Funktionieren aller Vorgänge auf unserem Planeten Erde bewirken und regeln, besteht aus kleinsten Teilchen, Urbausteinen, aus denen sich größere Zusammenhänge aufbauen.

In der Welt des Geldes verläuft es kaum anders: Aus kleinsten Beträgen bilden sich größere, die für das Zusammenspiel menschlicher Aktivitäten unentbehrlich sind.

DIE URBAUSTEINE					
Generation	Identität	Symbol	Masse (MeV)	Elektrische Ladung	
				Teilchen	Antiteilchen
	QUARKS:				
1.	UP DOWN	u d	300 300	+2/3 −1/3	−2/3 +1/3
2.	CHARME STRANGE	c s	1500 450	+2/3 −1/3	−2/3 +1/3
3.	TOP BOTTOM	t b	c. 40000 5000	+2/3 −1/3	−2/3 +1/3
	LEPTONEN:				
1.	ELEKTRON EL.-NEUTRINO	e ν_e	0,5 0?	−1 0	+1 0
2.	MYON MY-NEUTRINO	μ ν_μ	106 0?	−1 0	+1 0
3.	TAU TAU-NEUTRINO	τ ν_τ	1784 0?	−1 0	+1 0

Tabelle 7.2.1: Die Urbausteine der Materie

schiede zwischen den Urbausteinen gehört zu den faszinierendsten Problemen der heutigen Physik. Es wird daran zur Zeit auch intensiv gearbeitet. Wir werden jedoch hier die Urbausteine, mit den oben angeführten Eigenschaften, als von der Natur gegeben annehmen.

Es wäre für die Betrachtungen, die jetzt folgen, keine Katastrophe, wenn zu den 24 Teilchen und Antiteilchen unserer Tabelle noch weitere, schwerere dazukommen würden. Es ergibt sich daraus keine grundsätzliche Änderung der Theorie. Außerdem würden diese schwereren Teilchen noch weniger häufig vorkommen; ihre Beteiligung an dem Geschehen der Welt könnte man wahrscheinlich vernachlässigen.

Wir wissen heute auch, daß die Urteilchen bis zu einer Größe von etwa einem Tausendstel der Größe des Protons und Neutrons keinerlei innere Struktur vorzeigen. Sie haben Ladungen verschiedener Art und können durch Austausch von geeigneten Trägerteilchen Kräfte aufeinander ausüben. Ansonsten betrachten wir sie als praktisch punktförmig oder genauer «punktartig» *(pointlike)*.

7.3. Die Urkräfte, ihre Quellen und Träger

Es wird heute allgemein angenommen, daß zwischen den Urbausteinen vier Arten von Kräften wirken, die wir *Urkräfte* nennen. Dabei müssen wir daran erinnern, daß Kräfte immer von gewissen Quellen, die man *Ladungen* nennt, ausgehen und wie Spinnweben den Raum zwischen diesen Ladungen ausfüllen. Diese sogenannten Kraftlinien sind keineswegs nur rein mathematische Gebilde. Sie haben ein Eigenleben und enthalten auch Energie. Man kann sie sich auch wie Bahnen von hin und her schwirrenden *Austauschteilchen* vorstellen. Die Quellen oder Ursprünge der Kräfte sind also immer die jeweils zuständigen Ladungen, von denen es außer der elektrischen auch noch andere gibt. Die Kraftlinien zwischen diesen Ladungen oder die entsprechend zwischen ihnen ausgetauschten Trägerteilchen werden als Kraftfelder bezeichnet.

Die vier Urkräfte unterscheiden sich ganz besonders durch ihre Stärke, haben jedoch noch viele andere Eigentümlichkeiten. Sie sind im folgenden kurz angeführt:

1. Die starken Quark-Kräfte
Sie werden auch Farb-Kräfte genannt und sind die stärksten aller bekannten Kräfte. Sie verhindern, daß sich Quarks zu weit voneinander entfernen oder sogar einzeln wegfliegen. Mit diesen Kräften werden wir uns noch eingehend beschäftigen. Ihre Austauschteilchen werden *Gluonen* genannt.

2. Die elektromagnetischen Kräfte
Sie sind immer vorhanden, wenn elektrische Ladungen im Spiel sind. Viele der Urbausteine haben auch eine elektrische Ladung. Diese Kräfte werden durch die als Lichtquanten wohlbekannten *Photonen* übertragen.

3. Die schwachen Kräfte
Sie sind für viele der Zerfälle unstabiler Teilchen verantwortlich, so auch für einen Teil der in der Natur auftretenden Radioaktivität. Sie

werden von den *Weakonen* übertragen, die oft auch als «Zwischen»-bosonen bezeichnet werden. Wir kennen keine Urteilchen, die dieser Art von Kräften nicht ausgesetzt sind. Die schwachen Kräfte werden von besonderen Ladungen verursacht, die wir später besprechen werden.

4. Die Schwerkraft oder Gravitation
Sie zieht alle Teilchen und Teilchenverbindungen, die eine Masse besitzen, aneinander. Ihre Stärke hängt von der Masse der Teilchen ab. Sie wird von Austauschquanten übertragen, die *Gravitonen* genannt werden, die jedoch noch nie beobachtet wurden. Es ist auch noch nicht gelungen, diese Kräfte mit den Methoden der Quantenmechanik allgemein zufriedenstellend zu erfassen.

Hierzu einige wichtige Bemerkungen:

(a) Die Schwerkraft ist so schwach, daß wir sie hier vernachlässigen können.

(b) Die für die folgenden Betrachtungen wichtigste Kraft ist die an erster Stelle genannte Quark-Kraft. Sie ist um viele Zehnerpotenzen stärker als die anderen Kräfte.

(c) Aus den vier Urkräften werden alle weiteren in der Natur auftretenden Kräfte abgeleitet. So sind zum Beispiel die Kernkräfte nicht in der Liste enthalten. Wir werden später zeigen, wie man sie im Sinne der Urkräfte zu verstehen hat.

(d) Es ist denkbar, daß als Urkräfte in Zukunft andere als die hier angegebenen betrachtet werden, wie dies schon in der Vergangenheit der Fall war. Wir hoffen jedoch, daß die allgemeinen Eigenschaften der Kräfte dabei die gleichen bleiben.

Die an zweiter und dritter Stelle genannten Kräfte werden heute als elektroschwache Kräfte in einer gemeinsamen Theorie beschrieben. Für die weiteren Erläuterungen können wir also mit nur zwei Urkräften auskommen, das sind die

STARKEN QUARK-KRÄFTE

die von der Quantenchromodynamik QCD beschrieben werden, und die

ELEKTROSCHWACHEN KRÄFTE

die heute erfolgreich in einer vereinten Theorie beschrieben werden. Diese beiden Theorien, deren Entwicklung viele Jahre in Anspruch genommen hat, bilden also das Grundgerüst der heute stattfindenden Untersuchungen auf diesem Gebiet. Sie sind in gewissem Sinne der Quantenelektrodynamik ähnlich. Bei allen diesen Theorien gehen die Kräfte von gewissen Ladungen aus und werden von geeigneten Teilchen übertragen.

Die Stärke der Kräfte kann man modellartig mit der Häufigkeit des Kraft-Träger-Austausches in Verbindung bringen und so ein recht anschauliches Bild erhalten:

→Bei den starken Quark-Kräften sind dauernd einige *Gluonen* unterwegs. Da sie sich mit Lichtgeschwindigkeit über sehr kleine Entfernungen (zwischen den Quarks) bewegen, müssen auch entsprechend viele abgesandt und eingefangen werden.

→Bei den elektromagnetischen Kräften ist ein *Photonen*-Austausch schon wesentlich seltener, zumindest wenn es sich um höhere Photonenenergien handelt. Die Energie der Trägerteilchen hat nämlich auch ihre Wichtigkeit, wie wir später an praktischen Beispielen erkennen werden.

→Die Bildung eines *Weakons* (für einen Effekt der schwachen Kräfte) ist dann schließlich nur noch sehr selten, natürlich immer im Verhältnis zu den anderen Trägerteilchen.

→Den Austausch von *Gravitonen* zwischen Urteilchen stellt man sich dann sogar so selten vor (die Urteilchen haben ja eine relativ kleine Masse), daß wir ihn hier vernachlässigen können.

Diese modellartig eingeführte Häufigkeit des Trägeraustausches gibt uns auch eine grobe Vorstellung der Schnelligkeit, mit der Prozesse zwischen Urteilchen stattfinden. Man kann sich also anschaulich vorstellen, warum starke Kräfte zu schnellen Reaktionen führen (beispielsweise durch intensiven Gluonenaustausch), während schwache Kräfte eher langsam agieren, wie dies zum Beispiel bei der Radioaktivität der Fall ist (schwache Kräfte, seltener Weakonenaustausch).

Die in der Natur auftretenden Kräfte, so wie wir sie 1984 verstehen, sind in der Tabelle 7.3.1 zusammengestellt.

Dazu ist zu bemerken, daß die Gluonen, die Photonen und die Gravitonen *elektrisch neutral* und *masselos* sind. Dagegen gibt es unter den drei Weakonen zwei elektrisch geladene und ein neutrales. Die Weakonen sind auch die einzigen Trägerteilchen mit einer Masse; sie beträgt etwa 90 GeV, was ungefähr hundert Protonenmassen ent-

Typ	Ladung	Träger
Stark	Farbladungen	Gluonen
Elektromagnetisch	Elektrische Ladung	Photonen
Schwach	Schwache Ladung	Weakonen
Gravitation	Masse	Gravitonen

Tabelle 7.3.1: Die Urkräfte der Natur

spricht. Sie haben also eine gewisse Sonderstellung unter den Trägerteilchen.

Wir erinnern hier an die Tatsache, daß masselose Trägerteilchen Kräften entsprechen, die eine im Prinzip unendliche Reichweite haben. Dies ist also bei den Gluonen und Photonen der Fall. Masselose Teilchen können sich außerdem nicht anders als mit Lichtgeschwindigkeit bewegen (s. 2.6.).

Kraftträger mit Masse verursachen dagegen nur Kräfte mit begrenzter Reichweite. Die große Masse der Weakonen begrenzt ihre Reichweite als Kraftträger auf etwa ein Tausendstel des Protonendurchmessers.

Alle *beobachteten* Trägerteilchen haben den Spin 1, was auf eine Ähnlichkeit beim Aufbau der Kraftfelder hinweist. Sie sind alle mit dem elektromagnetischen Feld und dem Photon verwandt, dessen Theorie auch für sie Pate stand. Das Graviton sollte Spin 2 haben. Es wurde noch nie beobachtet, und wir werden es hier nicht weiter berücksichtigen.

Die Materie ist also in gewissem Sinne sehr elegant aufgebaut: Die Urteilchen haben alle den Spin ½ und können, nach sehr allgemein gültigen Gesetzen, nur in Paaren erzeugt oder vernichtet werden und gehorchen dem PAULI-Prinzip (s. 3.4.), während die Träger der Kräfte einen ganzzahligen Spin haben und entsprechend in beliebiger Zahl abgestrahlt oder aufgenommen werden können.

Allerdings müssen wir hier den Begriff des Teilchenpaares etwas erweitern. Bis jetzt haben wir als «Paare» im Sinne der DIRAC-Wellengleichung nur Teilchen und Antiteilchen mit genau der gleichen Masse und entgegengesetzter elektrischer Ladung betrachtet. So sprach man ursprünglich ja nur von Elektron-Positron-Paaren. Jetzt werden wir gelegentlich Teilchen verschiedener Masse bei manchen Reaktionen (elektroschwache Kräfte) als Paare betrachten. Natürlich bleibt aber dabei der Energieerhaltungssatz gültig. Wir werden dies in Verbindung mit den elektroschwachen Kräften genauer erläutern.

Die Entstehung und die Vernichtung der Kraftträger, wie es zum Beispiel bei ihrer Abstrahlung und ihrem Einfang der Fall ist, sind die wesentlichen Vorgänge bei jeder Art von Kraftwirkung oder, wie es die Physiker lieber nennen, von «Wechselwirkung». Bei diesen fundamentalen Prozessen können sich die Eigenschaften des abstrahlenden oder des einfangenden Urteilchens ändern, etwa wenn der Kraftträger eine Ladung irgendeiner Art mitnimmt oder mitbringt. Wir werden alle Kraftwirkungen auf solche fundamentalen Prozesse zurückführen, die wir hier

URVORGÄNGE

nennen werden. Diese Vorstellungen werden uns bei den Betrachtungen über Umwandlungen und Zerfälle von Teilchen besonders nützliche Hinweise geben.

Bei allen Entstehungs- und Vernichtungsprozessen von Trägerteilchen, also bei allen Urprozessen, sind *nur drei Partner* beteiligt. Dies ist eine sehr wichtige Aussage, da wir durch sie die Zahl der möglichen Urprozesse stark einengen. So kann man die *Abstrahlung eines Kraftträgerteilchens* K aus einem Urteilchen vom Typ a folgendermaßen aufschreiben:

1. $$a \rightarrow b + K$$

wobei b den Rest des a-Teilchens darstellt, welches ja eventuell eine seiner Ladungen oder sogar seine Identität geändert haben kann. Natürlich kann man den umgekehrten Prozeß, also den *Einfang eines Trägerteilchens* K durch ein Urteilchen a, so schreiben:

2. $$K + a \rightarrow b$$

wobei b wieder den neuen Zustand des a-Teilchens darstellt.

Aber es gibt noch zwei weitere Urvorgänge. Aus der *Vernichtung eines Teilchens und eines Antiteilchens* kann unter geeigneten Bedingungen ein Trägerteilchen K entstehen:

3. $a + \overline{b} \rightarrow K$

und andersherum kann ein Trägerteilchen wieder ein *Teilchen-Antiteilchen-Paar erzeugen* nach dem folgenden Schema:

4. $K \rightarrow a + \overline{b}$

Damit haben wir die einfachsten Möglichkeiten erschöpft, und es bleibt nur zu hoffen übrig, daß ein solches Schema wirklich alle Vorgänge in der Natur erklärt. Wir haben diese Urvorgänge in Abb. 7.3.1 dargestellt. Diese vier Vorgänge werden von den Physikern in Form von sogenannten FEYNMAN-Diagrammen oder -Graphen dargestellt, die dann etwas anders aussehen und den gleichen Tatbestand etwas präziser beschreiben.

Diese FEYNMAN-Diagramme sind nicht nur graphische Darstellungen der Urvorgänge, sondern sie entsprechen den Formeln, mit denen man die Häufigkeit der Prozesse quantenmechanisch berechnen kann. Sie stellen also für die Physiker eine Kurzschrift dar, eine Art von Stenographie: Sie ersetzen lange und schwierige Formelzüge und erlauben eine klare und kompakte Darstellung. Deshalb haben wir hier als Beispiel die soeben erwähnten Urvorgänge in Form von FEYNMAN-Graphen in Abb. 7.3.1 rechts gezeigt. Es ist bei den FEYNMAN-Graphen üblich, den zeitlichen Ablauf von links nach rechts, wie beim Schreiben, darzustellen. Alle in unserem Standard-Modell vorkommenden Arten von Urvorgängen können dann als Knoten mit genau drei «Armen» dargestellt werden, wie wir es in Abb. 7.3.1 auch getan haben.

Bei allen Urprozessen ist die Summe der elektrischen Ladungen vor und nach der Reaktion die gleiche. Auch die für die Quark-Kräfte verantwortliche Farb-Ladung, die wir noch genauer beschreiben werden, bleibt erhalten. Bei der Bildung eines Teilchenpaares aus einem elektrisch geladenen Trägerteilchen (nur die Weakonen kommen hier in Frage) muß ein ungleich geladenes Paar entstehen. Hier wird der Grund für die Erweiterung des Begriffes «Teilchenpaar» klar.

Da die Trägerteilchen in vielen Fällen nur sehr kurz leben können, weil zum Beispiel ihre Anwesenheit durch den Erhaltungssatz der Energie verboten ist, kommt es dann meist zu zwei hintereinandergekoppelten Urvorgängen wie etwa bei der Myonenpaarerzeugung an Elektron-Positron-Speicherringen:

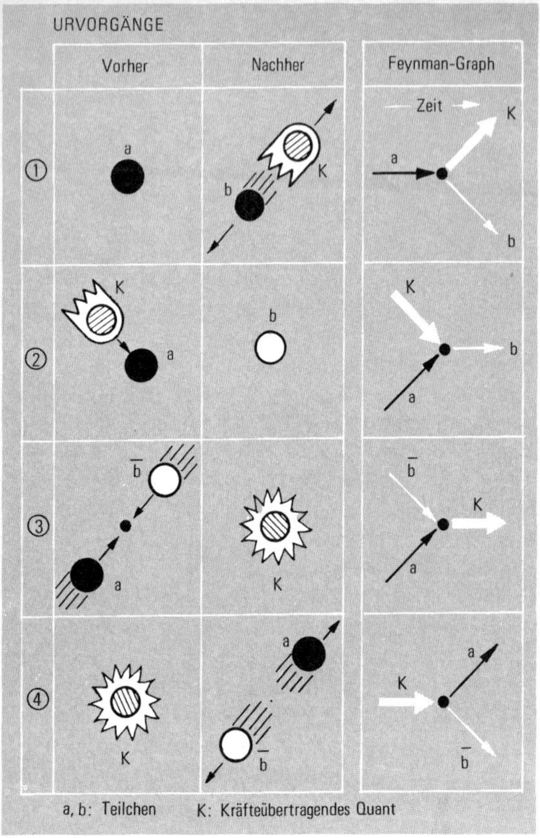

Abb. 7.3.1: Urvorgänge:
(1) Die Abstrahlung eines Kräfteträgers
(2) Der Einfang eines Kräfteträgers
(3) Die Entstehung eines Kräfteträgers durch Vernichtung eines Teilchens und eines Antiteilchens
(4) Ein Kräfteträger verwandelt sich in ein Teilchen-Anti-teilchen-Paar

Elektron + Positron → virtuelles Photon
virtuelles Photon → positives Myon + negatives Myon

Hierbei ist ein Prozeß (4) hinter einen Prozeß (3) geschaltet. Auf ähnliche Art können wir den Zerfall des Neutrons erklären. Dabei zerfällt erst eines der d-Quarks des Neutrons (Urprozeß 1), und dann bildet sich das Elektron-Neutrino-Paar (Urprozeß 4):

d-Quark → u-Quark + negatives Weakon
negatives Weakon → Elektron + Elektron-Antineutrino

Ein einfacher Fall ist die Streuung elektrisch geladener Teilchen. Hier wird ein Photon ausgesandt, das dann das andere Teilchen trifft:

Elektron → Elektron + Photon
Photon + Elektron → angestoßenes Elektron

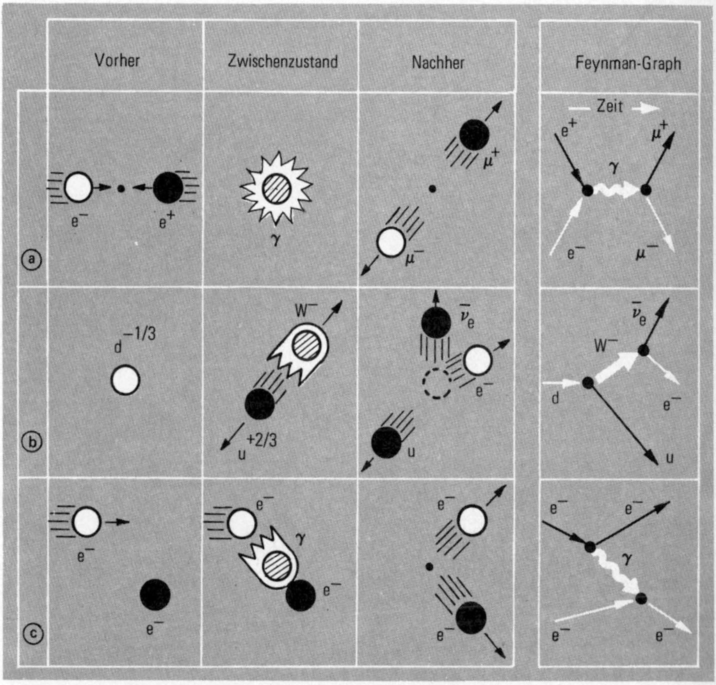

Abb. 7.3.2: Beispiele hintereinandergekoppelter Urvorgänge:
(a) Die Myonenerzeugung beim Elektron-Positron-Zusammenstoß
(b) Der Betazerfall des Neutrons
(c) Die Streuung von Elektronen an Elektronen

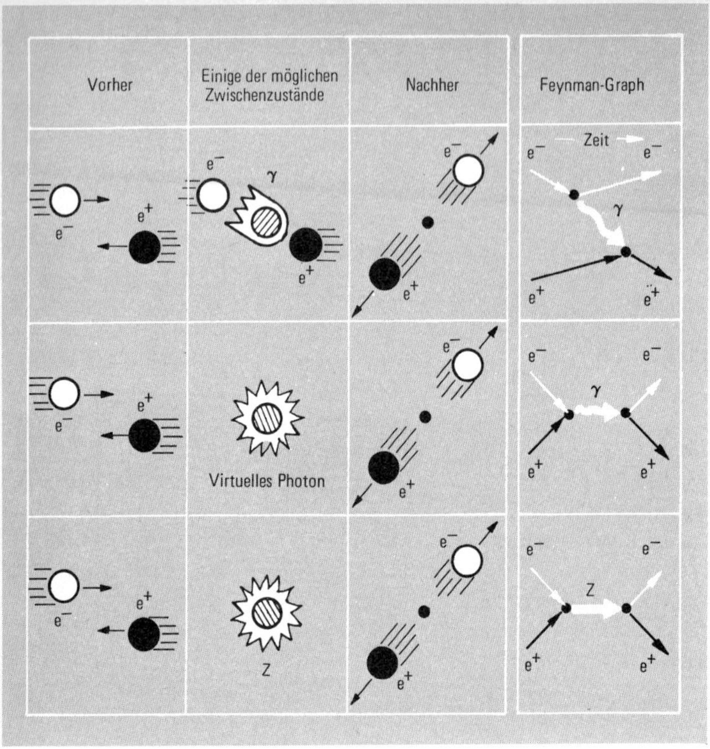

Abb. 7.3.3: Ein Beispiel der Überlagerung von Urvorgängen, die zu den gleichen Endprodukten führen

Wir werden noch weitere Beispiele dieser Art von Aneinanderkettung zweier Urprozesse kennenlernen. In Abb. 7.3.2 haben wir diese Prozesse graphisch dargestellt, rechts wieder die entsprechenden FEYNMAN-Graphen. Man muß sich hier daran gewöhnen, daß in den FEYNMAN-Graphen selbst ruhende Teilchen als Linien dargestellt werden.

Es ist besonders interessant, daß physikalische Vorgänge als Summen von mehreren FEYNMAN-Diagrammen dargestellt werden können. So kann der Stoß eines Elektrons und eines Positrons als Summe der drei in Abb. 7.3.3 gezeigten Graphen verstanden werden. Dies entspricht den ziemlich komplizierten Formeln, die den Prozeß quantenmechanisch beschreiben. Die FEYNMAN-Diagramme haben noch weitere Eigenschaften, auf die wir aber hier nicht eingehen werden. Die FEYNMAN-Diagramme sind besonders nützlich zur Beschreibung der durch elektromagnetische und schwache Kräfte hervorgerufenen Prozesse. Hier genügt meist eines oder eine begrenzte Zahl von Diagrammen, um einen Vorgang genügend genau zu definieren. Dies ist dagegen bei den starken Quark-Kräften, die durch Austausch von Gluonen entstehen, nicht so einfach.

Eigentlich haben wir jetzt alle Ingredienzien, den Urstoff und die Rezepte, um den gesamten Aufbau der Materie nachzuvollziehen:

die Urbausteine, die Urkräfte und die Urvorgänge

Man könnte erwarten, daß mit einigen zusätzlichen Informationen über die Urkräfte selbst vom Prinzip her keine Schwierigkeiten zum Verständnis aller Vorgänge in der Natur vorhanden sein dürften. Wir werden auch versuchen, dies in den nächsten Abschnitten glaubwürdig darzustellen.

Vorher möchten wir noch auf eine sehr allgemeine Konsequenz hinweisen, die aus den schon gezeigten Eigenschaften der Ur- und Trägerteilchen leicht abzuleiten ist. Wenn wir die Tabelle der Urteilchen näher betrachten, erkennen wir, daß es mit den vorhandenen neutralen oder elektrisch ganzzahlig geladenen Kraftträgern unmöglich ist, ein Urteilchen mit Drittelladung in eines mit ganzzahliger Ladung umzuwandeln.

Quarks und Leptonen bleiben also immer getrennt. Da sie außerdem immer nur in Paaren von Teilchen und Antiteilchen (im erweiterten Sinne) erzeugt oder vernichtet werden, kommt man zu dem Schluß, daß die Summe der Teilchen vermindert um die Summe der Antiteilchen (= Teilchenzahl) auf unserer Welt (oder in einem beliebigen isolierten System) konstant bleiben muß, und zwar getrennt für die Quarks und für die Leptonen.

Protonen und Neutronen sind aus je drei Quarks aufgebaut. Solange keine Antimaterie anwesend ist und wir keine erzeugen, bleibt also in einem isolierten System die Summe der Protonen und Neutronen konstant. Dies entspricht dem Gesetz der Erhaltung der Masse in der Chemie. Es gibt noch weitere solche Gesetze, für deren experimentellen Beweis sehr viel Aufwand nötig war; sie werden heute aus der Erhaltung der Quark- und der Leptonenzahl sehr einfach verstanden.

7.4. Die Eigenart der starken Farbkräfte

Die außerordentlich starken Kräfte, die zwischen den Quarks wirken, möchten wir hier näher beschreiben und ihre besonderen Eigenschaften durch anschauliche Modelle erläutern. Dabei wird kein Anspruch erhoben auf eine exakte Darstellung der Theorie der Quark-Kräfte. Es soll lediglich plausibel und verständlich gemacht werden, was sonst in einem Dickicht von mathematischen Formulierungen und Fachausdrücken dem Laien vollständig verborgen bleibt.

Man kann die starke Kraft zwischen den Quarks mit einer *Stahlfeder* oder einem Gummiband vergleichen: Die aneinanderziehende Kraft wird stärker, wenn die Teilchen versuchen (etwa bei ihren normalen Schwingungsbewegungen), sich voneinander zu entfernen. So erklärt sich auch die Tatsache, daß Quarks nicht frei herumfliegen. Sie sind immer an ihre Partner fest angebunden. Wenn dagegen Quarks einander sehr nahe kommen, dann hängt die Stahlfeder durch, sie hat kaum Wirkung, die Kraft ist fast gleich Null, die Quarks fliegen aneinander vorbei, ohne sich gegenseitig zu bemerken.

Unserer Modell-Stahlfeder muß man besondere Eigenschaften zuschreiben. So nimmt man zum Beispiel an, daß es keine frei hängenden Stahlfeder-Enden gibt. Die Enden sind immer durch ein Quark abgeschlossen. Man kann sich die Stahlfeder auch wie einen dünnen Magnetstab vorstellen. Ein Ende ist ein Nord- und das andere ein Südpol. Wenn man den Stab zerbricht, entstehen an den neuen Enden wieder ein Nord- und ein Südpol. Genauso ist es mit den Quark-Kraft-Federn: Wenn sie reißen, entstehen an dem einen freien Ende ein Quark oder sogar mehrere und an dem anderen Ende die entsprechenden Antiquarks. Die nötige Energie für ihre Erzeugung wird dem Gesamtsystem entzogen. Die neu gebildeten Quarks können dann (eventuell mit den schon vorhandenen) ganz normale Teilchen bilden, zum Beispiel auch Mesonen. Auf diese Art kann man erklären, warum Quarks nie einzeln in der Natur erscheinen.

Genauer genommen ist die Stahlfeder als hin und her schwebende Gluonenschar zu betrachten. So kann man sich auch vorstellen, daß gelegentlich einmal ein Stück Feder wegfliegt oder weggeschleudert wird. Dies ist zwar eine etwas naive Darstellung eines abgestrahlten Gluons. Aber auch dann gilt unsere Modellvorstellung: An den Enden des Federstücks bilden sich sofort neue Quarks und Antiquarks. Auch Gluonen wurden noch nie frei beobachtet, was man durch den beschriebenen Prozeß erklären kann.

Wenn genügend Energie vorhanden ist, kann es bei den obengenannten Vorgängen zu einer Reihe von weiteren Federrissen und Quarkbildungen kommen. Dieses Phänomen nennt man *Fragmentierung*. Quarks und Gluonen lassen sich (bisher) nur auf dem Umweg über die von ihnen erzeugten *Fragmente* beobachten. Die sichtbaren Fragmente sind ganz normale Teilchen aus dem wohlbekannten Zoo, die aus Quarks und Antiquarks gebildet wurden. Bei sehr hohen Energien kann sich dann ein Teilchenbündel bilden, das in der Fachsprache *Jet* genannt wird und das von einem Quark oder von einem Gluon stammen kann. Jets wurden schon bei vielen Experimenten beobachtet. Besonders eindrucksvoll sind die am Speicherring PETRA gefundenen Jets, unter denen auch zum erstenmal Gluonen-Jets erkannt wurden.

Bei der Fragmentierung haben wir den im vorigen Abschnitt eingeführten Begriff der Urprozesse etwas strapaziert. Um die Entstehung der zusätzlichen Quarks zu erklären, kann man die Fragmentierung durch mehrere hintereinandergeschaltete Urprozesse (zum Beispiel Gluonenabstrahlung und Verwandlung in Quark-Antiquark-Paare) in Gedanken ersetzen.

Ursprung oder Quelle der starken, stahlfederartigen Quarkkräfte sind bestimmte, etwas sonderbare *Ladungen*, die *Farbladungen* genannt werden. Genau wie bei der elektrischen Ladung hat jede dieser Quarkladungen eine Anti-Ladung. Dies entspricht dem Plus und dem Minus der Elektrizität. Nun gibt es aber drei verschiedene Arten von Farbladungen. Die Antiquarks haben die entsprechenden Antiladungen, wie wir es in Tabelle 7.4.1 und Abb. 7.4.1 zusammengestellt haben. Damit kann man, in Anlehnung an die elektrischen Ladungen, eine einfache Regel aufstellen:

(1) *Eine Farbladung und die entsprechende Antifarbladung ergeben zusammen ein neutrales oder farbloses Gebilde.*

Farbe	Symbol	Antifarbe	Symbol
Rot	r	Antirot	$\bar{r}$
Blau	b	Antiblau	$\bar{b}$
Grün	g	Antigrün	$\bar{g}$

Tabelle 7.4.1: Die starken Farbladungen der Quarks

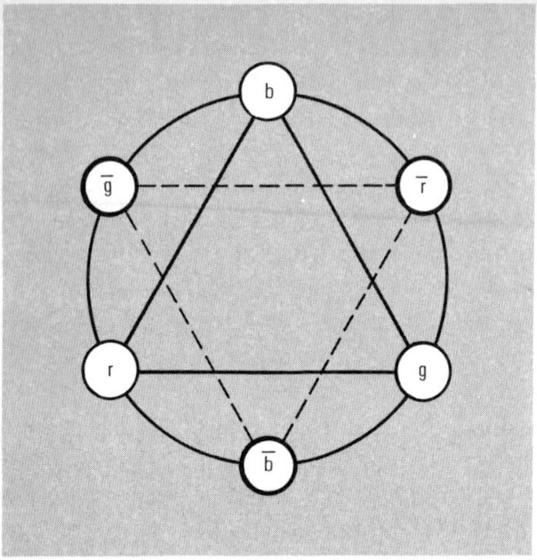

Abb. 7.4.1: Der Farbenkreis der drei Quarkfarben und ihrer Antifarben. Es besteht eine gewisse Ähnlichkeit mit dem Farbenkreis der Maler und Fotografen – auch bei den Farbmischregeln. Die Antifarben kann man als Komplementärfarben von Rot, Grün und Blau betrachten: Cyanblau, Magentarot und Gelb

Ganz anders als bei den elektrischen Ladungen sieht es dagegen aus, wenn man drei Farbladungen mischt. Die Regel lautet dann:

(2) *Die drei Farbladungen bzw. die drei Antifarbladungen ergeben, wenn sie in gleicher Menge miteinander vermischt werden, jeweils auch einen neutralen oder farblosen Zustand.*

Dies ist der gleiche farblose Zustand, der bei der Überlagerung von einer Ladung und ihrer Antiladung entsteht. Deshalb wurden, in Anlehnung an die beim Licht wohlbekannten Effekte, die Quarkladungen Farben genannt. Wenn man drei geeignete Grundfarben mischt, zum Beispiel Rot, Blau und Grün, dann erhält man einen neutralen Farbton. Bei Mischungen von farbigem Licht oder von Malerfarben entstehen ähnliche Effekte.

Die Farbladungen haben aber noch einige weitere bemerkenswerte Eigenschaften. Sobald eine Quark-Kraft vorhanden ist, werden ja von den Quarks Gluonen abgestrahlt und empfangen, also ausgetauscht. So bildet sich die schon oben erwähnte Stahlfeder- oder Gummibandkraft. Die Gluonen haben aber auch selbst Farbladungen, und zwar gleich Doppelfarben. Sie nehmen jedem Quark eine Farbladung ab und geben ihm meist eine neue. Quarks, die sich gegenseitig anziehen, also Gluonen austauschen, *blinken* folglich dauernd in den drei für sie möglichen Farben. Wir dürfen uns demnach die Farben der Quarks nur als Momentaufnahmen – wie Fotos – vorstellen und müssen die zwischen ihnen hin und her schwirrenden doppelfarbigen Gluonen immer gleich mit berücksichtigen. Daraus ergibt sich auch eine sehr schwierige Erfassung dieser Vorgänge in mathematischer Sprache, die den Physikern in der Praxis auch viel Sorge bereitet.

Nachdem wir den Begriff der Gesamtfarbe eines aus mehreren Quarks bestehenden Systems etwas besser präzisiert haben, können wir jetzt das Hauptgesetz der Quark-Farben-Lehre formulieren:

(3) *Es existieren frei in der Natur nur farblose, also farbneutrale Objekte.*

Auf jedem der «Fotos» eines in der Natur auftretenden Quarksystems muß also Farbgleichgewicht herrschen. Die Summe aller Farben auf einem Bild muß gleich viele Anteile der drei Grund- oder Antigrundfarben enthalten, andernfalls muß Farb-Antifarb-Ausgleich vorhanden sein. Es ist wohl anzunehmen, daß der Erfinder dieser Systematik selbst Farbfotos vergrößert hat und deshalb den hier benutzten Begriff des Farbgleichgewichts kannte und anwenden wollte. Leser, die selbst Farbfotos vergrößern, sind hier offensichtlich im Vorteil.

Wir können eine weitere Modellvorstellung einführen, die das Zusammenhalten der Quarks noch deutlicher ausdrückt: Sobald Farbgleichgewicht vorhanden ist, bildet sich um das Quarksystem eine

farblos = neutral = n
$n = r + b + g$
$n = \bar{r} + \bar{b} + \bar{g}$
$n = r + \bar{r}$
$n = b + \bar{b}$
$n = g + \bar{g}$

Tabelle 7.4.2: Das Farbgleichgewicht der Quarks

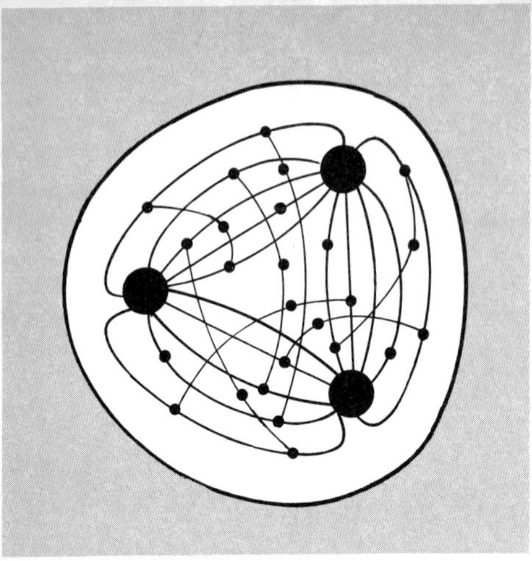

Abb. 7.4.2: Drei Quarks, dargestellt in einer elastischen Blase, aus der sie nicht entkommen können

elastische Haut, eine Art Blase, aus der die farbigen Bestandteile nicht mehr entweichen können. Von außen gesehen, ist diese Blase natürlich farblos, kennt also keinerlei Farbkräfte. In der Blase bewegen sich die Quarks fast frei, solange sie nicht in die Nähe der Hautwände kommen oder sogar gegen sie stoßen. Auch die Austauschgluonen schwirren in der Blase herum, wie wir es in Abb. 7.4.2 dargestellt haben. Es sind sogar ziemlich viele: Die Masse und Energie des Systems liegen etwa zur Hälfte in den Gluonen. Die Vorstellung einer elastischen Blase führt jedoch weitgehend zu den gleichen Schlüssen, die mit der oben angeführten Stahlfeder erzielt wurden. Beides sind nur anschauliche Hilfsmittel ohne Anspruch auf Vollkommenheit.

Die Tatsache, daß die Gluonen selbst Farben und sogar Doppelfarben tragen, hat noch weitere wichtige Konsequenzen. Wir möchten dies in einem Vergleich mit den Photonen genauer darstellen. Wenn sich ein Kraftfeld bildet, schweben zwischen den Ladungen Austauschteilchen herum, wie es in Abb. 7.4.3 gezeigt ist. Im Falle der Photonen entspricht das den oberen Bildern. Dadurch ergibt sich übrigens das Gesetz der elektrischen Anziehung und Abstoßung, laut dem die Kraft viermal kleiner wird, wenn sich der Abstand verdoppelt. Bei sehr großen Abständen ist die Kraft dann auch sehr klein.

Abb. 7.4.3: Vergleich der elektromagnetischen Kräfte (oben) und der Quark-Kräfte (unten): Die Kräfte zwischen den vielen Austauschgluonen verursachen die Bildung des «Gluonenbandes». Die Photonen (oben) beeinflussen sich gegenseitig praktisch nicht

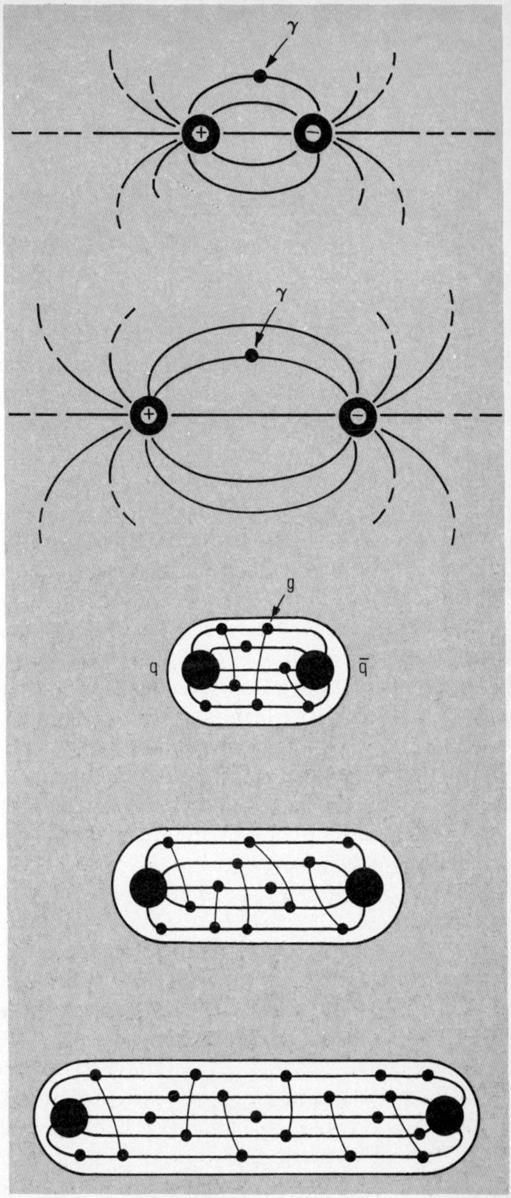

Ganz anders sieht es bei den Gluonen aus. Als erstes muß bemerkt werden, daß hier nicht – wie bei den Photonen – von Zeit zu Zeit ein Austauschteilchen hin- oder herfliegt. Bei den Gluonen sind dies immer eine ganze Menge zur gleichen Zeit. Und sie haben selbst Farbladungen, so daß sie sich in den meisten Fällen gegenseitig anziehen. Dies ist ein etwas sonderbarer Gedanke: Austauschteilchen, die sich in ihren Bahnen gegenseitig beeinflussen. Das führt zu Verkrümmungen der Kraftlinien; sie ziehen sich wie ein Band zusammen. Dabei werden zwischen den Gluonen noch weitere Gluonen ausgetauscht (Abb. 7.4.3 unten).

Die Dichte der Kraftlinien zeigt an, wie stark die Kraft ist. Während sich also bei den elektrischen Kräften die Bahnen der Austauschphotonen bei wachsender Entfernung der Ladungen immer mehr verdünnen (die Kraft wird immer geringer), bleiben diese Bahnen bei den Gluonen in einem Band immer gleich dicht. Nach diesem Modellbild wird die Kraft zwar nicht stärker, wenn sich die Entfernung der farbigen Quarks vergrößert, aber sie bleibt halbwegs gleich. Man kann das Kraftfeld eher mit einem etwas überanstrengten Gummiband vergleichen. Jedenfalls wird die Kraft nicht geringer, es sei denn, das Band reißt. Diesen Fall haben wir schon behandelt.

Das Bild vom Gluonenband hat weitreichende Konsequenzen. Wenn sich irgendwo in beliebiger Entfernung zwei farbgeladene Objekte befinden würden, müßte sich zwischen ihnen sofort ein Gluonen-Austauschband bilden, und sie müßten sich mit einer unheimlich starken Kraft anziehen oder auch abstoßen. Nach der Theorie ziehen sich ungleich gefärbte Quarks an und stoßen sich gleich gefärbte ab, genau wie es bei den elektrischen Ladungen der Fall ist. Nach unseren heutigen Vorstellungen darf es also überhaupt keine farbgeladenen Objekte in der Natur geben.

Die Theorie, aus der diese Regeln stammen, die Theorie der Farbladungen, ist die *Quantenchromodynamik* QCD. Erst seit es diese QCD-Theorie gibt, konnten sich die Quarkvorstellungen erfolgreich durchsetzen. Die QCD ist nach dem Muster der Quantenelektrodynamik QED aufgebaut worden; letztere ist die außerordentlich erfolgreiche Theorie aller elektromagnetischen Vorgänge. Die QCD ist aber noch lange nicht so weit und so genau in ihren Aussagen wie die QED. Die qualitative Übereinstimmung mit den experimentellen Befunden ist relativ gut, präzisere Berechnungen bereiten jedoch noch Schwierigkeiten.

7.5. Die Eigenart der elektroschwachen Kräfte

Unter den vielen hundert Materieteilchen, die auf Grund der Farbkräfte zwischen den Quarks existieren dürften, sind auch einige Dutzend, die entsprechend der Farbtheorie stabil sein müßten, also nicht sofort in andere Teilchen zerfallen können. Wir werden dies später noch ausführlicher zeigen. All diese Teilchen verwandeln sich aber nach einiger Zeit doch in wirklich stabile Teilchen. Dazu verhelfen ihnen weitere Naturkräfte, deren Existenz schon in den dreißiger Jahren erkannt wurde. Es handelt sich um die *schwachen Kräfte.* Sie werden von besonderen Teilchen übertragen, den Weakonen, die etwa hundertmal schwerer als die Wasserstoffatome sind.

Wir haben schon früher die elektromagnetischen Kräfte diskutiert, die für die gesamte Atomphysik, für die Chemie und für einen großen Teil unserer heutigen Technologie verantwortlich sind. Die elektromagnetischen Kräfte werden von der (auch schon öfter erwähnten) Quantenelektrodynamik QED beschrieben. Auch diese Kräfte tragen zum Zerfall der instabilen Teilchen bei.

Nun ist es einer Reihe von Physikern gelungen, eine Theorie aufzustellen, die auf natürliche Art die Quantenelektrodynamik mit einer sehr befriedigenden Theorie der schwachen Kräfte vereinigt. Wesentliche Beiträge zur Entwicklung dieser Theorie wurden von den Physikern GLASHOW, SALAM und WEINBERG geleistet. Sie erhielten dafür den Nobelpreis 1979, die Theorie wird oft nach ihnen GSW benannt. Wir werden sie hier als *elektroschwache Theorie* bezeichnen.

Die elektroschwache Theorie erklärt alle Vorgänge, die in ihren Bereich gehören, durch den Austausch von genau vier Trägerteilchen. Diese werden mit den in der Natur auftretenden Teilchen identifiziert, die wir in Tabelle 7.5.1 zeigen.

1. das Photon
2. das neutrale Weakon Z^0
3. das positive Weakon W^+
4. das negative Weakon W^-

Tabelle 7.5.1: Die Träger der elektroschwachen Kräfte

Die Weakonen haben eine sehr große Masse; sie ist so groß, daß sie den Physikern der vierziger und fünfziger Jahre unrealistisch vorkam. Deshalb lehnten sie diese Vorstellungen auch ab, obwohl die schweren Weakonen als Träger der schwachen Kräfte schon damals ernsthaft diskutiert wurden. Heute bestehen hier keine Bedenken mehr, vor allem seitdem diese Trägerteilchen auch in der Natur beobachtet wurden (s. 6.7.). Entsprechend der hohen Masse der Weakonen ist die durch sie übertragene Kraft auch auf eine sehr kurze Reichweite beschränkt, etwa auf ein Tausendstel des Protondurchmessers.

Die elektroschwache Theorie geht davon aus, daß bei sehr hohen Energien übergeordnete Kräfte herrschen, die sich auf Grund eines besonderen Mechanismus, der in der Fachsprache *Symmetriebrechung* genannt wird, bei den auf unserer Welt herrschenden Energieverhältnissen in die elektromagnetische und die schwache Kraft aufspalten. Dieser Aufspaltungsmechanismus ist an die Existenz schwerer Trägerteilchen gekoppelt. Diese Zusammenhänge wurden von dem niederländischen Physiker Gerard 'T HOOFT (geb. 1946) entdeckt, als er 1971 in der Gruppe des Theoretikers Martin VELTMAN (geb. 1931) in Utrecht seine Doktorarbeit machte.

Die elektroschwache Theorie kommt also nur dann zu vernünftigen Ergebnissen, wenn einige besondere Kraftträgerteilchen effektiv existieren. Diese Trägerteilchen müssen natürlich einen ganzzahligen Spin haben, um in beliebiger Menge erzeugt und vernichtet werden zu können, wie es für Kraftträgerteilchen notwendig ist. Man braucht in der elektroschwachen Theorie zwei neutrale und zwei elektrisch geladene Trägerteilchen. Als geladene kommen die schon seit den dreißiger Jahren in Betracht gezogenen, heute Weakonen genannten Teilchen in Frage, das positive und das negative W-Teilchen. Als neutrale Trägerteilchen passen das Photon und das neutrale Z in die Theorie.

Hier müssen wir eine Zwischenbemerkung einfügen. Die Theorie braucht auch noch mindestens ein weiteres schweres Teilchen, um funktionsfähig zu sein. Es wird nach einem der Entdecker dieser Tatsache HIGGS-Teilchen genannt. Von diesem Teilchen ist allerdings noch keine Spur gefunden worden. Trotz dieses, 1984 noch nicht gelösten, Problems ist die elektroschwache Theorie allgemein anerkannt worden. Sie ist damit zur Grundlage eines großen Teils unserer heutigen Technologie avanciert, da sie ja die Quantenelektrodynamik beinhaltet. Sie erklärt außerdem noch die Bereinigung des Teilchen-Zoos durch die relativ langsamen Zerfallsprozesse, die auf die Wirkung der schwachen Kräfte zurückgeführt werden. Sogar bei der für uns lebenswichtigen Energieerzeugung durch Fusion im Zentrum der Sonne ist die schwache Kraft entscheidend beteiligt.

Wir betrachten jetzt die beiden neutralen Träger der elektroschwachen Kräfte, das Photon und das Z. Es handelt sich um zwei sehr ähnliche Teilchen. Bis auf ihre Masse haben sie die gleichen quantenmechanischen Eigenschaften. Man bezeichnet deshalb das Z manchmal als schweres Licht oder schweres Photon. Entsprechend können die beiden Kraftträger auch an den gleichen Vorgängen zwischen elektrisch geladenen Urteilchen beteiligt sein. Es gibt Fälle, in denen beide Partner an einer Reaktion mit vergleichbarer Intensität teilnehmen. Dies geschieht im Sinne der Quantenmechanik: Die Addition der beiden Beiträge muß nach Regeln durchgeführt werden, die für Wahrscheinlichkeitswellen gültig sind (s. 3.8.). Ein sehr gutes Beispiel einer solchen Mischung ist die Myonenpaarerzeugung am Speicherring PETRA (s. 6.7.), bei der eine Asymmetrie beobachtet wird, die nur durch einen Welleninterferenzeffekt erzeugt werden kann.

$$\text{Elektron} + \text{Positron} \rightarrow \begin{matrix} Z^0 \\ \text{oder} \\ \text{Photon} \end{matrix} \rightarrow \text{pos. Myon} + \text{neg. Myon}$$

Es gibt Fälle, an denen nur eines der beiden neutralen Trägerteilchen der elektroschwachen Kräfte beteiligt sein kann: Wenn Energie als elektromagnetische Strahlung mit Lichtgeschwindigkeit längere Strecken zurücklegen muß, kommt als Trägerteilchen nur das masselose Photon in Frage. Es gibt keine Radiowellen, die durch schwache Kräfte verursacht werden. Andererseits gibt es auch Reaktionen, an denen Teilchen ohne elektrische Ladung teilnehmen, wie zum Beispiel die Streuung von Neutrinos an Elektronen. Hieran kann das Photon nicht teilnehmen, weshalb nur ein Z als Trägerteilchen dienen kann.

Diese Tatsachen zeigen, daß zwischen Photon und Z doch ein wesentlicher Unterschied besteht. Wir haben die eben beschriebenen Vorgänge in Abb. 7.5.1 graphisch dargestellt.

Es gibt natürlich auch Fälle, an denen beide neutralen Träger – Photonen und Z-Teilchen – teilnehmen, aber der eine oder der andere stark überwiegt. Hier spielt die Energie, die bei einem Prozeß zur

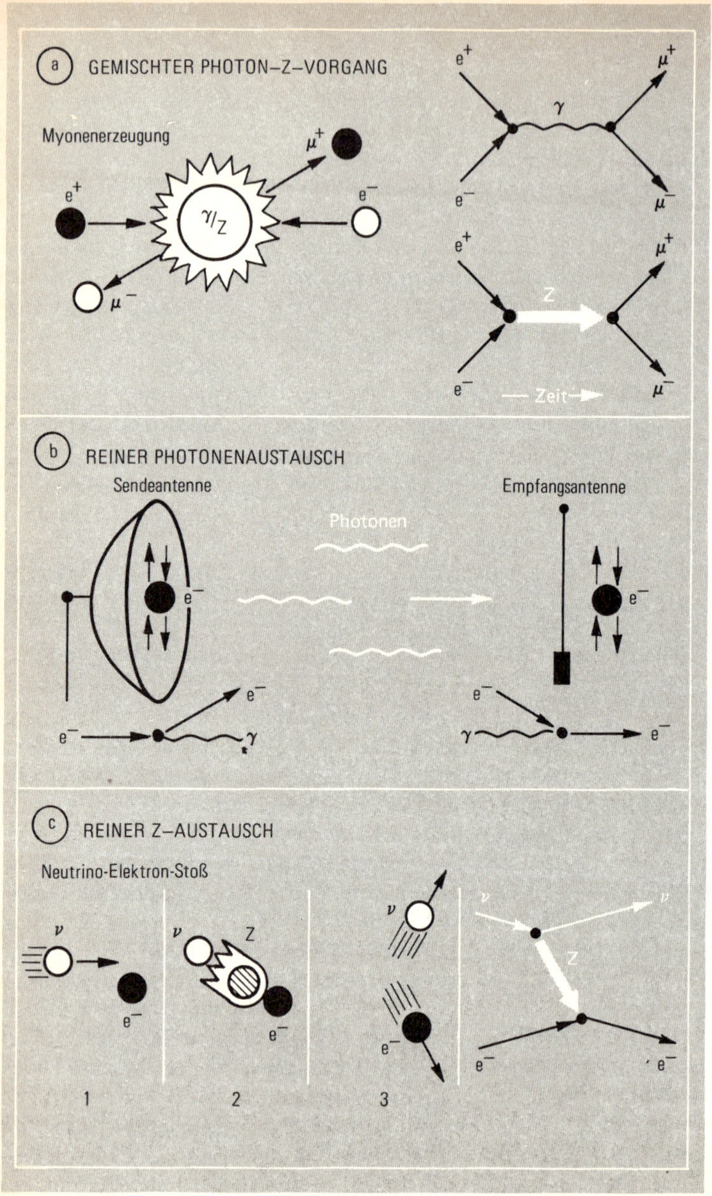
a
GEMISCHTER PHOTON–Z–VORGANG
Myonenerzeugung
e⁺
e⁻
μ⁺
μ⁻
γ/Z
γ
Z
Zeit
b
REINER PHOTONENAUSTAUSCH
Sendeantenne
Empfangsantenne
Photonen
e⁻
γ
c
REINER Z–AUSTAUSCH
Neutrino-Elektron-Stoß
ν
Z
e⁻
1
2
3

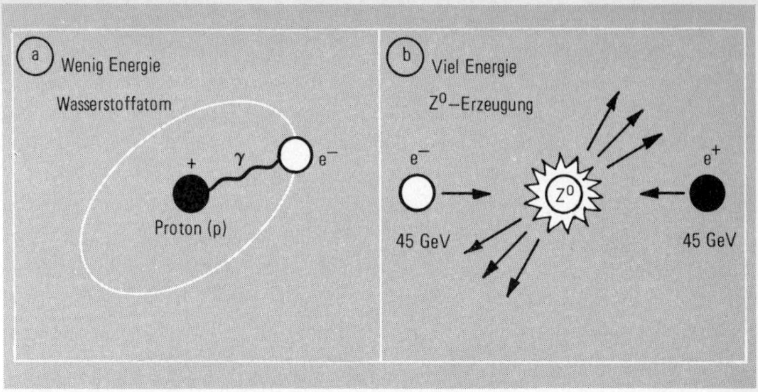

Abb. 7.5.2: Bei einem Vorgang, der sowohl durch Photonen- als auch durch Z-Austausch vor sich gehen kann, entscheidet die vorhandene Energie über die relative Häufigkeit der beiden Wege

Verfügung steht, die ausschlaggebende Rolle. So ist bei allen Vorgängen in der Atomhülle und in den Atomkernen die Energie so klein, daß das Photon als Zwischenzustand den Vorrang hat. Bei Reaktionen, die in der Größenordnung von 100 GeV Energie stattfinden (was etwa der Masse des Z entspricht), kann man wiederum das Photon vernachlässigen, weil dann das Z überwiegt. Man erwartet dies bei der Elektron-Positron-Vernichtung, wenn Strahlenergien von etwa 50 GeV erreicht werden. Am Speicherring LEP am CERN sollen diese Reaktionen experimentell nachgewiesen werden. Diese beiden Fälle werden in Abb. 7.5.2 dargestellt.

Wenn die Energien noch viel größer sind – etwa 100000 GeV –, so ist die Masse des Z zu vernachlässigen. Die Theorie enthält dann nur mehr *praktisch* masselose Trägerteilchen, wie es in der normalen Quantenelektrodynamik (mit nur Photonen) und in der Quantenchromodynamik (mit den Gluonen) der Fall ist.

Die Tatsache, daß es elektrisch neutrale Teilchen gibt, die an Streuprozessen teilnehmen, welche nur durch den Austausch eines Z

◂ Abb. 7.5.1: Die Reaktion (a) kann sowohl über den Zwischenzustand «Photon» als auch über den Zustand «Z» vor sich gehen. Die Übertragung von Rundfunkwellen (b) geschieht nur durch Photonen. Stoß und Abprall eines Neutrinos (c) können nur über den Austausch eines Z-Teilchens geschehen stattfinden, wie die schon oben erwähnte Neutrino-Elektron-Streuung, diese Tatsache zeigt, daß die vom Z übertragene Kraft doch eine andere ist als die vom Photon übertragene. Man käme sonst leicht in die Versuchung, alles als nur *eine* Kraft zu betrachten. Das Photon überträgt jedoch nur die Kräfte zwischen elektrischen Ladungen, das Z hingegen überträgt die Kräfte zwischen einer anderen Art von Ladung, die wir schwache Ladung nennen. Daß sich die beiden Kräfte in der Natur vermischen, beruht auf der ähnlichen Beschaffenheit ihrer Trägerteilchen. Wir werden gleich die weiteren Träger der Kräfte zwischen schwachen Ladungen behandeln, die mit dem Photon keinerlei Mischung eingehen. Diese haben nämlich selbst eine elektrische Ladung, was sie vom Photon grundsätzlich unterscheidet.

Das positiv und das negativ geladene Weakon sind die einzigen Träger von Urkräften, die elektrisch geladen sind. Alle anderen bis heute bekannten Trägerteilchen sind elektrisch neutral. Die beiden W-Teilchen, für deren Existenz am Proton-Antiproton-Speicherring SPS am CERN 1983 eine experimentelle Bestätigung gelang (s. 6.7.), spielen die wichtigste Rolle bei den relativ langsamen Zerfällen der Urteilchen in ihre stabileren Partner. Auf Grund ihrer elektrischen Ladung können die W-Teilchen natürlich nur an ganz bestimmten Übergängen beteiligt sein.

Wenn ein W-Teilchen abgestrahlt wird, ändert sich die elektrische Ladung des abstrahlenden Teilchens um eine Einheit, und zwar genau um so viel, daß die Ladung des W-Teilchens kompensiert wird. Wenn ein W-Teilchen aus der Vernichtung zweier Urteilchen entsteht, dann muß seine Ladung der Summe der Ladungen der vernichteten Teilchen entsprechen. Das gleiche gilt bei den umgekehrten Prozessen. Wir erinnern daran, daß die elektrische Ladung bei den Urprozessen immer genau erhalten bleibt. Wenn wir diese Regel beachten, finden wir in unserer Tabelle der Urteilchen und ihrer Ladungen (Tabelle 7.2.1) alle in der Natur vorkommenden Zerfälle von Teilchen. Wir haben einige Beispiele in Abb. 7.5.3 zusammengestellt.

Es wäre sehr schön, wenn wir hier die Erläuterungen über die schwachen Kräfte beenden könnten. Die Natur hat es uns leider nicht so leicht gemacht. Eine große Zahl von Übergängen, die wir jetzt aus der Tabelle der Urteilchen entnehmen würden, gibt es nämlich nicht, oder sie können nur unter bestimmten Umständen auftreten. Dies hängt mit einigen Eigenarten der schwachen Kräfte zusammen, die wir noch kurz erläutern möchten. Die schwachen Kräfte

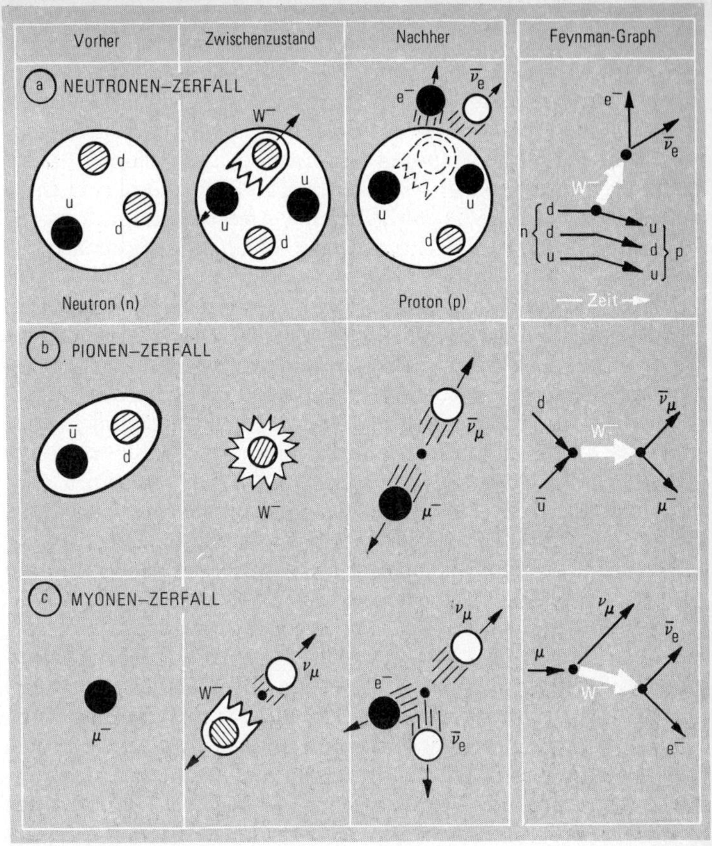

Abb. 7.5.3: Darstellung von Zerfallsreaktionen, die in der Natur auftreten:
(a) Neutronen-Betazerfall
(b) Pionenzerfall
(c) Myonenzerfall

haben zwar einen großen Reiz für die Physiker, sind aber nicht besonders geeignet für eine anschauliche Darstellung. Sie sind jedoch wichtig für die Weiterentwicklung der Teilchenphysik, weil sie durch ihren Zusammenschluß mit der Elektrodynamik den Weg zur Vereinigung aller Naturkräfte andeuten. Wir werden versuchen, hier doch noch einige Begriffe aus dieser interessanten Theorie vereinfacht darzustellen.

Bei den schon früher behandelten elektrischen Ladungen und auch bei den Farbladungen haben wir es mit Ladungen zu tun gehabt, die einem Erhaltungssatz unterworfen sind. Die Summe der Ladungen ist vor und nach einer Reaktion genau die gleiche; sie bleibt immer erhalten.

Bei den schwachen Ladungen müssen wir vorwegnehmen, daß sie ganz anders als die elektrischen oder die Farbladungen zu betrachten sind: Sie entstehen und verschwinden je nach Bedarf. Ihre Existenz ist für die Theorie sehr wichtig; dem anschaulichen Mitdenken helfen sie aber kaum, da sie nicht erhalten bleiben.

Die schwachen Ladungen sind gelegentlich mit den elektromagnetischen Ladungen verknüpft. Dies ist wohl auch ein Grund für die Entstehung einer gemeinsamen Theorie. Aber die schwachen Ladungen sind noch mit einer anderen Eigenschaft der Urteilchen in Zusammenhang zu bringen. Einige der einzuführenden schwachen Ladungen sind von der Orientierung der inneren Drehimpulse oder Spins der beteiligten Teilchen abhängig. Dies ist eigentlich nicht sehr sonderbar, da der Spin ja bei allen Vorgängen eine wichtige Rolle spielt. Nur: hier ist diese Rolle etwas merkwürdig gestaltet.

Die Spinorientierung ist für die geladenen Weakonen wichtig. Bei den neutralen Z-Teilchen spielt sie keine so bedeutsame Rolle.

Jetzt definieren wir erst, was wir mit Spinorientierung in diesem Fall meinen. Es handelt sich um einen sehr einfachen und anschaulich darstellbaren Tatbestand. Wir werden hier die Orientierung des Spins mit der Richtung, in der sich ein Teilchen bewegt, in Beziehung bringen. Wenn wir die Bewegungslinie eines Teilchens mit Spin ½ betrachten, dann gibt es nach den Regeln der Quantenmechanik nur Teilchen, die sich nach rechts drehen, und andere, die sich nach links drehen. Bei Schrauben kann man sagen, in welche Richtung sie sich einbohren. Es gibt Rechts- und Links-Schrauben. Um diesen Dreh-

Abb. 7.5.4: Teilchen mit Spin ½ können sich wie Rechtsschrauben (R) oder wie Linksschrauben (L) bewegen (= Helizität)

sinn zu definieren, verwenden wir am besten unsere Hände: Wenn der Daumen in die Bewegungsrichtung zeigt, geben die eingeknickten Finger einer linken Hand den linken Drehsinn an und umgekehrt natürlich bei der rechten Hand (Abb. 7.5.4). Wir erinnern hier auch an die Tatsache, daß man durch Umdrehen eine Linksschraube nie in eine Rechtsschraube verwandeln kann. In einem Spiegel betrachtet, sind jedoch alle Rechtsschrauben in Linksschrauben verwandelt und umgekehrt.

Nach dieser Definition kann ein Teilchen mit Spin ½ in seiner Bewegung entweder einer Rechts- oder einer Linksschraube entsprechen. Eine weitere Möglichkeit gibt es nicht. Und jetzt werden wir eine sonderbare Regel einführen, die aus der Beobachtung vieler Vorgänge stammt:

Die geladenen Träger der schwachen Kräfte, das W^+ und das W^-, beteiligen sich nur an Reaktionen (Urvorgängen), bei denen sich die Urteilchen wie Linksschrauben und die Antiurteilchen wie Rechtsschrauben bewegen.

Wenn wir die W-Teilchen als Träger der Kräfte zwischen *Ladungen* betrachten, dann sind in diesem Fall die schwachen Ladungen nur bei einem bestimmten Drehsinn der beteiligten Teilchen vorhanden. Falscher Drehsinn ist gleichbedeutend mit Unempfindlichkeit gegenüber denjenigen schwachen Kräften, die von geladenen Weakonen übertragen werden. Natürlich muß auch eine Änderung der elektrischen Ladung stattfinden, da diese Weakonen gleichzeitig elektrische Ladung mitnehmen. Diese Regeln führen zu gar nicht trivialen Konsequenzen, die wir an Hand einiger Beispiele erläutern möchten.

Betrachten wir als erstes das wohl wichtigste Experiment zu diesem Thema, die Erzeugung der W-Teilchen beim CERN (s. 6.7.). Es wurden Protonen gegen Antiprotonen geschossen, wobei sich manchmal ein Quark und ein Antiquark treffen sollten, wie es in Abb. 7.5.5 gezeigt ist. Beim Zusammenstoß eines u-Quarks mit einem Anti-u-Quark könnte zum Beispiel ein neutrales Z erzeugt werden. Das gleiche gilt für den Zusammenstoß eines d-Quarks mit einem Anti-d-Quark. Der Spin ist hier, wie schon erwähnt, uninteressant.

Beim Zusammenstoß eines u-Quarks mit einem Anti-d-Quark kann dagegen ein W^+ entstehen, und beim Zusammenstoß eines d-Quarks mit einem Anti-u-Quark kann ein W^- entstehen, wie wir

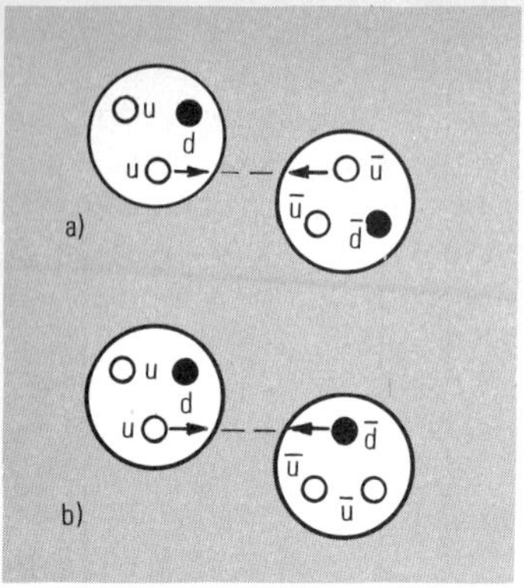

Abb. 7.5.5: Die Möglichkeiten, Weakonen beim Proton-Antiproton-Stoß zu erzeugen (s. auch Abb. 6.7.4)

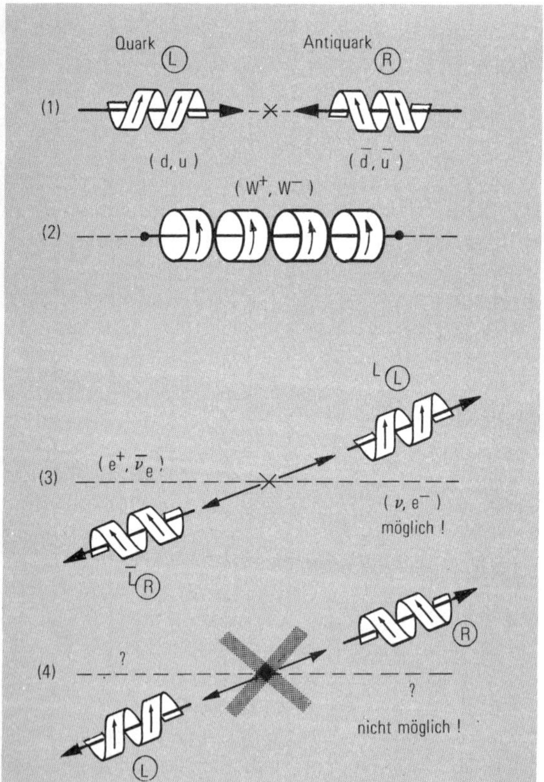

Abb. 7.5.6: Nur Quarks mit dem richtigen Schraubensinn (Helizität) können sich in ein geladenes Weakon verwandeln (1). Dieses Weakon hat dann eine vorgegebene Drehrichtung (2); seine Zerfallsleptonen zeigen eine Vorwärts-Rückwärts-Asymmetrie (3)

aus den in der Tabelle 7.2.1 der Urteilchen angegebenen elektrischen Ladungen leicht entnehmen können. Die Ladung ergibt sich immer aus der Summe der Ladungen der beiden zusammenstoßenden Quarks. Aber in beiden Fällen muß die Richtung der Spins stimmen: Ein W-Teilchen wird nur dann entstehen, wenn das Quark linkshändig eintrifft und das Antiquark rechtshändig. Da die Teilchen in entgegengesetzter Richtung eintreffen, sind dann ihre Drehbewegungen gleichgerichtet (Abb. 7.5.6 [1]). Dadurch ist die Drehbewegung des entstandenen W-Teilchens festgelegt, sie verläuft natürlich auch in der gleichen Richtung; sie entsteht aus den Drehbewegungen (Spins) der einfallenden Teilchen.

Jetzt zerfällt das gebildete W-Teilchen sofort. Es hat dafür verschiedene Möglichkeiten. Wir betrachten die experimentell beobachteten Zerfälle in ein Elektron (oder Positron) und ein Neutrino. Auch dies kann nur dann passieren, wenn die Schraubenbewegung dieser Teilchen die richtige Richtung hat.

Bei einem Zerfall mit einem kleinen Winkel zur Strahlachse kann man den Verlauf anschaulich verstehen. Auf Grund der Schraubenregel wird also jeweils ein Lepton (Linksschraube) in der Richtung des einfallenden Qarks entstehen und ein Antilepton (Rechtsschraube) in der Richtung des einfallenden Antiquarks. Die Zerfallsprodukte müssen ja den Drehimpuls des Zwischenzustandes W aufnehmen, wie es in Abb. 7.5.6 als Nummer (3) gezeigt ist.

Im Falle eines W^--Teilchens, das ja aus einem d-Quark und einem Anti-u-Quark entstanden sein muß, gilt der Zerfall in ein Elektron (Lepton) und ein Antineutrino (Antilepton). Das Elektron muß in der Richtung des Protonenstrahls (der ja das d-Quark geliefert hat) abgestrahlt werden.

Es ergibt sich nach einer genaueren Berechnung (die auch für seitlich abgestrahlte Leptonen gilt) eine Präferenz dafür, daß die Elektronen in der Protonenrichtung abgestrahlt werden. Genau das Gegenteil muß im Falle der W^+-Teilchen passieren, die ja in Positronen (Antileptonen) und Neutrinos zerfallen. In der Abb. 7.5.6 haben wir in den Klammern jeweils die beiden möglichen Fälle eingetragen. All dies wurde in den CERN-Experimenten bestätigt.

Die Neutrinos und Antineutrinos stammen in der Natur aus dem Zerfall der W-Teilchen (Abb. 7.5.7), der sich so ähnlich vollzieht, wie wir ihn eben gezeigt haben. Milliarden von Neutrinos, aus den Fusionsreaktionen, die der Sonne zu ihrer Energieabstrahlung verhelfen, durchqueren unseren Körper jede Sekunde (Abb. 7.5.8). Für all

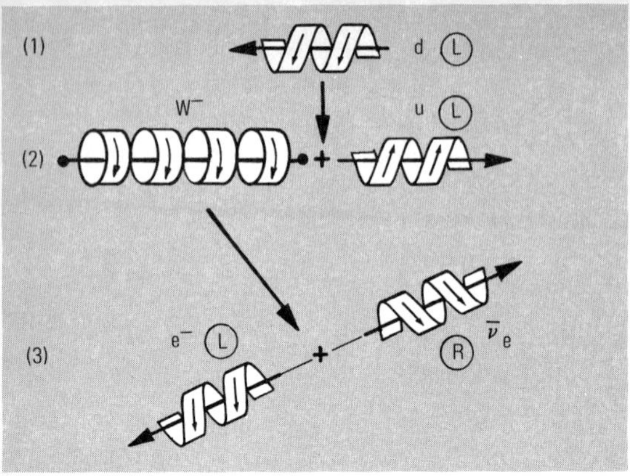

Abb. 7.5.7: Der Schraubensinn (Helizität) der Endprodukte beim Betazerfall des Neutrons

diese neutralen und unsichtbaren Teilchen gilt, daß die *Neutrinos linkshändig und die Antineutrinos rechtshändig erscheinen.* Es handelt sich hier um eine Tatsache, um eine neue Erkenntnis, die man wohl mit der Entdeckung des immer gleichbleibenden Schraubendrehsinns der Eiweißmoleküle oder der Schneckengehäuse vergleichen kann.

In diesem und im vorigen Abschnitt haben wir einen Teil der sonderbaren Welt der in der Natur herrschenden Urkräfte kennenge-

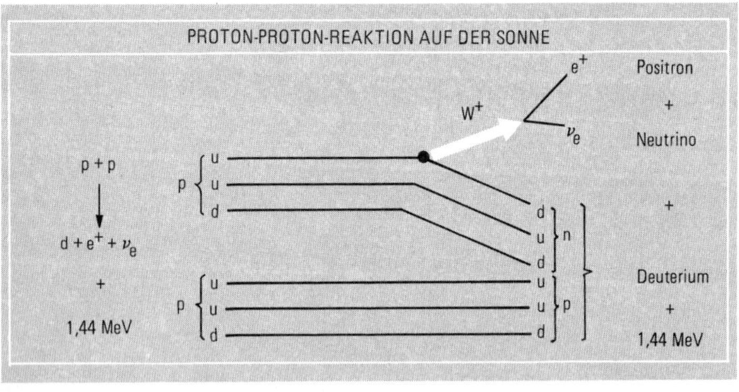

Abb. 7.5.8: Darstellung der Proton-Proton-Reaktion, die bei den im Zentrum der Sonne herrschenden Bedingungen das erste Glied in der Fusionskette darstellt, die im Endeffekt zur Bildung von Helium aus Wasserstoff führt. Diese Reaktionen versorgen uns mit Energie und machen das Leben auf der Erde möglich

lernt. Diesen Kräften verdanken wir, daß unsere Umgebung so aussieht, wie wir es gewohnt sind. Die Entdeckung vieler dieser Zusammenhänge stammt aus den letzten Jahrzehnten. Es wird noch lange dauern, bis man ihre Auswirkungen und vielleicht sogar ihre Anwendungsmöglichkeiten verstanden hat. Bei den Elektronen und den elektromagnetischen Kräften hat diese Entwicklung ein gutes Jahrhundert in Anspruch genommen.

7.6. Die leichtesten Quarkverbindungen

In den vorigen Abschnitten haben wir die Kräfte beschrieben, welche Quarks aneinander binden können. Mit diesen Kenntnissen wagen wir uns jetzt an den Aufbau etwas größerer Materieteilchen. Die in Abschnitt 7.4. gegebenen Farbregeln begrenzen die Zahl der möglichen Kombinationen auf ein überschaubares Maß.

Wenn zum Beispiel genau zwei Quarks eine Verbindung bilden, dann geht das nur, wenn sie jeweils eine Farbe und eine Antifarbe haben, die zusammen einen neutralen oder farblosen Ton ergeben. Das bedeutet, daß Zweierverbindungen immer aus einem Quark und einem Antiquark bestehen müssen. Dies genau ist die große Familie der *Mesonen.* Zwei normale Quarks (oder zwei Antiquarks) können nie einen neutralen Farbton ergeben: Es fehlt ihnen die dritte Farbe oder die Antifarbe. Dagegen kann das eine in einem Meson enthaltene Quark die gleiche oder eine andere Identität (Flavour) haben als das dazugebundene Antiquark. So ergibt sich schon aus den fünf bis heute bekannten Quark-Flavours eine erhebliche Zahl von Mesonen. Es sind dies die einfachsten Quarkverbindungen, die es überhaupt gibt. Die Mesonen haben den Physikern erlaubt, viele Eigenschaften der stahlfederartigen Quarkkräfte zu untersuchen. Denn Mesonen können, wie schon früher gezeigt, im Laboratorium erzeugt und untersucht werden, zum Beispiel in Speicherringen.

Dreierkombinationen von Quarks können auch nach den Farbregeln gebildet werden. Mit drei Quarks, jeweils in den Grundfarben (und ohne Antiquarks), ist dies möglich. Mit drei Antiquarks geht es auch. Gemischte Dreiersysteme kann es dagegen nicht geben. Die erlaubten Dreiersysteme bilden die Familie der *Baryonen.*

Jeweils drei Quarks bilden zum Beispiel die Bausteine der Atomkerne, die Protonen und die Neutronen. In jedem dieser Teilchen sind drei Quarks gebunden. Wie wir schon früher erläutert haben, kann man sich modellartig vorstellen, daß sich die Quarks im Proton oder Neutron wie in einer Blase eingesperrt hin und her bewegen, dabei dauernd Gluonen austauschen, aber nie herauskönnen. Diese Dreierverbindungen sind die wichtigsten Bestandteile der stabilen Materie. Mit ihnen und mit den Elektronen werden Atomkerne, Atome und Moleküle gebildet.

Bei dem Versuch, Verbindungen aus vier oder mehr Quarks zu bilden, entdeckt man schnell, daß dies nach den obengenannten Regeln der Farbkräfte gar nicht so einfach möglich ist. Ein viertes Quark zu einer stabilen Dreierkombination dazugefügt, würde kein neutral gefärbtes Gebilde ergeben. Zwei (erlaubte) Mesonen oder Baryonen würden sich nicht mit Farbkräften anziehen; sie sind in ihren «Blasen» isoliert. Auf diese Art könnten wir also keine Vierer- oder Sechser-Kombinationen bilden.

Diese hier aus dem Farbmodell abgeleiteten Tatbestände werden von der Natur voll bestätigt. Man hat noch kein einziges Teilchen gefunden, das nicht entweder aus einem Quark-Antiquark-Paar oder aus drei Quarks aufgebaut ist. Und selbst unter diesen sind auch nur solche Kombinationen entdeckt worden, die nach den Regeln der Quantenmechanik erlaubt sind.

Die mit Hilfe der Farbtheorie konstruierten Quarkverbindungen können noch bezüglich ihrer elektrischen und Drehimpuls-Eigenschaften klassifiziert werden. Dabei ergibt sich eine erstaunliche Übereinstimmung mit der großen Schar der effektiv beobachteten Teilchen. Es bleiben auch keine unklassifizierten Teilchen übrig. Dies wird als einer der größten Erfolge der Theorie betrachtet.

Wenn wir die von den Farbregeln vorgeschriebene Methode konsequent weiterführen, erkennen wir auch, warum es in der Natur normalerweise keine freien elektrischen Drittelladungen geben kann: Sowohl die Zweier- wie auch die Dreier-Verbindungen (Mesonen und

	Ladung				
Quark + Antiquark = Mesonen		−1	0	+1	
Dreier-Quarks = Baryonen		−1	0	+1	+2
Dreier-Antiquarks = Antibaryonen	−2	−1	0	+1	

Tabelle 7.6.1: Mögliche elektrische Ladungen

Baryonen), die aus unserer Quarktabelle 7.2.1 (Urbausteine) aufgebaut werden können, haben ganzzahlige elektrische Ladung. Wir sehen auch, daß Baryonen höchstens die Ladung zwei haben können und Mesonen die Ladung eins. Wir haben das in der Tabelle 7.6.1 zusammengestellt.

Wir sehen, daß unsere Tabelle nur Teilchen mit ganzzahliger elektrischer Ladung enthält, obwohl wir sie nur auf Grund der Farbregeln aus Teilchen mit Drittelladungen konstruiert haben. Daraus folgt:

Die Farbladungen der Quarks und die Regeln, denen sie unterworfen sind, verhindern automatisch die Existenz von freien elektrischen Drittelladungen.

Dieses doch sehr sonderbare Ergebnis zeigt, daß zwischen den Farbkräften und den elektrischen Ladungen Beziehungen bestehen, die wir heute noch nicht verstehen, auf die wir deshalb auch hier nicht weiter eingehen, obwohl sie für zukünftige Untersuchungen wegweisend sind. Alle real existierenden Teilchen müssen natürlich in das oben angegebene, zwingende Schema der möglichen elektrischen Ladungen hineinpassen.

Wir werden jetzt zeigen, wie die wichtigsten in der Natur auftretenden Materieteilchen im Rahmen der Quarktheorie mit Farbladungen ganz natürlich als die einfachsten, erlaubten Verbindungen der bekannten Quarks verstanden werden können. Für die Entstehung dieser Verbindungen und für eine vernünftige Abschätzung ihrer Stabilität ziehen wir dann die Urprozesse heran und werden auch hier hervorragende Übereinstimmung mit den Ergebnissen der Experimente wiederfinden. Hier spielen natürlich auch die Trägerteilchen der verschiedenen Urkräfte eine entscheidende Rolle.

Wir werden als erstes die leichtesten Verbindungen, also die mit der kleinsten Ruhemasse, betrachten. Dabei nehmen wir an (was auch im allgemeinen richtig ist), daß schwerere Teilchen wenn möglich in leichtere zerfallen werden. Die Zustände geringster Masse oder Energie sind deshalb auch die wichtigsten; zumindest sind sie es, von denen wir erwarten, daß sie stabil sind, weil sie in nichts anderes zerfallen können.

Die leichtesten unter den Quarks sind die u- und die d-Quarks. Die leichtesten Leptonen sind die Elektronen und natürlich die entsprechenden Elektron-Neutrinos, die nach dem heutigen Wissensstand (1984) eine sehr kleine Masse haben, wenn sie nicht sogar masselos sind. Wenn wir noch die entsprechenden Antiteilchen dazunehmen, erhalten wir die acht leichtesten Urteilchen.

Diese Teilchen bilden eine Familie, die wir, wie allgemein üblich, als eine *Generation* von Urteilchen bezeichnen, in diesem Fall als die *erste Generation*. Wir können die Teilchen einer Generation entsprechend ihrer elektrischen Ladung ordnen (Tabelle 7.6.2). Jede Ladung kommt nämlich nur einmal vor. Innerhalb einer Generation genügt also die Angabe der elektrischen Ladung, um ein Teilchen voll zu identifizieren. Dies ist nicht selbstverständlich, sondern wieder ein klarer Hinweis auf ein höher liegendes Ordnungsschema. Das Neutrino und sein Antiteilchen bilden eine Ausnahme, da man sie auf Grund ihrer Ladung Null nicht unterscheiden kann. Es ist nach dem heutigen Stand unseres Wissens nicht klar, ob das Neutrino und sein Antineutrino als unterschiedliche Teilchen zu behandeln sind.

Wir werden jetzt mit den Quarks der ersten Generation, im Rahmen unserer Regeln, die leichtesten zusammengesetzten Teilchen auf rein theoretische Art bilden und erhalten dabei natürlich die gleichen Ergebnisse, die wir schon in Zusammenhang mit dem ersten Quarkmodell (s. 5.9.) erzielt haben. Dazu noch einige Vorbemerkungen.

Eine wichtige mechanische Eigenschaft dieser Urteilchen ist ihr Drehimpuls. Alle Urteilchen haben ja den gleichen Spin oder inneren Drehimpuls. Man kann sich jeden der Urbausteine wie einen kleinen Kreisel vorstellen, und zwar als den kleinsten, der in der Natur überhaupt auftreten kann. Dieser Drehimpuls hat einen festen Wert, der

ERSTE GENERATION

Urteilchen	Ladung	Masse in MeV
Positron	+1	0,51
u-Quark	+2/3	300
Anti-d-Quark	+1/3	300
Elektron-Neutrino	0	0?
Elektron-Antineutrino	0	0?
d-Quark	−1/3	300
Anti-u-Quark	−2/3	300
Elektron	−1	0,51

Tabelle 7.6.2: Die erste Generation von Urteilchen, nach ihrer elektrischen Ladung geordnet

genau gleich der Hälfte des PLANCK-Wirkungsquants dividiert durch 2 π, also ℏ/2 ist. Die Spitze des Kreisels kann in verschiedene Richtungen zeigen. Nach den Regeln der Quantenmechanik wird jedoch auf die Frage, ob der Spin in eine gewisse, vorgegebene Richtung zeigt, immer nur die Antwort gegeben: *nach oben* (up) oder *nach unten* (down) (s. 3.4.), oder es wird die entsprechende *Wahrscheinlichkeit* angegeben. Wenn man sich die kleinen Kreisel auch noch als rotierende elektrische Ladungen vorstellt, dann kommt man zu dem Schluß, daß sich um diese Teilchen ein Magnetfeld, wie um eine kleine Spule, bilden muß. Es wird uns im folgenden manchmal nützlich sein, uns die Urteilchen als winzige Magnetstäbchen vorzustellen.

Die Tatsache, daß alle Urbausteine den gleichen inneren Drehimpuls oder Spin ½ haben, beinhaltet eine Reihe von wichtigen quantenmechanischen Konsequenzen, von denen wir gelegentlich Gebrauch machen müssen.

Bei den Quarkverbindungen muß der Drehimpuls natürlich auch berücksichtigt werden. Die inneren Drehimpulse der Quarks müssen addiert werden; zusätzlich können sich die Quarks noch umeinander drehen und somit weitere Bahndrehimpulseinheiten steuern. Aus der Summe all dieser Drehimpulse ergibt sich dann der Gesamtdrehimpuls des zusammengesetzten Teilchens. Je höher der Bahndrehimpuls (die Teilchen drehen sich, bei gleichem gegenseitigem Abstand, «schneller» umeinander), um so größer ist aber die Energie des Systems, also im allgemeinen auch die Masse. Da wir uns aber einstweilen auf die leichtesten Teilchen konzentrieren wollen, betrachten wir erst diejenigen, die keinen zusätzlichen Bahndrehimpuls haben. Dies entspricht den tiefsten Bahnen in einem Potentialtopf (s. 4.4.), den wir uns ähnlich wie bei den Atomen und Atomkernen vorstellen können.

Die Dreierverbindungen von Quarks spielen eine wichtige Rolle in

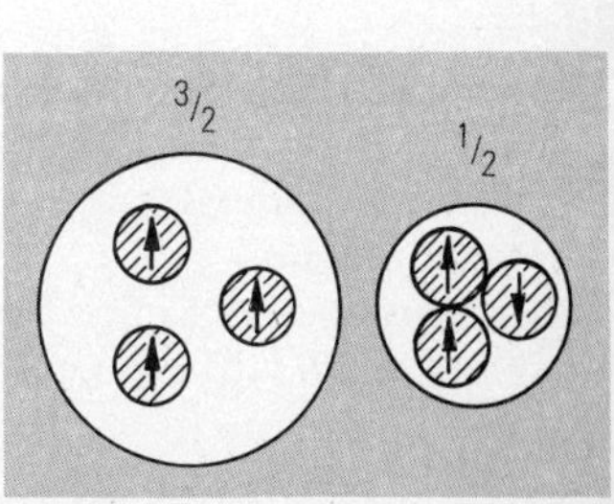

Abb. 7.6.1: Mögliche Spinorientierung von drei Quarks

der Natur. Wir fangen deshalb mit ihnen an. Man kann die drei Spins der Quarks parallel setzen und erhält den Gesamtspin 3/2. Man kann aber auch einen von ihnen *antiparallel,* das heißt in die entgegengesetzte Richtung, setzen und erhält dann den Spin 1/2, wie in Abb. 7.6.1 gezeigt wird. Auch hier gilt die Regel, daß der kleinere Gesamtdrehimpuls einer geringeren Energie oder Masse entspricht. Das Aufrichten des antiparallelen Spins (so daß dann alle drei in die gleiche Richtung zeigen) erfordert Energie. Man kann sich das gut vorstellen, wenn man die Quarks als kleine Magnetstäbchen ansieht. Wir betrachten also als erstes die Verbindungen mit Gesamtspin 1/2. Nach einer allgemeinen Regel der Quantenmechanik (es handelt sich um sogenannte *Symmetrieeigenschaften der Wellenfunktion,* die das System beschreibt) kann ein solches System nicht aus drei Teilchen, die selbst auch Spin 1/2 und gewisse Symmetrieeigenschaften haben, bestehen. Es bleiben uns also nur zwei Kombinationen übrig, die wir in Tabelle 7.6.3 aufführen.

Quarks	El. Ladung	Teilchen	Masse
u + u + d	+ 1	Proton	938,280 MeV
u + d + d	0	Neutron	939,573 MeV

Tabelle 7.6.3: Die leichtesten 3-Quark-Verbindungen der ersten Generation mit Spin 1/2

Die erste Verbindung der Tabelle hat die elektrische Ladung eins, die zweite Null. Ihre Masse könnte, abgesehen von einer kleinen Bindungsenergie (wie in der Chemie), etwa 900 MeV betragen. Dies entspricht der des *Protons* und des *Neutrons* unserer Atomkerne. Tatsächlich sind sie die beiden wichtigsten Bausteine der stabilen und schweren Materie. Dies sind also die leichtesten Dreierverbindungen von Quarks, die in der Natur vorkommen. Bei der Masse muß berücksichtigt werden, daß die Massen der Quarks nur grobe Anhaltspunkte sind und keine exakt definierten Werte, wie schon früher erläutert wurde.

Zum Proton und Neutron müssen wir noch die entsprechenden Kombinationen bilden, die man erhält, wenn man alle Quarks mit Antiquarks vertauscht; die leichtesten Verbindungen sind dann das *Antiproton* und das *Antineutron.* Sie kommen aber in der Natur nur

Abb. 7.6.2: Mögliche Spinorientierung von zwei Quarks

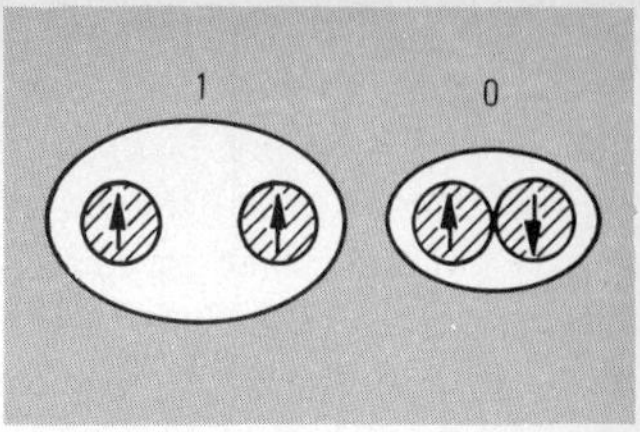

sehr selten vor, und zwar als Produkte von hochenergetischen Reaktionen in der Höhenstrahlung oder an Beschleunigern. Sie sind aber genauso stabil wie die eben behandelten Dreierverbindungen von Quarks, die Protonen und Neutronen. Es ist im Prinzip möglich, aber sehr unwahrscheinlich, daß es ganze Sternsysteme aus Antimaterie gibt. Wir haben für ihre Existenz noch keinerlei Beweise.

Jetzt versuchen wir die einfachsten Zweierverbindungen aus den Quarks der ersten Generation zu bilden. Haben wir zwei Quarks, so können wir die beiden inneren Drehimpulse parallel setzen und entsprechend addieren oder antiparallel und sie subtrahieren. Im ersten Fall erhalten wir den Gesamtspin *eins* und im zweiten *Null* (Abb. 7.6.2).

Auch hier gilt die Regel, daß der kleinere Drehimpuls einer geringeren Energie oder Masse entspricht. Wir nehmen also als erstes die Quark-Antiquark-Systeme (also Mesonen) mit Spin Null. Bei diesen Teilchen ist die Bindung besonders stark. Wir identifizieren sie mit den YUKAWA-Teilchen der Kernkräfte, den Pionen.

Es ergibt sich aus den Experimenten, daß die Gesamtmasse dieser Teilchen sehr viel kleiner ist als die Summe der vermuteten Massen

Quarks	El. Ladung	Teilchen	Masse
$d + \bar{u}$	−1	Negat. Pion	139,567 MeV
$u + \bar{d}$	+1	Posit. Pion	139,567 MeV
$d + \bar{d}$ $u + \bar{u}$	0 0	Neutr. Pion	134,963 MeV

Tabelle 7.6.4: Die leichtesten Quark-Antiquark-Verbindungen der ersten Generation mit Spin 0

der beiden Quarks, nämlich nur etwa 140 MeV; die Summe der Quarkmassen würde 600 MeV ergeben. Man führt das auf eine besonders starke Bindungsenergie zurück. Die Quarks liegen in einer sehr tiefen Bahn in dem Potentialtopf. Wenn man an das Modell der Magnetstäbchen für die zwei Teilchen mit Spin denkt und den Versuch mit zwei Stäbchen in antiparalleler Lage durchführt, erscheint einem die Größe dieser Bindungsenergie gar nicht so übertrieben. Es ergeben sich für die Pionen die in der Tabelle 7.6.4 angegebenen Quark-Antiquark-Verbindungen.

Dies sind also die Pionen, die bei den Kernkräften die wichtigste Rolle spielen. Die zwei neutralen Zustände mischen sich miteinander nach den Regeln der Quantenmechanik, um das neutrale Pion zu bilden.

Die Pionen sind die leichtesten Verbindungen aus einem Quark und einem Antiquark, also die leichtesten Quarkverbindungen, die man sich überhaupt vorstellen kann. Selbstverständlich können sie auch in keine leichteren Quarkverbindungen zerfallen (weil es die einfach nicht gibt) und sind entsprechend stabil. Sie werden also auf Grund der starken Farbkräfte nicht sofort zerfallen können und müssen auf eine langsamere Gelegenheit warten. Daraus ergibt sich, daß zumindest die geladenen Pionen genügend lange leben, um größere Strecken zurückzulegen; dies wird auch von den Experimenten mit Pionen voll bestätigt. Für die Kernkräfte würde es eigentlich genügen, wenn die Pionen nur sehr kurzlebig wären, um zwischen den Nukleonen ausgetauscht zu werden.

Wir können uns mit Hilfe unserer Farbkraftmodelle vorstellen, daß in einem Proton oder in einem Neutron, bei den Schwingungen der Quarks, gelegentlich ein Stahlfederriß passiert und dabei ein Quark-Antiquark-Paar entsteht und daß dabei eine Quarkkombination genau einem Pion entspricht. Dieses ist *farblos,* kann also die Haut der «Blase» durchdringen und dann frei wegfliegen. Solch ein Pion kann dann in ein anderes Proton oder Neutron eindringen und im umgekehrten Prozeß von einer Stahlfeder wieder eingefangen werden. Wir haben auf diese Art ein sehr einfaches, zwar etwas naives, aber durchaus brauchbares Modell des Pionenaustausches, der letztlich für die Kernkräfte laut Yukawa verantwortlich ist.

In Abb. 7.6.3 haben wir den Yukawa-Pionenaustausch (s. 5.2.) im Lichte des Quarkmodells dargestellt. Sehr weit weg von seinen Nukleonen kommt so ein Kernkraftpion freilich nicht, weil es sonst den Energieerhaltungssatz verletzen würde. Für die Reichweite der Kern-

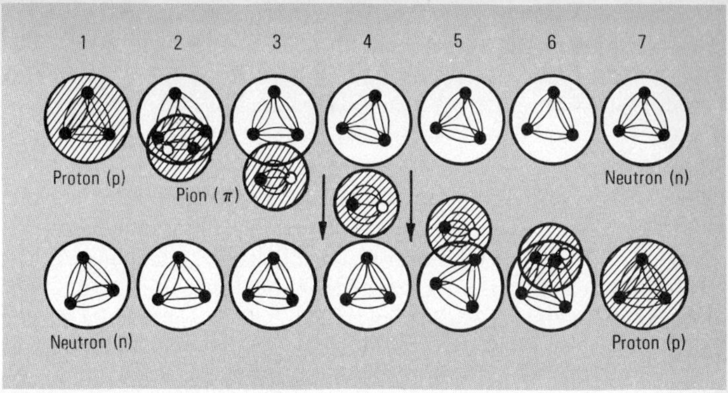

Abb. 7.6.3: Der Austausch eines Pions (YUKAWA-Teilchen der Kernkräfte) im Rahmen der Quarkvorstellungen

kräfte genügt es aber auf Grund der Unschärferelationen von HEISENBERG.

Ganz anders ist die Lage, wenn wir dem System von außen (auf eine andere Art) Energie zugeführt haben. Wir betrachten zum Beispiel ein Proton nach einem Zusammenstoß mit einem anderen Teilchen, das aus der Höhenstrahlung oder aus einem Beschleuniger stammt. Jetzt kann man sich ähnliche Federrisse vorstellen, bei denen aber der Energieerhaltungssatz nicht verletzt wird. Diese Pionen können genügend weit fliegen, um im Laboratorium untersucht zu werden.

Wie wir oben schon gesehen haben, können die geladenen Pionen, wenn sie einmal erzeugt wurden, nicht so leicht zerfallen, weil ihnen die schnellen Farbkräfte dabei nicht behilflich sein können. Für die neutralen Pionen ergibt sich eine Zerfallsmöglichkeit aus der Quantenelektrodynamik; die ist natürlich etwa einemillionmal langsamer, als wenn es durch Farbkräfte vor sich gehen würde, wie wir schon früher besprochen haben (s. 5.10.). Es bildet sich aus dem Quark-Antiquark-System ein neutraler und farbloser Energiezustand (mit dem Spin Null), der sich in zwei Photonen verwandeln kann und dies auch tut. Auf Grund dieses Zweiphotonenzerfalls wurde das neutrale Pion auch entdeckt. Natürlich kann das neutrale Pion auch noch in andere (elektromagnetisch gleichwertige) Teilchen zerfallen, aber die machen insgesamt nur 1,2 Prozent aus.

Für die geladenen Pionen kommt dieses halbschnelle Zerfallsschema auch nicht in Frage, weil sie ihre elektrische Ladung unterbringen müssen. Dies geht wiederum nur über ein geladenes Weakon. Dieser Prozeß ist nochmals hundertmillionenmal langsamer. Das Quark-Antiquark-Paar verwandelt sich dabei erst in ein geladenes Weakon, und dieses zerfällt dann in ein Myon und ein Myon-Antineutrino.

Dadurch ist erklärt, warum die geladenen Pionen relativ lange leben und ziemlich lange Strecken im Labor zurücklegen können. Der Weakon-Zwischenzustand selbst, wenn er dann endlich eintritt, ist natürlich nur sehr kurzlebig, da für die Entstehung eines realen Weakons gar keine Energie vorhanden ist. Wir haben auch unterschlagen, daß der Drehimpuls beim Übergang des Pions in ein Weakon nicht erhalten ist. Das Weakon hat ja Spin 1, dagegen das Pion Spin 0. Das Weakon darf eben nur sehr kurz leben! Es geht sofort in den nächstmöglichen Zustand über: Dies ist ein Myon und sein Antineutrino. Das Myon wiederum findet seinen Zerfall über ein weiteres Weakon, und so ist unser freigewordenes Pion endlich wieder zur stabilen Materie zurückgekehrt.

Ein ähnlicher Vorgang wird beim Zerfall des Neutrons beobachtet. Ein freies Neutron enthält zwei d-Quarks, die im Prinzip ein negatives Weakon abstrahlen könnten. Dieser Prozeß ist aber sehr selten, besonders wenn so wenig Überschußenergie vorliegt, wie es beim Neutron der Fall ist. Das d-Quark kann sich nun in ein u-Quark und ein Weakon verwandeln. Der Massenüberschuß des Neutrons gegenüber dem Proton erlaubt dem Weakon den Zerfall in reale Teilchen. So ist aus dem freien Neutron ein Proton geworden. Gleichzeitig haben wir die Betastrahlen der radioaktiven Atomkerne nochmals erklärt (s. 4.6.). Wenn das Neutron in einem Kern gebunden ist, wird sein Zerfall meist durch besondere Umstände verhindert: Das Proton, das bei seinem Zerfall entstehen würde, findet im Atomkern keine unbesetzte Umlaufbahn. Entsprechend kann dann das Neutron in den stabilen Kernen gar nicht zerfallen.

Wir haben also mit den Urteilchen der ersten Generation, und zwar mit den *u-Quarks und d-Quarks, den Elektronen und Elektron-Neutrinos und ihren Antiteilchen,* die wichtigsten Bausteine der stabilen Materie gebildet und die grundlegenden Phänomene der Kernphysik, Radioaktivität inbegriffen, mindestens plausibel gemacht.

Wir können sogar noch weiter gehen und eine Reihe von Erscheinungen aus der Hochenergiephysik erklären, ohne auf weitere Urbausteine zurückgreifen zu müssen. Wir werden das hier (s. auch 5.9.) noch kurz andeuten, wobei wir aber vorher bemerken möchten, daß der weitaus überwiegende Teil unserer stabilen Welt aus den oben beschriebenen Teilchen besteht, wenn wir die Kraftträger, insbesondere die Gluonen, mit dazurechnen.

Wir haben bis jetzt nur die Grundzustände für Dreier- und Zweier-Verbindungen der u- und d-Quarks betrachtet. Wie wir in Abb. 7.6.4 zeigen, können wir, ohne die Quarks sich umeinander drehen zu lassen, also ohne Bahndrehimpuls, noch jeweils einen weiteren Drehimpulszustand bilden, einfach durch Aufrichtung der Spins bei einem der Quarks. Bei den Dreiquarksystemen ergibt dies den Zustand mit dem Drehimpuls 3/2 und bei den Zweiquarksystemen den Zustand mit dem Drehimpuls 1.

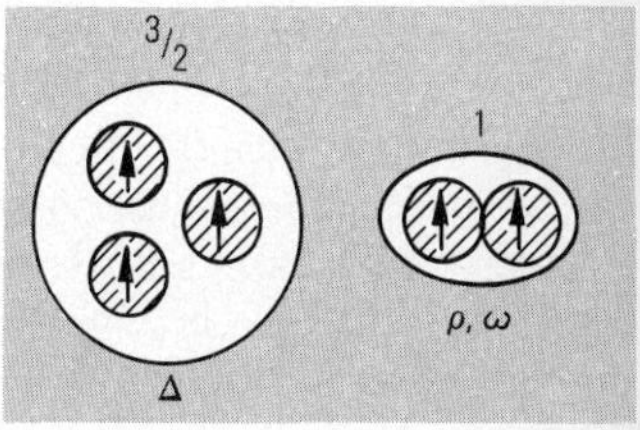

Abb. 7.6.4: Die leichtesten in der Natur auftretenden Teilchen mit Spin 3/2 und Spin 1

Bei den Dreiersystemen mit dem Gesamtspin 3/2 entfällt die quantenmechanische Einschränkung bezüglich der identischen Spin-1/2-Bausteine. Wir erhalten also hier vier (statt wie bei dem Spin 1/2 nur zwei) mögliche Kombinationen der u- und d-Quarks, wie in Tabelle 7.6.5 gezeigt ist.

Diese Teilchen sind genau die effektiv beobachteten Delta-Resonanzen (s. 5.7.). Die in der letzten Spalte angegebene Masse ist der zentrale Wert einer Verteilung, die eine Gesamtbreite von etwa 125 MeV hat. Dies weist darauf hin (s. 5.7.), daß solche Teilchen nur sehr kurze Zeit leben, praktisch nicht viel länger als die Zeit, die man

Kombination	Name	El. Ladung	Masse
u + u + u	Delta ++	+2	1232
u + u + d	Delta +	+1	1232
u + d + d	Delta 0	0	1232
d + d + d	Delta –	–1	1232

Tabelle 7.6.5: Baryonen mit Spin 3/2 der ersten Generation von Quarks

braucht, um sie zu erzeugen. Sie können nämlich auf Grund ihrer hohen Masse sofort in ein Proton (oder Neutron) und in ein Pion zerfallen. Dieser Vorgang geht mit der Hilfe von Gluonen blitzartig vor sich. Schon das erste Pion, das, bei einem unserer modellartigen Federrisse, mit der geeigneten elektrischen Ladung erzeugt wird, kann das Delta ungestört verlassen und es so in ein Nukleon verwandeln. Die Masse des Deltas ergibt genügend Energie für diesen Prozeß.

Die Delta-Resonanz und das Nukleon bilden die Grundzustände einer Serie von insgesamt über dreißig angeregten Zuständen höherer Masse und zum Teil auch höheren Spins. Diese entstehen dadurch, daß die gleichen Quarks gegeneinander schwingen oder sich umeinander drehen. Damit haben wir dann die sogenannten Baryonresonanzen der ersten Quarkgeneration vollständig erfaßt.

Als Zweierverbindungen haben wir aus der ersten Generation von Quarks bis jetzt nur die Pionen abgeleitet. Wir zeigen noch kurz, welche weiteren Zwei-Quark-Systeme mit den u- und d-Quarks aufgebaut werden können. Als erstes können wir Systeme bilden, bei denen die Spins der beiden Quarks parallel liegen und somit aus ihnen ein Gesamtdrehimpuls 1 entsteht. Der Bahndrehimpuls bleibt weiterhin Null. Wir erhalten die in der Tabelle 7.6.6 gezeigten Teilchen, die auch in der Natur identifiziert werden konnten.

Aus den zwei neutralen Quark-Antiquark-Zuständen ergeben sich durch quantenmechanische Vermischung zwei in der Natur auftretende Resonanzen, das neutrale Rho und das Omega.

Bei den in der letzten Tabelle gezeigten «Teilchen» handelt es sich um sehr kurzlebige Resonanzen. Sie können nämlich auf Grund ihrer Masse sofort in Pionen zerfallen. Sie bilden ein wichtiges Gebiet der Mesonenzustände: Man kann diese Zwei-Quark-Verbindungen in Elektron-Positron-Zusammenstößen aus virtuellen Photonen erzeu-

Quarks	El. Ladung	Teilchen	Masse
$d + \bar{u}$	−1	Negat. Rho	769 MeV
$u + \bar{d}$	+1	Posit. Rho	769 MeV
$d + \bar{d}$ $u + \bar{u}$	0 0	Omega und Neutr. Rho	782,6/769 MeV

Tabelle 7.6.6: Die leichtesten Quark-Antiquark-Verbindungen der ersten Generation mit Spin 1

gen. Dies ist für die Mesonen mit dem Spin 0 auf Grund des Drehimpulserhaltungssatzes (s. 2.7.) nicht möglich.

Natürlich können wir jetzt noch weitere Mesonen durch Hinzufügen von Bahndrehimpuls bilden. Man erhält dadurch die Mesonen der ersten Quarkgeneration, und die entsprechen den in der Natur beobachteten Teilchen. Wir werden dies hier nicht wiederholen, da es dem Quarkmodell der sechziger Jahre durchaus entspricht (s. 5.9.).

Wir haben uns etwas ausführlicher mit den Teilchen befaßt, die aus der ersten Generation von Quarks entstehen. Dies wird uns erlauben, die sehr ähnlichen Zusammenhänge bei den weiteren Quarkgenerationen schneller zu überfliegen und uns dabei nur auf das Wesentliche zu konzentrieren, wie wir es im nächsten Abschnitt auch machen werden. Wichtig ist, daß wir für die Entstehung unserer Teilchenfamilien keine zusätzlichen Annahmen – außer den Urteilchen und Urkräften – machen müssen und so mit einem Minimum an Mitteln die gesamte Vielfalt der Teilchenfamilien erklären können.

7.7. Der restliche Teilchen-Zoo

Im vorigen Abschnitt haben wir gezeigt, wie man mit der ersten Generation von Urteilchen, also mit den acht leichtesten Urteilchen, den Aufbau eines großen Teils der materiellen Welt erklären kann. Es ist interessant, die zweite Generation von Urteilchen niederzuschreiben. Dabei ergibt sich eine bemerkenswerte Ähnlichkeit mit der ersten Generation (Tabelle 7.7.1).

ZWEITE GENERATION

Urteilchen	El. Ladung	Masse in MeV
Positives Myon	+1	106
c-Quark	+2/3	1500
Anti-s-Quark	+1/3	450
Myon-Neutrino	0	0?
Myon-Antineutrino	0	0?
s-Quark	−1/3	450
Anti-c-Quark	−2/3	1500
Negatives Myon	−1	106

Tabelle 7.7.1: Die zweite Generation von Urteilchen, nach ihrer elektrischen Ladung geordnet

Auch die dritte Generation von Urteilchen (Tabelle 7.7.2) kann man in ein ähnliches Schema einordnen. Dazu ist nochmals zu bemerken, daß erste Hinweise auf die Existenz der t-Quarks 1984 im CERN gefunden wurden.

DRITTE GENERATION

Urteilchen	El. Ladung	Masse in MeV
Positives Tau	+1	1784
t-Quark	+2/3	c. 40000
Anti-b-Quark	+1/3	5000
Tau-Neutrino	0	0?
Tau-Antineutrino	0	0?
b-Quark	−1/3	5000
Anti-t-Quark	−2/3	c. 40000
Negatives Tau	−1	1784

Tabelle 7.7.2: Die dritte Generation von Urteilchen, nach ihrer elektrischen Ladung geordnet

So haben wir die 24 Urteilchen in drei Generationen aufgeteilt, die in der Natur mit immer geringerer Häufigkeit auftreten. Man kann grob abschätzen, daß die erste Generation, bis auf einen sehr geringen Bruchteil, unsere Materie darstellt, wie wir es schon im vorigen Abschnitt erwähnt haben. Die weiteren Generationen von Urteilchen beeinflussen unsere stabile Welt anscheinend nur sehr wenig.

Wir erinnern nochmals an die Tatsache, daß die Erzeugung und die Umwandlungen der Urteilchen nur dann möglich sind, wenn wir dafür eine Kette von erlaubten Urprozessen angeben können. Die möglichen Urprozesse sind wiederum durch die in der Natur vorhandenen Urkräfte genau definiert. Dies ist ja der Inhalt des heute allgemein anerkannten Standard-Modells.

Mit Hilfe der starken Farbkräfte haben wir schon die erlaubten Quarkverbindungen für die leichtesten Urteilchen erklären können. Unter Berücksichtigung aller anderen Umwandlungsmöglichkeiten konnten wir dann plausibel machen, daß einige von ihnen, nämlich die leichtesten Verbindungen, stabil sind und andere schneller oder langsamer zerfallen müssen. All dies wurde in vielen zum Teil sehr langwierigen und aufwendigen Experimenten auch voll bestätigt.

Die für die erste Generation von Quarks durchgeführten Überlegungen können auf die nächsten zwei Generationen erweitert wer-

Abb. 7.7.1: Dreidimensionale Darstellung der Mesonen, die mit vier Quarks zusammengestellt werden können, und die in der Natur beobachteten entsprechenden Mesonen

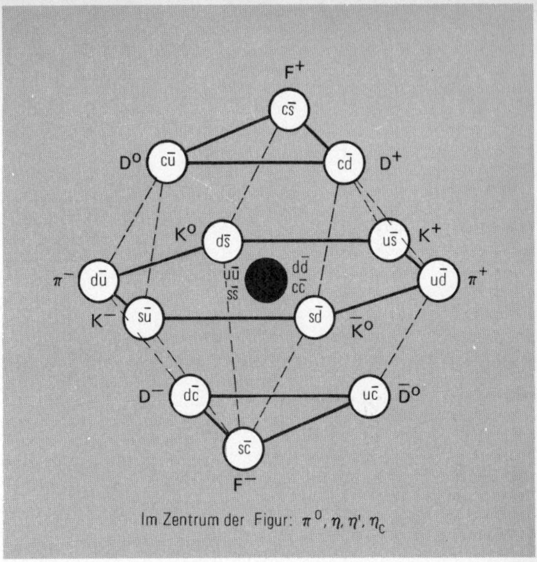

den, und so kann der ganze Teilchen-Zoo aus den oben angeführten Regeln abgeleitet werden. Die einzelnen Generationen von Urteilchen bleiben dabei natürlich nicht voneinander isoliert. So können wir aus je drei Quark-Arten jeweils neun Mesonen kombinieren, wie wir es schon früher im Detail gezeigt haben (s. 5.9.), und auch die schon früher erwähnten Dreierverbindungen aufbauen.

Die Zweier- und Dreierkombinationen von drei verschiedenen Quark-Arten kann man noch in eleganten Tabellen zusammenstellen, wie wir es bereits früher getan haben (s. 5.9.). Wenn jetzt ein viertes Quark dazukommt, muß man für jede der zuvor aufgestellten Verbindungen durch Austausch eines Quarks die weiteren Kombinationen bilden. Das geht aber nur noch in Form einer räumlichen Darstellung, die wir in Abb. 7.7.1 wiedergeben. Diese und ähnliche Darstellungen waren auch sehr beliebt, bis dann ein fünftes Quark (das b-Quark) entdeckt wurde und die Darstellung im dreidimensionalen Raum nicht mehr möglich war. Außerdem sind nicht alle Verbindungen beobachtet worden, und die nur theoretisch besetzten Stellen wären kein gutes Zeugnis für unser Modell. Mit wachsender Masse wird die experimentelle Beobachtung der Teilchen nämlich zunehmend schwieriger.

Bei den c- und b-Quarks, die ja eine wesentlich höhere Masse als die u-, d- und s-Quarks haben, kommt aber ein besonderes Phänomen zur Geltung, das es erlaubt hat, die wichtigen neutralen Quark-Antiquark-Zustände genauer zu untersuchen: Die $c\bar{c}$-und die $b\bar{b}$-Zustände bilden beobachtbare Teilchen (das J/Psi und das Ypsilon), praktisch ohne meßbare Beimischung der $u\bar{u}$, $d\bar{d}$ und $s\bar{s}$-Zustände, ganz anders, als es bei eben diesen der Fall war, wo zum Beispiel das Pi und das Rho Mischzustände darstellten.

Bei den verschiedenen angeregten Zuständen des J/Psi und des Ypsilon konnte man sehr klar die verschiedenen Spinzustände der Quarks und ihre Übergänge beobachten, wie wir schon im Abschnitt über das Charmonium und Bottonium besprochen haben. (s. 6.3.). Mehrere Verbindungen der c- und b-Quarks mit anderen Antiquarks zur Bildung von Mesonen mit den Eigenschaften Charme und Bottom sind heute bekannt. All diese Zustände entspringen jetzt ohne weitere Annahmen aus dem hier dargestellten Quarkmodell.

Der große Erfolg des Quarkmodells liegt darin, mit ihm alle in der Natur beobachteten Teilchen soweit beschreiben zu können, daß ihre Eigenschaften (wie zum Beispiel ihr Spin, ihre Seltsamkeit usw.) genau denen entsprechen, die aus den Quarkkombinationen zu erwarten sind. Schon ein einziges Teilchen mit unverständlichen Eigenschaften oder ein nicht darstellbarer Vorgang würde das ganze Modell ins Wanken bringen. Wir werden diesen Punkt im letzten Kapitel noch erörtern. Mit diesem Hinweis möchten wir die Zusammenfassung der Teilchenphysik im Rahmen des sehr erfolgreichen Standard-Modells beenden. Das Standard-Modell stellt aber keine endgültige Lösung aller physikalischen Probleme dar, sondern eine Etappe in der Geschichte des Vorstoßes zur innersten Struktur der Materie.

7.8. Die Grenzen des Standard-Modells

Die heile Welt der Physiker von 1984 läßt sich durchaus mit der des Jahres 1932 vergleichen (s. 4.7.). Damals war die Materie gerade in Protonen, Neutronen und Elektronen zerlegt worden – ein leicht verständliches Schema, das auch anschaulich in Schulbüchern dargestellt werden konnte und bis heute erhalten blieb. Die für die damalige Zeit schwierigeren Fragen – nach den Trägern der Kernkräfte, nach den nicht nachweisbaren, aber unentbehrlichen Neutrinos und nach den noch hypothetischen Antiteilchen – wurden zwar für die Physiker Ansporn für weitere Forschungsarbeiten, blieben aber der Mehrheit ihrer Zeitgenossen fast unbekannt und galten bestenfalls als eine relativ unwichtige Randerscheinung ohne praktische Bedeutung.

Ähnlich ist die Lage 1984. Was die Physiker heute als Standard-Modell der Teilchenphysik bezeichnen, enthält eine Reihe von zweifellos richtigen Aussagen und beschreibt die Erfahrungstatsachen der Physik mit zum Teil sehr guter und zum Teil nur mäßiger Genauigkeit. Freilich sind die schon 1932 für richtig gehaltenen Zusammenhänge nicht etwa widerlegt, sondern einfach besser verstanden. Die materielle Welt besteht weiterhin aus Protonen, Neutronen und Elektronen. Aber wir wissen, wie die ersten beiden aufgebaut sind, und wir wissen mehr über ihre Wechselwirkungen aufeinander.

Das schulbuchreife Schema der achtziger Jahre besteht aus Urbausteinen, den Quarks und Leptonen, und aus Urkräften, die etwas anders als 1932 aussehen. Die damals noch mysteriöse *Kernkraft* wurde durch die *Quark-* oder *Farbkraft* ersetzt und auch im Prinzip erklärt. Wir sind offensichtlich eine Stufe tiefer in die Welt der kleinsten Teilchen eingedrungen. Ob sie dadurch einfacher oder überschaubarer geworden ist, bleibt dahingestellt. Je mehr wir in die Struktur der Materie eintauchen, um so mehr Zusammenhänge gehören zu ihrem Verständnis, auch wenn die Urstruktur dann einfacher sein sollte.

Wir haben in diesem Kapitel das gesicherte Wissen hervorgehoben und mußten, genau wie es in den dreißiger Jahren der Fall war, einige Argumente ausklammern. Wir können sie höchstens, mit großen Fragezeichen versehen, vorsichtig darstellen, um neugierigen Fragen zuvorzukommen. Heute ist nämlich die Wissenschaft wesentlich durchsichtiger geworden; die Öffentlichkeit hat Zugang zu den neuesten Theorien und zu den Zweifeln und Kämpfen der Forscher. Allzu oft passiert es dabei, daß Hypothesen, die von den Wissenschaftlern später verstoßen oder als ungenau betrachtet werden, lange Jahre als «Wahrheit» im Bewußtsein der Zuschauer erhalten bleiben. Ein Beispiel soll dies erläutern: Als vor einigen Jahren gefunden wurde, daß die Größe der Quarks und der Leptonen höchstens ein Tausendstel der Wasserstoffatomkerne beträgt, sprachen die Physiker etwas unbefangen davon, daß die *Punktförmigkeit* dieser Teilchen erwiesen sei. Damit meinten sie lediglich, daß die Dimensionen geringer als die damals erforschbaren waren. Doch eine Konsequenz dieser ungenauen Aussage ist, daß sich die Forschungseinrichtungen noch heute mit Zuschriften zu beschäftigen haben, in denen die punktförmigen

Elektronen und Quarks mit dem anscheinend so wichtigen *Punkt* der buddhistischen Religion in Zusammenhang gebracht werden.

Es ist natürlich sehr einfach, fünfzig Jahre später zu beurteilen, was sich von dem damaligen Wissen als bleibend wichtig und richtig erwiesen hat und was nur vorübergehend als korrekt betrachtet wurde. Dagegen ist es schwierig und vielleicht sogar unmöglich, eine sachlich korrekte Beurteilung der in der Gegenwart bestehenden Theorien oder Meinungen zu finden und darzulegen. Wir möchten hier skizzieren, was wir aus heutiger Sicht für bleibend wichtig halten. Eine gewisse Subjektivität ist dabei trotz aller gegenteiligen Bemühungen leider nicht zu vermeiden.

Die Existenz der Quarks und der Leptonen als Bausteine aller materiellen Teilchen ist heute nicht mehr zu bezweifeln. Auch die im Standard-Modell berücksichtigten zwei Urkräfte, die elektroschwache Kraft und die Farbkraft, sind als gesichert anzusehen, ebenso auch die Art, mit der wir ihre Auswirkungen berechnen. Ladungen verschiedener Art und teilchenähnliche Kraftträger sind zum allgemeingültigen Gedankengut der Physiker geworden. Die vereinte Theorie der elektromagnetischen und der schwachen Kräfte kann man durch die Entdeckung der Träger der schwachen Kräfte, der Weakonen, als bestätigt ansehen. Besonders hervorheben muß man diesbezüglich die Übereinstimmung der gemessenen Massen dieser Kraftträger mit den von der Theorie vorausgesagten. Damit wird jetzt eine Fülle von experimentellen Ergebnissen zufriedenstellend dargestellt. Im Rahmen der Quarkkräfte steht zwar noch vieles auf dem Niveau grober Näherungen, aber prinzipiell scheint es keine besonderen Schwierigkeiten zu geben.

Vom experimentellen Standpunkt aus ist jedoch noch einiges zu bemängeln. So ist zum Beispiel die dritte Generation von Urteilchen nicht vollständig erforscht. Vom t-Quark sind nur erste Anzeichen vorhanden. Seine genaue Masse ist mit Hilfe der heutigen Theorie nicht zu berechnen. Die Massen der Teilchen sind für das Standard-Modell schon immer schwierige Fragen gewesen. Optimistische Theoretiker haben für die Masse des t-Quarks Modelle aufgestellt und Voraussagen gewagt, die aber meist nicht bestätigt werden konnten. Aus den Messungen am Speicherring PETRA ergibt sich, daß ein Toponium-Zustand, also eine Verbindung eines t- und eines Anti-t-Quarks mit einer Masse, die kleiner als 47 GeV ist, nicht existiert.

In der dritten Generation von Urteilchen gibt es noch eine weitere Lücke. Das Tau-Neutrino wird zwar postuliert, seine Existenz wird auf Grund des fehlenden Impulses und der fehlenden Energie beim Tau-Zerfall zwar angenommen, jedoch nicht durch eine beobachtete Reaktion bestätigt. Die Masse des Tau-Neutrinos ist auch nicht genau bekannt. Aus den Tau-Zerfällen entnimmt man lediglich eine obere Grenze, die zur Zeit (1984) bei etwa 250 MeV liegt. Das Tau-Neutrino könnte also sogar schwerer als ein Pion sein!

Sogar für das Elektron-Neutrino kann man aus den Experimenten nicht den Schluß ziehen, daß es die Masse Null hat. Man kann auch hier nur eine obere Grenze angeben, die bei etwa 5 eV liegt. Die Masse aller Neutrinoarten ist im Standard-Modell keineswegs vorgeschrieben. Nur aus der Beobachtung von ausschließlich linkshändigen Neutrinos kommt eine Anregung (die nicht zwingend ist), die auf eine Masse Null hinweist. Wir werden auf diesen Punkt im nächsten Kapitel zurückkommen.

Ein weiterer Baustein im Gebäude der Neuen Physik, der nach der Theorie vorhanden sein müßte, ist das HIGGS-Teilchen (s. 7.5.), von dem noch keine Anzeichen beobachtet wurden. Hier geht es um den Mechanismus der *Symmetriebrechung*, der auch für die hohen Massen der allerdings schon nachgewiesenen Weakonen verantwortlich ist. Es gibt Theorien, die noch viele andere, meist sehr schwere Teilchen voraussagen, von denen ebenfalls noch keine Spur entdeckt wurde. Diese Spekulationen sind die Anregung für die nächste Generation von Experimenten. Sie sollen in die TeV-Gegend vorstoßen. Wir werden sie im letzten Kapitel besprechen.

Das Fehlen der direkten Beobachtung der Tau-Neutrinos und der HIGGS-Teilchen sind offensichtliche Schwächen in unserem Wissen, die unmittelbar mit dem Standard-Modell in seinem heutigen Stand in Verbindung stehen. Andere Fragen sind dann eher mit einer Erweiterung des Standard-Modells verbunden, die wir auch im nächsten Kapitel besprechen werden.

8. Ein Blick in die Zukunft

8.1. Offene Fragen

In diesem letzten Kapitel werden wir uns mit den Problemen befassen, die heute (1984) die Aufmerksamkeit der Wissenschaftler auf sich lenken. Es ist uns bewußt, daß diese Erläuterungen nur einen vorläufigen Charakter haben und auch nicht vollständig sein können. Aus den Erkenntnissen der nächsten Jahre soll ja ein besseres, einfacheres und umfassenderes Schema der innersten Struktur der Materie entstehen.

Mehrere tausend Physiker auf der ganzen Welt arbeiten heute in der Teilchenphysik an der Lösung noch offener Fragen, die nach ihrer Meinung von grundsätzlicher Bedeutung sind: Nicht nur auf dem Gebiet der allerkleinsten Bausteine der Materie, der Quarks und der Leptonen, sondern auch in vielen anderen Themenbereichen der Physik der Atome und der Atomkerne. So wird zum Beispiel die Untersuchung der Kernfusionsprozesse sehr intensiv vorangetrieben in der Hoffnung, eines Tages eine umweltfreundliche und ungefährliche Energiequelle zu erschließen.

Die sehr wichtigen Weiterentwicklungen in der Atomphysik (s. Kap. 3) und in der Kernphysik (s. Kap. 4) werden auf der ganzen Welt stark gefördert. Große, meist staatliche Forschungsinstitute beschäftigen sich mit den theoretischen, experimentellen und technischen Problemen in diesen Gebieten. Dabei kommt es auch zu internationaler Zusammenarbeit. Wie hoch diese Untersuchungen eingestuft werden, ersieht man an den dafür eingesetzten Mitteln. Es ist sehr schwierig, diese Aufwendungen genau zu beziffern, weil die Grenzen zwischen den Bereichen Grundlagen und Anwendung nicht leicht definierbar sind: Es bestehen kontinuierliche Übergänge. Weiterhin gibt es in vielen Ländern militärische Anwendungen, deren Umfang nicht bekanntgegeben wird. Man kann jedoch schätzen, daß in den Industrieländern mehrere Prozente der Staatshaushalte für Forschung und Entwicklung, die mit Atom- und Kernphysik in Zusammenhang stehen, ausgegeben werden. Darunter fallen nicht nur die besonders auf Energiegewinnung gezielten Aufgaben, sondern auch Forschungsvorhaben, die zum Beispiel mit der Biologie und der Medizin in Verbindung stehen.

In der Subnuklearphysik ist die Lage anders. Ein direkter wirtschaftlicher Nutzen ist für die nächsten Generationen von Menschen nicht vorauszusehen und erscheint sogar sehr unwahrscheinlich. Entsprechend sind auch die Aufwendungen wesentlich geringer. Das Gebiet, mit dem wir uns in diesem Kapitel beschäftigen, erstreckt sich nämlich nur auf die nähere Zukunft der Subnuklearphysik. Es handelt sich also um die noch offenen Fragen im Zusammenhang mit den kleinsten heute bekannten Bausteinen der Materie. Der Zustand dieses Forschungsbereiches entspricht etwa dem, in dem sich die Atomphysik vor hundert und die Kernphysik vor fünfzig Jahren befanden. Entsprechend hat dieser Bereich jetzt auch noch einen überschaubaren Umfang. Ebenso halten sich die finanziellen Anstrengungen für die Subnuklearphysik in bescheidenen Grenzen: Dafür werden nicht (wie für die Atom- und Nuklearphysik) einige Hundertstel, sondern nur einige Tausendstel der staatlichen Haushaltsmittel eingesetzt. Wie wir sehen werden, dient dieser vertretbare Aufwand einer sorgfältig durchdachten Zukunftsinvestition, die mit den heutigen technischen Möglichkeiten realisierbar ist. Dadurch, daß hier meist sehr fortschrittliche Techniken eingesetzt werden, besteht auch ein praktisches Interesse, besonders der Industrie, diese ansonsten sehr abstrakten Forschungsvorhaben zu fördern.

Das Panorama des theoretischen Verständnisses der Struktur der Materie hat sich in den letzten Jahren stark verändert. Oft hört man die Bemerkung, daß eine umfassende Darstellung aller Kräfte und Teilchen in Sichtweite gerückt ist. Darunter versteht man eine Theorie, die alle Kräfte – auch die Gravitation – enthält, die die Existenz und die Eigenschaften aller Teilchen erklärt und die alle Vorgänge – die Entstehung des Universums inbegriffen – auf natürliche Art verständlich macht.

Wir können uns hier nicht im einzelnen mit diesen sehr interessanten theoretischen Vorschlägen befassen, sondern beschränken uns auf die grundsätzlichen Fragen, die sich aus den Theorien und Modellen ergeben. Diese grundsätzlichen Fragen sind Ausgangspunkte für die Planung neuer Experimente, die in der nächsten Zeit durchgeführt werden sollen.

Wir haben schon am Schluß des vorigen Kapitels die wichtigsten Probleme angedeutet, die selbst im Rahmen des Standard-Modells auftauchen: die Suche nach den HIGGS-Teilchen und die Bestätigung des Tau-Neutrinos und des t-Quarks.

Zuerst wollen wir uns jetzt mit einer Frage beschäftigen, die zwar schon vor fünfzig Jahren aufgetaucht ist, aber seit der Erstellung des Standard-Modells die besondere Aufmerksamkeit der Physiker auf sich lenkt.

Es gibt Erfahrungstatsachen, die wir als selbstverständlich hinnehmen, weil wir uns an sie gewöhnt haben; wir denken einfach nicht über sie nach. Eine solche unauffällige und scheinbar selbstverständliche Erfahrungstatsache ist zum Beispiel, daß die Gegenstände auf den Erdboden *fallen.* (Das Fallen ist ja auch eine physikalische Tatsache.) Nur sehr selten überlegen wir, warum dies geschieht. So haben wir uns an einige physikalische Tatsachen gewöhnt, die in Wirklichkeit staunenswert sind.

Einen solchen Fall wollen wir etwas näher betrachten, nämlich die einfache Aussage, daß Atome elektrisch *neutral* sein können und dies meist auch *sehr genau* sind. Besonders für das Wasserstoffatom heißt dies:

Der Kern des Wasserstoffatoms, das Proton,
hat exakt die gleiche elektrische Ladung
wie das eine, um ihn herumschwirrende Elektron.

Solange man die Atome als elementar, das heißt als nicht weiter zergliederbar betrachten konnte, wie es wohl bis ins 19. Jahrhundert der Fall war, stellte sich die Frage nach einer elektrischen Ladung der Atome als Ganzes gar nicht. Jetzt, wo wir wissen, daß jedes Atom aus einem Kern und einigen Elektronen besteht, ist diese Tatsache der elektrischen Neutralität ganzer Atome zwar verständlich, aber doch nicht selbstverständlich. Wenn wir aus Scherben wieder ganze Tassen ohne Scharten und Fugen machen könnten, würden wir doch sehr darüber staunen, daß wir immer *komplette* Tassen erhalten und daß auch nie das geringste Krümelchen fehlt.

Nachdem wir die Atome in ihre kleinsten Komponenten, in Quarks und Elektronen, zerlegt haben, staunen wir darüber, daß wir beim Zusammensetzen dieser Urteilchen am Ende exakt neutrale

Atome erhalten. Es hat schließlich – im Rahmen unseres Standard-Modells – niemand den Quarks und den Leptonen vorgeschrieben, ihre elektrischen Ladungen immer genau aufeinander abzustimmen. Und doch bleibt nie auch nur der geringste Bruchteil einer elektrischen Ladung zuviel oder zuwenig übrig.

Freilich waren es die Physiker selbst, die den unsichtbaren Quarks gewisse Ladungen zugeordnet haben. Und sie haben diese Ladungen so gewählt, daß die Atome auch exakt neutral sein können. Jetzt, da wir die Struktur der Materie aus Urbausteinen bis zu einem gewissen Punkt verstanden haben, stellt sich aber doch die Frage nach dem *Warum* dieser exakt verteilten Ladungen. Wenn wir die Quarks und Leptonen als elementar und voneinander unabhängig betrachten, dann muß es ein übergeordnetes Gesetz geben, welches sicherstellt, daß die elektrischen Ladungen nach einem genau vorherbestimmten Schema verteilt werden, so wie wir es in den verschiedenen Generationen der Urteilchen kennengelernt haben.

Ein anderer Lösungsvorschlag besteht in der Behauptung, daß Quarks und Leptonen aus noch kleineren Bestandteilen aufgebaut sind und daß diese für die exakte Gleichheit der elektrischen Ladungen und für die anderen Regelmäßigkeiten zwischen Quarks und Leptonen sorgen. Eine der vielen Hypothesen in dieser Richtung besagt, daß sowohl die Quarks als auch die Leptonen aus noch viel kleineren Teilchen bestehen, die *Rischonen* genannt werden und von denen es zwei Arten gibt, die man als T und V bezeichnet. Jeweils drei geschickt kombinierte T- und V-Teilchen (und ihre Antiteilchen) ergeben farbneutrale und ganzzahlig geladene Objekte, die Leptonen. Bei anderen Kombinationen von drei Rischonen bleiben dagegen eine Farbe und eine Drittel- oder Zweidrittelladung übrig – das sind die Quarks. Dies alles bleibt aber einstweilen eine interessante, jedoch noch nicht belegbare Spekulation. In der Physik müssen solche Behauptungen erst durch Experimente nachgeprüft werden.

Daß die Quarks und die Leptonen völlig voneinander unabhängige Elementarteilchen sind, würde aber heute kein Physiker mehr behaupten.

Ein ähnliches Problem wie das der Gleichheit der elementaren Ladungen ergibt sich natürlich auch für die Farbladungen, die sich ja genau kompensieren müssen, um sich zu beobachtbaren farblosen Teilchen zu verbinden, auch wenn es sich um verschiedene Quark-Arten handelt.

Wir haben also zwei Fragen angerissen, mit denen sich die Physiker heute beschäftigen und die den Rahmen des Standard-Modells überschreiten:

1. Gibt es eine noch umfassendere Theorie der Zusammenhänge zwischen den Urteilchen, die ihre Regelmäßigkeiten, besonders ihre genau aufeinander abgestimmten Ladungen, erklärt?

2. Sind die heute als Urteilchen angesehenen Quarks und Leptonen überhaupt elementar? Könnte man sie nicht als zusammengesetzte Teilchen viel besser verstehen?

Wir haben Vorbilder aus der Vergangenheit, die uns hier Anregungen geben können, jedoch nicht unbedingt den richtigen Weg zeigen. So sind bei der Untersuchung atomarer Gebilde oft Regelmäßigkeiten aufgetaucht. In einigen wichtigen Fällen wurde zunächst eine halbwegs abstrakte Theorie zur Aufstellung einer Ordnung erfunden, und danach wurde entdeckt, daß all dies nur die Anzeichen einer inneren Struktur waren.

Wir führen drei Beispiele an, die wir früher schon behandelt haben:

1. Die Gesetze über die Regelmäßigkeiten bei den chemischen Reaktionen (s. 2.2.) haben sehr bald zu der Erkenntnis geführt, daß die Moleküle eine innere Struktur haben müssen und eben aus Atomen bestehen.

2. Die regelmäßigen Spektren des Lichtes, das von den Atomen abgestrahlt wird, haben sowohl zur Quantentheorie wie auch zu der Erkenntnis geführt, daß die Atomhüllen eine innere Struktur haben und aus Elektronen aufgebaut sind (s. 3.7.).

3. Zuletzt hat die Ordnung im Teilchen-Zoo erst zu abstrakten mathematischen Regeln und dann zu der Erkenntnis der inneren Struktur der meisten Teilchen, zum Quark-Modell, geführt (s. 5.8. und 5.9.).

Ob wohl auch jetzt die erstaunlichen Regelmäßigkeiten, die wir bei den Quarks und Leptonen beobachten, eine ähnliche Entwicklung einleiten?

Auf die Fragen, warum es die verschiedenen Quark- und Lepton-Generationen gibt, wie ihre innere Ordnung zustande kommt und – daraus folgend – warum die Proton- und die Elektron-Ladung einander immer exakt gleich sind, erhält man heute viele verschiedene Antworten. Kein Theoretiker beansprucht zur Zeit eine endgültige Anerkennung seiner Ideen; vielmehr haben alle noch mit Schwierigkeiten zu kämpfen. Zur Überwindung dieser Schwierigkeiten werden natürlich die Experimentalphysiker herangezogen: Nur aus neuen Versuchen kann man die nötigen Daten erhalten, um zwischen den heutigen Theorien und Vorschlägen entscheiden oder wenigstens einige von ihnen aus dem Rennen werfen zu können.

Genauso seltsam wie die exakte Abstimmung der elektrischen Ladungen innerhalb des Systems Atom erscheint ein weiteres Phänomen. Die Urteilchen haben halbzahligen, die Kraftträgerteilchen ganzzahligen Spin. Dies ist sicher kein Zufall. Wir haben schon bei der Behandlung der Quantenmechanik (s. 3.4.) die wesentlichen Unterschiede zwischen diesen beiden Teilchenarten erörtert.

Das Quarkmodell und die Theorie der Quarkkräfte beinhalten überzeugende Argumente, um zu rechtfertigen, daß freie Quarks in der Natur nicht auftreten können. Trotzdem ist die Frage nach der Existenz freier Quarks durchaus berechtigt. Wenn unter besonderen Umständen Quarks doch frei auftauchen sollten, dann würden die Theoretiker bestimmt einen Ausweg finden, um auch dies zu erklären. Die Experimentalphysiker haben deshalb die Suche nach freien Quarks keineswegs aufgegeben.

Freie Quarks müßten elektrische Drittelladungen haben. Wenn wir also von der starken Farbladung absehen, die ein freies Quark begleiten müßte, dann würde man ein Teilchen mit elektrischer Drittelladung als Hinweis auf ein freies Quark deuten. Also wird in vielen Experimentieranlagen nach Teilchen mit Drittelladungen gefahndet.

Natürliche Quellen von Quarks sind die Speicherringe, in denen Materie (Elektronen) und Antimaterie (Positronen) vernichtet werden und sich – nach unserem heutigen Wissen – sehr oft Quark-Antiquark-Paare bilden (s. 6.1.). Es gibt bis heute aus solchen Experimenten keinen Hinweis auf ein frei wegfliegendes Teilchen mit elektrischer Ein- oder Zweidrittelladung.

Die ursprüngliche Messung der kleinsten in der Natur auftretenden elektrischen Ladung, die von MILLIKAN durchgeführt wurde (s. 2.3.), hat einige Physiker in den letzten Jahren zu ähnlichen Experimenten angeregt. Obwohl es in einem dieser Experimente (s. 7.2.) in Stanford anscheinend zur Beobachtung von Drittelladungen kam, wurde das Ergebnis bei keinem anderen ähnlichen Experiment bestätigt. Die endgültige Erklärung oder Bestätigung dieses Experiments steht noch aus (1984).

Eine weitere Frage erscheint immer wieder in Verbindung mit Theorien, die eine umfassendere Urkraft fordern. Eine solche Kraft könnte besonders *schwach* sein und eine noch viel geringere Reichweite als die der heute bekannten Kräfte haben. Sie müßte von Quanten übertragen werden, die selbst elektrische Drittelladungen haben. Dann könnte sich ein Teilchen mit Drittelladung in eines mit ganzzahliger Ladung verwandeln und umgekehrt. Solche Umwandlungen sind mit den Trägern der in Abschnitt 7.3. angeführten Urkräfte des Standard-Modells nicht herzustellen. Falls es solche Kräfte geben sollte, dann müßte es möglich sein, daß sich ein Quark (Drittelladung) in ein Lepton (ganze Ladung) verwandeln kann. Dies würde bedeuten, daß ein Proton gelegentlich zerfallen könnte. Ein solcher seltener Zerfall ließe sich nur in besonders aufwendigen Experimenten beobachten, die wir in diesem Kapitel noch besprechen.

Das Standard-Modell war sehr hilfreich bei der Erstellung der Teilchen-Listen, bei der Erklärung der Teilchenfamilien, der Spins und Ladungen der einzelnen Teilchen. Es gab jedoch nur sehr schwache Hinweise auf die *Massen* dieser Teilchen. Wir haben schon auf die Schwierigkeit hingewiesen, den Quarks genaue Massen zuzuordnen (s. 7.2.). Auch die Bindungsenergien zwischen den Quarks sind im Rahmen des Standard-Modells nicht gut berechenbar. Es gibt natürlich Modelle, die mit Hilfe vieler frei gewählter numerischer Parameter die Massen vieler Teilchen erklären. Dies ist aber gerade auf Grund der hohen Zahl der Parameter nicht gerade elegant. Man ermittelt die Massen meist aus den Experimenten und muß dann die theoretischen Modelle den experimentellen Befunden anpassen. Halbwegs zufriedenstellend kann man lediglich die Energieunterschiede angeregter Zustände berechnen, wie es zum Beispiel beim J/Psi-Teilchen der Fall war (s. 6.3.). Das Fehlen einer präzisen Berechnung der Teilchen-Massen wurde besonders spürbar bei der Suche nach dem t-Quark. Hier konnte die Theorie bis jetzt kaum brauchbare Anhaltspunkte liefern. Eine berühmte Ausnahme sind die Weakonen, für die man mit einem elektroschwachen Modell die Massen sehr genau voraussagen konnte. Sehr ungenau sind dagegen die Aussagen der gleichen Theorie zur Masse der Higgs-Teilchen.

Eine weitere Masse, die noch nicht bekannt ist und für die keine zwingenden Voraussagen im Standard-Modell existieren, ist die der

Neutrinos. Wir werden uns mit dieser Frage im nächsten Abschnitt noch in Verbindung mit der Masse des Universums beschäftigen. Natürlich ergeben sich aus der eventuellen Masse der Neutrinos wichtige Konsequenzen: Das Neutrino wurde bis jetzt nur als *Linksschraube* beobachtet (s. 7.5.), sein Spin ist anscheinend mit seiner Bewegungsrichtung fest verbunden. Wenn nun ein Neutrino eine Masse hätte, dann würde es sich nicht mit Lichtgeschwindigkeit bewegen können; ein schnellerer Beobachter könnte es im Prinzip *überholen.* Vor und nach dem Überholen würde sich das Neutrino erst *zu dem* Beobachter *hin* bewegen und dann *von ihm weg,* wie beim Überholen von Autos. Da der Spin, also die Drehbewegung, für den überholenden Beobachter gleichbleibt, hätte sich der Schraubensinn des Neutrinos für ihn umgekehrt. Es ergibt sich das interessante Problem, daß dann auch rechtshändige Neutrinos gelegentlich zu beobachten sein müßten.

Die Liste der Naturkräfte hat sich ja im Laufe dieses Jahrhunderts etwas verändert. Die früher anerkannten Kräfte wurden dabei nicht für falsch erklärt, sondern als Auswirkung anderer Kräfte erkannt. So sind zum Beispiel die Kräfte, die die Atome zu Molekülen verbinden, als Konsequenz der elektromagnetischen Kraft erklärt. Die Kernkräfte sind eine Folge der viel stärkeren Kräfte zwischen den Quarks. Dabei werden auch der Mesonenaustausch der Kernkräfte und die Struktur der Mesonen selbst zwanglos erklärt.

Die im Standard-Modell aufgestellte Liste der Urkräfte muß nicht unbedingt die endgültige sein. Die Gravitation wird ja einstweilen gar nicht berücksichtigt. Es ist denkbar, daß zum Beispiel die schwachen Kräfte eines Tages als Folge einer anderen Kraft erklärt werden. Dabei könnten die Weakonen zusammengesetzte Teilchen wie die Mesonen sein. Vielleicht könnten dann alle Kräfte masselose Träger haben und entsprechend eine unendliche Reichweite, nach dem Vorbild des Elektromagnetismus. Jedenfalls wäre ein solches Schema sehr elegant. Für den Experimentator geht es in diesem Fall darum herauszufinden, ob es Anzeichen für eine innere Struktur der Weakonen gibt.

Wir sehen uns also mit der Notwendigkeit konfrontiert, schon jetzt an eine Erweiterung oder Änderung des Standard-Modells zu denken. Auch hier wird es so sein, daß eine umfassendere Theorie zuerst die im Standard-Modell enthaltenen korrekten Aussagen erklären muß. Sie muß gewissermaßen das Standard-Modell einschließen.

Zusammenfassend dürfen wir sagen, daß man mit dem Standard-Modell die für unser heutiges Leben wichtigen physikalischen Tatsachen verstehen kann. Damit meinen wir hier natürlich als erstes den Elektromagnetismus, die Grundlage für unsere heutige Chemie, die Elektrotechnik, die Elektronik, die Nachrichtenübertragung. Dann kommen die Kernkräfte, die im Prinzip verstanden werden können, und die radioaktiven Erscheinungen, also die Folgen der starken Quarkkräfte und der schwachen Kräfte. Für den Physiker ist noch wichtig, daß mit dem Standard-Modell die Ordnung der vielen beobachteten Teilchen, ihre Entstehung und ihr Zerfall zufriedenstellend beschrieben werden.

Es gibt einige physikalische Probleme, die in diesem Buch gar nicht behandelt wurden, weil sie zum Verständnis der Zusammenhänge nicht notwendig waren. Wir möchten hier drei dieser Probleme noch kurz vorstellen: Die Suche nach magnetischen Monopolen, das Problem der Gluonenbälle und die mysteriösen Anomalonen.

1. Magnetische Monopole

Schon Dirac hatte in den zwanziger Jahren die Frage nach der Existenz freier *magnetischer* Ladungen, sogenannter Monopole, gestellt. Er entnahm diese Vermutung aus der Symmetrie zwischen den elektrischen und den magnetischen Kräften. Die freie *magnetische Ladung* hätte nach Dirac einen Wert, der aus anderen Naturkonstanten leicht zu errechnen ist. Im vorigen Jahrhundert, als man noch nicht verstanden hatte, daß die elektrischen und die magnetischen Erscheinungen auf die gleiche Naturkraft zurückzuführen sind (s. 2.5.), war die Vorstellung eines einzelnen, für sich existierenden magnetischen Pols auch sehr beliebt. Im täglichen Leben haben wir uns an die Magnetstäbe gewöhnt, die beim Zerbrechen automatisch wieder je einen «Nord-» *und* einen «Südpol» an jedem Bruchstück bilden. Wir können uns also heute einen Einzelpol oder einen «magnetisch» geladenen Stab nicht gut vorstellen. Es könnten aber trotzdem in der Natur Monopole auftreten, von denen wir natürlich annehmen müssen, daß sie äußerst selten vorkommen. Die heutigen Theorien der Naturkräfte («Grand Unification»), in denen die elektroschwachen und die starken Kräfte vereint werden, haben der Suche nach magnetischen Monopolen neue Impulse gegeben. Magnetische Monopole müßten (wenn es sie gibt) sehr starke ionisierte Spuren und in manchen Substanzen sogar Löcher hinterlassen. An verschiedenen Beschleunigern wurden Nachweisapparaturen aufgestellt, die freilich bis heute kein Ergebnis gebracht haben. Nur ein Instrument in der Stanford University, welches gar nicht an einem Beschleuniger betrieben wird, hat bis jetzt anscheinend den Durchgang eines einzigen Monopols angezeigt. Der Autor dieser Messung, der junge Physiker Blas CABRERA (geb. 1946), konnte jedoch bis heute sein Ergebnis vom 14. Februar 1982 nicht wiederholen. Die Suche wird mit größeren und empfindlicheren Geräten weitergeführt.

2. *Gluonenbälle*
Bei den Erläuterungen zu den Kräften zwischen den Quarks (s. 7.4.), den Farbkräften, haben wir das Verhalten der ausgetauschten Gluonen berücksichtigt, die nicht nur die Farbladungen der Quarks ändern, sondern auch selbst Doppelfarben tragen. Bei dem Bild von der Stahlfeder zur Erklärung der Farbkraft haben wir die Anziehung zwischen den Gluonen als Ursache für die Feder- oder Bandbildung angenommen. Dies bedeutet, daß Gluonen untereinander auch Gluonen austauschen. Man kann sich Gebilde vorstellen, die – im Bild gesprochen – aus einem Stück unserer Stahlfeder bestehen, an deren Enden Gluonen statt Quarks sitzen. Diese von dem deutschen Physiker Harald FRITZSCH (geb. 1943) und Murray GELL-MANN vorausgesagten Objekte werden seit einigen Jahren gesucht; man nennt sie *Gluonenbälle.* Sie unterscheiden sich – wenn die theoretische Voraussage stimmt – nicht wesentlich von normalen, aus Quarks bestehenden Resonanzen (s. 5.7.) und zerfallen auch in Teilchen aus dem bekannten Zoo. Nur einige wenige ihrer Zerfälle dürften einwandfrei als Gluonenbälle identifiziert werden können, und nach ihnen wird in vielen Experimenten gesucht.

3. *Anomalonen*
Schon seit 1954 werden in Kernemulsionen (s. 5.3. und 5.4.), die der Höhenstrahlung ausgesetzt wurden, hochenergetische Atomkerne beobachtet, die viel öfter als erwartet Kernzertrümmerungen verursachen. Es ist, als ob sie für eine kurze Zeit, die für einen Flug von wenigen Zentimetern reicht, viel größer wären als Atomkerne der gleichen Kernladungszahl. An Schwerionenbeschleunigern konnten in den letzten Jahren diese Vorgänge systematisch untersucht werden. Jetzt besteht der Verdacht, daß es sich um «anomale» (nicht regelmäßige, ungewöhnliche) Quarkverbindungen handelt, die beim Verschmelzen von Kernmaterie entstehen. Daher der Name *Anomalonen.* Die lange Lebensdauer dieser Anomalonen führt zu dem Schluß, daß sie eigentlich nur durch die Wirkung der schwachen Kräfte zerfallen können. Vom Standpunkt der Quarkkräfte aus sind

sie also stabil. Auf Grund ihrer starken Neigung, Kernzertrümmerungen zu verursachen, kann man sie nicht in unser heutiges Teilchenschema einreihen. Es ist vorstellbar, daß es sich bei den Anomalonen um Quarkverbindungen handelt, die wir in unserem Standard-Modell nicht berücksichtigt haben. Einige Theorien versuchen, die Anomalonen durch die Einführung einer neuen Quantenzahl zu erklären. Man hofft, mit genaueren Untersuchungen an Schwerionenbeschleunigern das Problem der Anomalonen zu lösen. Die Entdekkung ganz neuer Zusammenhänge und Erkenntnisse ist dabei nicht ausgeschlossen.

Es wäre nicht möglich, alle Begründungen und Fragestellungen der vielen hundert heute laufenden und geplanten Hochenergie-Experimente darzulegen. Wir haben in Tabelle 8.1.1 nur diejenigen Fragen zusammengestellt, die uns am wichtigsten erschienen, in der Hoffnung, auf diese Art einen kleinen Überblick zu vermitteln und die Motivation einiger der vielen auf diesem Gebiet tätigen Physiker zu beschreiben.

Was verursacht die Ordnung und die Ladungen der Quarks und der Leptonen? Warum gibt es mehrere Generationen?

Gibt es HIGGS-Teilchen?
Gibt es andere exotische Teilchen?
Gibt es magnetische Monopole?
Gibt es Gluonenbälle?

Gibt es vielleicht doch freie Quarks?
Haben die Quarks eine innere Struktur?
Haben auch die Leptonen eine innere Struktur?

Wie lange leben die Protonen?

Gibt es andere Zeichen übergeordneter Kräfte?

Was sind die «Anomalonen»?

Haben die Neutrinos Masse?
Ist das Tau-Neutrino echt?

Sind die Weakonen vielleicht zusammengesetzt?
Wie und wie schnell zerfallen die Weakonen?

Außerdem fehlen genauere Daten zur Bestätigung der Quantenchromodynamik QCD und genauere Rechnungen zu dieser Theorie, und genauere Messungen zum t-Quark.

Tabelle 8.1.1: Einige offene Fragen der Teilchenphysik 1984

Es gibt ein Gebiet der Naturforschung, das einerseits von den Erkenntnissen der Teilchenphysik profitieren konnte, andererseits aber auch wertvolle Informationen zur Weiterentwicklung der Theorien der kleinsten Teilchen liefert. Es handelt sich um die Astrophysik. Die Erforschung des Weltalls in den größten uns zugänglichen Dimensionen hat in den letzten Jahrzehnten wichtige Daten geliefert, die in die Betrachtungen über die kleinsten Teile der Materie einbezogen werden mußten. Dabei konnten auch interessante Theorien zur Entstehung des Universums entwickelt werden. Mit diesen Zusammenhängen wollen wir uns im nächsten Abschnitt befassen und damit weitere Ansatzpunkte für die Planung neuer Experimente der Teilchenphysik finden.

8.2. Anregungen aus der Astrophysik

Die Erforschung der Himmelskörper, der größten Ansammlungen von Materie, die den Menschen bekannt sind, fasziniert die Naturforscher genausosehr wie die Untersuchung der kleinsten Teilchen, aus denen unsere Welt besteht. Mit diesen gigantischen Objekten beschäftigen sich die Astronomen und die Astrophysiker. Wir haben in der Tabelle 8.2.1 die ungefähren Größenverhältnisse aufgeführt, die zwischen den verschiedenen Gebilden im Mikro- und Makrokosmos bestehen. Dies gelang dadurch, daß wir aufsteigend von einer Größenordnung zur nächsten immer um den Faktor Tausend in den Abmessungen der Objekte größer werden. Mit 16 solchen Schritten kommen wir von den kleinsten unbekannten Objekten, also vom hypothetischen Inneren der Quarks, zu den größten Unbekannten, nämlich zu den nicht mehr erfaßbaren Dimensionen des Kosmos.

Wir haben Anhaltspunkte für die Annahme, daß es sich im gesamten Kosmos um Materie und Energie handelt, die sich nicht wesentlich von der auf unserer Erde unterscheiden und für die auch die gleichen physikalischen Gesetze gelten. Es müßte dann eigentlich möglich sein, aus den Erkenntnissen der Astrophysiker und denen der Teilchenphysiker ein einheitliches Bild der Zusammensetzung der Materie zu entwerfen. Dementsprechend entstand in den letzten Jahrzehnten ein fruchtbarer Gedankenaustausch zwischen Forschern dieser beiden scheinbar besonders weit voneinander entfernten Teilgebiete der Physik. Wir können uns hier nicht mit der Erforschung des Weltalls beschäftigen, möchten aber einige Erkenntnisse dieses Wissenschaftszweiges heranziehen, um daraus wichtige Fol-

DIE GRÖSSENVERHÄLTNISSE IN TAUSENDERSCHRITTEN

	Beispiel zur Größenordnung:
	Unbekannt
1 000 000 000 Em	× 0,1 = Beobachtbares Universum
1 000 000 Em	
1 000 Em	Galaxie
1 000 Pm = 1 Em	100 Lichtjahre
1 000 Tm = 1 Pm	
1 000 Gm = 1 Tm	Planetensystem
1 000 Mm = 1 Gm	× 1,4 = Durchmesser der Sonne
1 000 km = 1 Mm	Hamburg–Genf
1 000 m = 1 km	1 Kilometer
1 000 mm = 1 m	1 Meter
1 000 µm = 1 mm	1 Millimeter
1 000 nm = 1 µm	Silberkorn Fotoschicht
1 000 pm = 1 nm	Molekül
1 000 fm = 1 pm	× 10 = Atom
1 000 am = 1 fm	Reichweite der Kernkräfte, Proton
= 1 am	Reichweite der schwachen Kräfte
	Unbekannt

Tabelle 8.2.1: Die Größenverhältnisse zwischen den astronomischen Objekten und den Elementarteilchen in Tausenderschritten (zu den Einheiten s. auch 2.5., Tabelle 2.5.2)

gerungen für die Teilchenphysik abzuleiten. Vor allem werden wir dabei einige Fragestellungen kennenlernen, die auch für die Planung der nächsten Forschungsarbeiten in der Teilchenphysik sehr wertvoll sind.

Zuerst müssen wir uns bewußtmachen, daß die Astrophysiker es sehr oft mit einer Kraft zu tun haben, die wir für die Elementarteilchen vernachlässigt haben, nämlich mit der Gravitation. Diese Kraft konnte bis jetzt noch nicht mit den Methoden der Quantenmechanik behandelt werden. Für die Probleme des Kosmos spielt dies jedoch keine große Rolle. Die Gravitation wirkt zwischen Körpern, die eine *Masse* haben, und zwar ist sie immer anziehend. Wie wir in den vorigen Kapiteln gesehen haben, wird die Gravitation nicht in das Standard-Modell der Teilchenphysiker eingereiht. Der Begriff Masse ist an sich schon nicht einfach zu definieren, und die Berechnung der Massen bereitet den Teilchenphysikern immer wieder Schwierigkeiten.

Die Bewegung der Himmelskörper wird jedoch weitgehend von ihren Massen bestimmt, also von der Gravitationskraft, die zwischen ihnen wirkt. Dies ist die gleiche Kraft, die jeden Gegenstand zum Erdmittelpunkt zieht, ihn also auf den Erdboden fallen läßt. Obwohl diese Kraft recht eindrucksvolle Effekte hervorruft, muß man doch beachten, daß sie im Vergleich zu den Kräften, die wir bis jetzt behandelt haben, eine sehr bescheidene Wirkung hat. Ein berühmter Vergleich mit den elektrischen Kräften hebt dies klar hervor. Er wurde von dem Theoretiker Steven WEINBERG in seinem Buch «Die ersten drei Minuten» folgendermaßen erwähnt: «Besäßen die Erde und die Sonne einen Überschuß an positiver gegenüber negativer Ladung (oder umgekehrt) von nur eins zu

$$1\,000\,000\,000\,000\,000\,000\,000\,000\,000\,000\,000\,000 = 10^{36}$$

[36 Nullen!], dann wäre die elektrische Abstoßung zwischen ihnen stärker als die gravitationsbedingte Anziehung.»

Die Himmelskörper müßten dementsprechend elektrisch neutral sein, eine Tatsache, die keinesfalls als selbstverständlich angesehen werden kann. Eine gewisse elektrische Aufladung durch Reibung, zum Beispiel beim Gehen auf einem Teppich, ist uns ja sogar aus dem täglichen Leben bekannt. Die Tatsache, daß die Himmelskörper – also auch das Universum – jeweils aus der gleichen Zahl von positiven und negativen Ladungen aufgebaut sind, scheint einen tieferen Sinn zu haben. Da die Summe der elektrischen Ladungen eines abgeschlossenen Systems (s. 2.7.) stets erhalten bleibt, ergeben sich Konsequenzen für den Werdegang des Universums oder eines Sternensystems.

Aus der so genau nachweisbaren elektrischen Neutralität der Himmelskörper (man würde eine elektrische Anziehung oder Abstoßung von Galaxien leicht beobachten!) entnimmt man wieder ein Argument für die wahrscheinlich exakte Gleichheit der Ladung des Protons und des Elektrons, auf die wir schon im vorigen Abschnitt bei der Besprechung der neutralen Atome hingewiesen haben.

Für die Gravitationskräfte hat Albert EINSTEIN während des Ersten Weltkrieges eine Theorie entworfen, die als die *Allgemeine Relativitätstheorie* bekannt ist. Sie bringt die Eigenschaften des geometrischen Raumes in Verbindung zur Zeit und erklärt die Gravitation als einen Effekt der Krümmung von Raum und Zeit. Die Massen *krümmen* gewissermaßen den Raum. Wir wollen uns mit dieser Theorie nicht weiter beschäftigen und führen sie hier nur an, um zu zeigen, wie schwierig es sein wird, eines Tages die Gravitation mit den anderen Kräften der Natur zu vereinigen. Es gibt aber Theoretiker, die sich mit diesem Problem befassen.

Im Laufe der letzten Jahrzehnte entstanden aus den Erkenntnissen der Astrophysik und der Teilchenphysik Theorien zur Entwicklung des Universums. Dabei spielen natürlich die Struktur der Materie und alle Naturkräfte eine wichtige Rolle. Wir möchten hier einige Züge dieser Theorien kurz erläutern.

Der Name «Standard-Modell» wird gelegentlich auch auf die neueren Modellvorstellungen zur Entstehung des Universums angewandt. Dies ist ein Zufall, der sich aus der Umgangssprache der Physiker ergeben hat. Wir werden hier die Bezeichnung «Standard-Modell» nur für die in Kapitel 7 erwähnten Theorien der Teilchenphysik benutzen und nicht für ein kosmologisches Theoriensystem.

Es wird angenommen, daß das Universum aus einer gewaltigen Explosion entstanden ist, die man oft den *Big Bang* oder den *Urknall* nennt und die vor etwa 20 Milliarden Jahren stattgefunden hat. Die gesamte Energie (und Masse) war am Anfang auf einen sehr kleinen Raum konzentriert. Die Materie hat sich nach dem Knall – anfangs sehr schnell und dann immer langsamer – abgekühlt und ausgedehnt, etwa wie ein heißes Gas. Diese Theorien erklären, warum heute die Astrophysiker eine *Ausdehnung des Universums* beobachten: Das Universum vergrößert sich infolge der ursprünglichen Explosion immer noch.

Ausschlaggebend für die Entwicklung der Theorien zur Entstehung des Universums war die Beobachtung (1965) einer elektromagnetischen «Hintergrundstrahlung» aus dem All. Durch sie konnte man verstehen, daß eine große Menge von Lichtquanten (= Photonen) den Raum füllt. Sie ist beim Abkühlungsprozeß übriggeblieben. Die faszinierende Geschichte dieses heute recht gut verstandenen Prozesses werden wir hier nicht verfolgen und empfehlen das sehr lehrreiche und allgemeinverständliche Buch von Harald FRITZSCH «Vom Urknall zum Zerfall» (1983). Einen vereinfachten Überblick zeigen wir in Tabelle 8.2.2.

Für die Teilchenphysik ergeben sich aus der Theorie der Entstehung des Universums einige Folgerungen und einige Fragen. So muß es in der Natur mindestens *eine* weitere Kraft geben, die gewisse Umwandlungen der Materie zur gegebenen Zeit verursacht hat. Diese Kraft hat Träger, die manchmal X genannt werden, die Drittelladun-

Zeit Null	Unbekannt ... heiße URSUPPE, X-Teilchen
nach jeweils:	entstehen:
1 Attosekunde	QUARKS und LEPTONEN, aus X-Teilchen-Zerfall QUARKS bleiben nach Quark-Antiquark-Vernichtung übrig
1 Mikrosekunde	NUKLEONEN, aus drei Quarks
1 Millisekunde	HINTERGRUNDSTRAHLUNG aus Leptonen-Antileptonen-Vernichtung
1 Minute	ATOMKERNE, aus Nukleonen
1 Jahr	ATOME, aus Kernen und Elektronen
1 Million Jahren	Erste STERNE und GALAXIEN
15 Milliarden Jahren	Erstes IRDISCHES LEBEN
20 Milliarden Jahren	HEUTIGES UNIVERSUM

Tabelle 8.2.2: Die Abkühlung des Universums nach dem Urknall (vereinfachte Darstellung)

gen haben und somit Übergänge erlauben, die in unserem Standard-Modell nicht möglich sind.

Die Materie bildet nach den Urknalltheorien nur einen sehr geringen Teil unserer Welt. Bei weitem größer als die Zahl der Quarks und Leptonen ist die im Weltall verstreute Zahl der Photonen und Neutrinos: Es gibt davon etwa einemilliardemal mehr. Hier muß aber betont werden, daß wir die im All befindlichen Neutrinos noch nie direkt beobachtet haben, jedoch ihre Anwesenheit aus bestimmten Gründen annehmen dürfen.

Aus der detaillierten Urknalltheorie kann man dann auch verstehen, warum sich bei einem gewissen Abkühlungsgrad des Universums die zuerst aus Energie *fast gleichmäßig* gebildete Materie und Antimaterie gegenseitig wieder vernichtet haben. Nur ein ganz geringer Bruchteil Materie ist dann übriggeblieben. So wird die Erfahrungstatsache erklärt, daß wir im Kosmos (oder *aus* dem Kosmos, zum Beispiel in der Höhenstrahlung) keine Antimaterie beobachten.

Der kleine Überschuß an Materie, der heute unsere Welt bildet, ist auf die mysteriösen X-Teilchen und X-Kräfte zurückzuführen. Nach Meinung einiger Theoretiker müssen diese X-Teilchen, die bei den ungeheuer hohen Energiekonzentrationen am Anfang allein vorhanden waren, etwas mehr in Materie als in Antimaterie zerfallen sein und so einen Überschuß verursacht haben. Dies ist die einfachste Art, das Fehlen von Antimaterie im Kosmos zu erklären.

Wie schon erwähnt, kann die Zahl der Neutrinos im All sehr groß sein. Daraus ergibt sich eine wichtige Frage. Die weitere Ausdehnung des Universums hängt nämlich von seiner Masse ab. Wenn die Neutrinos keine Masse besitzen, dann würde die weitere Ausdehnung des Universums ganz anders vor sich gehen, als wenn sie eine zwar nur kleine, aber meßbare Masse von vielleicht 10 eV hätten. Diese kleine Masse würde genügen, um die auseinanderstrebenden Galaxien nach einer gewissen Zeit, auf Grund der Gravitationskraft, wieder zusammenzuziehen. Die Gesamtmasse der Neutrinos würde nämlich das Zehnfache der Masse aller übrigen Materie ausmachen. Dann könnte das Universum wieder in sich zusammenfallen, und vielleicht könnte sich der ganze Vorgang auf ewig wiederholen. Andernfalls würde sich das Universum unendlich lange ausdehnen und dabei auch abkühlen. All diese unheimlichen Zukunftsvisionen vollziehen sich in Milliarden von Jahren und brauchen uns und unsere Nachkommen nicht zu beunruhigen.

Für die Physiker freilich ist es eine interessante Frage, ob nun die Neutrinos eine Masse haben oder nicht. Ein eindeutiges experimentelles Ergebnis liegt bis jetzt nicht vor, die Messungen sind sehr schwierig. Dies ist eines der wichtigen Probleme, die in der Physik noch ungelöst sind. Es gab natürlich schon Versuche, die Masse der verschiedenen Neutrinoarten zu bestimmen.

Man kann aus einigen besonderen radioaktiven Betazerfällen auf eine Masse der Neutrinos schließen. Versuche, die in der UdSSR, in den USA und in der Bundesrepublik Deutschland durchgeführt wurden, haben noch zu keinem eindeutigen Ergebnis geführt. Es ist durchaus möglich, daß die Neutrinos des Betazerfalls die Masse Null haben. Die zuletzt bekannt gewordenen Messungen aus dem Max-Planck-Institut für Kernphysik in Heidelberg ergeben, daß die Neutrinomasse höchstens 5,6 eV betragen und auch Null sein kann.

Bei höheren Energien werden auch andere Neutrinos erzeugt: Myon- und Tau-Neutrinos und ihre Antiteilchen. Man hat nach Massendifferenzen zwischen den verschiedenen Neutrinoarten gefahndet. Verschieden schwere Neutrinos würden ja unterschiedliche Geschwindigkeiten haben. Dies würde sich entlang einem Neutrinostrahl bemerkbar machen. Auch aus diesen Experimenten entstammt kein Hinweis auf eine Masse eines der bekannten Neutrinos.

Ein weiteres Problem ergibt sich aus den nach dem Urknall auftretenden X- oder ähnlichen Teilchen, die eine besonders schwache, aber sehr wichtige Kraft übertragen. Bei sehr hohen Energien sind nur diese Kräfte vorhanden. Bei niedrigeren Energien entstehen die uns bekannten Teilchen, Kräfte und Kräfteträger, so ähnlich wie die Photonen und die Weakonen in der elektroschwachen Theorie entstehen. Erst bei unserem heutigen Abkühlungsgrad besteht die Welt aus Quarks und Leptonen, und es bilden sich die Träger der Kräfte des Standard-Modells.

Die Reichweite der hypothetischen X-Kräfte ist sehr gering, etwa ein Millionstel eines Millionstels der schwachen Kräfte. Entsprechend groß ist dann auch die Masse der X-Teilchen, die man wieder mit Hilfe der Unbestimmtheitsrelation von HEISENBERG berechnen kann. Wenn aber zwei Quarks einander so nahe kommen, daß die X-Kraft aktiv wird, dann kann (auch heute noch) ein X-Teilchen ausgetauscht werden. Dabei kann sich die Drittelladung des Quarks in eine ganzzahlige Ladung verwandeln: Aus dem X-abstrahlenden Quark wird ein Lepton. Das X wird von dem zweiten Quark aufge-

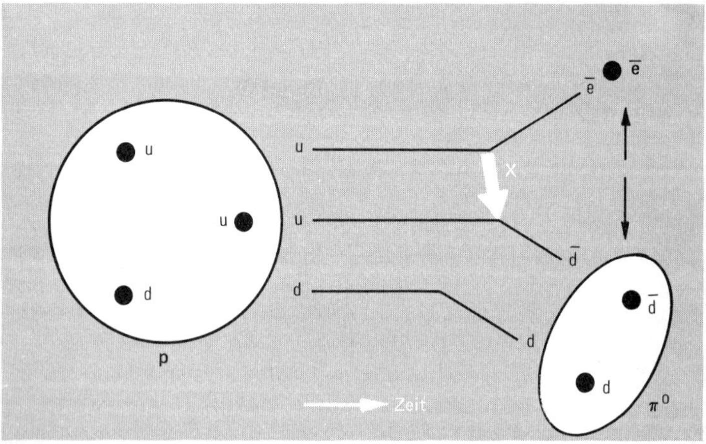

Abb. 8.2.1: Zerfall eines Protons durch eine noch unbekannte Kraft mit sehr kleiner Reichweite, die durch ein schweres X-Teilchen übertragen wird

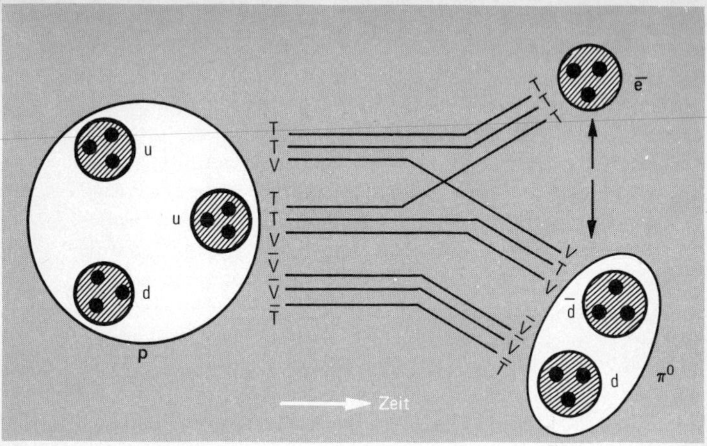

Abb 8.2.2: Der gleiche Zerfall eines Protons, der in Abb. 8.2.1 gezeigt wurde, dargestellt im Rahmen des Rischonenmodells. Quarks und Leptonen werden in diesem Modell aus T- und V-Teilchen und ihren Antiteilchen aufgebaut

nommen, das sich dabei zum Beispiel in ein Antiquark verwandeln kann, wie wir es in Abb. 8.2.1 schematisch darstellen.

Bei dem gezeigten Prozeß kommen zwei u-Quarks so nahe aneinander heran, daß ein (hypothetisches) X-Teilchen ausgetauscht wird. Dieses nimmt die elektrische Drittelladung und die Farbladung des einen u-Quarks mit: Es bleibt ein Positron übrig. Das X-Teilchen wird von dem zweiten u-Quark eingefangen, wobei dieses sich in ein Anti-d-Quark verwandelt. Dieses bildet mit dem ursprünglichen d-Quark des Protons ein neutrales Pion. Endprodukte der Reaktion sind also ein Positron und ein neutrales Pion.

Wir möchten hier noch anmerken, daß sich der gleiche Zerfall des Protons auch nach den Modellen erklären läßt, in denen die Quarks und Leptonen aus kleineren Teilchen aufgebaut werden. Ohne in die Details eines solchen Modells einzudringen, haben wir in Abb. 8.2.2 gezeigt, wie man sich die beschriebene Reaktion im Rahmen des Rischonenmodells (s. 8.1.) vorstellt. In diesem Modell besteht das u-Quark aus einer TTV-Rischonen-Kombination, das d-Quark aus einer $\overline{V}\overline{V}\overline{T}$-Kombination und das Positron aus drei T-Rischonen. Die Ähnlichkeit der beiden Beschreibungen ist auffallend, und das Endergebnis ist das gleiche. An Stelle der superschwachen X-Kraft muß hier eine superstarke Kraft zum Zusammenhalten der Rischonen eingeführt werden.

Der hypothetische Protonenzerfall beschäftigt die Physiker seit einigen Jahren. Die X-ähnlichen Teilchen und die superschwachen Kräfte sind ja nicht nur in der Astrophysik aufgetaucht, sondern auch bei den Versuchen, alle Kräfte der Natur zu vereinigen. Man kann berechnen, wie oft – oder besser wie selten – eine so schwache Kraft in unserer heutigen Materie zum Einsatz kommen würde. Das Ergebnis ist sehr merkwürdig: Die Materie, besonders die Protonen, müßten danach hin und wieder zerfallen. Dies geschieht aber so selten, daß es auf unser Leben keinerlei Einfluß hat. Andererseits könnte es möglich sein, die raren Protonenzerfälle in genügend großen Materiemengen zu beobachten. Wir werden solche Experimente noch beschreiben.

Zusammenfassend können wir sagen, daß wir den Werdegang und die Weiterentwicklung des Universums wesentlich besser verstehen werden, wenn wir die Antworten auf zwei wichtige Fragen haben. Diese Fragen sind in der Teilchenphysik auch aufgetaucht:

1. Haben die Neutrinos eine Masse?

2. Wie lange lebt das Proton (und das Neutron)?

Damit beenden wir unseren kurzen Ausflug in die Bereiche der Astrophysik. Aus den in diesem und im vorigen Abschnitt gezeigten physikalischen Problemen ergeben sich einige konkrete Fragen, die nur durch Experimente beantwortet werden können. Wir werden in den nächsten Abschnitten zeigen, welche dieser Experimente mit unseren heutigen technischen und mit unseren finanziellen Mitteln tatsächlich durchführbar sind.

8.3. Experimente zur Stabilität der Materie

Wie stabil ist unsere Welt? Wie stabil ist die Materie, die uns umgibt? Können wir überhaupt die Lebensdauer der Protonen und Neutronen messen?

Dieses Thema hat anscheinend nur wenig mit Hochenergiebeschleunigern zu tun. Doch sind es gerade die Hochenergiephysiker, die sich mit großer Begeisterung auf die Suche nach Protonen- und Neutronenzerfällen gemacht haben. Die Energien der Zerfallsprodukte des Protons liegen auch durchaus im Bereich der Meßmethoden der Teilchenphysik. Und die Frage nach der Stabilität des Protons ist auch wesentlich für die weitere Entwicklung der vereinheitlichten Theorie der Naturkräfte, die natürlich für die Hochenergiephysiker besonders wichtig ist.

Wir haben im vorigen Abschnitt gezeigt, daß ein Proton zum Beispiel in ein Positron und ein neutrales Pion zerfallen können müßte mit einer Wahrscheinlichkeit, für die man heute schon einige Anhaltspunkte hat. Die gesamte Masse des Protons (938 MeV) verwandelt sich bei diesem Zerfall in die kleineren Massen des Pions (140 MeV) und des Positrons (0,5 MeV) und in ihre Bewegungsenergie. In Abb. 8.3.1 haben wir die Impulse der Zerfallsprodukte dargestellt: Beide Teilchen müssen natürlich entgegengesetzten Impuls mit dem gleichen Wert haben; die Summe muß Null ergeben, da wir ja annehmen, daß das zerfallende Proton anfangs auch keinen Impuls hatte (s. 2.7.). Das neutrale Pion wird entsprechend seiner kurzen Lebensdauer sofort in zwei Photonen zerfallen. Somit ergeben sich im Endeffekt: ein Positron mit der beachtlichen Energie von 460 MeV und zwei Photonen, die unter sich die Gesamtenergie (478 MeV) und den Impuls des neutralen Pions aufteilen.

Es gibt noch andere Zerfallsarten für das Proton und natürlich auch entsprechende Zerfallsreaktionen für das Neutron. Wir werden sie hier nicht anführen und uns statt dessen mit dem Nachweis des oben

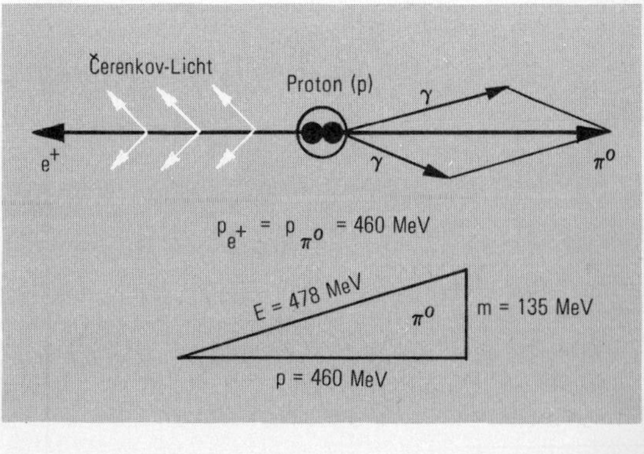

Abb. 8.3.1: Impulsdiagramm des Zerfalls eines Protons in ein Positron und ein neutrales Pion, das seinerseits wieder in zwei Photonen zerfällt

besprochenen, nach einigen Theorien wichtigsten Protonenzerfalls beschäftigen.

Selbst bei sehr langlebigen radioaktiven Substanzen ist es möglich, Zerfälle zu beobachten, wenn man nur genügend viele Atome von der betreffenden Substanz zur Verfügung hat (s. 4.2.). So ist es auch bei den Protonen. Die Voraussagen der verschiedenen Theorien stimmen darin überein, daß die Lebensdauer der Protonen so lang sein muß, daß man in etwa 16 Tonnen Materie, die ja insgesamt rund

$$10\,000\,000\,000\,000\,000\,000\,000\,000\,000\,000 = 10^{31}$$

(31 Nullen!) Protonen und Neutronen enthalten (s. 2.2.), höchstens *einen* Zerfall pro Jahr erwartet!

Die bis Anfang 1984 durchgeführten Experimente haben dies bestätigt. Wir werden diese älteren Experimente hier nicht erläutern, weil sie im Prinzip mit den neueren und größeren übereinstimmen.

Man ist jetzt dabei, Apparaturen aufzubauen, die wesentlich mehr Materie enthalten. Wir haben die geplanten Experimente zusammen mit einigen schon laufenden Versuchen in der Tabelle 8.3.1 zusammengestellt.

Ein auffälliges Merkmal aller Protonen-Zerfallsexperimente ist, daß sie unterirdisch aufgebaut sind. Dies ist erforderlich, um die durch

ab	Tonnen Material	Tiefe u. d. Erde	Name, Land (Standort)
1981	140 t Eisen	2 300 m	Kolar-Goldbergwerk Indien
1982	150 t Eisen	1 800 m	Montblanc-Tunnel Frankreich/Italien
1982	6 880 t Wasser	660 m	Morton-Salzbergwerk USA
1983	3 000 t Wasser	1 000 m	Kamioka-Bleibergwerk Japan
1983	800 t Wasser	630 m	King-Silberbergwerk USA
1984	1 500 t Eisen	1 500 m	Fréjus-Tunnel Frankreich
?	10 000 t Eisen	1 400 m	Gran Sasso d'Italia-Tunnel Italien

Tabelle 8.3.1: Die wichtigsten Experimente zum Protonzerfall

die Höhenstrahlung verursachten Reaktionen zu verringern. Es entstehen sonst Ereignisse, die mit Protonenzerfällen verwechselt werden können. Ein Experiment ist also im allgemeinen um so besser, je tiefer es unter der Erde liegt und je größer die Menge Material ist, die beobachtet wird. Natürlich müssen die registrierten Ereignisse gut ausgemessen werden, also sind auch die Empfindlichkeit und Genauigkeit der Apparatur sehr wichtig.

Wie wir schon erläutert haben, ergeben sich bei einem der einfachsten Protonenzerfälle drei Reaktionsprodukte: ein Positron und zwei Photonen (s. 8.2.). Diese können auf verschiedene Art nachgewiesen werden. Heute sucht man Protonenzerfälle in zwei Typen von Material: in Wasser und in Eisen. Die Kosten und rein praktische Erwägungen haben bei der Auswahl dieser Substanzen die wesentliche Rolle gespielt.

Im Prinzip zerfallen die Nukleonen – wenn sie überhaupt zerfallen – in allen Substanzen gleich schnell. So auch in unserem Körper. Hieraus ergibt sich schon eine untere Grenze für die Lebensdauer der Nukleonen: Eine Zerfallsrate, die etwa hunderttausendmal höher wäre als die oben für 16 Tonnen Material angegebene, könnten wir wahrscheinlich wegen der entstehenden Strahlung nicht mehr verkraften.

Eine Methode, die Lebensdauer der Nukleonen zu bestimmen, besteht darin, in großen Wassertanks die durch die Čerenkov-Strahlung (s. 3.9.) von den Zerfallsprodukten erzeugten Lichtblitze zu registrieren. Die in der Richtung der Zerfallsprodukte in Kegeln austretenden Lichtblitze werden mit sehr vielen großen Lichtvervielfachern (Photomultiplier) beobachtet.

Bei einer anderen Methode werden Eisenplatten und Zählrohre (oder andere Zähler) in Schichten verlegt. Der Protonenzerfall findet im Eisen statt, und die Zerfallsprodukte müssen in den Zählrohren registriert werden.

Es muß natürlich bei jedem beobachteten Ereignis nachgewiesen werden, daß es *nicht* durch ein von außen eingedrungenes Teilchen verursacht wurde. Man verlangt zum Beispiel, daß alle Spuren geladener Teilchen am Ort des vermutlichen Protonenzerfalls beginnen und die Außenwände des Apparats nicht durchdringen. Andere Kriterien werden angewandt, um Reaktionen zu erkennen, die zum Beispiel von eindringenden Neutrinos verursacht wurden.

Bis 1984 sind auf der ganzen Welt nur einige Kandidaten für einen Protonenzerfall beobachtet worden, die jedoch nicht als einwandfrei gelten. Erst mit der nächsten Generation von Großapparaturen hofft man zu einem eindeutigen Ergebnis zu kommen.

Abb. 8.3.2: Die Experimentierhöhle im Fréjus-Tunnel, in der gerade ein Protonenzerfallsexperiment aufgebaut wird (Foto Hinrich Meyer, Univ. Wuppertal)

Als Beispiel eines großen Nachweisgerätes, das Eisen benutzt, möchten wir ein Experiment erwähnen, das in einer Höhle im Fréjus-Tunnel in Frankreich eingebaut wird. Bei diesem Experiment werden 1500 Tonnen Eisen beobachtet. Es werden dazu rund *vierzigtausend* 6 Meter lange Geiger-Zähler und eineinhalb Millionen sogenannte Flash-Röhren der gleichen Länge verwendet, in denen die Spuren der Zerfallsprodukte der Protonen (oder Neutronen) nachgewiesen werden. An dem Experiment sind drei französische und zwei deutsche Institute beteiligt: das Kernforschungszentrum Saclay, das Linearbeschleuniger-Zentrum in Orsay, die École Polytechnique in Palaiseau, die Rheinisch-Westfälische Technische Hochschule Aachen (RWTH) und die Gesamthochschule Wuppertal. Es wird etwa 10 Millionen DM kosten. Abb. 8.3.2 zeigt einen Blick in die Experimentierhöhle während des Aufbaus der Apparatur und Abb. 8.3.3 ein Schema

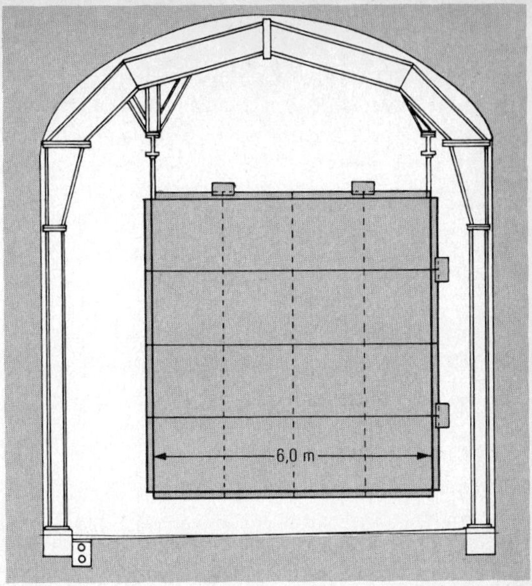

Abb. 8.3.3: Schema des Fréjus-Protonenzerfallsexperiments, in dem die Größe der Eisenplatten gezeigt wird

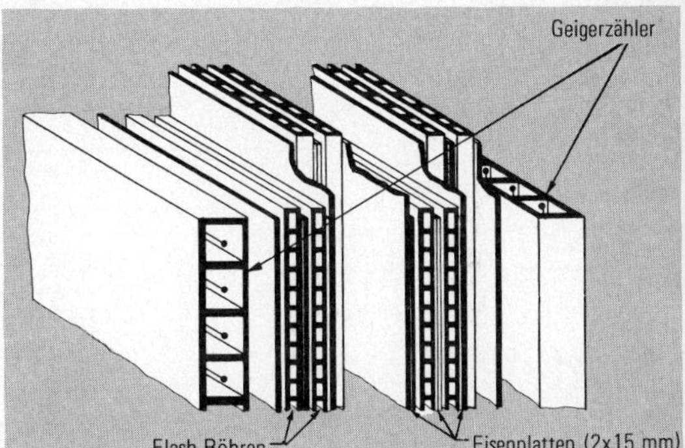

Abb. 8.3.4: Plattenstruktur der Zähler und des Eisens im Fréjus-Experiment. Ein in den 1500 Tonnen Eisen zerfallendes Proton würde in den Flash-Röhren und in den Geigerzählern gut erkennbare Signale hervorrufen

derselben. In Abb. 8.3.4 ist die Struktur der Geiger- und Flash-Röhren gezeigt; sie sind in großen Platten zwischen den Eisenplatten angeordnet.

Wir möchten noch ein zweites Beispiel für diese gewaltigen Meßapparaturen zeigen. Es ist das in Japan – etwa 300 Kilometer westlich von Tokio – seit 1983 laufende Experiment KAMIOKANDE. Der Name steht für Kamioka(ein Bleibergwerk)-Nucleon-Decay-Experiment

(= Nukleon-Zerfallsexperiment). *Eintausendundfünfzig* besonders große Lichtvervielfacherröhren (s. 3.9.) von je 50 Zentimeter Durchmesser beobachten ein Wasservolumen von fast 3000 Kubikmetern, also 3000 Tonnen, wie es in Abb. 8.3.5 gezeigt ist. Aus den empfangenen Lichtblitzen kann die Gesamtenergie eines Zerfalls auf 4 Prozent genau errechnet werden. Dabei muß man natürlich nach der von EINSTEIN aufgestellten Gleichung (s. 2.6.) die äquivalente Masse des zerfallenen Protons erhalten. Dies erlaubt es, unerwünschte Konkurrenzreaktionen leichter abzutrennen. Auch der Ort, an dem das Proton zerfallen ist, kann aus den beobachteten Lichtblitzen bestimmt werden. Die japanische Gruppe hat schon einige Kandidaten für einen Protonen-«Zerfall» beobachtet.

Sollte mit den größten und empfindlichsten zur Zeit geplanten Experimenten keine eindeutige Lebensdauer der Nukleonen gemessen

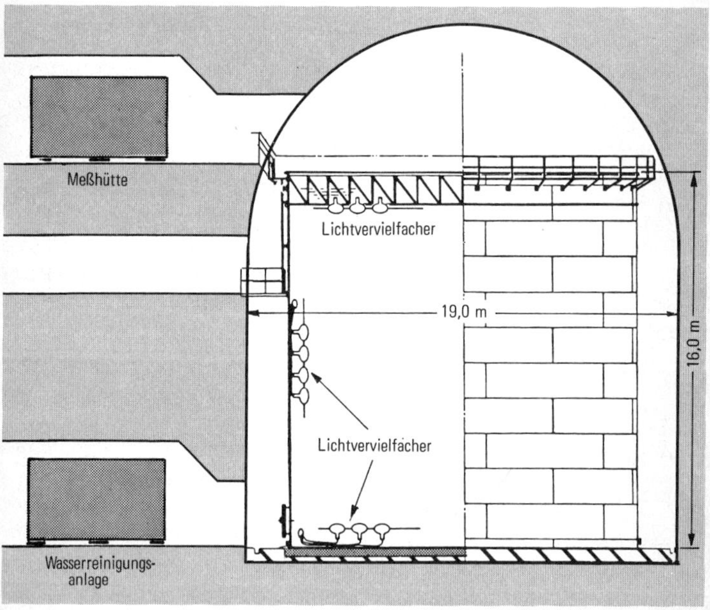

Abb. 8.3.5: Die Höhle des KAMIOKANDE-Experiments in Japan, bei dem Protonenzerfälle in 3000 Tonnen Wasser gesucht werden (Nach einem Schema von M. Koshiba, Univ. Tokio)

werden können, dann ist die Materie so stabil, daß die vorgeschlagenen Theorien, mit denen die Urkräfte des Standard-Modells vereinigt werden, ernste Schwierigkeiten bekommen dürften. Entsprechend müßten dann auch neue Ideen zur Erklärung der Entstehung der Materie nach dem Urknall entwickelt werden. Einstweilen jedoch herrscht Optimismus, und es bestehen gute Aussichten, daß die neuen Theorien diese Prüfung überstehen werden und daß wir damit einen Schritt weiterkommen in der Erforschung der kleinsten Teilchen der Materie.

8.4. Die neuen Beschleuniger

Große Beschleuniger und aufwendige Experimentieranlagen können nur in jahrelanger Zusammenarbeit von vielen Physikern, Ingenieuren und Technikern gebaut werden. Auch die Bereitstellung der finanziellen Mittel muß langfristig vorbereitet werden. Was in den neunziger Jahren gebaut werden soll, muß natürlich heute schon geplant werden. Deshalb können wir hier auch einen realistischen Überblick geben über die in den nächsten Jahren zu erwartenden Entwicklungen auf diesem Gebiet.

Ganz offensichtlich ist der nächste Schritt bei der Erforschung der Struktur der Materie eng verbunden mit der technisch erreichbaren Energie der Beschleuniger. Es besteht heute kein Zweifel, daß die Schlüssel zum Verständnis der Naturkräfte in den Untersuchungen bei viel höheren Energien gesucht werden müssen. Nur so glaubt man in die Geheimnisse der Vereinigung aller Kräfte eindringen zu können. Die Forschung nach der Lebensdauer der Nukleonen ist ja vor allem deswegen so spannend, weil wir über die Lösung dieses Problems in Zusammenhänge einzudringen hoffen, die wir bei sehr hohen Energien als gegeben vermuten.

Wer heute einen ehrgeizigen Teilchenphysiker nach den wünschenswertesten Experimenten fragt, wird von unerhörten Energien und phantastischen Meßapparaturen hören. Hier werden wir uns nicht auf solche Utopien einlassen, sondern ganz nüchtern die greifbaren Pläne der nächsten Jahre besprechen. Wir konzentrieren uns auf schon genehmigte Projekte. Es gibt ja in den Schubladen der Wissenschaftler unzählige Vorschläge, die zwar sehr interessant sind, jedoch nicht oder noch nicht durchführbar erscheinen. Am Ende dieses Abschnitts werden noch zwei Zukunftsprojekte besprochen, die zwar technisch noch etwas problematisch erscheinen, jedoch von der Physikergemeinschaft mit größtem Interesse betrachtet werden.

Auf die Frage nach den Teilchen, die in Zukunft beschleunigt werden sollen, aus deren Zusammenstoß etwas Neues gelernt werden kann, erhält man zur Zeit natürlich die Antwort: möglichst alle bekannten Urteilchen: die Quarks, die Leptonen und die Antiteilchen von beiden. Dies bedeutet, daß man vorerst weiterhin

Leptonen auf Antileptonen,

also meist Elektronen auf Positronen, schießen soll, eine Technik, die man ja gut beherrscht. Daneben hat es sich auch bewährt,

Quarks auf Antiquarks

zu schießen, wie es bei den Proton-Antiproton-Speicherringen der Fall ist. In den beiden genannten Fällen vernichten sich gelegentlich die Teilchen mit ihren Antiteilchen, und man erhält Energie, die sich dann in die gesuchten neuen Teilchen verwandelt.

Es gibt aber noch weitere Möglichkeiten: Die Frage nach der inneren Struktur der Urteilchen legt es nahe, auch

Leptonen auf Quarks

zu schießen. Daraus ergibt sich eine weitere Generation von Streu-Experimenten des RUTHERFORD-Typus: Sind die Urteilchen punktartige Quellen von Kräften? Oder zeigen sie bei den jetzt erreichbaren Energien eine «Form» oder gar eine innere Struktur? Durch die höhere Energie dringen wir ja gewissermaßen *tiefer* in die Urteilchen ein. Ein einziger Beschleuniger wird für diese Art von Untersuchungen vorbereitet: das HERA-Projekt in Hamburg. Dort sollen in einem Speicherring Protonen und in einem zweiten Speicherring Elektronen beschleunigt werden. An vier Kreuzungspunkten sollen sie zusammenstoßen.

Natürlich gibt es weiterhin die Möglichkeit, Protonen auf Protonen zu schießen und dadurch Stöße von zu beobachten. Dies soll noch für einige Zeit im ISR-Doppelspeicherring in Genf und an der Tevatron-Maschine in Chicago möglich sein und natürlich auch an Maschinen mit wesentlich geringerer Energie, die wir hier nicht berücksichtigen. Am Tevatron kann mit einem 1000-GeV-Protonenstrahl auf Wasserstoff geschossen werden, mit einer nutzbaren freien Energie (s. 6.1., Tabelle 6.1.1), die dann bei nur 42 GeV liegt.

Es bestehen zur Zeit keine öffentlich bekannten Vorschläge, hoch-

HOCHENERGIEBESCHLEUNIGER AB 1984

Name	Land	Stadt		GeV + GeV	nutzbare Energie	(effektiv nutzbar)
1984 in Betrieb:						
PEP	USA	Stanford	$e + \bar{e}$	18 + 18	36	(36)
PETRA	D	Hamburg	$e + \bar{e}$	23 + 23	46	(46)
SPS	EUR	Genf	$p + \bar{p}$	270 + 270	540	(90)
1986:						
Tevatron	USA	Chicago	$p + \bar{p}$	1000 + 1000	2000	(330)
SLC	USA	Stanford	$e + \bar{e}$	50 + 50	100	(100)
TRISTAN	JAP	Tokio	$e + \bar{e}$	30 + 30	60	(60)
1988:						
LEP-Phase I	EUR	Genf	$e + \bar{e}$	50 + 50	100	(100)
1990:						
HERA	D	Hamburg	$e + p$	30 + 820	314	(130)
LEP-Phase II	EUR	Genf	$e + \bar{e}$	100 + 100	200	(200)
VLEPP	UdSSR	Nowosibirsk	$e + \bar{e}$	150 + 150	300	(300)
nach 1990:						
UNK	UdSSR	Moskau	$p + \bar{p}$	3000 + 600	1900	(320)
SSC	USA	?	$p + \bar{p}$	10000 + 10000	20000	(3300)
LEP-$p\bar{p}$	EUR	Genf	$p + \bar{p}$	9000 + 9000	18000	(3000)

e = Elektron, $\bar{e}$ = Positron
p = Proton, $\bar{p}$ = Antiproton

Tabelle 8.4.1: Heutige und zukünftige Beschleuniger, die mehr als 30 GeV nutzbare Energie erreichen. Die Zahlen in Klammern sind Gesamtenergien, die in einem einzelnen Urteilchen-Stoß effektiv erreicht werden. Es handelt sich ausschließlich um Speicherringe mit kollidierenden Strahlen energetische Experimente durchzuführen, bei denen Elektronen mit Elektronen (oder Positronen mit Positronen) zur Kollision gebracht werden. Diese Art von Kollisionsversuchen könnte das Interesse der Physiker erwecken, sobald eine Struktur der Leptonen entdeckt worden wäre (wenn diese überhaupt eine haben!). Dagegen werden noch weiter Experimente an Neutrinostrahlen durchgeführt, die wir aber schon früher besprochen haben (s. 5.11.).

Wir haben in Tabelle 8.4.1 die Beschleunigeranlagen zusammengestellt, die in den nächsten Jahren in Betrieb genommen werden sollen. Geordnet haben wir sie nach ihrem voraussichtlichen Fertigstellungsdatum. Am Anfang haben wir zusätzlich die 1984 laufenden Maschinen angeführt, und zwar nur diejenigen, deren nutzbare Energie – das ist die für die Erzeugung neuer Teilchen zur Verfügung stehende Energie – 30 Gigaelektronenvolt überschreitet. Dieser Tabelle möchten wir einige Kommentare hinzufügen.

Es ist interessant, daß in allen neueren Maschinen Teilchen *gegeneinander* geschossen werden. Auf Experimente mit ruhenden Targets wird in Zukunft weitgehend verzichtet. Der Grund liegt natürlich in der auf diese Weise erreichten höheren Kollisionsenergie (s. 6.1.). Diese Technik des Frontalzusammenstoßes erfordert aber einen wesentlich höheren Aufwand, was natürlich zur Folge hat, daß nur noch relativ wenige Experimentieranlagen betrieben werden. An diesen ist der Andrang groß: Viele hundert Physiker beteiligen sich am Bau einer einzigen Experimentieranlage. Diese Riesenanlagen und die damit verbundenen Probleme werden wir im nächsten Abschnitt noch kurz besprechen.

An den Speicherringen, in denen Protonen gegen Antiprotonen geschossen werden, konnte man bis jetzt besonders interessante Quark-Antiquark-Zusammenstöße untersuchen. Die experimentelle Bestätigung der Existenz von Weakonen am umgebauten SPS-Beschleuniger des CERN im Jahr 1983 ist ein Musterbeispiel für die Ergiebigkeit der Quark-Antiquark-Kollisionen und zugleich ein Meilenstein in der Erforschung der kleinsten Teile der Materie. Die nutzbare Energie entspricht bei solchen Experimenten aber derjenigen, die beim Zusammenstoß eines Quarks und eines Antiquarks zustande kommt, und *nicht* der gesamten beim Stoß zur Verfügung stehenden Energie. Da ein Teil der Energie nicht in den Quarks, sondern in Form von Gluonen im Nukleon herumschwirrt, erhält man tatsächlich nur grob *ein Sechstel* der Gesamtenergie für die Bildung neuer Teilchen. Der frontale Quark-Antiquark-Zusammenstoß

(s. 6.7.) liefert am Genfer SPS während der Erzeugung von Weakonen bei Strahlen von je 270 GeV nur eine nutzbare Energie von etwa 90 GeV. So erwartet man auch am Tevatron in Chicago Quark-Antiquark-Vernichtungen bei Energien, die grob gerechnet bei nur einem Sechstel der Gesamtenergie von 2000 GeV liegen. Die sehr grobe Berechnung der nutzbaren Energie wird zusätzlich dadurch erschwert, daß die Quarks sehr stark an ihre Partner und an die vielen umherschwirrenden Gluonen gebunden sind. Die nicht am Quark-Antiquark-Stoß beteiligten Quarks und Gluonen verlassen die Reaktionsgegend in Form von Teilchenbündeln (Jets, s. 6.5.), die sich nach vorn und nach hinten ausbreiten. Die vielen dabei entstehenden Teilchenspuren erschweren wesentlich die Analyse der einzelnen Ereignisse. Außerdem sind Massenkarambolagen, an denen mehrere Quarks und Gluonen beteiligt sind, sehr häufig, *ohne* daß dabei einer der gesuchten frontalen Quark-Antiquark-Zusammenstöße stattfindet. All die vielen Ereignisse «ohne Treffer», jedes mit sehr vielen Teilchenspuren, müssen in mühseliger Arbeit am Computer aussortiert werden.

Ganz anders ist die Lage bei Elektron-Positron-Maschinen. Hier hat man zwei Teilchen, die sich gegenseitig total vernichten. Die gesamte Energie der beiden zusammenprallenden Teilchen steht für die Erzeugung neuer Teilchen zur Verfügung. Die Anfangsbedingungen sind auch entsprechend sauberer: Es gibt keine zuschauenden Quarks und Gluonen wie bei den Protonen und Antiprotonen. Diese Vorteile haben in den siebziger Jahren zu den klaren Ergebnissen der Neuen Physik geführt. Bahnbrechend waren dabei die Speicherringe SPEAR, DORIS, PEP und PETRA (s. 6.1.). Die Vorteile der Elektron-Positron-Vernichtung müssen aber teuer erkauft werden: Die Elektronen und Positronen verbrauchen in diesen Speicherringen sehr viel Energie, die in Form von Synchrotronstrahlung meist verlorengeht. Dadurch entsteht sogar eine praktische Begrenzung für die erreichbare Energie in Elektronenringanlagen: Sie liegt zwischen 100 und 200 GeV. Ringe mit höheren Energien bleiben einstweilen den Protonen und Antiprotonen vorbehalten. Diese Teilchen strahlen nämlich auf Grund ihrer sehr viel größeren Masse wesentlich weniger Synchrotronlicht ab.

Die physikalische Fragestellung, die hinter dem Bau der nächsten Beschleuniger steckt, ist leicht aus den angestrebten Energien zu verstehen. Als erstes möchte man die Z-Teilchen, die neutralen Träger der schwachen Kräfte, genauer untersuchen. Bei der Entdeckung dieser Teilchen 1983 am CERN-SPS wurden nur ganz bestimmte und

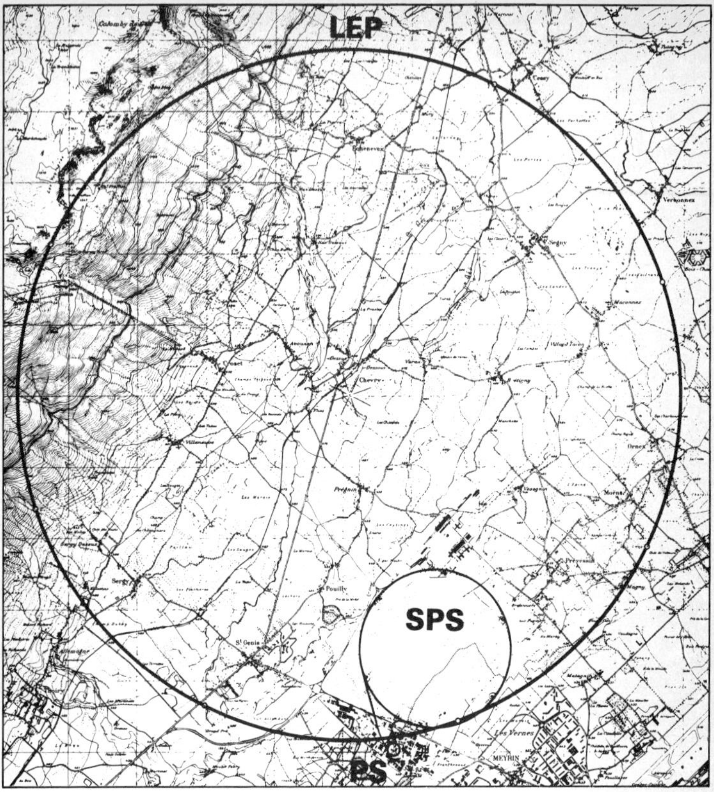

Abb. 8.4.1: Karte mit dem Verlauf des unterirdischen, 27 km langen LEP-Rings, der auf der linken Seite unter den Bergen des Jura in Frankreich verläuft. Der als Teil des Injektionssystems vorgesehene SPS-Ring ist auch eingezeichnet (Zeichnung CERN)

charakteristische Zerfälle beobachtet. Die meisten der Z-Teilchen zerfallen aber ganz anders. Außerdem möchte man die Lebensdauer dieser Teilchen genau messen. Dies geschieht, wie bei anderen Resonanzen (s. 5.7.), auf Grund der HEISENBERG-Unbestimmtheitsrelation durch das Ausmessen der Breite der Massenverteilung. All dies soll durch Z-Erzeugung bei Elektron-Positron-Zusammenstößen untersucht werden.

Gleich zwei Anlagen werden für diese Untersuchungen gebaut:

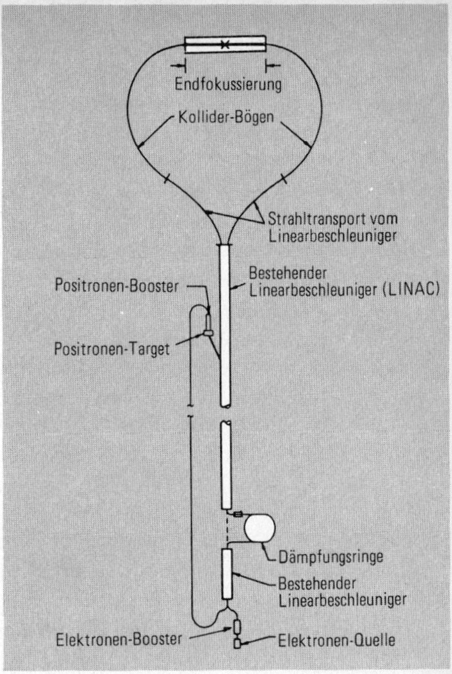

Abb. 8.4.2: Prinzipskizze des Stanford Linear Colliders SLC, in dem (am oberen Teil der Anlage) mit Energien bis zu 50 GeV Elektronen immer nur einmal gegen Positronen geschossen werden. Die Speicherung der Teilchen entfällt hier; dagegen müssen die Teilchenpakete extrem stark gebündelt und sehr genau gelenkt werden, um eine genügend große Anzahl von Zusammenstößen zu erhalten (Zeichnung SLAC)

eine in Genf, der große Bruder von PEP und PETRA, der Speicherring LEP (Large Electron Positron storage ring, s. Luftbild, Abb. 1.2.5 und 8.4.1) und eine in Kalifornien, die Lineare Kollisionsmaschine SLC (SLAC Linear Collider, s. Schema in Abb. 8.4.2). Während das europäische Projekt LEP (27 Kilometer Umfang) nach den erfolgreichen kleineren Vorbildern PEP und PETRA (2,4 Kilometer Umfang) gebaut wird, betritt das SLC-Projekt Neuland: Die Strahlen aus einem Linearbeschleuniger werden nicht gespeichert, sondern direkt zur Kollision gebracht. Um eine genügend hohe Zusammenstoßrate zu erhalten (s. 6.1.), müssen die Strahlen extrem stark gebündelt werden.

Neben diesen beiden Elektron-Positron-Maschinen steht in unserer Tabelle noch ein japanisches Projekt mit dem Namen TRISTAN (Abb. 8.4.3). Hier soll die Gesamtenergie nur 60 GeV betragen. Man erhoffte sich dort die Beobachtung des t-Quarks. Nach den ersten

Ergebnissen vom CERN (1984) ist jedoch die Masse des t-Quarks zu hoch: Es kann bei TRISTAN nicht erzeugt werden.

Für die Fortsetzung der Proton-Antiproton-Physik wird in Chicago das schon laufende *Tevatron* weiterentwickelt. Bis 1986 soll es möglich sein, Protonen und Antiprotonen mit je 1000 GeV = 1 Teraelektronenvolt (TeV) gegeneinander zu schießen. Der 1-TeV-Protonenstrahl kann in der Zwischenzeit auf feste Targets gelenkt werden, um konventionelle Experimente durchzuführen, die dann jedoch, wie schon erwähnt (s. 6.1.), nur eine nutzbare Energie von 42 GeV haben.

Das Tevatron ist in einen Ringtunnel von 6,4 Kilometer Umfang eingebaut, in dem früher Protonen bis auf 500 GeV beschleunigt wurden (Abb. 8.4.4 und 8.4.5). Um die höhere Energie bei gleichem Durchmesser zu erreichen, wurde ein neuer Ring mit supraleitenden Magneten eingebaut. Diese Magnete erreichen Feldstärken, die dreimal so hoch sind wie bei normalleitenden Magneten; sie werden mit flüssigem Helium dauernd auf minus 269 Grad Celsius kühl gehal-

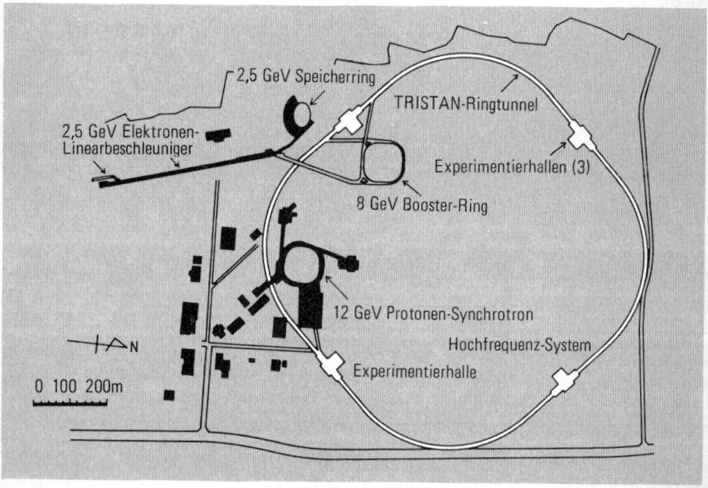

Abb. 8.4.3: Grundriß der KEK-Einrichtungen in Japan, mit dem 2 × 30-GeV-Elektron-Positron-Speicherring TRISTAN, der 1986 in Betrieb genommen werden soll und an dem weiter nach dem t-Quark gefahndet wird (Zeichnung KEK)

Abb. 8.4.5: Der Tunnel des Tevatrons im FERMILAB: Die oberen Magnete sind die des 500-GeV-Injektionssystems, die unteren die supraleitenden Magnete des 1000-GeV-Proton-Antiproton-Speicherrings (Foto FERMILAB) ▸

Abb. 8.4.4: Luftbild der Tevatron-Anlagen des FERMILABS nahe Chicago, in denen schon 1983 Protonen bis fast 1000 GeV beschleunigt wurden. Bis 1986 sollen auch Antiprotonen mit der gleichen Energie beschleunigt und gespeichert werden (Foto FERMILAB)

ten. Der Bau dieser Anlage war eine technische Pionierleistung und gilt als Vorbild für weitere Beschleuniger, die sich jetzt dieser Technik bedienen werden. Über Jahre war dieses Projekt der größte Abnehmer auf der Welt für supraleitende Niob-Titan-Kupfer-Kabel, und heute wird es mit der größten Kälteanlage betrieben, die bis 1983 je gebaut wurde.

Für das Jahr 1990 ist in Europa die Fertigstellung der Ringe LEP-Phase II (ein Ausbau von LEP-Phase I) in Genf und HERA in Hamburg (Abb. 8.4.7 und 8.4.8) vorgesehen. Die Zielsetzung ist auch hier – soweit heute möglich – ziemlich klar zu verstehen. Als erstes sollen bei LEP-II die Untersuchungen des Z-Teilchens auf die W-Teilchen ausgeweitet werden (Abb. 8.4.6 zeigt die im LEP-Grundstein eingravierten Symbole). Erst bei der von LEP-II erreichbaren Energie von 180 GeV ist es nämlich möglich, Paare von positiven und negativen Weakonen durch Elektron-Positron-Zusammenstöße zu erzeugen.

Bei HERA konzentriert man sich auf die Untersuchung der eventuellen Struktur der Quarks und Leptonen und auf die Auswirkungen der schwachen Kräfte. Sowohl bei HERA als auch an den anderen Hochenergiebeschleunigern ist natürlich auch die Suche nach neuen und exotischen Teilchen vorgesehen (s. 8.1.).

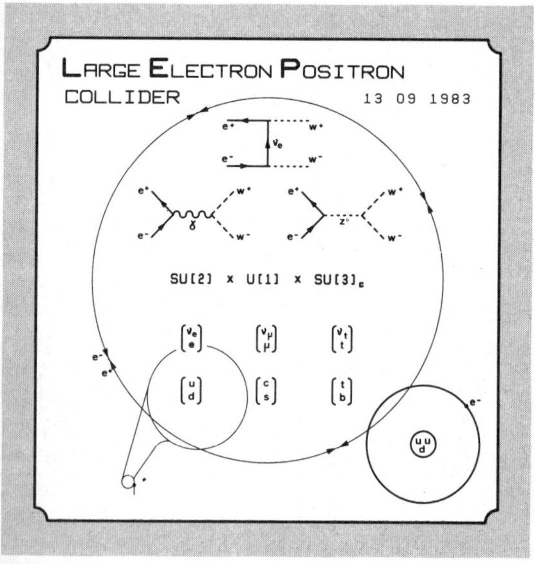

Abb. 8.4.6: Die Grundsteinplatte des Speicherrings LEP im CERN in Genf mit Inschriften, die vielleicht in späteren Jahrhunderten von Wesen, die unsere Sprache nicht kennen, entziffert werden können. Sie zeigen einen Teil unseres heutigen Wissensstandes und den LEP-Ring (Reproduktion CERN)

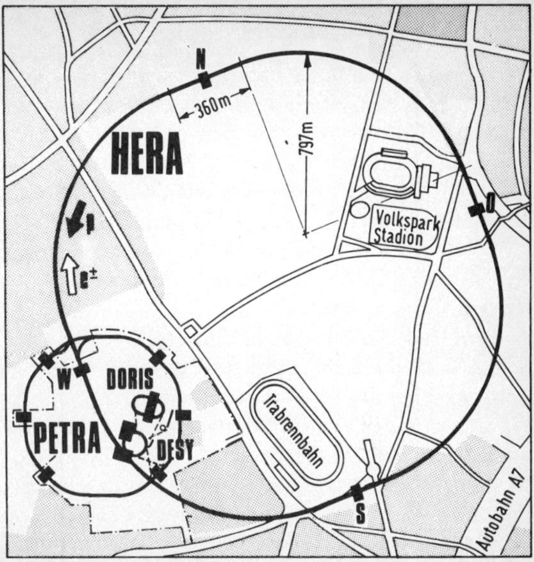

Abb. 8.4.7: Grundriß des Speicherrings HERA bei DESY, der in 10 bis 20 Meter Tiefe die Fläche sowohl eines Fußballstadions wie auch einer Trabrennbahn einschließen wird. In HERA wird mit 30-GeV-Elektronen auf 820-GeV-Protonen geschossen

Abb. 8.4.8: Luftaufnahme des HERA-Geländes in Hamburg. Eingezeichnet ist auch der Speicherring PETRA, der dann als Injektor dienen wird (Foto DESY, Freigabe Nr. 262/81 Luftamt Hamburg)

HERA besteht aus zwei Ringen: einem Protonenring, der bis 820 GeV beschleunigen und speichern kann, und einem Elektronenring, der 30 GeV erreicht. Der Speicherring HERA wird etwa den gleichen Umfang wie der Tevatron-Ring haben; der Protonenring von HERA ist auch sehr ähnlich und muß mit supraleitenden Magneten betrieben werden (Abb. 8.4.9 und 8.4.10). Der Bau von HERA stellt also eine Herausforderung für die beteiligten – diesmal meist europäischen – Industriefirmen dar. Später hofft man, die bei HERA erarbeiteten Erfahrungen auf dem Gebiet der Supraleitung auch bei LEP anzuwenden, um dort noch höhere Energien zu erreichen.

Vier weitere Anlagen sind in unserer Tabelle 8.4.1 angegeben. Zwei davon sind sowjetische Projekte: das in Serpuchow südlich von Moskau entstehende Proton-Antiproton-Ringsystem und der Doppellinearbeschleuniger VLEPP in Nowosibirsk. Da diese Anlagen erst 1990 oder später fertig werden sollen, haben wir hier auf einen Vergleich mit den westlichen Maschinen verzichtet. Es muß aber betont werden, daß die in der UdSSR arbeitenden Beschleunigerexperten durchaus auf dem Niveau ihrer Kollegen im Westen sind. Die Kontakte zwischen Ost und West sind auf diesem Gebiet eng und ergiebig: Es ist zu erwarten, daß die sowjetischen Maschinen wie in der Vergangenheit so auch in Zukunft wertvolle Beiträge zur Erforschung der kleinsten Teilchen der Materie leisten werden. Die Publikationen auf dem Gebiet der Hochenergiephysik werden zwischen östlichen und westlichen Forschern ohne Schwierigkeiten ausgetauscht. Es beteiligen sich in der UdSSR aber weniger Wissenschaftler an den Experimenten. Entsprechend werden die oft hervorragenden Beschleunigeranlagen nicht ganz so intensiv genutzt wie in den westlichen Laboratorien. Reiseeinschränkungen erschweren die Lage.

Die beiden letzten in der Tabelle angegebenen Beschleunigerprojekte möchten wir kurz vorstellen. Hier kann man noch keine technischen Details nennen. Es handelt sich aber um Ideen, die sehr wohl durchführbar erscheinen und die – besonders für die Theoretiker – einen ersten Blick in die «höchstenergetische Zukunft» erlauben.

Desertron wurde seit 1983 ein in den USA entstandenes Projekt genannt: Nur die Wüste (engl. *desert*) im Südwesten ist dort groß genug, um diesen nächsten amerikanischen Beschleuniger aufzunehmen: Die Anlage wird wohl einen Ring von einigen hundert Kilometern Umfang benötigen. Im Sand sollte die nur einen Meter dicke Röhre liegen, in der die supraleitenden Magnete, die Vakuumröhre und die Reparaturroboter untergebracht sind. Später ist der Name des

Abb. 8.4.9: Spitzentechnologie für die Zukunft: Fertigstellung eines der ersten supraleitenden sechs Meter langen Ablenkmagnete für den Speicherring HERA bei DESY. Zum Betrieb dieser Magnete wird die größte Kühlanlage Europas erstellt werden: Die etwa tausend Magnete, die in dem 6,4 km langen HERA-Tunnel verteilt sind, müssen bei minus 269 Grad Celsius betrieben werden (Foto DESY)

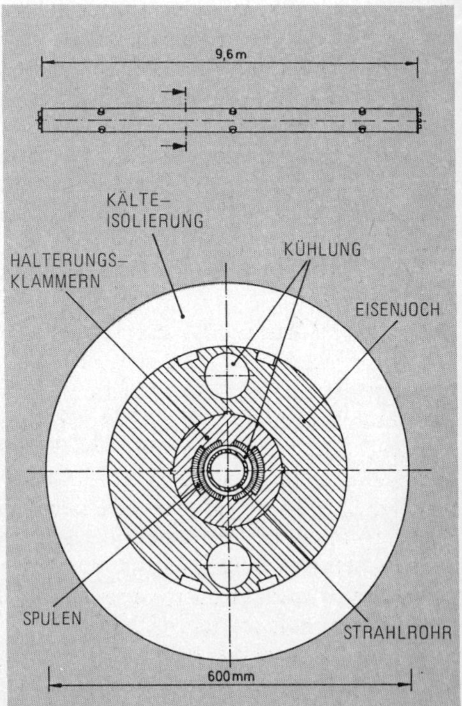

Abb. 8.4.10: Schnitt durch einen supraleitenden Ablenkmagneten, die für den Speicherring HERA entwickelt wurde. Nur mit dieser Technik können die für HERA erforderlichen starken Magnetfelder erreicht werden (Zeichnung DESY)

Beschleunigerprojekts in SSC abgeändert worden: Superconducting Super Collider.

US-Physiker sind also dabei, eine Maschine zu entwerfen, die Teilchen bis in die Gegend von 10 oder 20 TeV beschleunigt. Dies ist um den Faktor zehn mehr als das, was heute der größte Beschleuniger Tevatron in Chicago erreicht. Um in dieser Richtung zügig voranzukommen, wurde in den USA der Bau eines anderen großen Beschleunigers (Isabelle war der Name) gestoppt. Es handelt sich also um handfeste Pläne. Die Begründung ist auch klar: Mit den heute vorgesehenen Maschinen kann man die Weakonen und voraussichtlich das Toponium genau untersuchen. Für die vielen in den verschiedenen Modellen der vereinigten Kräfte angekündigten Teilchen reicht das aber nicht aus. Also versucht man einen noch größeren Schritt.

Die Europäer haben natürlich die gleichen Sorgen, und mehrere Forschergruppen, angespornt von dem italienischen Physiker Carlo RUBBIA, der ja schon den erfolgreichen Umbau des SPS-Beschleunigers zum Nachweis der Weakonen angeregt hatte, sind aktiv geworden. In mehreren Treffen wurde vorgeschlagen, den Tunnel von LEP für eine Proton-Antiproton- oder Proton-Proton-Maschine zu benutzen. In dem 27 Kilometer langen Tunnel könnte, mit supraleitenden Magneten des HERA-Typs bestückt, ein Beschleuniger hochgezüchtet werden, der mit dem amerikanischen SSC vergleichbar wäre. Das Multi-TeV-Zeitalter scheint schon begonnen zu haben.

8.5. Die nächsten Experimentieranlagen

Vorausgesetzt, daß der Bau von Beschleunigern, wie wir ihn im vorigen Abschnitt besprochen haben, planmäßig vorangeht, kann man jetzt nach den Vorstellungen der Physiker auf dem Gebiet der Meßapparaturen fragen. Auch hier gilt das Gebot der maßvollen Ausnutzung der vorhandenen Mittel und eine selbstverständliche und übergeordnete Solidarität innerhalb der Physikergemeinschaft. So wie man auf weniger wichtige Beschleuniger verzichtet oder ihren Betrieb einstellt, um andere zu bauen, so werden in Zukunft auch Experimente abgebaut, um neue zu ermöglichen.

Es wird zur Zeit mit guten Gründen angenommen, daß in den neunziger Jahren die meisten Hochenergiephysiker an den Vorbereitungen für die zwei oder drei Multi-TeV-Maschinen tätig sein werden. Wir wollen uns nicht mit diesen ferneren Problemen beschäftigen, sondern mit denen, die in der Zwischenzeit beim Experimentieren an den existierenden und an den im Bau befindlichen Beschleunigern auftreten.

Die Tendenz ist schon heute klar erkennbar: Konzentration der Kräfte auf einige wenige Großanlagen, mit denen sehr viele Probleme gleichzeitig behandelt werden können. Während man bei niedrigeren Energien noch an vielen, relativ kleinen Aufbauten gezielt nach gewissen Reaktionen suchte, muß man an den neueren Strahlkollisionsmaschinen universelle Apparaturen aufbauen, die möglichst alle der sehr seltenen Ereignisse erfassen. Untergruppen von Spezialisten kümmern sich dann um die Analyse einzelner Typen von Reaktionen.

Die Physikergruppen, die in unterirdischen Höhlen die Lebensdauer der Nukleonen untersuchen, haben genau das gleiche Problem: selten ein gutes Ereignis, viele Daten zu analysieren und eine Riesenapparatur dauernd in Betrieb zu halten. Auch dazu sind zahlreiche Mitarbeiter erforderlich, wenn auch nicht ganz so viele wie bei den Kollaborationen, die wir jetzt beschreiben.

Wer sich die Mühe macht und die vier Experimente untersucht, die für den Speicherring LEP-Phase I am CERN vorbereitet werden, erlebt eine erste große Überraschung: An den vier vorgesehenen Experimentieranlagen mit den zum Teil klangvollen Namen ALEPH, DELPHI, L3 und OPAL sind insgesamt (Stand 1983)

eintausendundfünf Physiker

beteiligt! Wie konnte es so weit kommen? Wie funktioniert das? Und wie soll das weitergehen?

Wir möchten vorwegnehmen, daß an den energiereichsten Ringbeschleunigern der nächsten Generation (s. Tabelle 8.4.1),

Tevatron, LEP-II UND HERA

insgesamt etwa ein Dutzend Experimentieranlagen untergebracht werden können, und daß an den Linearbeschleunigern SLC und VLEPP wahrscheinlich nur je ein Experiment aufgebaut wird. Für die hochmotivierten Teilchenphysiker sind also, nach dem obigen Zahlenbeispiel von LEP-I, genügend Arbeitsplätze vorhanden.

Abb. 8.5.1: Modell einer der vier Experimentieranlagen, die für den Speicherring LEP im CERN vorbereitet werden. Die zehn Meter lange und fast genauso hohe Apparatur wird im Rahmen einer Zusammenarbeit von 34 Instituten mit insgesamt 299 beteiligten Wissenschaftlern errichtet (Foto CERN)

Hierzu eine Zwischenbemerkung. Die auf diesem Gebiet tätigen Wissenschaftler haben normalerweise keine Beschäftigungssorgen. Die meisten verdienen ihren Lebensunterhalt durch sinnvoll mit der Forschung kombinierten Unterricht an Universitäten. Andererseits handelt es sich um Menschen, die gewohnt sind, Neues zu entwikkeln, ungelöste Probleme zu behandeln. Es ist nicht selten, daß Hochenergiephysiker auf ganz andere Gebiete umsteigen, und sie haben dabei meist keine Schwierigkeiten. Wenn es also einen Andrang auf die neuen Maschinen gibt, so ist der Grund dafür in der Faszination des Themas zu suchen und nicht in der Ausübung eines bestimmten gelernten Berufes.

Schon an den Speicherringen PEP und PETRA in Stanford und Hamburg hatte sich die Tendenz zur Bildung größerer Arbeitsgruppen gezeigt. Dort waren an jeweils vier Experimentieranlagen insgesamt etwa dreihundert Physiker tätig. Die Apparaturen sehen alle etwa ähnlich aus, wir werden hier nur als Beispiel ein Bild eines Holzmodells des DELPHI-Projekts bei LEP zeigen (Abb. 8.5.1). Die verwendeten Komponenten und ihre physikalischen Grundlagen haben wir zum größeren Teil in 3.9. beschrieben. Natürlich werden bei HERA, LEP und Tevatron einige neu entwickelte Meßtechniken zum Einsatz kommen.

Der Aufbau der als Beispiel herangezogenen LEP-Experimente wird etwa fünf Jahre in Anspruch nehmen. Viele der beteiligten Physiker arbeiten während dieser Zeit auch noch an anderen Experimenten. Das Reisen und der Aufenthalt in Hotels und Gästewohnungen gehören zum Alltag der Teilchenphysiker. Wenn man dann nach jahrelangen Vorbereitungen endlich an seinem Experiment «auf Schicht sitzt» (s. 1.1.), kann man sich in Ruhe über die vergangenen Strapazen unterhalten. Die große Vereinheitlichung der Naturkräfte, das Verständnis der Struktur der Urteilchen, die Existenz der HIGGS-Teilchen und der höheren, durch «Symmetriebrechung» entstehenden hypothetischen Teilchen mit exotischen Namen werden auch dann vielleicht noch Gesprächsthema sein. Die Menschen aber, die an diesen gewaltigen Abenteuern des Geistes mitarbeiten, sind Bürger wie alle anderen. Sie fühlen sich verpflichtet, ihr Wissen zu vergrößern zum Wohl der Menschen künftiger Generationen und zur Warnung vor möglichem Unheil. Aber sie fühlen sich auch verpflichtet, dieses Wissen ihren Zeitgenossen zu vermitteln, es ihnen verständlich zu machen. Wir Autoren des vorliegenden Buches wollen einen kleinen Beitrag in dieser Richtung leisten.

Register

Nobelpreise für Physik

1901	Röntgen, Wilhelm Conrad	D
1902	Lorentz, Hendrik Antoon	NL
	Zeeman, Pieter	NL
1903	Becquerel, Henri	F
	Curie, Pierre	F
	Curie, Marie	F
1904	Rayleigh, John William Strutt, Baron	GB
1905	Lenard, Philipp	D
1906	Thomson, Sir Joseph John	GB
1907	Michelson, Albert Abraham	USA
1908	Lippmann, Gabriel	F
1909	Marconi, Guglielmo Marchese	I
	Braun, Karl Ferdinand	D
1910	Waals, Johannes Diderik van der	NL
1911	Wien, Wilhelm	D
1912	Dalén, Gustaf	S
1913	Kamerling Onnes, Heike	NL
1914	Laue, Max von	D
1915	Bragg, Sir William Henry	GB
	Bragg, Sir William Lawrence	GB
1916	*nicht verliehen*	
1917	Barkla, Charles Glover	GB
1918	Planck, Max	D
1919	Stark, Johannes	D
1920	Guillaume, Charles Édouard	F
1921	Einstein, Albert	D
1922	Bohr, Niels	DK
1923	Millikan, Robert Andrews	USA
1924	Siegbahn, Karl Manne, Georg	S
1925	Franck, James	D
	Hertz, Gustav	D
1926	Perrin, Jean-Baptiste	F
1927	Compton, Arthur Holly	USA
	Wilson, Charles Thomson Rees	GB
1928	Richardson, Sir Owen Williams	GB
1929	Broglie, Louis-Victor de	F
1930	Raman, Sir Chandrasekhara Venkata	IND
1931	*nicht verliehen*	
1932	Heisenberg, Werner	D
1933	Dirac, Paul Adrien Maurice	GB
	Schrödinger, Erwin	A
1934	*nicht verliehen*	
1935	Chadwick, James	GB
1936	Anderson, Carl David	USA
	Hess, Victor Franz	A
1937	Davisson, Clinton Joseph	USA
	Thomson, Sir George Paget	GB
1938	Fermi, Enrico	I
1939	Lawrence, Ernest Orlando	USA
1940	*nicht verliehen*	
1941	*nicht verliehen*	
1942	*nicht verliehen*	
1943	Stern, Otto	USA
1944	Rabi, Isidor Isaac	USA
1945	Pauli, Wolfgang	A
1946	Bridgman, Percy Williams	USA
1947	Appleton, Sir Edward Victor	GB
1948	Blackett, Patrick Maynard Stuart	GB
1949	Yukawa (Jukawa), Hideki	J
1950	Powell, Cecil Frank	GB
1951	Cockroft, Sir John Douglas	GB
	Walton, Ernest Thomas Sinton	IRL
1952	Bloch, Felix	USA
	Purcell, Edward Mills	USA
1953	Zernike, Frits	NL
1954	Born, Max	GB
	Bothe, Walter Wilhelm	D
1955	Kusch, Polykarp	USA
	Lamb, Willis Eugene	USA
1956	Bardeen, John	USA
	Brattain, Walter Houser	USA
	Shockley, William Bradford	USA

1957	Lee, Tsung-Dao	USA
	Yang, Chen Ning	USA
1958	Čerenkov (Cherenkov, Tscherenkow), Pawel Alexejewitsch	UdSSR
	Frank, Ilja Michailowitsch	UdSSR
	Tamm, Igor Jewgenjewitsch	UdSSR
1959	Chamberlain, Owen	USA
	Segrè, Emilio	USA
1960	Glaser, Donald Arthur	USA
1961	Hofstadter, Robert	USA
	Mößbauer, Rudolf	D
1962	Landau, Lew Dawidowitsch	UdSSR
1963	Goeppert-Mayer, Marie	USA
	Jensen, Hans Daniel	D
	Wigner, Eugene Paul	USA
1964	Bassow, Nikolai Gennadijewitsch	UdSSR
	Prochorow (Prohorov, Prokhorov), Alexandr Michailowitsch	UdSSR
	Townes, Charles Hard	USA
1965	Feynman, Richard Phillips	USA
	Schwinger, Julian Seymour	USA
	Tomonaga, Schinitschiro	J
1966	Kastler, Alfred	F
1967	Bethe, Hans Albrecht	D
1968	Alvarez, Luis	USA
1969	Gell-Mann, Murray	USA
1970	Néel, Louis	F
	Alfvén, Hannes	S
1971	Gabor, Dennis	GB
1972	Bardeen, John	USA
	Cooper, Leon	USA
	Schrieffer, John	USA
1973	Giaever, Ivar	USA
	Esaki, Leo	J
	Josephson, Brian David	GB
1974	Hewish, Antony	GB
	Ryle, Martin	GB
1975	Rainwater, James	USA
	Bohr, Aage	DK
	Mottleson, Ben	DK
1976	Ting, Samuel Chao Chung	USA
	Richter, Burton	USA
1977	Anderson, Philip	USA
	Mott, Sir Nevill Francis	GB
	Van Vleck, John Hasbrouck	USA
1978	Kapitsa (Kapiza), Pjotr Leonidowitsch	UdSSR
	Penzias, Arno	USA
	Wilson, Robert	USA
1979	Glashow, Sheldon	USA
	Salam, Abdus	GB
	Weinberg, Steven	USA
1980	Cronin, James Watson	USA
	Fitch, Val	USA
1981	Bloembergen, Nicolaas	USA
	Schawlow, Arthur Leonhard	USA
	Siegbahn, Kai Manne Georg	S
1982	Wilson, Kenneth Geddes	USA
1983	Chandrasekhar, Subrahmanyan	IND
	Fowler, William	USA
1984	Rubbia, Carlo	I
	van der Meer, Simon	NL
1985	Klitzing, Klaus von	D
1986	Binnig, Gert	CH
	Rohrer, Heinrich	CH
	Ruska, Ernst	D
1987	Bednorz, Johannes Georg	D
	Müller, Karl Alexander	CH

Zur Lektüre empfohlen

Eine schöne Einführung in das Gebiet der Teilchenphysik findet man in dem Büchlein von Felix Weber «Der Kosmos tanzt» (Sphinx-Pocket Nr. 17, 1983).

Harald Fritzsch beleuchtet die Entdeckungen der letzten Jahrzehnte etwas mehr aus der Sicht des Theoretikers in dem Buch «Quarks, Urstoff unserer Welt» (Piper, 6. Auflage 1984). In einem zweiten Buch, «Vom Urknall zum Zerfall» (Piper, 1983) wird die Quarktheorie vereinfacht dargestellt und in Zusammenhang mit der Entstehung und Entwicklung des Universums erläutert.

Die Bildung der großen internationalen Kollaborationen, die heute bei der Erforschung der kleinsten Materieteilchen eine wesentliche Rolle spielen, wird von einem der Autoren (P. W.) in dem Buch «Der Multimensch» (Econ, 1986) als historischer Rückblick dargestellt.

Allgemeinverständliche Artikel zur Teilchenphysik findet man öfters in der Zeitschrift «Bild der Wissenschaft». Auf einem etwas höheren Niveau informieren Wissenschaftler in der Zeitschrift «Spektrum der Wissenschaft».

Einen guten Einblick in die Arbeit der Physiker erhält man aus den Büchern «Die großen Physiker und ihre Entdeckungen» von Emilio Segrè (Piper, 1981), «Weltreich der Physik» von Armin Hermann (Ullstein, 1983) und «Was die Welt zusammenhält» von Roman Sexl (DVA, 1982).

Deutschsprachige Information über die Forschungszentren CERN und DESY kann bei diesen Organisationen angefordert werden:
CERN, PR-Abt., CH-1211 Genf 23
DESY, PR-Abt., D-2000 Hamburg 52.
Das Material wird kostenlos zugeschickt.

Nachtrag **CERN**, Stand Januar 1988 (s. auch Tab. 1.2.1):

Budget 1988: 793 Millionen Schweizer Franken

Mitgliedstaaten und Beiträge in Prozent:

Belgien	3,23	Niederlande	5,26
Dänemark	2,02	Norwegen	1,97
Bundesrepublik	24,42	Österreich	2,43
Frankreich	19,25	Portugal	0,15
Griechenland	0,40	Schweden	3,59
Großbritannien	16,81	Schweiz	4,22
Italien	14,11	Spanien	2,15

Personal:

3459 Planstellen (Wissenschaftler, Ingenieure, Techniker, Verwaltungsangestellte und Arbeiter)
158 Stipendiaten
117 Bezahlte Gastwissenschaftler
4612 Unbezahlte Gastwissenschaftler (davon arbeiten viele nicht vollzeitlich bei CERN)
175 Studenten und Lehrlinge

Beschleuniger:

450 GeV Super-Protonen-Synchrotron (SPS, 2,2 km Durchmesser, seit 1976)
315 + 315 GeV Protonen-Antiprotonen-Kollisionsanlage im SPS (seit 1982)
28 GeV Protonen-Synchrotron (PS, 200 m Durchmesser)
600 MeV Synchrozyklotron (SC, 5 m Durchmesser)
50 + 50 GeV Elektron-Positron-Speicherring (LEP) im Bau, soll 1989 in Betrieb genommen werden (9 km Durchmesser)

Experimentierprogramm:

An diesen Experimenten sind 222 Universitäten oder Institute beteiligt, und es arbeiten daran 3080 Experimentalphysiker.
Am SPS: 12 laufende Experimente, 2 in Vorbereitung.
An der SPS Proton-Antiproton-Anlage: 4 laufende Experimente.
Am PS: am Low-Energy-Antiproton-Ring (LEAR) 5 laufende Experimente, 9 in Vorbereitung.
Am SC: 7 laufende Experimente, 1 in Vorbereitung und bei ISOLDE (On-Line-Isotope-Separator): 15 laufende Experimente und 8 in Vorbereitung.
Für LEP: 4 große Experimentieranlagen in Vorbereitung.

Bemerkung:

Die 1984 angekündigten ersten Anzeichen für die Existenz des t-Quarks konnten nicht bestätigt werden. Es wird weiterhin danach gesucht.

Nachtrag **DESY**, Stand Januar 1988 (s. auch Tab. 1.2.2):

Budget 1988: 330 Millionen DM (Zuwendungen),
bestehend aus 151 MDM für Betrieb und Personal
und 179 MDM für den HERA-Bau, einschließlich
17 MDM ausländische Beiträge.

Personal:

1303 besetzte Planstellen (Wissenschaftler, Ingenieure, Techniker, Verwaltungsangestellte und Arbeiter)
150 unbezahlte deutsche Gastwissenschaftler
350 unbezahlte ausländische Gastwissenschaftler
400 Benutzer der Synchrotronstrahlung (die Gastwissenschaftler und Benutzer der Synchrotronstrahlung arbeiten nicht vollzeitlich bei DESY)
162 Studenten, Diplomanden und Doktoranden
59 Auszubildende
72 Schülerpraktikanten

Beschleuniger:

DORIS II 5,6 + 5,6 GeV Elektron-Positron-Speicherring (60 × 100 m Oval)
HERA 30 + 820 GeV Elektron-Proton-Speicherringe im Bau; sie sollen 1990 in Betrieb genommen werden (2 km Durchmesser).

Das Einschußsystem für DORIS II und HERA besteht aus drei Linearbeschleunigern, einem Akkumulations-Speicherring, zwei Synchrotrons und dem umgebauten Speicherring PETRA II.

Experimentierprogramm:

1. Hochenergiephysik:
   Bei DORIS II wird das ARGUS Experiment betrieben.
   Zwei große Experimentieranlagen mit den Namen H1 und ZEUS werden für HERA in internationaler Zusammenarbeit vorbereitet.
   An den Experimenten der Hochenergiephysik beteiligen sich über 500 Physiker aus 83 Instituten. Weitere Gruppen sind noch mit der Auswertung früher aufgenommener Daten beschäftigt.
2. Synchrotronstrahlung bei DORIS II:
   In den Hallen des Hamburger Synchrotronstrahlungs-Labors (HASYLAB) stehen 29 voll eingerichtete Meßplätze zur Verfügung. Über 400 Wissenschaftler aus 98 Instituten benutzen jährlich diese Einrichtungen. Weitere 7 Wigglerstrahl-Meßplätze werden für 1990 an der von CRYSTAL-BALL freigelassenen Stelle vorbereitet.

Bemerkungen:

Die Teilchenphysik-Experimente am PETRA Speicherring (CELLO, MARK J, JADE und TASSO) wurden im November 1986 eingestellt; danach wurde der Beschleuniger zum Einschuß von HERA vorbereitet (PETRA II). Das Experiment CRYSTAL-BALL (bei DORIS II) wurde 1987 abgebaut.